普通高等教育农业部“十二五”规划教材
全国高等农林院校“十二五”规划教材

高等数学学习指导与解题指南

第二版

梁保松　胡丽萍　主编

中国农业出版社

内容提要

本书是与普通高等教育农业部“十二五”规划教材《高等数学》(第三版)(梁保松、陈涛主编) 配套使用的学习指导书、教师参考书和考研复习书．其内容有：函数的极限与连续、导数与微分、微分中值定理与导数的应用、不定积分、定积分、多元函数微分学、二重积分、无穷级数、微分方程与差分方程．

本书内容按章编写，每章分四部分：一、内容提要；二、范例解析；三、自测题；四、考研题解析．

本书可作为学习指导书供学生使用，可作为教学参考书供教师使用，也可作为考研复习书供考研者使用．

编写人员名单

主　编　梁保松　胡丽萍

副主编　王建平　马巧云

参　编　（按姓名笔画排序）

王　瑞　王亚伟　白洪远

苏克勤　吴瑞武　张玉峰

陈　涛　赵翠萍

前　言

本书是梁保松、陈涛主编的普通高等教育农业部“十二五”规划教材《高等数学》(第三版)的配套使用教材．按照配套教材的要求，本书对总体框架进行了整合，内容按章编写，每章结构如下：

一、**内容提要**　此版块对每一章、节必须掌握的概念、性质和公式进行了归纳，供证明、计算时查阅．

二、**范例解析**　此版块对每章、节题型进行了分类解析，并对每种题型的解题思路、技巧进行了归纳总结，有些题给出了多种解法，对容易出错的地方还作了详尽注解．

三、**自测题**　此版块配置了适量难易程度适中的习题及参考答案，所选题型是编者多年教学实践中积累的成果，供读者自测本章内容掌握的程度．

四、**考研题解析**　此版块收集了大量考研试题，并作了详尽解答，供有志考研的读者选用．

本书在编写过程中注意专题讲述与范例解析相结合，注重数学思维与数学方法的论述，以求思想观点、方法上的融会贯通．并以“注意”的形式对相关专题加以分析和延拓，这是本书的特色．本书还具有概念清晰、内容全面、方法多样、综合性强等特点．

本书是编者在长期教学实践中积累的教学资料与经验之汇编，是在深入研究教学大纲与研究生数学考试大纲之后撰写而成的．我们期望本书不仅是广大学生学习数学的指导书，教师教学的参考书，而且也是报考硕士研究生者的一册广度与深度均较为合适的复习用书，更期望能使读者在思维方法与解决问题能力等方面都有相当程度的提高．

参加本书编写的有：梁保松、胡丽萍、王建平、马巧云、王瑞、王亚伟、白洪远、苏克勤、吴瑞武、张玉峰、陈涛、赵翠萍，最后由梁保松教授统一定稿．

参加本书第一版编写的有：梁保松、陈涛、张玉峰、赵翠萍、吴瑞武、胡丽萍、王建平、翟振杰、陈振、李晔，最后由梁保松教授统一定稿．

错漏之处，敬请各位同仁与朋友们扶正，我们不胜感激！

编　者

2012年6月20日

前 言

本书是梁保松、陈涛主编的普通高等教育农业部"十二五"规划教材《高等数学》(第三版)的配套使用教材。按照配套教材的要求，本书对总体框架进行了整合，内容按章编写，每章结构如下：

一、内容提要 此版块对每一章、节必须掌握的概念、性质和公式进行了归纳，供证明、计算时查阅。

二、范例解析 此版块对每章、节题型进行了分类解析，并对每种题型的解题思路、技巧进行了归纳总结，有些题给出了多种解法，对容易出错的地方还作了详尽注解。

三、自测题 此版块配置了适量难易程度适中的习题及参考答案，所选题型是编者多年教学实践中积累的成果，供读者自测本章内容掌握的程度。

四、考研题解析 此版块收集了大量考研试题，并作了详尽解答，供有志考研的读者选用。

本书在编写过程中注重专题讲述与范例解析相结合，注重数学思维与数学方法的论述，以求思想观点、方法上的融会贯通，并以"注意"的形式对相关专题加以分析和延拓，这是本书的特色。本书还具有概念清晰、内容全面、方法多样、综合性强等特点。

本书是编者在长期教学实践中积累的教学资料与经验之汇集，是在深入研究教学大纲与研究生数学考试大纲之后撰写而成的。我们期望本书不仅是广大学生学习数学的指导书、教师教学的参考书，而且也是报考硕士研究生者的一部广度与深度较为合适的复习用书，更期望能使读者在思维方法与解决问题能力等方面都有相当程度的提高。

参加本书编写的有：梁保松、胡丽萍、王建平、马巧云、王瑞、王亚伟、白洪远、苏克勤、吴瑞武、张玉峰、陈涛、赵翠萍，最后由梁保松教授统一定稿。

参加本书第一版编写的有：梁保松、陈涛、张玉峰、赵翠萍、吴瑞武、胡丽萍、王建平、雷振杰、陈萍、李明，最后由梁保松教授统一定稿。

错漏之处，敬请各位同行与朋友们批正，我们不胜感激！

编 者

2012年5月20日

目　录

第一章

函数的极限与连续

内 容 提 要

一、函数的概念

1. 函数的定义 设 x 和 y 是两个变量，D 是一非空数集．如果对于每个 $x\in D$，变量 y 按照一定法则 f 有唯一确定的数值与 x 对应，则称 y 是 x 的函数，记作 $y=f(x)$．数集 D 叫做这个函数的定义域，f 叫做对应法则，x 叫做自变量，y 叫做因变量．

2. 分段函数 自变量在不同变化范围内，对应法则用不同式子表示的函数，称为分段函数．

3. 复合函数 设函数 $y=f(u)$ 的定义域为 E，函数 $u=\varphi(x)$ 的定义域为 D，值域为 W．若 $W\cap E$ 非空，则称函数 $y=f[\varphi(x)]$ 是由函数 $y=f(u)$ 和函数 $u=\varphi(x)$ 复合而成的复合函数，u 为中间变量．

二、极限的概念

1. 极限的定义

定义 设 $f(x)$ 在 $N(\hat{x}_0,\delta)$ 内有定义，A 是常数．若对 $\forall\varepsilon>0$，$\exists\delta>0$，使得当 $0<|x-x_0|<\delta$ 时，有 $|f(x)-A|<\varepsilon$，则称 A 是函数 $f(x)$ 当 $x\to x_0$ 时的极限，记作

$$\lim_{x\to x_0}f(x)=A.$$

当 $x<x_0$，$x\to x_0$ 时，函数 $f(x)$ 的极限 A 称为 $f(x)$ 在点 x_0 的左极限，记作

$$\lim_{x\to x_0^-}f(x)=A\text{ 或 }f(x_0-0)=A.$$

当 $x>x_0$，$x\to x_0$ 时函数 $f(x)$ 的极限 A 称为 $f(x)$ 在点 x_0 的右极限，记作

$$\lim_{x\to x_0^+}f(x)=A\text{ 或 }f(x_0+0)=A.$$

定理 $\lim\limits_{x\to x_0}f(x)=A\Leftrightarrow f(x_0-0)=f(x_0+0)=A.$

2. 极限的性质

(1) 唯一性 若 $\lim\limits_{x\to x_0}f(x)=A$ 存在，则必唯一．

(2) 有界性 若 $\lim\limits_{x\to x_0}f(x)=A$，则 $\exists\delta>0$，使 $f(x)$ 在 $N(\hat{x}_0,\delta)$ 内有界．

(3) 单调性　若$\lim\limits_{x\to x_0}f(x)=A$，$\lim\limits_{x\to x_0}g(x)=B$，且$\exists\delta>0$，当$x\in N(\hat{x}_0,\delta)$时，$f(x)\leqslant g(x)$，则$A\leqslant B$.

特别地，若$\lim\limits_{x\to x_0}f(x)=A>0$(或$A<0$)，则$\exists\delta>0$，当$x\in N(\hat{x}_0,\delta)$时，$f(x)>0$(或$f(x)<0$).

(4) 两边夹原理　若$\exists\delta>0$，当$x\in N(\hat{x}_0,\delta)$时，$f(x)\leqslant g(x)\leqslant h(x)$，且$\lim\limits_{x\to x_0}f(x)=\lim\limits_{x\to x_0}h(x)=A$，则$\lim\limits_{x\to x_0}g(x)=A$.

(5) 单调有界原理　单调有界数列必有极限.

3. 无穷小量　若$\lim\limits_{\substack{x\to x_0\\(x\to\infty)}}f(x)=0$，则称函数$f(x)$为当$x\to x_0$(或$x\to\infty$)时的无穷小量.

(1) 等价代换法则　设$\alpha\sim\alpha'$，$\beta\sim\beta'$，且$\lim\frac{\beta'}{\alpha'}$存在，则$\lim\frac{\beta}{\alpha}=\lim\frac{\beta'}{\alpha'}$.

(2) 极限与无穷小量的关系　$\lim\limits_{x\to x_0}f(x)=A$(或$\lim\limits_{(x\to\infty)}f(x)=A$)$\Leftrightarrow f(x)=A+\alpha$，其中$A$为常数，$\alpha$为$x\to x_0$(或$x\to\infty$)时的无穷小量.

(3) 无穷小量的性质　有限个无穷小量的和仍是无穷小量；有限个无穷小量的积仍是无穷小量；有界变量与无穷小量之积仍是无穷小量.

4. 无穷大量　设$f(x)$在$N(\hat{x}_0,\delta)$内有定义，若$\forall M>0$，$\exists\delta>0$，当$0<|x-x_0|<\delta$时，总有$|f(x)|>M$，则称$f(x)$是当$x\to x_0$时的无穷大量，记作$\lim\limits_{x\to x_0}f(x)=\infty$或$f(x)\to\infty$ $(x\to x_0)$.

定理(无穷大量与无穷小量的关系)　在自变量的同一变化过程中，如果$f(x)$为无穷大量，则$\frac{1}{f(x)}$为无穷小量；如果$f(x)$为无穷小量且$f(x)\neq0$，则$\frac{1}{f(x)}$为无穷大量.

5. 两个重要极限

(1) $\lim\limits_{x\to0}\frac{\sin x}{x}=1$. 一般地，如果$\lim\limits_{\substack{x\to x_0\\(x\to\infty)}}f(x)=0$，则$\lim\limits_{\substack{x\to x_0\\(x\to\infty)}}\frac{\sin f(x)}{f(x)}=1$.

(2) $\lim\limits_{x\to\infty}\left(1+\frac{1}{x}\right)^x=\mathrm{e}$. 令$z=\frac{1}{x}$，$x\to\infty$时，$z\to0$，于是有$\lim\limits_{z\to0}(1+z)^{\frac{1}{z}}=\mathrm{e}$.

一般地，如果$\lim\limits_{\substack{x\to x_0\\(x\to\infty)}}f(x)=0$，则$\lim\limits_{\substack{x\to x_0\\(x\to\infty)}}[1+f(x)]^{\frac{1}{f(x)}}=\mathrm{e}$.

三、函数的连续

1. 函数连续的定义

(1) 设函数$y=f(x)$在$N(x_0,\delta)$内有定义，且$\lim\limits_{x\to x_0}f(x)=f(x_0)$，则称函数$y=f(x)$在点$x_0$连续，$x_0$称为函数$f(x)$的连续点.

(2) 设函数$y=f(x)$在$N(x_0,\delta)$内有定义，如果当自变量的增量Δx趋于零时，相应地函数的增量$\Delta y=f(x_0+\Delta x)-f(x_0)$也趋于零，则称函数$y=f(x)$在点$x_0$连续.

2. 左连续与右连续　设$f(x)$在$N(x_0,\delta)$内有定义，若$\lim\limits_{x\to x_0^-}f(x)=f(x_0)$，则称$f(x)$

在点 x_0 左连续；若 $\lim\limits_{x \to x_0^+} f(x)=f(x_0)$，则称 $f(x)$在点 x_0 右连续．

定理　函数 $f(x)$在点 x_0 连续$\Leftrightarrow \lim\limits_{x \to x_0^-} f(x)=\lim\limits_{x \to x_0^+} f(x)=f(x_0)$.

3. 函数的间断　若函数 $f(x)$在点 x_0 不连续，则称 $f(x)$在点 x_0 间断，x_0 称为 $f(x)$的间断点．

(1) 第一类间断点　$f(x_0-0)$，$f(x_0+0)$都存在的间断点 x_0 称为第一类间断点．第一类间断点包括可去间断点与跳跃间断点两种：

① 可去间断点　$f(x_0-0)=f(x_0+0)$的间断点 x_0 称为可去间断点；

② 跳跃间断点　$f(x_0-0)\neq f(x_0+0)$的间断点称为跳跃间断点．

(2) 第二类间断点　若 $f(x_0-0)$，$f(x_0+0)$至少有一个不存在，则称点 x_0 为第二类间断点．

4. 初等函数的连续性

(1) 基本初等函数在其定义域内是连续的．

(2) 初等函数在其定义区间内连续．

(3) 若 x_0 是初等函数 $f(x)$的连续点，则$\lim\limits_{x \to x_0} f(x)=f(x_0)$.

5. 闭区间上连续函数的性质

(1) 有界性定理　若 $f(x)$在闭区间$[a, b]$上连续，则 $f(x)$在该区间上有界．

(2) 最值定理　若 $f(x)$在闭区间$[a, b]$上连续，则 $f(x)$在该区间上有最大值和最小值．

(3) 介值定理　若 $f(x)$在闭区间$[a, b]$上连续，则对介于 $f(x)$在$[a, b]$上的最大值 M 和最小值 m 之间的任一实数 C，至少存在一点 $\xi\in(a, b)$，使得 $f(\xi)=C$.

(4) 零点(根)存在定理　若 $f(x)$在闭区间$[a, b]$上连续，且 $f(a)\cdot f(b)<0$，则至少存在一点 $\xi\in(a, b)$，使 $f(\xi)=0$.

范例解析

例 1　设 $f(x)=\begin{cases} x^3+4x+1, & x\geqslant 1, \\ x+2, & x<1, \end{cases}$ 求 $f(x+4)$的定义域．

解　将 $f(x)$及定义域中的 x 分别用 $x+4$ 代换，得

$$f(x+4)=\begin{cases} (x+4)^3+4(x+4)+1, & x+4\geqslant 1, \\ (x+4)+2, & x+4<1, \end{cases}$$

$$=\begin{cases} (x+4)^3+4(x+4)+1, & x\geqslant -3, \\ x+6, & x<-3. \end{cases}$$

$f(x+4)$的定义域为$(-\infty, -3)\cup[-3, +\infty)=(-\infty, +\infty)$.

注意　已知 $f(x)$的定义域，用代入法可求出 $f[\varphi(x)]$的定义域．

例 2　设 $f(x)=\begin{cases} 1, & 0\leqslant x\leqslant 1, \\ 2, & 1<x\leqslant 2, \end{cases}$ 求 $g(x)=f(2x)+f(x-2)$的定义域．

解　因为 $f(x)=\begin{cases} 1, & 0\leqslant x\leqslant 1, \\ 2, & 1<x\leqslant 2, \end{cases}$ 故

$$f(2x)=\begin{cases}1, & 0\leqslant 2x\leqslant 1,\\ 2, & 1<2x\leqslant 2,\end{cases}=\begin{cases}1, & 0\leqslant x\leqslant \dfrac{1}{2},\\ 2, & \dfrac{1}{2}<x\leqslant 1.\end{cases}$$

$$f(x-2)=\begin{cases}1, & 0\leqslant x-2\leqslant 1,\\ 2, & 1<x-2\leqslant 2,\end{cases}=\begin{cases}1, & 2\leqslant x\leqslant 3,\\ 2, & 3<x\leqslant 4.\end{cases}$$

因为 $f(2x)$ 与 $f(x-2)$ 为分段函数，其定义域分别为

$$\left[0,\ \frac{1}{2}\right]\cup\left(\frac{1}{2},\ 1\right]=[0,\ 1];\quad [2,\ 3]\cup(3,\ 4]=[2,\ 4],$$

其交为空集．即 $g(x)$ 的定义域为空集．故 $g(x)$ 无意义．

注意 分段函数的定义域是各段函数定义域的并集．

例 3 设 $f(x)=\begin{cases}1+x, & x<0,\\ 1, & x\geqslant 0,\end{cases}$ 求 $f[f(x)]$.

解
$$f[f(x)]=\begin{cases}1+f(x), & f(x)<0,\\ 1, & f(x)\geqslant 0.\end{cases}$$

当 $x<0$ 时，$f(x)=1+x\Rightarrow x<-1$ 时，$f(x)=1+x<0$，即 $x<-1$ 时，$f[f(x)]=1+f(x)=1+(1+x)=2+x$；

当 $-1\leqslant x<0$ 时，$f(x)=1+x\geqslant 0$，即 $-1\leqslant x<0$ 时，$f[f(x)]=1$；

当 $x\geqslant 0$ 时，$f(x)=1>0$，即 $x\geqslant 0$ 时，$f[f(x)]=1$.

故
$$f[f(x)]=\begin{cases}2+x, & x<-1,\\ 1, & x\geqslant -1.\end{cases}$$

例 4 设 $f(x-1)=x(x-1)$，求 $f(x)$.

解 令 $u=x-1$，得 $x=u+1$，且 $f(u)=(1+u)u$，即 $f(x)=(1+x)x$.

例 5 设 $f(x+1)=\begin{cases}x^2, & 0\leqslant x\leqslant 1,\\ 2x, & 1<x\leqslant 2,\end{cases}$ 求 $f(x)$.

解 令 $x+1=u$，则 $x=u-1$，代入所给函数表示式，得

$$f(u)=\begin{cases}(u-1)^2, & 0\leqslant u-1\leqslant 1,\\ 2(u-1), & 1<u-1\leqslant 2,\end{cases}=\begin{cases}(u-1)^2, & 1\leqslant u\leqslant 2,\\ 2(u-1), & 2<u\leqslant 3,\end{cases}$$

故所求函数为

$$f(x)=\begin{cases}(x-1)^2, & 1\leqslant x\leqslant 2,\\ 2(x-1), & 2<x\leqslant 3.\end{cases}$$

例 6 已知 $f(x)=\mathrm{e}^{x^2}$，$f[\varphi(x)]=1-x$，且 $\varphi(x)>0$，求 $\varphi(x)$，并写出它的定义域．

解 由 $f(x)=\mathrm{e}^{x^2}$，得 $f[\varphi(x)]=\mathrm{e}^{[\varphi(x)]^2}$，又由题设 $f[\varphi(x)]=1-x$，故 $\mathrm{e}^{[\varphi(x)]^2}=1-x$，即 $[\varphi(x)]^2=\ln(1-x)$.

因 $\varphi(x)>0$，故 $\varphi(x)=\sqrt{\ln(1-x)}$，$\varphi(x)$ 的定义域为 $(-\infty,\ 0)$.

例 7 已知 $af(x)+bf\left(\dfrac{1}{x}\right)=\dfrac{c}{x}$，$|a|\neq|b|$，证明 $f(x)$ 是奇函数．

证 令 $u=\dfrac{1}{x}$ 代入原方程，得

$$af\left(\frac{1}{u}\right)+bf(u)=cu，\text{即 } af\left(\frac{1}{x}\right)+bf(x)=cx.$$

将原方程及上面方程的两端分别乘 a，b 然后相减，得

$$a^2f(x)-b^2f(x)=\frac{ac}{x}-bcx=\frac{ac-bcx^2}{x}.$$

因 $|a|\neq|b|$，故有 $f(x)=\dfrac{ac-bcx^2}{(a^2-b^2)x}$，于是

$$f(-x)=-\frac{ac-bcx^2}{(a^2-b^2)x}=-f(x).$$

例 8　求 $\lim\limits_{n\to\infty}\left(\dfrac{1}{n^2}+\dfrac{2}{n^2}+\cdots+\dfrac{n-1}{n^2}+\dfrac{n}{n^2}\right)$.

解　原式 $=\lim\limits_{n\to\infty}\dfrac{1}{n^2}(1+2+\cdots+n)=\lim\limits_{n\to\infty}\dfrac{1}{n^2}\dfrac{n(n+1)}{2}=\dfrac{1}{2}\lim\limits_{n\to\infty}\left(1+\dfrac{1}{n}\right)=\dfrac{1}{2}$.

例 9　求 $\lim\limits_{n\to\infty}\left[\dfrac{1}{1\cdot3}+\dfrac{1}{3\cdot5}+\cdots+\dfrac{1}{(2n-1)(2n+1)}\right]$.

解　因 $\dfrac{1}{(2n-1)(2n+1)}=\dfrac{1}{2}\left(\dfrac{1}{2n-1}-\dfrac{1}{2n+1}\right)$，故

$$\text{原式}=\lim_{n\to\infty}\frac{1}{2}\left[\left(1-\frac{1}{3}\right)+\left(\frac{1}{3}-\frac{1}{5}\right)+\cdots+\left(\frac{1}{2n-1}-\frac{1}{2n+1}\right)\right]$$

$$=\frac{1}{2}\lim_{n\to\infty}\left(1-\frac{1}{2n+1}\right)=\frac{1}{2}.$$

例 10　求 $\lim\limits_{n\to\infty}\sum\limits_{k=1}^{n}\dfrac{1}{1+2+\cdots+k}$.

解　原式 $=\lim\limits_{n\to\infty}\sum\limits_{k=1}^{n}\dfrac{2}{k(k+1)}=2\lim\limits_{n\to\infty}\sum\limits_{k=1}^{n}\left(\dfrac{1}{k}-\dfrac{1}{k+1}\right)$

$$=2\lim_{n\to\infty}\left(1-\frac{1}{2}+\frac{1}{2}-\frac{1}{3}+\cdots+\frac{1}{n}-\frac{1}{n+1}\right)$$

$$=2\lim_{n\to\infty}\left(1-\frac{1}{n+1}\right)=2.$$

例 11　求 $\lim\limits_{n\to\infty}\dfrac{\sqrt[3]{n^2}\sin(n!)}{n+1}$.

解　$0\leqslant\left|\dfrac{\sqrt[3]{n^2}\sin(n!)}{n+1}\right|\leqslant\dfrac{\sqrt[3]{n^2}}{n+1}$，$\lim\limits_{n\to\infty}\dfrac{\sqrt[3]{n^2}}{n+1}=0$，由两边夹法则，得

$$\lim_{n\to\infty}\frac{\sqrt[3]{n^2}\sin(n!)}{n+1}=0.$$

例 12　求 $\lim\limits_{n\to\infty}\left[\dfrac{n^2}{(n^2+1)^2}+\dfrac{2n^2}{(n^2+2)^2}+\cdots+\dfrac{n^3}{(n^2+n)^2}\right]$.

解　令 $x_n=\dfrac{n^2}{(n^2+1)^2}+\dfrac{2n^2}{(n^2+2)^2}+\cdots+\dfrac{n^3}{(n^2+n)^2}$，

$$y_n=\frac{n^2}{(n^2+n)^2}+\frac{2n^2}{(n^2+n)^2}+\cdots+\frac{n^3}{(n^2+n)^2},$$

$$z_n=\frac{n^2}{(n^2+1)^2}+\frac{2n^2}{(n^2+1)^2}+\cdots+\frac{n^3}{(n^2+1)^2},$$

则 $y_n \leqslant x_n \leqslant z_n$. 而 $\lim\limits_{n\to\infty} y_n = \lim\limits_{n\to\infty} \dfrac{n^2(1+2+\cdots+n)}{(n^2+n)^2} = \lim\limits_{n\to\infty} \dfrac{n^2 \cdot n(n+1)}{2(n^2+n)^2} = \dfrac{1}{2}$.

同理 $\lim\limits_{n\to\infty} z_n = \dfrac{1}{2}$. 故 $\lim\limits_{n\to\infty} x_n = \dfrac{1}{2}$，即所求极限为 $\dfrac{1}{2}$.

例 13 设 $a>0$，$a_1>0$，$a_{n+1}=\dfrac{1}{2}\left(a_n+\dfrac{a}{a_n}\right)(n=1, 2, \cdots)$，证明 $\lim\limits_{n\to\infty} a_n$ 存在，并求 $\lim\limits_{n\to\infty} a_n$.

证 $a_{n+1}=\dfrac{1}{2}\left(a_n+\dfrac{a}{a_n}\right) \geqslant \sqrt{a_n \cdot \dfrac{a}{a_n}} = \sqrt{a} > 0 \Rightarrow a_n \geqslant \sqrt{a}\,(n\geqslant 2)$，即 $\{a_n\}$ 有下界.

又 $a_{n+1}-a_n=\dfrac{1}{2}\left(a_n+\dfrac{a}{a_n}\right)-a_n=\dfrac{a-a_n^2}{2a_n} \leqslant 0 \Rightarrow a_{n+1} \leqslant a_n$，即 $\{a_n\}$ 单调递减. 由单调有界原理，$\lim\limits_{n\to\infty} a_n$ 存在.

设 $\lim\limits_{n\to\infty} a_n = x$，由极限的单调性，有 $x \geqslant \sqrt{a} > 0$. 在 $a_{n+1}=\dfrac{1}{2}\left(a_n+\dfrac{a}{a_n}\right)$ 两边取极限 $n\to\infty$，得

$$x=\frac{1}{2}\left(x+\frac{a}{x}\right) \Rightarrow x=\pm\sqrt{a}.$$

由于 $x>0$，舍去负值，所以 $\lim\limits_{n\to\infty} a_n = \sqrt{a}$.

例 14 设 $f(x)=\begin{cases} -x, & x\leqslant 1, \\ 3+x, & x>1 \end{cases}$ 及 $g(x)=\begin{cases} x^3, & x\leqslant 1, \\ 2x-1, & x>1, \end{cases}$ 讨论 $f[g(x)]$ 在 $x=1$ 处的极限.

解 首先求出 $f[g(x)]$ 的表达式.

当 $x\leqslant 1$ 时，$f(x)=-x$，$f[g(x)]=-g(x)=-x^3$；

当 $x>1$ 时，$f(x)=3+x$，$f[g(x)]=3+g(x)=3+(2x-1)=2x+2$.

故
$$f[g(x)]=\begin{cases} -x^3, & x\leqslant 1, \\ 2x+2, & x>1. \end{cases}$$

因
$$f[g(1+0)]=\lim_{x\to 1^+} f[g(x)]=\lim_{x\to 1^+}(2x+2)=4,$$
$$f[g(1-0)]=\lim_{x\to 1^-} f[g(x)]=\lim_{x\to 1^-}(-x^3)=-1,$$

$f[g(1+0)]\neq f[g(1-0)]$，故 $\lim\limits_{x\to 1} f[g(x)]$ 不存在.

例 15 当 $x\to 1$ 时，函数 $f(x)=\dfrac{x^2-1}{x-1}e^{\frac{1}{x-1}}$ 的极限为________.

(A) 等于 2；　　(B) 等于 0；　　(C) 为 ∞；　　(D) 不存在，但不为 ∞.

解 因 $\lim\limits_{x\to 1^+} e^{\frac{1}{x-1}}=+\infty$，$\lim\limits_{x\to 1^-} e^{\frac{1}{x-1}}=0$，故 $\lim\limits_{x\to 1^+} \dfrac{x^2-1}{x-1}e^{\frac{1}{x-1}}=\lim\limits_{x\to 1^+}(x+1)e^{\frac{1}{x-1}}=+\infty$，$\lim\limits_{x\to 1^-} \dfrac{x^2-1}{x-1}e^{\frac{1}{x-1}}=0$，所以当 $x\to 1$ 时，函数 $f(x)$ 的极限不存在，但不为 ∞. (D)对.

例 16 求 $\lim\limits_{x\to 1} \dfrac{x^4+2x^2-3}{x^2-3x+2}$.

解 原式 $=\lim\limits_{x\to 1} \dfrac{(x^2-1)(x^2+3)}{(x-2)(x-1)}=\lim\limits_{x\to 1} \dfrac{(x-1)(x+1)(x^2+3)}{(x-2)(x-1)}$

$$=\lim_{x\to 1} \frac{(x+1)(x^2+3)}{x-2}=-8.$$

例 16 的特点是分子、分母的极限都是零，不能直接使用商的极限法则．遇到这类问题，常先分解出分子、分母公共的无穷小因子，约去后，再求极限．

例 17　求 $\lim\limits_{x\to-1}\dfrac{1+\sqrt[3]{x}}{1+\sqrt[5]{x}}$.

解　令 $x=y^{15}$，则 $x\to-1$ 时，$y\to-1$，于是

$$\text{原式}=\lim_{y\to-1}\frac{1+y^5}{1+y^3}=\lim_{y\to-1}\frac{(1+y)(y^4-y^3+y^2-y+1)}{(1+y)(y^2-y+1)}$$

$$=\lim_{y\to-1}\frac{y^4-y^3+y^2-y+1}{y^2-y+1}=\frac{5}{3}.$$

例 18　求 $\lim\limits_{x\to1}\left(\dfrac{3}{1-x^3}-\dfrac{1}{1-x}\right)$.

解　$\text{原式}=\lim\limits_{x\to1}\dfrac{3-(x^2+x+1)}{1-x^3}=\lim\limits_{x\to1}\dfrac{-(x+2)(x-1)}{(1-x)(x^2+x+1)}=\lim\limits_{x\to1}\dfrac{x+2}{x^2+x+1}=1.$

当 $x\to x_0$ 时，极限函数呈 $\infty-\infty$ 的形式，应先通分化成有理分式函数；然后分离并约去无穷小因子，再求极限．

例 19　求下列极限：

(1) $\lim\limits_{x\to0}x\cot x$；　　(2) $\lim\limits_{x\to0}\dfrac{1-\cos2x}{x\sin x}$；

(3) $\lim\limits_{x\to0}\dfrac{\tan x-\sin x}{x^3}$；　　(4) $\lim\limits_{x\to+\infty}\left(\dfrac{x^2-1}{x^2+1}\right)^{x^2}$；

(5) $\lim\limits_{x\to0}(\cos x)^{\frac{1}{\sin^2\frac{x}{2}}}$；　　(6) $\lim\limits_{x\to\infty}\left(\sin\dfrac{1}{x}+\cos\dfrac{1}{x}\right)^x$.

解　(1) $\lim\limits_{x\to0}x\cot x=\lim\limits_{x\to0}\left(\dfrac{x}{\sin x}\cdot\cos x\right)=\lim\limits_{x\to0}\dfrac{x}{\sin x}\cdot\lim\limits_{x\to0}\cos x=1.$

(2) $\lim\limits_{x\to0}\dfrac{1-\cos2x}{x\sin x}=\lim\limits_{x\to0}\dfrac{2\sin^2x}{x\sin x}=\lim\limits_{x\to0}\dfrac{2\sin x}{x}=2.$

(3)
$$\lim_{x\to0}\frac{\tan x-\sin x}{x^3}=\lim_{x\to0}\frac{\sin x\left(\frac{1}{\cos x}-1\right)}{x^3}=\lim_{x\to0}\frac{\sin x(1-\cos x)}{x^3\cos x}$$

$$=\lim_{x\to0}\frac{\sin x}{x}\cdot\lim_{x\to0}\frac{2\sin^2\frac{x}{2}}{x^2\cdot\cos x}=\lim_{x\to0}\frac{2\sin^2\frac{x}{2}}{x^2}$$

$$=\lim_{x\to0}\frac{1}{2}\left(\frac{\sin\frac{x}{2}}{\frac{x}{2}}\right)^2=\frac{1}{2}.$$

(4)
$$\lim_{x\to+\infty}\left(\frac{x^2-1}{x^2+1}\right)^{x^2}=\lim_{x\to+\infty}\left(1+\frac{-2}{x^2+1}\right)^{x^2}=\lim_{x\to+\infty}\left(1-\frac{2}{x^2+1}\right)^{\left(-\frac{x^2+1}{2}\right)\left(\frac{-2x^2}{x^2+1}\right)}$$

$$=\lim_{x\to+\infty}\left(1+\frac{-2}{x^2+1}\right)^{-\frac{x^2+1}{2}\cdot\lim\limits_{x\to+\infty}\left(-\frac{2x^2}{x^2+1}\right)}=e^{-2}.$$

(5)
$$\lim_{x\to0}(\cos x)^{\frac{1}{\sin^2\frac{x}{2}}}=\lim_{x\to0}\left(1-2\sin^2\frac{x}{2}\right)^{\frac{1}{\sin^2\frac{x}{2}}}=\lim_{x\to0}\left(1-2\sin^2\frac{x}{2}\right)^{\frac{1}{-2\sin^2\frac{x}{2}}(-2)}=e^{-2}.$$

(6) $\lim\limits_{x\to\infty}\left(\sin\frac{1}{x}+\cos\frac{1}{x}\right)^x=\lim\limits_{x\to\infty}\left(\sin\frac{1}{x}+\cos\frac{1}{x}\right)^{2\cdot\frac{x}{2}}=\lim\limits_{x\to\infty}\left(1+\sin\frac{2}{x}\right)^{\frac{x}{2}}$

$$=\lim_{x\to\infty}\left(1+\sin\frac{2}{x}\right)^{\frac{1}{\sin\frac{2}{x}}\cdot\frac{\sin\frac{2}{x}}{\frac{2}{x}}}=\mathrm{e}.$$

无穷小代换是简化极限式最重要的方法，无穷小代换有下列 11 个常用公式：

(1) $\sin x\sim x$；(2) $\tan x\sim x$；(3) $\arcsin x\sim x$；

(4) $\arctan x\sim x$；(5) $1-\cos x\sim\frac{1}{2}x^2$；(6) $\ln(1+x)\sim x$；

(7) $\mathrm{e}^x-1\sim x$；(8) $a^x-1\sim x\ln a$；(9) $(1+x)^\alpha-1\sim\alpha x$（$\alpha$ 为实数）；

(10) $\tan x-\sin x\sim\frac{x^3}{2}$；(11) $x-\sin x\sim\frac{x^3}{6}$.

三点注意：

(1) 必须 $x\to0$.

(2) 只能在乘除运算中使用无穷小代换，不能在加、减运算中使用．例如，下列代换是错误的：

$$\lim_{x\to0}\frac{x-\sin x}{x^3}=\lim_{x\to0}\frac{x-x}{x^3}=\lim_{x\to0}\frac{0}{x^3}=0.$$

(3) 在上述 11 个公式中的 x 位置可以是任意无穷小函数．例如，$\ln(1+3x^2)\sim3x^2\ (x\to0)$.

例 20 求下列极限：

(1) $\lim\limits_{x\to0}\frac{\tan x-\sin x}{\sin^3 x}$；(2) $\lim\limits_{x\to0}\cot x\left(\frac{1}{\sin x}-\frac{1}{x}\right)$；

(3) $\lim\limits_{n\to\infty}\{n[\ln(n+2)-\ln n]\}$；(4) $\lim\limits_{x\to0}\frac{\tan x-\sin x}{\ln(1+x^3)}$；

(5) $\lim\limits_{x\to0}\frac{\cos x(\mathrm{e}^{\sin x}-1)^4}{\sin^2 x(1-\cos x)}$；(6) $\lim\limits_{x\to0}\frac{\sqrt{1+x\sin x}-1}{1-\cos x}$.

解 (1) 当 $x\to0$ 时，$\tan x-\sin x\sim\frac{x^3}{2}$，$\sin^3 x\sim x^3$，故原式$=\lim\limits_{x\to0}\frac{x^3}{2x^3}=\frac{1}{2}$.

(2) 原式$=\lim\limits_{x\to0}\frac{\cos x(x-\sin x)}{x\sin x\cdot\sin x}=\lim\limits_{x\to0}\frac{x^3/6}{x^3}=\frac{1}{6}$.

(3) 原式$=\lim\limits_{n\to\infty}\left[n\ln\left(1+\frac{2}{n}\right)\right]=\lim\limits_{n\to0}\frac{2/n}{1/n}=2$.

(4) 当 $x\to0$ 时，$\tan x-\sin x\sim\frac{x^3}{2}$，$\ln(1+x^3)\sim x^3$，故原式$=\lim\limits_{x\to0}\frac{x^3/2}{x^3}=\frac{1}{2}$.

(5) 当 $x\to0$ 时，$\mathrm{e}^{\sin x}-1\sim\sin x$，$1-\cos x\sim\frac{x^2}{2}$，故原式$=\lim\limits_{x\to0}\cos x\lim\limits_{x\to0}\frac{\sin^4 x}{x^2(x^2/2)}=2$.

(6) 当 $x\to0$ 时，$x\sin x\to0$，故 $\sqrt{1+x\sin x}-1\sim\frac{x\sin x}{2}$，$1-\cos x\sim\frac{x^2}{2}$，因而

$$原式=\lim_{x\to0}\frac{1}{2}x\sin x/\frac{x^2}{2}=\lim_{x\to0}\frac{\sin x}{x}=1.$$

例 21 已知 $\lim\limits_{x\to-1}\frac{x^3-ax^2-x+4}{x+1}=c$（有限值），试求 a，c.

解　因为 c 是有限值，$x\to-1$ 时，分母 $x+1\to0$，故 $x\to-1$ 时，极限必为 $\frac{0}{0}$ 型，所以

$$\lim_{x\to-1}(x^3-ax^2-x+4)=(-1)^3-a(-1)^2-(-1)+4=4-a=0,$$

即 $a=4$，故

$$c=\lim_{x\to-1}\frac{x^3-ax^2-x+4}{x+1}=\lim_{x\to-1}\frac{x^3-4x^2-x+4}{x+1}$$
$$=\lim_{x\to-1}\frac{(x-4)(x+1)(x-1)}{x+1}=\lim_{x\to-1}(x-4)(x-1)=10.$$

例 22　已知 $\lim\limits_{x\to1}\frac{x^2+ax+b}{1-x}=5$，求 a，b.

解　因 $\lim\limits_{x\to1}(1-x)=0$，且 $\lim\limits_{x\to1}\frac{x^2+ax+b}{1-x}=5$，故 $\lim\limits_{x\to1}(x^2+ax+b)=1+a+b=0$，$b=-1-a$. 将其代入原极限式，得

$$\lim_{x\to1}\frac{x^2+ax+b}{1-x}=\lim_{x\to1}\frac{x^2+ax-a-1}{1-x}=\lim_{x\to1}\frac{(x^2-1)+a(x-1)}{1-x}$$
$$=-\lim_{x\to1}(x+1+a)=-2-a=5,$$

即 $a=-7$，从而 $b=-1-a=6$.

例 23　已知 $\lim\limits_{x\to\infty}\left(\frac{x^2}{1+x}-ax+b\right)=1$，求 a 与 b.

解　因

$$\lim_{x\to\infty}\left(\frac{x^2}{1+x}-ax+b\right)=\lim_{x\to\infty}\frac{x^2-ax^2-ax+bx+b}{1+x}$$
$$=\lim_{x\to\infty}\frac{(1-a)x^2+(b-a)x+b}{1+x},$$

必有 $1-a=0$ 且 $b-a=1$. 解之得 $a=1$，$b=2$.

例 24　当 $x\to\infty$ 时，若 $\frac{1}{ax^2+ba+c}=o\left(\frac{1}{1+x}\right)$，求 a，b，c.

解　因 $\lim\limits_{x\to\infty}\frac{\frac{1}{ax^2+ba+c}}{\frac{1}{1+x}}=\lim\limits_{x\to\infty}\frac{x+1}{ax^2+bx+c}=0$，必有 $a\neq0$，b，c 为任意常数 .

例 25　函数 $f(x)=\begin{cases}x^2\sin\frac{1}{x}, & x\neq0,\\ 0, & x=0\end{cases}$ 在 $x=0$ 处是否连续？为什么？

解　因为 $\sin\frac{1}{x}$ 是有界量，$\lim\limits_{x\to0}x^2=0$，$\lim\limits_{x\to0}x^2\sin\frac{1}{x}=0=f(0)$，故 $f(x)$ 在 $x=0$ 处连续 .

一般当 $\alpha>0$ 时，函数 $f(x)=\begin{cases}x^\alpha\sin\frac{1}{x}, & x\neq0,\\ 0, & x=0\end{cases}$ 在 $x=0$ 处连续 .

这是因为当 $\alpha>0$ 时，有 $\lim\limits_{x\to0}x^\alpha=0$，因而 x^α 为无穷小量，而 $\sin\frac{1}{x}$ 为有界量，故

$$\lim_{x\to0}f(x)=\lim_{x\to0}x^\alpha\sin\frac{1}{x}=0=f(0)\,(\alpha>0).$$

例 26 讨论函数 $f(x)=\begin{cases}|x|, & |x|\leqslant 1,\\ \dfrac{x}{|x|}, & 1<|x|\leqslant 3\end{cases}$ 在其定义域内的连续性．

解 先将 $f(x)$ 改写为分段函数

$$f(x)=\begin{cases}-1, & -3\leqslant x<-1,\\ -x, & -1\leqslant x\leqslant 0,\\ x, & 0<x\leqslant 1,\\ 1, & 1<x\leqslant 3.\end{cases}$$

因 $f(x)$ 在 $(-3,1)$，$(-1,0)$，$(0,1)$，$(1,3)$ 内是初等函数，故在上述区间内 $f(x)$ 连续．下面讨论 $f(x)$ 在分段点处的连续性．

$f(-1-0)=\lim\limits_{x\to 1^-}f(x)=\lim\limits_{x\to 1^-}(-1)=-1$，$f(-1+0)=\lim\limits_{x\to -1^+}f(x)=\lim\limits_{x\to -1^+}(-x)=1$，$f(-1+0)\neq f(-1-0)$，故 $f(x)$ 在 $x=-1$ 处不连续．

$\lim\limits_{x\to 0}f(x)=0=f(0)$，所以 $f(x)$ 在 $x=0$ 处连续．

$\lim\limits_{x\to 1}f(x)=1=f(1)$，所以 $f(x)$ 在 $x=1$ 处连续．

综上所述，$f(x)$ 在其定义域内不连续，其连续区间为 $[-3,-1)\cup(-1,3]$．

例 27 讨论 $f(x)=\dfrac{x^2-x}{|x|(x^2-1)}$ 的连续性，如有间断点，指出间断点的类型；若是可去间断点，则补充定义，使其在该点连续．

解 先将 $f(x)$ 改写成分段函数

$$f(x)=\begin{cases}\dfrac{x^2-x}{-x(x^2-1)}, & x<0\text{ 且 }x\neq -1,\\ \dfrac{x^2-x}{x(x^2-1)}, & x>0\text{ 且 }x\neq 1.\end{cases}$$

函数 $f(x)$ 在 $x=0$，± 1 处无定义，所以 $x=0$，± 1 是间断点，$f(x)$ 的连续区间是 $(-\infty,-1)\cup(-1,0)\cup(0,1)\cup(1,+\infty)$．

$$f(0-0)=\lim_{x\to 0^-}f(x)=\lim_{x\to 0^-}\frac{x(x-1)}{-x(x+1)(x-1)}=\lim_{x\to 0^-}\frac{-1}{x+1}=-1,$$

$$f(0+0)=\lim_{x\to 0^+}f(x)=\lim_{x\to 0^+}\frac{x(x-1)}{x(x-1)(x+1)}=\lim_{x\to 0^+}\frac{1}{x+1}=1,$$

故 $x=0$ 是 $f(x)$ 的第一类间断点．

$$\lim_{x\to 1}f(x)=\lim_{x\to 1}\frac{x^2-x}{x(x^2-1)}=\lim_{x\to 1}\frac{x(x-1)}{x(x-1)(x+1)}=\frac{1}{2},$$

故 $x=1$ 是 $f(x)$ 的可去间断点．补充定义 $f(1)=\dfrac{1}{2}$，$f(x)$ 在 $x=1$ 处连续．

$$\lim_{x\to -1}f(x)=\lim_{x\to -1}\frac{x^2-x}{-x(x^2-1)}=\lim_{x\to -1}\frac{x(x-1)}{-x(x-1)(x+1)}=\infty,$$

故 $x=-1$ 是 $f(x)$ 的第二类间断点．

注意 讨论带绝对值的函数的连续性，一般先去掉绝对值，将函数改写成分段函数，然后讨论函数在分段点处的连续性．

例 28 讨论下列函数的连续性：

(1) $f(x)=\lim\limits_{n\to\infty}\frac{1}{1+x^n}(x\geqslant 0)$；　(2) $f(x)=\lim\limits_{n\to\infty}\frac{1-x^{2n}}{1+x^{2n}}\cdot x$.

解　(1) $f(x)=\lim\limits_{n\to\infty}\frac{1}{1+x^n}=\begin{cases}1, & 0\leqslant x<1,\\ \frac{1}{2}, & x=1,\\ 0, & x>1,\end{cases}$

故 $f(x)$在$(0, 1)\cup(1, +\infty)$内连续，$x=1$是$f(x)$的跳跃间断点．

(2) 当$|x|=1$时，$f(x)=\lim\limits_{n\to\infty}\frac{1-x^{2n}}{1+x^{2n}}\cdot x=0$；

当$|x|<1$时，$f(x)=\lim\limits_{n\to\infty}\frac{1-x^{2n}}{1+x^{2n}}\cdot x=x$；

当$|x|>1$时，$f(x)=\lim\limits_{n\to\infty}\frac{1-x^{2n}}{1+x^{2n}}\cdot x=\lim\limits_{n\to\infty}\frac{\frac{1}{x^{2n}}-1}{\frac{1}{x^{2n}}+1}x=-x$.

故

$$f(x)=\begin{cases}x, & |x|<1,\\ 0, & |x|=1,\\ -x, & |x|>1.\end{cases}$$

显然$f(x)$在区间$(-\infty, -1)$，$(-1, 1)$，$(1, +\infty)$内连续，而在$x=\pm1$处，因

$$f(-1-0)=\lim_{x\to-1^-}f(x)=\lim_{x\to-1^-}(-x)=1\neq f(-1)=0,$$

$$f(1+0)=\lim_{x\to1^+}f(x)=\lim_{x\to1^+}(-x)=-1\neq f(1)=0,$$

故在$x=\pm1$处，$f(x)$不连续，其连续区间为$(-\infty, -1)$，$(-1, 1)$，$(1, +\infty)$.

注意　以x为参变量，自变量$n\to\infty$的极限所定义的函数$f(x)$，即$f(x)=\lim\limits_{n\to\infty}g(x, n)$，称为极限函数．为讨论$f(x)$的连续性，应先求出极限，得到仅用$x$表示的函数，一般为分段函数．为求出这分段函数，观察出分段点是关键，其原则就是能求出上面的极限．当$g(x, n)$为分式函数，其分子、分母均为x的多项式时，常选$|x|=1$为分段点，因为当$|x|>1$时，$\lim\limits_{n\to\infty}\frac{1}{x^n}=0$；当$|x|<1$时，$\lim\limits_{n\to\infty}x^n=0$.

例 29　设a和b是实常数，且$b<0$，定义

$$f(x)=\begin{cases}x^a\sin(x^b), & x>0,\\ 0, & x\leqslant 0,\end{cases}$$

问在什么条件下，$f(x)$在$x=0$处不连续．

解　当$\lim\limits_{x\to0}f(x)$不存在时，$f(x)$在$x=0$处不连续．显然，当$a<0$时，因$\lim\limits_{x\to0}x^a=\infty$，故$\lim\limits_{x\to0}x^a\sin(x^b)$不存在；又当$a=0$时，因$b<0$，故$\lim\limits_{x\to0}\sin(x^b)$也不存在，从而当$a\leqslant0$时，$f(x)$在$x=0$处不连续．

例 30　设$f(x)=\begin{cases}\frac{\cos x}{x+2}, & x\geqslant 0,\\ \frac{\sqrt{a}-\sqrt{a-x}}{x}, & x<0,\end{cases}$　其中$a>0$.

(1) 当a是什么值时，$x=0$是$f(x)$的连续点？

(2) 当 a 是什么值时，$x=0$ 是 $f(x)$的间断点？

(3) 当 $a=2$ 时，求 $f(x)$的连续区间．

解 $f(0+0)=\lim\limits_{x\to 0^+}\dfrac{\cos x}{x+2}=\dfrac{1}{2}=f(0)$，而

$$f(0-0)=\lim_{x\to 0^-}\frac{\sqrt{a}-\sqrt{a-x}}{x}=\lim_{x\to 0^-}\frac{x}{x(\sqrt{a}+\sqrt{a-x})}=\frac{1}{2\sqrt{a}}.$$

(1) 由 $f(0-0)=f(0+0)$或 $f(0-0)=f(0)$，得$\dfrac{1}{2}=\dfrac{1}{2\sqrt{a}}$，即 $a=1$. 因而当 $a=1$ 时，$f(x)$在 $x=0$ 处连续．

(2) 当 $a>0$ 且 $a\neq 1$ 时，$f(0-0)\neq f(0+0)$，故 $a>0$ 且 $a\neq 1$ 时，$x=0$ 为 $f(x)$的间断点．

(3) 当 $a=2$ 时，由(2)知 $f(x)$在 $x=0$ 处不连续，故其连续区间为$(-\infty, 0)\cup(0, +\infty)$.

例 31 设函数 $f(x)=f(\sqrt{x})$，又已知 $f(x)$在 $x=1$ 处连续，证明 $f(x)$是常数．

证 因 $f(x)=f(\sqrt{x})$，所以 $f(x)=f(\sqrt{x})=f(x^{\frac{1}{4}})=\cdots=f[x^{(\frac{1}{2})^n}]$. 由$\lim\limits_{n\to\infty}f[x^{(\frac{1}{2})^n}]=f[\lim\limits_{n\to\infty}x^{(\frac{1}{2})^n}]=f(1)\Rightarrow\forall x$，有 $f(x)=f(1)$，即 $f(x)$是常数．

例 32 设函数 $f(x)$在闭区间$[a, b]$上连续，$a<x_1<x_2<\cdots<x_n<b$，则在(a, b)内至少有一点 ξ，使

$$f(\xi)=\frac{f(x_1)+f(x_2)+\cdots+f(x_n)}{n}.$$

证 $f(x)$在$[a, b]$上连续$\Rightarrow f(x)$在$[x_1, x_n]$上连续$\Rightarrow f(x)$在$[x_1, x_n]$上有最大值 M 和最小值 $m\Rightarrow m=\dfrac{nm}{n}\leqslant\dfrac{f(x_1)+f(x_2)+\cdots+f(x_n)}{n}\leqslant\dfrac{nM}{n}=M$.

由介值定理知，$\exists\xi\in[x_1, x_n]\subset(a, b)$，使

$$f(\xi)=\frac{f(x_1)+f(x_2)+\cdots+f(x_n)}{n}.$$

例 33 证明 $f(x)=x^3+dx^2+cx+a=0(a<0)$至少有一正根．

证 由正根可知，所求的区间为$[0, b](b>0)$. 因 $f(0)=a<0$，故所求的 b，应满足 $f(b)>0$. 因

$$\lim_{x\to+\infty}f(x)=\lim_{x\to+\infty}(x^3+dx^2+cx+a)=+\infty,$$

故存在充分大的正数 M，使 $f(M)>0$，于是取 $b=M$ 即为所求．显然 $f(x)$在$[0, M]$上连续，由零点定理知，至少存在一点 $\xi\in(0, M)$，使 $f(\xi)=0$，即 $f(x)=0$ 至少存在一正根．

例 34 证明方程 $x=a\sin x+b(a>0, b>0)$至少有一正根，且它不超过 $a+b$.

证 令 $f(x)=x-a\sin x-b$，由正根的性质，考虑区间$[0, a+b]$.

$f(0)=-b<0$，$f(a+b)=a-a\sin(a+b)=a[1-\sin(a+b)]\geqslant 0$.

(1) 若 $f(a+b)=0$，因 $f(x)$为$[0, a+b]$上的连续函数，故 $a+b$ 为方程 $x=a\sin x+b$ 的一个正根，且不超过 $a+b$.

(2) 若 $f(a+b)>0$，则 $f(0)\cdot f(a+b)<0$. 由零点定理，在$(0, a+b)$内至少存在一点 $\xi>0$，使 $f(\xi)=0$，即 $x=a\sin x+b$ 至少有一正根，且不超过 $a+b$.

例 35　设 $f(x)$在闭区间$[0, 2a]$上连续，且 $f(0)=f(2a)$，则在$[0, a]$上至少存在一点 ξ 使 $f(\xi)=f(\xi+a)$.

证　令 $F(x)=f(x)-f(x+a)$，则 $F(x)$在$[0, a]$上连续，且 $F(0)=f(0)-f(a)$，$F(a)=f(a)-f(2a)=f(a)-f(0)=-[f(0)-f(a)]$.

(1) 若 $f(0)=f(a)$，则 $F(0)=F(a)=0$，于是有 $\xi=a$，使 $f(\xi)=f(\xi+a)$.

(2) 若 $f(0)\neq f(a)$，则 $F(0)\cdot F(a)<0$. 由零点定理，至少存在一点 $\xi\in(0, a)$，使 $F(\xi)=0$，即 $f(\xi)=f(\xi+a)$.

例 36　设 $f(x)$在$[a, b]$上连续，且 $f(a)\leqslant a$，$f(b)\geqslant b$，证明在$[a, b]$上至少存在一点 ξ，使 $f(\xi)=\xi$.

证　令 $F(x)=f(x)-x$，因 $f(x)$在$[a, b]$上连续，故 $F(x)$在$[a, b]$上连续，且 $F(a)=f(a)-a\leqslant 0$，$F(b)=f(b)-b\geqslant 0$.

(1) 若 $F(a)$，$F(b)$中至少有一个是零，则 a，b 中至少有一个可作为 ξ，使 $f(\xi)=\xi$.

(2) 若 $F(a)<0$，$F(b)>0$，由零点定理至少有一个 $\xi\in(a, b)$，使得 $F(\xi)=f(\xi)-\xi=0$，即 $f(\xi)=\xi$.

自 测 题

1. 设 $f(x)=\dfrac{1}{\lg(3-x)}+\sqrt{49-x^2}$，求 $f(x)$的定义域和 $f[f(-7)]$.

2. 设 $f(x)=\dfrac{x+|x|}{2}$ $(-\infty<x<+\infty)$，$g(x)=\begin{cases}x, & x<0,\\ x^2, & x\geqslant 0,\end{cases}$ 求 $f[g(x)]$.

3. 设 $f(x)=\begin{cases}1+x, & x<0,\\ 1, & x\geqslant 0,\end{cases}$ 求 $f[f(x)]$.

4. 设 $f(x)=\sqrt{x+\sqrt{x^2}}$，求：(1) $f(x)$的定义域；(2) $\dfrac{1}{2}\{f[f(x)]\}^2$；(3) $\lim\limits_{x\to 0}\dfrac{f(x)}{x}$.

5. 设函数 $f(x)$在$(-\infty, +\infty)$上是奇函数，$f(1)=a$，且对任何 x 值均有 $f(x+2)-f(x)=f(2)$.

(1) 试用 a 表示 $f(2)$与 $f(3)$；(2) 问 a 取什么值时，$f(x)$是以 2 为周期的周期函数.

6. 设 $f(x)=\dfrac{ax^2+1}{bx+c}$（其中 a，b，c 是整数）是奇函数，且在$[1, +\infty)$上单调递增，$f(1)=2$，$f(2)<3$.

(1) 求 a，b，c 的值；(2) 证明 $f(x)$在$(0, 1)$上单调递减.

7. 求$\lim\limits_{n\to\infty}\left(1-\dfrac{1}{2^2}\right)\left(1-\dfrac{1}{3^2}\right)\cdots\left(1-\dfrac{1}{n^2}\right)$.

8. 求$\lim\limits_{n\to\infty}\sqrt{3\sqrt{3\cdots\sqrt{3}}}$ (n 个根号).

9. 设 $|x|<1$，求$\lim\limits_{n\to\infty}(1+x)(1+x^2)(1+x^4)\cdots(1+x^{2n})$.

10. 证明数列$\{x_n\}$收敛，其中 $x_1=1$，$x_{n+1}=\dfrac{1}{2}\left(x_n+\dfrac{3}{x_n}\right)$ $(n=1, 2, \cdots)$，并求极限.

11. 求极限 $\lim\limits_{x\to -1}\left(\dfrac{1}{x+1}-\dfrac{3}{x^3+1}\right)$.

12. (1) $\lim\limits_{n\to\infty}\left(2-\dfrac{1}{n^2}\right)^{an}$ $(a>0)$； (2) $\lim\limits_{x\to 0}\dfrac{\sin 4x}{\sqrt{x+2}-\sqrt{2}}$；

(3) $\lim\limits_{x\to\infty}\left(\dfrac{ax+3}{ax+1}\right)^{bx}$ $(a\neq 0,\ b\neq 0)$； (4) $\lim\limits_{x\to 0^+}\sqrt[x]{\cos\sqrt{x}}$.

13. (1) $\lim\limits_{x\to+\infty}\dfrac{\sqrt{x+\sqrt{x+\sqrt{x}}}}{\sqrt{2x+1}}$； (2) $\lim\limits_{x\to 0}\dfrac{\ln(\sin^2 x+e^x)-x}{\ln(x^2+e^{2x})-2x}$.

14. 试求整数 m，n，使 $\lim\limits_{x\to 0^+}\dfrac{1-\cos\left(1-\cos\dfrac{x}{2}\right)}{2^m x^n}=1$.

15. 设 $f(x)=\begin{cases}\dfrac{\sqrt{2-2\cos x}}{x}, & x<0,\\ a e^x, & x\geqslant 0,\end{cases}$ 问 a 为何值时，$f(x)$ 在 $x=0$ 处连续.

16. 指出 $f(x)=\begin{cases}x-1, & -1\leqslant x<0,\\ \sqrt{1-x^2}, & 0\leqslant x<1\end{cases}$ 的间断点及类型.

17. 试证方程 $(x^2-1)\cos x+\sqrt{2}\sin x-1=0$ 在 $(0,1)$ 内有根.

18. 试证奇数次代数方程至少有一个实根.

自测题参考答案

1. **解** 由 $3-x>0$，$3-x\neq 1$，$49-x^2\geqslant 0\Rightarrow x\in[-7,2)\cup(2,3)$，故 $f(x)$ 的定义域为 $[-7,2)\cup(2,3)$. $f(-7)=\dfrac{1}{\lg 10}=1$，所以 $f[f(-7)]=\dfrac{1}{\lg 2}+4\sqrt{3}$.

2. **解** $f[g(x)]=\dfrac{g(x)+|g(x)|}{2}=\begin{cases}\dfrac{x+(-x)}{2}=0, & x<0,\\ \dfrac{x^2+x^2}{2}=x^2, & x\geqslant 0.\end{cases}$

3. **解** 当 $x\geqslant 0$ 时，$f[f(x)]=f(1)=1$；当 $-1\leqslant x<0$ 时，$f[f(x)]=f(1+x)=1$；当 $x<-1$ 时，$f[f(x)]=f(1+x)=x+2$.

所以
$$f[f(x)]=\begin{cases}1, & x\geqslant -1,\\ x+2, & x<-1.\end{cases}$$

4. **解** (1) $f(x)=\sqrt{x+|x|}=\begin{cases}0, & x\leqslant 0,\\ \sqrt{2x}, & x>0,\end{cases}$ 所以 $f(x)$ 的定义域为 $(-\infty,+\infty)$.

(2) $f[f(x)]=\sqrt{\sqrt{x+\sqrt{x^2}}+\sqrt{(\sqrt{x+\sqrt{x^2}})^2}}=\sqrt{2\sqrt{x+\sqrt{x^2}}}=\sqrt{2f(x)}$，

所以
$$\frac{1}{2}\{f[f(x)]\}^2=f(x)=\sqrt{x+\sqrt{x^2}}.$$

(3) 因为 $\lim\limits_{x\to 0^-}\dfrac{f(x)}{x}=\lim\limits_{x\to 0^-}\dfrac{0}{x}=0$，$\lim\limits_{x\to 0^+}\dfrac{f(x)}{x}=\lim\limits_{x\to 0^+}\dfrac{\sqrt{2x}}{x}=+\infty$，所以 $\lim\limits_{x\to 0}\dfrac{f(x)}{x}$ 不存在.

5. **解** (1) 因 $f(x+2)=f(2)+f(x)$，$\forall x\in(-\infty,+\infty)$， ①

在①式中，令 $x=-1$，得 $a=f(-1+2)=f(2)+f(-1)=f(2)-f(1)=f(2)-a$，所以，$f(2)=2a$，$f(3)=f(1)+f(2)=3a$，$f(5)=f(2)+f(3)=5a$.

(2) 由①式知，当且仅当 $f(2)=0$，即 $a=0$ 时，$f(x)$是以 2 为周期的周期函数.

6. **解**　(1) 因 $f(x)$是奇函数，所以 $c=0$. 再由 $f(1)=2$，可得

$$a=2b-1. \qquad ①$$

又因 $f(x)$在$[1,+\infty)$上单调递增，且 $f(1)=2$，所以

$$2=f(1)<f(2)=\frac{4a+1}{2b}<3. \qquad ②$$

再将①代入②，得$\frac{3}{2}<2b<3$. 因为 b 是整数，所以 $b=1$，从而 $a=1$，$f(x)=\frac{x^2+1}{x}=x+\frac{1}{x}$.

(2) $\forall x_1,x_2\in(0,1)$，且 $x_1<x_2$，则

$$f(x_2)-f(x_1)=x_2+\frac{1}{x_2}-\left(x_1+\frac{1}{x_1}\right)=\frac{x_1x_2^2-x_1^2x_2+x_1-x_2}{x_1x_2}$$

$$=\frac{x_1(x_2^2+1)-(x_1^2+1)x_2}{x_1x_2}<0,$$

即 $f(x_2)<f(x_1)$，故 $f(x)$在$(0,1)$上单调递减.

7. **解**　原式$=\lim\limits_{n\to\infty}\left[\left(1+\frac{1}{2}\right)\left(1-\frac{1}{2}\right)\left(1+\frac{1}{3}\right)\left(1-\frac{1}{3}\right)\cdots\left(1-\frac{1}{n}\right)\left(1+\frac{1}{n}\right)\right]$

$$=\lim_{n\to\infty}\left[\left(1+\frac{1}{2}\right)\left(1+\frac{1}{3}\right)\cdots\left(1+\frac{1}{n}\right)\right]\left[\left(1-\frac{1}{2}\right)\left(1-\frac{1}{3}\right)\cdots\left(1-\frac{1}{n}\right)\right]$$

$$=\lim_{n\to\infty}\left(\frac{3}{2}\cdot\frac{4}{3}\cdot\cdots\cdot\frac{n+1}{n}\right)\left(\frac{1}{2}\cdot\frac{2}{3}\cdot\cdots\cdot\frac{n-1}{n}\right)$$

$$=\lim_{n\to\infty}\frac{n+1}{2n}=\frac{1}{2}.$$

8. **解**　因$\sqrt{3\sqrt{3\cdot\cdots\cdot\sqrt{3}}}=3^{\frac{1}{2}}\cdot3^{\frac{1}{4}}\cdot\cdots\cdot3^{\frac{1}{2^n}}=3^{1-\left(\frac{1}{2}\right)^n}$，所以

$$\lim_{n\to\infty}\sqrt{3\sqrt{3\cdots\sqrt{3}}}=\lim_{n\to\infty}3^{1-\left(\frac{1}{2}\right)^n}=3.$$

9. **解**　因$(1-x)(1+x)(1+x^2)(1+x^4)\cdots(1+x^{2^n})=1-x^{2^{n+1}}$，所以

$\lim\limits_{n\to\infty}(1+x)(1+x^2)(1+x^4)\cdots(1+x^{2^n})=\lim\limits_{n\to\infty}\frac{1}{1-x}(1-x^{2^{n+1}})=\frac{1}{1-x}$(因$|x|<1$).

10. **证**　$x_{n+1}=\frac{1}{2}\left(x_n+\frac{3}{x_n}\right)\geqslant\sqrt{x_n\cdot\frac{3}{x_n}}=\sqrt{3}$，故$\{x_n\}$有下界. 又

$$\frac{x_{n+1}}{x_n}=\frac{1}{2}\left(1+\frac{3}{x_n^2}\right)\leqslant\frac{1}{2}\left(1+\frac{3}{3}\right)=1,$$

故$\{x_n\}$单调递减，从而$\lim\limits_{n\to\infty}x_n$ 存在.

设$\lim\limits_{n\to\infty}x_n=b$，则 $b=\frac{1}{2}\left(b+\frac{3}{b}\right)$，解得 $b=\sqrt{3}$，所以$\lim\limits_{n\to\infty}x_n=\sqrt{3}$.

11. **解**　原式$=\lim\limits_{x\to-1}\left[\frac{1}{x+1}-\frac{3}{(x+1)(x^2-x+1)}\right]$

$$=\lim_{x\to-1}\frac{(x+1)(x-2)}{(x+1)(x^2-x+1)}=\lim_{x\to-1}\frac{x-2}{x^2-x+1}=-1.$$

12. **解** (1) 当$n\geqslant 2$时，$\left(2-\frac{1}{n^2}\right)^{an}\geqslant 1.5^{an}=(1.5^a)^n$，而$\lim\limits_{n\to\infty}(1.5^a)^n=+\infty$，故

$$\lim_{n\to\infty}\left(2-\frac{1}{n^2}\right)^{an}=+\infty.$$

(2) 原式$=\lim\limits_{x\to 0}\dfrac{\sin 4x(\sqrt{x+2}+\sqrt{2})}{(\sqrt{x+2}-\sqrt{2})(\sqrt{x+2}+\sqrt{2})}$

$$=\lim_{x\to 0}\frac{2\sqrt{2}\sin 4x}{x}=2\sqrt{2}\lim_{x\to 0}\frac{4\sin 4x}{4x}=8\sqrt{2}.$$

(3) 原式$=\lim\limits_{x\to\infty}\left(1+\dfrac{2}{ax+1}\right)^{bx}=\lim\limits_{x\to\infty}\left(1+\dfrac{2}{ax+1}\right)^{\frac{ax+1}{2}\cdot\frac{2bx}{ax+1}}=\mathrm{e}^{\frac{2b}{a}}$.

(4) 令$\sqrt{x}=y$，则当$x\to 0^+$时，$y\to 0^+$.

$$\lim_{x\to 0^+}\sqrt[x]{\cos\sqrt{x}}=\lim_{y\to 0^+}(\cos y)^{\frac{1}{y^2}}=\lim_{y\to 0^+}[1+(\cos y-1)]^{\frac{1}{y^2}}$$

$$=\lim_{y\to 0^+}[1+(\cos y-1)]^{\frac{1}{\cos y-1}\cdot\frac{\cos y-1}{y^2}}.$$

又 $\lim\limits_{y\to 0^+}[1+(\cos y-1)]^{\frac{1}{\cos y-1}}=\mathrm{e}$，$\lim\limits_{y\to 0^+}\dfrac{\cos y-1}{y^2}=\lim\limits_{y\to 0^+}\dfrac{-\frac{1}{2}y^2}{y^2}=-\dfrac{1}{2}$，

故

$$原式=\mathrm{e}^{-\frac{1}{2}}.$$

13. **解** (1) 原式$=\lim\limits_{x\to+\infty}\dfrac{\sqrt{1+\sqrt{\frac{1}{x}+\sqrt{\frac{1}{x^3}}}}}{\sqrt{2+\frac{1}{x}}}=\dfrac{\sqrt{2}}{2}$;

(2) 原式$=\lim\limits_{x\to 0}\dfrac{\ln(\sin^2x+\mathrm{e}^x)-\ln\mathrm{e}^x}{\ln(x^2+\mathrm{e}^{2x})-\ln\mathrm{e}^{2x}}=\lim\limits_{x\to 0}\dfrac{\ln\left(\frac{\sin^2x}{\mathrm{e}^x}+1\right)}{\ln\left(\frac{x^2}{\mathrm{e}^{2x}}+1\right)}=\lim\limits_{x\to 0^+}\dfrac{\frac{\sin^2x}{\mathrm{e}^x}}{\frac{x^2}{\mathrm{e}^{2x}}}=1.$

14. **解** 当$x\to 0$时，$1-\cos\left(1-\cos\dfrac{x}{2}\right)\sim\dfrac{1}{2}\left(1-\cos\dfrac{x}{2}\right)^2\sim\dfrac{1}{2}\left[\dfrac{1}{2}\left(\dfrac{x}{2}\right)^2\right]^2=\dfrac{1}{2}\left(\dfrac{x^2}{2^3}\right)^2$.

要使$\lim\limits_{x\to 0^+}\dfrac{1-\cos\left(1-\cos\frac{x}{2}\right)}{2^mx^n}=1$成立，即要使$\lim\limits_{x\to 0^+}\dfrac{\frac{1}{2}\left(\frac{x^2}{2^3}\right)^2}{2^mx^n}=\lim\limits_{x\to 0^+}\dfrac{x^4}{2^{m+7}x^n}=1$成立.
故$n=4$，$m=-7$.

15. **解** $\lim\limits_{x\to 0^-}f(x)=\lim\limits_{x\to 0^-}\dfrac{\sqrt{2-2\cos x}}{x}=\lim\limits_{x\to 0^-}\dfrac{-x}{x}=-1$，$\lim\limits_{x\to 0^+}f(x)=\lim\limits_{x\to 0^+}a\mathrm{e}^x=a$，$f(0)=a$，要使$f(x)$在$x=0$处连续，必须使$\lim\limits_{x\to 0^-}f(x)=\lim\limits_{x\to 0^+}f(x)=f(0)$成立．故$a=-1$时，$f(x)$在$x=-1$处连续.

16. **解** $x=0$是分段点．$f(0)=\sqrt{1-0}=1$，$\lim\limits_{x\to 0^-}f(x)=\lim\limits_{x\to 0^-}(x-1)=-1$，$\lim\limits_{x\to 0^+}f(x)=\lim\limits_{x\to 0^+}\sqrt{1-x^2}=1\neq-1\Rightarrow x=0$是$f(x)$的第一类间断点.

17. **证** 设$f(x)=(x^2-1)\cos x+\sqrt{2}\sin x-1$，则有$f(0)=-2<0$，$f(1)=\sqrt{2}\sin 1-$

$1>\sqrt{2}\sin\frac{\pi}{4}-1=0$，且 $f(x)$ 在 $[0,1]$ 上连续，由根的存在定理，$f(x)=0$ 在 $(0,1)$ 内有根.

18. **证**　设奇数次代数方程为

$$a_0x^n+a_1x^{n-1}+\cdots+a_{n-1}x+a_n=0,$$

式中 n 为奇数，a_0，a_1，…，a_{n-1}，a_n 为常数，且 $a_0\neq 0$.

不妨设 $a_0>0$（$a_0<0$ 时类似讨论）.

令 $f(x)=a_0x^n+a_1x^{n-1}+\cdots+a_{n-1}x+a_n$，$f(x)$ 在 $(-\infty,+\infty)$ 内连续. 而

$$\lim_{x\to-\infty}f(x)=\lim_{x\to-\infty}\left(a_0+\frac{a_1}{x}+\cdots+\frac{a_{n-1}}{x^{n-1}}+\frac{a_n}{x^n}\right)\cdot x^n=-\infty,$$

$$\lim_{x\to+\infty}f(x)=\lim_{x\to+\infty}\left(a_0+\frac{a_1}{x}+\cdots+\frac{a_{n-1}}{x^{n-1}}+\frac{a_n}{x^n}\right)\cdot x^n=+\infty,$$

故存在充分大的 $M>0$，使 $f(M)>0$，$f(-M)<0$. 显然多项式 $f(x)$ 在 $[-M,M]$ 上连续，由根的存在定理，$f(x)=0$ 在 $[-M,M]\subset(-\infty,+\infty)$ 内至少有一根. 因此，奇数次代数方程至少有一个实根.

考研题解析

1.* 已知 $f(x)=\sin x$，$f[\varphi(x)]=1-x^2$，求 $\varphi(x)$ 及其定义域.

解　由 $f(x)=\sin x$，得 $f[\varphi(x)]=\sin[\varphi(x)]=1-x^2$，于是 $\varphi(x)=\arcsin(1-x^2)$，从而 $|1-x^2|\leqslant 1$. 解之得 $x^2\leqslant 2$，即 $|x|^2\leqslant 2$，故所求定义域为 $|x|\leqslant\sqrt{2}$，即 $[-\sqrt{2},\sqrt{2}]$.

注意　不等式一端为 x^2，应先化成正数平方，即 $x^2=|x|^2$，再在不等式两端开方.

2. 设函数 $f(x)=\begin{cases}1, & |x|\leqslant 1,\\ 0, & |x|>1,\end{cases}$ 则 $f[f(x)]=$________.

解　$f[f(x)]=\begin{cases}1, & |f(x)|\leqslant 1,\\ 0, & |f(x)|>1.\end{cases}$ 由于对任意实数 x 均有 $|f(x)|\leqslant 1$，所以 $f[f(x)]=1$.

3. 设 $f(x)=\begin{cases}x^2, & x\leqslant 0,\\ x^2+x, & x>0,\end{cases}$ 则 $f(-x)=$________.

(A) $f(-x)=\begin{cases}-x^2, & x\leqslant 0,\\ -(x^2+x), & -x>0;\end{cases}$　(B) $f(-x)=\begin{cases}-(x^2+x), & x\leqslant 0,\\ -x^2, & x\geqslant 0;\end{cases}$

(C) $f(-x)=\begin{cases}x^2, & x\leqslant 0,\\ x^2-x, & x>0;\end{cases}$　(D) $f(-x)=\begin{cases}x^2-x, & x<0,\\ x^2, & x\geqslant 0.\end{cases}$

解　$f(-x)=\begin{cases}(-x)^2, & -x\leqslant 0,\\ (-x)^2+(-x), & -x>0,\end{cases}=\begin{cases}x^2-x, & x<0,\\ x^2, & x\geqslant 0.\end{cases}$ 故选(D).

4. 设 $g(x)=\begin{cases}2-x, & x\leqslant 0,\\ x+2, & x>0,\end{cases}$　$f(x)=\begin{cases}x^2, & x<0,\\ -x, & x\geqslant 0,\end{cases}$ 则 $g[f(x)]=$________.

(A) $\begin{cases}2+x^2, & x<0,\\ 2-x, & x\geqslant 0;\end{cases}$　(B) $\begin{cases}2-x^2, & x<0,\\ 2+x, & x\geqslant 0;\end{cases}$

* 1992 年数学试卷 5.

(C) $\begin{cases}2-x^2, & x<0,\\ 2-x, & x\geqslant 0;\end{cases}$　　(D) $\begin{cases}2+x^2, & x<0,\\ 2+x, & x\geqslant 0.\end{cases}$

解　因 $g(u)=\begin{cases}2-u, & u\leqslant 0,\\ u+2, & u>0.\end{cases}$ 令 $u=f(x)$，得

$$g[f(x)]=\begin{cases}2-f(x), & f(x)\leqslant 0,\\ f(x)+2, & f(x)>0.\end{cases}$$

因 $f(x)\leqslant 0$ 等价于 $x\geqslant 0$，此时 $f(x)=-x$；$f(x)>0$ 等价于 $x<0$，此时 $f(x)=x^2$. 所以

$$g[f(x)]=\begin{cases}2+x, & x\geqslant 0,\\ 2+x^2, & x<0.\end{cases}$$

故选(D).

5. 设 $f(x)=\begin{cases}1, & |x|\leqslant 1,\\ 0, & |x|>1,\end{cases}$ 则 $f\{f[f(x)]\}=$________.

(A) 0;　　(B) 1;

(C) $\begin{cases}0, & |x|\leqslant 1,\\ 0, & |x|>1;\end{cases}$　　(D) $\begin{cases}0, & |x|\leqslant 1,\\ 1, & |x|>1.\end{cases}$

解　因为 $f(u)=\begin{cases}1, & |u|\leqslant 1,\\ 0, & |u|>1,\end{cases}$ 所以 $f[f(x)]=\begin{cases}1, & |f(x)|\leqslant 1,\\ 0, & |f(x)|>1.\end{cases}$

由于 $|f(x)|\leqslant 1$ 等价于 $x\in(-\infty,+\infty)$，所以

$$f[f(x)]=1,\ x\in(-\infty,+\infty),$$

$$f\{f[f(x)]\}=f(1)=1,\ x\in(-\infty,+\infty).$$

故选(B).

6. 设函数 $f(x)=x\tan x\mathrm{e}^{\sin x}$，则 $f(x)$是________.

(A) 偶函数;　　(B) 无界函数;　　(C) 周期函数;　　(D) 单调函数.

解　由于$\lim\limits_{x\to\frac{\pi}{2}}x\tan x\mathrm{e}^{\sin x}=\infty$，故 $f(x)$无界. 取 $x_n=2n\pi+\dfrac{\pi}{4}(n=1, 2, \cdots)$，则有

$\lim\limits_{n\to\infty}f(x_n)=\lim\limits_{n\to\infty}x_n\mathrm{e}^{\frac{\sqrt{2}}{2}}=+\infty$，可见 $f(x)$是无界函数，故应选(B).

7. 函数 $f(x)=\dfrac{|x|\sin(x-2)}{x(x-1)(x-2)^2}$在下列哪个区间内有界________.

(A) $(-1, 0)$;　　(B) $(0, 1)$;　　(C) $(1, 2)$;　　(D) $(2, 3)$.

解　因 $\lim\limits_{x\to 1^-}f(x)=\lim\limits_{x\to 1^+}f(x)=\infty$，$\lim\limits_{x\to 2^-}f(x)=\lim\limits_{x\to 2^+}f(x)=\infty$，从而 $f(x)$在区间$(0, 1)$，$(1, 2)$，$(2, 3)$内都是无界的. 故选(A).

8. $\lim\limits_{n\to\infty}\left(\dfrac{1}{n^2+n+1}+\dfrac{2}{n^2+n+2}+\cdots+\dfrac{n}{n^2+n+n}\right)=$________.

解　根据两边夹原理，有

$$\frac{i}{n^2+n+n}\leqslant\frac{i}{n^2+n+i}\leqslant\frac{i}{n^2+n+1},\ i=1, 2, \cdots, n.$$

对 i 从 1 到 n 求和，得

$$\frac{\frac{1}{2}n(n+1)}{n^2+n+n}\leqslant\sum_{i=1}^{n}\frac{i}{n^2+n+i}\leqslant\frac{\frac{1}{2}n(n+1)}{n^2+n+1}.$$

令 $n\to\infty$，两端的极限均为$\frac{1}{2}$，故所求极限为$\frac{1}{2}$.

9. 设 $x_1=10$，$x_{n+1}=\sqrt{6+x_n}(n=1,2,\cdots)$，试证数列$\{x_n\}$的极限存在，并求此极限.

证　由 $x_1=10$ 及 $x_2=\sqrt{6+x_1}=\sqrt{16}=4$ 知，$x_1>x_2$. 设 $n=k$ 时有 $x_k>x_{k+1}$，则 $x_{k+1}=\sqrt{6+x_k}>\sqrt{6+x_{k+1}}=x_{k+2}$.

故由归纳法知，对一切 n 都有 $x_n>x_{n+1}$，即$\{x_n\}$单调减少. 又显见 $x_n>0(n=1,2,\cdots)$，即$\{x_n\}$有下界. 根据单调有界原理知$\lim\limits_{n\to\infty}x_n$ 存在.

设$\lim\limits_{n\to\infty}x_n=a$，则有 $a=\sqrt{6+a}$，从而 $a^2-a-6=0$，解得 $a=3$，$a=-2$(舍去)，故$\lim\limits_{n\to\infty}x_n=3$.

10. 设 $0<x_1<3$，$x_{n+1}=\sqrt{x_n(3-x_n)}(n=1,2,\cdots)$. 证明数列$\{x_n\}$的极限存在，并求此极限.

证　(1) 有界性　由 $0<x_1<3$ 知，x_1，$3-x_1$ 均为正数，因此有

$$0<x_2=\sqrt{x_1(3-x_1)}\leqslant\frac{1}{2}(x_1+3-x_1)=\frac{3}{2}.$$

设 $0<x_k<\frac{3}{2}(k>1)$，则 $0<x_{k+1}=\sqrt{x_k(3-x_k)}\leqslant\frac{1}{2}(x_k+3-x_k)=\frac{3}{2}$. 由数学归纳法知，对任意正整数 $n>1$ 均有 $0<x_n\leqslant\frac{3}{2}$，因而数列$\{x_n\}$有界.

(2) 单调性　当 $n\geqslant1$ 时，$\frac{x_{n+1}}{x_n}=\frac{\sqrt{x_n(3-x_n)}}{x_n}=\sqrt{\frac{3}{x_n}-1}\geqslant\sqrt{2-1}=1$. 因而有 $x_{n+1}\geqslant x_n$ $(n>1)$，即数列$\{x_n\}$单调增加. 由单调有界原理，数列$\{x_n\}$的极限存在.

(3) 设$\lim\limits_{n\to\infty}x_n=a\Rightarrow a=\sqrt{a(3-a)}\Rightarrow a=\frac{3}{2}$，$a=0$(舍去)，故$\lim\limits_{n\to\infty}x_n=\frac{3}{2}$.

11. 设 $a_1=2$，$a_{n+1}=\frac{1}{2}\left(a_n+\frac{1}{a_n}\right)(n=1,2,\cdots)$，证明$\lim\limits_{n\to\infty}a_n$ 存在.

解　因 $a_{n+1}=\frac{1}{2}\left(a_n+\frac{1}{a_n}\right)\geqslant\sqrt{a_n\cdot\frac{1}{a_n}}=1$，所以$\frac{a_{n+1}}{a_n}=\frac{1}{2}\left(1+\frac{1}{a_n^2}\right)\leqslant\frac{1}{2}\left(1+\frac{1}{1^2}\right)=1$，故数列$\{a_n\}$为单调减少有下界的数列，由单调有界收敛准则知$\{a_n\}$收敛. 令 $x_n\to a$，则 $a_{n+1}\to a\Rightarrow 2a=a+\frac{1}{a}$，故 $a=1$，即$\lim\limits_{n\to\infty}a_n=1$.

12. 设数列 x_n 与 y_n 满足$\lim\limits_{n\to\infty}x_ny_n=0$，则下列断言正确的是________.

(A) 若 x_n 发散，则 y_n 必发散；　(B) 若 x_n 无界，则 y_n 必有界；

(C) 若 x_n 有界，则 y_n 必有无穷小；　(D) 若$\frac{1}{x_n}$为无穷小，则 y_n 必为无穷小.

解　$\lim\limits_{n\to\infty}y_n=\lim\limits_{n\to\infty}x_n\cdot y_n\cdot\frac{1}{x_n}=0$ 知，y_n 为无穷小量，故选(D). 取 $x_n=(-1)^n$，$y_n=0$，可排除(A). 取 $x_n=1,0,3,0,5,0,\cdots$，$y_n=0,2,0,4,0,6,\cdots$，可排除(B). 取 $x_n=0$，$y_n=1$，可排除(C).

13. 设$\{a_n\}$，$\{b_n\}$，$\{c_n\}$均为非负数列，且$\lim\limits_{n\to\infty}a_n=0$，$\lim\limits_{n\to\infty}b_n=1$，$\lim\limits_{n\to\infty}c_n=\infty$，则必有________.

(A) $a_n<b_n$ 对任意 n 成立；　　(B) $b_n<c_n$ 对任意 n 成立；

(C) $\lim\limits_{n\to\infty}a_nc_n$ 不存在；　　(D) $\lim\limits_{n\to\infty}b_nc_n$ 不存在．

解 由 $\lim\limits_{n\to\infty}a_n=0$，$\lim\limits_{n\to\infty}b_n=1$，可推知，$n$ 充分大时，$a_n<b_n$；但此式不一定对任意 n 成立，如 $a_n=\dfrac{1}{n}$，$b_n=1$，$n=1$ 时，$a_n=b_n$，排除(A)．由 $\lim\limits_{n\to\infty}c_n=\infty$，$c_n$ 的极限可能是 $+\infty$，也可能是 $-\infty$，故 $b_n<c_n$ 不一定成立，排除(B)．由于 a_nc_n 为 $0\cdot\infty$ 型的未定式极限，其极限会出现多种情况，排除(C)．最后有 $\lim\limits_{n\to\infty}b_nc_n=\infty$，故选(D)．

14. 设对任意的 x，总有 $\varphi(x)\leqslant f(x)\leqslant g(x)$，且 $\lim\limits_{x\to\infty}[g(x)-\varphi(x)]=0$，则 $\lim\limits_{x\to\infty}f(x)=$ ______．

(A) 存在且一定等于零；　　(B) 存在但不一定为零；

(C) 一定不存在；　　(D) 不一定存在．

解 取 $\varphi(x)=x-\dfrac{1}{|x|+1}$，$f(x)=x$，$g(x)=x+\dfrac{1}{|x|+1}$，则 $\varphi(x)\leqslant f(x)\leqslant g(x)$．$\lim\limits_{x\to\infty}[g(x)-\varphi(x)]=\lim\limits_{x\to\infty}\dfrac{2}{|x|+1}=0$，但 $\lim\limits_{x\to\infty}f(x)$ 不存在．于是排除(A)、(B)．

取 $\varphi(x)=\arctan(|x|-1)$，$f(x)=\arctan|x|$，$g(x)=\arctan(|x|+1)$，则 $\varphi(x)\leqslant f(x)\leqslant g(x)$，$\lim\limits_{x\to\infty}[g(x)-\varphi(x)]=0$，$\lim\limits_{x\to\infty}f(x)=\dfrac{\pi}{2}$．于是排除(C)．故应选(D)．

15. 求 $\lim\limits_{x\to0}\left(\dfrac{2+e^{\frac{1}{x}}}{1+e^{\frac{4}{x}}}+\dfrac{\sin x}{|x|}\right)$．

解 因

$$f(0+0)=\lim_{x\to0^+}\left(\frac{2+e^{\frac{1}{x}}}{1+e^{\frac{4}{x}}}+\frac{\sin x}{|x|}\right)=\lim_{x\to0^+}\left(\frac{2+e^{\frac{1}{x}}}{1+e^{\frac{4}{x}}}+\frac{\sin x}{x}\right)=1,$$

$$f(0-0)=\lim_{x\to0^-}\left(\frac{2+e^{\frac{1}{x}}}{1+e^{\frac{4}{x}}}+\frac{\sin x}{|x|}\right)=2-1=1,$$

故原式 $=1$．

注意 (1) $\lim\limits_{x\to0}e^{\frac{1}{x}}$ 型极限在考研题中经常出现，必须引起注意．它的左极限为 0，右极限为 $+\infty$，因此极限不存在．

(2) 极限式中含有绝对值符号，可通过取左、右极限将其去掉．

16. 求 $\lim\limits_{x\to\infty}\dfrac{3x^2+5}{5x+3}\sin\dfrac{2}{x}$．

解 原式 $=\lim\limits_{x\to\infty}\dfrac{3+(5/x^2)}{5+3/x}\dfrac{\sin(2/x)}{1/x}=\lim\limits_{x\to\infty}\dfrac{6}{5}\left[\dfrac{\sin(2/x)}{2/x}\right]=\dfrac{6}{5}$．

17. 求 $\lim\limits_{x\to1}(1-x^2)\tan\left(\dfrac{\pi x}{2}\right)$．

解 令 $t=1-x$，则 $x=1-t$，$1+x=2-t$，$\dfrac{\pi}{2}x=\dfrac{\pi}{2}-\dfrac{\pi}{2}t$，$\tan\dfrac{\pi}{2}x=\tan\left(\dfrac{\pi}{2}-\dfrac{\pi}{2}t\right)=\cot\dfrac{\pi}{2}t$，且当 $x\to1$ 时，$t\to0$．于是

$$原式=\lim_{t\to0}\frac{(2-t)t}{\sin(\pi t/2)}\cos\left(\frac{\pi t}{2}\right)=\lim_{t\to0}\frac{(2-t)t}{\pi t/2}=\frac{4}{\pi}.$$

18. 下列各式中正确的是哪一个?

(A) $\lim\limits_{x\to0^+}\left(1+\dfrac{1}{x}\right)^x=1$；　(B) $\lim\limits_{x\to0^+}\left(1+\dfrac{1}{x}\right)^x=e$；

(C) $\lim\limits_{x\to\infty}\left(1-\dfrac{1}{x}\right)^x=-e$；　(D) $\lim\limits_{x\to\infty}\left(1+\dfrac{1}{x}\right)^{-x}=e$.

解　(C)、(D)中各式左端为重要极限的左端形式，

$$\lim_{x\to\infty}\left(1-\frac{1}{x}\right)^x=\lim_{x\to\infty}\left[\left(1+\frac{1}{-x}\right)^{-x}\right]^{-1}=e^{-1}\neq-e,$$

$$\lim_{x\to\infty}\left(1+\frac{1}{x}\right)^{-x}=\lim_{x\to\infty}\left[\left(1+\frac{1}{x}\right)^{x}\right]^{-1}=e^{-1}\neq e,$$

故(C)、(D)都不正确.

(A)、(B)都不是 1^∞ 型极限，因而不能使用重要的极限，应按幂指函数极限的求法求之.

$$\lim_{x\to0^+}\left(1+\frac{1}{x}\right)^x=e^{\lim\limits_{x\to0^+}x\ln\left(1+\frac{1}{x}\right)}，而\lim_{x\to0^+}x\ln\left(1+\frac{1}{x}\right)=\lim_{x\to0^+}\left[\frac{\ln\left(1+\frac{1}{x}\right)}{1/x}\right]=0,$$

故 $\lim\limits_{x\to0^+}\left(1+\dfrac{1}{x}\right)^x=e^0=1$，所以上面四式中只有(A)式正确.

19. $\lim\limits_{x\to0}(1+3x)^{\frac{2}{\sin x}}=$________.

解　原式 $=\lim\limits_{x\to0}(1+3x)^{\frac{1}{3x}\cdot\frac{6x}{\sin x}}=e^6$.

20. 设常数 $a\neq\dfrac{1}{2}$，则 $\lim\limits_{n\to\infty}\ln\left[\dfrac{n-2na+1}{n(1-2a)}\right]^n=$________.

解　原式 $=\lim\limits_{n\to\infty}n\ln\left[1+\dfrac{1}{n(1-2a)}\right]=\lim\limits_{n\to\infty}\dfrac{\ln\left[1+\dfrac{1}{n(1-2a)}\right]}{\dfrac{1}{n}}$

$$=\lim_{n\to\infty}\frac{n}{n(1-2a)}=\frac{1}{1-2a}.$$

21. $\lim\limits_{x\to0}[1+\ln(1+x)]^{2/x}=$________.

解　原式 $=\lim\limits_{x\to0}[1+\ln(1+x)]^{\frac{1}{\ln(1+x)}\cdot\frac{2\ln(1+x)}{x}}$

$$=\lim_{x\to0}[1+\ln(1+x)]^{\frac{1}{\ln(1+x)}\cdot\lim\limits_{x\to0}\frac{2\ln(1+x)}{x}}=e^2.$$

22. 若 $\lim\limits_{x\to0}\dfrac{\sin x}{e^x-a}(\cos x-b)=5$，则 $a=$________，$b=$________.

解　因 $\lim\limits_{x\to0}\dfrac{\sin x\cdot(\cos x-b)}{e^x-a}=5$，$\lim\limits_{x\to0}\sin x\cdot(\cos x-b)=0$，则必有 $\lim\limits_{x\to0}(e^x-a)=0$，

故 $a=\lim\limits_{x\to0}e^x=1$. 因 $\lim\limits_{x\to0}\dfrac{\sin x}{e^x-1}=1$，于是有 $\lim\limits_{x\to0}\dfrac{\sin x}{e^x-1}(\cos x-b)=1-b=5$，故 $b=-4$.

23. 当 $x\to0$ 时，下列四个无穷小中，哪一个是比其他三个更高阶的无穷小?

(A) x^2；　(B) $1-\cos x$；　(C) $\sqrt{1-x^2}-1$；　(D) $x-\sin x$.

解　$\lim\limits_{x\to0}\dfrac{1-\cos x}{x^2}=\lim\limits_{x\to0}\dfrac{x^2}{2x^2}=\dfrac{1}{2}$；$\lim\limits_{x\to0}\dfrac{\sqrt{1-x^2}-1}{x^2}=\lim\limits_{x\to0}\left(-\dfrac{x^2}{2x^2}\right)=-\dfrac{1}{2}$；

$\lim\limits_{x\to 0}\dfrac{x-\sin x}{x^2}=\lim\limits_{x\to 0}\dfrac{x^3}{6x^2}=0.$

因 $1-\cos x$，$\sqrt{1-x^2}-1$ 都是 x^2 的同阶无穷小，而 $x-\sin x$ 是比 x^2 更高阶的无穷小，故 $x-\sin x$ 是比其他三个更高阶的无穷小．应选(D).

24. 当 $x\to 0$ 时，下列四个无穷小中，哪一个是比其他三个更高阶的无穷小．

(A) x^2；　(B) $1-\cos x$；　(C) $\sqrt{1-x^2}-1$；　(D) $x-\tan x$.

解 $\lim\limits_{x\to 0}\dfrac{x-\tan x}{x^2}=\lim\limits_{x\to 0}\dfrac{x\cos x-\sin x}{x^2\cos x}=\lim\limits_{x\to 0}\dfrac{x-\sin x}{x^2}=\lim\limits_{x\to 0}\dfrac{x^3}{6x^2}=0.$

由23题知，$x-\tan x$ 是比其他三个更高阶的无穷小，应选(D).

注意 可以证明 $x-\tan x\sim-\dfrac{1}{3}x^3$，即 $\tan x-x\sim\dfrac{1}{3}x^3\ (x\to 0)$.

25. 若 $x\to 0$ 时，$(1-ax^2)^{\frac{1}{4}}-1$ 与 $x\sin x$ 是等价无穷小，则 $a=$________.

解 由 $\lim\limits_{x\to 0}\dfrac{(1-ax^2)^{\frac{1}{4}}-1}{x\sin x}=\lim\limits_{x\to 0}\dfrac{-\frac{1}{4}ax^2}{x^2}=-\dfrac{a}{4}=1\Rightarrow a=-4.$

26. 设 $x\to 0$ 时，$e^{\tan x}-e^x$ 与 x^n 是同阶无穷小，则 n 为________.

(A) 1；　(B) 2；　(C) 3；　(D) 4.

解 $\lim\limits_{x\to 0}\dfrac{e^{\tan x}-e^x}{x^n}=\lim\limits_{x\to 0}\dfrac{e^{\tan x-x}-1}{x^n e^{-x}}=\lim\limits_{x\to 0}\dfrac{\tan x-x}{x^n e^{-x}}=\lim\limits_{x\to 0}\dfrac{x^3/3}{x^n e^{-x}}.$

故当 $n=3$ 时，上述极限等于 $\dfrac{1}{3}$，即 $n=3$ 时，$e^{\tan x}-e^x$ 与 x^n 是同阶无穷小$(x\to 0)$，选(C).

27. 函数 $f(x)=x\sin x$，

(A) 当 $x\to\infty$ 时为无穷大；　(B) 在 $(-\infty,+\infty)$ 内有界；

(C) 在 $(-\infty,+\infty)$ 内无界；　(D) 当 $x\to\infty$ 时有有限极限．

解 取 $x_n=n\pi$，$f(n\pi)=0$；取 $x_n=(2n-1)\dfrac{\pi}{2}$ 时，$f(x_n)\to\infty(n\to\infty)$. 故选(C).

28. 当 $x\to 0$ 时，变量 $\dfrac{1}{x^2}\sin\dfrac{1}{x}$ 是________.

(A) 无穷小；　(B) 无穷大；

(C) 有界的，但不是无穷小；　(D) 无界的，但不是无穷大．

解 取 $x_n=\dfrac{1}{n\pi}$，$f(x_n)=0$；取 $x_n=\dfrac{1}{\left(2n+\frac{1}{2}\right)\pi}$，$f(x_n)\to\infty(n\to\infty)$. 故选(D).

注意 无穷大与无界是两个不同的概念．$\lim\limits_{x\to 0}f(x)=\infty$ 是指在 $x=0$ 处充分小邻域内，对所有的 x，$f(x)$ 都可任意大；而无界不要求所有的 x，只要找到一个即可．

29. $\lim\limits_{x\to\infty}x\sin\dfrac{2x}{x^2+1}=$________.

解 因 $\lim\limits_{x\to\infty}\dfrac{2x}{x^2+1}=0$，故 $\lim\limits_{x\to\infty}\sin\dfrac{2x}{x^2+1}=0$，因而当 $x\to\infty$ 时，$\sin\dfrac{2x}{x^2+1}\sim\dfrac{2x}{x^2+1}$，于是 $\lim\limits_{x\to\infty}x\sin\dfrac{2x}{x^2+1}=\lim\limits_{x\to\infty}\dfrac{2x^2}{x^2+1}=2.$

30. $\lim\limits_{x\to 0^+}\dfrac{1-e^{\frac{1}{x}}}{x+e^{\frac{1}{x}}}=$________.

解　原式$=\lim\limits_{x\to 0^+}\dfrac{\dfrac{1}{e^{1/x}}-1}{\dfrac{x}{e^{1/x}}+1}=-1.$

31. 求 $\lim\limits_{x\to-\infty}\dfrac{\sqrt{4x^2+x-1}+x+1}{\sqrt{x^2+\sin x}}$.

解　原式$=\lim\limits_{x\to-\infty}\dfrac{-\sqrt{4+\dfrac{1}{x}-\dfrac{1}{x^2}}+1+\dfrac{1}{x}}{-\sqrt{1+\dfrac{\sin x}{x^2}}}=\dfrac{-2+1}{-1}=1.$

注意　当 $x<0$ 时，$x=-\sqrt{x^2}$.

32. 求 $\lim\limits_{x\to-\infty}x(\sqrt{x^2+100}+x)$.

解　原式$=\lim\limits_{x\to-\infty}\dfrac{100x}{\sqrt{x^2+100}-x}=\lim\limits_{x\to-\infty}\dfrac{100}{-\left(\sqrt{1+\dfrac{100}{x^2}}+1\right)}=-50.$

33. 求$\lim\limits_{x\to 0}\dfrac{\sqrt{1+\tan x}-\sqrt{1+\sin x}}{x\ln(1+x)-x^2}$.

解　原式$=\lim\limits_{x\to 0}\dfrac{\tan x-\sin x}{x[\ln(1+x)-x]\cdot(\sqrt{1+\tan x}+\sqrt{1+\sin x})}$

$$=\frac{1}{2}\lim_{x\to 0}\frac{x^3/2}{x[\ln(1+x)-x]}=\frac{1}{4}\lim_{x\to 0}\frac{x^2}{\ln(1+x)-x}$$

$$=\frac{1}{4}\lim_{x\to 0}\frac{2x}{\dfrac{-x}{1+x}}=-\frac{1}{2}\left(\text{这里使用了}\frac{0}{0}\text{型洛必达法则}\right).$$

34. $\lim\limits_{x\to 0}\dfrac{\sqrt{1+x}+\sqrt{1-x}-2}{x^2}=$________.

解　原式$=\lim\limits_{x\to 0}\dfrac{(\sqrt{1+x}+\sqrt{1-x})^2-4}{x^2(\sqrt{1+x}+\sqrt{1-x}+2)}=\lim\limits_{x\to 0}\dfrac{2(\sqrt{1-x^2}-1)}{4x^2}$

$$=\lim_{x\to 0}\frac{-x^2/2}{2x^2}=-\frac{1}{4}.$$

35. 求$\lim\limits_{x\to 0}x\cot 2x$.

解　原式$=\lim\limits_{x\to 0}\dfrac{x}{\tan 2x}=\lim\limits_{x\to 0}\dfrac{x}{2x}=\dfrac{1}{2}.$

36. 求$\lim\limits_{x\to 0}\dfrac{x-\sin x}{x^2(e^x-1)}$.

解　原式$=\lim\limits_{x\to 0}\dfrac{\dfrac{x^3}{6}}{x^3}=\dfrac{1}{6}$　$\left(x-\sin x\sim\dfrac{x^3}{6},\ e^x-1\sim x,\ x\to 0\right).$

37. 求$\lim\limits_{x\to 0}\cot x\left(\dfrac{1}{\sin x}-\dfrac{1}{x}\right)$.

解 原式$=\lim\limits_{x\to 0}\dfrac{x-\sin x}{x\sin x\tan x}=\lim\limits_{x\to 0}\dfrac{\frac{x^3}{6}}{x^3}=\dfrac{1}{6}$.

38. 求$\lim\limits_{x\to 0}\dfrac{1-\sqrt{\cos x}}{x(1-\cos\sqrt{x})}$.

解 原式$=\lim\limits_{x\to 0}\dfrac{1-\cos x}{x(1-\cos\sqrt{x})(1+\sqrt{\cos x})}=\lim\limits_{x\to 0}\dfrac{\frac{1}{2}x^2}{x\cdot\frac{1}{2}x(1+\sqrt{\cos x})}=\dfrac{1}{2}$.

39. $\lim\limits_{x\to 0}\left(\dfrac{1}{x^2}-\dfrac{1}{x\tan x}\right)=$________.

解 原式$=\lim\limits_{x\to 0}\dfrac{\tan x-x}{x^2\tan x}=\lim\limits_{x\to 0}\dfrac{x^3/3}{x^3}=\dfrac{1}{3}$.

40. $\lim\limits_{x\to 0}(\cos x)^{\frac{1}{\ln(1+x^2)}}=$________.

解 原式$=\lim\limits_{x\to 0}(1+\cos x-1)^{\frac{1}{\cos x-1}\cdot\frac{\cos x-1}{\ln(1+x^2)}}=\mathrm{e}^{\lim\limits_{x\to 0}\frac{\cos x-1}{\ln(1+x^2)}}=\mathrm{e}^{\lim\limits_{x\to 0}\frac{-x^2/2}{x^2}}=\mathrm{e}^{-\frac{1}{2}}$.

41. 求$\lim\limits_{x\to 0}\dfrac{3\sin x+x^2\cos\frac{1}{x}}{(1+\cos x)\ln(1+x)}$.

解 原式$=\dfrac{1}{2}\lim\limits_{x\to 0}\dfrac{3\sin x+x^2\cos\frac{1}{x}}{x}=\dfrac{1}{2}\lim\limits_{x\to 0}\left(\dfrac{3\sin x}{x}+x\cos\dfrac{1}{x}\right)=\dfrac{3}{2}$.

42. 求$\lim\limits_{n\to\infty}\left(\dfrac{n-2}{n+1}\right)^n$.

解 原式$=\lim\limits_{n\to\infty}\left(1-\dfrac{3}{n+1}\right)^n=\lim\limits_{n\to\infty}\left(1-\dfrac{3}{n+1}\right)^{\left(-\frac{n+1}{3}\right)\left(\frac{-3n}{n+1}\right)}=\mathrm{e}^{-3}$.

43. 求$\lim\limits_{n\to\infty}\left(n\tan\dfrac{1}{n}\right)^{n^2}$（$n$为自然数）.

解 因为
$$\lim_{x\to 0^+}\left(\frac{\tan x}{x}\right)^{\frac{1}{x^2}}=\lim_{x\to 0^+}\left[\left(1+\frac{\tan x-x}{x}\right)^{\frac{x}{\tan x-x}}\right]^{\frac{\tan x-x}{x^3}},$$

又
$$\lim_{x\to 0^+}\frac{\tan x-x}{x^3}=\lim_{x\to 0^+}\frac{\frac{1}{3}x^3}{x^3}=\frac{1}{3},\quad \lim_{x\to 0^+}\frac{\tan x-x}{x}=0,$$

所以
$$\lim_{x\to 0^+}\left[\left(1+\frac{\tan x-x}{x}\right)\right]^{\frac{x}{\tan x-x}}=\mathrm{e}\Rightarrow\lim_{x\to 0^+}\left(\frac{\tan x}{x}\right)^{\frac{1}{x^2}}=\mathrm{e}^{\frac{1}{3}}.$$

取$x=\dfrac{1}{n}\Rightarrow\lim\limits_{n\to\infty}\left(n\tan\dfrac{1}{n}\right)^{n^2}=\mathrm{e}^{\frac{1}{3}}$.

44. 求极限$\lim\limits_{x\to 0}\dfrac{1}{x^3}\left[\left(\dfrac{2+\cos x}{3}\right)^x-1\right]$.

解 原式$=\lim\limits_{x\to 0}\dfrac{\mathrm{e}^{x\ln\frac{2+\cos x}{3}}-1}{x^3}=\lim\limits_{x\to 0}\dfrac{x\ln\frac{2+\cos x}{3}}{x^3}=\lim\limits_{x\to 0}\dfrac{\ln\left(1+\frac{\cos x-1}{3}\right)}{x^2}$

$$=\lim_{x\to 0}\frac{\cos x-1}{3x^2}=\lim_{x\to 0}\frac{-\frac{1}{2}x^2}{3x^2}=-\frac{1}{6}.$$

45. 设$\lim\limits_{x\to\infty}\left(\frac{x+2a}{x-a}\right)^x=8$，则 $a=$________.

解 由$\lim\limits_{x\to\infty}\left(\frac{x+2a}{x-a}\right)^x=\lim\limits_{x\to\infty}\left(1+\frac{3a}{x-a}\right)^{\frac{x-a}{3a}\cdot\frac{3ax}{x-a}}=e^{3a}=8\Rightarrow 3a=\ln 8$

$$\Rightarrow a=\frac{1}{3}\ln 8=\frac{1}{3}\ln 2^3=\ln 2.$$

46. 设$\lim\limits_{x\to 0}\frac{a\tan x+b(1-\cos x)}{c\ln(1-2x)+d(1-e^{-x^2})}=2$，其中 $a^2+c^2\neq 0$，则有________.

(A) $b=4d$； (B) $b=-4d$； (C) $a=4c$； (D) $a=-4c$.

解 由于

$$\lim_{x\to 0}\frac{a\tan x+b(1-\cos x)}{c\ln(1-2x)+d(1-e^{-x^2})}=\frac{a\lim\limits_{x\to 0}\frac{\tan x}{x}+b\lim\limits_{x\to 0}\frac{1-\cos x}{x}}{c\lim\limits_{x\to 0}\frac{\ln(1-2x)}{x}+d\lim\limits_{x\to 0}\frac{1-e^{-x^2}}{x}}$$

$$=\frac{a\lim\limits_{x\to 0}\frac{x}{x}+b\lim\limits_{x\to 0}\frac{x^2/2}{x}}{c\lim\limits_{x\to 0}\frac{-2x}{x}+d\lim\limits_{x\to 0}\frac{x^2}{x}}=\frac{a}{-2c}=2,$$

于是 $a=-4c$，故选(D).

47. $\lim\limits_{n\to\infty}(\sqrt{n+3\sqrt{n}}-\sqrt{n-\sqrt{n}})=$________.

解 原式$=\lim\limits_{n\to\infty}\frac{n+3\sqrt{n}-n+\sqrt{n}}{\sqrt{n+3\sqrt{n}}+\sqrt{n-\sqrt{n}}}=\lim\limits_{n\to\infty}\frac{4}{\sqrt{1+\frac{3}{\sqrt{n}}}+\sqrt{1-\frac{1}{\sqrt{n}}}}=2.$

48. 当 $x\to 0$ 时，$(1+ax^2)^{\frac{1}{3}}-1$ 与 $\cos x-1$ 是等价无穷小，则 $a=$________.

解 由 $1=\lim\limits_{x\to 0}\frac{(1+ax^2)^{\frac{1}{3}}-1}{\cos x-1}=\lim\limits_{x\to 0}\frac{\frac{1}{3}ax^2}{-\frac{1}{2}x^2}=-\frac{2}{3}a\Rightarrow a=-\frac{3}{2}.$

49. 当 $x\to 0$ 时，$x-\sin x$ 是 x^2 的________.

(A) 低阶无穷小； (B) 高阶无穷小；

(C) 等价无穷小； (D) 同阶但非等价无穷小．

解 由$\lim\limits_{x\to 0}\frac{x-\sin x}{x^2}=\lim\limits_{x\to 0}\frac{\frac{1}{6}x^3}{x^2}=0\left(x-\sin x\sim\frac{1}{6}x^3,\ x\to 0\right)$，故选(B).

50. 设 $f(x)=2^x+3^x-2$，则当 $x\to 0$ 时，________.

(A) $f(x)$是 x 的等价无穷小； (B) $f(x)$与 x 是同阶但非等价无穷小；

(C) $f(x)$是 x 的高阶无穷小； (D) $f(x)$是 x 的低阶无穷小．

解 因为$\lim\limits_{x\to 0}\frac{f(x)}{x}=\lim\limits_{x\to 0}\frac{2^x+3^x-2}{x}=\lim\limits_{x\to 0}\frac{(2^x-1)+(3^x-1)}{x}$

$$=\lim_{x\to0}\frac{x\ln2}{x}+\lim_{x\to0}\frac{x\ln3}{x}=\ln2+\ln3=\ln6\neq1,$$

故应选(B).

51. 当 $x\to0$ 时，$\alpha(x)=kx^2$ 与 $\beta(x)=\sqrt{1+x\arcsin x}-\sqrt{\cos x}$ 是等价无穷小，则 $k=$ ________.

解 因 $x\to0$ 时，$\alpha(x)\sim\beta(x)$，所以

$$\lim_{x\to0}\frac{\beta(x)}{\alpha(x)}=\lim_{x\to0}\frac{\sqrt{1+x\arcsin x}-\sqrt{\cos x}}{kx^2}=\lim_{x\to0}\frac{1+x\arcsin x-\cos x}{kx^2(\sqrt{1+x\arcsin x}+\sqrt{\cos x})}$$

$$=\lim_{x\to0}\frac{1-\cos x+x\arcsin x}{2kx^2}=\lim_{x\to0}\frac{1-\cos x}{2kx^2}+\lim_{x\to0}\frac{x\arcsin x}{2kx^2}$$

$$=\lim_{x\to0}\frac{\frac{1}{2}x^2}{2kx^2}+\lim_{x\to0}\frac{x^2}{2kx^2}=\frac{1}{4k}+\frac{1}{2k}=\frac{3}{4k}=1,$$

所以 $k=\frac{3}{4}$.

52. 设当 $x\to0$ 时，$(1-\cos x)\ln(1+x^2)$ 是比 $x\sin x^n$ 高阶的无穷小，而 $x\sin x^n$ 是 $(e^{x^2}-1)$ 的高阶无穷小，则正整数 $n=$ ________.

(A) 1； (B) 2； (C) 3； (D) 4.

解 因为 $(1-\cos x)\ln(1+x^2)\sim\frac{1}{2}x^4$，$x\sin x^n\sim x^{n+1}$，$e^{x^2}-1\sim x^2\Rightarrow2<n+1<4\Rightarrow n+1=3\Rightarrow n=2$，故选(B).

53. 已知 $\lim_{x\to\infty}\left(\frac{x^2}{x+1}-ax-b\right)=0$，其中 a，b 是常数，则 ________.

(A) $a=1$，$b=1$； (B) $a=-1$，$b=1$；

(C) $a=1$，$b=-1$； (D) $a=-1$，$b=-1$.

解 由题设 $\lim_{x\to\infty}\frac{(1-a)x^2-(a+b)x-b}{x+1}=0\Rightarrow1-a=0$ 且 $a+b=0$，解得 $a=1$，$b=-1$，故选(C).

54. 若 $f(x)=\begin{cases}e^x(\sin x+\cos x), & x>0,\\ 2x+a, & x\leqslant0\end{cases}$ 是 $(-\infty,+\infty)$ 上的连续函数，则 $a=$ ________.

解 由 $\lim_{x\to0^+}e^x(\sin x+\cos x)=1$，$\lim_{x\to0^-}(2x+a)=a\Rightarrow a=1$.

55. 设 $f(x)=\begin{cases}a+bx^2, & x\leqslant0,\\ \frac{\sin bx}{x}, & x>0\end{cases}$ 在 $x=0$ 处连续，则常数 a 与 b 应满足的关系是 ________.

解 $\lim_{x\to0^+}\frac{\sin bx}{x}=b$，$\lim_{x\to0^-}(a+bx^2)=a\Rightarrow a=b$.

56. 若 $f(x)=\begin{cases}\frac{\sin2x+e^{2ax}-1}{x}, & x\neq0,\\ a, & x=0\end{cases}$ 在 $(-\infty,+\infty)$ 上连续，则 $a=$ ________.

解 $\lim_{x\to0}\frac{\sin2x+e^{2ax}-1}{x}=\lim_{x\to0}\left(\frac{\sin2x}{x}+\frac{e^{2ax}-1}{x}\right)=2+2a$，再由连续性，$2+2a=a\Rightarrow$

$a=-2$.

57. 已知 $f(x)=\begin{cases}(\cos x)^{\frac{1}{x^2}}, & x\neq 0,\\ a, & x=0\end{cases}$ 在 $x=0$ 上连续，则 $a=$________.

解　$a=\lim\limits_{x\to 0}f(x)=\lim\limits_{x\to 0}[1+(\cos x-1)]^{\frac{1}{x^2}}=\lim\limits_{x\to 0}[1+(\cos x-1)]^{\frac{1}{\cos x-1}\cdot\frac{\cos x-1}{x^2}}$

$=e^{\lim\limits_{x\to 0}\frac{\cos x-1}{x^2}}=e^{\lim\limits_{x\to 0}\frac{-\frac{1}{2}x^2}{x^2}}=e^{-\frac{1}{2}}$.

58. 设函数 $f(x)=\dfrac{x}{a+e^{bx}}$ 在 $(-\infty,+\infty)$ 内连续，且 $\lim\limits_{x\to-\infty}f(x)=0$，则常数 a，b 满足________.

(A) $a<0$，$b<0$；　(B) $a>0$，$b>0$；　(C) $a\leqslant 0$，$b>0$；　(D) $a\geqslant 0$，$b<0$.

解　当 $b>0$ 且 $x\to-\infty$ 时，$e^{bx}\to 0$，从而 $\lim\limits_{x\to-\infty}f(x)\neq 0$，因此 $b<0$，排除(B)和(C).又因 $e^{bx}>0$，为使 $f(x)=\dfrac{x}{a+e^{bx}}$ 处处连续，只能 $a\geqslant 0$. 故选(D).

59. 已知 $f(x)=\begin{cases}\ln(\cos x)x^{-2}, & x\neq 0,\\ a, & x=0\end{cases}$ 在 $x=0$ 处连续，则 $a=$________.

解　$a=f(0)=\lim\limits_{x\to 0}f(x)=\lim\limits_{x\to 0}\dfrac{\ln(\cos x)}{x^2}=\lim\limits_{x\to 0}\dfrac{\ln(1+\cos x-1)}{x^2}$

$=\lim\limits_{x\to 0}\dfrac{\cos x-1}{x^2}=\lim\limits_{x\to 0}\dfrac{-\frac{1}{2}x^2}{x^2}=-\dfrac{1}{2}$.

60. 设函数 $f(x)=\begin{cases}\dfrac{\ln\cos(x-1)}{1-\sin\frac{\pi}{2}x}, & x\neq 1,\\ 1, & x=1,\end{cases}$ 问函数 $f(x)$ 在 $x=1$ 处是否连续？若不连续，修改函数在 $x=1$ 处的定义使之连续.

解　令 $x-1=t$，则

$$\lim_{x\to 1}f(x)=\lim_{x\to 1}\frac{\ln\cos(x-1)}{1-\sin\frac{\pi}{2}x}=\lim_{t\to 0}\frac{\ln\cos t}{1-\cos\frac{\pi}{2}t}=\lim_{t\to 0}\frac{\ln[1+(\cos t-1)]}{1-\cos\frac{\pi}{2}t}$$

$$=\lim_{t\to 0}\frac{\cos t-1}{\frac{1}{2}\cdot\frac{\pi^2}{4}t^2}=\lim_{t\to 0}\frac{-t^2/2}{\pi^2t^2/8}=-\frac{4}{\pi^2}.$$

$\lim\limits_{x\to 1}f(x)=-\dfrac{4}{\pi^2}\neq f(1)=1$，所以 $f(x)$ 在 $x=1$ 处不连续．定义 $f(1)=-\dfrac{4}{\pi^2}$，则 $f(x)$ 在 $x=1$处连续．

61. 设 $f(x)=\dfrac{1}{\pi x}+\dfrac{1}{\sin\pi x}-\dfrac{1}{\pi(1-x)}$，$x\in\left[\dfrac{1}{2},1\right)$，试补充定义 $f(1)$ 使得 $f(x)$ 在 $\left[\dfrac{1}{2},1\right]$上连续.

解　令 $y=1-x$，则

$$\lim_{x\to1^-}f(x)=\frac{1}{\pi}+\lim_{x\to1^-}\frac{\pi(1-x)-\sin\pi x}{\pi(1-x)\cdot\sin\pi x}=\frac{1}{\pi}+\lim_{y\to0^+}\frac{\pi y-\sin\pi y}{\pi y\sin\pi y}$$
$$=\frac{1}{\pi}+\lim_{y\to0^+}\frac{\pi^3y^3/6}{\pi^2y^2}=\frac{1}{\pi}+\lim_{y\to0^+}\frac{\pi y}{6}=\frac{1}{\pi}.$$

因此定义 $f(1)=\frac{1}{\pi}$，就可使 $f(x)$在$\left[\frac{1}{2},1\right]$上连续．

62. 设函数 $f(x)=\begin{cases}\dfrac{1-\mathrm{e}^{\tan x}}{\arcsin\dfrac{x}{2}}, & x>0,\\ a\mathrm{e}^{2x}, & x\leqslant0\end{cases}$ 在 $x=0$ 处连续，则 $a=$________．

解 $a=f(0)=\lim\limits_{x\to0^+}\dfrac{1-\mathrm{e}^{\tan x}}{\arcsin\dfrac{x}{2}}=\lim\limits_{x\to0^+}\dfrac{-\tan x}{\dfrac{x}{2}}=-2.$

63. 设 $f(x)=\lim\limits_{n\to\infty}\dfrac{(n-1)x}{nx^2+1}$，则 $f(x)$的间断点为 $x=$________．

解 因 $f(0)=0$，$x\neq0$ 时，$f(x)=\lim\limits_{n\to\infty}\dfrac{(n-1)x}{nx^2+1}=\dfrac{x}{x^2}=\dfrac{1}{x}$，显然 $f(x)$的间断点为 $x=0$，且为第二类间断点．

64. 设函数 $f(x)=\lim\limits_{n\to\infty}\dfrac{1+x}{1+x^{2n}}$，讨论函数 $f(x)$的间断点，其结论为________．

(A) 不存在间断点；　　(B) 存在间断点 $x=1$；

(C) 存在间断点 $x=0$；　　(D) 存在间断点 $x=-1$.

解 当 $x=-1$ 时，$f(x)=0$；当 $x=1$ 时，$f(x)=1$；当 $-1<x<1$ 时，$f(x)=1+x$；当 $x<-1$ 或 $x>1$ 时，$f(x)=0$. 所以

$$f(x)=\begin{cases}0, & x<-1\text{ 或 }x=-1\text{ 或 }x>1,\\ 1+x, & -1<x<1,\\ 1, & x=1.\end{cases}$$

显然 $x=0$ 不是间断点．

$f(-1-0)=f(-1+0)=f(-1)=0$，$x=-1$ 不是间断点．

$f(1-0)=\lim\limits_{x\to1^-}f(x)=2$，$f(1+0)=\lim\limits_{x\to1^+}f(x)=\lim\limits_{x\to1^+}0=0$，$f(1-0)\neq f(1+0)$，所以 $x=1$ 是间断点．故选(B).

65. 设 $f(x)$和 $\varphi(x)$在$(-\infty,+\infty)$内有定义，$f(x)$为连续函数，且 $f(x)\neq0$，$\varphi(x)$有间断点，则________．

(A) $\varphi[f(x)]$必有间断点；　　(B) $[\varphi(x)]^2$ 必有间断点；

(C) $f[\varphi(x)]$必有间断点；　　(D) $\dfrac{\varphi(x)}{f(x)}$必有间断点．

解 若 $F(x)=\dfrac{\varphi(x)}{f(x)}$为连续函数，则 $\varphi(x)=f(x)F(x)$必连续，这与 $\varphi(x)$有间断点矛盾．故选(D).

66. 求函数 $f(x)=(1+x)^{\frac{x}{\tan\left(x-\frac{\pi}{4}\right)}}$ 在区间$(0,2\pi)$内的间断点，并判断其类型．

解　$f(x)$在$(0,\ 2\pi)$内的间断点为$x=\frac{\pi}{4}$，$\frac{3\pi}{4}$，$\frac{5\pi}{4}$，$\frac{7\pi}{4}$. 在$x=\frac{\pi}{4}$处，$f\left(\frac{\pi}{4}+0\right)=+\infty$，在$x=\frac{5\pi}{4}$处，$f\left(\frac{5\pi}{4}+0\right)=+\infty$，故$x=\frac{\pi}{4}$，$\frac{5\pi}{4}$为第二类(或无穷)间断点．在$x=\frac{3\pi}{4}$处，$\lim\limits_{x\to\frac{3\pi}{4}}f(x)=1$，在$x=\frac{7\pi}{4}$处，$\lim\limits_{x\to\frac{7\pi}{4}}f(x)=1$，故$x=\frac{3\pi}{4}$，$\frac{7\pi}{4}$为第一类(或可去)间断点．

67. 求极限$\lim\limits_{t\to x}\left(\frac{\sin t}{\sin x}\right)^{\frac{x}{\sin t-\sin x}}$，记此极限为$f(x)$，求函数$f(x)$的间断点并指出其类型.

解　$$f(x)=\lim_{t\to x}\left(\frac{\sin t}{\sin x}\right)^{\frac{x}{\sin t-\sin x}}=\lim_{t\to x}\left(\frac{\sin x+\sin t-\sin x}{\sin x}\right)^{\frac{x}{\sin t-\sin x}}$$

$$=\lim_{t\to x}\left(1+\frac{\sin t-\sin x}{\sin x}\right)^{\frac{\sin x}{\sin t-\sin x}\cdot\frac{x}{\sin x}}=e^{\frac{x}{\sin x}},$$

故间断点为$x=k\pi(k=0,\ \pm1,\ \pm2,\ \cdots)$. 因为$\lim\limits_{x\to0}f(x)=\lim\limits_{x\to0}e^{\frac{x}{\sin x}}=e$，所以$x=0$为第一类(或可去)间断点．其余间断点属于第二类(或无穷)间断点．

68. 设函数$f(x)=\dfrac{1}{e^{\frac{x}{x-1}}-1}$，则________.

(A) $x=0$，$x=1$都是$f(x)$的第一类间断点；

(B) $x=0$，$x=1$都是$f(x)$的第二类间断点；

(C) $x=0$是$f(x)$的第一类间断点，$x=1$是$f(x)$的第二类间断点；

(D) $x=0$是$f(x)$的第二类间断点，$x=1$是$f(x)$的第一类间断点．

解　由于$\frac{x}{x-1}$在$x=1$处无定义，所以$x=1$为$f(x)$的一个间断点．而$\lim\limits_{x\to1^+}e^{\frac{x}{x-1}}=+\infty$，$\lim\limits_{x\to1^-}e^{\frac{x}{x-1}}=0$，所以$\lim\limits_{x\to1^+}f(x)=\dfrac{1}{e^{\frac{x}{x-1}}-1}=0$，$\lim\limits_{x\to1^-}f(x)=\dfrac{1}{e^{\frac{x}{x-1}}-1}=-1$，故$x=1$为$f(x)$的第一类间断点．

由于$e^{\frac{x}{x-1}}-1$在$x=0$处等于0，所以$f(x)$在$x=0$处无定义，故$x=0$为$f(x)$的一个间断点．而$\lim\limits_{x\to0^+}f(x)=-\infty$，$\lim\limits_{x\to0^-}f(x)=+\infty$，所以$x=0$是$f(x)$的第二类间断点，故选(D).

69. 设$f(x)$在$(-\infty,\ +\infty)$内有定义，且

$$\lim_{x\to\infty}f(x)=a,\ g(x)=\begin{cases}f\left(\dfrac{1}{x}\right), & x\neq0,\\ 0, & x=0,\end{cases}$$

则________.

(A) $x=0$必是$g(x)$的第一类间断点；

(B) $x=0$必是$g(x)$的第二类间断点；

(C) $x=0$必是$g(x)$的连续点；

(D) $g(x)$在点$x=0$的连续性与a的取值有关．

解　$\lim\limits_{x\to0}g(x)=\lim\limits_{x\to0}f\left(\frac{1}{x}\right)=\lim\limits_{y\to\infty}f(y)=a$. 若$a=0$，则$g(x)$在$x=0$连续；若$a\neq0$，则$g(x)$在$x=0$间断，且为第一类间断点．故仅(D)正确．

第二章

导数与微分

内 容 提 要

一、导数的概念

1. 导数的定义

定义 设函数 $y=f(x)$ 在 $N(x_0, \delta)$ 内有定义，当自变量在 x_0 处取得增量 Δx（点 $x_0+\Delta x$ 仍在该邻域内）时，相应地函数 y 取得增量 $\Delta y=f(x_0+\Delta x)-f(x_0)$. 若极限

$$\lim_{\Delta x\to 0}\frac{\Delta y}{\Delta x}=\lim_{\Delta x\to 0}\frac{f(x_0+\Delta x)-f(x_0)}{\Delta x}$$

存在，则称 $f(x)$ 在点 x_0 处可导，记作 $f'(x_0)$，即

$$f'(x_0)=\lim_{\Delta x\to 0}\frac{\Delta y}{\Delta x}=\lim_{\Delta x\to 0}\frac{f(x_0+\Delta x)-f(x_0)}{\Delta x}.$$

左导数 $f'_-(x_0)=\lim\limits_{\Delta x\to 0^-}\dfrac{f(x_0+\Delta x)-f(x_0)}{\Delta x}$.

右导数 $f'_+(x_0)=\lim\limits_{\Delta x\to 0^+}\dfrac{f(x_0+\Delta x)-f(x_0)}{\Delta x}$.

函数 $f(x)$ 在点 x_0 处可导 $\Leftrightarrow$ $f(x)$ 在点 x_0 处左、右导数存在且相等.

$$f'(x)=\lim_{\Delta x\to 0}\frac{f(x+\Delta x)-f(x)}{\Delta x}，f'(x_0)=f'(x)\big|_{x=x_0}.$$

2. 导数的几何意义 函数 $y=f(x)$ 在点 x_0 处的导数 $f'(x_0)$ 在几何上表示曲线 $y=f(x)$ 在点 $M(x_0, f(x_0))$ 处的切线的斜率 k，即

$$f'(x_0)=\tan\alpha=k，其中 \alpha 是切线的倾角.$$

3. 可导与连续的关系 若函数 $y=f(x)$ 在点 x 处可导，则函数在该点必然连续. 反之，不一定成立.

4. 导数的四则运算 设 $u=u(x)$ 及 $v=v(x)$ 在点 x 处可导，$u'=u'(x)$，$v'=v'(x)$，则

(1) $[u(x)\pm v(x)]'=u'(x)\pm v'(x)$；

(2) $[u(x)\cdot v(x)]'=u'(x)v(x)+u(x)v'(x)$，

$[c\cdot v(x)]'=cv'(x)$（c 为常数）；

(3) $\left[\dfrac{u(x)}{v(x)}\right]'=\dfrac{u'(x)v(x)-u(x)v'(x)}{[v(x)]^2}$.

5. 反函数的导数 若函数 $x=\varphi(y)$ 在某区间 I_y 内单调可导，且 $\varphi'\neq 0$，则它的反函数 $y=f(x)$ 在对应的区间 I_x 内也可导，且 $f'(x)=\dfrac{1}{\varphi'(y)}$.

6. 复合函数的导数 如果函数 $u=\varphi(x)$ 在点 x_0 可导，而函数 $y=f(u)$ 在点 $u_0=\varphi(x_0)$ 可导，则复合函数 $y=f[\varphi(x)]$ 在点 x_0 可导，且其导数为

$$\left.\frac{\mathrm{d}y}{\mathrm{d}x}\right|_{x=x_0}=f'(u_0)\cdot\varphi'(x_0).$$

7. 高阶导数 若函数 $y=f(x)$ 的导函数 $f'(x)$ 在点 x 处可导，则称 $f'(x)$ 在点 x 处的导数为函数 $y=f(x)$ 在点 x 处的二阶导数，记作 $f''(x)$，$\dfrac{\mathrm{d}^2y}{\mathrm{d}x^2}$ 或 $\dfrac{\mathrm{d}^2f(x)}{\mathrm{d}x^2}$，即

$$f''(x)=[f'(x)]'=\lim_{\Delta x\to 0}\frac{f'(x+\Delta x)-f'(x)}{\Delta x},$$

$$f^{(n)}(x)=[f^{(n-1)}(x)]'=\lim_{\Delta x\to 0}\frac{f^{(n-1)}(x+\Delta x)-f^{(n-1)}(x)}{\Delta x}.$$

8. 隐函数及参数方程确定的函数的导数

(1) 隐函数的导数 由方程 $F(x,y)=0$ 所确定的 y 关于 x 的函数 $y=f(x)$ 称为隐函数. 求导时，只需 $F(x,y)=0$ 两端对 x 求导，然后解出 y' 即可.

(2) 参数式求导 设参数方程 $\begin{cases}x=\varphi(t),\\ y=\psi(t)\end{cases}$ 在 (α,β) 上连续、可导，且 $\varphi'(t)\neq 0$（此时 $\varphi(t)$ 必严格单调），则参数式确定的函数 $y=\psi[\varphi^{-1}(x)]$ 可导，且

$$\frac{\mathrm{d}y}{\mathrm{d}x}=\frac{\mathrm{d}y}{\mathrm{d}t}\cdot\frac{\mathrm{d}t}{\mathrm{d}x}=\frac{\psi'(t)}{\varphi'(t)},\quad \frac{\mathrm{d}^2y}{\mathrm{d}x^2}=\frac{\psi''(t)\varphi'(t)-\psi'(t)\varphi''(t)}{[\varphi'(t)]^3}.$$

9. 常用基本导数公式

$(c)'=0$（c 为常数）；	$(\mathrm{e}^x)'=\mathrm{e}^x$；
$(x^\alpha)'=\alpha x^{\alpha-1}$；	$(a^x)'=a^x\ln a\,(a>0)$；
$(\sin x)'=\cos x$；	$(\ln\|x\|)'=\dfrac{1}{x}$；
$(\cos x)'=-\sin x$；	$(\log_a\|x\|)'=\dfrac{1}{x\ln a}\,(a>0)$；
$(\tan x)'=\sec^2 x$；	$(\mathrm{e}^x)^{(n)}=\mathrm{e}^x$；
$(\cot x)'=-\csc^2 x$；	$(\sin x)^{(n)}=\sin\left(x+\dfrac{n\pi}{2}\right)$；
$(\arcsin x)'=\dfrac{1}{\sqrt{1-x^2}}$；	$(\cos x)^{(n)}=\cos\left(x+\dfrac{n\pi}{2}\right)$；
$(\arccos x)'=-\dfrac{1}{\sqrt{1-x^2}}$；	$(x^\alpha)^{(n)}=\alpha(\alpha-1)\cdots(\alpha-n+1)x^{\alpha-n}$；
$(\arctan x)'=\dfrac{1}{1+x^2}$；	$[\ln(1+x)]^{(n)}=(-1)^{n-1}\dfrac{(n-1)!}{(1+x)^n}$；
$(\mathrm{arccot}\,x)'=-\dfrac{1}{1+x^2}$；	$(u\cdot v)^{(n)}=\sum\limits_{k=0}^{n}C_n^k u^{(k)}v^{(n-k)}$.

二、微分的概念

1. 微分的定义

定义 设函数 $y=f(x)$在 $N(x_0,\delta)$内有定义，x_0 及 $x_0+\Delta x$ 在这个邻域内．如果函数的增量 $\Delta y=f(x_0+\Delta x)-f(x_0)$可表示为

$$\Delta y=A\Delta x+o(\Delta x),$$

则称函数 $y=f(x)$在点 x_0 可微，并把 $A\Delta x$ 叫做函数 $y=f(x)$在点 x_0 处的微分，记作 $\mathrm{d}y$，即

$$\mathrm{d}y=A\Delta x.$$

式中 A 是不依赖于 Δx 的常数，而 $o(\Delta x)$是 $\Delta x\to 0$ 时比 Δx 高阶的无穷小量．

若函数 $y=f(x)$在某区间内任一点处都可微，则称 $f(x)$在该区间内可微．若函数 $y=f(x)$在点 x 可导，则 $y=f(x)$在点 x 的微分记作

$$\mathrm{d}y=f'(x)\mathrm{d}x,$$

于是有

$$\frac{\mathrm{d}y}{\mathrm{d}x}=f'(x).$$

2. 导数与微分之间的关系 函数 $y=f(x)$在点 x_0 处可微$\Leftrightarrow$函数 $f(x)$在点 x_0 处可导．

3. 微分的几何意义 函数 $y=f(x)$在点 x_0 处的微分，就是曲线 $y=f(x)$在点 $M(x_0,y_0)$处的切线 MT 的纵坐标的增量 QP．

4. 复合函数的微分 设 $y=f(u)$，$u=\varphi(x)$，则复合函数 $y=f[\varphi(x)]$的微分为 $\mathrm{d}y=y'_x\mathrm{d}x=f'(u)\varphi'(x)\mathrm{d}x=f'(u)\mathrm{d}u$. 无论 u 是自变量还是中间变量，微分形式 $\mathrm{d}y=f'(u)\mathrm{d}u$ 保持不变，这一性质称为一阶微分形式的不变性．

5. 高阶微分

自变量的微分 $\mathrm{d}x$ 是一个不依赖于 x 的任意量，函数 $y=f(x)$的各阶微分有如下表达式：

$\mathrm{d}^2y=\mathrm{d}(\mathrm{d}y)=\mathrm{d}(y'\mathrm{d}x)=(y''\mathrm{d}x)\mathrm{d}x=y''\mathrm{d}x^2$；

$\mathrm{d}^3y=\mathrm{d}(\mathrm{d}^2y)=\mathrm{d}(y''\mathrm{d}x^2)=\mathrm{d}y''\cdot\mathrm{d}x^2=(y'''\mathrm{d}x)\mathrm{d}x^2=y'''\mathrm{d}x^3$；

……………………

$\mathrm{d}^ny=\mathrm{d}(\mathrm{d}^{n-1}y)=\mathrm{d}(y^{n-1}\mathrm{d}x^{n-1})=\mathrm{d}(y^{(n-1)})\mathrm{d}x^{n-1}=y^{(n)}\mathrm{d}x\cdot\mathrm{d}x^{n-1}=y^{(n)}\mathrm{d}x^n$.

函数的 n 阶导数等于函数的 n 阶微分与 $\mathrm{d}x$ 的 n 次幂的商．

范例解析

例 1 设 $f(x)=\begin{cases}\ln(x+1), & -1<x\leqslant 0,\\ \sqrt{x+1}-\sqrt{1-x}, & 0<x<1,\end{cases}$ 讨论 $f(x)$在 $x=0$ 处的连续性和可导性.

解 因 $f(0-0)=\lim\limits_{x\to 0^-}\ln(x+1)=0$，$f(0+0)=\lim\limits_{x\to 0^+}(\sqrt{x+1}-\sqrt{1-x})=0$，

$$f(0)=\ln 1=0,\ f(0-0)=f(0+0)=f(0),$$

故 $f(x)$在 $x=0$ 处连续．

$$f'_+(0)=\lim_{\Delta x\to 0^+}\frac{f(0+\Delta x)-f(0)}{\Delta x}=\lim_{\Delta x\to 0^+}\frac{\sqrt{0+\Delta x+1}-\sqrt{1-(0+\Delta x)}-\ln(0+1)}{\Delta x}$$

$$=\lim_{\Delta x\to 0^+}\frac{2\Delta x}{\Delta x\left(\sqrt{1+\Delta x}+\sqrt{1-\Delta x}\right)}=1;$$

$$f'_-(0)=\lim_{\Delta x\to 0^-}\frac{f(0+\Delta x)-f(0)}{\Delta x}=\lim_{\Delta x\to 0^-}\frac{\ln(0+\Delta x+1)-\ln(0+1)}{\Delta x}$$

$$=\lim_{\Delta x\to 0^-}\frac{\ln(\Delta x+1)}{\Delta x}=\lim_{\Delta x\to 0^-}\frac{\Delta x}{\Delta x}=1.$$

因 $f'_-(0)=f'_+(0)=1$，故 $f(x)$ 在 $x=0$ 处可导，且 $f'(0)=1$.

例 2 已知 $f(x)=\begin{cases}\sin x, & x<0,\\ x, & x\geqslant 0,\end{cases}$ 求 $f'(x)$.

解 (1) 当 $x<0$ 时，$f(x)=\sin x$ 是初等函数，因此可导，$f'(x)=\cos x$.

(2) 当 $x>0$ 时，$f(x)=x$ 是初等函数，因此可导，$f'(x)=1$.

(3) 讨论分段点 $x=0$ 处的可导性.

$$f'_+(0)=\lim_{x\to 0^+}\frac{f(x)-f(0)}{x}=\lim_{x\to 0^+}\frac{x-0}{x}=1;$$

$$f'_-(0)=\lim_{x\to 0^-}\frac{f(x)-f(0)}{x}=\lim_{x\to 0^-}\frac{\sin x}{x}=1.$$

$f'_+(0)=f'_-(0)$，故 $f(x)$ 在 $x=0$ 处可导，且 $f'(0)=1$.

综上所述有 $f'(x)=\begin{cases}\cos x, & x<0,\\ 1, & x\geqslant 0.\end{cases}$

注意 分段函数的可导性问题关键在于讨论其在分段点处的可导性．如果分段函数在其分段点处不连续，则此函数在该分段点处必不可导；如果在其分段点处连续，应根据导数的定义和可导的充要条件讨论之.

例 3 试确定常数 a，b 的值，使函数

$$f(x)=\begin{cases}1+\ln(1-2x), & x\leqslant 0,\\ a+be^x, & x>0\end{cases}$$

在 $x=0$ 处可导，并求出此时的 $f'(x)$.

解 要使函数 $f(x)$ 在 $x=0$ 处可导，$f(x)$ 在 $x=0$ 处必连续，即

$$\lim_{x\to 0^-}f(x)=\lim_{x\to 0^+}f(x)=f(0)=1\Rightarrow a+b=1,$$

即当 $a+b=1$ 时，函数 $f(x)$ 在 $x=0$ 处连续.

按导数定义及 $a+b=1$，有

$$f'_-(0)=\lim_{x\to 0^-}\frac{f(x)-f(0)}{x-0}=\lim_{x\to 0^-}\frac{[1+\ln(1-2x)]-1}{x}=-2;$$

$$f'_+(0)=\lim_{x\to 0^+}\frac{f(x)-f(0)}{x-0}=\lim_{x\to 0^+}\frac{(a+be^x)-1}{x}$$

$$=\lim_{x\to 0^+}\frac{b(e^x-1)}{x}=b.$$

要使 $f(x)$ 在 $x=0$ 处可导，应有 $b=f'_+(0)=f'_-(0)=-2$，故 $a=3$. 即当 $a=3$，$b=-2$ 时，

函数 $f(x)$ 在 $x=0$ 处可导，且 $f'(0)=-2$. 此时，

$$f'(x)=\begin{cases}-\dfrac{2}{1-2x}, & x\leqslant 0,\\ -2e^{x}, & x>0.\end{cases}$$

例 4 设 $f(x)=\begin{cases}k(k-1)xe^{x}+1, & x>0,\\ k^{2}, & x=0,\\ x^{2}+1, & x<0,\end{cases}$ 问 k 等于什么值时，$f(x)$ 分别：(1) 在 $x=0$ 处极限存在；(2) 在 $x=0$ 处连续；(3) 在 $x=0$ 处可导.

解 (1) 因 $\lim\limits_{x\to 0^{+}}[k(k-1)xe^{x}+1]=1=\lim\limits_{x\to 0^{-}}(x^{2}+1)$，故 $\lim\limits_{x\to 0}f(x)=1$. 此极限值与 k 值无关，即 k 取任何值，$f(x)$ 在 $x=0$ 处极限都存在.

(2) 因 $\lim\limits_{x\to 0}f(x)=1=f(0)=k^{2}$，故 $k=\pm 1$ 时，$f(x)$ 在 $x=0$ 处连续.

(3) 因 $f(x)$ 在 $x=0$ 处连续，$k^{2}=1$，从而

$$f'_{-}(0)=\lim_{x\to 0^{-}}\frac{x^{2}+1-k^{2}}{x-0}=\lim_{x\to 0^{-}}x=0,$$

$$f'_{+}(0)=\lim_{x\to 0^{+}}\frac{k(k-1)xe^{x}+1-1}{x-0}=\lim_{x\to 0^{+}}k(k-1)e^{x}=\lim_{x\to 0^{+}}k(k-1).$$

由 $f'_{-}(0)=f'_{+}(0)\Rightarrow k(k-1)=0\Rightarrow k=0$ 或 $k=1$. 但因 $f(x)$ 在 $x=0$ 处连续，故 $k\neq 0$，只能 $k=1$. 所以当 $k=1$ 时，$f(x)$ 在 $x=0$ 处可导.

注 求确定参数值使分段函数的可导问题：一要利用在一点可导的充要条件；二要利用函数可导必连续.

例 5 (1) 设周期函数 $f(x)$ 在 $(-\infty,+\infty)$ 内可导，周期为 4，且 $\lim\limits_{x\to 0}\dfrac{f(1)-f(1-x)}{2x}=-1$，求曲线 $y=f(x)$ 在点 $(5, f(5))$ 处的切线方程.

(2) 设 (x_0, y_0) 是抛物线 $y=ax^{2}+bx+c$ 上一点，且在该点处的切线过原点，试确定抛物线的系数应满足的关系.

解 (1) 按导数的定义，有

$$\lim_{x\to 0}\frac{f(1)-f(1-x)}{2x}=\frac{1}{2}\lim_{x\to 0}\frac{f(1-x)-f(1)}{-x}=\frac{1}{2}f'(1)=-1\Rightarrow f'(1)=-2.$$

因可导的周期函数的导函数仍是周期函数，且周期不变，故有 $f'(5)=f'(4+1)=f'(1)=-2$，故所求的切线方程为

$$y-f(5)=-2(x-5).$$

(2) 因 $y'=2ax+b$，故抛物线在点 (x_0, y_0) 的切线方程为

$$y-y_0=(2ax_0+b)(x-x_0).$$

由于此切线过原点 $(0, 0)\Rightarrow y_0=2ax_0^{2}+bx_0$，将它与 $y_0=ax_0^{2}+bx_0+c$ 联立，解得抛物线的系数应满足的关系为 $ax_0^{2}=c$，b 为任意常数，或 $\dfrac{c}{a}\geqslant 0$，b 为任意常数.

例 6 讨论函数 $f(x)=x\,|\,x\,|$ 在点 $x=0$ 处的可导性.

解 $f(x)=\begin{cases}x^{2}, & x>0,\\ 0, & x=0,\\ -x^{2}, & x<0.\end{cases}$

$$f'_+(0)=\lim_{\Delta x\to 0^+}\frac{f(0+\Delta x)-f(0)}{\Delta x}=\lim_{\Delta x\to 0^+}\frac{(\Delta x)^2-0}{\Delta x}=0;$$

$$f'_-(0)=\lim_{\Delta x\to 0^-}\frac{f(0+\Delta x)-f(0)}{\Delta x}=\lim_{\Delta x\to 0^-}\frac{-(\Delta x)^2}{\Delta x}=0.$$

$f'_-(0)=f'_+(0)=0$，故 $f(x)$在 $x=0$ 处可导，且 $f'(0)=0$.

例 7　(1) 设函数 $g(x)$在点 x_0 处连续，讨论 $f(x)=|x-x_0|g(x)$在点 x_0 处的可导性.

(2) 设函数 $f(x)$在点 x_0 处可导，讨论 $|f(x)|$ 在点 x_0 处的可导性.

解　(1) $f(x)=\begin{cases}(x-x_0)g(x), & x>x_0,\\ 0, & x=x_0,\\ -(x-x_0)g(x), & x<x_0.\end{cases}$

因 $g(x)$在点 x_0 处连续，故

$$\lim_{x\to x_0^-}g(x)=\lim_{x\to x_0^+}g(x)=g(x_0).$$

$$f'_+(x_0)=\lim_{x\to x_0^+}\frac{f(x)-f(x_0)}{x-x_0}=\lim_{x\to x_0^+}\frac{(x-x_0)g(x)}{x-x_0}=\lim_{x\to x_0^+}g(x)=g(x_0);$$

$$f'_-(x_0)=\lim_{x\to x_0^-}\frac{f(x)-f(x_0)}{x-x_0}=\lim_{x\to x_0^-}\frac{-(x-x_0)g(x)}{x-x_0}=-\lim_{x\to x_0^-}g(x)=-g(x_0).$$

由在一点可导的充要条件知，当 $g(x_0)\neq 0$ 时，函数 $f(x)$在点 x_0 处不可导；当 $g(x_0)=0$ 时，$f(x)$在点 x_0 处可导，且 $f'(x_0)=0$.

(2) 因 $f(x)$在点 x_0 处可导$\Rightarrow f'(x_0)$存在$\Rightarrow f(x)$在点 x_0 处连续，即$\lim\limits_{x\to x_0}f(x)=f(x_0)$.

由极限的单调性知：

当 $f(x_0)>0$ 时，$\exists N(x_0,\delta)$，当 $x\in N(x_0,\delta)$时，有 $f(x)>0$，故

$$\lim_{x\to x_0}\frac{|f(x)|-|f(x_0)|}{x-x_0}=\lim_{x\to x_0}\frac{f(x)-f(x_0)}{x-x_0}=f'(x_0).$$

由导数定义知，当 $f(x_0)>0$ 时，$|f(x)|$ 在点 x_0 处可导.

当 $f(x_0)<0$ 时，$\exists N(x_0,\delta)$，当 $x\in N(x_0,\delta)$时，有 $f(x)<0$，故

$$\lim_{x\to x_0}\frac{|f(x)|-|f(x_0)|}{x-x_0}=\lim_{x\to x_0}\frac{-f(x)-[-f(x_0)]}{x-x_0}=-f'(x_0).$$

由导数定义知，当 $f(x_0)<0$ 时，$|f(x)|$ 在点 x_0 处可导.

当 $f(x_0)=0$ 时，因 $f'(x_0)=\lim\limits_{x\to x_0}\dfrac{f(x)}{x-x_0}$，故由极限性质，得

$$\lim_{x\to x_0^+}\frac{|f(x)|-|f(x_0)|}{x-x_0}=\lim_{x\to x_0^+}\left|\frac{f(x)}{x-x_0}\right|=|f'_+(x_0)|=|f'(x_0)|;$$

$$\lim_{x\to x_0^-}\frac{|f(x)|-|f(x_0)|}{x-x_0}=-\lim_{x\to x_0^-}\left|\frac{f(x)}{x-x_0}\right|=-|f'_-(x_0)|=-|f'(x_0)|.$$

故当 $f'(x_0)\neq 0$，$f(x_0)=0$ 时，$|f(x)|$ 在点 x_0 处不可导；当 $f'(x_0)=0$，$f(x_0)=0$ 时，$|f(x)|$ 在点 x_0 处可导.

例 8　已知 $f(x)=x(x-1)(x-2)\cdots(x-50)$，求 $f'(0)$.

解　$f'(0)=\lim\limits_{x\to 0}\dfrac{f(x)-f(0)}{x-0}=\lim\limits_{x\to 0}[(x-1)(x-2)\cdots(x-50)]=(-1)^{50}\cdot 50!=50!$.

例 9 设α为实数，在什么条件下，函数

$$f(x)=\begin{cases}x^{\alpha}\sin\dfrac{1}{x}, & x\neq 0,\\ 0, & x=0\end{cases}$$

(1) 在$x=0$处连续；(2) 在$x=0$处可导；(3) 在$x=0$处导函数连续.

解 (1) 当$\alpha>0$时，$\lim\limits_{x\to 0}x^{\alpha}=0$，$\lim\limits_{x\to 0}f(x)=\lim\limits_{x\to 0}x^{\alpha}\sin\dfrac{1}{x}=0=f(0)$. 故当$\alpha>0$时，$f(x)$在$x=0$处连续.

(2) $f'(0)=\lim\limits_{x\to 0}\dfrac{f(x)-f(0)}{x-0}=\lim\limits_{x\to 0}x^{\alpha-1}\sin\dfrac{1}{x}$. 因为$\alpha-1>0$时，$x^{\alpha-1}$才是无穷小量$(x\to 0)$，因而$f'(0)$才存在. 故当$\alpha>1$时，$f(x)$在$x=0$处可导，且$f'(0)=0$.

(3) 当$x\neq 0$时，$f(x)$可导，其导函数为

$$f'(x)=\alpha x^{\alpha-1}\sin\frac{1}{x}-x^{\alpha-2}\cos\frac{1}{x},$$

故
$$f'(x)=\begin{cases}\alpha x^{\alpha-1}\sin\dfrac{1}{x}-x^{\alpha-2}\cos\dfrac{1}{x}, & x\neq 0,\\ 0, & x=0.\end{cases}$$

显然$\alpha-2>0$时，$x^{\alpha-2}$及$x^{\alpha-1}$才是无穷小量$(x\to 0)$，因而才有$\lim\limits_{x\to 0}f'(x)=0=f'(0)$. 故当$\alpha>2$时，$f'(x)$在$x=0$处连续.

例 10 设$f(x)$在$x\leqslant 0$时有定义，且有二阶导数，试确定常数a，b，c，使函数

$$g(x)=\begin{cases}ax^2+bx+c, & x>0,\\ f(x), & x\leqslant 0\end{cases}$$

在$x=0$处有二阶导数.

解 要使$g(x)$在$x=0$处有二阶导数，则$g(x)$应满足如下条件：

① $g(x)$在$x=0$处连续；②$g'(0)$存在；③$g''(0)$存在.

(1) 由$g(x)$在$x=0$处连续$\Rightarrow g(0+0)=g(0-0)=g(0)=f(0)$. 而$g(0+0)=\lim\limits_{x\to 0^+}g(x)=\lim\limits_{x\to 0^+}(ax^2+bx+c)=c\Rightarrow c=g(0)=f(0)$.

(2) 由$g'(0)$存在$\Rightarrow g'_+(0)=g'_-(0)$. 而

$$g'_+(0)=\lim_{x\to 0^+}\frac{g(x)-g(0)}{x-0}=\lim_{x\to 0^+}\frac{ax^2+bx+c-c}{x}=b,$$

$$g'_-(0)=\lim_{x\to 0^-}\frac{g(x)-g(0)}{x-0}=\lim_{x\to 0^-}\frac{f(x)-f(0)}{x}=f'_-(0),$$

故
$$b=f'_-(0).$$

(3) 由$g''(0)$存在$\Rightarrow g''_-(0)=g''_+(0)$，而

$$g''_-(0)=\lim_{x\to 0^-}\frac{g'(x)-g'(0)}{x-0}=\lim_{x\to 0^-}\frac{f'(x)-f'(0)}{x-0}=f''_-(0),$$

$$g''_+(0)=\lim_{x\to 0^+}\frac{g'(x)-g'(0)}{x-0}=\lim_{x\to 0^+}\frac{2ax+b-b}{x}=2a.$$

综合(1)、(2)、(3)，当$a=\dfrac{1}{2}f''_-(0)$，$b=f'_-(0)$，$c=f(0)$时，$g(x)$在$x=0$处有二阶

导数.

例 11　设 $y=f(\ln x)$，求 y'，y''.

解　$y'=\dfrac{dy}{dx}=\dfrac{df(\ln x)}{d\ln x}\cdot\dfrac{d\ln x}{dx}=f'(\ln x)\cdot\dfrac{1}{x}=\dfrac{1}{x}f'(\ln x)$.

求 y'' 时应注意 y' 仍是以 $\ln x$ 为中间变量的复合函数，因此

$$[f'(\ln x)]'=\frac{df'(\ln x)}{d\ln x}\cdot\frac{d\ln x}{dx}=\frac{1}{x}f''(\ln x),$$

故
$$y''=\frac{[f'(\ln x)]'x-x'f'(\ln x)}{x^2}=\frac{f''(\ln x)-f'(\ln x)}{x^2}.$$

例 12　设 $f(x)=\sin x$，求：(1) $f'[f(x)]$；(2) $f[f'(x)]$；(3) $\{f[f(x)]\}'$.

解　(1) $f'[f(x)]=\dfrac{df[f(x)]}{df(x)}\xlongequal{u=f(u)}\dfrac{df(u)}{du}=\dfrac{d\sin u}{du}$

$$=\cos u=\cos[f(x)]=\cos(\sin x).$$

(2) $f[f'(x)]=f[(\sin x)']=f(\cos x)=\sin(\cos x)$.

(3) $\dfrac{df[f(x)]}{dx}=\dfrac{d\sin(\sin x)}{dx}=\dfrac{d\sin(\sin x)}{d\sin x}\cdot\dfrac{d\sin x}{dx}$

$$\xlongequal{u=\sin x}\frac{d\sin u}{du}\cdot\frac{d\sin x}{dx}=\cos u\cos x=\cos(\sin x)\cos x.$$

注意　比较(1)与(3)的结果可知，它们是不相等的，即

$$\{f[f(x)]\}'\neq f'[f(x)].$$

在对抽象函数 $y=f[f(x)]$ 求导时，一定要弄清楚 $\{f[f(x)]\}'$ 与 $f'[f(x)]$；$\{f[f(x)]\}''$ 与 $f''[f(x)]$ 符号的含义. $\{f[f(x)]\}'$ 与 $\{f[f(x)]\}''$ 都是对 x 求导；而 $f'[f(x)]$ 与 $f''[f(x)]$ 是对中间变量 $f(x)$ 求导.

例 13　设 $f(x)=\arctan x$，求 $f'(1)$，$f''(1)$，$[f(1)]'$，$[f(1)]''$.

解　$f'(x)=\dfrac{1}{1+x^2}$，故 $f'(1)=f'(x)|_{x=1}=\dfrac{1}{1+1}=\dfrac{1}{2}$.

$f''(x)=-\dfrac{2x}{(1+x^2)^2}$，故 $f''(1)=f''(x)|_{x=1}=-\dfrac{2x}{(1+x^2)^2}\Big|_{x=1}=-\dfrac{1}{2}$.

而 $f(1)=\arctan1=\dfrac{\pi}{4}$，故 $[f(1)]'=0$，$[f(1)]''=0$.

注意　$f'(x_0)$，$f''(x_0)$ 表示 $f(x)$ 的一阶、二阶导数在 x_0 处的值，求这些值时，先求出 $f(x)$ 的一阶、二阶导数，然后将 $x=x_0$ 代入. 而 $[f(x_0)]'$，$[f(x_0)]''$ 表示对常数 $f(x_0)$ 求一阶、二阶导数，其值为零.

例 14　已知 $f(x)$ 具有任意阶导数，且 $f'(x)=[f(x)]^2$. 当 n 是大于 2 的正整数时，$f(x)$ 的 n 阶导数 $f^{(n)}(x)$ 是________.

(A) $n![f(x)]^{(n+1)}$；　　(B) $n[f(x)]^{(n+1)}$；

(C) $[f(x)]^{2n}$；　　(D) $n![f(x)]^{2n}$.

解　当 $n=1$ 时，$f'(x)=1\cdot[f(x)]^2$；当 $n=2$ 时，$f''(x)=2f(x)f'(x)=2[f(x)]^3$.
假定 $n=k$ 时，有 $f^{(k)}(x)=k![f(x)]^{k+1}$，则当 $n=k+1$ 时，有

$$f^{(k+1)}(x)=(k![f(x)]^{k+1})'=k!(k+1)[f(x)]^kf'(x)$$

$$=(k+1)![f(x)]^k\cdot[f(x)]^2=(k+1)![f(x)]^{k+2}.$$

故对任意正整数 n，有 $f^{(n)}(x)=n![f(x)]^{n+1}$，选(A).

例 15 若 $y=f(x)$ 存在单值反函数 $x=\varphi(y)$，且 $y'\neq0$，$y''\neq0$，求 (1) $\frac{\mathrm{d}^2x}{\mathrm{d}y^2}$；(2) $\frac{\mathrm{d}^3x}{\mathrm{d}y^3}$.

解 (1) 由 $\frac{\mathrm{d}x}{\mathrm{d}y}=\frac{1}{y'_x}=\frac{1}{y'}$，得

$$\frac{\mathrm{d}^2x}{\mathrm{d}y^2}=\frac{\mathrm{d}}{\mathrm{d}y}\left(\frac{\mathrm{d}x}{\mathrm{d}y}\right)=\frac{\mathrm{d}}{\mathrm{d}x}\left(\frac{\mathrm{d}x}{\mathrm{d}y}\right)\frac{\mathrm{d}x}{\mathrm{d}y}=\frac{\mathrm{d}}{\mathrm{d}x}\left(\frac{1}{y'}\right)\cdot\frac{1}{y'}=-\frac{y''}{(y')^2}\cdot\frac{1}{y'}=-\frac{y''}{(y')^3}.$$

(2) $$\frac{\mathrm{d}^3x}{\mathrm{d}y^3}=\frac{\mathrm{d}}{\mathrm{d}y}\left(\frac{\mathrm{d}^2x}{\mathrm{d}y^2}\right)=\frac{\mathrm{d}}{\mathrm{d}x}\left(\frac{\mathrm{d}^2x}{\mathrm{d}y^2}\right)\cdot\frac{\mathrm{d}x}{\mathrm{d}y}$$

$$=\frac{\mathrm{d}}{\mathrm{d}x}\left(-\frac{y''}{(y')^3}\right)\frac{\mathrm{d}x}{\mathrm{d}y}=-\frac{y'''(y')^3-y''\cdot3(y')^2y''}{(y')^6}\cdot\frac{1}{y'}$$

$$=\frac{3(y'')^2-y'''\cdot y'}{(y')^5}.$$

注意 由 $\frac{\mathrm{d}x}{\mathrm{d}y}=\frac{1}{y'}$ 得到 $\frac{\mathrm{d}^2x}{\mathrm{d}y^2}=\frac{\mathrm{d}}{\mathrm{d}y}\left(\frac{1}{y'}\right)=-\frac{y''}{(y')^2}$ 是错误的. 原因是 $\frac{1}{y'}$ 是以 x 为自变量的函数，而不是以 y 为自变量的函数，因此 $\frac{1}{y'}$ 对 y 求导时，应将 $\frac{1}{y'}$ 中的 x 看作中间变量，然后利用复合函数求导方法求出 $\frac{\mathrm{d}^2x}{\mathrm{d}y^2}$.

例 16 设 $y=1+xe^y$，求 y'_x.

解法一 在方程 $y=1+xe^y$ 两边对 x 求导，将 e^y 看作 x 的复合函数，得

$$y'=e^y+xe^yy',$$

故 $$y'=\frac{e^y}{1-xe^y}=\frac{e^y}{2-y}.$$

注意到在上面方程中含 x 的项仅有一项，且该项仅含 x 的一次幂，这样可用反函数的求导法则先求出 x'_y，再求得 y'_x.

解法二 因 $x=\frac{y-1}{e^y}$，故 $x'_y=\frac{e^y-(y-1)e^y}{e^{2y}}=\frac{2-y}{e^y}$，所以 $y'_x=\frac{1}{x'_y}=\frac{e^y}{2-y}$.

例 17 已知 $xy-\sin(\pi y^2)=0$，求 $y'|_{\substack{x=0\\y=1}}$，$y''|_{\substack{x=0\\y=-1}}$.

解 由隐函数的求导法则，得

$$y+xy'-\cos(\pi y^2)\cdot2\pi y\cdot y'=0,$$

即 $$y'=\frac{-y}{x-2\pi y\cos(\pi y^2)}.$$

将 $x=0$，$y=1$ 与 $x=0$，$y=-1$ 分别代入上式，得

$$y'|_{\substack{x=0\\y=1}}=-\frac{1}{2\pi},\quad y'|_{\substack{x=0\\y=-1}}=-\frac{1}{2\pi}.$$

上方程两边对 x 求导，得

$$[x-2\pi y\cos(\pi y^2)]y''+[\sin(\pi y^2)\cdot4\pi^2y^2-2\pi\cos(\pi y^2)](y')^2+2y'=0.$$

将 $x=0$，$y=-1$ 及 $y'|_{\substack{x=0\\y=-1}}$ 代入上式，得

$$y''|_{\substack{x=0\\y=-1}}=-\frac{1}{4\pi^2}.$$

例 18 设$\begin{cases}x=f'(t),\\ y=tf'(t)-f(t),\end{cases}$ 且 $f(t)$有三阶可导函数，求$\dfrac{dy}{dx}$，$\dfrac{d^2y}{dx^2}$，$\dfrac{d^3y}{dx^3}$.

解 $\dfrac{dy}{dx}=\dfrac{dy}{dt}\cdot\dfrac{dt}{dx}=\dfrac{\dfrac{dy}{dt}}{\dfrac{dx}{dt}}=\dfrac{f'(t)+tf''(t)-f'(t)}{f''(t)}=t.$

$$\frac{d^2y}{dx^2}=\frac{d}{dx}\left(\frac{dy}{dx}\right)=\frac{d}{dt}\left(\frac{dy}{dx}\right)\cdot\frac{dt}{dx}=\frac{dt}{dt}\cdot\frac{dt}{dx}=\frac{1}{f''(t)}.$$

$$\frac{d^3y}{dx^3}=\frac{d}{dx}\left(\frac{d^2y}{dx^2}\right)=\frac{d}{dt}\left(\frac{d^2y}{dx^2}\right)\cdot\frac{dt}{dx}=-\frac{f'''(t)}{[f''(t)]^2}\cdot\frac{1}{f''(t)}=-\frac{f'''(t)}{[f''(t)]^3}.$$

例 19 求下列函数的导数：

(1) $y=x^{a^x}$ ($a>0$ 常数)；　　(2) $y=\dfrac{x^2}{1-x}\sqrt[3]{\dfrac{3-x}{(3+x)^2}}$.

解 (1) $\ln y=a^x\ln x$，两边对 x 求导，得

$$\frac{y'}{y}=a^x\ln a\cdot\ln x+a^x\cdot\frac{1}{x},\quad y'=x^{a^x}\left(a^x\cdot\ln a\cdot\ln x+a^x\cdot\frac{1}{x}\right).$$

(2) $\ln y=\ln\dfrac{x^2}{1-x}+\dfrac{1}{3}\ln\dfrac{3-x}{(3+x)^2}$

$$=\ln x^2-\ln(1-x)+\frac{1}{3}[\ln(3-x)-2\ln(3+x)].$$

$$\frac{y'}{y}=\frac{2}{x}+\frac{1}{1-x}-\frac{1}{3(3-x)}-\frac{2}{3(3+x)},$$

即
$$y'=[\frac{2}{x}+\frac{1}{1-x}-\frac{1}{3(3-x)}-\frac{2}{3(3+x)}]\frac{x^2}{1-x}\sqrt[3]{\frac{3-x}{(3+x)^2}}.$$

例 20 给定抛物线 $y=x^2-x+2$，求过点(1，2)的切线、法线方程.

解 $y'=2x-1$，过点(1，2)的切线斜率为 $k=2\times1-1=1$.

切线方程为 $y-2=1\times(x-1)$，即 $y=x+1$.

法线方程为 $y-2=(-1)(x-1)$，即 $y=-x+3$.

例 21 给定双曲线 $y=\dfrac{1}{x}$，求过点(−3，1)的切线方程.

解 设切点为$\left(x_0,\dfrac{1}{x_0}\right)$，则切线方程为

$$y-\frac{1}{x_0}=y'(x_0)(x-x_0)=-\frac{1}{x_0^2}(x-x_0).$$

又因切线过点(−3，1)，代入上式，得

$$1-\frac{1}{x_0}=-\frac{1}{x_0^2}(-3-x_0)=\frac{3+x_0}{x_0^2},$$

即
$$x_0^2-2x_0-3=0\Rightarrow x_0=3\text{ 或 }x_0=-1,$$

因此，所求切线为两条：

$$y-\frac{1}{3}=-\frac{1}{9}(x-3)\text{，即 }9y+x-6=0$$

和
$$y+1=-(x+1)\text{，即 }y+x+2=0.$$

注意 例20和例21两题，仅从问题本身来看，似乎是一样的，但解法却不同，其原因在于例20中给出的点(1，2)正好在抛物线$y=x^2-x+2$上，因此切点即是(1，2)，所以可直接利用公式求得切线方程和法线方程．而例21给出的点却是曲线外的点，因此必须先确定切线切点的位置，以及切点的个数．

例22 回答下列问题：

(1) $f(x)$在点x_0处的微分是否是一个函数?

(2) $f(x)$在(a, b)上可微，$f(x)$的微分随哪些变量变化?

(3) $\mathrm{d}u$与Δu是否相等?

解 (1) 由$f(x)$在点x_0的微分定义有$\mathrm{d}f(x)\big|_{x=x_0}=f'(x_0)\Delta x=f'(x_0)\mathrm{d}x$. 因此$f(x)$在点$x_0$处的微分是$\mathrm{d}x=\Delta x$的函数．

(2) 由$\mathrm{d}f(x)=f'(x)\mathrm{d}x$可知，$f(x)$的微分随$f(x)$的导函数、自变量$x$、自变量的改变量$\mathrm{d}x$变化．

(3) 若u是自变量，则$\mathrm{d}u=\Delta u$；若u是因变量，$u=\varphi(x)$时，则一般说来$\mathrm{d}u\neq\Delta u$，如$u=x^2$，$\mathrm{d}u=2x\Delta x$，$\Delta u=(x+\Delta x)^2-x^2=2x\Delta x+\Delta x^2$.

例23 设$f(x)$在点x_0处可微，$f'(x_0)\neq 0$，则$\Delta x\to 0$时，在$x=x_0$处的微分与Δx比较是____无穷小，$\Delta y=f(x_0+\Delta x)-f(x_0)$与$\Delta x$比较是____无穷小，$\Delta y-\mathrm{d}f(x)\big|_{x=x_0}$与$\Delta x$比较是____无穷小．

(A) 等价； (B) 同阶； (C) 低阶； (D) 高阶．

解 因$\mathrm{d}f(x)\big|_{x=x_0}=f'(x_0)\mathrm{d}x$，$f'(x_0)\neq 0$，$\lim\limits_{\Delta x\to 0}\dfrac{f'(x_0)\Delta x}{\Delta x}=f'(x_0)\neq 0$，故$f'(x_0)\mathrm{d}x$与$\Delta x$是同阶无穷小($\Delta x\to 0$).

按导数定义$\lim\limits_{\Delta x\to 0}\dfrac{\Delta y}{\Delta x}=f'(x_0)\neq 0$，$\Delta y$与$\Delta x$是同阶无穷小．

按微分定义，$\Delta y-\mathrm{d}f(x)\big|_{x=x_0}=o(\Delta x)(\Delta x\to 0)$，故是比$\Delta x$高阶的无穷小．

例24 设$f(x)$处处可导，则________.

(A) 当$\lim\limits_{x\to-\infty}f(x)=-\infty$，必有$\lim\limits_{x\to-\infty}f'(x)=-\infty$；

(B) 当$\lim\limits_{x\to+\infty}f'(x)=-\infty$，必有$\lim\limits_{x\to+\infty}f(x)=-\infty$；

(C) 当$\lim\limits_{x\to+\infty}f(x)=+\infty$，必有$\lim\limits_{x\to+\infty}f'(x)=+\infty$；

(D) 当$\lim\limits_{x\to+\infty}f'(x)=+\infty$，必有$\lim\limits_{x\to+\infty}f(x)=+\infty$.

解 举反例排除．令$f(x)=x$，则$\lim\limits_{x\to\pm\infty}f(x)=\pm\infty$，但$f'(x)=1$，可排除(A)、(C).

令$f(x)=\mathrm{e}^{-x}$，则$\lim\limits_{x\to-\infty}f'(x)=-\lim\limits_{\Delta x\to-\infty}\mathrm{e}^{-x}=-\infty$，但$\lim\limits_{x\to-\infty}f(x)=\lim\limits_{x\to-\infty}\mathrm{e}^{-x}=+\infty$，可排除(B). 故应选(D).

例25 设$y=f(x)$，且$\lim\limits_{\Delta x\to 0}\dfrac{f(x_0)-f(x_0+3x)}{6x}=-1000$，求$\mathrm{d}y\big|_{x=x_0}$.

解 $\lim\limits_{\Delta x\to 0}\dfrac{f(x_0)-f(x_0+3x)}{6x}=\lim\limits_{\Delta x\to 0}\dfrac{-[f(x_0+3x)-f(x_0)]}{2\times 3x}=-\dfrac{1}{2}f'(x_0)=-1000\Rightarrow$ $f'(x_0)=2000$，$\mathrm{d}y\big|_{x=x_0}=2000\mathrm{d}x$.

例26 设$y=f\left(\dfrac{2x-1}{x+1}\right)$，又$f'(x)=\sin(x^2)$，求$\mathrm{d}y$.

解　$y'=f'\left(\frac{2x-1}{x+1}\right)\cdot\left(\frac{2x-1}{x+1}\right)'=\frac{3}{(x+1)^2}f'\left(\frac{2x-1}{x+1}\right)$，

$f'\left(\frac{2x-1}{x+1}\right)=\sin\left(\frac{2x-1}{x+1}\right)^2$，$dy=\frac{3}{(x+1)^2}\sin\left(\frac{2x-1}{x+1}\right)^2dx$.

自 测 题

1. 设 $f(x)$ 在点 x_0 可导，按照导数定义指出 A 表示什么？

(1) $\lim\limits_{x\to x_0}\frac{f(x)-f(x_0)}{x-x_0}=A$；　(2) $\lim\limits_{\Delta x\to 0}\frac{f(x_0-\Delta x)-f(x_0)}{\Delta x}=A$；

(3) $\lim\limits_{h\to 0}\frac{f(x_0)-f(x_0-h)}{h}=A$；　(4) $\lim\limits_{h\to 0}\frac{f(x_0+h)-f(x_0-h)}{h}=A$.

2. 设 $f(x)=(x^3-a^3)\varphi(x)$，其中 $\varphi(x)$ 在 $x=a$ 处连续，求 $f'(a)$.

3. 若 $f(x)$ 为偶函数且 $f'(0)$ 存在，证明 $f'(0)=0$.

4. 若 $f(x)$ 为可导的偶函数，且 $f'(0)$ 存在，求证 $f'(0)=0$.

5. 设 $f(x)$ 在区间 $[-1,1]$ 上有界，$g(x)=f(x)\sin x^2$，求 $g'(0)$.

6. 设 $f(x)\neq 0$ 对任意实数 x，y 满足关系式 $f(x+y)=f(x)\cdot f(y)$. 试证 $f(x)$ 具有以下性质：(1) $f(0)=1$；(2) $f(x)>0$；(3) $f'(0)$ 存在，$f'(x)$ 也存在，且 $f'(x)=f'(0)f(x)$.

7. 设 $f(x)=\begin{cases}x^2\sin\frac{\pi}{x}, & x<0,\\ A, & x=0,\\ ax^2+b, & x>0,\end{cases}$ 式中 A，a，b 为常数，试问 A，a，b 为何值时，$f(x)$ 在 $x=0$ 处可导，并求 $f'(0)$.

8. 设 $y=f(\ln x)e^{f(x)}$，式中 $f(x)$ 可导，求 y'.

9. 设 $y=x(\sin x)^{\cos x}$，求 y'.

10. 已知 $f'(x)=ke^x$，k 为常数，求 $f(x)$ 的反函数的二阶导数.

11. 给定曲线 $y=x^2+5x+4$.

(1) 确定 b，使直线 $y=3x+b$ 为曲线的切线；

(2) 确定 m，使直线 $y=mx$ 为曲线的切线.

12. 给定抛物线 $y=x^2+4x+3$.

(1) 求过点 $(0,3)$ 的切线、法线方程；

(2) 试求常数 a，b，使得 $y=2x+a$，$y=2x+b$ 分别是抛物线的切线和法线方程.

13. 对于函数 $f(x)=|\sin x|^3$，$x\in(-1,1)$.

(1) 证明 $f'''(x)$ 不存在；(2) 证明点 $x=0$ 不是 $f'''(x)$ 的可去间断点.

14. 设函数 $f(x)$ 有任意阶导数，且 $f'(x)=f^2(x)$，则 $f'''(x)=$________.

自测题参考答案

1. **解**　(1) $A=\lim\limits_{x\to x_0}\frac{f(x)-f(x_0)}{x-x_0}=f'(x_0)$.

(2) $A=\lim\limits_{\Delta x\to 0}\dfrac{f(x_0-\Delta x)-f(x_0)}{\Delta x}=-\lim\limits_{\Delta x\to 0}\dfrac{f(x_0+(-\Delta x))-f(x_0)}{-\Delta x}=-f'(x_0)$.

(3) $A=\lim\limits_{h\to 0}\dfrac{f(x_0)-f(x_0-h)}{h}=\lim\limits_{h\to 0}\dfrac{-[f(x_0-h)-f(x_0)]}{h}$

$=\lim\limits_{h\to 0}\dfrac{f(x_0+(-h))-f(x_0)}{-h}=f'(x_0)$.

(4) $A=\lim\limits_{h\to 0}\dfrac{f(x_0+h)-f(x_0-h)}{h}$

$=\lim\limits_{h\to 0}\dfrac{[f(x_0+h)-f(x_0)]-[f(x_0-h)-f(x_0)]}{h}$

$=\lim\limits_{h\to 0}\dfrac{f(x_0+h)-f(x_0)}{h}+\lim\limits_{h\to 0}\dfrac{f(x_0-h)-f(x_0)}{-h}$

$=f'(x_0)+f'(x_0)=2f'(x_0)$.

2. **解** 因不知道 $f(x)$ 在 $x=a$ 处可导，只能用定义求 $f'(a)$. 注意到

$$x^3-a^3=(x-a)(x^2+ax+a^2)$$

且 $f(a)=0$，有

$$f'(a)=\lim_{x\to a}\frac{f(x)-f(a)}{x-a}=\lim_{x\to a}\frac{(x^3-a^3)\varphi(x)-0}{x-a}$$

$$=\lim_{x\to a}[(x^2+ax+a^2)\varphi(x)]=3a^2\varphi(a).$$

注意 下列解法是错误的，因 $f'(x)=3x^2\varphi(x)+(x^3-a^3)\varphi'(x)$，故 $f'(a)=3a^2\varphi(a)$. 这是因为题设只给出 $\varphi(x)$ 在 $x=a$ 处连续，因而不知道 $f(x)$ 在 $x=a$ 处及其他处可导，故不能保证 $f'(x)$ 及 $\varphi'(x)$ 有意义. 当然也就不能保证等式 $f'(a)=f'(x)\big|_{x=a}$ 成立.

3. **证** 因 $f(x)$ 为偶函数，$f(\Delta x)=f(-\Delta x)$，由导数定义，有

$$f'(0)=\lim_{\Delta x\to 0}\frac{f(0+\Delta x)-f(0)}{\Delta x}=\lim_{\Delta x\to 0}\frac{f(0-\Delta x)-f(0)}{\Delta x}$$

$$=-\lim_{\Delta x\to 0}\frac{f(0+(-\Delta x))-f(0)}{-\Delta x}=-f'(0),$$

故 $2f'(0)=0\Rightarrow f'(0)=0$.

注 下述解法是错误的，在 $f(-x)=f(x)$ 两边对 x 求导，得 $-f'(-x)=f'(x)$. 令 $x=0$，得 $-f'(0)=f'(0)$，即 $2f'(0)=0$，故 $f'(0)=0$. 其理由同例 2 的注意.

4. **证** 按 3 注意中证法即得. 这是因为附加了条件 $f(x)$ 可导，保证了 $f'(x)$ 存在.

5. **解** $g'(0)=\lim\limits_{x\to 0}\dfrac{g(x)-g(0)}{x-0}=\lim\limits_{x\to 0}\dfrac{f(x)\cdot\sin x^2}{x}=\lim\limits_{x\to 0}\dfrac{f(x)\sin x^2\cdot x}{x^2}=\lim\limits_{x\to 0}xf(x)$.

因 $f(x)$ 在区间 $[-1,1]$ 内有界，$x\to 0$ 时，x 为无穷小量，故 $g'(0)=0$.

6. **证** (1) 设 $y=0$，则 $f(x+0)=f(x)\cdot f(0)$，即 $f(x)-f(x)\cdot f(0)=0\Rightarrow f(x)[1-f(0)]=0$. 由 $f(x)\neq 0\Rightarrow 1-f(0)=0\Rightarrow f(0)=1$.

(2) $f(x)=f\left(\dfrac{x}{2}+\dfrac{x}{2}\right)=f\left(\dfrac{x}{2}\right)\cdot f\left(\dfrac{x}{2}\right)=f^2\left(\dfrac{x}{2}\right)$. 因 $f(x)\neq 0$，所以 $f^2\left(\dfrac{x}{2}\right)>0$，即 $f(x)>0$.

(3) $f'(x)=\lim\limits_{\Delta x\to 0}\dfrac{f(x+\Delta x)-f(x)}{\Delta x}=\lim\limits_{\Delta x\to 0}\dfrac{f(x+\Delta x)-f(x+0)}{\Delta x}$

$$=\lim_{\Delta x\to 0}\frac{f(x)f(\Delta x)-f(x)f(0)}{\Delta x}=\lim_{\Delta x\to 0}\frac{f(x)[f(\Delta x)-f(0)]}{\Delta x}$$

$$=f(x)\lim_{\Delta x\to 0}\frac{f(0+\Delta x)-f(0)}{\Delta x}=f(x)\cdot f'(0).$$

7. **解** $f'_-(0)=\lim\limits_{x\to 0^-}\dfrac{f(x)-f(0)}{x-0}=\lim\limits_{x\to 0^-}\dfrac{x^2\sin\frac{\pi}{x}-A}{x}=\lim\limits_{x\to 0^-}\left(x\sin\dfrac{\pi}{x}-\dfrac{A}{x}\right).$

因 $\lim\limits_{x\to 0^-}x\sin\dfrac{\pi}{x}=0$，故要使 $f'_-(0)$存在，必须 $A=0$.

又 $f'_+(0)=\lim\limits_{x\to 0^+}\dfrac{f(x)-f(0)}{x-0}=\lim\limits_{x\to 0^+}\dfrac{ax^2+b-0}{x}=\lim\limits_{x\to 0^+}\left(ax+\dfrac{b}{x}\right)$. 要使 $f'_+(0)$存在，必须 $b=0$.

综上可知，当 $A=b=0$，a 为任意常数时，$f(x)$在 $x=0$ 处可导，且 $f'(0)=0$.

8. **解** $y'=f'(\ln x)\dfrac{1}{x}\mathrm{e}^{f(x)}+f(\ln x)\mathrm{e}^{f(x)}f'(x)=\mathrm{e}^{f(x)}\left[\dfrac{1}{x}f'(\ln x)+f'(x)f(\ln x)\right].$

9. **解** 令 $u=(\sin x)^{\cos x}$，$\ln u=\cos x\ln\sin x$，两边同时对 x 求导，得

$$\frac{1}{u}u'=-\sin x\ln\sin x+\frac{\cos^2 x}{\sin x}\Rightarrow u'=(\sin x)^{\cos x}\left(-\sin x\ln\sin x+\frac{\cos^2 x}{\sin x}\right),$$

故 $y'=(\sin x)^{\cos x}+x[(\sin x)^{\cos x}]'=(\sin x)^{\cos x}\left(1-x\sin x\ln\sin x+x\dfrac{\cos^2 x}{\sin x}\right).$

10. **解** 设 $y=f(x)$，则 $\dfrac{\mathrm{d}x}{\mathrm{d}y}=\dfrac{1}{\frac{\mathrm{d}y}{\mathrm{d}x}}=\dfrac{1}{k\mathrm{e}^x}$.

$$\frac{\mathrm{d}^2x}{\mathrm{d}y^2}=\frac{\mathrm{d}}{\mathrm{d}y}\left(\frac{\mathrm{d}x}{\mathrm{d}y}\right)=\frac{\frac{\mathrm{d}}{\mathrm{d}x}\left(\frac{\mathrm{d}x}{\mathrm{d}y}\right)}{\frac{\mathrm{d}y}{\mathrm{d}x}}=\left(\frac{1}{k\mathrm{e}^x}\right)'_x\cdot\frac{\mathrm{d}x}{\mathrm{d}y}=-\frac{1}{k\mathrm{e}^x}\cdot\frac{1}{k\mathrm{e}^x}=-\frac{1}{k^2\mathrm{e}^{2x}}.$$

11. **解** $y'=2x+5$，

(1) 设切点为(x_0, y_0)，要使 $y=3x+b$ 为曲线的切线，有 $2x_0+5=3\Rightarrow x_0=-1$.

由切点在曲线上，得 $y_0=x_0^2+5x_0+4=1-5+4=0$. 又切点在切线上，得

$$0=3(-1)+b\Rightarrow b=3.$$

(2) 设切点为(x_0, y_0)，要使 $y=mx$ 为曲线的切线，有

$$2x_0+5=m.$$

切点(x_0, y_0)既在曲线上又在切线上，故有 $x_0^2+5x_0+4=mx$.

由$\begin{cases}2x_0+5=m,\\ x_0^2+5x_0+4=mx_0\end{cases}\Rightarrow x_0^2=4$，$x_0=\pm 2$，$m=9$ 或 1.

12. **解** (1) $y'=2x+4$，又(0, 3)在曲线上，因此过点(0, 3)的切线方程为

$$y-3=4(x-0)，即\ y=4x+3.$$

过(0, 3)的法线方程为

$$y-3=-\frac{1}{4}(x-0)，即\ y=-\frac{x}{4}+3.$$

（2）要使 $y=2x+a$ 是 $y=x^2+4x+3$ 的切线，则两条曲线仅有一个交点，即

$$\begin{cases}y=x^2+4x+3,\\ y=2x+a,\end{cases}$$

也即 $x^2+2x+(3-a)=0$ 仅有一个根．由此得

$$\Delta=4-4(3-a)=4(a-2)=0\Rightarrow a=2.$$

设 $y=2x+b$ 是抛物线的法线方程，则其对应的切线方程可设为 $y=-\frac{1}{2}x+c$. 此时方程

$$\begin{cases}y=x^2+4x+3,\\ y=-\frac{1}{2}x+c,\end{cases}$$

即 $2x^2+9x+6-2c=0$ 仅有单根．

因此 $\Delta=81-4\times 2(6-2c)=0\Rightarrow c=-\frac{33}{16}$，将 $c=-\frac{33}{16}$ 代入 $2x^2+9x+6-2c=0$，得切点为 $x=-\frac{9}{4}$，$y=-\frac{15}{16}$，故法线方程为

$$y+\frac{15}{16}=2\left(x+\frac{9}{4}\right)=2x+\frac{18}{4}，即\ y=2x+\frac{18}{4}-\frac{15}{16}=2x-\frac{57}{16},$$

因此，$b=-\frac{57}{16}$.

13. **解** （1）$f(x)=\begin{cases}\sin^3 x, & x\in(0,1),\\ 0, & x=0,\\ -\sin^3 x, & x\in(-1,0).\end{cases}$

$$f'(x)=\begin{cases}3\sin^2 x\cos x, & x\in(0,1),\\ 0, & x=0,\\ -3\sin^2 x\cos x, & x\in(-1,0).\end{cases}$$

$$f''(x)=\begin{cases}6\sin x\cos^2 x-3\sin^3 x, & x\in(0,1),\\ 0, & x=0,\\ -6\sin x\cos^2 x+3\sin^3 x, & x\in(-1,0).\end{cases}$$

$$f'''_+(0)=\lim_{x\to 0^+}\frac{f''(x)-f''(0)}{x-0}=\lim_{x\to 0^+}\frac{6\sin x\cos^2 x-3\sin^3 x}{x}=6;$$

$$f'''_-(0)=\lim_{x\to 0^-}\frac{f''(x)-f''(0)}{x-0}=\lim_{x\to 0^-}\frac{-6\sin x\cos^2 x+3\sin^3 x}{x}=-6.$$

由于 $f'''_+(0)\neq f'''_-(0)$，所以 $f'''(x)$ 不存在．

（2）由(1)知，$x=0$ 不是 $f'''(x)$ 的可去间断点．

14. **解** 将 $f'(x)=f^2(x)$ 两边求导，得 $f''(x)=2f(x)f'(x)=2f^3(x)$，再求导得 $f'''(x)=3\cdot 2f^2(x)f'(x)=3!\ f^4(x)$.

考研题解析

1. 设函数对任何 x 满足等式 $f(1+x)=af(x)$，且 $f'(0)=b$，其中 a，b 为非零常数，

则______.

(A) $f(x)$在$x=1$处不可导;

(B) $f(x)$在$x=1$处可导,且$f'(1)=a$;

(C) $f(x)$在$x=1$处可导,且$f'(1)=b$;

(D) $f(x)$在$x=1$处可导,且$f'(1)=ab$.

解 由题设$f(1)=af(0)$.根据导数定义,得

$$f'(1)=\lim_{x\to 0}\frac{f(1+x)-f(1)}{x}=\lim_{x\to 0}\frac{af(x)-af(0)}{x}$$

$$=a\lim_{x\to 0}\frac{f(x)-f(0)}{x-0}=af'(0)=ab.$$

因而选(D).

注意 题设只假定$f(x)$在$x=0$处可导,在$x=1$处和其他处是否可导不知道,因而下述解法是错误的.

在$f(1+x)=af(x)$两边对x求导,得$f'(1+x)=af'(x)$,令$x=0$,得$f'(1)=af'(0)=ab$.

2. 已知$f'(x_0)=-1$,求$\lim\limits_{x\to 0}\dfrac{x}{f(x_0-2x)-f(x_0-x)}$.

解 $\lim\limits_{x\to 0}\dfrac{f(x_0-2x)-f(x_0-x)}{x}$

$$=\lim_{x\to 0}\frac{[f(x_0-2x)-f(x_0)]-[f(x_0-x)-f(x_0)]}{x}$$

$$=\lim_{x\to 0}(-2)\frac{f(x_0-2x)-f(x_0)}{-2x}+\lim_{x\to 0}\frac{f(x_0-x)-f(x_0)}{-x}$$

$$=-2f'(x_0)+f'(x_0)=-f'(x_0)=1.$$

3. 设$f(x)=\begin{cases}\dfrac{|x^2-1|}{x-1}, & x\neq 1,\\ 2, & x=1,\end{cases}$ 则在点$x=1$处函数$f(x)$______.

(A) 不连续; (B) 连续但不可导;

(C) 可导且导数不连续; (D) 可导且导数连续.

解 $f(1+0)=\lim\limits_{x\to 1^+}\dfrac{x^2-1}{x-1}=2$,$f(1-0)=\lim\limits_{x\to 1^-}\dfrac{-(x^2-1)}{x-1}=-2$.$f(1+0)\neq f(1-0)$,故$f(x)$在$x=1$处不连续,因此选(A).

4. 设$f(x)=\begin{cases}x\arctan\dfrac{1}{x^2}, & x\neq 0,\\ 0, & x=0,\end{cases}$ 试讨论$f'(x)$在$x=0$处的连续性.

解 因 $$f'(0)=\lim_{x\to 0}\frac{f(x)-f(0)}{x-0}=\lim_{x\to 0}\frac{x\arctan\frac{1}{x^2}}{x}=\frac{\pi}{2},$$

$$\lim_{x\to 0}f'(x)=\lim_{x\to 0}\left(\arctan\frac{1}{x^2}-\frac{2x^2}{1+x^4}\right)=\frac{\pi}{2}=f'(0),$$

所以$f'(x)$在$x=0$处是连续的.

5. 设函数 $f(x)$在区间$(-\delta, \delta)$内有定义，若当 $x\in(-\delta, \delta)$时，恒有 $|f(x)|\leqslant x^2$，则 $x=0$ 必是 $f(x)$的________.

(A) 间断点；　　(B) 连续而不可导的点；

(C) 可导的点，且 $f'(0)=0$；　　(D) 可导的点，且 $f'(0)\neq 0$.

解 由于 $f(0)=0$，$f'(0)=\lim\limits_{x\to 0}\dfrac{f(x)-f(0)}{x-0}=\lim\limits_{x\to 0}\dfrac{f(x)}{x}=\lim\limits_{x\to 0}\dfrac{f(x)}{x^2}\cdot x=0$，故选(C).

6. 函数 $f(x)=(x^2-x-2)|x^3-x|$不可导点的个数是________.

(A) 3；　(B) 2；　(C) 1；　(D) 0.

解 $f(x)$为二项的乘积，第一项 $u(x)=x^2-x-2$ 在$(-\infty, +\infty)$上可导；第二项 $u(x)=|x^3-x|$除在点 $x=0$，-1，1 不可导外处处可导．下面应用导数的定义考察 $f(x)$在这三点的可导性．

$$f'(0)=\lim_{x\to 0}\frac{f(x)-f(0)}{x-0}=\lim_{x\to 0}\frac{(x^2-x-2)|x^3-x|-0}{x}$$

$$=\lim_{x\to 0}(x^2-x-2)(1-x^2)\frac{|x|}{x}=-2\lim_{x\to 0}\frac{|x|}{x}.$$

由于$\lim\limits_{x\to 0}\dfrac{|x|}{x}$不存在(左、右极限分别为$-1$与1)，所以 $f(x)$在 $x=0$ 处不可导．

$$f'(-1)=\lim_{x\to -1}\frac{f(x)-f(-1)}{x+1}=\lim_{x\to -1}\frac{(x^2-x-2)|x^3-x|-0}{x+1}.$$

由于 $x\to -1$ 时，$(x^2-x-2)x(x-1)\to 0$，而$\dfrac{|x+1|}{x+1}$为有界函数，所以上式右端为 0，于是 $f(x)$在 $x=-1$ 处可导，且 $f'(-1)=0$.

$$f'(1)=\lim_{x\to 1}\frac{f(x)-f(1)}{x-1}=\lim_{x\to 1}\frac{(x^2-x-2)|x^3-x|-0}{x-1}$$

$$=\lim_{x\to 1}(x^2-x-2)x(x+1)\frac{|x-1|}{x-1}=-4\lim_{x\to 1}\frac{|x-1|}{x-1}.$$

由于$\lim\limits_{x\to 1}\dfrac{|x-1|}{x-1}$不存在(左、右极限分别为$-1$与1)，所以 $f(x)$在 $x=1$ 处不可导．故选(B).

7. 设函数 $f(x)=\lim\limits_{n\to\infty}\sqrt[n]{1+|x|^{3n}}$，则 $f(x)$在$(-\infty, +\infty)$内，有________.

(A) 处处可导；　　(B) 恰有一个不可导点；

(C) 恰有两个不可导点；　　(D) 至少有三个不可导点．

解 先求出函数 $f(x)$的分段表达式，再对其分段点讨论可导性，求出不可导点．

$$f(x)=\begin{cases}\lim\limits_{n\to\infty}\sqrt[n]{1+|x|^{3n}}=1, & |x|<1,\\ \lim\limits_{n\to\infty}|x|^3\sqrt[n]{\dfrac{1}{|x|^{3n}}+1}=|x|^3, & |x|>1,\\ \lim\limits_{n\to\infty}\sqrt[n]{1+|x|^{3n}}=2^0=1, & |x|=1,\end{cases}$$

$f(x)$在$(-\infty, -1)$，$(-1, 1)$，$(1, +\infty)$显然可导；在其分段点 $x=1$ 处，有

$$f'_-(1)=0,\ f'_+(1)=\lim_{x\to 1^+}\frac{x^3-1}{x-1}=3,$$

所以 $x=1$ 为不可导点；在分段点 $x=-1$ 处，有

$$f'_-(-1)=\lim_{x\to -1^-}\frac{-(x^3+1)}{x+1}=-3,\ f'_+(-1)=0,$$

所以 $x=-1$ 为不可导点．故共有 2 个不可导点，选(C).

8. 设 $f(x)=\begin{cases}\dfrac{2}{3}x^3, & x\leqslant 1,\\ x^2, & x>1,\end{cases}$ 则 $f(x)$ 在 $x=1$ 处的______.

(A) 左、右导数都存在；　(B) 左导数存在，但右导数不存在；

(C) 左导数不存在，但右导数存在；　(D) 左、右导数都不存在．

解　$f'_-(1)=\lim\limits_{x\to 1^-}\dfrac{f(x)-f(1)}{x-1}=\lim\limits_{x\to 1^-}\dfrac{\frac{2}{3}(x^3-1)}{x-1}=2,$

$$f'_+(1)=\lim_{x\to 1^+}\frac{f(x)-f(1)}{x-1}=\lim_{x\to 1^+}\frac{x^2-\frac{2}{3}}{x-1}\text{不存在，故选(B).}$$

9. 设 $f(x)=\begin{cases}\dfrac{1-\cos x}{\sqrt{x}}, & x>0,\\ x^2g(x), & x\leqslant 0,\end{cases}$ 其中 $g(x)$ 是有界函数，则 $f(x)$ 在 $x=0$ 处______.

(A) 极限不存在；　(B) 极限存在，但不连续；

(C) 连续，但不可导；　(D) 可导．

解　$f'_-(0)=\lim\limits_{x\to 0^-}\dfrac{x^2g(x)-0}{x-0}=\lim\limits_{x\to 0^-}xg(x)=0,$

$$f'_+(0)=\lim_{x\to 0^+}\frac{1-\cos x}{x\sqrt{x}}=\lim_{x\to 0^+}\frac{\frac{1}{2}x^2}{x^{\frac{3}{2}}}=0,$$

因为 $f'_-(0)=f'_+(0)$，所以 $f(x)$ 在 $x=0$ 处可导，故选(D).

10. 设函数 $f(x)$ 在 $(-\infty, +\infty)$ 上有定义，在区间 $[0, 2]$ 上，$f(x)=x(x^2-4)$，若对任意 x 都满足 $f(x)=kf(x+2)$，其中 k 为常数．

(1) 写出 $f(x)$ 在 $[-2, 0)$ 上的表达式；(2) 问 k 为何值时，$f(x)$ 在 $x=0$ 处可导．

解　(1) 当 $-2\leqslant x\leqslant 0$ 时，$0\leqslant x+2\leqslant 2$，故

$$f(x)=kf(x+2)=k(x+2)[(x+2)^2-4]=kx(x+2)(x+4).$$

(2) 因 $f(0)=0$，由左右导数定义

$$f'_+(0)=\lim_{x\to 0^+}\frac{f(x)-f(0)}{x-0}=\lim_{x\to 0^+}\frac{x(x^2-4)}{x}=-4,$$

$$f'_-(0)=\lim_{x\to 0^-}\frac{f(x)-f(0)}{x-0}=\lim_{x\to 0^-}\frac{kx(x+2)(x+4)}{x}=8k.$$

令 $f'_+(0)=f'_-(0)\Rightarrow k=-\dfrac{1}{2}$，即当 $k=-\dfrac{1}{2}$ 时，$f(x)$ 在 $x=0$ 处可导．

11. 设 $f(x)=\begin{cases}\sqrt{|x|}\sin\dfrac{1}{x^2}, & x\neq 0,\\ 0, & x=0,\end{cases}$ 则 $f(x)$ 在 $x=0$ 处______.

(A) 极限不存在；　　　　(B) 极限存在，但不连续；

(C) 连续但不可导；　　　　(D) 可导.

解　因$\sqrt{|x|}$是无穷小量($x\to 0$)，故$\lim\limits_{x\to 0}f(x)=\lim\limits_{x\to 0}\sqrt{|x|}\sin\dfrac{1}{x^2}=f(0)=0$.

$$f'(0)=\lim_{x\to 0}\frac{f(x)-f(0)}{x}=\lim_{x\to 0}\frac{\sqrt{|x|}\sin\dfrac{1}{x^2}}{x}$$

$$=\begin{cases}\lim\limits_{x\to 0^+}x^{\frac{1}{2}-1}\sin\dfrac{1}{x^2}, & x>0,\\ \lim\limits_{x\to 0^-}\left(-x^{\frac{1}{2}-1}\sin\dfrac{1}{x^2}\right), & x<0.\end{cases}$$

因$\alpha-1>0$时，$x^{\alpha-1}$才是无穷小量($x\to 0$)，而$\dfrac{1}{2}-1=-\dfrac{1}{2}<0$，故$f(x)$在$x=0$处不可导.选(C).

12. 已知$y=f\left(\dfrac{3x-2}{3x+2}\right)$，$f'(x)=\arcsin x^2$，求$y'|_{x=0}$.

解　设$u=\dfrac{3x-2}{3x+2}$，则$y=f(u)$，于是由$\dfrac{dy}{dx}=\dfrac{dy}{du}\cdot\dfrac{du}{dx}$，得

$$y'=f'\left(\frac{3x-2}{3x+2}\right)\left(\frac{3x-2}{3x+2}\right)'=\frac{12}{(3x+2)^2}f'\left(\frac{3x-2}{3x+2}\right)=\frac{12}{(3x+2)^2}\arcsin\left(\frac{3x-2}{3x+2}\right)^2,$$

故
$$y'|_{x=0}=3f'(-1)=3\arcsin(-1)^2=\frac{3\pi}{2}.$$

13. 设$y=\arctan e^x-\ln\sqrt{\dfrac{e^{2x}}{e^{2x}+1}}$，则$\left.\dfrac{dy}{dx}\right|_{x=1}=$________.

解　令$t=e^x$，则$y=\arctan t-\ln t+\dfrac{1}{2}\ln(t^2+1)$，则

$$\frac{dy}{dx}=\frac{dy}{dt}\cdot\frac{dt}{dx}=\left(\frac{1}{1+t^2}-\frac{1}{t}+\frac{t}{1+t^2}\right)e^x=\left(\frac{1+t}{1+t^2}-\frac{1}{t}\right)e^x.$$

将$x=1$，$t=e$代入上式，得

$$\left.\frac{dy}{dx}\right|_{x=1}=\left(\frac{1+e}{1+e^2}-\frac{1}{e}\right)e=\frac{e-1}{e^2+1}.$$

14. 已知$z=\arctan\dfrac{x+y}{x-y}$，求$dz$.

解
$$dz=\frac{1}{1+\left(\dfrac{x+y}{x-y}\right)^2}d\left(\frac{x+y}{x-y}\right)=\frac{(x-y)^2}{2(x^2+y^2)}\cdot\frac{(x-y)d(x+y)-(x+y)d(x-y)}{(x-y)^2}$$

$$=\frac{[(x-y)-(x+y)]dx+[(x-y)+(x-y)]dy}{2(x^2+y^2)}=\frac{xdy-ydx}{x^2+y^2}.$$

15. 设$f(x)$可导，$F(x)=f(x)(1+|\sin x|)$，则$f(0)=0$是$F(x)$在$x=0$处可导的________.

(A) 充要条件；　　　　(B) 充分条件但非必要条件；

(C) 必要条件但非充分条件；　　　　(D) 既非充分条件也非必要条件.

解　由于 $f(x)$ 可导，$F(x)$ 在 $x=0$ 处可导的充要条件是 $\varphi(x)=f(x)|\sin x|$ 可导.

$$\varphi'_{+}(0)=\lim_{x\to0^{+}}\frac{f(x)|\sin x|-0}{x-0}=\lim_{x\to0^{+}}\frac{f(x)\sin x}{x}=f(0);$$

$$\varphi'_{-}(0)=\lim_{x\to0^{-}}\frac{f(x)|\sin x|-0}{x-0}=\lim_{x\to0^{-}}\frac{-f(x)\sin x}{x}=-f(0).$$

故 $F(x)$ 在 $x=0$ 处可导的充要条件是 $f(0)=-f(0)$，即 $f(0)=0$. 故选(A).

16. 若 $f(-x)=f(x)(-\infty<x<+\infty)$，在 $(-\infty,0)$ 内 $f'(x)>0$，$f''(x)<0$，则 $f(x)$ 在 $(0,+\infty)$ 内有________.

(A) $f'(x)>0$，$f''(x)<0$；　　(B) $f'(x)>0$，$f''(x)>0$；

(C) $f'(x)<0$，$f''(x)<0$；　　(D) $f'(x)<0$，$f''(x)>0$.

解　由 $f(-x)=f(x)$，得 $-f'(-x)=f'(x)$，$f''(-x)=f''(x)$，而 $x\in(0,+\infty)$ 时，$-x\in(-\infty,0)$，故 $f'(x)=-f'(-x)<0$，$f''(x)=f''(-x)<0$. 故选(C).

17. 设函数 $f(x)=|x^3-1|\varphi(x)$，其中 $\varphi(x)$ 在 $x=1$ 处连续，则 $\varphi(1)=0$ 是 $f(x)$ 在 $x=1$ 处可导的________.

(A) 充要条件；　　(B) 必要但非充分条件；

(C) 充分但非必要条件；　　(D) 既非充分也非必要条件.

解　$f(x)=\begin{cases}(x^3-1)\varphi(x), & x\geqslant1,\\(1-x^3)\varphi(x), & x<1.\end{cases}$

$$f'_{+}(1)=\lim_{x\to1^{+}}\frac{f(x)-f(1)}{x-1}=\lim_{x\to1^{+}}\frac{(x^3-1)\varphi(x)-0}{x-1}=3\varphi(1),$$

$$f'_{-}(1)=\lim_{x\to1^{-}}\frac{f(x)-f(1)}{x-1}=\lim_{x\to1^{-}}\frac{(1-x^3)\varphi(x)-0}{x-1}=-3\varphi(1).$$

由此可知，$f(x)$ 在 $x=1$ 处可导 $\Leftrightarrow\varphi(1)=-\varphi(1)\Leftrightarrow\varphi(1)=0$，故选(A).

18. 确定常数 a 和 b，使函数

$$f(x)=\begin{cases}ax+b, & x>1,\\x^2, & x\leqslant1\end{cases}$$

处处可导.

解　当 $x\neq1$ 时，$f(x)$ 可导，为使 $x=1$ 时 $f(x)$ 可导，$f(x)$ 在 $x=1$ 处必连续，故

$$\lim_{x\to1^{+}}(ax+b)=a+b,\quad\lim_{x\to1^{-}}x^2=1\Rightarrow a+b=1.$$

又 $$f'_{+}(1)=\lim_{x\to1^{+}}\frac{f(x)-f(1)}{x-1}=\lim_{x\to1^{+}}\frac{ax+b-1}{x-1}=\lim_{x\to1^{+}}\frac{ax+b-(a+b)}{x-1}=a,$$

$$f'_{-}(1)=\lim_{x\to1^{-}}\frac{f(x)-f(1)}{x-1}=\lim_{x\to1^{-}}\frac{x^2-1}{x-1}=2,$$

故当 $a=2$，$b=-1$ 时，$f(x)$ 处处可导.

19. 已知 $y=1+xe^{xy}$，求 $y'|_{x=0}$ 及 $y''|_{x=0}$.

解　方程两边对 x 求导，得

$$y'=e^{xy}(x^2y'+xy+1),$$

$$y''=e^{xy}(x^2y''+2xy'+xy'+y)+e^{xy}(x^2y'+xy+1)(xy'+y).$$

当 $x=0$ 时，$y=1$，代入上两式，得

$$y'|_{x=0}=e^0=1, \ y''|_{x=0}=e^0+e^0=2.$$

20. 设函数 $y=g(x)$ 由方程 $e^{x+y}+\cos(xy)=0$ 确定，则

$$\frac{dy}{dx}=\frac{y\sin(xy)-e^{x+y}}{e^{x+y}-x\sin(xy)}.$$

解 方程两边对 x 求导，得

$$e^{x+y}(1+y')-\sin(xy)(y+xy')=0,$$

解出 y' 即为所求.

21. 设函数 $y=y(x)$ 由方程 $y-xe^y=1$ 所确定，求 $\left.\frac{d^2y}{dx^2}\right|_{x=0}$ 的值.

解 方程两边对 x 求导，得

$$y'-e^y-xe^yy'=0, \ y''-e^yy'-(e^yy'+xe^yy'^2+xe^yy'')=0.$$

当 $x=0$ 时，$y=1$，代入上两式，得

$$y'|_{x=0}=e, \ y''|_{x=0}=2e^2.$$

22. 函数 $y=g(x)$ 由方程 $\sin(x^2+y^2)+e^x-xy^2=0$ 所确定，则

$$\frac{dy}{dx}=\frac{y^2-e^x-2x\cos(x^2+y^2)}{2y\cos(x^2+y^2)-2xy}.$$

解 方程两边对 x 求导，得

$$(2x+2yy')\cos(x^2+y^2)+e^x-y^2-2xyy'=0,$$

解出 y' 即为所求.

23. 设 $y=f(x+y)$，其中 f 具有二阶导数，且一阶导数不等于 1，求 $\frac{d^2y}{dx^2}$.

解 方程两边对 x 求导，得

$$y'=(1+y')f', \text{即 } y'=\frac{f'}{1-f'}.$$

$$y''=\left(\frac{f'}{1-f'}\right)'=\frac{f''\cdot(1+y')(1-f')-f'\cdot(-f'')(1+y')}{(1-f')^2}$$

$$=\frac{f''\cdot(1+y')}{(1-f')^2}=\frac{f''}{(1-f')^2}\cdot\left(1+\frac{f'}{1-f'}\right)=\frac{f''}{(1-f')^3}.$$

24. 设函数 $y=y(x)$ 由方程 $xe^{f(y)}=e^y$ 确定，其中 f 具有二阶导数，且 $f'\neq1$，求 $\frac{d^2y}{dx^2}$.

解 两边取对数，得

$$\ln x+f(y)=y, \ y'=\frac{1}{x[1-f'(y)]}, \ y''=\frac{[1-f'(y)]^2-f''(y)}{x^2[1-f'(y)]^3}.$$

25. 设函数 $y=y(x)$ 由方程 $\ln(x^2+y)=x^3y+\sin x$ 确定，则 $\left.\frac{dy}{dx}\right|_{x=0}=1$.

解 方程两边对 x 求导，得

$$\frac{2x+y'}{x^2+y}=3x^2y+x^3y'+\cos x,$$

由 $x=0$ 时，$y=1$，得 $y'|_{x=0}=1$.

26. 已知函数 $y=y(x)$ 由方程 $e^y+6xy+x^2-1=0$ 确定，则 $y''|_{x=0}=-2$.

解　在原式中令 $x=0$，得 $y(0)=0$，方程两边对 x 求导，得

$$e^y y'+6y+6xy'+2x=0, \tag{1}$$

$$e^y y'^2+e^y y''+6y'+6y'+6xy''+2=0. \tag{2}$$

在(1)式中令 $x=0$，得 $y'(0)=0$. 在(2)式中令 $x=0$，得 $y''(0)=-2$.

27. 设方程 $e^{xy}+y^2=\cos x$ 确定 y 是 x 的函数，求 y'.

解　在所给方程两边对 x 求导，得

$$e^{xy}(y+xy')+2yy'=-\sin x,$$

解出 y'，得

$$y'=-\frac{ye^{xy}+\sin x}{x(e^{xy}+2y)}.$$

28. 设 $\begin{cases}x=5(t-\sin t),\\ y=5(1-\cos t),\end{cases}$ 求 $\frac{dy}{dx}$，$\frac{d^2y}{dx^2}$.

解　$\frac{dy}{dx}=\frac{\frac{dy}{dt}}{\frac{dx}{dt}}=\frac{5\sin t}{5(1-\cos t)}=\frac{\sin t}{1-\cos t}$，

$$\frac{d^2y}{dx^2}=\frac{d}{dx}\left(\frac{dy}{dx}\right)=\frac{d}{dt}\left(\frac{dy}{dx}\right)\frac{1}{\frac{dx}{dt}}=\frac{-1}{1-\cos t}\cdot\frac{1}{5(1-\cos t)}=\frac{-1}{5(1-\cos t)^2}.$$

29. 设 $\begin{cases}x=f(t)-\pi,\\ y=f(e^{3t}-1),\end{cases}$ 其中 f 可导，且 $f'(0)\neq0$，则 $\left.\frac{dy}{dx}\right|_{t=0}=3$.

解　$\frac{dy}{dx}=\frac{\frac{dy}{dt}}{\frac{dx}{dt}}=\frac{3e^{3t}f'(e^{3t}-1)}{f'(t)}$，将 $t=0$ 代入前式，得 $\left.\frac{dy}{dx}\right|_{t=0}=3$.

30. 设 $y=y(x)$ 由 $\begin{cases}x=\arctan t,\\ 2y-ty^2+e^t=5\end{cases}$ 所确定，求 $\frac{dy}{dx}$.

解　$x=x(t)$ 为显函数，而 $y(t)$ 由隐函数方程确定.

$$\frac{dx}{dt}=\frac{1}{1+t^2}.$$

下面用隐函数求导法则求 $\frac{dy}{dt}$，方程两边对 t 求导，得

$$2\frac{dy}{dt}-y^2-2ty\frac{dy}{dt}+e^t=0,$$

于是 $\frac{dy}{dt}=\frac{y^2-e^t}{2(1-ty)}$，故

$$\frac{dy}{dx}=\frac{\frac{dy}{dt}}{\frac{dx}{dt}}=\frac{(y^2-e^t)(1+t^2)}{2(1-ty)}.$$

31. 曲线 $y=\arctan x$ 在横坐标为 1 的点处的切线方程为________；法线方程为

________.

解 $y'=\frac{1}{1+x^2}$，$y'|_{x=1}=\frac{1}{2}$，故切线斜率为$\frac{1}{2}$，法线斜率为-2，所以切线方程为$y-\frac{\pi}{4}=-\frac{1}{2}(x-1)$，法线方程为$y-\frac{\pi}{4}=-2(x-1)$.

32. 设$f(x)$为可导函数，且满足条件$\lim\limits_{x\to 0}\frac{f(1)-f(1-x)}{2x}=-1$，则曲线$y=f(x)$在点$(1, f(1))$处的切线斜率为________.

(A) 2； (B) -1； (C) $\frac{1}{2}$； (D) -2.

解 曲线$y=f(x)$在$(1, f(1))$的切线的斜率为$f'(1)$，

$$f'(1)=\lim_{x\to 0}\frac{f(1+x)-f(1)}{x}=\lim_{x\to 0}\frac{f(1-x)-f(1)}{-x}=\lim_{x\to 0}\frac{f(1)-f(1-x)}{2x}\cdot 2=-2.$$

33. $f(x)=\frac{1}{3}x^3+\frac{1}{2}x^2+6x+1$的图形在点$(0, 1)$处的切线与$x$轴的交点坐标为________.

(A) $\left(-\frac{1}{6}, 0\right)$； (B) $(-1, 0)$； (C) $\left(\frac{1}{6}, 0\right)$； (D) $(1, 0)$.

解 $f'(0)=6$，切线方程为$y-1=6x$. 令$y=0$，得$x=-\frac{1}{6}$. 故选(A).

34. 曲线$\begin{cases}x=\cos^3 t,\\ y=\sin^3 t\end{cases}$上，对应于$t=\frac{\pi}{6}$点处的法线方程为________.

解 $\frac{\mathrm{d}y}{\mathrm{d}x}=\frac{(\sin^3 t)'}{(\cos^3 t)'}=-\tan t$. 令$t=\frac{\pi}{6}$，得切线斜率$k=-\frac{1}{\sqrt{3}}$. 因此法线斜率为$k_1=\sqrt{3}$. 故法线方程为$y=\sqrt{3}x-1$.

35. 设曲线$f(x)=x^3+ax$与$g(x)=bx^2+c$都通过点$(-1, 0)$，且在点$(-1, 0)$有公共切线，求a，b，c.

解 因曲线$f(x)$与$g(x)$都通过点$(-1, 0)$，且在该点有公切线，故有

$$\begin{cases}f(-1)=0，即(-1)^3-a=0,\\ g(-1)=0，即 b+c=0,\\ f'(-1)=g'(-1)，即 3+a=-2b\end{cases}\Rightarrow\begin{cases}a=-1,\\ b=-1,\\ c=1.\end{cases}$$

36. 若曲线$y=x^2+ax+b$和$2y=-1+xy^3$在点$(1, -1)$处相切，其中a，b是常数，则________.

(A) $a=0$，$b=-2$； (B) $a=1$，$b=-3$；

(C) $a=-3$，$b=1$； (D) $a=-1$，$b=-1$.

解 由题意，两曲线切线斜率相等．对第二个方程两边关于x求导，得

$$2y'=y^3+3xy^2y',$$

将$x=1$，$y=-1$代入，解得第二条曲线在点$(1, -1)$处切线的斜率为1，因此，

$$y'|_{x=1}=2+a=1\Rightarrow a=-1,$$

将$a=-1$，$x=1$，$y=-1$代入第一式得$b=-1$. 故选(D).

37. 已知$f(x)$是周期为5的连续函数，它在$x=0$的某个邻域内满足关系式

$$f(1+\sin x)-3f(1-\sin x)=8x+\alpha(x),$$

式中 $\alpha(x)$ 是当 $x\to 0$ 时比 x 高阶的无穷小，且 $f(x)$ 在 $x=1$ 处可导，求曲线 $y=f(x)$ 在点 $(6, f(6))$ 处的切线方程．

解　因为 $f(x)$ 的周期为 5，所以在点 $(6, f(6))$ 处和点 $(1, f(1))$ 处曲线具有相同的切线斜率，因此只需根据题设方程求出 $f'(1)$.

对题设方程两边取极限 $x\to 0$，得 $f(1)-3f(1)=0$，故 $f(1)=0$.

题设方程两边除以 x 后，取极限

$$\lim_{x\to 0}\frac{f(1+\sin x)-3f(1-\sin x)}{x}=\lim_{x\to 0}\left[8+\frac{\alpha(x)}{x}\right]=8,$$

故

$$8=\lim_{x\to 0}\frac{f(1+\sin x)-3f(1-\sin x)}{\sin x}\cdot\frac{\sin x}{x}\xlongequal{\sin x=t}\lim_{t\to 0}\frac{f(1+t)-3f(1-t)}{t}$$

$$=\lim_{t\to 0}\frac{f(1+t)-f(1)}{t}+3\lim_{t\to 0}\frac{f(1-t)-f(1)}{-t}=4f'(1)\Rightarrow f'(1)=2.$$

由于 $f(x+5)=f(x)\Rightarrow f(6)=f(1)$，$f'(6)=f'(1)=2$，故所求切线方程为

$$y=2(x-6).$$

38. 曲线 $\begin{cases}x=e^t\sin 2t,\\ y=e^t\cos t\end{cases}$ 在点 $(0, 1)$ 处的法线方程为________.

解　由 $x=0$，$y=1\Rightarrow t=0$，

$$\left.\frac{dy}{dx}\right|_{x=0}=\left.\frac{(e^t\cos t)'}{(e^t\sin 2t)'}\right|_{t=0}=\left.\frac{\cos t-\sin t}{\sin 2t+2\cos 2t}\right|_{t=0}=\frac{1}{2}.$$

切线斜率为 $\frac{1}{2}$，法线斜率为 -2，故法线方程为 $y+2x-1=0$.

39. 设函数 $y=f(x)$ 由方程 $e^{2x+y}-\cos(xy)=e-1$ 所确定，则曲线 $y=f(x)$ 在点 $(0, 1)$ 处的法线方程为________.

解　方程两边关于 x 求导，得 $e^{2x+y}(2+y')+(y+xy')\sin(xy)=0$，将 $x=0$，$y=1$ 代入，得切线斜率 $y'(0)=-2$，于是法线斜率 $k=\frac{1}{2}$，故法线方程为

$$y-1=\frac{1}{2}x，即\ x-2y+2=0.$$

40. 设函数 $y=f(x)$ 由方程 $xy+2\ln x=y^4$ 所确定，则曲线 $y=f(x)$ 在点 $(1, 1)$ 处的切线方程为________.

解　方程两边对 x 求导，得

$$y+xy'+\frac{2}{x}=4y^3y',$$

将 $x=1$，$y=1$ 代入，得 $y'(1)=1$，于是所求切线方程为 $y-1=x-1$，即 $x-y=0$.

41. 设曲线 $f(x)=x^n$ 在点 $(1, 1)$ 处的切线与 x 轴的交点为 $(\xi_n, 0)$，则 $\lim\limits_{n\to\infty}f(\xi_n)=$________.

解　因为 $f'(x)=nx^{n-1}$，所以 $f'(1)=n$. 于是过点 $(1, 1)$ 的切线方程为 $y-1=n(x-1)$.

令 $y=0$，得 $x=\xi_n=1-\frac{1}{n}$，故 $\lim\limits_{n\to\infty}f(\xi_n)=\lim\limits_{n\to\infty}\left(1-\frac{1}{n}\right)^n=\frac{1}{e}$.

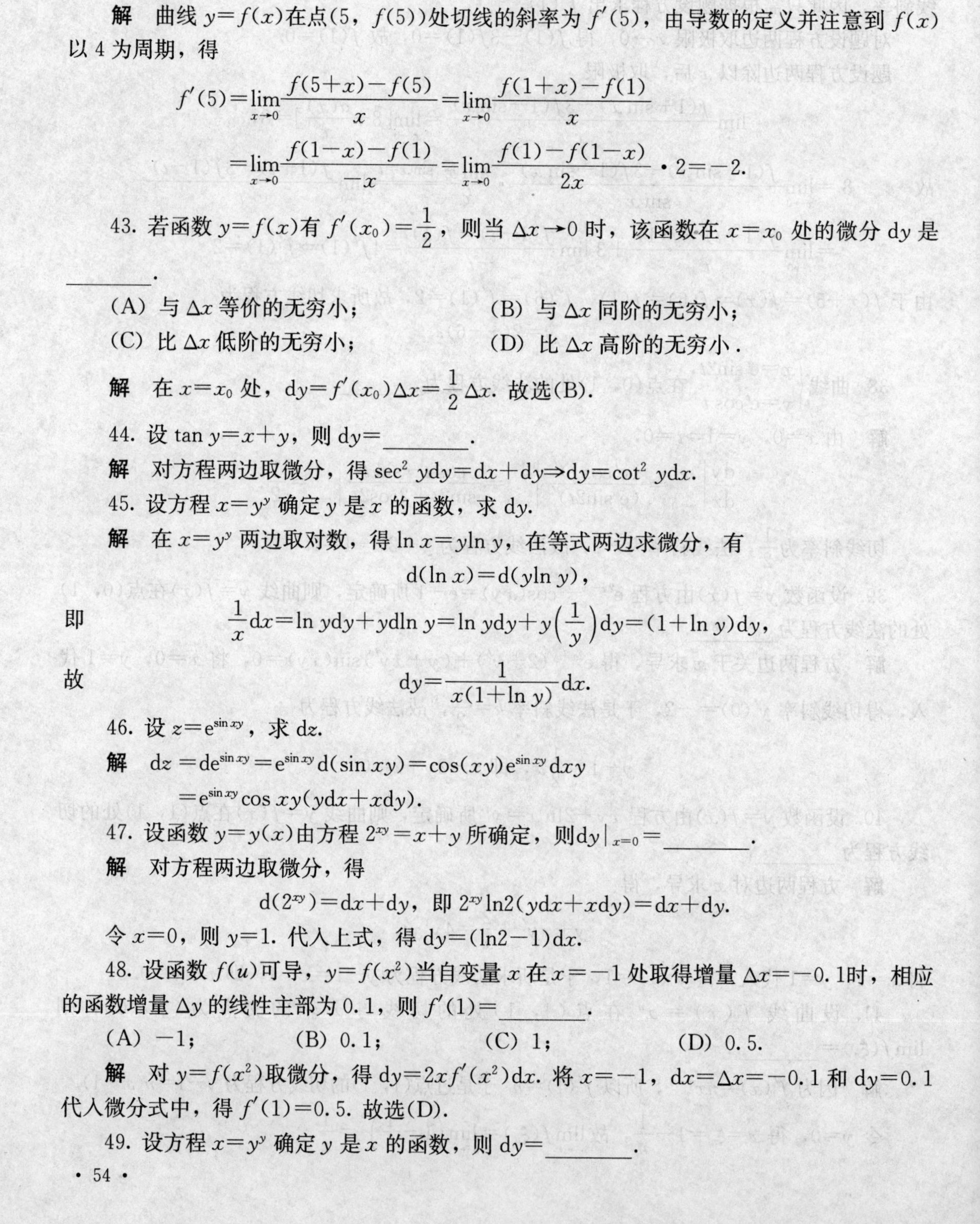

42. 设周期函数 $f(x)$ 在 $(-\infty, +\infty)$ 内可导，周期为 4. 又 $\lim\limits_{x\to 0}\dfrac{f(1)-f(1-x)}{2x}=-1$，则曲线 $y=f(x)$ 在点 $(5, f(5))$ 处的切线的斜率为________.

(A) $\dfrac{1}{2}$；　(B) 0；　(C) -1；　(D) -2.

解　曲线 $y=f(x)$ 在点 $(5, f(5))$ 处切线的斜率为 $f'(5)$，由导数的定义并注意到 $f(x)$ 以 4 为周期，得

$$f'(5)=\lim_{x\to 0}\frac{f(5+x)-f(5)}{x}=\lim_{x\to 0}\frac{f(1+x)-f(1)}{x}$$

$$=\lim_{x\to 0}\frac{f(1-x)-f(1)}{-x}=\lim_{x\to 0}\frac{f(1)-f(1-x)}{2x}\cdot 2=-2.$$

43. 若函数 $y=f(x)$ 有 $f'(x_0)=\dfrac{1}{2}$，则当 $\Delta x\to 0$ 时，该函数在 $x=x_0$ 处的微分 dy 是________.

(A) 与 Δx 等价的无穷小；　(B) 与 Δx 同阶的无穷小；

(C) 比 Δx 低阶的无穷小；　(D) 比 Δx 高阶的无穷小.

解　在 $x=x_0$ 处，$dy=f'(x_0)\Delta x=\dfrac{1}{2}\Delta x$. 故选(B).

44. 设 $\tan y=x+y$，则 $dy=$________.

解　对方程两边取微分，得 $\sec^2 y dy=dx+dy\Rightarrow dy=\cot^2 y dx$.

45. 设方程 $x=y^y$ 确定 y 是 x 的函数，求 dy.

解　在 $x=y^y$ 两边取对数，得 $\ln x=y\ln y$，在等式两边求微分，有

$$d(\ln x)=d(y\ln y),$$

即
$$\frac{1}{x}dx=\ln y dy+y d\ln y=\ln y dy+y\left(\frac{1}{y}\right)dy=(1+\ln y)dy,$$

故
$$dy=\frac{1}{x(1+\ln y)}dx.$$

46. 设 $z=e^{\sin xy}$，求 dz.

解　$dz=de^{\sin xy}=e^{\sin xy}d(\sin xy)=\cos(xy)e^{\sin xy}dxy$

$=e^{\sin xy}\cos xy(ydx+xdy)$.

47. 设函数 $y=y(x)$ 由方程 $2^{xy}=x+y$ 所确定，则 $dy|_{x=0}=$________.

解　对方程两边取微分，得

$$d(2^{xy})=dx+dy，即\ 2^{xy}\ln 2(ydx+xdy)=dx+dy.$$

令 $x=0$，则 $y=1$. 代入上式，得 $dy=(\ln 2-1)dx$.

48. 设函数 $f(u)$ 可导，$y=f(x^2)$ 当自变量 x 在 $x=-1$ 处取得增量 $\Delta x=-0.1$ 时，相应的函数增量 Δy 的线性主部为 0.1，则 $f'(1)=$________.

(A) -1；　(B) 0.1；　(C) 1；　(D) 0.5.

解　对 $y=f(x^2)$ 取微分，得 $dy=2xf'(x^2)dx$. 将 $x=-1$，$dx=\Delta x=-0.1$ 和 $dy=0.1$ 代入微分式中，得 $f'(1)=0.5$. 故选(D).

49. 设方程 $x=y^y$ 确定 y 是 x 的函数，则 $dy=$________.

解　由 $x=y^y$，得 $\ln x=y\ln y$，两边微分，得$\frac{1}{x}\mathrm{d}x=\ln y\mathrm{d}y+y\mathrm{d}\ln y=\ln y\mathrm{d}y+\mathrm{d}y$，故

$$\mathrm{d}y=\frac{1}{x(1+\ln y)}\mathrm{d}x.$$

50. 设 $y=f(\ln x)\mathrm{e}^{f(x)}$，其中 f 可微，则 $\mathrm{d}y=$________________.

解　$$\begin{aligned}\mathrm{d}y&=\mathrm{d}[f(\ln x)\mathrm{e}^{f(x)}]=\mathrm{e}^{f(x)}\mathrm{d}f(\ln x)+f(\ln x)\mathrm{d}\mathrm{e}^{f(x)}\\&=\frac{1}{x}f'(\ln x)\mathrm{e}^{f(x)}\mathrm{d}x+f(\ln x)\mathrm{e}^{f(x)}f'(x)\mathrm{d}x\\&=\mathrm{e}^{f(x)}\left[\frac{1}{x}f'(\ln x)+f'(x)f(\ln x)\right]\mathrm{d}x.\end{aligned}$$

51. 设 $y=(1+\sin x)^x$，则$\mathrm{d}y|_{x=\pi}=$________.

解　方程两边取对数，得

$$\ln y=x\ln(1+\sin x),$$

两边求导数，得

$$\frac{1}{y}y'=\ln(1+\sin x)+\frac{x\cos x}{1+\sin x},$$

于是
$$y'=(1+\sin x)^x\left[\ln(1+\sin x)+\frac{x\cos x}{1+\sin x}\right],$$

$$y'(\pi)=1^\pi\cdot\left(0+\frac{-\pi}{1+0}\right)=-\pi,\mathrm{d}y|_{x=\pi}=y'(\pi)\mathrm{d}x=-\pi\mathrm{d}x.$$

第三章

微分中值定理与导数的应用

内容提要

一、微分中值定理

1. 罗尔定理 若函数 $f(x)$ 满足：(1) 在闭区间 $[a, b]$ 上连续；(2) 在开区间 (a, b) 内可导；(3) $f(a)=f(b)$，则 $\exists \xi \in (a, b)$，使 $f'(\xi)=0$.

2. 拉格朗日中值定理 若函数 $f(x)$ 满足：(1) 在闭区间 $[a, b]$ 上连续；(2) 在开区间 (a, b) 内可导，则 $\exists \xi \in (a, b)$，使 $f(b)-f(a)=f'(\xi)(b-a)$ 或 $f'(\xi)=\dfrac{f(b)-f(a)}{b-a}$.

3. 柯西定理 若函数 $f(x)$ 与 $g(x)$ 满足：(1) 在闭区间 $[a, b]$ 上连续；(2) 在开区间 (a, b) 内可导；(3) 在 (a, b) 内，$g'(x)\neq 0$，则 $\exists \xi \in (a, b)$，使

$$\frac{f(b)-f(a)}{g(b)-g(a)}=\frac{f'(\xi)}{g'(\xi)}.$$

二、洛必达法则

定理 1 若 (1) 函数 $f(x)$ 和 $g(x)$ 在 $N(\hat{x}_0, \delta)$ 内有定义，且 $\lim\limits_{x\to x_0} f(x)=0$，$\lim\limits_{x\to x_0} g(x)=0$；

(2) $f(x)$，$g(x)$ 在 $N(\hat{x}_0, \delta)$ 内可导，且 $g'(x)\neq 0$；

(3) $\lim\limits_{x\to x_0}\dfrac{f'(x)}{g'(x)}=A$（或 ∞），式中 A 为常数，

则

$$\lim_{x\to x_0}\frac{f(x)}{g(x)}=\lim_{x\to x_0}\frac{f'(x)}{g'(x)}=A(\text{或}\ \infty).$$

定理 2 若 (1) 函数 $f(x)$，$g(x)$ 在 $N(\hat{x}_0, \delta)$ 内有定义，且 $\lim\limits_{x\to x_0}=\infty$，$\lim\limits_{x\to x_0} g(x)=\infty$；

(2) $f(x)$，$g(x)$ 在 $N(\hat{x}_0, \delta)$ 内可导，且 $g'(x)\neq 0$；

(3) $\lim\limits_{x\to x_0}\dfrac{f'(x)}{g'(x)}=A$（或 ∞），式中 A 为常数，

则

$$\lim_{x\to x_0}\frac{f(x)}{g(x)}=\lim_{x\to x_0}\frac{f'(x)}{g'(x)}=A(\text{或}\ \infty).$$

三、泰勒公式

泰勒定理　若函数 $f(x)$ 在点 x_0 的某个区间内有直到 $n+1$ 阶导数，则

$$f(x)=f(x_0)+f'(x_0)(x-x_0)+\frac{f''(x_0)}{2!}(x-x_0)^2+\cdots+\frac{f^{(n)}(x_0)}{n!}(x-x_0)^n+R_n(x),\tag{1}$$

式中 $R_n(x)=\dfrac{f^{(n+1)}(\xi)}{(n+1)!}(x-x_0)^{n+1}$，$\xi$ 在 x 与 x_0 之间．

公式(1)称为函数 $f(x)$ 在点 x_0 处的 n 阶泰勒公式，多项式

$$P_n(x)=\sum_{k=0}^{n}\frac{f^{(k)}(x_0)}{k!}(x-x_0)^k$$

称为**泰勒多项式**，$R_n(x)$ 称为 n 阶泰勒公式的拉格朗日型余项．

当 $x_0=0$ 时，得

$$f(x)=f(0)+f'(0)x+\frac{f''(0)}{2!}x^2+\cdots+\frac{f^{(n)}(0)}{n!}x^n+R_n(x),\tag{2}$$

式中，$R_n(x)=\dfrac{f^{(n+1)}(\xi)}{(n+1)!}x^{n+1}$，$\xi$ 在 0 与 x 之间．公式(2)称为**麦克劳林公式**．

四、函数的单调性及极值

1. 函数的单调性

定理 1　设函数 $f(x)$ 在 $[a, b]$ 上连续，在 (a, b) 内可导，则

(1) 若在 (a, b) 内 $f'(x)>0$，则函数 $f(x)$ 在 (a, b) 内单调增加；

(2) 若在 (a, b) 内 $f'(x)<0$，则函数 $f(x)$ 在 (a, b) 内单调减少．

2. 函数的极值

定理 2(极值存在的必要条件)　如果函数 $f(x)$ 在点 x_0 取得极值，且 $f'(x_0)$ 存在，则 $f'(x_0)=0$.

定理 3(极值存在的第一充分条件)　设函数 $f(x)$ 在点 x_0 连续，在 $N(x_0, \delta)$ 内可导．

(1) 若 $x\in(x_0-\delta, x_0)$ 时 $f'(x)>0$，$x\in(x_0, x_0+\delta)$ 时 $f'(x_0)<0$，则函数 $f(x)$ 在 x_0 处取得极大值 $f(x_0)$.

(2) 若 $x\in(x_0-\delta, x_0)$ 时 $f'(x)<0$，$x\in(x_0, x_0+\delta)$ 时 $f'(x_0)>0$，则函数 $f(x)$ 在 x_0 处取得极小值 $f(x_0)$.

(3) 若 $x\in(x_0-\delta, x_0)$ 和 $x\in(x_0, x_0+\delta)$ 时 $f'(x)$ 不变号，则函数 $f(x)$ 在 x_0 处无极值．

定理 4(极值存在的第二充分条件)　若 $f'(x_0)=0$，而 $f''(x_0)$ 存在且 $f''(x_0)\neq 0$，则

(1) 当 $f''(x_0)<0$ 时，x_0 为 $f(x)$ 的极大值点；

(2) 当 $f''(x_0)>0$ 时，x_0 为 $f(x)$ 的极小值点．

五、函数的凸凹与拐点

1. 函数的凸凹与拐点

定义 1　如果在某区间内，曲线 $y=f(x)$ 上每一点处的切线都位于曲线的上方，则称曲线 $y=f(x)$ 在此区间内是凸的；如果在某区间内，曲线 $y=f(x)$ 上每一点处的切线都位于曲线的下方，则称曲线 $y=f(x)$ 在此区间内是凹的．

定理 1 设 $f(x)$ 在 $[a, b]$ 上连续，在 (a, b) 内具有二阶导数，则

(1) 若在 (a, b) 内，$f''(x)>0$，则曲线 $y=f(x)$ 在 $[a, b]$ 上是凹的；

(2) 若在 (a, b) 内，$f''(x)<0$，则曲线 $y=f(x)$ 在 $[a, b]$ 上是凸的．

定义 2 曲线 $y=f(x)$ 上，凸与凹的分界点称为该曲线的拐点．

定理 2 设 $y=f(x)$ 在 $N(\hat{x}_0, \delta)$ 内有二阶导数，则

(1) 若 $f''(x)$ 在 $(x_0-\delta, x_0)$ 与 $(x_0, x_0+\delta)$ 内异号，则点 $(x_0, f(x_0))$ 为曲线 $y=f(x)$ 的拐点；

(2) 若 $f''(x)$ 在 $(x_0-\delta, x_0)$ 与 $(x_0, x_0+\delta)$ 内同号，则点 $(x_0, f(x_0))$ 不是曲线 $y=f(x)$ 的拐点．

2. 曲线的渐近线

定义 若曲线上一点沿曲线无限远离原点时，该点与某条直线的距离趋于零，则称此直线为曲线的渐近线．

(1) 水平渐近线 若函数 $y=f(x)$ 的定义域是无限区间，且有 $\lim\limits_{x\to\infty}f(x)=a$ (或 $\lim\limits_{x\to+\infty}f(x)=a$，$\lim\limits_{x\to-\infty}f(x)=a$)，则直线 $y=a$ 称为曲线 $y=f(x)$ 的水平渐近线．

(2) 垂直渐近线 若 x_0 是函数 $y=f(x)$ 的间断点，且 $\lim\limits_{x\to x_0}f(x)=\infty$ (或 $\lim\limits_{x\to x_0^+}f(x)=\infty$，$\lim\limits_{x\to x_0^-}f(x)=\infty$)，则直线 $x=x_0$ 称为曲线 $y=f(x)$ 的垂直渐近线．

(3) 斜渐近线 若曲线 $y=f(x)$ 的定义域为无限区间，且有 $\lim\limits_{x\to\infty}\dfrac{f(x)}{x}=a$，$\lim\limits_{x\to\infty}[f(x)-ax]=b$，则直线 $y=ax+b$ 称为曲线 $y=f(x)$ 的斜渐近线．

六、导数在经济分析中的应用

1. 边际分析

(1) 边际函数 设函数 $y=f(x)$ 在 x 处可导，则称导数 $f'(x)$ 为 $f(x)$ 的边际函数，$f'(x)$ 在 x_0 处的值 $f'(x_0)$ 称为**边际函数值**．

(2) 边际成本 **边际成本**是总成本的变化率．

设总成本函数 $C=C(Q)=C_1+C_2(Q)$，其中 C_1 为固定成本，$C_2(Q)$ 为可变成本，Q 为产量，则边际成本

$$C'=C'(Q)=\frac{\mathrm{d}}{\mathrm{d}Q}[C_1+C_2(Q)]=C_2'(Q).$$

平均成本 $\qquad \bar{C}=\bar{C}(Q)=\dfrac{C(Q)}{Q}=\dfrac{C_1}{Q}+\dfrac{C_2(Q)}{Q}.$

(3) 边际收益 设 P 为商品价格，Q 为商品量，R 为总收益，R' 为边际收益，则有

价格函数 $\qquad P=P(Q)$；

总收益函数 $\qquad R=R(Q)=Q\cdot P(Q)$；

边际收益函数 $\qquad R'=R'(Q)=QP'(Q)+P(Q)$.

(4) 边际利润 设总利润为 L，则 $L=L(Q)=R(Q)-C(Q)$，边际利润为

$$L'=L'(Q)=R'(Q)-C'(Q).$$

2. 弹性分析

(1) 弹性函数 设 $y=f(x)$ 在点 x 可导，函数的相对改变量 $\dfrac{\Delta y}{y}=\dfrac{f(x+\Delta x)-f(x)}{y}$ 与自

变量的相对改变量$\frac{\Delta x}{x}$之比$\frac{\Delta y/y}{\Delta x/x}$，称为函数从 x 到 $x+\Delta x$ 两点间的相对变化率(或弹性)．当$\Delta x\to 0$ 时，$\frac{\Delta y/y}{\Delta x/x}$的极限称为 $f(x)$在 x 的弹性，记作 η，即

$$\eta=\lim_{\Delta x\to 0}\frac{\Delta y/y}{\Delta x/x}=\lim_{\Delta x\to 0}\frac{\Delta y}{\Delta x}\cdot\frac{x}{y}=y'\cdot\frac{x}{y}.$$

显然 η 仍为 x 的函数，我们称它为 $f(x)$的弹性函数．

当 $x=x_0$ 时，$\eta\mid_{x=x_0}=f'(x_0)\cdot\frac{x_0}{f(x_0)}$，称为 $f(x)$在点 x_0 处的弹性．

(2) 需求弹性　设某商品需求函数 $Q=f(P)$在 $P=P_0$ 处可导，则称非负实数$-\frac{\Delta Q/Q_0}{\Delta P/P_0}$为该商品在 $P=P_0$ 与 $P=P_0+\Delta P$ 两点间的需求弹性，记作

$$\bar{\eta}(P_0,\ P_0+\Delta P)=-\frac{\Delta Q}{\Delta P}\cdot\frac{P_0}{Q_0},$$

称$\lim_{\Delta P\to 0}\left(-\frac{\Delta Q/Q_0}{\Delta P/P_0}\right)=-f'(P_0)\cdot\frac{P_0}{f(P_0)}$为该商品在 $P=P_0$ 处的需求弹性，记作

$$\eta\mid_{P=P_0}=\eta(P_0)=-f'(P_0)\cdot\frac{P_0}{f(P_0)}.$$

(3) 供给弹性　设某商品供给函数 $Q=\varphi(P)$在 $P=P_0$ 可导，则称$\frac{\Delta Q/Q_0}{\Delta P/P_0}$为该商品在 $P=P_0$ 与 $P=P_0+\Delta P$ 两点间的供给弹性，记作

$$\bar{\varepsilon}(P_0,\ P_0+\Delta P)=\frac{\Delta Q}{\Delta P}\cdot\frac{P_0}{Q_0},$$

称$\lim_{\Delta P\to 0}\left(\frac{\Delta Q/Q_0}{\Delta P/P_0}\right)=\varphi'(P_0)\cdot\frac{P_0}{Q_0}$为该产品在 $P=P_0$ 处的供给弹性，记作

$$\varepsilon\mid_{P=P_0}=\varphi'(P_0)\frac{P_0}{\varphi(P_0)}.$$

(4) 弹性与收益　总收益 R 是商品价格 P 与销售量 Q 的乘积，即

$$R=P\cdot Q=P\cdot f(P),$$

$$R'=f(P)+Pf'(P)=f(P)\left[1+f'(P)\frac{P}{f(P)}\right]=f(P)(1-\eta).$$

若 $\eta<1$，需求变动的幅度小于价格变动的幅度．此时，$R'>0$，R 递增．即价格上涨，总收益增加；价格下跌，总收益减少．

若 $\eta>1$，需求变动的幅度大于价格变动的幅度．此时，$R'<0$，R 递减．即价格上涨，总收益减少；价格下跌，总收益增加．

若 $\eta=1$，需求变动的幅度等于价格变动的幅度．此时，$R'=0$，R 取得最大值．

综上所述，总收益的变化受需求弹性的制约，随商品需求的变化而变化，其关系如图 3-1 所示．

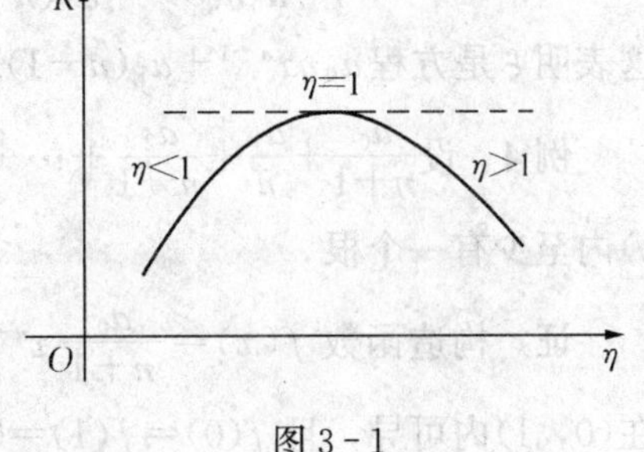

图 3-1

范例解析

例 1 验证函数 $f(x)=\sqrt{x(2-x)}$ 在区间 $[0,\ 2]$ 上满足罗尔定理的条件，并求出 ξ.

证 因 $f(x)=\sqrt{x(2-x)}$ 在 $[0,\ 2]$ 上连续，在 $(0,\ 2)$ 内可导，且 $f(0)=f(2)=0$，故函数 $f(x)$ 在 $[0,\ 2]$ 上满足罗尔定理的条件.

由罗尔定理，$\exists\xi\in(0,\ 2)$，使得 $f'(\xi)=\dfrac{2-2\xi}{2\sqrt{\xi(2-\xi)}}=0$，解得 $\xi=1(1\in(0,\ 2))$.

例 2 函数 $f(x)=x^2$ 在区间 $[1,\ 2]$ 上是否满足拉格朗日中值定理的条件？若满足公式

$$\frac{f(b)-f(a)}{b-a}=f'(\xi),\tag{1}$$

$$f(b)-f(a)=f'[a+\theta(b-a)](b-a),\ \text{其中}\ 0<\theta<1,\tag{2}$$

则式中的 ξ，θ 分别等于多少？

解 $f(x)=x^2$ 在 $[1,\ 2]$ 上连续，在 $(1,\ 2)$ 内可导，故 $f(x)$ 在 $[1,\ 2]$ 上满足拉格朗日中值定理的条件.

由拉格朗日中值定理，$\exists\xi\in(1,\ 2)$，使(1)式成立，即

$$\frac{f(2)-f(1)}{2-1}=2\xi,\ \text{解之得}\ \xi=\frac{1}{2}(2^2-1^2)=\frac{3}{2}\in(1,\ 2).$$

同理，根据拉格朗日中值定理，$\exists\theta(0<\theta<1)$，使(2)式成立，即

$$f(2)-f(1)=2[1+\theta(2-1)](2-1)=2(1+\theta).$$

由 $f(2)-f(1)=2^2-1^2=3$，解之得 $\theta=\dfrac{1}{2}$.

例 3 若方程 $a_0x^n+a_1x^{n-1}+\cdots+a_{n-1}x=0$ 有一个正根 x_0，证明方程 $a_0nx^{n-1}+a_1(n-1)x^{n-2}+\cdots+a_{n-1}=0$ 必有一个小于 x_0 的正根.

分析 此题要证明 $f(x)=a_0nx^{n-1}+a_1(n-1)x^{n-2}+\cdots+a_{n-1}=0$ 在 $(0,\ x_0)$ 内必有根. $f(x)$ 是多项式，在 $(-\infty,\ +\infty)$ 上连续可导. 如果用零点定理证明命题成立，必须证明 $f(0)$ 与 $f(x_0)$ 异号，这显然不可能，故考虑用罗尔定理证明. 用罗尔定理，关键是构造函数 $F(x)$，使 $F(x)$ 在 $[0,\ x_0]$ 上连续，在 $(0,\ x_0)$ 内可导，$F(0)=F(x_0)$，且 $F'(x)=f(x)$，故设

$$F(x)=a_0x^n+a_1x^{n-1}+\cdots+a_{n-1}x.$$

证 构造函数 $F(x)=a_0x^n+a_1x^{n-1}+\cdots+a_{n-1}x$，$F(x)$ 在 $[0,\ x_0]$ 上连续，在 $(0,\ x_0)$ 内可导，且 $F(0)=F(x_0)=0$，由罗尔定理，$\exists\xi\in(0,\ x_0)$，使 $F'(\xi)=0$，即

$$a_0n\xi^{n-1}+a_1(n-1)\xi^{n-2}+\cdots+a_{n-1}=0(0<\xi<x_0).$$

这表明 ξ 是方程 $a_0nx^{n-1}+a_1(n-1)x^{n-2}+\cdots+a_{n-1}=0$ 的一个小于 x_0 的正根.

例 4 设 $\dfrac{a_0}{n+1}+\dfrac{a_1}{n}+\dfrac{a_2}{n-1}+\cdots+a_n=0$，求证 $a_0x^n+a_1x^{n-1}+a_2x^{n-2}+\cdots+a_n=0$ 在 $(0,\ 1)$ 内至少有一个根.

证 构造函数 $f(x)=\dfrac{a_0}{n+1}x^{n+1}+\dfrac{a_1x^n}{n}+\dfrac{a_2x^{n-1}}{n-1}+\cdots+a_nx$，$f(x)$ 在 $[0,\ 1]$ 上连续，在 $(0,\ 1)$ 内可导，且 $f(0)=f(1)=0$，由罗尔定理，$\exists\xi\in(0,\ 1)$，使 $f'(\xi)=0$，即

$$a_0\xi^n+a_1\xi^{n-1}+a_2\xi^{n-2}+\cdots+a_n=0.$$

ξ是方程$a_0x^n+a_1x^{n-1}+a_2x^{n-2}+\cdots+a_n=0$的根.

例 5　已知$f(x)$在$[0, 1]$上可导，且$f(0)=1$，$f(1)=0$，求证在$(0, 1)$内至少有一点ξ，使

$$f'(\xi)=-\frac{f(\xi)}{\xi}.$$

证　要使$f'(\xi)=-\dfrac{f(\xi)}{\xi}$成立，只要$\xi f'(\xi)+f(\xi)=0$成立，也即只需证明$[\xi f(\xi)]'=0$成立. 故构造函数

$$F(x)=xf(x).$$

$F(x)$在$[0, 1]$上连续，在$(0, 1)$可导，且$F(0)=0f(0)=0$，$F(1)=1\times f(1)=0$，由罗尔定理，$\exists\xi\in(0, 1)$，使

$$F'(\xi)=0，即\ \xi f'(\xi)+f(\xi)=0，f'(\xi)=-\frac{f(\xi)}{\xi}(0<\xi<1).$$

例 6　若函数$f(x)$在(a, b)内具有二阶导数，且$f(x_1)=f(x_2)=f(x_3)$，其中$a<x_1<x_2<x_3<b$，证明在(x_1, x_3)内至少有一点ξ，使$f''(\xi)=0$.

证　$f(x)$在$[x_1, x_2]\subset(a, b)$上连续可导，且$f(x_1)=f(x_2)$. 由罗尔定理，$\exists\xi_1\in(x_1, x_2)$，使$f'(\xi_1)=0(x_1<\xi_1<x_2)$.

同理，$f(x)$在$[x_2, x_3]\subset(a, b)$上连续、可导，且$f(x_2)=f(x_3)=0$. 由罗尔定理，$\exists\xi_2\in(x_2, x_3)$，使$f'(\xi_2)=0(x_2<\xi_2<x_3)$.

因为$f(x)$在(a, b)内二阶可导，所以$f'(x)$在$[\xi_1, \xi_2]\subset(x_1, x_3)\subset(a, b)$内连续可导，且$f'(\xi_1)=f'(\xi_2)=0$. 由罗尔定理，$\exists\xi\in(\xi_1, \xi_2)$，使

$$f''(\xi)=0(x_1<\xi<x_3).$$

例 7　设$f(x)$在$[0, 1]$上三阶可导，且$f(0)=f(1)=0$，$F(x)=x^2f(x)$，求证$\exists c\in(0, 1)$，使$F^{(3)}(c)=0$.

证　由于$F(0)=F(1)=0$，$F(x)$在$[0, 1]$上可导，由罗尔定理，$\exists\xi_1\in(0, 1)$，使$F'(\xi_1)=0$. 又$F'(x)=2xf(x)+x^2f'(x)$，$F'(0)=F'(\xi_1)=0$且$F'(x)$在$[0, 1]$上可导，由罗尔定理，$\exists\xi_2\in(0, \xi_1)$，使$F''(\xi_2)=0$. 又$F''(x)=2f(x)+2xf'(x)+2xf'(x)+x^2f''(x)=x^2f''(x)+4xf'(x)+2f(x)$，$F''(0)=F''(\xi_2)=0$且$F''(x)$在$[0, 1]$上可导，由罗尔定理，$\exists c\in(0, \xi_2)$，使$F'''(c)=0(0<c<\xi_2<\xi_1<1)$.

例 8　设a，b，c为实数，求证方程$e^x=ax^2+bx+c$的根不超过三个.

证(用反证法)　设方程有四个不同实根，分别为$x_1<x_2<x_3<x_4$，即函数$f(x)=e^x-ax^2-bx-c$有四个不同的零点$x_1<x_2<x_3<x_4$. 由罗尔定理，函数$f'(x)=e^x-2ax-b$至少有三个不同零点；函数$f''(x)=e^x-2a$至少有两个不同零点；函数$f'''(x)=e^x$至少有一个不同零点.

然而函数e^x无零点，此与假设矛盾. 故方程至多只有三个根.

例 9　若函数$f(x)$的导数$f'(x)$在$[a, b]$上连续，则必存在常数$L>0$，使$|f(x_1)-f(x_2)|\leqslant L|x_1-x_2|$，$x_1$，$x_2\in[a, b]$.

证　因为$f'(x)$在$[a, b]$上连续，故当$x_1\neq x_2$时，在$[x_1, x_2]$(或$[x_2, x_1]$)上$f(x)$满足拉格朗日中值定理的条件，故有

$$f(x_1)-f(x_2)=f'(\xi)(x_1-x_2),$$

$$|f(x_1)-f(x_2)|=|f'(\xi)|\cdot|x_1-x_2|,\ \xi\text{在}x_1\text{与}x_2\text{之间}.$$

因为ξ在x_1与x_2之间，所以$\xi\in(a,b)$. $f'(x)$在闭区间$[a,b]$上连续，$f'(x)$在$[a,b]$上一定有界，因此必存在$L>0$，使

$$|f'(x)|<L,\ x\in(a,b)\Rightarrow|f'(\xi)|<L,\ \xi\in(a,b)$$
$$\Rightarrow|f(x_1)-f(x_2)|\leqslant L|x_1-x_2|.$$

当$x_1=x_2$时，等式$|f(x_1)-f(x_2)|=L|x_1-x_2|$显然成立，故

$$|f(x_1)-f(x_2)|\leqslant L|x_1-x_2|,\ x_1,\ x_2\in[a,b].$$

例 10 设函数$f(x)$在$[a,b]$上连续，在(a,b)内可导，$f'(x)\neq 0$，且$f(a)=0$，$f(b)=2$，证明：在(a,b)内至少存在两点ξ，η，使

$$f'(\eta)[f(\xi)+\xi f'(\xi)]=f'(\xi)[bf'(\eta)-1].$$

证 待证等式等价于

$$\frac{f(\xi)+\xi f'(\xi)}{f'(\xi)}=b-\frac{1}{f'(\eta)}.$$

由于$f(x)$在闭区间$[a,b]$上连续，故对介于$f(a)=0$与$f(b)=2$之间的数1，由连续函数的介值定理，$\exists c\in(a,b)$，使$f(c)=1(a<c<b)$.

构造函数$F(x)=xf(x)$，$F(x)=xf(x)$与$f(x)$在$[a,c]$上满足柯西定理的条件，则

$$c=\frac{F(c)-F(a)}{f(c)-f(a)}=\frac{F'(\xi)}{f'(\xi)}$$
$$=\frac{f(\xi)+\xi f'(\xi)}{f'(\xi)},\ \xi\in(a,c)\subset(a,b).$$

对函数$f(x)$在$[c,b]$上应用拉格朗日中值定理，得

$$1=f(b)-f(c)=f'(\eta)(b-c),\ \eta\in(c,b)\subset(a,b).$$

将上述两式中消去c，即得所证不等式，且中值ξ与η不相等.

例 11 求下列极限：

(1) $\lim\limits_{x\to1}\left(\frac{1}{\ln x}-\frac{1}{x-1}\right)$； (2) $\lim\limits_{x\to0}\left(\frac{1}{x^2}-\cot^2 x\right)$；

(3) $\lim\limits_{x\to0}\left(\frac{\sin x}{x}\right)^{\frac{1}{x^2}}$； (4) $\lim\limits_{x\to\infty}\left(\frac{a_1^{\frac{1}{x}}+a_2^{\frac{1}{x}}+\cdots+a_n^{\frac{1}{x}}}{n}\right)^{nx}$，其中$a_1$，$a_2$，…，$a_n>0$.

解 (1) 原式$=\lim\limits_{x\to1}\frac{x-1-\ln x}{\ln x\cdot(x-1)}=\lim\limits_{x\to1}\frac{1-\frac{1}{x}}{\frac{1}{x}(x-1)+\ln x}=\lim\limits_{x\to1}\frac{x-1}{x-1+x\ln x}$

$$=\lim_{x\to1}\frac{1}{1+\ln x+x\cdot\frac{1}{x}}=\frac{1}{2}.$$

(2) 原式$=\lim\limits_{x\to0}\frac{(\tan x+x)(\tan x-x)}{x^4}=\lim\limits_{x\to0}\frac{\tan x+x}{x}\cdot\frac{\tan x-x}{x^3}$

$$=\lim_{x\to0}\frac{\tan x+x}{x}\cdot\lim_{x\to0}\frac{\tan x-x}{x^3}=2\cdot\lim_{x\to0}\frac{\sec^2 x-1}{3x^2}$$

$$=2\lim_{x\to0}\frac{\tan^2 x}{3x^2}=\frac{2}{3}\lim_{x\to0}\left(\frac{\tan x}{x}\right)^2=\frac{2}{3}.$$

(3) 令 $y=\left(\frac{\sin x}{x}\right)^{\frac{1}{x^2}}$，则 $\ln y=\frac{1}{x^2}\ln\frac{\sin x}{x}$.

$$\lim_{x\to0}\ln y=\lim_{x\to0}\frac{\ln\frac{\sin x}{x}}{x^2}=\lim_{x\to0}\frac{\frac{x}{\sin x}\cdot\frac{x\cos x-\sin x}{x^2}}{2x}$$

$$=\lim_{x\to0}\frac{x\cos x-\sin x}{2x^2\sin x}=\lim_{x\to0}\frac{x\cos x-\sin x}{2x^3}$$

$$=\lim_{x\to0}\frac{\cos x-x\sin x-\cos x}{6x^2}=\lim_{x\to0}\frac{-x\sin x}{6x^2}=-\frac{1}{6},$$

即
$$\ln(\lim_{x\to0}y)=-\frac{1}{6},\ \lim_{x\to0}y=\mathrm{e}^{-\frac{1}{6}}.$$

(4) 令 $y=\left(\frac{a_1^{\frac{1}{x}}+a_2^{\frac{1}{x}}+\cdots+a_n^{\frac{1}{x}}}{n}\right)^{nx}$，则

$$\ln y=nx\ln\left[(a_1^{\frac{1}{x}}+a_2^{\frac{1}{x}}+\cdots+a_n^{\frac{1}{x}})-\ln n\right].$$

$$\lim_{x\to\infty}\ln y=n\lim_{x\to\infty}\frac{\ln(a_1^{\frac{1}{x}}+a_2^{\frac{1}{x}}+\cdots+a_n^{\frac{1}{x}})-\ln n}{\frac{1}{x}}$$

$$=n\cdot\lim_{x\to\infty}\frac{1}{a_1^{\frac{1}{x}}+a_2^{\frac{1}{x}}+\cdots+a_n^{\frac{1}{x}}}\cdot$$

$$\frac{\left[a_1^{\frac{1}{x}}\ln a_1\left(-\frac{1}{x^2}\right)+a_2^{\frac{1}{x}}\ln a_2\left(-\frac{1}{x^2}\right)+\cdots+a_n^{\frac{1}{x}}\ln a_n\left(-\frac{1}{x^2}\right)\right]}{-\frac{1}{x^2}}$$

$$=n\cdot\lim_{x\to\infty}\frac{a_1^{\frac{1}{x}}\ln a_1+a_2^{\frac{1}{x}}\ln a_2+\cdots+a_n^{\frac{1}{x}}\ln a_n}{a_1^{\frac{1}{x}}+a_2^{\frac{1}{x}}+\cdots+a_n^{\frac{1}{x}}}$$

$$=n\cdot\frac{\ln a_1+\ln a_2+\cdots+\ln a_n}{n}=\ln(a_1a_2\cdots a_n),$$

即
$$\ln(\lim_{x\to0}y)=\ln(a_1a_2\cdots a_n),\ \lim_{x\to0}y=a_1a_2\cdots a_n,$$

故
$$\lim_{x\to\infty}\left(\frac{a_1^{\frac{1}{x}}+a_2^{\frac{1}{x}}+\cdots+a_n^{\frac{1}{x}}}{n}\right)^{nx}=a_1a_2\cdots a_n.$$

例 12　设偶函数 $f(x)$具有二阶导数，并已知 $f''(x)\neq0$，则 $x=0$ ________.

(A) 不是函数的驻点；　　(B) 一定是函数的极值点；

(C) 一定不是函数的极值点；　　(D) 是否为函数的极值点不能确定.

解　因 $f(x)$可导且为偶函数，故 $f'(0)=0$，即 $x=0$ 是 $f(x)$的驻点，(A)不对.

将 $f'(x)$展开成一阶泰勒公式，得

$$f'(x)=f'(0)+f''(0)x+o(x)=f''(0)x+o(x).$$

因 $f''(x)\neq0$，不妨设 $f''(0)>0$，当 $x>0$ 时，$f'(x)>0$；当 $x<0$ 时，$f'(x)<0$. 故$x=0$ 为 $f(x)$的极值点(极小值点)，因而(B)对，(C)、(D)都不对.

例 13　设 $y=f(x)$是方程 $y''-2y'+4y=0$ 的一个解，若 $f(x_0)>0$，且 $f'(x_0)=0$，则函数在点 x_0 ________.

(A) 取得极大值；　　(B) 取得极小值；

(C) 某个邻域内单调增加； (D) 某个邻域内单调减少.

解 将 $f'(x_0)=y'(x_0)=0$ 代入所给方程，得

$$y''(x_0)+4y(x_0)=0，即 y''(x_0)=-4y(x_0)=-4f(x_0)<0,$$

故 $f(x)$在点 x_0 处取得极大值.

例 14 设 $f(x)$在点 x_0 的邻域内连续，且

$$\lim_{x\to x_0}\frac{f(x)-f(x_0)}{(x-x_0)^n}=2(n 为正整数),$$

试根据 n 的取值，讨论 $f(x)$在点 $x=x_0$ 处是否取得极值？如果能取得，是极大值还是极小值？

解 根据极限与无穷小量之间的关系有

$$f(x)-f(x_0)=2(x-x_0)^n+\alpha(x-x_0)^n，其中 \alpha(x-x_0)^n\to 0(x\to x_0).$$

(1)若 n 为奇数，当 $x<x_0$ 时，$2(x-x_0)^n<0$，从而 $f(x)-f(x_0)<0$；当 $x>x_0$ 时，$2(x-x_0)^n>0$，从而 $f(x)-f(x_0)>0$，由极值定义知，$f(x)$在 x_0 处不取得极值.

(2) 若 n 为偶数，无论 $x>x_0$，还是 $x<x_0$ 时都有 $2(x-x_0)^n>0$，从而总有 $f(x)-f(x_0)>0$，即总有 $f(x)>f(x_0)$. 故 $f(x)$在 x_0 处取得极小值.

例 15 证明：若函数 $y=ax^3+bx^2+cx+d$ 满足条件 $b^2-3ac<0$，则此函数没有极值.

证 函数 $y'=3ax^2+2bx+c=0$，这是一个二次函数，判别式 $\Delta=(2b)^2-12ac=4(b^2-3ac)<0$. 这表明可导函数 $y'=0$ 没有实根，即可导函数 y 没有驻点，故函数 y 没有极值.

例 16 试问 a 为何值时，函数 $f(x)=a\sin x+\frac{1}{3}\sin 3x$ 在 $x=\frac{\pi}{3}$ 处取得极值？它是极大值还是极小值？并求此值.

解 $f'(x)=a\cos x+\cos 3x$. $f(x)$可微，且在 $x=\frac{\pi}{3}$ 处取极值，故$\frac{\pi}{3}$处必为驻点，有 $f'\left(\frac{\pi}{3}\right)=0$，即

$$a\cos\frac{\pi}{3}+\cos\left(3\times\frac{\pi}{3}\right)=0，\frac{a}{2}-1=0，a=2,$$

故 $a=2$ 时，函数 $f(x)$在 $x=\frac{\pi}{3}$处取得极值；$f''(x)=-2\sin x-3\sin 3x$，$f''\left(\frac{\pi}{3}\right)=-2\times\frac{\sqrt{3}}{2}-3\times 0<0$，得 $f\left(\frac{\pi}{3}\right)=\sqrt{3}$是极大值.

例 17 设函数 $f(x)$在 $x=0$ 的某个邻域内可导，且 $f'(0)=0$，$\lim\limits_{x\to 0}\frac{f'(x)}{\sin x}=-\frac{1}{2}$，证明：$f(0)$是 $f(x)$的一个极大值.

证 因为$\lim\limits_{x\to 0}\frac{f'(x)}{\sin x}=-\frac{1}{2}<0$，$\exists\delta>0$，当 $x\in N(0,\delta)$时，有$\frac{f'(x)}{\sin x}<0$.

当 $x\in(-\delta,0)$时，由 $\sin x<0$，得 $f'(x)>0$，$f(x)$递增；当 $x\in(0,\delta)$时，由 $\sin x>0$，得$f'(x)<0$，$f(x)$递减. 故 $f(x)$在 $x=0$ 处取得极大值.

例 18　试决定 a，b，c 使 $y=x^3+ax^2+bx+c$ 有一拐点$(1, -1)$，且在 $x=0$ 处有极大值.

解　因为点$(1, -1)$在曲线 $y=x^3+ax^2+bx+c$ 上，所以

$$-1=1^3+a\times1^2+b\times1+c,$$

$$a+b+c=-2, \tag{1}$$

而

$$y'=3x^2+2ax+b,\ y''=6x+2a.$$

据拐点的必要条件，要使$(1, -1)$是拐点，必有 $y''(1)=0$，即 $6\times1+2a=0$，$a=-3$. 要使在 $x=0$ 处 y 取得极值，据极值的必要条件，必有 $y'(0)=0$，即 $b=0$.

将 $a=-3$，$b=0$ 代入(1)，得 $c=1$.

经验证：$x=0$，$a=-3$ 时，$y''=-6<0$，故在 $x=0$ 处，y 取得极大值.

综上讨论，$a=-3$，$b=0$，$c=1$ 时，$y=x^3+ax^2+bx+c$ 有一拐点$(-1, 1)$，且在 $x=0$ 处有极大值.

例 19　试决定 $y=k(x^2-3)^2$ 中 k 的值，使曲线的拐点处的法线通过原点.

解　$y'=2k(x^2-3)\cdot2x=4kx^3-12kx$，$y''=12kx^2-12k=12k(x^2-1)$.

令 $y''=0$，解得 $x_{1,2}=\pm1$. 由于 $x_1=1$ 和 $x_2=-1$ 的邻近两侧，y''都变号，故$(\pm1, 4k)$都是拐点.

当 $x_1=1$ 时，$y'(1)=4k-12k=-8k$，过点$(1, 4k)$的法线方程为

$$y-4k=\frac{1}{8k}(x-1).$$

若要拐点处的法线通过原点，那么原点$(0, 0)$应满足上式，即

$$0-4k=\frac{1}{8k}(-1),\ k=\pm\frac{\sqrt{2}}{8}.$$

当 $x_2=-1$ 时，$y'(-1)=-4k+12k=8k$，过点$(-1, 4k)$的法线方程为

$$-4k=-\frac{1}{8k}(x+1).$$

若要拐点处的法线通过原点，那么原点$(0, 0)$应满足上式，即

$$0-4k=-\frac{1}{8k}\times1,\ k=\pm\frac{\sqrt{2}}{8}.$$

综上所述，$k=\pm\frac{\sqrt{2}}{8}$时，该曲线的拐点处的法线通过原点.

例 20　求函数 $y=xe^{-x}$的图形.

解　① 函数 $y=xe^{-x}$的定义域为$(-\infty, +\infty)$.

② $y'=e^{-x}-xe^{-x}=e^{-x}(1-x)$，$y''=-e^{-x}(1-x)+e^{-x}(-1)=e^{-x}(x-2)$.

令 $y'=0$，$y''=0$，解得 $x_1=1$，$x_2=2$.

x	$(-\infty, 1)$	1	$(1, 2)$	2	$(2, +\infty)$
y'	+	0	−	−	−
y''	−	−	−	0	+
$y=f(x)$	凸↗	极大$\frac{1}{e}$	凸↘	拐点$\left(2, \frac{2}{e^2}\right)$	凹↘

由上表知，极大值 $f(x)=\frac{1}{\mathrm{e}}\approx0.37$，拐点$(2,\ 0.37)$.

③ 渐近线：$\lim\limits_{x\to+\infty}y=\lim\limits_{x\to+\infty}x\mathrm{e}^{-x}=0$，$y=0$ 是水平渐近线.

例 21 证明下列不等式：

(1) 当 $x\geqslant0$ 时，$\ln(1+x)\geqslant\frac{\arctan x}{1+x}$；(2) 当 $x>0$ 时，$x-\frac{x^2}{2}<\ln(1+x)$.

证 (1) 设$f(x)=(1+x)\ln(1+x)-\arctan x\,(x\geqslant0)$，则

$$f'(x)=\ln(1+x)+(1+x)\cdot\frac{1}{1+x}-\frac{1}{1+x^2}$$
$$=\ln(1+x)+\frac{x^2}{1+x^2}.$$

当 $x\geqslant0$ 时，$f'(x)\geqslant0\Rightarrow f(x)\nearrow$.

$$f(x)\geqslant f(0)=(1+0)\ln(1+0)-\arctan0=0,$$

即
$$(1+x)\ln(1+x)-\arctan x\geqslant0,$$

故
$$\ln(1+x)\geqslant\frac{\arctan x}{1+x}\,(x\geqslant0).$$

(2) 设 $f(x)=x-\frac{x^2}{2}-\ln(1+x)\,(x>0)$，则

$$f'(x)=1-x-\frac{1}{1+x}=-\frac{x^2}{1+x}.$$

当 $x>0$ 时，$f'(x)<0\Rightarrow f(x)\searrow$.

$$f(x)<f(0)=0-\frac{0^2}{2}-\ln(1+0)=0,$$

即
$$x-\frac{x^2}{2}-\ln(1+x)<0,$$

故
$$x-\frac{x^2}{2}<\ln(1+x)\quad(x>0).$$

例 22 设$\lim\limits_{x\to0}\frac{f(x)}{x}=1$，且 $f''(x)>0$，证明：$f(x)\geqslant x$.

证 因 $f(x)$连续，且有一阶导数，故由$\lim\limits_{x\to0}\frac{f(x)}{x}=1$，得$\lim\limits_{x\to0}f(x)=0$，从而$\lim\limits_{x\to0}f(x)=f(0)=0$，且

$$f'(0)=\lim_{x\to0}\frac{f(x)-f(0)}{x-0}=\lim_{x\to0}\frac{f(x)}{x}=1.$$

由 $f(x)$的泰勒公式，知

$$f(x)=f(0)+f'(0)x+\frac{x^2}{2}f''(\xi)=x+\frac{x^2}{2}f''(\xi),$$

其中ξ在 0 与 x 之间. 因 $f''(x)>0$，故 $f''(\xi)>0$，从而 $x^2f''(\xi)>0$，所以 $f(x)\geqslant x$.

例 23 试证：方程 $\sin x=x$ 只有一个实根.

分析 证明方程只有一个实根，要从两个方面证明：一方面要证明方程有根(一般用根的存在定理或罗尔定理证明)；另一方面还要证明方程至多只有一个根(一般用单调性证明至多只有一个根).

证　设函数 $f(x)=\sin x-x$，则

$$f'(x)=\cos x-1\leqslant 0.$$

$f'(x)$只有孤立零点，不影响单调性，故 $f(x)=0$ 最多只有一个根．又 $f(0)=\sin 0-0=0$，$x=0$ 是 $f(x)=0$ 的根．

综上所述：$f(x)=0$ 即 $\sin x=x$ 只有一个实根．

例 24　设 k 为任意实数，则方程 $x^3-3x+k=0$ 在区间$(-1,\ 1)$内至多只有一个实根．

证　设 $f(x)=x^3-3x+k$，$f'(x)=3x^2-3$，$x\in(-1,\ 1)$.

当$-1<x<1$ 时，$f'(x)<0\Rightarrow f(x)\searrow$.

单调函数至多只有一个实根，故 k 为任意实数，方程 $x^3-3x+k=0$ 在区间$(-1,\ 1)$内至多只有一个实根．

例 25　某商品的需求函数为 $Q(P)=75-P^2$，

(1) 求 $P=4$ 时的边际需求，并说明其经济意义；

(2) 求 $P=4$ 时的需求弹性，并说明其经济意义；

(3) 求 $P=4$ 时，若价格 P 上涨 1%，总收益将变化百分之几？是增加还是减少？

(4) 求 $P=6$ 时，若价格 P 上涨 1%，总收益将变化的百分之几？是增加还是减少？

(5) P 为多少时，总收益最大？

解　(1) 边际需求 $Q'(4)=-2P|_{P=4}=-8$，其经济意义是当价格从 $P=4$ 上涨到 $P=5$ 时，需求量会减少 8 个单位．

(2) 因需求函数 $Q(P)$是价格 P 的减函数，所以需求弹性

$$\eta=-P\frac{Q'(P)}{Q(P)}=(-P)\frac{-2P}{75-P^2}=\frac{2P^2}{75-P^2}.$$

当 $P=4$ 时，需求弹性 $\eta=\dfrac{2\times 4^2}{75-4^2}=0.54$. 其经济意义为：需求弹性 $\eta=0.54<1$ 时，需求$Q(P)$为低弹性，即需求变动的幅度小于价格变动的幅度．

(3) 求总收益 R 变化的百分比，实际上是求总收益 R 的弹性．因为$R(P)$是价格 P 的增函数，所以，收益弹性 $\eta_R=P\dfrac{R'(P)}{R(P)}$.

$$R(P)=PQ(P)=P(75-P^2)=75P-P^3,\ R'(P)=75-3P^2,$$

当 $P=4$ 时，有

$$\eta_R=4\times\frac{R'(4)}{R(4)}=4\times\frac{75-3\times 4^2}{75\times 4-4^3}=0.46.$$

因此，当 $P=4$ 时，价格上涨 1%，总收益增加 0.46%.

(4) 问题与(3)相同，只是价格 $P=6$.

当 $P=6$ 时，需求弹性 $\eta=-6\times\dfrac{-2\times 6}{75-6^2}=1.85$，则收益弹性 $\eta_R=1-1.85=-0.85$.

因此，当 $P=6$ 时，价格上涨 1%，总收益减少 0.85%.

(5) 因收益函数 $R(P)=PQ(P)=75P-P^3$ 是可微函数，所以，当 $R'(P)=0$ 时，即

$$R'(P)=75-3P^2=0\Rightarrow P=5.$$

又 $R''(P)=-6P$，$R''(5)=-6\times 5=-30<0$. 因此，$P=5$ 时，总收益函数有最大值 $R(5)=250$.

自 测 题

1. 若 4 次方程 $a_0x^4+a_1x^3+a_2x^2+a_3x+a_4=0$ 有四个不等的实根，证明：$4a_0x^3+3a_1x^2+2a_2x+a_3=0$ 的所有根皆为实数．

2. 设 $f(x)$在$[a，b]$上连续，在$(a，b)$内二阶可导，且 $f(a)=f(b)=0$，$f(c)>0$，其中 $a<c<b$，试证：至少存在一点 $\xi\in(a，b)$，使 $f''(\xi)<0$.

3. 设 $f(x)$在$[a，b]$上连续，在$(a，b)$内可微$(0<a<b)$，求证：存在 $\xi\in(a，b)$，使 $f(b)-f(a)=\xi\ln\dfrac{b}{a}f'(\xi)$.

4. 证明不等式：

(1) 当 $0<x<\dfrac{\pi}{2}$时，$3x<\tan x+2\sin x$；(2) 当 $x<1$ 时，$e^x\leqslant\dfrac{1}{1-x}$.

5. 讨论方程 $\ln x=ax(a>0)$的实根个数．

6. 求下列极限：

(1) $\lim\limits_{x\to0}\left(\dfrac{1}{x\sin x}-\dfrac{1}{x^2}\right)$； (2) $\lim\limits_{x\to0}(\sin x)^{\tan x}$.

7. 设 $f(x)$有一阶导数，且 $f''(x_0)$存在，证明：

$$\lim_{\Delta x\to0}\frac{f(x_0+2\Delta x)-2f(x_0+\Delta x)+f(x_0)}{(\Delta x)^2}=f''(x_0).$$

8. 求 $f(x)=x^8+7x^4-16x+3$ 在 $x_0=1$ 附近展到泰勒公式的前三项，并求 $f(1.02)$.

9. 试问 a 为何值时，函数 $f(x)=a\sin x+\dfrac{1}{3}\sin3x$ 在 $x=\dfrac{\pi}{3}$处取得极值？它是极大值还是极小值？并求此极值．

10. 研究函数 $y=\dfrac{(x+1)^3}{(x-1)^2}$的凹凸性并求渐近线．

11. 一块边长为 a 的正方形薄片，从四角各截去一个小方块，然后折成一个无盖的方盒子，问截去的小方块的边长等于多少时，方盒子的容积最大？

12. 某公司生产一种产品，周总成本为 $C(Q)$元，其中固定成本为 20 元，每多生产一单位产品，成本增加 10 元，其中 Q 为产量．又设商品的需求函数 $Q=50-2P$，其中 P 为价格．试问当产量(销量)Q 为多少时，周总利润最大？

自测题参考答案

1. **证** 设 $f(x)=a_0x^4+a_1x^3+a_2x^2+a_3x+a_4$，且设 4 个根分别为 $x_1，x_2，x_3，x_4$，则 $f(x_1)=f(x_2)=f(x_3)=f(x_4)=0$. $f(x)$在$[x_1，x_2]$上满足罗尔定理的条件，故$\exists\,\xi_1\in(x_1，x_2)$，使$f'(\xi_1)=0$，即 $4a_0x^3+3a_1x^2+2a_2x+a_3=0$ 在$(x_1，x_2)$内至少有一根．

同理可证在$(x_2，x_3)$，$(x_3，x_4)$内方程分别至少有一实根．因该方程为一元三次方程只有三个实根，故其根皆为实数．

2. **证** 由条件知，$f(x)$在$[a，c]$和$[c，d]$上皆满足拉格朗日中值定理的条件，故

$\exists\xi_1\in(a,c)$，$\xi_2\in(c,b)$，使

$$f(c)-f(a)=f'(\xi_1)(c-a),\ f(b)-f(c)=f'(\xi_2)(b-c).$$

由 $f(a)=f(b)=0$，得

$$f'(\xi_1)=\frac{f(c)}{c-a}>0,\ f'(\xi_2)=-\frac{f(c)}{b-c}<0\Rightarrow f'(\xi_2)-f'(\xi_1)<0.$$

由于 $f(x)$在(a,b)内二阶可导，因此 $f'(x)$在(a,b)内连续，而 $a<\xi_1<c<\xi_2<b$，故 $f'(x)$在$[\xi_1,\xi_2]$上满足拉格朗日中值定理的条件，于是 $\exists\xi\in(\xi_1,\xi_2)\subset(a,b)$，使 $f'(\xi_2)-f'(\xi_1)=f''(\xi)(\xi_2-\xi_1)$，即 $\exists\xi\in(a,b)$，使

$$f''(\xi)=\frac{f'(\xi_2)-f'(\xi_1)}{\xi_2-\xi_1}<0.$$

3. **证**　设 $g(x)=\ln x$，$f(x)$与 $g(x)$在$[a,b](a>0)$上连续，在(a,b)内可微，由柯西中值定理，在(a,b)内至少存在一ξ，使

$$[f(b)-f(a)]\frac{1}{\xi}=(\ln b-\ln a)f'(\xi),$$

即 $f(b)-f(a)=\xi\ln\dfrac{b}{a}\cdot f'(\xi)$成立，$\xi\in(a,b)$.

4. **证**　(1) 设 $f(x)=3x-\tan x-2\sin x$，则

$$f'(x)=3-\sec^2 x-2\cos x,$$

$$f''(x)=-2\sec^2 x\tan x+2\sin x=-2\sin x(\sec^3 x-1).$$

当 $0<x<\dfrac{\pi}{2}$时，$f''(x)<0$，因此，$f'(x)$在$\left(0,\dfrac{\pi}{2}\right)$内递减，

$$f'(x)<f'(0)=0.$$

当 $0<x<\dfrac{\pi}{2}$时，$f'(x)<0$，因此，$f(x)$在$\left(0,\dfrac{\pi}{2}\right)$内递减，即

$$f(x)<f(0)=0,$$

$$3x-\tan x-2\sin x<0,$$

故当 $0<x<\dfrac{\pi}{2}$时，

$$3x<\tan x-2\sin x.$$

(2) 设 $f(x)=e^x(1-x)$，$f'(x)=-xe^x$，令 $f'(x)=0$，解得 $x=0$. 又 $f''(0)=[e^x(-1-x)]_{x=0}=-1<0$，故 $f(x)$在 $x=0$ 处取极大值 1.

因此，$f(x)=e^x(1-x)\leqslant 1$. 当 $x<1$ 时，$1-x>0$，有 $e^x\leqslant\dfrac{1}{1-x}$成立.

5. **解**　设 $f(x)=\ln x-ax(a>0)$，则

$$f'(x)=\frac{1}{x}-a.$$

令 $f'(x)=0$，得 $x=\dfrac{1}{a}$. 当 $0<x<\dfrac{1}{a}$时，$f'(x)>0$；当 $x>\dfrac{1}{a}$时，$f'(x)<0$，故在 $x=\dfrac{1}{a}$处，$f(x)$取得极大值 $\ln\dfrac{1}{a}-1$.

(1) 当 $\ln\dfrac{1}{a}-1<0$，即 $a>\dfrac{1}{e}$时，$f\left(\dfrac{1}{a}\right)<0$，$f(x)$无根（$f(x)$的极大值$<0$，$f(x)=0$

不可能有实根)；

(2) 当 $\ln\frac{1}{a}-1=0$，即 $a=\frac{1}{e}$时，$f\left(\frac{1}{a}\right)=0$，此时 $f(x)=0$ 只有一个根 $x=\frac{1}{a}=e$；

(3) 当 $\ln\frac{1}{a}-1>0$，即 $0<a<\frac{1}{e}$时，$f\left(\frac{1}{a}\right)>0$，且 $\lim\limits_{x\to0^+}f(x)=-\infty$，$\lim\limits_{x\to+\infty}f(x)=-\infty$. 此时 $f(x)=0$ 有两个实根，它们分别包含在区间$\left(0,\frac{1}{a}\right)$和$\left(\frac{1}{a},+\infty\right)$内.

6. **解** (1) $\lim\limits_{x\to0}\left(\frac{1}{x\sin x}-\frac{1}{x^2}\right)=\lim\limits_{x\to0}\frac{x-\sin x}{x^2\sin x}=\lim\limits_{x\to0}\frac{x-\sin x}{x^3}$

$$=\lim_{x\to0}\frac{1-\cos x}{3x^2}=\lim_{x\to0}\frac{\sin x}{6x}=\frac{1}{6};$$

(2) 令 $y=(\sin x)^{\tan x}$，则 $\ln y=\tan x(\ln\sin x)$，

$$\lim_{x\to0}\ln y=\lim_{x\to0}\tan x(\ln\sin x)=\lim_{x\to0}\frac{\ln\sin x}{\cot x}$$

$$=\lim_{x\to0}\frac{\frac{\cos x}{\sin x}}{-\csc^2 x}=\lim_{x\to0}\left(-\frac{\cos x\cdot\sin^2 x}{\sin x}\right)=0,$$

即 $\ln(\lim\limits_{x\to0}y)=0$，$\lim\limits_{x\to0}y=e^0=1$，故$\lim\limits_{x\to0}(\sin x)^{\tan x}=1$.

7. **证** 用泰勒公式

$$f(x_0+2\Delta x)-2f(x_0+\Delta x)+f(x_0)$$

$$=\left[f(x_0)+f'(x_0)2\Delta x+\frac{f''(x_0)}{2!}(2\Delta x)^2+o(\Delta x)^2\right]-$$

$$2\left[f(x_0)+f'(x_0)\Delta x+\frac{f''(x_0)}{2!}(\Delta x)^2-o(\Delta x)^2\right]+f(x_0)$$

$$=f''(x_0)(\Delta x)^2+o(\Delta x)^2,$$

上式两边同除以$(\Delta x)^2$，并求极限，得

$$\lim_{\Delta x\to0}\frac{f(x_0+2\Delta x)-2f(x_0+\Delta x)+f(x_0)}{(\Delta x)^2}=f''(x_0).$$

8. **解** $f(x)=x^8+7x^4-16x+3$，$f(1)=-5$；

$f'(x)=8x^7+28x^3-16$，$f'(1)=20$；

$f''(x)=56x^6+84x^2$，$f''(1)=140$.

所以
$$f(x)\approx-5+20(x-1)+140(x-1)^2,$$
$$f(1.02)\approx-5+20\times0.02+140\times0.02^2=-4.544.$$

9. **解** $f'(x)=a\cos x+\cos3x$，$f'\left(\frac{\pi}{3}\right)=a\cos\frac{\pi}{3}+\cos\left(3\cdot\frac{\pi}{3}\right)=0$，所以 $a=2$.

$$f''(x)=-2\sin x-3\sin3x,\ f''\left(\frac{\pi}{3}\right)=-2\sin\frac{\pi}{3}-3\sin\pi=-\sqrt{3}<0,$$

所以 $f(x)$在 $x=\frac{\pi}{3}$处取得极大值，极大值为 $f\left(\frac{\pi}{3}\right)=\sqrt{3}$.

10. **解** $y'=\frac{3(x+1)^2(x-1)^2-2(x-1)(x+1)^3}{(x-1)^4}=\frac{(x+1)^2(x-5)}{(x-1)^3}$，

$$y''=\frac{24(x+1)}{(x-1)^4}.$$

当 $x<-1$ 时，$y''(x)<0$；当 $x>-1$ 且 $x\neq1$ 时，$y''(x)>0$，故 $y(x)$ 在 $(-\infty,\ -1)$ 内凸；在 $(-1,\ 1)\cup(1,\ +\infty)$ 内凹．

$$\lim_{x\to1^-}y(x)=\lim_{x\to1^-}\frac{(x+1)^3}{(x-1)^2}=+\infty,\ \lim_{x\to1^+}y(x)=\lim_{x\to1^+}\frac{(x+1)^3}{(x-1)^2}=+\infty.$$

故 $x=1$ 是 $y(x)$ 的垂直渐近线．

$$\lim_{x\to\pm\infty}\frac{y(x)}{x}=\lim_{x\to\pm\infty}\frac{(x+1)^3}{x(x-1)^2}=1,$$

$$\lim_{x\to\pm\infty}[y(x)-x]=\lim_{x\to\pm\infty}\left[\frac{(x+1)^3}{(x-1)^2}-x\right]=\lim_{x\to\pm\infty}\frac{5x^2+2x+1}{x^2-2x+1}=5,$$

所以 $y=x+5$ 是 $y(x)=\dfrac{(x+1)^3}{(x-1)^2}$ 的斜渐近线．

11. **解**　设截去小方块的边长为 $x\left(0<x<\dfrac{a}{2}\right)$，则折成无盖方盒子的底边长为 $a-2x$，高为 x，无盖方盒子的容积为

$$V(x)=x(a-2x)^2=a^2x-4ax^2+4x^3.$$

问题归结为求 x 为何值时，目标函数 $V(x)$ 取得最大值．

$$V'(x)=a^2-8ax+12x^2,$$

令 $V'(x)=0$，解得驻点：$x_1=\dfrac{a}{6}$，$x_2=\dfrac{a}{2}$（不合题意，舍掉这个驻点），因此，当 $x=\dfrac{a}{6}$ 时，$V(x)$ 取得最大值．即当正方形薄片四角各截去一个边长为 $\dfrac{a}{6}$ 的小方块后，折成一个无盖方盒子的容积最大．

12. **解**　成本函数 $C(Q)=$ 固定成本＋多生产 Q 个的可变成本 $=20+10Q$，

需求函数 $Q=50-2P$，价格 $P=25-\dfrac{Q}{2}$.

收益函数 $R(Q)=$ 价格×销量 $=P\cdot Q=\left(25-\dfrac{Q}{2}\right)\cdot Q=25Q-\dfrac{1}{2}Q^2$.

利润函数

$$L(Q)=R(Q)-C(Q)=\left(25Q-\frac{1}{2}Q^2\right)-(20+10Q)$$

$$=-\frac{Q^2}{2}+15Q-20,$$

$L'(Q)=-Q+15$，$L''(Q)=-1<0$.

令 $L'(Q)=0$，得 $Q=15$，又 $L''(15)<0$，故 $L(Q)$ 在 $Q=15$ 处取得极大值，由于只有一个驻点，故 $L(15)$ 也是最大值．即当产量（销量）为 15 个单位时，周总利润最大．

考研题解析

1. 设函数 $f(x)$ 在闭区间 $[0,\ 1]$ 上可微，对于 $[0,\ 1]$ 上的每一个 x，函数 $f(x)$ 的值都在开区间 $(0,\ 1)$ 内，且 $f'(x)\neq1$，证明：在 $(0,\ 1)$ 内有且仅有一个 x，使 $f(x)=x$.

证 令 $F(x)=f(x)-x$，则 $F(x)$ 在 $[0, 1]$ 上连续．由于 $0<f(x)<1$，所以 $F(0)=f(0)-0>0$，$F(1)=f(1)-1<0$. 故由零点定理知，在 $(0, 1)$ 内至少存在一点 x，使

$$F(x)=f(x)-x=0，即 f(x)=x.$$

再设有两个 x_1，$x_2\in(0, 1)$，$x_1\neq x_2$，使 $F(x_1)=0$，$F(x_2)=0$. 根据罗尔定理，$\exists\xi\in(0, 1)$ 使 $F'(\xi)=f'(\xi)-1=0$. 这与 $f'(x)\neq1$ 矛盾．故方程有唯一根．

2. 设 $f(x)$ 在区间 $[a, b]$ 上具有二阶导数，且 $f(a)=f(b)=0$，$f'(a)f'(b)>0$，证明：存在 $\xi\in(a, b)$ 和 $\eta\in(a, b)$ 使 $f(\xi)=0$ 及 $f''(\eta)=0$.

证 (1) 假设 $f'(a)>0$，$f'(b)>0$（对于 $f'(b)<0$ 的情况，类似可证），根据导数定义和极限单调性，有

$$f'_+(a)=\lim_{x\to a^+}\frac{f(x)}{x-a}>0\Rightarrow\exists a_1\in(a, a+\delta_1)使\frac{f(a_1)}{a_1-a}>0，即 f(a_1)>0;$$

$$f'_-(b)=\lim_{x\to b^-}\frac{f(x)}{x-b}>0\Rightarrow\exists b_1\in(b-\delta_2, b)使\frac{f(b_1)}{b_1-b}>0，即 f(b_1)<0.$$

其中 δ_1 和 δ_2 是充分小的正数．根据零点定理，$\exists\xi\in(a_1, b_1)\subset(a, b)$ 使 $f(\xi)=0$.

(2) 由 $f(a)=f(\xi)=f(b)=0$，根据罗尔定理，存在 $\eta_1\in(a, \xi)$ 和 $\eta_2\in(\xi, b)$，使 $f'(\eta_1)=f'(\eta_2)=0$. 再由罗尔定理知，存在 $\eta\in(\eta_1, \eta_2)\subset(a, b)$，使 $f''(\eta)=0$.

3. 设函数 $f(x)$ 在 $[0, 1]$ 上连续，在 $(0, 1)$ 内二阶可导，过点 $A(0, f(0))$ 与 $B(1, f(1))$ 的直线与曲线 $y=f(x)$ 相交于点 $D(c, f(c))$，其中 $0<c<1$，证明：在 $(0, 1)$ 内至少存在一点 ξ，使 $f''(\xi)=0$.

证 如图 3-2 所示，由点 A，B，D 共线，BD 及 DA 的斜率相等，有

$$\frac{f(1)-f(c)}{1-c}=\frac{f(c)-f(0)}{c-0}=\frac{f(1)-f(0)}{1-0}=f(1)-f(0).$$

图 3-2

又因 $f(x)$ 在 $[0, c]$ 上满足拉格朗日中值定理的条件，故存在

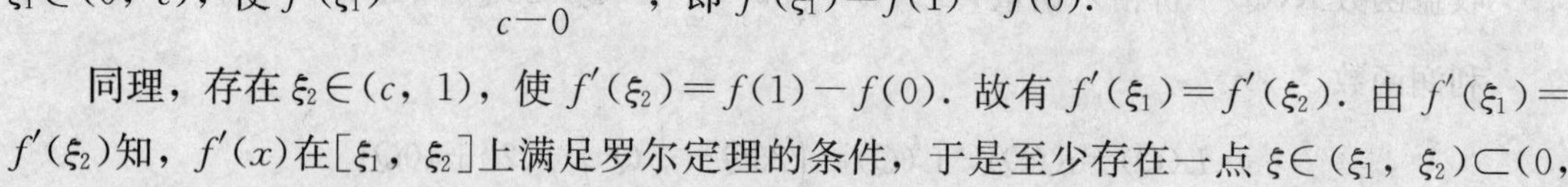

$$\xi_1\in(0, c)，使 f'(\xi_1)=\frac{f(c)-f(0)}{c-0}，即 f'(\xi_1)=f(1)-f(0).$$

同理，存在 $\xi_2\in(c, 1)$，使 $f'(\xi_2)=f(1)-f(0)$. 故有 $f'(\xi_1)=f'(\xi_2)$. 由 $f'(\xi_1)=f'(\xi_2)$ 知，$f'(x)$ 在 $[\xi_1, \xi_2]$ 上满足罗尔定理的条件，于是至少存在一点 $\xi\in(\xi_1, \xi_2)\subset(0, 1)$，使 $f''(\xi)=0$.

4. 设不恒为常数的函数 $f(x)$ 在闭区间 $[a, b]$ 上连续，在开区间 (a, b) 内可导，且 $f(a)=f(b)$，证明：在 (a, b) 内至少存在一点 ξ，使得 $f'(\xi)>0$.

证 因 $f(a)=f(b)$ 且 $f(x)$ 不恒为常数，故至少存在一点 $c\in(a, b)$，使得 $f(c)\neq f(a)=f(b)$. 不妨设 $f(c)>f(a)$（对于 $f(c)<f(a)$ 情形，类似可证），于是，根据拉格朗日中值定理，至少存在一点 $\xi\in(a, c)\subset(a, b)$，使得

$$f'(\xi)=\frac{1}{c-a}[f(c)-f(a)]>0.$$

5. 设在 $[0, 1]$ 上，$f''(x)>0$，则 $f'(0)$，$f'(1)$，$f(1)-f(0)$ 或 $f(0)-f(1)$ 的大小顺序是________.

(A) $f'(1)>f'(0)>f(1)-f(0)$；　　(B) $f'(1)>f(1)-f(0)>f'(0)$；

(C) $f(1)-f(0)>f'(1)>f'(0)$；　　(D) $f'(1)>f(0)-f(1)>f'(0)$.

解　由拉格朗日中值定理，$f(1)-f(0)=f'(\xi)(1-0)=f'(\xi)$，$\xi\in(0,1)$. 又 $f''(x)>0$，$f'(x)$单调增加，因此 $f'(1)>f'(\xi)>f'(0)$. 故选(B).

6. 已知函数 $f(x)$在$[0,1]$上连续，在$(0,1)$内可导，且 $f(0)=0$，$f(1)=1$，证明：

(1) 存在 $\xi\in(0,1)$，使得 $f(\xi)=1-\xi$；

(2) 存在两个不同的点 η，$\zeta\in(0,1)$，使得 $f'(\eta)f'(\zeta)=1$.

证　(1) 令 $F(x)=f(x)+x-1$，$x\in[0,1]$，由于 $F(x)$在$[0,1]$上连续，且 $F(0)=-1<0$，$F(1)=1>0$. 应用零点定理，$\exists\,\xi\in(0,1)$，使 $F(\xi)=0$，即 $f(\xi)=1-\xi$.

(2) 在区间$[0,\xi]$与$[\xi,1]$上分别应用拉格朗日定理，$\exists\,\eta\in(0,\xi)$，$\exists\,\zeta\in(\xi,1)$，使得

$$f'(\eta)=\frac{f(\xi)-f(0)}{\xi-0}=\frac{1-\xi}{\xi},$$

$$f'(\zeta)=\frac{f(1)-f(\xi)}{1-\xi}=\frac{1-1+\xi}{1-\xi}=\frac{\xi}{1-\xi},$$

故有

$$f'(\eta)\cdot f'(\zeta)=1.$$

7. 设 $f(x)$在区间$[a,b]$上连续，在(a,b)内可导，证明：在(a,b)内至少存在一点 ξ，使

$$\frac{bf(b)-af(a)}{b-a}=f(\xi)+\xi f'(\xi).$$

证　令 $F(x)=xf(x)$，则 $F(x)$在$[a,b]$上满足拉格朗日中值定理的条件，故$\exists\,\xi\in(a,b)$，使

$$\frac{F(b)-F(a)}{b-a}=F'(\xi).$$

由于 $F'(x)=f(x)+xf'(x)$，于是有

$$\frac{bf(b)-af(a)}{b-a}=f(\xi)+\xi f'(\xi).$$

8. 设函数 $f(x)$在闭区间$[a,b]$上有定义，在开区间(a,b)内可导，则________.

(A) 当 $f(a)f(b)>0$ 时，存在 $\xi\in(a,b)$，使 $f(\xi)=0$；

(B) 对任何 $\xi\in(a,b)$，$\lim\limits_{x\to\xi}[f(x)-f(\xi)]=0$；

(C) 当 $f(a)=f(b)$时，存在 $\xi\in(a,b)$，使 $f'(\xi)=0$；

(D) 存在 $\xi\in(a,b)$，使 $f(b)-f(a)=f'(\xi)(b-a)$.

解　因 $f(x)$在开区间(a,b)内可导，故 $f(x)$在(a,b)内每一点都连续，即$\lim\limits_{x\to\xi}[f(x)-f(\xi)]=0$，(B)对.

如果 $f(x)$在闭区间$[a,b]$连续，在开区间(a,b)内可导，则结论(A)、(C)、(D)也都是对的. 但该题仅假定 $f(x)$在$[a,b]$上有定义.

9. 以下四个命题中，正确的是________.

(A) 若 $f'(x)$在$(0,1)$内连续，则 $f(x)$在$(0,1)$内有界；

(B) 若 $f(x)$在$(0,1)$内连续，则 $f(x)$在$(0,1)$内有界；

(C) 若 $f'(x)$在$(0,1)$内有界，则 $f(x)$在$(0,1)$内有界；

(D) 若 $f(x)$在$(0,1)$内有界，则 $f'(x)$在$(0,1)$内有界.

解　联系函数与导数的一个重要关系是微分中值定理，为了应用这一定理，需要构造适

当的闭区间．在区间(0，1)内任意取定一点 x_0，则对一切 $X\in(0,1)$，当 $f'(x)$ 在(0，1)内存在时，$f(x)$ 在 $[x_0,X]$ 或 $[X,x_0]$ 上满足拉格朗日中值定理的条件，故 $f(X)=f(x_0)+f'(\xi)(X-x_0)$（$\xi$ 介于 x_0 与 X 之间），若在(0，1)内 $f'(x)$ 有界，设 $|f'(x)|\leqslant L$，则由上式得

$$|f(X)|\leqslant|f(x_0)|+L|X-x_0|<|f(x_0)|+L.$$

由于 $|f(x_0)|+L$ 为定数，而上式对一切 $X\in(0,1)$ 都成立，故 $f(x)$ 在(0，1)有界，结论(C)对．

取 $f(x)=\dfrac{1}{x}$，$f(x)$ 在(0，1)内无界．但 $f'(x)=-\dfrac{1}{x^2}$ 及 $f(x)$ 在(0，1)内连续，故(A)、(B)错．

取 $f(x)=x\sin\dfrac{1}{x}$，则在(0，1)内，$|f(x)|\leqslant|x|\leqslant1$，因而有界．$f'(x)=\sin\dfrac{1}{x}-\dfrac{1}{x}\cos\dfrac{1}{x}$，令 $x_n=\dfrac{1}{2n\pi}$，$n=1,2,\cdots$，则 $f'(x_n)=2n\pi$，$f'(x)$ 在(0，1)内无界，故(D)错．

10. 求 $\lim\limits_{x\to1}\dfrac{\ln\cos(x-1)}{1-\sin\dfrac{\pi x}{2}}$.

解 原式 $=\lim\limits_{x\to1}\dfrac{\left[-\dfrac{\sin(x-1)}{\cos(x-1)}\right]}{\left(-\dfrac{\pi}{2}\cos\dfrac{\pi x}{2}\right)}=\dfrac{2}{\pi}\lim\limits_{x\to1}\left[\dfrac{\sin(x-1)}{\cos\dfrac{\pi x}{2}}\right]=\dfrac{4}{\pi^2}\lim\limits_{x\to1}\left[\dfrac{\cos(x-1)}{\left(-\sin\dfrac{\pi x}{2}\right)}\right]=-\dfrac{4}{\pi^2}$.

11. 求 $\lim\limits_{x\to\infty}\left[x-x^2\ln\left(1+\dfrac{1}{x}\right)\right]$.

解 令 $u=\dfrac{1}{x}$，则 $x\to\infty$ 时，$u\to0$，于是有

原式 $=\lim\limits_{u\to0}\left[\dfrac{1}{u}-\dfrac{\ln(1+u)}{u^2}\right]=\lim\limits_{u\to0}\dfrac{u-\ln(1+u)}{u^2}=\lim\limits_{u\to0}\dfrac{1-\dfrac{1}{1+u}}{2u}=\lim\limits_{u\to0}\dfrac{1}{2(1+u)}=\dfrac{1}{2}$.

12. 求 $\lim\limits_{x\to\infty}\left(\sin\dfrac{1}{x}+\cos\dfrac{1}{x}\right)^x$.

解 因 $\lim\limits_{x\to\infty}x\ln\left(\sin\dfrac{1}{x}+\cos\dfrac{1}{x}\right)\xlongequal{t=\frac{1}{x}}\lim\limits_{t\to0}\dfrac{\ln(\sin t+\cos t)}{t}=\lim\limits_{t\to0}\dfrac{\cos t-\sin t}{\sin t+\cos t}=1$,

所以

$$原式=\lim_{x\to\infty}e^{x\ln\left(\sin\frac{1}{x}+\cos\frac{1}{x}\right)}=e.$$

13. 求 $\lim\limits_{x\to+\infty}(x+e^x)^{\frac{1}{x}}$.

解 原式 $=\lim\limits_{x\to+\infty}e^{\frac{1}{x}\ln(x+e^x)}=e^{\lim\limits_{x\to+\infty}\frac{1}{x}\ln(x+e^x)}$，而 $\lim\limits_{x\to+\infty}\dfrac{\ln(x+e^x)}{x}=\lim\limits_{x\to+\infty}\dfrac{1+e^x}{x+e^x}=1$,

故原式 $=e$.

14. 求 $\lim\limits_{x\to1}\dfrac{x^x-1}{x\ln x}$.

解 因 $(x^x)'=(e^{x\ln x})'=e^{x\ln x}(1+\ln x)$，使用洛必达法则，得

$$原式=\lim_{x\to1}\frac{e^{x\ln x}(1+\ln x)}{1+\ln x}=\lim_{x\to1}e^{x\ln x}=1.$$

15. 求$\lim\limits_{x\to 0}\left(\dfrac{e^x+e^{2x}+\cdots+e^{nx}}{n}\right)^{\frac{1}{x}}$，其中 n 为给定的自然数．

解　原式$=e^{\lim\limits_{x\to 0}\frac{1}{x}\ln\left(\frac{e^x+e^{2x}+\cdots+e^{nx}}{n}\right)}$，而

$$\lim_{x\to 0}\frac{1}{x}\ln\left(\frac{e^x+e^{2x}+\cdots+e^{nx}}{n}\right)=\lim_{x\to 0}\frac{\ln(e^x+e^{2x}+\cdots+e^{nx})-\ln n}{x}$$

$$=\lim_{x\to 0}\frac{e^x+2e^{2x}+\cdots+ne^{nx}}{e^x+e^{2x}+\cdots+e^{nx}}$$

$$=\frac{1+2+\cdots+n}{n}=\frac{n+1}{2},$$

故原式$=e^{\frac{n+1}{2}}$．

16. 求$\lim\limits_{x\to 0}\dfrac{e^x-\sin x-1}{1-\sqrt{1-x^2}}$．

解　原式$=\lim\limits_{x\to 0}\dfrac{e^x-\sin x-1}{\frac{1}{2}x^2}\left(\sqrt{1-x^2}-1\sim-\dfrac{1}{2}x^2\right)$

$$=\lim_{x\to 0}\frac{e^x-\cos x}{x}=\lim_{x\to 0}\frac{e^x+\sin x}{1}=1.$$

17. $\lim\limits_{x\to 0}\dfrac{1-\sqrt{1-x^2}}{e^x-\cos x}=$________．

解　原式$=\lim\limits_{x\to 0}\dfrac{\frac{1}{2}x^2}{e^x-\cos x}=\lim\limits_{x\to 0}\dfrac{x}{e^x+\sin x}=0.$

18. $\lim\limits_{x\to 0^+}x\ln x=$________．

解　原式$=\lim\limits_{x\to 0^+}\dfrac{\ln x}{\frac{1}{x}}=\lim\limits_{x\to 0^+}\dfrac{\frac{1}{x}}{-\frac{1}{x^2}}=0.$

19. 若$\lim\limits_{x\to 0}\left[\dfrac{\sin 6x+xf(x)}{x^3}\right]=0$，则 $\lim\limits_{x\to 0}\dfrac{6+f(x)}{x^2}=$________．

(A) 0；　　(B) 6；　　(C) 36；　　(D) ∞.

解　由 $\lim\limits_{x\to 0}\dfrac{\sin 6x+xf(x)}{x^3}=\lim\limits_{x\to 0}\left[\dfrac{\sin 6x-6x+6x+xf(x)}{x^3}\right]$

$$=\lim_{x\to 0}\frac{\sin 6x-6x}{x^3}+\lim_{x\to 0}\frac{6+f(x)}{x^2}=0,$$

应用洛必达法则，有

$$\lim_{x\to 0}\frac{\sin 6x-6x}{x^3}=\lim_{x\to 0}\frac{6\cos 6x-6}{3x^2}=\lim_{x\to 0}2\cdot\frac{\cos 6x-1}{x^2}=2\lim_{x\to 0}\frac{-\frac{1}{2}(6x)^2}{x^2}=-36,$$

故有

$$\lim_{x\to 0}\frac{6+f(x)}{x^2}=-\lim_{x\to 0}\frac{\sin 6x-6x}{x^3}=36.$$

20. 求$\lim\limits_{x\to 0}\dfrac{\arctan x-x}{\ln(1+2x^3)}$．

解 原式$=\lim\limits_{x\to 0}\dfrac{\arctan x-x}{2x^3}=\lim\limits_{x\to 0}\dfrac{\dfrac{1}{1+x^2}-1}{6x^2}=\lim\limits_{x\to 0}\dfrac{-x^2}{6x^2(1+x^2)}=-\dfrac{1}{6}$.

21. 若 $a>0$，$b>0$ 均为常数，则$\lim\limits_{x\to 0}\left(\dfrac{a^x+b^x}{2}\right)^{\frac{3}{x}}=$________.

解 $\lim\limits_{x\to 0}\dfrac{3}{x}\ln\dfrac{a^x+b^x}{2}=3\lim\limits_{x\to 0}\dfrac{2}{a^x+b^x}\cdot\dfrac{a^x\ln a+b^x\ln b}{2}$

$$=\frac{3}{2}(\ln a+\ln b)=\ln(ab)^{\frac{3}{2}},$$

所以
$$\lim_{x\to 0}\left(\frac{a^x+b^x}{2}\right)^{\frac{3}{x}}=\mathrm{e}^{\lim\limits_{x\to 0}\frac{3}{x}\ln\frac{a^x+b^x}{2}}=\mathrm{e}^{\ln(ab)^{\frac{3}{2}}}=(ab)^{\frac{3}{2}}.$$

22. (1) 证明：若 $f(x)$在(a,b)内可导，且导数 $f'(x)$恒大于 0，则 $f(x)$单调增加.

(2) 证明：若 $g(x)$在 $x=c$ 处二阶导数存在，且 $g'(c)=0$，$g''(c)<0$，则 $g(c)$为 $g(x)$的一个极大值.

证 (1) 在(a,b)内任取两不同点 x_1，x_2，根据拉格朗日公式，

$$f(x_2)-f(x_1)=f'(\xi)(x_2-x_1),\xi\text{ 在 }x_1\text{ 与 }x_2\text{ 之间}.$$

因为 $f'(\xi)>0$，所以当 $x_2>x_1$ 时，$f(x_2)>f(x_1)$，即 $f(x)$单调增加.

(2) 因为 $g''(c)=\lim\limits_{x\to c}\dfrac{g'(x)}{x-c}<0$，故由极限的保号性，在 c 的去心邻域内$\dfrac{g'(x)}{x-c}<0$. 当 $x<c$ 时，$g'(x)>0$；当 $x>c$ 时，$g'(x)<0$. 故 $g(c)$为极大值.

23. 设 $f(x)$，$g(x)$是恒大于零的可导函数，且 $f'(x)g(x)-f(x)g'(x)<0$，则当 $a<x<b$ 时，有________.

(A) $f(x)g(b)>f(b)g(x)$；　　(B) $f(x)g(a)>f(a)g(x)$；

(C) $f(x)g(x)>f(b)g(b)$；　　(D) $f(x)g(x)>f(a)g(a)$.

解 $f'(x)g(x)-f(x)g'(x)<0\Rightarrow\dfrac{f'(x)g(x)-f(x)g'(x)}{g^2(x)}<0\Rightarrow\left[\dfrac{f(x)}{g(x)}\right]'<0\Rightarrow$ $\dfrac{f(x)}{g(x)}$单减$\Rightarrow$当 $a<x<b$ 时,$\dfrac{f(x)}{g(x)}>\dfrac{f(b)}{g(b)}$,即 $f(x)g(b)>f(b)g(x)$.

24. 证明：$f(x)=\left(1+\dfrac{1}{x}\right)^x$ 在$(0,+\infty)$内单调增加.

证 $\ln f(x)=x\ln\left(1+\dfrac{1}{x}\right)$，等式两边对 x 求导，得

$$\frac{f'(x)}{f(x)}=\ln\left(1+\frac{1}{x}\right)-\frac{1}{x+1}=\ln(1+x)-\ln x-\frac{1}{1+x}.$$

由拉格朗日中值定理，得

$$\ln(1+x)-\ln x=(\ln x)'|_{x=\xi}(1+x-x)=\frac{1}{\xi}(x<\xi<1+x),$$

从而$\dfrac{1}{1+x}<\dfrac{1}{\xi}<\dfrac{1}{x}$，即

$$\ln(1+x)-\ln x-\frac{1}{1+x}=\frac{1}{\xi}-\frac{1}{1+x}>0,$$

而 $f(x)>0$，故 $f'(x)>0$，所以 $f(x)$在$(0,+\infty)$内单调增加.

25. 设 $f(x)$在$[a, +\infty)$上连续，$f''(x)$在$(a, +\infty)$内存在且大于零，记

$$F(x)=\frac{f(x)-f(a)}{x-a}(x>a),$$

证明：$F(x)$在$(a, +\infty)$内单调增加．

证　只需证明在$(a, +\infty)$内$F'(x)>0$.

$$F'(x)=\frac{f'(x)(x-a)-[f(x)-f(a)]}{(x-a)^2}.$$

设$g(x)=f'(x)(x-a)-[f(x)-f(a)]$，则

$$g'(x)=f''(x)(x-a).$$

在$(a, +\infty)$内，由题设$f''(x)>0$，$x-a>0$，故$g'(x)>0$，所以$g(x)$在$(a, +\infty)$上单调增加，又$g(a)=0$，故在$(a, +\infty)$内$g(x)>0$，从而在$(a, +\infty)$内$F'(x)>0$.

26. 证明：当$x>0$时，有不等式$\arctan x+\frac{1}{x}>\frac{\pi}{2}$.

证　设$f(x)=\arctan x+\frac{1}{x}-\frac{\pi}{2}$，有$f(+\infty)=\lim\limits_{x\to+\infty}f(x)=0$，

$$f'(x)=\frac{1}{1+x^2}-\frac{1}{x^2}<0\Rightarrow f(x)\searrow\Rightarrow 当\ 0<x<+\infty\ 时, f(x)>f(+\infty)=0.$$

即

$$\arctan x+\frac{1}{x}>\frac{\pi}{2},\ x>0.$$

27. 利用导数证明：当$x>1$时，$\frac{\ln(1+x)}{\ln x}>\frac{x}{1+x}$.

证　设$f(x)=(1+x)\ln(1+x)-x\ln x$，有$f(1)=2\ln 2>0$.

$$f'(x)=\ln\left(1+\frac{1}{x}\right)>0\Rightarrow f(x)\nearrow\Rightarrow 当\ x>1\ 时, f(x)>f(1)=2\ln 2>0,$$

从而得

$$\frac{\ln(1+x)}{\ln x}>\frac{x}{1+x},\ x>1.$$

28. 设$f''(x)<0$，$f(0)=0$，证明：对任何$x_1>0$，$x_2>0$，有

$$f(x_1+x_2)<f(x_1)+f(x_2).$$

证　设$\varphi(x)=f(x)+f(x_2)-f(x+x_2)$，有$\varphi(0)=0$.

$$\varphi'(x)=f'(x)-f'(x+x_2)>0\Rightarrow\varphi(x)\nearrow\Rightarrow 当\ x>0\ 时，\varphi(x)>\varphi(0)=0.$$

式中$f'(x)-f'(x+x_2)>0$成立是因为：$f''(x)<0$，$f'(x)$单调减少．于是在$\varphi(x)>0$中令$x=x_1$，即为$f(x_1+x_2)<f(x_1)+f(x_2)$.

29. 设$b>a>\mathrm{e}$，证明：$a^b>b^a$.

解题思路　只需证$b\ln a>a\ln b$，或$\frac{\ln a}{a}>\frac{\ln b}{b}$．设$f(x)=\frac{\ln x}{x}$，只需证$f(x)\searrow$，即$f'(x)<0$.

证　设$f(x)=\frac{\ln x}{x}$，则

$$f'(x)=\frac{1-\ln x}{x^2}<0(当\ x>\mathrm{e}\ 时)\Rightarrow f(x)单调减少\Rightarrow 当\ b>a>\mathrm{e}\ 时，\frac{\ln a}{a}>\frac{\ln b}{b}，即\ a^b>b^a.$$

30. 设$x>0$，常数$a>\mathrm{e}$，证明$(a+x)^a<a^{a+x}$.

注 本题可用前题的方法证明，请读者自己完成．

31. 设 $x\in(0,1)$，证明：

(1) $(1+x)\ln^2(1+x)<x^2$； (2) $\dfrac{1}{\ln 2}-1<\dfrac{1}{\ln(1+x)}-\dfrac{1}{x}<\dfrac{1}{2}$.

证 (1) 令 $\varphi(x)=x^2-(1+x)\ln^2(1+x)$，则 $\varphi(0)=0$，且

$$\varphi'(x)=2x-\ln^2(1+x)-2\ln(1+x),\ \varphi'(0)=0.$$

当 $x\in(0,1)$时，$\varphi''(x)=\dfrac{2}{1+x}[x-\ln(1+x)]>0\Rightarrow\varphi'(x)\nearrow\Rightarrow\varphi'(x)>\varphi'(0)=0\Rightarrow\varphi(x)\nearrow\Rightarrow\varphi(x)>\varphi(0)=0$，即$(1+x)\ln^2(1+x)<x^2$.

(2) 令 $f(x)=\dfrac{1}{\ln(1+x)}-\dfrac{1}{x}$，$x\in(0,1)$，则有 $f(1)=\dfrac{1}{\ln 2}-1$，

$$f'(x)=\frac{(1+x)\ln^2(1+x)-x^2}{x^2(1+x)\ln^2(1+x)}.$$

由(1)，当 $x\in(0,1)$时，$f'(x)<0\Rightarrow f(x)\searrow\Rightarrow f(x)>f(1)=\dfrac{1}{\ln 2}-1$.

不等式左边证毕．

又 $\lim\limits_{x\to0^+}f(x)=\lim\limits_{x\to0^+}\dfrac{x-\ln(1+x)}{x\ln(1+x)}=\lim\limits_{x\to0^+}\dfrac{x-\ln(1+x)}{x^2}=\lim\limits_{x\to0^+}\dfrac{x}{2x(1+x)}=\dfrac{1}{2}$，

当 $x\in(0,1)$时，

$$f'(x)<0\Rightarrow f(x)\searrow\Rightarrow f(x)<f(0+0)=\frac{1}{2}.$$

不等式右边证毕．

32. 试证：当 $x>0$ 时，$(x^2-1)\ln x\geqslant(x-1)^2$.

证 设 $\varphi(x)=(x^2-1)\ln x-(x-1)^2$，则 $\varphi(1)=0$，

$$\varphi'(x)=2x\ln x-x+2-\frac{1}{x},\ \varphi'(1)=0,$$

$$\varphi''(x)=2\ln x+1+\frac{1}{x^2},\ \varphi''(1)=2>0,$$

$$\varphi'''(x)=\frac{2(x^2-1)}{x^3}.$$

当 $x\geqslant1$ 时，$\varphi''(x)>0\Rightarrow\varphi'(x)\nearrow\Rightarrow\varphi'(x)\geqslant\varphi'(1)=0\Rightarrow\varphi(x)\nearrow\Rightarrow\varphi(x)\geqslant\varphi(1)=0$. 原式成立.

33. 证明：当 $0<x<\pi$ 时，有 $\sin\dfrac{x}{2}>\dfrac{x}{\pi}$.

证 设 $f(x)=\sin\dfrac{x}{2}-\dfrac{x}{\pi}$，则 $f'(x)=\dfrac{1}{2}\cos\dfrac{x}{2}-\dfrac{1}{\pi}$，$f''(x)=-\dfrac{1}{4}\sin\dfrac{x}{2}<0\quad(0<x<\pi)$，故函数 $f(x)$对应的曲线在$(0,\pi)$内是凸的．由 $f(0)=f(\pi)=0\Rightarrow$当 $x\in(0,\pi)$时，$f(x)>0$，即 $\sin\dfrac{x}{2}>\dfrac{x}{\pi}$.

34. 证明不等式 $\ln\left(1+\dfrac{1}{x}\right)>\dfrac{1}{1+x}(0<x<+\infty)$.

证 所证不等式可改写为

$$\ln(1+x)-\ln x>\frac{1}{1+x}(0<x<+\infty).$$

令 $f(x)=\ln x$，$f(x)$在区间$[x，1+x]$上满足拉格朗日中值定理条件，故有

$$\frac{\ln(1+x)-\ln x}{1+x-x}=(\ln x)'|_{x=\xi}=\frac{1}{\xi}(x<\xi<x+1).$$

而$\frac{1}{x+1}<\frac{1}{\xi}<\frac{1}{x}$，于是有 $\ln(1+x)-\ln x>\frac{1}{1+x}$，即 $\ln\left(1+\frac{1}{x}\right)>\frac{1}{1+x}$.

35. 设 $f(x)$在闭区间$[0，c]$上连续，其导数 $f'(x)$在开区间$(0，c)$内存在且单调减少，$f(0)=0$. 试用拉格朗日中值定理证明不等式

$$f(a+b)\leqslant f(a)+f(b),$$

其中常数 a，b 满足条件 $0\leqslant a\leqslant b\leqslant a+b\leqslant c$.

证　(1) 当 $a=0$ 时，由 $f(0)=0$，有

$$f(a+b)=f(b)=f(a)+f(b).$$

(2)当 $a>0$ 时，对 $f(x)$在$[0，a]$和$[b，a+b]$上分别应用拉格朗日中值定理，得

$$\frac{f(a)-f(0)}{a-0}=\frac{f(a)}{a}=f'(\xi_1),\xi_1\in(0,a),$$

$$\frac{f(a+b)-f(b)}{a+b-b}=\frac{f(a+b)-f(b)}{a}=f'(\xi_2),\xi_2\in(b,a+b),$$

其中 $0<\xi_1<a\leqslant b<\xi_2<a+b\leqslant c$. 因 $f'(x)$在$(0，c)$内单调减少，故 $f'(\xi_1)\geqslant f'(\xi_2)$，从而有

$$\frac{f(a)}{a}\geqslant\frac{f(a+b)-f(b)}{a}.$$

又因 $a>0$，有 $f(a+b)\leqslant f(a)+f(b)$.

由(1)和(2)知，当 $0\leqslant a\leqslant b\leqslant a+b\leqslant c$ 时，总有

$$f(a+b)\leqslant f(a)+f(b).$$

36. 证明不等式：

$$1+x\ln(x+\sqrt{1+x^2})\geqslant\sqrt{1+x^2}(-\infty<x<+\infty).$$

证　所证不等式可改写为 $x\ln(x+\sqrt{1+x^2})-\sqrt{1+x^2}\geqslant-1$.

令 $f(x)=x\ln(x+\sqrt{1+x^2})-\sqrt{1+x^2}$. 如能证 $f(0)=-1$ 为 $f(x)$的最小值，则问题得证.

$f'(x)=\ln(\sqrt{1+x^2}+x)$，令 $f'(x)=0$，得唯一驻点 $x=0$，又 $f''(x)=\frac{1}{\sqrt{1+x^2}}>0$，故 $x=0$ 为 $f(x)$的极小值点，因而也是最小值点，且最小值为 $f(0)=-1$，问题得证.

37. 设 p，q 是大于 1 的常数，且$\frac{1}{p}+\frac{1}{q}=1$，证明：对于任意 $x>0$，有$\frac{1}{p}x^p+\frac{1}{q}\geqslant x$.

证　只需证明$\frac{1}{p}x^p-x\geqslant-\frac{1}{q}$. 令 $f(x)=\frac{1}{p}x^p-x$，则 $f(1)=\frac{1}{p}-1=-\frac{1}{q}$. 问题归结为证明 $f(1)$为 $f(x)$的最小值. 由 $f'(x)=0$，得唯一驻点 $x=1$，又因 $f''(x)=(p-1)x^{p-2}>0$，从而 $f''(1)>0$，故 $x=1$ 为唯一的极小值点，即为最小值点，于是最小值为 $f(1)=-\frac{1}{q}$.

38. 设 $e<a<b<e^2$，证明：$\ln^2 b-\ln^2 a>\frac{4}{e^2}(b-a)$.

证 令 $f(x)=\ln^2 x-\frac{4}{e^2}x$，由于

$$f'(x)=2\frac{\ln x}{x}-\frac{4}{e^2},f''(x)=\frac{2(1-\ln x)}{x^2},$$

所以 $x>e$ 时，$f''(x)<0$，故 $f'(x)$严格递减，从而当 $e<x<e^2$ 时，

$$f'(x)>f'(e^2)=\frac{4}{e^2}-\frac{4}{e^2}=0,$$

于是 $e<x<e^2$ 时，$f(x)$严格递增．因此，当 $e<a<b<e^2$ 时，$f(a)<f(b)$，即

$$\ln^2 b-\ln^2 a>\frac{4}{e^2}(b-a).$$

39. 当 $x=$________时，函数 $y=x2^x$ 取得极小值．

解 令 $y'=0$，可得 $x=-\frac{1}{\ln 2}$，且当 $x<-\frac{1}{\ln 2}$时，$y'<0$；当 $x>-\frac{1}{\ln 2}$时，$y'>0$.

40. 设$\lim\limits_{x\to a}\frac{f(x)-f(a)}{(x-a)^2}=-1$，则在点 $x=a$ 处________.

(A) $f(x)$的导数存在，且 $f'(a)\neq 0$； (B) $f(x)$取得极大值；

(C) $f(x)$取得极小值； (D) $f(x)$的导数不存在．

解 由极限的保号性，在 a 的某去心邻域内$\frac{f(x)-f(a)}{(x-a)^2}<0$，从而 $f(x)<f(a)$，故应选(B).

41. 设 $y=f(x)$是方程 $y''-2y'+4y=0$ 的一个解，若 $f(x_0)>0$，且 $f'(x_0)=0$，则函数 $f(x)$在点 x_0 ________.

(A) 取得极大值； (B) 取得极小值；

(C) 在某个邻域内单调增加； (D) 在某个邻域内单调减少．

解 由题意，$f''(x_0)-2f'(x_0)+4f(x_0)=0\Rightarrow f''(x_0)=-4f(x_0)<0$，因此，驻点 $x=x_0$ 是 $f(x)$的极大值点，故应选(A).

42. 设两函数 $f(x)$及 $g(x)$都在 $x=a$ 处取得极大值，则函数 $F(x)=f(x)g(x)$在 $x=a$ 处________.

(A) 必取极大值； (B) 必取极小值；

(C) 不可能取极值； (D) 是否取极值不能确定．

解 取 $f(x)=g(x)=-x^2$，两者都在 $x=0$ 处取得极大值，而 $f(x)g(x)=x^4$ 在 $x=0$ 取极小值，于是排除了(A)和(C).

取 $f(x)=-x^2$，$g(x)=1-x^2$，两者都在 $x=0$ 处取得极大值，而 $\varphi(x)=f(x)g(x)=-x^2(1-x^2)$在 $x=0$ 处仍然取得了极大值．这是因为

$$\varphi(x)=-x^2+x^4,\varphi'(x)=-2x+4x^3,\varphi''(x)=-2+12x^2.$$

在驻点 $x=0$ 处 $\varphi''(0)=-2<0$，即取极大值．于是也排除了(B)．故选(D).

43. 已知 $f(x)$在 $x=0$ 的某个邻域内连续，且 $f(0)=0$，$\lim\limits_{x\to 0}\frac{f(x)}{1-\cos x}=2$，则在点 $x=0$ 处 $f(x)$________.

(A) 不可导； (B) 可导，且 $f'(0)\neq 0$；

(C) 取得极大值；　　　　　　　　(D) 取得极小值．

解　选(D)．由极限的保号性，在 $x=0$ 的某去心邻域内，有

$$\lim_{x\to 0}\frac{f(x)}{1-\cos x}=\lim_{x\to 0}\frac{f(x)}{\frac{1}{2}x^2}=2>0\Rightarrow\frac{2f(x)}{x^2}>0\Rightarrow f(x)>f(0).$$

44. 设函数 $f(x)$ 在 $(-\infty,+\infty)$ 内有定义，$x_0\neq 0$ 是函数 $f(x)$ 的极大值点，则________．

(A) x_0 是 $f(x)$ 的驻点；　　　　(B) $-x_0$ 必是 $-f(-x)$ 的极小值点；

(C) $-x_0$ 是 $-f(x)$ 的极小值点；　　(D) 对一切 x，都有 $f(x)\leqslant f(x_0)$．

解　在 x_0 的去心邻域内，有

$$f(x)<f(x_0)\Rightarrow -f(x)>-f(x_0)\Rightarrow -f(-(-x))>-f(-(-x_0)).$$

故选(B)．与此同时否定了(C)．因为 $f(x)$ 无可导条件，所以否定(A)．因为极大值是邻域中的局部最大值，而不是“对一切 x”，所以否定(D)．

45. 设函数 $y=y(x)$ 由方程 $2y^3-2y^2+2xy-x^2=1$ 所确定，试求 $y=y(x)$ 的驻点，并判别它是否为极值点．

解　对方程两边求导可得

$$3y^2y'-2yy'+xy'+y-x=0.$$

令 $y'=0$，得 $y=x$．将此代入原方程有 $2x^3-x^2-1=0$．由此得唯一驻点 $x=1$．

再求导得　　$$(3y^2-2y+x)y''+2(3y-1)y'^2+2y'-1=0,$$

因此，$y''(1)=\frac{1}{2}>0$，故 $x=1$ 是 $y=y(x)$ 的极小值点．

46. 已知函数 $y=f(x)$ 对一切 x 满足 $xf''(x)+3x[f'(x)]^2=1-e^{-x}$，若 $f'(x_0)=0(x_0\neq 0)$，则________．

(A) $f(x_0)$ 是 $f(x)$ 的极大值；

(B) $f(x_0)$ 是 $f(x)$ 的极小值；

(C) $(x_0,f(x_0))$ 是曲线 $y=f(x)$ 的拐点；

(D) $f(x_0)$ 不是 $f(x)$ 的极值，$(x_0,f(x_0))$ 也不是曲线 $y=f(x)$ 的拐点．

解　在驻点 $x=x_0\neq 0$ 处，$f''(x_0)=\frac{1}{x_0}(1-e^{-x_0})>0$．故选(B)．

47. 设函数 $f(x)$ 在 $x=a$ 的某个邻域内连续，且 $f(a)$ 为其极大值，则存在 $\delta>0$，当 $x\in(a-\delta,a+\delta)$ 时，必有________．

(A) $(x-a)[f(x)-f(a)]\geqslant 0$；　　(B) $(x-a)[f(x)-f(a)]\leqslant 0$；

(C) $\lim\limits_{t\to a}\frac{f(t)-f(x)}{(t-x)^2}\geqslant 0(x\neq a)$；　　(D) $\lim\limits_{t\to a}\frac{f(t)-f(x)}{(t-x)^2}\leqslant 0(x\neq a)$．

解　选项(A)和(B)表明函数单调变化，故排除(A)和(B)．

因为选项(C)和(D)极限式的分母大于零(在 a 的充分小邻域内)，所以由 $f(x)$ 的连续性及 $f(a)$ 为极大值的条件(即 $f(a)\geqslant f(x)$)，有

$$\lim_{t\to a}\frac{f(t)-f(x)}{(t-x)^2}=\frac{f(a)-f(x)}{(a-x)^2}\geqslant 0\quad(x\neq a).$$

由此知(C)正确．

48. 设 $f(x)$ 的导数在 $x=a$ 处连续，又 $\lim\limits_{x\to a}\dfrac{f'(x)}{x-a}=-1$，则________.

(A) $x=a$ 是 $f(x)$ 的极小值点；

(B) $x=a$ 是 $f(x)$ 的极大值点；

(C) $(a, f(a))$ 是曲线 $y=f(x)$ 的拐点；

(D) $x=a$ 不是 $f(x)$ 的极值点，$(a, f(a))$ 不是曲线 $y=f(x)$ 的拐点．

解 $\lim\limits_{x\to a}f'(x)=\lim\limits_{x\to a}\dfrac{f'(x)}{x-a}\cdot(x-a)=-1\times 0=0$，故 $x=a$ 是 $f(x)$ 的驻点．又

$$\lim_{x\to a^-}\frac{f'(x)}{x-a}=-1\Rightarrow f'(x)>0;\ \lim_{x\to a^+}\frac{f'(x)}{x-a}=-1\Rightarrow f'(x)<0.$$

故 $x=a$ 是 $f(x)$ 的极大值点，(B)对．

49. 设 $f(x)=x\sin x+\cos x$，下列命题正确的是________.

(A) $f(0)$ 是极大值，$f\left(\dfrac{\pi}{2}\right)$ 是极小值；

(B) $f(0)$ 是极小值，$f\left(\dfrac{\pi}{2}\right)$ 是极大值；

(C) $f(0)$ 是极大值，$f\left(\dfrac{\pi}{2}\right)$ 也是极大值；

(D) $f(0)$ 是极小值，$f\left(\dfrac{\pi}{2}\right)$ 也是极小值．

解 因 $f(x)=x\sin x+\cos x$，$f'(x)=x\cos x$，$f''(x)=-x\sin x+\cos x$，又 $f'(0)=0$，$f''(0)=1>0\Rightarrow f(0)$ 为极小值；

$f'\left(\dfrac{\pi}{2}\right)=0$，$f''\left(\dfrac{\pi}{2}\right)=-\dfrac{\pi}{2}<0\Rightarrow f\left(\dfrac{\pi}{2}\right)$ 为极大值，故选(B).

50. 设 $f(x)=xe^x$，$f^{(n)}(x)$ 在何处取得极小值？极小值等于多少？

解 $f^{(n)}(x)=(n+x)e^x$，$f^{(n+1)}(x)=(n+1+x)e^x$，$f^{(n+2)}(x)=(n+2+x)e^x$.

令 $f^{(n+1)}(x)=0$，得 $f^{(n)}(x)$ 的驻点为 $x=-(n+1)$.

又因 $$f^{(n+2)}[-(n+1)]=[n+2-(n+1)]e^{-(n+1)}=e^{-(n+1)}>0,$$

故 $x=-(n+1)$ 为 $f^{(n)}(x)$ 的极小值点，其极小值为

$$f^{(n)}[-(n+1)]=\frac{1}{e^{n+1}}.$$

51. 设函数 $f(x)$ 在 $(-\infty, +\infty)$ 内连续，其导函数的图形如图 3-3 所示，则 $f(x)$ 有________.

(A) 一个极小值点和两个极大值点；

(B) 两个极小值点和一个极大值点；

(C) 两个极小值点和两个极大值点；

(D) 三个极小值点和一个极大值点．

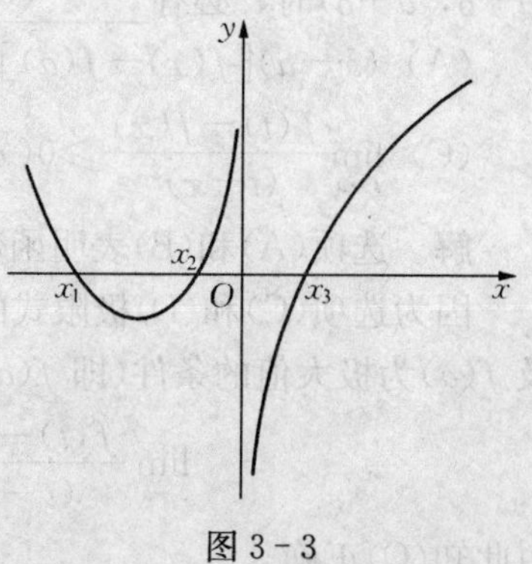

图 3-3

解 由图可知，$f'(x)$ 的零点有 3 个，从左到右分别记为 x_1，x_2，x_3，在 x_1 的左、右两侧，$f'(x)$ 的符号从正到负变化，故 x_1 为极大值点；在 x_2 的左、右两侧，$f'(x)$

的符号从负到正变化，故 x_2 为极小值点；在 x_3 的左、右两侧，$f'(x)$的符号从负到正变化，故 x_3 为极小值点．

由于 $f(x)$在 $x=0$ 连续，$f'(x)$在 $x=0$ 处不存在，但在$x=0$的左、右两侧，$f'(x)$的符号从正到负变化，故$x=0$为极大值点．综上讨论，应选(C)．

52. 若 $3a^2-5b<0$，则方程 $x^5+2ax^3+3bx+4c=0$ ________．

(A) 无实根；　(B) 有唯一实根；

(C) 有三个不同实根；　(D) 有五个不同实根．

解 $f(x)=x^5+2ax^3+3bx+4c$ 是奇次的，故方程 $f(x)=0$ 至少有一实根．

$f'(x)=5x^4+6ax^2+3b$ 的判别式$\Delta=12(3a^2-5b)<0$，即 $f'(x)>0\Rightarrow f(x)$严格单调增加，方程 $f(x)=0$ 有根必唯一．故选(B)．

53. 在区间$(-\infty,+\infty)$内，方程 $|x|^{\frac{1}{4}}+|x|^{\frac{1}{2}}-\cos x=0$ ________．

(A) 无实根；　(B) 有且仅有一个实根；

(C) 有且仅有两个实根；　(D) 有无穷多个实根．

解 设 $f(x)=|x|^{\frac{1}{4}}+|x|^{\frac{1}{2}}-\cos x$，则 $f(x)$为偶函数，故只需讨论 $x\geqslant 0$.

显然，当 $x>1$ 时 $f(x)>0$，表明 $x>1$ 时无根．因为 $f(0)=-1<0$，$f(1)=2-\cos 1>0$，且当 $x\in(0,1)$时，$f'(x)=\dfrac{1}{4\sqrt[4]{x^3}}+\dfrac{1}{2\sqrt{x}}+\sin x>0$，所以有唯一根．由对称性，故选(C)．

54. 就 k 的不同取值情况，确定方程 $x-\dfrac{\pi}{2}\sin x=k$ 在开区间$\left(0,\dfrac{\pi}{2}\right)$内根的个数，并证明结论．

解 设 $f(x)=x-\dfrac{\pi}{2}\sin x-k$. $f'(x)=1-\dfrac{\pi}{2}\cos x$. 令 $f'(x)=0$，得唯一驻点 $x_0=\arccos\dfrac{2}{\pi}$. 因为 $f'(x)$在$(0,x_0)$和$\left(x_0,\dfrac{\pi}{2}\right)$内由负变正，所以 x_0 是极小值点，也是$\left[x_0,\dfrac{\pi}{2}\right]$上的最小值点，其最小值为 $f(x_0)=x_0-\dfrac{\pi}{2}\sin x_0-k$. 而最大值为 $f(0)=f\left(\dfrac{\pi}{2}\right)=-k$.

当 $f(x_0)=0$ 时，即当 $k=x_0-\dfrac{\pi}{2}\sin x_0$ 时，方程有唯一根．

当 $f(x_0)<0$ 且 $f(0)=-k>0$ 时，即当 $x_0-\dfrac{\pi}{2}\sin x_0<k<0$ 时，方程有两个根．

当 $f(x_0)>0$ 且 $f(0)=-k\leqslant 0$ 时，即当 $k<x_0-\dfrac{\pi}{2}\sin x_0$ 或 $k\geqslant 0$ 时，方程无根．

55. 求证方程 $x+p+q\cos x=0$ 恰有一个实根，其中 p，q 为常数，且 $0<q<1$.

证 设 $f(x)=x+p+q\cos x$.

由 $\lim\limits_{x\to+\infty}f(x)=+\infty$，知存在 b，使 $f(b)>0$；由 $\lim\limits_{x\to-\infty}f(x)=-\infty$，知存在 a，使 $f(a)<0$. 由零点定理方程 $f(x)=0$ 在$[a,b]$上至少存在一个实根．

又因 $f'(x)=1-q\sin x>0$，故 $f(x)$在$(-\infty,+\infty)$内单调增加，所以 $f(x)=0$ 在$(-\infty,+\infty)$内至多有一个实根，因而 $x+p+q\cos x=0$ 恰有一个实根．

56. 讨论曲线 $y=4\ln x+k$ 与 $y=4x+\ln^4 x$ 的交点个数．

解 令 $f(x)=\ln^4 x+4x-4\ln x-k(x>0)$，则问题归结为求 $f(x)$零点的个数．

$$f'(x)=\frac{4(\ln^3 x+x-1)}{x}(x>0).$$

由 $f'(x)=0$，得 $x=1$，且当 $0<x<1$ 时，$f'(x)<0$，故 $f(x)$严格递减；当 $x>1$ 时，$f'(x)>0$，故 $f(x)$严格递增，所以

$$f(1)=4-k$$

为 $f(x)$在$(0，+\infty)$上的极小值，即最小值．

(1) 当 $k<4$ 时，$f(1)>0$，故 $f(x)$无零点，即两曲线无交点；

(2) 当 $k=4$ 时，$f(1)=0$，$f(x)$有唯一零点 $x=1$，即两曲线有唯一交点$(1，4)$；

(3) 当 $k>4$ 时，$f(1)<0$，由于

$$\begin{aligned} f(0+0)&=\lim_{x\to 0^+}(\ln^4 x+4x-4\ln x-k) \\ &=\lim_{x\to 0^+}[\ln x(\ln^3 x-4)-k]=+\infty, \\ f(+\infty)&=\lim_{x\to+\infty}(\ln^4 x+4x-4\ln x-k) \\ &=\lim_{x\to 0^+}[\ln x(\ln^3 x-4)+4x-k]=+\infty, \end{aligned}$$

且 $f(x)$在$(0，1)$上严格递减，在$(1，+\infty)$上严格递增，故 $f(x)$在$(0，1)$与$(1，+\infty)$上分别有唯一零点，即曲线有两个交点．

57. 将长为 a 的铁丝切成两段．一段围成正方形，另一段围成圆形，问这两段铁丝各长为多少时，正方形与圆形的面积之和为最小？

解 设圆形的周长为 x，则正方形的周长为 $a-x$，两图形的面积之和为

$$A=\left(\frac{a-x}{4}\right)^2+\pi\left(\frac{x}{2\pi}\right)^2=\frac{4+\pi}{16\pi}x^2-\frac{a}{8}x+\frac{a^2}{16},$$

$$A'=\frac{4+\pi}{8\pi}x-\frac{a}{8},A''=\frac{4+\pi}{8\pi}>0.$$

令 $A'=0$，解得唯一驻点 $x=\frac{\pi a}{4+\pi}$，故当圆的周长 $x=\frac{\pi a}{4+\pi}$，正方形的周长为 $a-x=\frac{4a}{4+\pi}$时，两图形的面积之和为最小．

58. 如图 3-4 所示，A，D 分别是曲线$y=e^x$和$y=e^{-2x}$上的点，AB 和 DC 均垂直于 x 轴，且 $|AB|:|DC|=2:1$，$|AB|<1$，求点 B 和 C 的横坐标，使梯形 $ABCD$ 的面积最大．

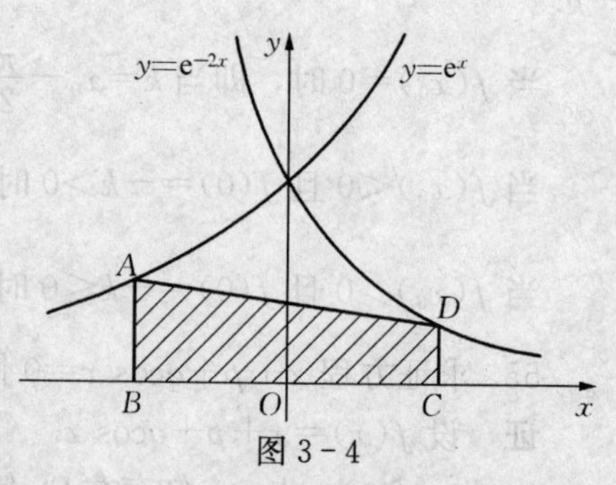

图 3-4

解 设 B，C 的横坐标分别为ξ，η，则

$$|AB|=e^{\xi}，|DC|=e^{-2\eta},$$

于是 $$e^{\xi}:e^{-2\eta}=2:1\Rightarrow\xi=\ln2-2\eta.$$

$$|BC|=\eta-\xi=3\eta-\ln2，\eta>0.$$

梯形 $ABCD$ 的面积

$$S=\frac{1}{2}|BC|(|AB|+|DC|)=\frac{3}{2}(3\eta-\ln2)e^{-2\eta}.$$

$$S'=\frac{3}{2}(3-6\eta+2\ln2)e^{-2\eta},$$

解得驻点 $\eta=\frac{1}{2}+\frac{1}{3}\ln 2$. 在驻点的左、右邻域内 S' 由正变负，驻点为最大值点，故当 $\eta=\frac{1}{2}+\frac{1}{3}\ln 2$，$\xi=\frac{1}{3}\ln 2-1$ 时，梯形面积最大．

59. 函数 $y=x+2\cos x$ 在区间 $\left[0,\ \frac{\pi}{2}\right]$ 上的最大值为________．

解　令 $y'=1-2\sin x=0$，解得驻点 $x=\frac{\pi}{6}$，比较如下函数值：

$$y(0)=2, y\left(\frac{\pi}{6}\right)=\frac{\pi}{6}+\sqrt{3}, y\left(\frac{\pi}{2}\right)=\frac{\pi}{2},$$

得知最大值为 $\frac{\pi}{6}+\sqrt{3}$．

60. 求曲线 $y=\frac{1}{1+x^2}(x>0)$ 的拐点．

解　令 $y''=2\ \frac{3x^2-1}{(1+x^2)^3}=0$，在 $x>0$ 时解得 $x_0=\frac{1}{\sqrt{3}}$. 在此点左右邻域 y'' 变号，故 $\left(\frac{1}{\sqrt{3}},\ \frac{3}{4}\right)$ 是拐点．

61. 曲线 $y=e^{-x^2}$ 的凸区间是________．

解　令 $y''=2(2x^2-1)e^{-x^2}=0$，得 $x=\pm\frac{\sqrt{2}}{2}$，在 $\left(-\frac{\sqrt{2}}{2},\ \frac{\sqrt{2}}{2}\right)$ 内 $y''<0$.

62. 设函数 $f(x)$ 满足关系式 $f''(x)+[f'(x)]^2=x$，且 $f'(0)=0$，则________．

(A) $f(0)$ 是 $f(x)$ 的极大值；

(B) $f(0)$ 是 $f(x)$ 的极小值；

(C) 点 $(0,\ f(0))$ 是曲线 $y=f(x)$ 的拐点；

(D) $f(0)$ 不是 $f(x)$ 的极值，点 $(0,\ f(0))$ 也不是曲线 $y=f(x)$ 的拐点．

解　在题设方程中令 $x=0$，得 $f''(0)=0$.

$$f''(x)=x-[f'(x)]^2=x\left\{1-\frac{[f'(x)]^2}{x}\right\}. \tag{1}$$

由于 $\lim\limits_{x\to 0}\frac{[f'(x)]^2}{x}=\lim\limits_{x\to 0}\left[\frac{f'(x)-f'(0)}{x-0}\right]^2\cdot x=0$，因此在 $x=0$ 充分小的左右邻域内，由式(1)看出 $f''(x)$ 变号(注意花括号中的值为正)．故选(C)．

63. 曲线 $y=(x-1)^2(x-3)^2$ 的拐点个数为________．

(A) 0；　　(B) 1；　　(C) 2；　　(D) 3.

解法一　求 y'，y''. 令 $y''=0$，解得 $x_{1,2}=2\pm\frac{\sqrt{3}}{3}$. 然后可判断在这两点的左、右邻域内，$y''$ 都变号，故有两个拐点．请读者详细计算．

解法二　首先，y 是 4 次多项式，其曲线最多拐 3 个“弯儿”，因此拐点最多有两个．其次，$x=1$，$x=3$ 是极小点，在两点之间必有唯一的极大点，设为 x_0. 又 $\lim\limits_{x\to-\infty}y=+\infty$，$\lim\limits_{x\to+\infty}y=+\infty$，$y$ 的大致图形如图 3-5 所示．于是在 $(1,\ x_0)$ 和 $(x_0,\ 3)$ 内各有一个拐点．故选(C)．

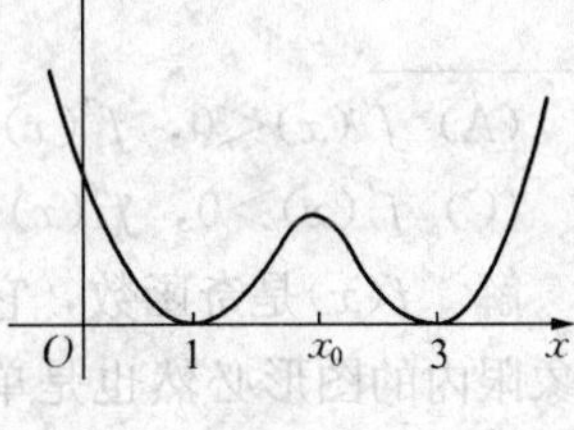

图 3-5

64. 设 $f'(x_0)=f''(x_0)=0$，$f'''(x_0)>0$，则下列选项正确的是______.

(A) $f'(x_0)$是 $f'(x)$的极大值；　　(B) $f(x_0)$是 $f(x)$的极大值；

(C) $f(x_0)$是 $f(x)$的极小值；　　(D) $(x_0, f(x_0))$是曲线 $y=f(x)$的拐点.

解　由三阶导数的定义，

$$f'''(x_0)=\lim_{x\to x_0}\frac{f''(x)-f''(x_0)}{x-x_0}=\lim_{x\to x_0}\frac{f''(x)}{x-x_0}>0.$$

因而当 $|x-x_0|$ 充分小时，$f''(x)$与 $x-x_0$ 同号，亦即在 x_0 两侧邻近异号，于是$(x_0, f(x_0))$是曲线 $y=f(x)$的拐点，(D)正确.

65. 设 $f(x)=|x(1-x)|$，则______.

(A) $x=0$ 是 $f(x)$的极值点，但$(0, 0)$不是曲线 $y=f(x)$的拐点；

(B) $x=0$ 不是 $f(x)$的极值点，但$(0, 0)$是曲线 $y=f(x)$的拐点；

(C) $x=0$ 是 $f(x)$的极值点，$(0, 0)$也是曲线 $y=f(x)$的拐点；

(D) $x=0$ 不是 $f(x)$的极值点，$(0, 0)$也不是曲线 $y=f(x)$的拐点.

解　由 $f(0)=0$ 及 $x\neq 0$ 且 $|x|$ 充分小时，$f(x)>0$，知 $x=0$ 是 $f(x)$的极小值点.

$x<0$ 且 $|x|$ 充分小时，$f(x)=-x(1-x)=x^2-x$，$f'(x)=2x-1$，$f''(x)=2>0$，故曲线 $y=f(x)$在 $x=0$ 的左侧邻域内是凹的；

$x>0$ 且 $|x|$ 充分小时，$f(x)=x-x^2$，$f'(x)=1-2x$，$f''(x)=-2<0$，故曲线 $y=f(x)$在 $x=0$ 的右侧邻域内是凸的，即$(0, 0)$是拐点. 故选(C).

66. 设函数 $y(x)$由参数方程$\begin{cases}x=t^3+3t+1,\\ y=t^3-3t+1\end{cases}$确定，则曲线 $y=g(x)$凸的 x 的取值范围为______.

解　$$\frac{dy}{dx}=\frac{\frac{dy}{dt}}{\frac{dx}{dt}}=\frac{3t^2-3}{3t^2+3}=\frac{t^2-1}{t^2+1},$$

$$\frac{d^2y}{d^2x}=\frac{d}{dx}\left(\frac{dy}{dx}\right)=\frac{d}{dt}\left(\frac{dy}{dx}\right)\cdot\frac{1}{\frac{dx}{dt}}=\frac{4t}{3(t^2+1)^3}.$$

令$\frac{d^2y}{d^2x}<0$，即$\frac{4t}{3(t^2+1)^3}<0$，解得 $t<0$.

由于 $x=t^3+3t+1$，$\frac{dx}{dt}=3t^2+3>0$，所以 $x=x(t)$是 t 的严格增函数，而 $x(0)=1$，所以 $t<0$等价于 $x<1$($t\leqslant 0$ 等价于 $x\leqslant 1$)，所以 $y(x)$凸的 x 的取值范围为$(-\infty, 1)$或$(-\infty, 1]$.

67. 若 $f(x)=-f(-x)$，在$(0, +\infty)$内 $f'(x)>0$，$f''(x)>0$，则 $f(x)$在$(-\infty, 0)$内为______.

(A) $f'(x)<0$，$f''(x)<0$；　　(B) $f'(x)<0$，$f''(x)>0$；

(C) $f'(x)>0$，$f''(x)<0$；　　(D) $f'(x)>0$，$f''(x)>0$.

解　$f(x)$是奇函数，它在第一象限内的图形是单调增加且为凹(例如 $y=x^3$)，则它在第三象限内的图形必然也是单调增加(与 $f'(x)>0$ 对应)，且为凸(与 $f''(x)<0$ 对应). 故选(C).

68. 设函数 $f(x)$在定义域内可导，$y=f(x)$的图形如图 3－6 所示，则导函数 $y=f'(x)$的图形为________.

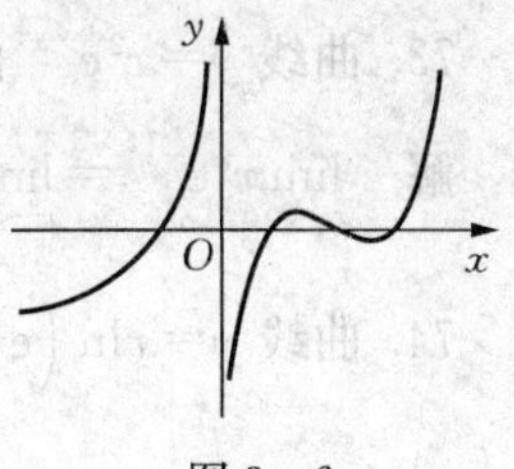

图 3－6

解 使用排错法．因为 $f(x)$在 y 轴左侧的图形是单调增加的，则 $f'(x)\geqslant 0$，由此知(A)和(C)错．因为 $f(x)$在 y 轴右侧至极大点左侧的图形也是单调增加的，则$f'(x)\geqslant 0$，由此知(B)错，故选(D).

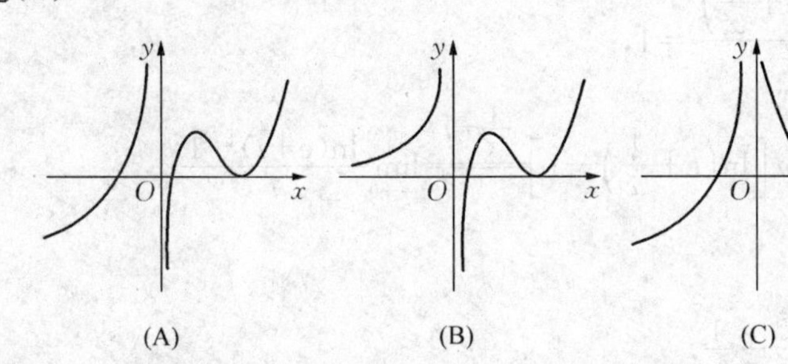

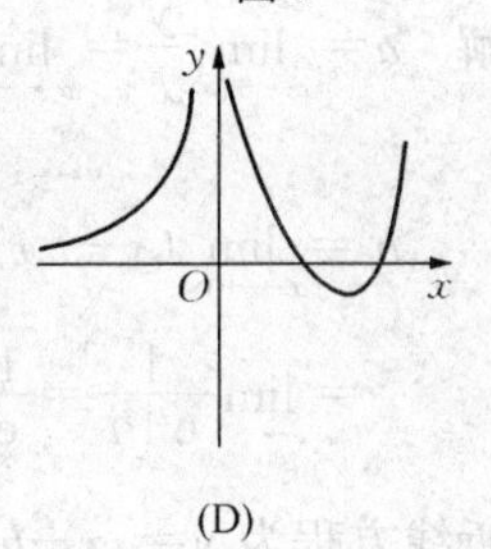

图 3－7

69. 已知函数 $f(x)$在区间$(1-\delta,\ 1+\delta)$内具有二阶导数，$f'(x)$严格单调减少，且 $f(1)=f'(1)=1$，则________.

(A) 在$(1-\delta,\ 1)$和$(1,\ 1+\delta)$内均有 $f(x)<x$；

(B) 在$(1-\delta,\ 1)$和$(1,\ 1+\delta)$内均有 $f(x)>x$；

(C) 在$(1-\delta,\ 1)$内，$f(x)<x$，在$(1,\ 1+\delta)$内，$f(x)>x$；

(D) 在$(1-\delta,\ 1)$内，$f(x)>x$，在$(1,\ 1+\delta)$内，$f(x)<x$.

解 当 $x<1$ 时，$f'(x)>f'(1)=1\Rightarrow\int_x^1 f'(x)\mathrm{d}x>\int_x^1\mathrm{d}x\Rightarrow f(x)<x$.

当 $x>1$ 时，$f'(x)<f'(1)=1\Rightarrow\int_1^x f'(x)\mathrm{d}x<\int_1^x\mathrm{d}x\Rightarrow f(x)<x$. 故选(A).

70. 当 $x>0$ 时，曲线 $y=x\sin\dfrac{1}{x}$________.

(A) 有且仅有水平渐近线；　　(B) 有且仅有铅直渐近线；

(C) 既有水平渐近线，也有铅直渐近线；　　(D) 既无水平渐近线，也无铅直渐近线．

解 因$\lim\limits_{x\to 0}x\sin\dfrac{1}{x}=0$，$\lim\limits_{x\to+\infty}x\sin\dfrac{1}{x}=1$，所以选(A).

71. 曲线 $y=\dfrac{1+\mathrm{e}^{-x^2}}{1-\mathrm{e}^{-x^2}}$________.

(A) 没有渐近线；　　(B) 仅有水平渐近线；

(C) 仅有铅直渐近线；　　(D) 既有水平渐近线又有铅直渐近线．

解 因为$\lim\limits_{x\to\infty}\dfrac{1+\mathrm{e}^{-x^2}}{1-\mathrm{e}^{-x^2}}=1$，$\lim\limits_{x\to 0}\dfrac{1+\mathrm{e}^{-x^2}}{1-\mathrm{e}^{-x^2}}=+\infty$，所以选(D).

72. 曲线 $y=\mathrm{e}^{\frac{1}{x^2}}\arctan\dfrac{x^2+x+1}{(x-1)(x+2)}$的渐近线有________.

(A) 1 条；　　(B) 2 条；　　(C) 3 条；　　(D) 4 条．

解 因为$\lim\limits_{x\to\infty}y=\dfrac{\pi}{4}$，$\lim\limits_{x\to 0}y=\infty$，所以有渐近线 $y=\dfrac{\pi}{4}$，$x=0$. 故选(B).

73. 曲线 $y=x^2\mathrm{e}^{-x^2}$ 的渐近线方程为________.

解 $\lim\limits_{x\to\infty}x^2\mathrm{e}^{-x^2}=\lim\limits_{x\to\infty}\dfrac{x^2}{\mathrm{e}^{x^2}}=\lim\limits_{x\to\infty}\dfrac{2x}{2x\mathrm{e}^{x^2}}=0$，故渐近线方程 $y=0$.

74. 曲线 $y=x\ln\left(\mathrm{e}+\dfrac{1}{x}\right)(x>0)$ 的渐近线方程为________.

解 $a=\lim\limits_{x\to+\infty}\dfrac{y}{x}=\lim\limits_{x\to+\infty}\dfrac{x\ln\left(\mathrm{e}+\dfrac{1}{x}\right)}{x}=1$，

$$b=\lim_{x\to+\infty}(y-ax)=\lim_{x\to+\infty}x\left[\ln\left(\mathrm{e}+\frac{1}{x}\right)-1\right]\xlongequal{\frac{1}{x}=t}\lim_{t\to+0}\frac{\ln(\mathrm{e}+t)-1}{t}$$

$$=\lim_{t\to+0}\frac{1}{\mathrm{e}+t}=\frac{1}{\mathrm{e}},$$

故渐近线方程为 $y=ax+b$，即 $y=x+\dfrac{1}{\mathrm{e}}$.

75. 曲线 $y=(2x-1)\mathrm{e}^{\frac{1}{x}}$ 的斜渐近线方程为________.

解 $a=\lim\limits_{x\to\infty}\dfrac{y}{x}=\lim\limits_{x\to\infty}\dfrac{(2x-1)\mathrm{e}^{\frac{1}{x}}}{x}=\lim\limits_{x\to\infty}\left(2-\dfrac{1}{x}\right)\mathrm{e}^{\frac{1}{x}}=2$，

$$b=\lim_{x\to\infty}(y-ax)=\lim_{x\to\infty}\left[(2x-1)\mathrm{e}^{\frac{1}{x}}-2x\right]=\lim_{x\to\infty}\left[2x(\mathrm{e}^{\frac{1}{x}}-1)-\mathrm{e}^{\frac{1}{x}}\right]$$

$$=\lim_{x\to\infty}2x\cdot\frac{1}{x}-\lim_{x\to\infty}\mathrm{e}^{\frac{1}{x}}=1,\quad\left[\text{注：}\mathrm{e}^{\frac{1}{x}}-1\sim\frac{1}{x}.\right]$$

故斜渐近线方程为 $y=ax+b$，即 $y=2x+1$.

76. 曲线 $y=x\mathrm{e}^{\frac{1}{x^2}}$ ________.

(A) 仅有水平渐近线；
(B) 仅有铅直渐近线；
(C) 既有铅直又有水平渐近线；
(D) 既有铅直又有斜渐近线.

解 $\lim\limits_{x\to0}x\mathrm{e}^{\frac{1}{x^2}}=\lim\limits_{x\to0}\dfrac{\mathrm{e}^{\frac{1}{x^2}}}{\dfrac{1}{x}}=\lim\limits_{x\to0}\dfrac{-\dfrac{2}{x^3}\mathrm{e}^{\frac{1}{x^2}}}{-\dfrac{1}{x^2}}=\lim\limits_{x\to0}\dfrac{2\mathrm{e}^{\frac{1}{x^2}}}{x}=\infty$，

除 $x=0$ 外，$x\mathrm{e}^{\frac{1}{x^2}}$ 处处连续，所以曲线 y 有一条铅直渐近线 $x=0$.

$\lim\limits_{x\to\infty}x\mathrm{e}^{\frac{1}{x^2}}=\lim\limits_{x\to\infty}\dfrac{\mathrm{e}^{\frac{1}{x^2}}}{\dfrac{1}{x}}=\infty$，所以 y 无水平渐近线.

$\lim\limits_{x\to\infty}\dfrac{y}{x}=\lim\limits_{x\to\infty}\mathrm{e}^{\frac{1}{x^2}}=1$，

$$\lim_{x\to\infty}(y-x)=\lim_{x\to\infty}(x\mathrm{e}^{\frac{1}{x^2}}-x)=\lim_{x\to\infty}x(\mathrm{e}^{\frac{1}{x^2}}-1)$$

$$=\lim_{x\to\infty}\frac{\mathrm{e}^{\frac{1}{x^2}}-1}{\dfrac{1}{x}}=\lim_{x\to\infty}\frac{-\dfrac{2}{x^3}\mathrm{e}^{\frac{1}{x^2}}}{-\dfrac{1}{x^2}}=\lim_{x\to\infty}\frac{2\mathrm{e}^{\frac{1}{x^2}}}{x}=0,$$

所以曲线 y 有斜渐近线 $y=x$. 故选(D).

77. 求曲线 $y=e^{\frac{1}{x^2}}\arctan\frac{x^2+x-1}{(x+1)(x-2)}$ 的渐近线.

解　y 的定义域为 $(-\infty, -1)\cup(-1, 0)\cup(0, 2)\cup(2, +\infty)$. 因 x 趋向于 -1 和 2 时，y 的极限为有限数，不可能有渐近线. 只有 x 趋近于 0，y 趋向无穷，才可能有渐近线.

因 $$\lim_{x\to\pm\infty}y=\lim_{x\to\pm\infty}e^{\frac{1}{x^2}}\arctan\frac{x^2+x-1}{(x+1)(x-2)}=1\cdot\arctan1=1\times\frac{\pi}{4}=\frac{\pi}{4},$$

故 $y=\frac{\pi}{4}$ 为其一条水平渐近线.

因 $\lim\limits_{x\to0}y=\lim\limits_{x\to0}e^{\frac{1}{x^2}}\arctan\frac{x^2+2-1}{(x+1)(x-2)}=\infty$，故 $x=0$ 为其一条铅直渐近线.

78. 曲线 $y=\frac{(1+x)^{\frac{3}{2}}}{\sqrt{x}}$ 的斜渐近线方程为________.

解　$$a=\lim_{x\to+\infty}\frac{y}{x}=\lim_{x\to+\infty}\frac{(1+x)^{\frac{3}{2}}}{x\sqrt{x}}=\lim_{x\to+\infty}\left(1+\frac{1}{x}\right)^{\frac{3}{2}}=1,$$

$$b=\lim_{x\to+\infty}(y-ax)=\lim_{x\to+\infty}\left[\frac{(1+x)^{\frac{3}{2}}}{\sqrt{x}}-x\right]$$

$$=\lim_{x\to+\infty}x\left[\left(1+\frac{1}{x}\right)^{\frac{3}{2}}-1\right]=\lim_{x\to+\infty}x\cdot\frac{3}{2}\cdot\frac{1}{x}=\frac{3}{2},$$

故所求的斜渐近线为 $y=x+\frac{3}{2}$.

79. 设 $y=\frac{x^3+4}{x^2}$，求：

(1) 函数的增减区间及极值；　　(2) 函数图像的凹凸区间及拐点；

(3) 渐近线；　　(4) 作出其图形.

解　定义域 $(-\infty, 0)\cup(0, +\infty)$. 当 $x=-\sqrt[3]{4}$ 时，$y=0$.

(1) $y'=1-\frac{8}{x^3}$，故驻点为 $x=2$，不可导点为 $x=0$.

x	$(-\infty, 0)$	$(0, 2)$	2	$(2, +\infty)$
y'	+	−	0	+
y	↗	↘	3	↗

所以，$(-\infty, 0)$ 及 $(2, +\infty)$ 为增区间，$(0, 2)$ 为减区间，$x=2$ 为极小点，极小值为 $y=3$.

(2) $y''=\frac{24}{x^4}>0$，故 $(-\infty, 0)$，$(0, +\infty)$ 均为凹区间，无拐点.

(3) 因 $\lim\limits_{x\to0}\frac{x^3+4}{x^2}=+\infty$,

$$\lim_{x\to\infty}\frac{y}{x}=\lim_{x\to\infty}\frac{x^3+4}{x^3}=1=a,$$

$$\lim_{x\to\infty}(y-ax)=\lim_{x\to\infty}\left(\frac{x^3+4}{x^2}-x\right)=0=b,$$

所以 $x=0$ 为垂直渐近线，$y=x$ 为斜渐近线．

(4) 所画函数图形如图 3-8 所示．

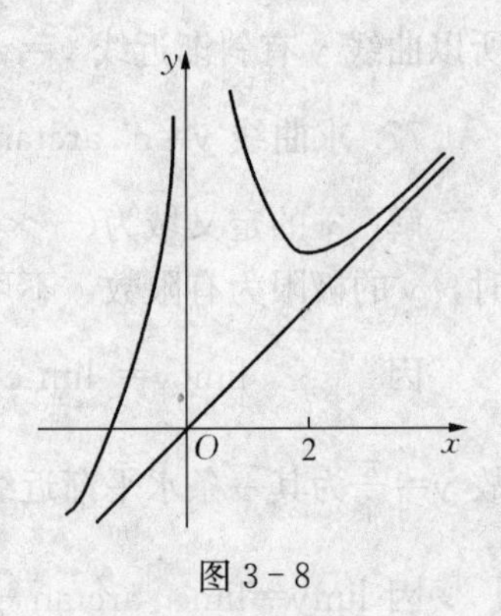

图 3-8

80. 假设某产品总成本函数为

$$C(x)=400+3x+\frac{1}{2}x^2,$$

而需求函数为 $P=\frac{100}{\sqrt{x}}$，其中 x 为产量(假定等于需求量)，P 为价格，试求：

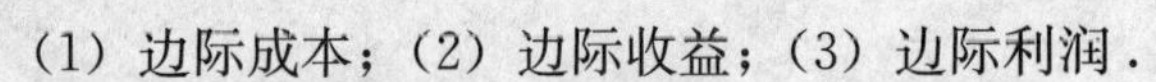

(1) 边际成本；(2) 边际收益；(3) 边际利润．

解 根据上述三个经济概念的定义，得

(1) 边际成本为 $C'(x)=3+x$；

(2) 边际收益为 $R'(x)=[xP(x)]'=(100\sqrt{x})'=\frac{50}{\sqrt{x}}$；

(3) 边际利润为 $L'(x)=[R(x)-C(x)]'=\frac{50}{\sqrt{x}}-3-x$.

81. 设需求函数 $Q=\frac{1}{e}(d-P)$，其中 Q 为需求量(即产量)，P 为单价，d、e 为正常数，求：(1) 需求对价格的弹性；(2) 需求对价格弹性的绝对值为 1 时的产量．

解 (1) $\frac{\mathrm{d}Q}{\mathrm{d}P}=-\frac{1}{e}$，故需求对价格的弹性为

$$\eta=-\frac{P}{Q}\cdot\frac{\mathrm{d}Q}{\mathrm{d}P}=-\frac{d-eQ}{Q}\left(-\frac{1}{e}\right)=\frac{d-eQ}{eQ}.$$

(2) 由 $|\eta|=1$，得 $\left|\frac{d-eQ}{eQ}\right|=1$，因 $Q>0$，故 $eQ>0$，

又价格 $P=d-eQ>0$，从而 $\left|\frac{d-eQ}{eQ}\right|=\frac{d-eQ}{eQ}=1$，解之得 $Q=\frac{d}{2e}$.

82. 设某产品的需求函数为 $Q=Q(P)$，收益函数为 $R=PQ$，其中 P 为产品价格，Q 为需求量(产品的产量)，$Q(P)$ 为单调减少函数．如果当价格为 P_0，对应产量为 Q_0 时，边际收益 $\left.\frac{\mathrm{d}R}{\mathrm{d}Q}\right|_{Q=Q_0}=a>0$，收益对价格的边际效应为 $\left.\frac{\mathrm{d}R}{\mathrm{d}P}\right|_{P=P_0}=c<0$，需求对价格的弹性 $E_P=b>1$，求 P_0 与 Q_0.

解 按需求对价格的弹性定义，分别将 $\frac{\mathrm{d}R}{\mathrm{d}Q}$，$\frac{\mathrm{d}R}{\mathrm{d}P}$ 表示成 $E_P=-\frac{P}{Q}\cdot\frac{\mathrm{d}Q}{\mathrm{d}P}$ 的函数，得

$$\frac{\mathrm{d}R}{\mathrm{d}Q}=\frac{\mathrm{d}(PQ)}{\mathrm{d}Q}=P+Q\frac{\mathrm{d}P}{\mathrm{d}Q}=P\left[\frac{P}{-\frac{P}{Q}\frac{\mathrm{d}Q}{\mathrm{d}P}}\right]=P\left(1-\frac{1}{E_P}\right)=P\left(1-\frac{1}{b}\right),$$

$$\left.\frac{\mathrm{d}R}{\mathrm{d}Q}\right|_{Q=Q_0}=P\left(1-\frac{1}{b}\right)\Big|_{Q=Q_0}=P_0\left(1-\frac{1}{b}\right)=a,$$

故
$$P_0=\frac{ab}{b-1}.$$

又
$$\frac{\mathrm{d}R}{\mathrm{d}P}=Q+P\frac{\mathrm{d}Q}{\mathrm{d}P}=Q-\frac{P}{Q}\frac{\mathrm{d}Q}{\mathrm{d}P}(-Q)=Q(1-E_P)=Q(1-b),$$

$$\left.\frac{\mathrm{d}R}{\mathrm{d}P}\right|_{P=P_0}=Q(1-b)\mid_{P=P_0}=Q_0(1-b)=c,$$

所以
$$Q_0=\frac{c}{1-b}.$$

83. 设某产品的成本函数为 $C=aQ^2+bQ+c$，需求函数为 $Q=\frac{d-P}{e}$，其中 C 为成本，Q 为需求量(即产量)，P 为单价；a，b，c，d，e 都是正的常数，且 $d>b$，求利润最大时的产量及最大利润．

解　由需求函数得 $P=d-eQ$，因而收益函数为

$$R(Q)=Q\cdot P=Q(d-eQ),$$

利润函数为

$$L(Q)=R(Q)-C(Q)=(d-b)Q-(e+a)Q^2-C.$$

令 $L'(Q)=(d-b)-2(e+a)Q=0$，得唯一驻点 $Q_0=\frac{d-b}{2(e+a)}$，

因 $L''(Q)=-2(e+a)<0$，故当 $Q=Q_0=\frac{d-b}{2(e+a)}$时，利润最大，其值为

$$L(Q_0)=\frac{(d-b)^2}{4(e+a)}-C.$$

84. 已知某厂生产 x 件产品的成本为 $C=25000+200x+\frac{x^2}{40}$(元)，问若产品每件 500 元售出，要使利润最大，应生产多少件产品？

解　收益函数 $R(x)=500x$，从而利润函数为

$$L(x)=500x-\left(25000+200x+\frac{x^2}{40}\right).$$

由 $L'(x)=0$，得唯一驻点 $x=6000$，因 $L''(6000)=-\frac{1}{20}<0$，故应生产 6 000 件产品，利润最大．

85. 假设某种商品的需求量 Q 是单价 P(单位：元)的函数：$Q=12000-80P$；商品的总成本 C 是需求量 Q 的函数：$C=25000+50Q$；每单位商品需纳税 2 元，试求使销售利润最大的商品单价和最大利润额．

解　以 L 表示销售利润额，由 $Q=12000-80P$，得

$$\begin{aligned}L&=(12000-80P)(P-2)-(25000+50Q)\\&=-80P^2+16160P-649000,\\L'(P)&=-160P+16160.\end{aligned}$$

令 $L'(P)=0$，得到 $P=101$. 又因 $L''(P)\mid_{P=101}=-160<0$，故 $P=101$ 时，$L(P)$有极大值，即有最大值(因 $P=100$ 是唯一驻点)，且最大利润额为 $L(P)\mid_{P=101}=167080$(元).

86. 设某种商品的单价为 P 时，售出的商品数量 Q 可表示成 $Q=\frac{a}{P+b}-c$，其中，a，b，c 均为正数，且 $a>bc$.

(1) 求 P 在何范围变化时，使相应销售额增加或减少？

(2) 要使销售额最大，P 应取何值？最大销售额是多少？

解 (1) 设售出商品的销售额为 R，则

$$R(P)=PQ=P\left(\frac{a}{P+b}-c\right),R'(P)=\frac{ab-c(P+b)^2}{(P+b)^2}.$$

令 $R'=0$，得 $P_0=\sqrt{\frac{ab}{c}}-b=\sqrt{\frac{b}{c}}(\sqrt{a}-\sqrt{bc})$，由题设 $a>bc$，知 $P_0>0$.

当 $0<P<\sqrt{\frac{b}{c}}(\sqrt{a}-\sqrt{bc})$时，有 $R'>0$，相应的销售额随单价 P 的增加而增加.

当 $P>\sqrt{\frac{b}{c}}(\sqrt{a}-\sqrt{bc})$时，有 $R'<0$，相应的销售额随单价 P 的增加而减少.

(2) 由(1)可知，P_0 为销售额 R 的极大值点，又驻点 P_0 唯一，即为最大值点，因而销售额 R 在 P_0 处取得最大值，最大销售额为

$$R(P_0)=\left(\sqrt{\frac{ab}{c}}-b\right)\left[\left(\frac{a}{\sqrt{\frac{ab}{c}}}\right)-c\right]=(\sqrt{a}-\sqrt{bc})^2.$$

87. 设某厂家打算生产一批商品投放市场，已知该商品的需求函数为 $P=P(x)=10e^{-x/2}$，且最大需求量为 6，其中 x 表示需求量，P 表示价格.

(1) 求该商品的收益函数和边际收益函数；

(2) 求使收益最大时的产量、最大收益和相应的价格；

(3) 画出收益函数的图形.

解 (1) 收益函数为 $R(x)=Px=10xe^{-x/2}(0\leqslant x\leqslant 6)$，边际收益函数为 $R'(x)=5(2-x)e^{-x/2}$.

(2) 令 $R'(x)=0$，得唯一驻点 $x=2$；又

$$R''(x)\big|_{x=2}=5e^{-x/2}\cdot\frac{x-4}{2}\bigg|_{x=2}<0,$$

故 $x=2$ 为极大值点，又驻点唯一，亦为最大值点，最大收益为 $R(2)=20e^{-1}$，相应价格为 $P=10e^{-x/2}\big|_{x=2}=10e^{-1}$.

(3) 因 $R(x)$的定义域为有限区间 $0\leqslant x\leqslant 6$，故无渐近线，只需在［0，6］内求出 $R(x)$ 的增减性及凹凸性即可，列表如下：

x	(0，2)	2	(2，4)	4	(4，6)
$R'(x)$	+	0	−	−	−
$R''(x)$	−	−	−	0	+
$R(x)$	↗∩	$20e^{-1}$	↘∩	$40e^{-2}$	↘∪

极大值点即最大值点为 $A(2，20e^{-1})$，拐点为 $B(4，40e^{-2})$，描出点 A 和点 B，然后按上表连线得到如图 3-9 所示的图形.

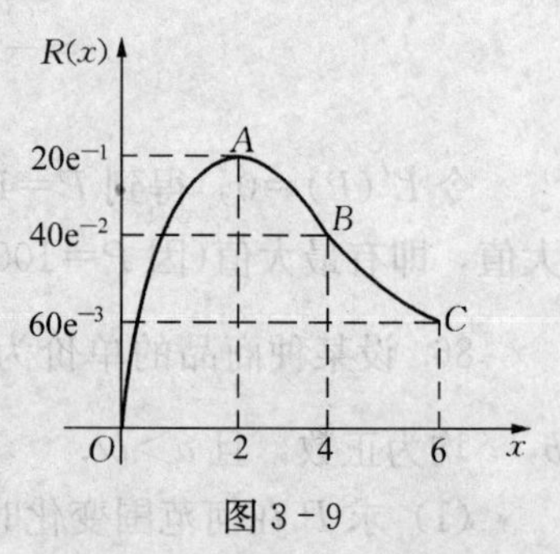

图 3-9

88. 已知某厂生产 x 件产品的成本为

$$C(x)=25000+200x+\frac{1}{40}x^2,$$

问若使平均成本最小，应生产多少件产品?

解 由 $C(x)$得到平均成本为 $\overline{C}(x)=\frac{C(x)}{x}=\frac{25000}{x}+$

$200+\frac{x}{40}$. 由 $\overline{C}'(x)=0$，得 $x_1=1000$，$x_2=-1000$（舍去），因 $\overline{C}''(x)\mid_{x=1000}=5\times10^{-6}>0$，故当 $x=1000$ 时，$\overline{C}(x)$ 取极小值，即最小值．因此要使平均成本最小，应生产 1 000 件产品．

89. 某商品进价为 a（元/件），根据以往经验，当销售价为 b（元/件）时，销售量为 c 件 $\left(a, b, c\text{ 均为正常数，且 } b\geqslant\frac{4}{3}a\right)$，市场调查表明，销售价每下降 10%，销售量可增加 40%，现决定一次性降价．试问，当销售价定为多少时，可获得最大利润？并求出最大利润．

解　设 P 表示降价后的销售价，x 为增加的销售量，$L(x)$ 为总利润，则

$$\frac{x}{b-P}=\frac{0.4c}{0.1b}, P=b-\frac{b}{4c}x,$$

从而

$$L(x)=\left(b-\frac{b}{4c}x-a\right)(c+x).$$

令 $L'(x)=-\frac{b}{2c}x+\frac{3}{4}b-a=0$，得唯一驻点 $x_0=\frac{(3b-4a)c}{2b}$.

由 $L''(x_0)=-\frac{b}{2c}<0$ 知，x_0 为极大值点，也是最大值点，故定价为

$$P=b-\left(\frac{3}{8}b-\frac{1}{2}a\right)=\left(\frac{5}{8}b+\frac{1}{2}a\right)(\text{元})$$

时，利润最大，最大利润为

$$L(x_0)=\frac{c}{16b}(5b-4a)^2(\text{元}).$$

90. 设某商品需求量 Q 是价格 P 的单调减函数：$Q=Q(P)$，其需求弹性 $\eta=\frac{2P^2}{192-P^2}>0$.

(1) 设 R 为总收益函数，证明 $\frac{\mathrm{d}R}{\mathrm{d}P}=Q(1-\eta)$.

(2) 求 $P=6$ 时，总收益对价格的弹性，并说明其经济意义．

解　(1) 收益函数 $R(P)=PQ(P)$，两边对 P 求导，得

$$\frac{\mathrm{d}R}{\mathrm{d}P}=Q+P\frac{\mathrm{d}Q}{\mathrm{d}P}=Q\left(1+\frac{P}{Q}\frac{\mathrm{d}Q}{\mathrm{d}P}\right)=Q(1-\eta).$$

(2) $\frac{ER}{EP}=\frac{P}{R}\frac{\mathrm{d}R}{\mathrm{d}P}=\frac{P}{PQ}Q(1-\eta)=1-\eta=1-\frac{2P^2}{192-P^2}=\frac{192-3P^2}{192-P^2}$,

$$\left.\frac{ER}{EP}\right|_{P=6}=\frac{192-3\times6^2}{192-6^2}=\frac{7}{13}\approx0.54,$$

其经济意义是：当 $P=6$ 时，若价格上涨 1%，则总收益将增加 0.54%.

91. 设某商品的需求函数为 $Q=100-5P$，其中价格 $P\in(0, 20)$，Q 为需求量．

(1) 求需求量对价格的弹性 $E_d(E_d>0)$；

(2) 推导 $\frac{\mathrm{d}R}{\mathrm{d}P}=Q(1-E_d)$（其中 R 为收益），并用弹性 E_d 说明价格在何范围内变化时，降低价格反而收益增加．

解　(1) $E_d=\left|\frac{P}{Q}\frac{\mathrm{d}Q}{\mathrm{d}P}\right|=\left|\frac{P}{100-5P}(-5)\right|=\frac{P}{20-P}$.

(2) 由 $R=PQ$，得

$$\frac{\mathrm{d}R}{\mathrm{d}P}=Q+P\frac{\mathrm{d}Q}{\mathrm{d}P}=Q\left(1+\frac{P}{Q}\frac{\mathrm{d}Q}{\mathrm{d}P}\right)=Q(1-E_d).$$

又由 $E_d=\frac{P}{20-P}=1$，得 $P=10$.

当 $10<P<20$ 时，$E_d>1$，于是 $\frac{\mathrm{d}R}{\mathrm{d}P}<0$，故当 $10<P<20$ 时，**降低价格反而使收益增加**.

第四章 不定积分

内容提要

一、原函数与不定积分

1. 原函数

定义 设 $f(x)$是定义在某一区间 I 上的函数，如果在该区间上存在函数 $F(x)$，使对任一 $x\in I$ 都有

$$F'(x)=f(x) \text{ 或 } \mathrm{d}F(x)=f(x)\mathrm{d}x,$$

则称函数 $F(x)$为 $f(x)$在区间 I 上的原函数.

定理 1(原函数存在定理) 如果函数 $f(x)$在区间 I 上连续，那么在区间 I 上存在可导函数$F(x)$，使对任一 $x\in I$ 都有

$$F'(x)=f(x).$$

定理 2 如果 $F(x)$是函数 $f(x)$的一个原函数，则 $f(x)$的全体原函数为形如 $F(x)+C$ (C 为任意常数)的函数所组成.

2. 不定积分

定义 在区间 I 上，如果函数 $F(x)$是 $f(x)$的一个原函数，那么 $f(x)$的全体原函数 $F(x)+C$ 称为 $f(x)$在区间 I 上的不定积分，并用记号 $\int f(x)\mathrm{d}x$ 表示，即

$$\int f(x)\mathrm{d}x=F(x)+C.$$

二、不定积分的性质

性质 1 不定积分与导数(或微分)是互逆运算，即

$$\left(\int f(x)\mathrm{d}x\right)'=f(x) \text{ 或 } \mathrm{d}\int f(x)\mathrm{d}x=f(x)\mathrm{d}x,$$

$$\int f'(x)\mathrm{d}x=f(x)+C \text{ 或} \int \mathrm{d}f(x)=f(x)+C.$$

性质 2 被积函数中不为零的常数因子可以提到积分号外，即

$$\int kf(x)\mathrm{d}x=k\int f(x)\mathrm{d}x(k\neq 0).$$

性质 3 有限个函数的代数和的不定积分，等于各个函数的不定积分的代数和，即

$$\int[f_1(x)\pm f_2(x)\pm\cdots\pm f_n(x)]\mathrm{d}x=\int f_1(x)\mathrm{d}x\pm\int f_2(x)\mathrm{d}x\pm\cdots\pm\int f_n(x)\mathrm{d}x.$$

三、积分方法

1. 第一换元积分法(凑微分法)

定理 如果 $f(u)$ 有原函数 $F(u)$，$u=\varphi(x)$ 具有连续的导函数，那么 $F[\varphi(x)]$ 是 $f[\varphi(x)]\varphi'(x)$ 的原函数，即

$$\int f[\varphi(x)]\varphi'(x)\mathrm{d}x=F[\varphi(x)]+C=\left[\int f(u)\mathrm{d}u\right]_{u=\varphi(x)}.$$

2. 第二换元积分法

定理 设 $x=\varphi(t)$ 是单调可导函数，且 $\varphi'(t)\neq 0$. 如果 $f[\varphi(t)]\varphi'(t)$ 有原函数 $\Phi(t)$，即 $\int f[\varphi(t)]\varphi'(t)\mathrm{d}t=\Phi(t)+C$，则

$$\int f(x)\mathrm{d}x=\left\{\int f[\varphi(t)]\varphi'(t)\mathrm{d}t\right\}_{t=\psi(x)}=\Phi[\psi(x)]+C,$$

其中 $t=\psi(x)$ 是 $x=\varphi(t)$ 的反函数.

(1) 三角函数代换法：如果被积函数含有 $\sqrt{a^2-x^2}$，作代换 $x=a\sin t$ 或 $x=a\cos t$；如果被积函数含有 $\sqrt{x^2+a^2}$，作代换 $x=a\tan t$；如果被积函数含有 $\sqrt{x^2-a^2}$，作代换 $x=a\sec t$，上述三种代换，称为三角代换. 利用三角代换，可以把根式积分化为三角有理式积分.

(2) 倒代换：即令 $x=\dfrac{1}{t}$.

3. 分部积分法

设函数 $u=u(x)$，$v=v(x)$ 具有连续导数，则

$$\int u\mathrm{d}v=uv-\int v\mathrm{d}u \text{ 或} \int uv'\mathrm{d}x=uv-\int u'v\mathrm{d}x.$$

称为分部积分公式.

用分部积分法求 $\int f(x)\mathrm{d}x$，首先要将它写成 $\int u\mathrm{d}v$ (或 $\int uv'\mathrm{d}x$) 的形式. 能否正确地选择 u 和 v，决定了能否使用分部积分法得到所需的结果.

常见的几类被积函数中，u，$\mathrm{d}v$ 的选择：

① $\int x^n\mathrm{e}^{kx}\mathrm{d}x$，设 $u=x^n$，$\mathrm{d}v=\mathrm{e}^{kx}\mathrm{d}x$；

② $\int x^n\sin(ax+b)\mathrm{d}x$，设 $u=x^n$，$\mathrm{d}v=\sin(ax+b)\mathrm{d}x$；

③ $\int x^n\cos(ax+b)\mathrm{d}x$，设 $u=x^n$，$\mathrm{d}v=\cos(ax+b)\mathrm{d}x$；

④ $\int x^n\ln x\mathrm{d}x$，设 $u=\ln x$，$\mathrm{d}v=x^n\mathrm{d}x$；

⑤ $\int x^n\arcsin(ax+b)\mathrm{d}x$，设 $u=\arcsin(ax+b)$，$\mathrm{d}v=x^n\mathrm{d}x$；

⑥ $\int x^n \arctan(ax+b)\mathrm{d}x$，设 $u=\arctan(ax+b)$，$\mathrm{d}v=x^n\mathrm{d}x$；

⑦ $\int \mathrm{e}^{kx}\sin(ax+b)\mathrm{d}x$ 和 $\int \mathrm{e}^{kx}\cos(ax+b)\mathrm{d}x$，$u$，$\mathrm{d}v$ 随意选择．

4. 有理函数的不定积分

(1) 有理真分式的积分：在实数范围内，任何真分式都可以分解成四类简单分式之和．这四类简单分式及其不定积分如下：

① $\int \frac{A}{x-a}\mathrm{d}x = A\ln|x-a|+C$；

② $\int \frac{A}{(x-a)^m}\mathrm{d}x = -\frac{A}{m-1}\cdot\frac{1}{(x-a)^{m-1}}+C$；

③ $\int \frac{Ax+B}{x^2+px+q}\mathrm{d}x = \frac{A}{2}\ln(x^2+px+q)+\frac{2B-Ap}{\sqrt{4q-p^2}}\arctan\frac{2x+p}{\sqrt{4q-p^2}}+C$；

④ $\int \frac{Ax+B}{(x^2+px+q)^m}\mathrm{d}x = -\frac{A}{2(m-1)}\cdot\frac{1}{(x^2+px+q)^{m-1}}+\left(B-\frac{AP}{2}\right)\int\frac{\mathrm{d}x}{(x^2+px+q)^m}$.

其中 $m=1, 2, \cdots$，而 $p^2-4q<0$，即二次方程 $x^2+px+q=0$ 无实根．

$$I_m=\int\frac{\mathrm{d}x}{(x^2+px+q)^m}=\int\frac{\mathrm{d}u}{(u^2+a^2)^m}\left(u=x+\frac{p}{2},\ a=\frac{\sqrt{4q-p^2}}{2}\right).$$

设有真分式 $R(x)=\frac{P(x)}{Q(x)}$，将 $Q(x)$ 作因式分解．

若分母中有一个因子 $(x-a)^n$，则分解式有对应项

$$\frac{A_1}{x-a}+\frac{A_2}{(x-a)^2}+\cdots+\frac{A_n}{(x-a)^n}.$$

若分母中有一个因子 $(x^2+px+q)^n$ $(p^2-4q<0)$，则分解式对应项

$$\frac{B_1x+C_1}{x^2+px+q}+\cdots+\frac{B_nx+C_n}{(x^2+px+q)^n},$$

其中 $A_1, A_2, \cdots, A_n$；$B_1, B_2, \cdots, B_n$；$C_1, C_2, \cdots, C_n$ 为待定系数．

(2) 三角函数有理式的积分：由三角函数和常数经过有限次四则运算所构成的函数称为**三解函数有理式**．因为所有三角函数都可以表示为 $\sin x$ 和 $\cos x$ 的有理函数，所以，只讨论 $R(\sin x, \cos x)$ 型函数的不定积分．

由三角学知道，$\sin x$ 和 $\cos x$ 都可以用 $\tan\frac{x}{2}$ 的有理式表示，因此，作变量代换 $u=\tan\frac{x}{2}$，则

$$\sin x=2\sin\frac{x}{2}\cos\frac{x}{2}=\frac{2\tan\frac{x}{2}}{\sec^2\frac{x}{2}}=\frac{2\tan\frac{x}{2}}{1+\tan^2\frac{x}{2}}=\frac{2u}{1+u^2},$$

$$\cos x=\cos^2\frac{x}{2}-\sin^2\frac{x}{2}=\frac{1-\tan^2\frac{x}{2}}{1+\tan^2\frac{x}{2}}=\frac{1-u^2}{1+u^2}.$$

又由 $x=2\arctan u$，得 $\mathrm{d}x=\frac{2}{1+u^2}\mathrm{d}u$，于是

$$\int R(\sin x,\ \cos x)\mathrm{d}x=\int R\left(\frac{2u}{1+u^2},\ \frac{1-u^2}{1+u^2}\right)\frac{2}{1+u^2}\mathrm{d}u.$$

范 例 解 析

例 1 若 $\int \mathrm{d}f(x)=\int \mathrm{d}g(x)$，下列等式中哪些成立？

(A) $f(x)=g(x)$；　　(B) $f'(x)=g'(x)$；

(C) $\mathrm{d}f(x)=\mathrm{d}g(x)$；　　(D) $\mathrm{d}\int f'(x)\mathrm{d}x=\mathrm{d}\int g'(x)\mathrm{d}x$.

解 由题设，得 $\int f'(x)\mathrm{d}x=\int g'(x)\mathrm{d}x$，故 $f(x)+C_1=g(x)+C_2\Rightarrow f(x)=g(x)+C$，其中 $C=C_2-C_1$ 为任意常数，所以(B)、(C)、(D)都成立，但(A)不成立.

例 2 已知 $f(x)$的一个原函数为 $\cos x$，$g(x)$的一个原函数为 x^2，下列函数哪些是复合函数$f[g(x)]$的原函数？

(A) x^2；　(B) $\cos^2 x$；　(C) $\cos x^2$；　(D) $\cos x$.

解 先求 $f[g(x)]$. 由题意，得

$$f(x)=(\cos x)'=-\sin x,\ g(x)=(x^2)'=2x,$$

所以 $f[g(x)]=-\sin[g(x)]=-\sin 2x$.

将所给四个函数逐个求导，只有$(\cos^2 x)'=-2\cos x\sin x=-\sin 2x$，所以只有 $\cos^2 x$ 为 $f[g(x)]=-\sin 2x$ 的一个原函数.

例 3 若 $f(x)$的导数为 $\cos x$，试问 $f(x)$的一个原函数是下列函数中的哪一个？

(A) $1+\sin x$；　(B) $1-\sin x$；　(C) $1+\cos x$；　(D) $1-\cos x$.

解法一 由 $f'(x)=\cos x$，得 $f(x)=\int f'(x)\mathrm{d}x=\int \cos x\mathrm{d}x=\sin x+C_1$ (取 $C_1=0$)$\Rightarrow$ $f(x)=\sin x$. 上述四个函数中只有 $1-\cos x$ 的导数为 $\sin x$，故 $f(x)$的一个原函数为 $1-\cos x$. 选(D).

解法二 设 $F'(x)=f(x)$，则 $f'(x)=F''(x)=\cos x$，问题转化为在上述四个函数中找一个 $F(x)$，使 $F''(x)=\cos x$. 经计算，只有$(1-\cos x)''=(\sin x)'=\cos x$，故选(D).

例 4 在下列等式中，正确的是________.

(A) $\int f'(x)\mathrm{d}x=f(x)$；　　(B) $\int \mathrm{d}f(x)=f(x)$；

(C) $\frac{\mathrm{d}}{\mathrm{d}x}\int f(x)\mathrm{d}x=f(x)$；　　(D) $\mathrm{d}\int f(x)\mathrm{d}x=f(x)$.

解 (A)，(B)中左侧为不定积分，右侧均应有积分常数 C，但它们均没有；(D)中左侧为微分，所以右侧应有 $\mathrm{d}x$，但它没有. 故(C)正确.

例 5 若 $\int f(x)\mathrm{d}x=F(x)+C$，求 $\int \mathrm{e}^{-x}f(\mathrm{e}^{-x})\mathrm{d}x$.

解 由题设有 $F'(x)=f(x)$，所以 $F'(\mathrm{e}^{-x})=f(\mathrm{e}^{-x})$，将其代入，得

$$\int \mathrm{e}^{-x}f(\mathrm{e}^{-x})\mathrm{d}x=\int \mathrm{e}^{-x}F'(\mathrm{e}^{-x})\mathrm{d}x=-\int F'(\mathrm{e}^{-x})\mathrm{d}\mathrm{e}^{-x}=-F(\mathrm{e}^{-x})+C.$$

例 6 若 $f'(\sin^2 x)=\cos^2 x$，求 $f(x)$.

解　$f'(\sin^2 x)=\cos^2 x=1-\sin^2 x$. 令 $u=\sin^2 x$，则 $f'(u)=1-u$，故

$$f(u)=\int f'(u)\mathrm{d}u=\int(1-u)\mathrm{d}u=u-\frac{1}{2}u^2+C,$$

故
$$f(x)=x-\frac{1}{2}x^2+C.$$

例 7　求下列不定积分：

(1) $\int\frac{1}{\cos^2 x\sin^2 x}\mathrm{d}x$；　(2) $\int\frac{\mathrm{d}x}{\sin 2x+2\sin x}$；

(3) $\int\frac{\arctan\sqrt{x}}{(1+x)\sqrt{x}}\mathrm{d}x$；　(4) $\int\frac{\mathrm{d}x}{\sqrt{x}(1+x)}$；

(5) $\int x\sqrt[4]{2x+3}\,\mathrm{d}x$；　(6) $\int\frac{\mathrm{d}x}{x\sqrt{x^2-1}}(x>0)$；

(7) $\int\frac{2x-1}{x^2-x+3}\mathrm{d}x$；　(8) $\int\frac{\mathrm{d}x}{x^2\sqrt{1+x^2}}$.

解　(1) 原式 $=\int\frac{\sin^2 x+\cos^2 x}{\sin^2 x\cos^2 x}\mathrm{d}x=\int\frac{1}{\cos^2 x}\mathrm{d}x+\int\frac{1}{\sin^2 x}\mathrm{d}x$

$=\tan x-\cot x+C.$

(2) 原式 $=\int\frac{\mathrm{d}x}{2\sin x(1+\cos x)}=\int\frac{\mathrm{d}x}{8\sin\frac{x}{2}\cos^3\frac{x}{2}}$

$=\int\frac{\sec^2\frac{x}{2}}{4\tan\frac{x}{2}}\mathrm{d}\tan\frac{x}{2}=\frac{1}{4}\int\left(\frac{1}{\tan\frac{x}{2}}+\tan\frac{x}{2}\right)\mathrm{d}\tan\frac{x}{2}$

$=\frac{1}{4}\left(\ln\left|\tan\frac{x}{2}\right|+\frac{1}{2}\tan^2\frac{x}{2}\right)+C.$

(3) 原式 $=2\int\frac{\arctan\sqrt{x}}{1+x}\mathrm{d}\sqrt{x}=2\int\arctan\sqrt{x}\,\mathrm{d}\arctan\sqrt{x}$

$=(\arctan\sqrt{x})^2+C.$

(4) 原式 $=2\int\frac{\mathrm{d}\sqrt{x}}{1+x}=2\int\frac{\mathrm{d}\sqrt{x}}{1+(\sqrt{x})^2}=2\arctan\sqrt{x}+C.$

(5) 原式 $=\frac{1}{2}\int 2x\sqrt[4]{2x+3}\,\mathrm{d}x=\frac{1}{2}\int(2x+3-3)\sqrt[4]{2x+3}\,\mathrm{d}x$

$=\frac{1}{2}\int(2x+3)^{5/4}\mathrm{d}x-\frac{3}{4}\int(2x+3)^{1/4}\mathrm{d}(2x+3)$

$=\frac{1}{4}\int(2x+3)^{5/4}\mathrm{d}(2x+3)-\frac{3}{4}\int(2x+3)^{1/4}\mathrm{d}(2x+3)$

$=\frac{1}{9}(2x+3)^{9/4}-\frac{3}{5}(2x+3)^{5/4}+C.$

(6) 原式 $=\int\frac{\mathrm{d}x}{x^2\sqrt{1-\left(\frac{1}{x}\right)^2}}=-\int\frac{\mathrm{d}\left(\frac{1}{x}\right)}{\sqrt{1-\left(\frac{1}{x}\right)^2}}=-\arcsin\frac{1}{x}+C.$

(7) 原式 $=\int \frac{(x^2-x+3)'}{x^2-x+3}dx=\int \frac{d(x^2-x+3)}{x^2-x+3}=\ln|x^2-x+3|+C.$

(8) 原式 $=\int \frac{dx}{x^3\sqrt{1+\frac{1}{x^2}}}=-\frac{1}{2}\int \frac{d\left(\frac{1}{x^2}\right)}{\sqrt{1+\frac{1}{x^2}}}$

$$=-\frac{1}{2}\int \frac{d\left(1+\frac{1}{x^2}\right)}{\sqrt{1+\frac{1}{x^2}}}=-\left(1+\frac{1}{x^2}\right)^{\frac{1}{2}}+C.$$

例 8 用换元积分法求下列不定积分：

(1) $\int \frac{\ln x dx}{x\sqrt{1+\ln x}}$；

(2) $\int \sqrt{\frac{x-a}{x+a}}dx(x>a>0)$；

(3) $\int \frac{1}{\sqrt{(x-a)(b-x)}}dx(b>a>0)$；

(4) $\int \frac{dx}{\sqrt{x}+\sqrt[3]{x}}$；

(5) $\int \frac{x^9}{(1-x^2)^6}dx$；

(6) $\int \frac{dx}{x^8(1+x^2)}$.

解 (1) 原式 $=\int \frac{\ln x}{\sqrt{1+\ln x}}d\ln x \xlongequal{t=\ln x}\int \frac{tdt}{\sqrt{1+t}}$

$$=\int \frac{t+1-1}{\sqrt{1+t}}dt=\int \sqrt{t+1}dt-\int \frac{dt}{\sqrt{1+t}}$$

$$=\frac{2}{3}(t+1)^{\frac{3}{2}}-2(t+1)^{\frac{1}{2}}+C$$

$$=\frac{2}{3}(\ln x+1)^{\frac{3}{2}}-2(\ln x+1)^{\frac{1}{2}}+C.$$

(2) 原式 $=\int \frac{\sqrt{x^2-a^2}}{x+a}dx$，令 $x=a\sec t\left(-\frac{\pi}{2}<t<\frac{\pi}{2}\right)$，$dx=a\tan t\sec t dt$，则

$$\int \frac{\sqrt{x^2-a^2}}{x+a}dx=\int \frac{a\sec t\tan^2 t}{\sec t+1}dt=a\int \frac{\frac{1}{\cos t}\cdot\frac{\sin^2 t}{\cos^2 t}}{\frac{\cos t+1}{\cos t}}dt$$

$$=a\int \frac{1-\cos t}{\cos^2 t}dt=a\int \frac{1}{\cos^2 t}dt-a\int \frac{dt}{\cos t}$$

$$=a\tan t-a\ln|\sec t+\tan t|+C$$

$$=\sqrt{x^2-a^2}-a\ln|x+\sqrt{x^2-a^2}|+C.$$

(3) 原式 $=\int \frac{dx}{\sqrt{(x-a)[(b-a)-(x-a)]}}$，令 $x-a=(b-a)\sin^2 t$，$dx=2(b-a)\sin t\cos t dt$，则

$$\int \frac{dx}{\sqrt{(x-a)(b-x)}}dx=\int \frac{2(b-a)\sin t\cos t}{\sqrt{b-a}\sin t\sqrt{b-a}\cos t}dt=2\int dt$$

$$=2t+C=2\arcsin\sqrt{\frac{x-a}{b-a}}+C.$$

(4) 令 $x=t^6$，$dx=6t^5dt$，则

$$原式=6\int\frac{t^5}{t^3+t^2}dt=6\int\frac{t^3}{t+1}dt=6\int\frac{t^3+1-1}{t+1}dt$$
$$=6\int(t^2-t+1)dt-6\int\frac{1}{t+1}dt$$
$$=2t^3-3t^2+6t-6\ln|t+1|+C$$
$$=2x^{\frac{1}{2}}-3x^{\frac{1}{3}}+6x^{\frac{1}{6}}-6\ln|x^{\frac{1}{6}}+1|+C.$$

(5) 令 $x=\sin\theta$，$dx=\cos\theta d\theta$，$1-x^2=\cos^2\theta$，则

$$原式=\int\frac{\sin^9\theta\cos\theta}{(\cos^2\theta)^6}d\theta=\int\tan^9\theta\sec^2\theta d\theta$$
$$=\int\tan^9\theta d\tan\theta=\frac{1}{10}\tan^{10}\theta+C$$
$$=\frac{1}{10}\left(\frac{x}{\sqrt{1-x^2}}\right)^{10}+C=\frac{x^{10}}{10(1-x^2)^5}+C.$$

(6) $$原式\xlongequal{x=\frac{1}{t}}-\int\frac{t^8}{1+t^2}dt=-\int\frac{(t^8-1)+1}{1+t^2}dt$$
$$=-\int(t^2-1)(t^4+1)dt-\int\frac{dt}{1+t^2}$$
$$=-\frac{1}{7}t^7+\frac{1}{5}t^5-\frac{1}{3}t^3+t-\arctan t+C$$
$$=-\frac{1}{7x^7}+\frac{1}{5x^5}-\frac{1}{3x^3}+\frac{1}{x}-\arctan\frac{1}{x}+C.$$

例 9 用分部积分法求不定积分：

(1) $\int x\ln x dx$； (2) $\int x\sin3x dx$；

(3) $\int\ln(x+\sqrt{x^2+1})dx$； (4) $\int x^2e^{ax}dx$；

(5) $\int\sqrt{1+9x^2}dx$； (6) $\int e^{2x}\cos3x dx$；

(7) $\int x(\arctan x)^2dx$； (8) $\int\frac{\ln x}{(1+x^2)^{\frac{3}{2}}}dx$.

解 (1) $$原式=\int\ln x d\frac{x^2}{2}=\frac{x^2}{2}\ln x-\int\frac{x^2}{2}d\ln x$$
$$=\frac{1}{2}x^2\ln x-\frac{1}{2}\int xdx=\frac{1}{2}x^2\ln x-\frac{1}{4}x^2+C.$$

(2) $$原式=-\frac{1}{3}\int xd\cos3x=-\frac{1}{3}(x\cos3x-\int\cos3xdx)$$
$$=-\frac{x}{3}\cos3x+\frac{1}{9}\sin3x+C.$$

(3) $$原式=x\ln(x+\sqrt{x^2+1})-\int xd\ln(x+\sqrt{x^2+1})$$
$$=x\ln(x+\sqrt{x^2+1})-\int\frac{x}{x+\sqrt{x^2+1}}\left(1+\frac{2x}{2\sqrt{x^2+1}}\right)dx$$

$$= x\ln(x+\sqrt{x^2+1})-\int\frac{x}{\sqrt{x^2+1}}dx$$

$$= x\ln(x+\sqrt{x^2+1})-\frac{1}{2}\int\frac{d(x^2+1)}{\sqrt{x^2+1}}$$

$$= x\ln(x+\sqrt{x^2+1})-\sqrt{x^2+1}+C.$$

(4) 原式$=\frac{1}{a}\int x^2 de^{ax}=\frac{1}{a}(x^2e^{ax}-\int e^{ax}dx^2)$

$$=\frac{1}{a}x^2e^{ax}-\frac{1}{a}\int e^{ax}2xdx=\frac{1}{a}x^2e^{ax}-\frac{2}{a^2}\int xde^{ax}$$

$$=\frac{1}{a}x^2e^{ax}-\frac{2}{a^2}(xe^{ax}-\int e^{ax}dx)$$

$$=\frac{1}{a}x^2e^{ax}-\frac{2}{a^2}xe^{ax}+\frac{2}{a^3}e^{ax}+C.$$

(5) 原式$=x\sqrt{1+9x^2}-\int xd\sqrt{1+9x^2}$

$$=x\sqrt{1+9x^2}-\frac{1}{2}\int\frac{18x^2}{\sqrt{1+9x^2}}dx$$

$$=x\sqrt{1+9x^2}-\int\frac{9x^2+1-1}{\sqrt{1+9x^2}}dx$$

$$=x\sqrt{1+9x^2}-\int\sqrt{1+9x^2}dx+\int\frac{1}{\sqrt{1+9x^2}}dx$$

$$=x\sqrt{1+9x^2}-\int\sqrt{1+9x^2}dx+\ln|3x+\sqrt{1+9x^2}|+C_1,$$

故 原式$=\frac{1}{2}x\sqrt{1+9x^2}+\frac{1}{2}\ln|3x+\sqrt{1+9x^2}|+C.$

(6) 原式$=\frac{1}{2}\int\cos 3x de^{2x}=\frac{1}{2}(e^{2x}\cos 3x-\int e^{2x}d\cos 3x)$

$$=\frac{1}{2}e^{2x}\cos 3x+\frac{3}{2}\int e^{2x}\sin 3xdx=\frac{1}{2}e^{2x}\cos 3x+\frac{3}{4}\int\sin 3xde^{2x}$$

$$=\frac{1}{2}e^{2x}\cos 3x+\frac{3}{4}(e^{2x}\sin 3x-\int e^{2x}d\sin 3x)$$

$$=\frac{1}{2}e^{2x}\cos 3x+\frac{3}{4}e^{2x}\sin 3x-\frac{9}{4}\int e^{2x}\cos 3xdx,$$

故 $\int e^{2x}\cos 3xdx=\frac{2}{13}e^{2x}\cos 3x+\frac{3}{13}e^{2x}\sin 3x+C.$

(7) 原式$=\frac{1}{2}\int(\arctan x)^2dx^2$

$$=\frac{1}{2}x^2(\arctan x)^2-\frac{1}{2}\int\frac{2x^2}{1+x^2}\arctan xdx$$

$$=\frac{1}{2}x^2(\arctan x)^2-\int\frac{1+x^2-1}{1+x^2}\arctan xdx$$

$$=\frac{1}{2}x^2(\arctan x)^2-\int\arctan xdx+\int\frac{\arctan x}{1+x^2}dx$$

$$=\frac{1}{2}x^2(\arctan x)^2-\left(x\arctan x-\int\frac{x}{1+x^2}\mathrm{d}x\right)+\frac{1}{2}(\arctan x)^2$$

$$=\frac{1}{2}(x^2+1)(\arctan x)^2-x\arctan x+\frac{1}{2}\ln(1+x^2)+C.$$

(8) 原式 $=\int\ln x\,\mathrm{d}\frac{x}{\sqrt{1+x^2}}=\frac{x\ln x}{\sqrt{1+x^2}}-\int\frac{x}{\sqrt{1+x^2}}\mathrm{d}\ln x$

$$=\frac{x\ln x}{\sqrt{1+x^2}}-\int\frac{1}{\sqrt{1+x^2}}\mathrm{d}x=\frac{x\ln x}{\sqrt{1+x^2}}-\ln(x+\sqrt{1+x^2})+C.$$

例 10 求下列有理函数的积分：

(1) $\int\frac{4x^2+9x-17}{(x-1)(x-3)^2}\mathrm{d}x$；　　(2) $\int\frac{\mathrm{d}x}{(x^2+1)(x+1)^2}$；

(3) $\int\frac{\mathrm{d}x}{x^4-1}$；　　(4) $\int\frac{x^2+1}{x^4+1}\mathrm{d}x$.

解 (1) 设 $\frac{4x^2+9x-17}{(x-1)(x-3)^2}=\frac{A}{x-1}+\frac{B}{x-3}+\frac{C}{(x-3)^2}$，通分，得

$$4x^2+9x-17=A(x-3)^2+B(x-1)(x-3)+C(x-1)$$
$$=(A+B)x^2-(6A+4B-C)x+9A+3B-C,$$

即 $$\begin{cases}A+B=4,\\-6A-4B+C=9,\\9A+3B-C=-17,\end{cases}\Rightarrow A=-1,\ B=5,\ C=23,$$

于是 $$\int\frac{4x^2+9x-17}{(x-1)(x-3)^2}\mathrm{d}x=-\int\frac{\mathrm{d}x}{x-1}+5\int\frac{\mathrm{d}x}{x-3}+23\int\frac{\mathrm{d}x}{(x-3)^2}$$

$$=-\ln|x-1|+5\ln|x-3|-\frac{23}{x-3}+C.$$

(2) 设 $\frac{1}{(x^2+1)(x+1)^2}=\frac{Ax+B}{x^2+1}+\frac{C}{(x+1)^2}+\frac{D}{x+1}$，通分，得

$$(Ax+B)(x+1)^2+C(x^2+1)+D(x+1)(x^2+1)$$
$$=(A+D)x^3+(2A+B+C+D)x^2+(A+2B+D)x+B+C+D=1,$$

即 $$\begin{cases}A+D=0,\\2A+B+C+D=0,\\A+2B+D=0,\\B+C+D=1,\end{cases}\Rightarrow\begin{cases}A=-\frac{1}{2},\\B=0,\\C=\frac{1}{2},\\D=\frac{1}{2},\end{cases}$$

于是 $$\int\frac{\mathrm{d}x}{(x^2+1)(x+1)^2}=-\frac{1}{2}\int\frac{x}{x^2+1}\mathrm{d}x+\frac{1}{2}\int\frac{1}{(x+1)^2}\mathrm{d}x+\frac{1}{2}\int\frac{\mathrm{d}x}{x+1}$$

$$=-\frac{1}{4}\ln(x^2+1)-\frac{1}{2(x+1)}+\frac{1}{2}\ln|x+1|+C.$$

(3) $x^4-1=(x-1)(x+1)(x^2+1)$，故设 $\frac{1}{x^4-1}=\frac{A}{x-1}+\frac{B}{x+1}+\frac{Cx+D}{x^2+1}$，通分，得

$$A(x+1)(x^2+1)+B(x-1)(x^2+1)+(Cx+D)(x^2-1)=1,$$

在上式中，令 $x=1$，得 $A=\frac{1}{4}$；令 $x=-1$，得 $B=-\frac{1}{4}$；令 $x=0$，得 $D=-\frac{1}{2}$；最后令 $x=2$，得 $C=0$. 于是

$$\int\frac{dx}{x^4-1}=\frac{1}{4}\int\left(\frac{1}{x-1}-\frac{1}{x+1}\right)dx-\frac{1}{2}\int\frac{dx}{x^2+1}$$

$$=\frac{1}{4}\ln\left|\frac{x-1}{x+1}\right|-\frac{1}{2}\arctan x+C,$$

其中 C 是任意常数．

以上方法在理论上已证明是可行的，也即有理函数必是可积的，然而它却不一定是最简便的方法，在特殊情况下应灵活运用．

(4) $$\int\frac{x^2+1}{x^4+1}dx=\int\frac{1+\frac{1}{x^2}}{x^2+\frac{1}{x^2}}dx=\int\frac{d\left(x-\frac{1}{x}\right)}{\left(x-\frac{1}{x}\right)^2+2}$$

$$=\frac{1}{\sqrt{2}}\arctan\frac{x-\frac{1}{x}}{\sqrt{2}}+C=\frac{1}{\sqrt{2}}\arctan\frac{x^2-1}{\sqrt{2}x}+C.$$

例 11 求下列三角函数有理式的积分：

(1) $\int\frac{dx}{\sin x+\tan x}$；　　(2) $\int\frac{\sin x}{\sin^3 x+\cos^3 x}dx$；

(3) $\int\frac{\sin x}{1+\sin x}dx$；　　(4) $\int\frac{dx}{1+\sin x}$.

解 (1) 令 $\tan\frac{x}{2}=t$，则 $\sin x=\frac{2t}{1+t^2}$，$\tan x=\frac{2t}{1-t^2}$，$dx=\frac{2dt}{1+t^2}$，故

$$\int\frac{dx}{\sin x+\tan x}=\int\frac{1}{\frac{2t}{1+t^2}+\frac{2t}{1-t^2}}\cdot\frac{2dt}{1+t^2}=\int\frac{1-t^2}{2t}dt$$

$$=\frac{1}{2}\ln|t|-\frac{1}{4}t^2+C=\frac{1}{2}\ln\left|\tan\frac{x}{2}\right|-\frac{1}{4}\left(\tan\frac{x}{2}\right)^2+C.$$

(2) 令 $\tan x=t$，则 $\cos^2 x=\frac{1}{1+t^2}$，$\sin^2 x=\frac{t^2}{1+t^2}$，$dx=\frac{dt}{1+t^2}$，故

$$\int\frac{\sin x}{\sin^3 x+\cos^3 x}dx=\int\frac{\tan x}{\sin^2 x\tan x+\cos^2 x}dx$$

$$=\int\frac{t}{\frac{t^2}{1+t^2}t+\frac{1}{1+t^2}}\cdot\frac{1}{1+t^2}dt=\int\frac{tdt}{t^3+1}$$

$$=\frac{1}{3}\int\left(\frac{t+1}{t^2-t+1}-\frac{1}{t+1}\right)dt$$

$$=\frac{1}{3}\int\frac{t+1}{t^2-t+1}dt-\frac{1}{3}\int\frac{1}{t+1}dt$$

$$=\frac{1}{3}\int\left(\frac{t-\frac{1}{2}}{t^2-t+1}+\frac{3}{2}\frac{1}{t^2-t+1}\right)dt-\frac{1}{3}\int\frac{1}{t+1}dt$$

$$= \frac{1}{6}\int \frac{1}{t^2-t+1}\mathrm{d}(t^2-t+1)+\frac{1}{2}\int \frac{1}{t^2-t+1}\mathrm{d}t-\frac{1}{3}\int \frac{1}{t+1}\mathrm{d}t$$

$$= \frac{1}{6}\ln(t^2-t+1)+\frac{\sqrt{3}}{3}\arctan\frac{2\sqrt{3}}{3}\left(t-\frac{1}{2}\right)-\frac{1}{3}\ln|t+1|+C$$

$$= \frac{1}{6}\ln(\tan^2 x-\tan x+1)+\frac{\sqrt{3}}{3}\arctan\frac{2\sqrt{3}}{3}\left(\tan x-\frac{1}{2}\right)-\frac{1}{3}\ln|\tan x+1|+C.$$

注意　“万能”变换是求三角函数有理式积分的一种方法，但未必是最简便的方法，对具体问题应具体分析，找到合适的方法．

(3) $\int \frac{\sin x}{1+\sin x}\mathrm{d}x=\int \frac{\sin x(1-\sin x)}{1-\sin^2 x}\mathrm{d}x=\int \frac{\sin x(1-\sin x)}{\cos^2 x}\mathrm{d}x=\int \frac{\sin x}{\cos^2 x}\mathrm{d}x-\int \tan^2 x\mathrm{d}x$

$$=-\int \frac{1}{\cos^2 x}\mathrm{d}\cos x-\int(\sec^2 x-1)\mathrm{d}x=\frac{1}{\cos x}-\tan x+x+C.$$

(4) $\int \frac{\mathrm{d}x}{1+\sin x}=\int \frac{1-\sin x}{\cos^2 x}\mathrm{d}x=\int \sec^2 x\mathrm{d}x+\int \frac{\mathrm{d}\cos x}{\cos^2 x}$

$$=\tan x-\frac{1}{\cos x}+C.$$

例 12　求下列无理函数的不定积分：

(1) $\int \frac{1}{x\sqrt{4-x^2}}\mathrm{d}x$；　(2) $\int \frac{\mathrm{d}x}{\sqrt{x}(1+\sqrt[4]{x})^3}$；　(3) $\int \frac{x\mathrm{e}^x}{\sqrt{1+\mathrm{e}^x}}\mathrm{d}x$．

解　(1) 解法一　令 $\sqrt{4-x^2}=t$，则 $x^2=4-t^2$，$\mathrm{d}x^2=-2t\mathrm{d}t$，故

$$\text{原式}=\frac{1}{2}\int \frac{1}{x^2\sqrt{4-x^2}}\mathrm{d}x^2=\frac{1}{2}\int \frac{1}{(4-t^2)\cdot t}(-2t)\mathrm{d}t$$

$$=\int \frac{1}{t^2-4}\mathrm{d}t=\frac{1}{4}\ln\left|\frac{t-2}{t+2}\right|+C$$

$$=\ln\left|\frac{\sqrt{4-x^2}-2}{\sqrt{4-x^2}+2}\right|+C.$$

解法二　令 $x=2\sin t$，则 $\mathrm{d}x=2\cos t\mathrm{d}t$，故

$$\int \frac{1}{x\sqrt{4-x^2}}\mathrm{d}x=\int \frac{1}{2\sin t\cdot 2\cos t}\cdot 2\cos t\mathrm{d}t$$

$$=\frac{1}{2}\int \frac{1}{\sin t}\mathrm{d}t=\frac{1}{2}\ln|\csc t-\cot t|+C$$

$$=\frac{1}{2}\ln\left|\frac{2-\sqrt{4-x^2}}{x}\right|+C.$$

(2) 令 $\sqrt[4]{x}=t$，则 $x=t^4$，$\mathrm{d}x=4t^3\mathrm{d}t$，故

$$\int \frac{1}{\sqrt{x}(1+\sqrt[4]{x})^3}\mathrm{d}x=\int \frac{4t^3}{t^2(1+t)^3}\mathrm{d}t=4\int \frac{t}{(1+t)^3}\mathrm{d}t$$

$$=4\int\left[\frac{1}{(1+t)^2}-\frac{1}{(1+t)^3}\right]\mathrm{d}(1+t)=-\frac{4}{1+t}+\frac{2}{(1+t)^2}+C$$

$$=\frac{2}{(1+\sqrt[4]{x})^2}-\frac{4}{1+\sqrt[4]{x}}+C.$$

(3) 令$\sqrt{1+\mathrm{e}^x}=t$，则$\mathrm{e}^x=t^2-1$，$x=\ln(t^2-1)$，$\mathrm{d}x=\dfrac{2t}{t^2-1}\mathrm{d}t$，故

$$\begin{aligned}\int\frac{x\mathrm{e}^x}{\sqrt{1+\mathrm{e}^x}}\mathrm{d}x&=\int\frac{\ln(t^2-1)(t^2-1)}{t}\cdot\frac{2t}{t^2-1}\mathrm{d}t\\&=2\int\ln(t^2-1)\mathrm{d}t=2t\ln(t^2-1)-2\int t\cdot\frac{2t}{t^2-1}\mathrm{d}t\\&=2t\ln(t^2-1)-4\int\frac{t^2}{t^2-1}\mathrm{d}t\\&=2t\ln(t^2-1)-4t-4\int\frac{1}{t^2-1}\mathrm{d}t\\&=2t\ln(t^2-1)-4t-\frac{4}{2}\ln\left|\frac{t-1}{t+1}\right|+C\\&=2x\sqrt{1+\mathrm{e}^x}-4\sqrt{1+\mathrm{e}^x}+2\ln\left|\frac{\sqrt{1+\mathrm{e}^x}-1}{\sqrt{1+\mathrm{e}^x}+1}\right|+C.\end{aligned}$$

自 测 题

1. 若$\int f(x)\mathrm{d}x=x^2+C$，求$\int xf(1-x^2)\mathrm{d}x$.

2. 若$\int f(x)\mathrm{d}x=\dfrac{x+1}{x-1}+C$，求$f(x)$.

3. 已知$f(x)$的一个原函数为$(1+\sin x)\ln x$，求$\int xf'(x)\mathrm{d}x$.

4. 设$f(x)$是$(-\infty,+\infty)$内的奇函数，且$F(x)$为它的一个原函数，证明：$-F(-x)$也是它的一个原函数.

5. 已知在曲线上任一点切线的斜率为$2x$，并且曲线经过点$(1,-2)$，求此曲线方程.

6. 求下列不定积分：

(1) $\int\dfrac{\sin x\cos x}{1+\sin^4 x}\mathrm{d}x$；　(2) $\int\tan^4 x\mathrm{d}x$；

(3) $\int\dfrac{1}{x(x^6+4)}\mathrm{d}x$；　(4) $\int\dfrac{x^2-3x+2}{x^3+2x^2+x}\mathrm{d}x$；

(5) $\int\dfrac{\mathrm{d}x}{5-4\sin x+3\cos x}$；　(6) $\int\dfrac{\mathrm{d}x}{\sqrt{x(1+x)}}$；

(7) $\int\dfrac{\mathrm{d}x}{\sqrt{1+\mathrm{e}^x}}$；　(8) $\int\sqrt{\dfrac{a+x}{a-x}}\mathrm{d}x$；

(9) $\int\dfrac{\mathrm{d}x}{x^2\sqrt{x^2-1}}$；　(10) $\int\dfrac{\mathrm{d}x}{x^4\sqrt{1+x^2}}$；

(11) $\int x\cos^2 x\mathrm{d}x$；　(12) $\int\ln(1+x^2)\mathrm{d}x$；

(13) $\int\dfrac{x^3}{(1+x^8)^2}\mathrm{d}x$；　(14) $\int\dfrac{x^{11}}{x^8+3x^4+2}\mathrm{d}x$；

(15) $\int\dfrac{\mathrm{d}x}{16-x^4}$；　(16) $\int\dfrac{\sin x}{1+\sin x}\mathrm{d}x$；

(17) $\int \frac{x\cos^3 x - \sin x}{\cos^2 x} e^{\sin x} dx$；　　(18) $\int \frac{\sqrt[3]{x}}{x(\sqrt{x} + \sqrt[3]{x})} dx$；

(19) $\int \frac{dx}{\sin^3 x\cos x}$.

自测题参考答案

1. **解**　两边对 x 求导，得 $f(x)=2x$，于是 $f(1-x^2)=2(1-x^2)$，从而

$$\int xf(1-x^2)dx = \int 2x(1-x^2)dx = -\int(1-x^2)d(1-x^2) = -\frac{(1-x^2)^2}{2} + C.$$

2. **解**　两边对 x 求导，得

$$f(x)=\frac{x-1-x-1}{(x-1)^2}=\frac{-2}{(x-1)^2}.$$

3. **解**　由题设条件有

$$f(x)=[(1+\sin x)\ln x]'=\cos x\ln x+\frac{1+\sin x}{x},$$

$$\int xf'(x)dx = \int xdf(x) = xf(x) - \int f(x)dx,$$

将 $f(x)=[(1+\sin x)\ln x]'$代入，得

$$f(x)dx=[(1+\sin x)\ln x]'dx=d[(1+\sin x)\ln x],$$

于是

$$\int xf'(x)dx = xf(x) - \int d[(1+\sin x)\ln x]$$
$$=x\cos x\ln x+\sin x-(1+\sin x)\ln x+C.$$

4. **证**　由题设有 $f(-x)=-f(x)(-\infty<x<+\infty)$，$F'(x)=f(x)$，而

$$[-F(-x)]'=-F'(-x)=-f(-x)=f(x),$$

故$-F(-x)$也是 $f(x)$的一个原函数.

5. **解**　设曲线方程为 $f(x)$，已知 $f'(x)=2x$，则

$$f(x) = \int f'(x)dx = \int 2xdx = x^2 + C.$$

由题设$y|_{x=1}=-2$，代入上式，得 $C=-3$，于是所求曲线方程为

$$f(x)=x^2-3.$$

6. **解**　(1) $\int \frac{\sin x\cos x}{1+\sin^4 x}dx = \frac{1}{2}\int \frac{1}{1+\sin^4 x}d\sin^2 x = \frac{1}{2}\arctan(\sin^2 x) + C.$

(2) $\int \tan^4 x dx = \int \tan^2 x(\sec^2 x - 1)dx = \int \tan^2 x\sec^2 x dx - \int \tan^2 x dx$

$$= \int \tan^2 x d\tan x - \int(\sec^2 x - 1)dx$$
$$= \frac{1}{3}\tan^3 x - \tan x + x + C.$$

(3) $\int \frac{1}{x(x^6+4)}dx = \frac{1}{4}\int \frac{4+x^6-x^6}{x(x^6+4)}dx = \frac{1}{4}\int \frac{1}{x}dx - \frac{1}{4}\int \frac{x^5}{x^6+4}dx$

$$=\frac{1}{4}\ln|x| - \frac{1}{24}\ln(x^6+4)+C.$$

(4) 设
$$\frac{x^2-3x+2}{x^3+2x^2+x}=\frac{x^2-3x+2}{x(x^2+2x+1)}=\frac{x^2-3x+2}{x(x+1)^2}=\frac{A_1}{x}+\frac{A_2}{x+1}+\frac{A_3}{(x+1)^2},$$

通分得
$$(A_1+A_2)x^2+(2A_1+A_2+A_3)x+A_1=x^2-3x+2,$$

即
$$\begin{cases}A_1+A_2=1,\\2A_1+A_2+A_3=-3,\\A_1=2,\end{cases}\Rightarrow\begin{cases}A_1=2,\\A_2=-1,\\A_3=-6,\end{cases}$$

故
$$\int\frac{x^2-3x+2}{x^3+2x^2+x}dx=\int\frac{2}{x}dx-\int\frac{dx}{x+1}-6\int\frac{dx}{(x+1)^2}$$
$$=2\ln|x|-\ln|x+1|+\frac{6}{x+1}+C.$$

(5) 令 $\tan\frac{x}{2}=t$，则 $\sin x=\frac{2t}{1+t^2}$，$\cos x=\frac{1-t^2}{1+t^2}$，$dx=\frac{2dt}{1+t^2}$，故
$$\int\frac{dx}{5-4\sin x+3\cos x}=\int\frac{2}{5(1+t^2)-4\cdot 2t+3(1-t^2)}dt=\int\frac{dt}{(t-2)^2}$$
$$=-\frac{1}{t-2}+C=-\frac{1}{\tan\frac{x}{2}-2}+C.$$

(6) $$\int\frac{dx}{\sqrt{x(1+x)}}=\int\frac{d\left(x+\frac{1}{2}\right)}{\sqrt{\left(x+\frac{1}{2}\right)^2-\frac{1}{4}}}=\ln\left|x+\frac{1}{2}+\sqrt{x(1+x)}\right|+C.$$

(7) $$\int\frac{dx}{\sqrt{1+e^x}}\xlongequal{\sqrt{1+e^x}=t}\int\frac{1}{t}\cdot\frac{2t}{t^2-1}dt=2\int\frac{1}{t^2-1}dt=\ln\left|\frac{t-1}{t+1}\right|+C$$
$$=\ln\left|\frac{\sqrt{1+e^x}-1}{\sqrt{1+e^x}+1}\right|+C.$$

(8) $\int\sqrt{\frac{a+x}{a-x}}dx=\int\frac{a+x}{\sqrt{a^2-x^2}}dx$，令 $x=a\sin t$，则 $dx=a\cos t dt$，故

原式$=\int\frac{a+a\sin t}{a\cos t}a\cos t dt=at-a\cos t+C=a\arcsin\frac{x}{a}-\sqrt{a^2-x^2}+C.$

(9) 令 $x=\sec t$，则 $dx=\sec t\tan t dt$，故
$$\int\frac{dx}{x^2\sqrt{x^2-1}}=\int\frac{1}{\sec^2 t\tan t}\sec t\tan t dt=\int\cos t dt=\sin t+C=\frac{\sqrt{x^2-1}}{x}+C.$$

(10) $$\int\frac{dx}{x^4\sqrt{1+x^2}}\xlongequal{x=\frac{1}{t}}\int\frac{1}{\frac{1}{t^4}\sqrt{1+\frac{1}{t^2}}}\left(-\frac{1}{t^2}\right)dt$$
$$=-\int\frac{t^3}{\sqrt{1+t^2}}dt=-\frac{1}{2}\int\frac{t^2}{\sqrt{1+t^2}}d(1+t^2)$$
$$=-\int t^2 d\sqrt{1+t^2}=-t^2\sqrt{1+t^2}+\int\sqrt{1+t^2}dt^2$$

$$=-t^2\sqrt{1+t^2}+\frac{2}{3}(1+t^2)^{\frac{3}{2}}+C$$

$$=-\frac{\sqrt{1+x^2}}{x^3}+\frac{2\sqrt{(1+x^2)^3}}{3x^3}+C$$

$$=\frac{-\sqrt{1+x^2}+\sqrt{(1+x^2)^3}}{x^3}-\frac{\sqrt{(1+x^2)^3}}{3x^3}+C$$

$$=\frac{\sqrt{1+x^2}}{x}-\frac{\sqrt{(1+x^2)^3}}{3x^3}+C.$$

(11) $\int x\cos^2 x\mathrm{d}x=\int x\frac{1+\cos 2x}{2}\mathrm{d}x=\frac{1}{4}x^2+\frac{1}{4}\int x\mathrm{d}\sin 2x$

$$=\frac{1}{4}x^2+\frac{1}{4}x\sin 2x-\frac{1}{4}\int\sin 2x\mathrm{d}x$$

$$=\frac{1}{4}x^2+\frac{1}{4}x\sin 2x+\frac{1}{8}\cos 2x+C.$$

(12) $\int\ln(1+x^2)\mathrm{d}x=x\ln(1+x^2)-\int\frac{2x^2}{1+x^2}\mathrm{d}x=x\ln(1+x^2)-2\int\left(1-\frac{1}{1+x^2}\right)\mathrm{d}x$

$$=x\ln(1+x^2)-2x+2\arctan x+C.$$

(13) $\int\frac{x^3}{(1+x^8)^2}\mathrm{d}x=\frac{1}{4}\int\frac{1}{(1+x^8)^2}\mathrm{d}x^4$，令 $x^4=\tan t$，则

$$原式=\frac{1}{4}\int\frac{1}{\sec^4 t}\sec^2 t\mathrm{d}t=\frac{1}{4}\int\cos^2 t\mathrm{d}t$$

$$=\frac{1}{8}\int(1+\cos 2t)\mathrm{d}t=\frac{1}{8}t+\frac{1}{8}\sin t\cos t+C$$

$$=\frac{1}{8}\arctan x^4+\frac{x^4}{8(1+x^8)}+C.$$

(14) $\int\frac{x^{11}}{x^8+3x^4+2}\mathrm{d}x=\frac{1}{4}\int\frac{x^8}{x^8+3x^4+2}\mathrm{d}x^4$

$$=\frac{1}{4}\int\left[1-\frac{3x^4+2}{(x^4+2)(x^4+1)}\right]\mathrm{d}x^4$$

$$=\frac{1}{4}\int\left(1-\frac{4}{x^4+2}+\frac{1}{x^4+1}\right)\mathrm{d}x^4$$

$$=\frac{1}{4}x^4-\ln(x^4+2)+\frac{1}{4}\ln(x^4+1)+C$$

$$=\frac{1}{4}x^4+\ln\frac{\sqrt[4]{x^4+1}}{x^4+2}+C.$$

(15) $\int\frac{\mathrm{d}x}{16-x^4}=\int\frac{\mathrm{d}x}{(4-x^2)(4+x^2)}=\frac{1}{8}\int\left(\frac{1}{4-x^2}+\frac{1}{4+x^2}\right)\mathrm{d}x$

$$=\frac{1}{32}\ln\left|\frac{2+x}{2-x}\right|+\frac{1}{16}\arctan\frac{x}{2}+C.$$

(16) $\int\frac{\sin x}{1+\sin x}\mathrm{d}x=\int\left(1-\frac{1}{1+\sin x}\right)\mathrm{d}x=x-\int\frac{1-\sin x}{\cos^2 x}\mathrm{d}x$

$$=x-\int\frac{1}{\cos^2 x}\mathrm{d}x+\int\sec x\tan x\mathrm{d}x$$

$$= x - \tan x + \sec x + C.$$

(17) $\int e^{\sin x} \dfrac{x\cos^3 x - \sin x}{\cos^2 x} dx = \int e^{\sin x} x\cos x dx - \int e^{\sin x} \dfrac{\sin x}{\cos^2 x} dx$

$$= \int x d e^{\sin x} - \int e^{\sin x} d\left(\frac{1}{\cos x}\right)$$

$$= x e^{\sin x} - \int e^{\sin x} dx - \frac{e^{\sin x}}{\cos x} + \int e^{\sin x} dx$$

$$= x e^{\sin x} - \frac{e^{\sin x}}{\cos x} + C.$$

(18) $\int \dfrac{\sqrt[3]{x}}{x(\sqrt{x}+\sqrt[3]{x})} dx \xlongequal{\sqrt[6]{x}=t} \int \dfrac{t^2}{t^6(t^3+t^2)} 6t^5 dt = 6\int \dfrac{1}{t(t+1)} dt = 6\int\left(\dfrac{1}{t} - \dfrac{1}{t+1}\right) dt$

$$= 6\ln\left|\frac{t}{t+1}\right| + C = 6\ln \frac{\sqrt[6]{x}}{\sqrt[6]{x}+1} + C.$$

(19) $\int \dfrac{dx}{\sin^3 x\cos x} = \int \dfrac{\sec^4 x}{\tan^3 x} dx = \int \dfrac{\tan^2 x + 1}{\tan^3 x} d\tan x = \int\left(\dfrac{1}{\tan x} + \dfrac{1}{\tan^3 x}\right) d\tan x$

$$= \ln|\tan x| - \frac{1}{2\tan^2 x} + C = \ln|\tan x| - \frac{1}{2}\cot^2 x + C.$$

考研题解析

1. 在下列四个等式中，正确的是________.

(A) $\int f'(x) dx = f(x)$；　　(B) $\int d f(x) = f(x)$；

(C) $\dfrac{d}{dx}\int f(x) dx = f(x)$；　　(D) $d\int f(x) dx = f(x)$.

解 $\int f'(x) dx$ 表示 $f'(x)$ 的全体原函数，而 $f(x)$ 为 $f'(x)$ 的一个原函数，故(A)不对.

$\int d f(x) = \int f'(x) dx = f(x) + C$，故(B)不对.

$d\int f(x) dx = \left[\dfrac{d}{dx}\int f(x) dx\right] dx = f(x) dx$，故(D)不对.

设 $F'(x) = f(x)$，则

$$\int f(x) dx = F(x) + C,$$

$$\frac{d}{dx}\int f(x) dx = \frac{d}{dx}[F(x) + C] = F'(x) + 0 = f(x),$$

故(C)对.

2. 设 $f'(\ln x) = 1 + x$，求 $f(x)$.

解法一 $f(\ln x) = \int f'(\ln x) d\ln x = \int (1+x) d\ln x$

$$= (1+x)\ln x - \int \ln x d(1+x)$$

$$= (1+x)\ln x - \int \ln x dx$$

$$=(1+x)\ln x - x\ln x + x + C = \ln x + e^{\ln x} + C,$$

故 $f(x)=x+e^x+C$，其中 C 为任意常数.

注意　防止错误 $\int f'(\ln x)dx=\int(1+x)dx$.

解法二　令 $t=\ln x$，则 $x=e^t$，$f'(t)=1+e^t$，即 $f'(x)=1+e^x$，从而

$$f(x)=\int f'(x)dx=\int(1+e^x)dx=x+e^x+C.$$

3. 已知$\dfrac{\sin x}{x}$是函数 $f(x)$ 的一个原函数，求 $\int x^3 f'(x)dx$.

解　由题设有 $f(x)=\left(\dfrac{\sin x}{x}\right)'=\dfrac{x\cos x-\sin x}{x^2}$，于是有

$$\int x^3 f'(x)dx=\int x^3 df(x)=x^3 f(x)-\int 3x^2 f(x)dx.$$

将 $f(x)=\left(\dfrac{\sin x}{x}\right)'$ 代入,得

$$f(x)dx=\left(\frac{\sin x}{x}\right)'dx=d\left(\frac{\sin x}{x}\right),$$

故

$$\begin{aligned}\int x^3 f'(x)dx &= x^3 f(x)-\int 3x^2 d\left(\frac{\sin x}{x}\right)\\ &= x^3 f(x)-\left(3x^2\frac{\sin x}{x}-6\int\frac{\sin x}{x}x\,dx\right)\\ &= x^3 f(x)-(3x\sin x+6\cos x)+C\\ &= \frac{x^3(x\cos x-\sin x)}{x^2}-3x\sin x-6\cos x+C\\ &= x^2\cos x-4x\sin x-6\cos x+C.\end{aligned}$$

4. 设 $\int xf(x)dx=\arcsin x+C$，求 $\int\dfrac{1}{f(x)}dx$.

解　由题设 $(\arcsin x)'=\dfrac{1}{\sqrt{1-x^2}}=xf(x)$，即$\dfrac{1}{f(x)}=x\sqrt{1-x^2}$，于是

$$\begin{aligned}\int\frac{1}{f(x)}dx &= \int\frac{1}{2}\sqrt{1-x^2}\,dx^2=-\frac{1}{2}\int\sqrt{1-x^2}\,d(1-x^2)\\ &= -\frac{1}{2}\cdot\frac{2}{3}(1-x^2)^{\frac{3}{2}}+C=-\frac{1}{3}(1-x^2)^{\frac{3}{2}}+C.\end{aligned}$$

5. 求 $I=\int e^{\sqrt{2x-1}}dx$.

解　令 $t=\sqrt{2x-1}$，则 $x=\dfrac{1+t^2}{2}$，$dx=t\,dt$，于是

$$\begin{aligned}I &= \int te^t dt=\int t\,de^t=te^t-\int e^t dt\\ &= (t-1)e^t+C=(\sqrt{2x-1}-1)e^{\sqrt{2x-1}}+C.\end{aligned}$$

6. 求 $I=\int\dfrac{x+\ln(1-x)}{x^2}dx$.

解　$I=\int\dfrac{1}{x}dx+\int\dfrac{\ln(1-x)}{x^2}dx=\ln x+\int\ln(1-x)d\left(-\dfrac{1}{x}\right)$

$$=\ln x-\frac{1}{x}\ln(1-x)+\int\frac{1}{x}\mathrm{d}\ln(1-x)$$

$$=\ln x-\frac{1}{x}\ln(1-x)-\int\frac{1}{x(1-x)}\mathrm{d}x$$

$$=\ln x-\frac{1}{x}\ln(1-x)-\int\left(\frac{1}{x}+\frac{1}{1-x}\right)\mathrm{d}x$$

$$=\left(1-\frac{1}{x}\right)\ln(1-x)+C.$$

7. 求 $I=\int\frac{x\cos^4\left(\frac{x}{2}\right)}{\sin^3 x}\mathrm{d}x$.

解 $I=\int\frac{x\cos^4\left(\frac{x}{2}\right)}{8\sin^3\frac{x}{2}\cos^3\frac{x}{2}}\mathrm{d}x=\frac{1}{4}\int x\frac{\mathrm{d}\sin\left(\frac{x}{2}\right)}{\sin^3\left(\frac{x}{2}\right)}$

$$=-\frac{1}{8}\int x\mathrm{d}\frac{1}{\sin^2\left(\frac{x}{2}\right)}=-\frac{1}{8}\left[\frac{x}{\sin^2\left(\frac{x}{2}\right)}-2\int\frac{\mathrm{d}\left(\frac{x}{2}\right)}{\sin^2\left(\frac{x}{2}\right)}\right]$$

$$=-\frac{1}{8}\left[\frac{x}{\sin^2\left(\frac{x}{2}\right)}+2\cot\frac{x}{2}\right]+C$$

$$=-\frac{1}{8}x\csc^2\left(\frac{x}{2}\right)-\frac{1}{4}\cot\frac{x}{2}+C.$$

8. 计算 $I=\int\frac{\arctan \mathrm{e}^x}{\mathrm{e}^x}\mathrm{d}x$.

解 $I=-\int\arctan \mathrm{e}^x\mathrm{d}\mathrm{e}^{-x}=-\mathrm{e}^{-x}\arctan \mathrm{e}^x+\int\frac{\mathrm{e}^{-x}\mathrm{e}^x}{1+\mathrm{e}^{2x}}\mathrm{d}x$

$$=-\mathrm{e}^{-x}\arctan \mathrm{e}^x+\int\left(1-\frac{\mathrm{e}^{2x}}{1+\mathrm{e}^{2x}}\right)\mathrm{d}x$$

$$=x-\mathrm{e}^{-x}\arctan \mathrm{e}^x-\frac{1}{2}\ln(1+\mathrm{e}^{2x})+C.$$

9. 求 $I=\int\frac{x^2}{1+x^2}\arctan x\mathrm{d}x$.

解 $I=\int\left(1-\frac{1}{1+x^2}\right)\arctan x\mathrm{d}x$

$$=\int\arctan x\mathrm{d}x-\int\arctan x\mathrm{d}\arctan x$$

$$=x\arctan x-\int\frac{x}{1+x^2}\mathrm{d}x-\frac{1}{2}(\arctan x)^2$$

$$=x\arctan x-\frac{1}{2}\ln(1+x^2)-\frac{1}{2}(\arctan x)^2+C.$$

10. 求 $I=\int(\arcsin x)^2\mathrm{d}x$.

解　$I=x(\arcsin x)^2-2\int\frac{x\arcsin x}{\sqrt{1-x^2}}\mathrm{d}x$

$=x(\arcsin x)^2+2\int\arcsin x\mathrm{d}\sqrt{1-x^2}$

$=x(\arcsin x)^2+2\sqrt{1-x^2}\arcsin x-2\int\mathrm{d}x$

$=x(\arcsin x)^2+2\sqrt{1-x^2}\arcsin x-2x+C.$

11. $\int\frac{\ln x-1}{x^2}\mathrm{d}x=$ ________.

解　$\int\frac{\ln x-1}{x^2}\mathrm{d}x=-\int(\ln x-1)\mathrm{d}\left(\frac{1}{x}\right)=\frac{1-\ln x}{x}+\int\frac{1}{x^2}\mathrm{d}x=-\frac{\ln x}{x}+C.$

12. $\int\frac{\arcsin\sqrt{x}}{\sqrt{x}}\mathrm{d}x=$ ________.

解　$\int\frac{\arcsin\sqrt{x}}{\sqrt{x}}\mathrm{d}x=2\int\arcsin\sqrt{x}\mathrm{d}\sqrt{x}=2\sqrt{x}\arcsin\sqrt{x}-2\int\frac{\sqrt{x}}{\sqrt{1-x}}\cdot\frac{1}{2\sqrt{x}}\mathrm{d}x$

$=2\sqrt{x}\arcsin\sqrt{x}-\int\frac{1}{\sqrt{1-x}}\mathrm{d}x=2\sqrt{x}\arcsin\sqrt{x}+2\sqrt{1-x}+C.$

13. 已知 $f(x)$的一个原函数为 $\ln^2 x$，则$\int xf'(x)\mathrm{d}x=$ ________.

解　由 $f(x)=(\ln^2 x)'=\frac{2}{x}\ln x$，于是

$$\int xf'(x)\mathrm{d}x=\int x\mathrm{d}f(x)=xf(x)-\int f(x)\mathrm{d}x=2\ln x-\ln^2 x+C.$$

14. 设 $f(\sin^2 x)=\frac{x}{\sin x}$，求$\int\frac{\sqrt{x}}{\sqrt{1-x}}f(x)\mathrm{d}x$.

解　令 $u=\sin^2 x$，则有 $\sin x=\sqrt{u}$，$x=\arcsin\sqrt{u}$，$f(x)=\frac{\arcsin\sqrt{x}}{\sqrt{x}}$，于是

$$\int\frac{\sqrt{x}}{\sqrt{1-x}}f(x)\mathrm{d}x=\int\frac{\arcsin\sqrt{x}}{\sqrt{1-x}}\mathrm{d}x=-2\int\arcsin\sqrt{x}\mathrm{d}\sqrt{1-x}$$

$$=-2\sqrt{1-x}\arcsin\sqrt{x}+2\int\sqrt{1-x}\frac{1}{\sqrt{1-x}}\mathrm{d}\sqrt{x}$$

$$=-2\sqrt{1-x}\arcsin\sqrt{x}+2\sqrt{x}+C.$$

15. $\int x^3\mathrm{e}^{x^2}\mathrm{d}x=$ ________.

解　$\int x^3\mathrm{e}^{x^2}\mathrm{d}x=\frac{1}{2}\int x^2\mathrm{d}\mathrm{e}^{x^2}=\frac{1}{2}x^2\mathrm{e}^{x^2}-\frac{1}{2}\int\mathrm{e}^{x^2}\mathrm{d}x^2$

$=\frac{1}{2}x^2\mathrm{e}^{x^2}-\frac{1}{2}\mathrm{e}^{x^2}+C=\frac{1}{2}\mathrm{e}^{x^2}(x^2-1)+C.$

16. 计算$\int\frac{\mathrm{d}x}{\sin2x+2\sin x}$.

解法一 原式$=\int\frac{\mathrm{d}x}{2\sin x(\cos x+1)}=\frac{1}{4}\int\frac{\mathrm{d}\left(\frac{x}{2}\right)}{\sin\frac{x}{2}\cos^3\frac{x}{2}}$

$$=\frac{1}{4}\int\frac{\mathrm{d}\left(\tan\frac{x}{2}\right)}{\tan\frac{x}{2}\cos^2\frac{x}{2}}=\frac{1}{4}\int\frac{1+\tan^2\frac{x}{2}}{\tan\frac{x}{2}}\mathrm{d}\left(\tan\frac{x}{2}\right)$$

$$=\frac{1}{8}\tan^2\frac{x}{2}+\frac{1}{4}\ln\left|\tan\frac{x}{2}\right|+C.$$

解法二 原式$=\int\frac{\mathrm{d}x}{2\sin x(\cos x+1)}=\int\frac{\sin x\mathrm{d}x}{2(1-\cos^2 x)(1+\cos x)}$

$$\xlongequal{\cos x=u}-\int\frac{\mathrm{d}u}{2(1-u^2)(1+u)}=-\frac{1}{8}\int\left[\frac{1}{1-u}+\frac{3+u}{(1+u)^2}\right]\mathrm{d}u$$

$$=\frac{1}{8}\left(\ln|1-u|-\ln|1+u|+\frac{2}{1+u}\right)+C$$

$$=\frac{1}{8}\left[\ln(1-\cos x)-\ln(1+\cos x)+\frac{2}{1+\cos x}\right]+C.$$

解法三 令 $\tan\frac{x}{2}=t$，则

$$\sin x=\frac{2t}{1+t^2},\ \cos x=\frac{1-t^2}{1+t^2},\ x=2\arctan t,\ \mathrm{d}x=\frac{2}{1+t^2}\mathrm{d}t,$$

故 原式$=\int\frac{1}{2\cdot\frac{2t}{1+t^2}\cdot\frac{2}{1+t^2}}\cdot\frac{2}{1+t^2}\mathrm{d}t=\frac{1}{4}\int\frac{1+t^2}{t}\mathrm{d}t$

$$=\frac{1}{4}\ln|t|+\frac{1}{8}t^2+C=\frac{1}{4}\ln\left|\tan\frac{x}{2}\right|+\frac{1}{8}\left(\tan\frac{x}{2}\right)^2+C.$$

17. 设 $f(x^2-1)=\ln\frac{x^2}{x^2-2}$，且 $f[\varphi(x)]=\ln x$，求 $\int\varphi(x)\mathrm{d}x$.

解 $f(x^2-1)=\ln\frac{(x^2-1)+1}{(x^2-1)-1}$，所以 $f(x)=\ln\frac{x+1}{x-1}$，从而

$$f[\varphi(x)]=\ln\frac{\varphi(x)+1}{\varphi(x)-1}=\ln x,\ 即\frac{\varphi(x)+1}{\varphi(x)-1}=x,\ \varphi(x)=\frac{x+1}{x-1},$$

于是 $\int\varphi(x)\mathrm{d}x=\int\frac{x+1}{x-1}\mathrm{d}x=2\ln(x-1)+x+C.$

18. 计算不定积分 $\int\frac{\arctan x}{x^2(1+x^2)}\mathrm{d}x$.

解 原式$=\int\frac{\arctan x}{x^2}\mathrm{d}x-\int\frac{\arctan x}{1+x^2}\mathrm{d}x$

$$=-\frac{\arctan x}{x}+\int\frac{\mathrm{d}x}{x(1+x^2)}-\frac{1}{2}(\arctan x)^2$$

$$=-\frac{\arctan x}{x}+\frac{1}{2}\int\left(\frac{1}{x^2}-\frac{1}{1+x^2}\right)\mathrm{d}x^2-\frac{1}{2}(\arctan x)^2$$

$$=-\frac{\arctan x}{x}-\frac{1}{2}(\arctan x)^2+\frac{1}{2}\ln\frac{x^2}{1+x^2}+C.$$

19. $\int \frac{dx}{\sqrt{x(4-x)}} =$ ________.

解法一　由 $x(4-x)>0$，得 $0<x<4$，所以

$$\text{原式} = \int \frac{1}{\sqrt{x}\sqrt{4-x}}dx = 2\int \frac{1}{\sqrt{4-(\sqrt{x})^2}}d\sqrt{x} = 2\arcsin\frac{\sqrt{x}}{2} + C.$$

解法二　原式 $= \int \frac{dx}{\sqrt{4-(x-2)^2}} = \arcsin\frac{x-2}{2} + C.$

20. 计算 $\int e^{2x}(\tan x + 1)^2 dx$.

解　原式 $= \int e^{2x}(1+\tan^2 x + 2\tan x)dx = \int e^{2x}\sec^2 x dx + 2\int e^{2x}\tan x dx$

$$= \int e^{2x} d\tan x + 2\int e^{2x}\tan x dx = e^{2x}\tan x - 2\int e^{2x}\tan x dx + 2\int e^{2x}\tan x dx$$

$$= e^{2x}\tan x + C.$$

21. $\int \frac{\ln\sin x}{\sin^2 x}dx =$ ________.

解　原式 $= -\int \ln\sin x d\cot x = -\cot x\ln\sin x + \int \cot x\frac{\cos x}{\sin x}dx$

$$= -\cot x\cdot\ln\sin x + \int(\csc^2 x - 1)dx$$

$$= -\cot x\cdot\ln\sin x - \cot x - x + C.$$

22. $\int \frac{x+5}{x^2-6x+13}dx =$ ________.

解　注意到 $(x^2-6x+13)'=2x-6$，所以

$$\int \frac{x+5}{x^2-6x+13}dx = \int \frac{\frac{1}{2}(2x-6)+8}{x^2-6x+13}dx$$

$$= \frac{1}{2}\ln(x^2-6x+13) + 8\int \frac{dx}{(x-3)^2+4}$$

$$= \frac{1}{2}\ln(x^2-6x+13) + 4\arctan\frac{x-3}{2} + C.$$

23. 设 $f(\ln x) = \frac{\ln(1+x)}{x}$，计算 $\int f(x)dx$.

解　设 $\ln x = t$，则 $x = e^t$，$f(x) = \frac{\ln(1+e^x)}{e^x}$，于是

$$\int f(x)dx = \int \frac{\ln(1+e^x)}{e^x}dx = -\int \ln(1+e^x)de^{-x}$$

$$= -e^{-x}\ln(1+e^x) + \int \frac{1}{1+e^x}dx$$

$$= -e^{-x}\ln(1+e^x) + \int\left(1-\frac{e^x}{1+e^x}\right)dx$$

$$= -e^{-x}\ln(1+e^x) + x - \ln(1+e^x) + C$$

$$= x - (1+e^{-x})\ln(1+e^x) + C.$$

24. 求$\int \frac{dx}{(2x^2+1)\sqrt{x^2+1}}$.

解 令$x=\tan u\left(-\frac{\pi}{2}<u<\frac{\pi}{2}\right)$，则$dx=\sec^2 u du$，故

$$\text{原式}=\int \frac{\sec^2 u}{(2\tan^2 u+1)\sec u}du=\int \frac{\sec u}{2\sec^2 u-1}du=\int \frac{\cos u}{2-\cos^2 u}du$$

$$=\int \frac{1}{1+\sin^2 u}d\sin u=\arctan(\sin u)+C$$

$$=\arctan\frac{x}{\sqrt{1+x^2}}+C.$$

25. 计算$\int \frac{xe^{\arctan x}}{(1+x^2)^{\frac{3}{2}}}dx$.

解 设$x=\tan t$，则$dx=\sec^2 t dt$，故

$$\int \frac{xe^{\arctan x}}{(1+x^2)^{\frac{3}{2}}}dx=\int \frac{e^t\tan t}{(1+\tan^2 t)^{\frac{3}{2}}}\sec^2 t dt=\int e^t\sin t dt,$$

而

$$\int e^t\sin t dt=\int \sin t de^t=e^t\sin t-\int e^t\cos t dt$$

$$=e^t\sin t-\int \cos t de^t=e^t\sin t-e^t\cos t-\int e^t\sin t dt,$$

故

$$\int e^t\sin t dt=\frac{1}{2}e^t(\sin t-\cos t)+C,$$

因此，

$$\int \frac{xe^{\arctan x}}{(1+x^2)^{\frac{3}{2}}}dx=\frac{1}{2}e^{\arctan x}\left(\frac{x}{\sqrt{1+x^2}}-\frac{1}{\sqrt{1+x^2}}\right)+C$$

$$=\frac{(x-1)e^{\arctan x}}{2\sqrt{1+x^2}}+C.$$

26. 求$\int \frac{\arctan e^x}{e^{2x}}dx$.

解

$$\text{原式}=-\frac{1}{2}\int \arctan e^x de^{-2x}=-\frac{1}{2}\left[e^{-2x}\arctan e^x-\int \frac{de^x}{e^{2x}(1+e^{2x})}\right]$$

$$=-\frac{1}{2}\left[e^{-2x}\arctan e^x-\int \frac{1+e^{2x}-e^{2x}}{e^{2x}(1+e^{2x})}de^x\right]$$

$$=-\frac{1}{2}\left(e^{-2x}\arctan e^x-\int \frac{1}{e^{2x}}de^x+\int \frac{1}{1+e^{2x}}de^x\right)$$

$$=-\frac{1}{2}\left(e^{-2x}\arctan e^x+\frac{1}{e^x}+\arctan e^x\right)+C$$

$$=-\frac{1}{2}(e^{-2x}\arctan e^x+e^{-x}+\arctan e^x)+C.$$

27. 已知$f'(e^x)=xe^{-x}$，且$f(1)=0$，则$f(x)=$________.

解 令$e^x=u$，得$f'(u)=\frac{1}{u}\ln u$，求不定积分，得

$$f(u)=\int \frac{1}{u}\ln u du=\int \ln u d\ln u=\frac{1}{2}(\ln u)^2+C.$$

令 $u=1$，由 $f(1)=0$，得 $C=0$，所以 $f(u)=\frac{1}{2}(\ln u)^2$，于是 $f(x)=\frac{1}{2}(\ln x)^2$.

28. 求 $\int \frac{xe^x}{\sqrt{e^x-1}}dx$.

解　令 $\sqrt{e^x-1}=t$，则 $x=\ln(t^2+1)$，$dx=\frac{2t}{t^2+1}dt$，故

$$
\begin{aligned}
\text{原式} &= \int \frac{(t^2+1)\ln(t^2+1)}{t}\cdot\frac{2t}{t^2+1}dt \\
&= 2\int \ln(t^2+1)dt = 2t\ln(t^2+1)-2\int\frac{2t^2}{t^2+1}dt \\
&= 2t\ln(t^2+1)-4\int\left(1-\frac{1}{t^2+1}\right)dt \\
&= 2t\ln(t^2+1)-4t+4\arctan t+C \\
&= 2x\sqrt{e^x-1}-4\sqrt{e^x-1}+4\arctan\sqrt{e^x-1}+C.
\end{aligned}
$$

29. 求 $\int \frac{dx}{1+\sin x}$.

解法一　原式 $=\int\frac{1-\sin x}{\cos^2 x}dx=\tan x-\frac{1}{\cos x}+C.$

解法二　原式 $=\int\frac{dx}{\left(\sin\frac{x}{2}+\cos\frac{x}{2}\right)^2}=\int\frac{\sec^2\frac{x}{2}}{\left(1+\tan\frac{x}{2}\right)^2}dx$

$$
=2\int\frac{d\left(1+\tan\frac{x}{2}\right)}{\left(1+\tan\frac{x}{2}\right)^2}=-\frac{2}{1+\tan\frac{x}{2}}+C.
$$

30. 已知 $f(x)$ 的一个原函数为 $\ln^2 x$，则 $\int xf'(x)dx=$________.

解　$f(x)=(\ln^2 x)'=\frac{2}{x}\ln x$，得 $f'(x)=-\frac{2}{x^2}\ln x+\frac{2}{x^2}$，故

$$
\int xf'(x)dx=-\int\frac{2}{x}\ln x dx+\int\frac{2}{x}dx=-\ln^2 x+2\ln x+C.
$$

第五章 定积分

内容提要

一、定积分的概念与性质

1. 定积分的概念

定义 定积分是一种特殊结构和式极限 $\int_a^b f(x)\mathrm{d}x=\lim\limits_{\lambda\to 0}\sum\limits_{i=1}^{n}f(\xi_i)\Delta x_i$ ，$\lambda=\max\limits_{1\leqslant i\leqslant n}\{\Delta x_i\}$.

定理 若 $f(x)$在区间$[a,b]$上连续，则 $f(x)$在$[a,b]$上可积；若 $f(x)$在区间$[a,b]$上有界，且仅有有限个第一类间断点，则 $f(x)$在$[a,b]$上可积.

2. 定积分的性质

性质 1 被积函数中的常数因子可以提到积分号外面，即

$$\int_a^b kf(x)\mathrm{d}x=k\int_a^b f(x)\mathrm{d}x(k\text{ 为常数}).$$

性质 2 函数的和(差)的定积分等于它们定积分的和(差)，即

$$\int_a^b[f(x)\pm g(x)]\mathrm{d}x=\int_a^b f(x)\mathrm{d}x\pm\int_a^b g(x)\mathrm{d}x.$$

性质 3 对于任意三个数 a，b，c 恒有

$$\int_a^b f(x)\mathrm{d}x=\int_a^c f(x)\mathrm{d}x+\int_c^b f(x)\mathrm{d}x.$$

性质 4 如果在$[a,b]$上，$f(x)\geqslant 0$，则 $\int_a^b f(x)\mathrm{d}x\geqslant 0$.

性质 5 如果在$[a,b]$上，$f(x)\leqslant g(x)$，则 $\int_a^b f(x)\mathrm{d}x\leqslant\int_a^b g(x)\mathrm{d}x$.

性质 6 如果在$[a,b]$上，$f(x)=1$，则 $\int_a^b f(x)\mathrm{d}x=\int_a^b \mathrm{d}x=b-a$.

性质 7 设 M，m 是函数 $f(x)$在区间$[a,b]$上的最大值与最小值，则

$$m(b-a)\leqslant\int_a^b f(x)\mathrm{d}x\leqslant M(b-a).$$

性质 8（积分中值定理） 设函数 $f(x)$在$[a,b]$上连续，则在$[a,b]$上至少存在一点 ξ，

使 $$\int_a^b f(x)\mathrm{d}x = f(\xi)(b-a)(a \leqslant \xi \leqslant b).$$

性质 9 $\int_a^a f(x)\mathrm{d}x = 0$；$\int_a^b f(x)\mathrm{d}x = -\int_b^a f(x)\mathrm{d}x$.

二、微积分基本定理

定理 1 如果函数 $f(x)$ 在 $[a, b]$ 上连续，则函数 $\Phi(x) = \int_a^x f(t)\mathrm{d}t$ 是函数 $f(x)$ 的一个原函数，即有

$$\Phi'(x) = \frac{\mathrm{d}}{\mathrm{d}x}\int_a^x f(t)\mathrm{d}t = f(x),$$

或 $$\mathrm{d}\Phi(x) = \mathrm{d}\int_a^x f(t)\mathrm{d}t = f(x)\mathrm{d}x.$$

定理 2 如果函数 $F(x)$ 是连续函数 $f(x)$ 在 $[a, b]$ 上的一个原函数，则

$$\int_a^b f(x)\mathrm{d}x = F(b) - F(a).$$

三、定积分方法

(1) 换元积分法：

定理 1 设函数 $f(x)$ 在 $[a, b]$ 上连续，函数 $x=\varphi(t)$ 在 $[\alpha, \beta]$ 或 $[\beta, \alpha]$ 上有连续导数，且 $\varphi(\alpha)=a$，$\varphi(\beta)=b$，则

$$\int_a^b f(x)\mathrm{d}x = \int_\alpha^\beta f[\varphi(t)]\varphi'(t)\mathrm{d}t.$$

设 $f(x)$ 在 $[-a, a]$ 上连续，则

$$\int_{-a}^a f(x)\mathrm{d}x = \int_0^a [f(x) + f(-x)]\mathrm{d}x.$$

① 若 $f(x)$ 为偶函数，则 $\int_{-a}^a f(x)\mathrm{d}x = 2\int_0^a f(x)\mathrm{d}x$；

② 若 $f(x)$ 为奇函数，则 $\int_{-a}^a f(x)\mathrm{d}x = 0$.

设 $f(x)$ 是以 T 为周期的周期函数，则

$$\int_a^{a+T} f(x)\mathrm{d}x = \int_0^T f(x)\mathrm{d}x；\quad \int_0^T f(x)\mathrm{d}x = \int_{-\frac{T}{2}}^{\frac{T}{2}} f(x)\mathrm{d}x.$$

(2) 分部积分法：

定理 2 如果 $u=u(x)$，$v=v(x)$ 在 $[a, b]$ 上具有连续导数，则

$$\int_a^b u\mathrm{d}v = uv\Big|_a^b - \int_a^b v\mathrm{d}u.$$

$$I_n = \int_0^{\frac{\pi}{2}} \cos^n x\mathrm{d}x = \int_0^{\frac{\pi}{2}} \sin^n x\mathrm{d}x$$

$$= \begin{cases} \dfrac{n-1}{n} \cdot \dfrac{n-3}{n-2} \cdot \dfrac{n-5}{n-4} \cdot \cdots \cdot \dfrac{4}{5} \cdot \dfrac{2}{3} (n\text{ 为奇数}), \\ \dfrac{n-1}{n} \cdot \dfrac{n-3}{n-2} \cdot \dfrac{n-5}{n-4} \cdot \cdots \cdot \dfrac{3}{4} \cdot \dfrac{1}{2} \cdot \dfrac{\pi}{2} (n\text{ 为偶数}). \end{cases}$$

四、广义积分与 Gamma 函数

（1）广义积分：

定义 1 设函数 $f(x)$在$[a，+\infty)$上有定义且对任意 $b>a$，$f(x)$在$[a，b]$上可积，称极限

$$\lim_{b\to+\infty}\int_a^b f(x)\mathrm{d}x$$

为函数 $f(x)$在$[a，+\infty)$上的广义积分，记作$\int_a^{+\infty} f(x)\mathrm{d}x$.

定义 2 设函数 $f(x)$在$(a，b]$上连续，$\lim\limits_{x\to a^+} f(x)=\infty$，取 $\varepsilon>0$，称极限

$$\lim_{\varepsilon\to0^+}\int_{a+\varepsilon}^b f(x)\mathrm{d}x \quad (a+\varepsilon<b)$$

为函数 $f(x)$在$(a，b]$上的广义积分，仍记为$\int_a^b f(x)\mathrm{d}x$.

（2）Gamma 函数：

$$\Gamma(\alpha)=\int_0^{+\infty} x^{\alpha-1}\mathrm{e}^{-x}\mathrm{d}x \quad (\alpha>0)$$

称为 Gamma 函数(Γ 函数).

① Gamma 函数的递推公式：

$$\Gamma(\alpha+1)=\alpha\Gamma(\alpha).$$

特别地，当 α 为正整数时，有

$$\Gamma(n+1)=n\Gamma(n)=n(n-1)\Gamma(n-2)=\cdots=n!\ \Gamma(1)=n!\ .$$

② Gamma 函数的另一种形式：

$$\Gamma(\alpha)=2\int_0^{+\infty} t^{2\alpha-1}\mathrm{e}^{-t^2}\mathrm{d}t\ .$$

由 $\Gamma\left(\frac{1}{2}\right)=2\int_0^{+\infty}\mathrm{e}^{-t^2}\mathrm{d}t=\sqrt{\pi}$，得

$$\int_0^{+\infty}\mathrm{e}^{-x^2}\mathrm{d}x=\frac{\sqrt{\pi}}{2},$$

称其为概率积分.

五、定积分的应用

（1）面积：

① 设平面图形由连续曲线 $y=f_1(x)$，$y=f_2(x)$及直线 $x=a$，$x=b$ 所围成，并且在$[a，b]$上 $f_1(x)\geqslant f_2(x)$，则该图形的面积为

$$A=\int_a^b[f_1(x)-f_2(x)]\mathrm{d}x.$$

② 设平面图形由连续曲线 $x=g_1(y)$，$x=g_2(y)$及直线 $y=c$，$y=d$ 所围成，并且在$[c，d]$上 $g_1(y)\geqslant g_2(y)$，则该图形的面积为

$$A=\int_c^d[g_1(y)-g_2(y)]\mathrm{d}y.$$

（2）体积：

① 已知平行截面的立体体积：设有一立体，其垂直于 x 轴的截面面积是已知连续函数 $S(x)$，且立体位于 $x=a$，$x=b$ 两点处垂直于 x 轴的两个平面之间，则该立体的体积为

$$V=\int_a^b S(x)\mathrm{d}x.$$

② 旋转体的体积：

平面区域 D：$0\leqslant y\leqslant f(x)$，$a\leqslant x\leqslant b$，绕 x 轴旋转一周，所生成的立体的体积为

$$V=\int_a^b \pi[f(x)]^2\mathrm{d}x.$$

平面区域 D：$0\leqslant x\leqslant \varphi(y)$，$c\leqslant y\leqslant d$，绕 y 轴旋转一周，所生成的立体的体积为

$$V=\int_c^d \pi[\varphi(y)]^2\mathrm{d}y.$$

(3) 弧长：

直角坐标系：曲线方程为 $y=f(x)$，$a\leqslant x\leqslant b$，则

$$s=\int_a^b \sqrt{1+y'^2}\,\mathrm{d}x;$$

参数方程：曲线方程为 $\begin{cases}x=\varphi(t),\\ y=\psi(t)\end{cases}$ $(\alpha\leqslant t\leqslant\beta)$，则

$$s=\int_\alpha^\beta \sqrt{\varphi'^2(t)+\psi'^2(t)}\,\mathrm{d}t.$$

(4) 功：设物体在变力 $F(x)$ 作用下从 $x=a$ 移动到 $x=b$，则

$$W=\int_a^b F(x)\mathrm{d}x.$$

(5) 积分在经济中的应用：

① 总产量函数：若产量 Q 对时间 t 的变化率为 $Q'(t)=f(t)$，则总产量函数为

$$Q(t)=\int Q'(t)\mathrm{d}t=\int f(t)\mathrm{d}t.$$

在时间间隔 $[t_1, t_2]$ 内的总产量 Q 为

$$Q=\int_{t_2}^{t_1} Q'(t)\mathrm{d}t=\int_{t_1}^{t_2} f(t)\mathrm{d}t.$$

② 总需求函数：若边际需求 $Q'(P)=f(P)$，则总需求函数为

$$Q(P)=\int Q'(P)\mathrm{d}P=\int f(P)\mathrm{d}P.$$

③ 总成本函数：若边际成本为 $C'(x)$，且产量为零时的成本为零，则产量为 x 时的总成本函数为

$$C(x)=\int_0^x C'(x)\mathrm{d}x.$$

当产量为零时的成本为 $C(0)$（即固定成本为 $C(0)$），则产量为 x 时的总成本函数为

$$C(x)=\int_0^x C'(x)\mathrm{d}x+C(0).$$

④ 总收益函数：设总收益函数为 $R(Q)$，边际收益函数为 $R'(Q)$，则销售 Q 个单位时的总收益函数为

$$R(Q)=\int_0^Q R'(Q)\mathrm{d}Q,$$

其中 $R(0)=0$，即假定销售量为零时，总收益为零．

如用不定积分

$$R(Q)=\int R'(Q)\mathrm{d}Q$$

计算，仍需用初始条件 $R(0)=0$ 确定积分常数．

⑤ 总利润函数：设边际收益为 $R'(x)$，边际成本为 $C'(x)$，则总收益 $R(x)=\int_0^x R'(x)\mathrm{d}x$，总可变成本(不包含固定成本)为 $F(x)=\int_0^x C'(x)\mathrm{d}x$，总成本函数为 $C(x)=F(x)+C_0$（固定成本）$=\int_0^x C'(x)\mathrm{d}x+C_0$．边际利润为

$$L'(x)=[R(x)-C(x)]'=R'(x)-C'(x)=R'(x)-F'(x),$$

于是产量为 x 时所获得的毛利(包含固定成本的利润)为

$$\bar{L}=\int_0^x L'(x)\mathrm{d}x=\int_0^x[R'(x)-F'(x)]\mathrm{d}x=R(x)-F(x).$$

从毛利中扣除固定成本，即产量为 x 时所获得的净利为

$$L(x)=\bar{L}(x)-C_0=R(x)-[F(x)+C_0]=R(x)-C(x).$$

范例解析

例 1 求 $y=\int_0^{x^2}\sin\sqrt{t}\,\mathrm{d}t$ 的导数．

解 记 $y=\int_0^{x^2}\sin\sqrt{t}\,\mathrm{d}t$，令 $u=x^2$，由复合函数的求导法则，得

$$\frac{\mathrm{d}y}{\mathrm{d}x}=\frac{\mathrm{d}y}{\mathrm{d}u}\cdot\frac{\mathrm{d}u}{\mathrm{d}x}=\frac{\mathrm{d}}{\mathrm{d}u}\int_0^u\sin\sqrt{t}\,\mathrm{d}t\cdot(x^2)'$$

$$=\sin\sqrt{u}\cdot 2x=2x\sin\sqrt{x^2}=2x\sin|x|.$$

例 2 求 $\frac{\mathrm{d}}{\mathrm{d}x}\int_{x^2}^{3x}\sin t^2\,\mathrm{d}t$.

解 原式 $=\sin(3x)^2\cdot(3x)'-\sin(x^2)^2\cdot(x^2)'=3\sin 9x^2-2x\sin x^4$.

例 3 设 $I=t\int_0^{\frac{s}{t}}f(tx)\mathrm{d}x$，其中 $f(x)$ 连续，$s>0$，$t>0$，试问积分 I 的值与 t，s，x 中的哪些变量有关？

解 定积分 I 与积分变量 x 无关，令 $tx=u$，则 $x=\frac{u}{t}$，$\mathrm{d}x=\frac{1}{t}\mathrm{d}u$.

$$I=t\int_0^s f(u)\,\frac{1}{t}\mathrm{d}u=\int_0^s f(u)\mathrm{d}u.$$

由此可见，I 只与 s 有关，与 t 也无关．

例 4 求 $I=\int_a^x tf(x-t)\mathrm{d}t$ 的导数．

解 被积函数 $f(x-t)$ 中含有 x，首先令 $x-t=u$ 消去 $f(x-t)$ 中的 x，则

$$I=-\int_{x-a}^{0}(x-u)f(u)\mathrm{d}u=\int_{0}^{x-a}(x-u)f(u)\mathrm{d}u$$

$$=x\int_{0}^{x-a}f(u)\mathrm{d}u-\int_{0}^{x-a}uf(u)\mathrm{d}u.$$

$$\frac{\mathrm{d}I}{\mathrm{d}x}=\int_{0}^{x-a}f(u)\mathrm{d}u+xf(x-a)-(x-a)f(x-a)$$

$$=\int_{0}^{x-a}f(u)\mathrm{d}u+af(x-a).$$

例 5　已知$\int_{0}^{x}f(t)\mathrm{d}t=\int_{x}^{1}t^2f(t)\mathrm{d}t+\frac{1}{8}x^{16}+\frac{1}{9}x^{18}+C$,求 $f(x)$ 及 C.

解　方程两边对 x 求导，得

$$f(x)=-x^2f(x)+2x^{15}+2x^{17},$$

整理，得

$$f(x)=2x^{15}.$$

在原方程中，令 $x=0$，则有

$$\int_{0}^{0}f(t)\mathrm{d}t=\int_{0}^{1}t^2f(t)\mathrm{d}t+0+0+C,$$

即

$$C=-\int_{0}^{1}t^2f(t)\mathrm{d}t=-\int_{0}^{1}2x^{17}\mathrm{d}x=\frac{-2}{18}x^{18}\Big|_{0}^{1}=-\frac{1}{9},$$

故

$$f(x)=2x^{15},\quad C=-\frac{1}{9}.$$

例 6　设 $f(x)$连续，$\varphi(x)=\int_{0}^{1}f(xt)\mathrm{d}t$，且$\lim\limits_{x\to 0}\frac{f(x)}{x}=A$($A$ 为常数)，求 $\varphi'(x)$，并讨论 $\varphi'(x)$的连续性.

解　A 为常数，$x\to 0$，且$\lim\limits_{x\to 0}\frac{f(x)}{x}=A$，故$\lim\limits_{x\to 0}f(x)=0$. 又 $f(x)$连续，所以

$$\lim_{x\to 0}f(x)=f(0)=0,$$

于是

$$\varphi(0)=\int_{0}^{1}f(0t)\mathrm{d}t=\int_{0}^{1}f(0)\mathrm{d}t=0.$$

设 $xt=u$，则当 $t=0$，1 时，$u=0$，x，故

$$\varphi(x)=[\int_{0}^{x}f(u)\mathrm{d}u]/x(x\neq 0),\ \varphi'(x)=\frac{f(x)}{x}-\frac{\int_{0}^{x}f(u)\mathrm{d}u}{x^2}.$$

且

$$\lim_{x\to 0}\varphi'(x)=\lim_{x\to 0}\frac{f(x)}{x}-\lim_{x\to 0}\frac{f(x)}{2x}=A-\frac{1}{2}A=\frac{1}{2}A.$$

又

$$\varphi'(0)=\lim_{x\to 0}\frac{\varphi(x)-\varphi(0)}{x-0}=\lim_{x\to 0}\frac{\int_{0}^{x}f(u)\mathrm{d}u}{x^2}=\lim_{x\to 0}\frac{f(x)}{2x}=\frac{1}{2}A.$$

因$\lim\limits_{x\to 0}\varphi'(x)=\frac{A}{2}=\varphi'(0)$，即 $\varphi'(x)$在 $x=0$ 处连续，又 $x\neq 0$ 时，$\varphi'(x)$显然连续，故 $\varphi'(x)$处处连续.

例 7　设 $f(x)$在[0，1]上连续，且 $f(x)<1$，证明：方程 $2x-\int_{0}^{x}f(t)\mathrm{d}t=1$ 在(0，1)内只有一个根.

证 令 $F(x)=2x-\int_0^x f(t)\mathrm{d}t-1$，则

$$F(0)=-1<0,\ F(1)=2-\int_0^1 f(t)\mathrm{d}t-1=1-\int_0^1 f(t)\mathrm{d}t,$$

又因为 $f(x)<1$，所以 $\int_0^1 f(x)\mathrm{d}x<\int_0^1 \mathrm{d}x=1$，从而 $F(1)>0$. 由零点定理，$F(x)=0$ 在 $(0,1)$ 内有一个实根.

$F'(x)=2-f(x)>1>0$，即 $F(x)$ 在 $[0,1]$ 上单调增加，故 $F(x)=0$ 在 $(0,1)$ 内只有一个根.

例 8 求函数 $F(x)=\int_0^x t(t-4)\mathrm{d}t$ 在 $[-1,5]$ 上的最大值与最小值.

解 $F'(x)=x(x-4)=x^2-4x$，令 $F'(x)=0$，得 $x=0$，$x=4$. 而

$$F''(x)=2x-4,\ F''(0)=-4<0,\ F''(4)=4>0,$$

所以 $F(x)$ 在 $x=0$，$x=4$ 处分别取得极大值和极小值：

$$F(0)=0,\ F(4)=\int_0^4 t(t-4)\mathrm{d}t=-\frac{32}{3}.$$

又 $F(-1)=-\frac{7}{3}$，$F(5)=-\frac{25}{3}$，故 $F(x)$ 在区间 $[-1,5]$ 上的最小值为 $-\frac{32}{3}$；最大值为 0.

例 9 估计积分 $\int_2^0 \mathrm{e}^{x^2-x}\mathrm{d}x$ 的值.

解 先求被积函数 $f(x)=\mathrm{e}^{x^2-x}$ 在区间 $[0,2]$ 上的最值.

$$f'(x)=(2x-1)\mathrm{e}^{x^2-x},$$

令 $f'(x)=0$，得驻点 $x=\frac{1}{2}$，$f\left(\frac{1}{2}\right)=\mathrm{e}^{-\frac{1}{4}}$，$f(0)=\mathrm{e}^0=1$，$f(2)=\mathrm{e}^2$，故 $f(x)$ 在 $[0,2]$ 上的最大值为 e^2，最小值为 $\mathrm{e}^{-\frac{1}{4}}$，从而有

$$\mathrm{e}^{-\frac{1}{4}}(2-0)\leqslant\int_0^2 \mathrm{e}^{x^2-x}\mathrm{d}x\leqslant \mathrm{e}^2(2-0).$$

又因为 $\int_2^0 \mathrm{e}^{x^2-x}\mathrm{d}x=-\int_0^2 \mathrm{e}^{x^2-x}\mathrm{d}x$，所以

$$-2\mathrm{e}^2\leqslant\int_2^0 \mathrm{e}^{x^2-x}\mathrm{d}x\leqslant -2\mathrm{e}^{-\frac{1}{4}}.$$

例 10 设 $f(x)$ 在 $[0,1]$ 上连续且递减，证明：当 $0<\lambda<1$ 时，

$$\int_0^\lambda f(x)\mathrm{d}x\geqslant\lambda\int_0^1 f(x)\mathrm{d}x.$$

证 $\int_0^1 f(x)\mathrm{d}x=\int_0^\lambda f(x)\mathrm{d}x+\int_\lambda^1 f(x)\mathrm{d}x$，由积分中值定理，得

$$\int_0^\lambda f(x)\mathrm{d}x=\lambda f(\xi_1)(0\leqslant\xi_1\leqslant\lambda),\ \int_\lambda^1 f(x)\mathrm{d}x=(1-\lambda)f(\xi_2)(\lambda\leqslant\xi_2\leqslant 1),$$

$$\text{故}\quad \int_0^\lambda f(x)\mathrm{d}x-\lambda\int_0^1 f(x)\mathrm{d}x=\int_0^\lambda f(x)\mathrm{d}x-\lambda\int_0^\lambda f(x)\mathrm{d}x-\lambda\int_\lambda^1 f(x)\mathrm{d}x$$

$$=(1-\lambda)\int_0^\lambda f(x)\mathrm{d}x-\lambda\int_\lambda^1 f(x)\mathrm{d}x$$

$$=\lambda(1-\lambda)f(\xi_1)-\lambda(1-\lambda)f(\xi_2)$$
$$=\lambda(1-\lambda)[f(\xi_1)-f(\xi_2)](0<\lambda,\ 1-\lambda<1).$$

因 $0\leqslant\xi_1\leqslant\lambda\leqslant\xi_2\leqslant1$，$f(x)$递减，故 $f(\xi_1)\geqslant f(\xi_2)$，从而

$$\int_0^\lambda f(x)\mathrm{d}x-\lambda\int_0^1 f(x)\mathrm{d}x\geqslant0,$$

即

$$\int_0^\lambda f(x)\mathrm{d}x\geqslant\lambda\int_0^1 f(x)\mathrm{d}x.$$

例 11　求 $I=\int_{-1}^1\frac{x\mathrm{d}x}{\sqrt{5-4x}}$.

解　令 $\sqrt{5-4x}=t$，则 $x=\frac{1}{4}(5-t^2)$，$\mathrm{d}x=-\frac{1}{2}t\mathrm{d}t$.

当 $x=-1$ 时，$t=3$；当 $x=1$ 时，$t=1$，故

$$I=\int_3^1\frac{\frac{1}{4}(5-t^2)}{t}\left(-\frac{1}{2}t\right)\mathrm{d}t=\frac{1}{8}\int_1^3(5-t^2)\mathrm{d}t=\frac{1}{8}\left(5t-\frac{1}{3}t^3\right)\Big|_1^3=\frac{1}{6}.$$

例 12　求 $I=\int_1^{\sqrt{3}}\frac{\mathrm{d}x}{x^2\sqrt{1+x^2}}$.

解　令 $x=\tan t$，则 $\mathrm{d}x=\sec^2 t\mathrm{d}t$. 当 $x=1$ 时，$t=\frac{\pi}{4}$；当 $x=\sqrt{3}$时，$t=\frac{\pi}{3}$，故

$$I=\int_{\frac{\pi}{4}}^{\frac{\pi}{3}}\frac{1}{\tan^2 t\sec t}\sec^2 t\mathrm{d}t=\int_{\frac{\pi}{4}}^{\frac{\pi}{3}}\frac{\cos t}{\sin^2 t}\mathrm{d}t$$
$$=\int_{\frac{\pi}{4}}^{\frac{\pi}{3}}\frac{1}{\sin^2 t}\mathrm{d}\sin t=-\frac{1}{\sin t}\Big|_{\frac{\pi}{4}}^{\frac{\pi}{3}}=\sqrt{2}-\frac{2}{3}\sqrt{3}.$$

例 13　求 $I=\int_1^3\frac{1}{x\sqrt{x^2+5x+1}}\mathrm{d}x$.

解　令 $x=\frac{1}{t}$，则 $\mathrm{d}x=-\frac{1}{t^2}\mathrm{d}t$. 故

$$I=-\int_1^{\frac{1}{3}}\frac{\mathrm{d}t}{\sqrt{t^2+5t+1}}=-\int_1^{\frac{1}{3}}\frac{1}{\sqrt{\left(t+\frac{5}{2}\right)^2-\frac{21}{4}}}\mathrm{d}\left(t+\frac{5}{2}\right)$$
$$=-\left[\ln\left(t+\frac{5}{2}+\sqrt{t^2+5t+1}\right)\right]\Big|_1^{\frac{1}{3}}$$
$$=\ln\left(\frac{7}{2}+\sqrt{7}\right)-\ln\left(\frac{17}{6}+\frac{5}{3}\right)=\ln\frac{7+2\sqrt{7}}{9}.$$

例 14　求 $I=\int_0^1 x(1-x^4)^{\frac{3}{2}}\mathrm{d}x$.

解　$I=\frac{1}{2}\int_0^1[1-(x^2)^2]^{\frac{3}{2}}\mathrm{d}x^2$，令 $x^2=\sin\theta$，则

$$I=\frac{1}{2}\int_0^{\frac{\pi}{2}}(1-\sin^2\theta)^{\frac{3}{2}}\mathrm{d}\sin\theta=\frac{1}{2}\int_0^{\frac{\pi}{2}}\cos^3\theta\cos\theta\mathrm{d}\theta$$
$$=\frac{1}{2}\int_0^{\frac{\pi}{2}}\cos^4\theta\mathrm{d}\theta=\frac{1}{2}\cdot\frac{3}{4}\cdot\frac{1}{2}\cdot\frac{\pi}{2}=\frac{3\pi}{32}.$$

例 15 已知$\int_a^{2\ln 2}\frac{1}{\sqrt{e^x-1}}dx=\frac{\pi}{6}$，求 a.

解 令$\sqrt{e^x-1}=t$，则 $x=\ln(t^2+1)$，故

$$\int_a^{2\ln 2}\frac{1}{\sqrt{e^x-1}}dx=\int_{\sqrt{e^a-1}}^{\sqrt{3}}\frac{1}{t}\cdot\frac{2t}{t^2+1}dt=2\arctan t\Big|_{\sqrt{e^a-1}}^{\sqrt{3}}$$

$$=\frac{2\pi}{3}-2\arctan\sqrt{e^a-1}.$$

由$\frac{2\pi}{3}-2\arctan\sqrt{e^a-1}=\frac{\pi}{6}$，得 $\arctan\sqrt{e^a-1}=\frac{\pi}{4}$，则 $a=\ln 2$.

例 16 求 $I=\int_0^{\frac{\pi}{2}}\frac{x\sin x\cos x}{1+\cos^2 2x}dx$.

解 令 $x=\frac{\pi}{2}-t$，则

$$I=-\int_{\frac{\pi}{2}}^{0}\frac{\left(\frac{\pi}{2}-t\right)\cos t\sin t}{1+\cos^2 2t}dt=\frac{\pi}{2}\int_0^{\frac{\pi}{2}}\frac{\cos t\sin t}{1+\cos^2 2t}dt-I,$$

故

$$I=\frac{\pi}{4}\int_0^{\frac{\pi}{2}}\frac{\cos t\sin t}{1+\cos^2 2t}dt=-\frac{\pi}{16}\int_0^{\frac{\pi}{2}}\frac{1}{1+\cos^2 2t}d\cos 2t$$

$$=-\frac{\pi}{16}[\arctan(\cos 2t)]\Big|_0^{\frac{\pi}{2}}=\frac{\pi^2}{32}.$$

例 17 求 $I=\int_0^{\frac{\pi}{4}}\frac{1-\sin 2x}{1+\sin 2x}dx$.

解 令 $x=\frac{\pi}{4}-t$，则 $2x=\frac{\pi}{2}-2t$. 故

$$I=-\int_{\frac{\pi}{4}}^{0}\frac{1-\cos 2t}{1+\cos 2t}dt=\int_0^{\frac{\pi}{4}}\frac{1-\cos 2t}{1+\cos 2t}dt=\int_0^{\frac{\pi}{4}}\frac{2\sin^2 t}{2\cos^2 t}dt$$

$$=\int_0^{\frac{\pi}{4}}\tan^2 t\,dt=\int_0^{\frac{\pi}{4}}(\sec^2 t-1)dt=(\tan t-t)\Big|_0^{\frac{\pi}{4}}=1-\frac{\pi}{4}.$$

例 18 证明：$\int_0^{\frac{\pi}{2}}\sin^m x\cos^m x\,dx=2^{-m}\int_0^{\frac{\pi}{2}}\cos^m x\,dx$.

证 左$=\int_0^{\frac{\pi}{2}}\frac{1}{2^m}\sin^m 2x\,dx=2^{-m}\int_0^{\frac{\pi}{2}}\sin^m 2x\,dx.$

令 $2x=\frac{\pi}{2}-t$，即 $x=\frac{\pi}{4}-\frac{t}{2}$，则

$$左=2^{-m}\int_{\frac{\pi}{2}}^{-\frac{\pi}{2}}\cos^m t\left(-\frac{1}{2}\right)dt=2^{-m}\int_0^{\frac{\pi}{2}}\cos^m t\,dt=2^{-m}\int_0^{\frac{\pi}{2}}\cos^m x\,dx=右.$$

例 19 设 $f(x)$在$[0,1]$上连续，证明：

$$\int_0^{\pi}f(\sin x)dx=2\int_0^{\frac{\pi}{2}}f(\cos x)dx,$$

并由此计算$\int_0^{\pi}\frac{1}{1+\sin^2 x}dx$.

证 令 $x=\frac{\pi}{2}-t$，则

$$\int_0^{\pi} f(\sin x)\mathrm{d}x = -\int_{\frac{\pi}{2}}^{-\frac{\pi}{2}} f(\cos x)\mathrm{d}x = 2\int_0^{\frac{\pi}{2}} f(\cos x)\mathrm{d}x,$$

故 $$\int_0^{\pi} \frac{1}{1+\sin^2 x} = 2\int_0^{\frac{\pi}{2}} \frac{1}{1+\cos^2 x}\mathrm{d}x = 2\int_0^{\frac{\pi}{2}} \frac{1}{(\sec^2 x+1)}\frac{1}{\cos^2 x}\mathrm{d}x$$

$$=2\int_0^{\frac{\pi}{2}} \frac{1}{2+\tan^2 x}\mathrm{d}\tan x = \frac{2}{\sqrt{2}}\arctan\frac{\tan x}{\sqrt{2}}\Big|_0^{\frac{\pi}{2}} = \frac{\sqrt{2}}{2}\pi.$$

注 例 17～例 19 应用了定积分与积分变量无关．被积函数是 $\sin^n x$，要证明结果中被积函数也是 $\sin^n x$，令 $x=\pi-t$；要证明结果中被积函数是 $\cos^n x$，就令 $x=\frac{\pi}{2}-t$.

例 20 计算 $I=\int_0^{\frac{1}{2}} x\ln\frac{1+x}{1-x}\mathrm{d}x$.

解 $$I=\int_0^{\frac{1}{2}} \ln\frac{1+x}{1-x}\mathrm{d}\left(\frac{x^2}{2}\right)=\frac{x^2}{2}\ln\frac{1+x}{1-x}\Big|_0^{\frac{1}{2}}-\int_0^{\frac{1}{2}} \frac{x^2}{2}\frac{1-x}{1+x}\cdot\frac{2}{(1-x)^2}\mathrm{d}x$$

$$=\frac{1}{8}\ln 3+\int_0^{\frac{1}{2}} \frac{x^2}{x^2-1}\mathrm{d}x=\frac{1}{8}\ln 3+\int_0^{\frac{1}{2}} \mathrm{d}x+\frac{1}{2}\ln\left|\frac{x-1}{x+1}\right|\Bigg|_0^{\frac{1}{2}}$$

$$=\frac{1}{2}-\frac{3}{8}\ln 3.$$

例 21 求 $I=\int_1^{\mathrm{e}} \sin(\ln x)\mathrm{d}x$.

解 $$I=\int_1^{\mathrm{e}} \sin(\ln x)\mathrm{d}x=x\sin(\ln x)\Big|_1^{\mathrm{e}}-\int_1^{\mathrm{e}} x\cos(\ln x)\frac{1}{x}\mathrm{d}x$$

$$=\mathrm{e}\sin 1-\int_1^{\mathrm{e}} \cos(\ln x)\mathrm{d}x=\mathrm{e}\sin 1-x\cos(\ln x)\Big|_1^{\mathrm{e}}-\int_1^{\mathrm{e}} \sin(\ln x)\mathrm{d}x$$

$$=\mathrm{e}\sin 1-\mathrm{e}\cos 1+1-I,$$

故 $$I=\int_1^{\mathrm{e}} \sin(\ln x)\mathrm{d}x=\frac{\mathrm{e}}{2}(\sin 1-\cos 1)+\frac{1}{2}.$$

例 22 设 $f(x)=\int_1^x \mathrm{e}^{-t^2}\mathrm{d}t$,求$\int_0^1 f(x)\mathrm{d}x$．

解 因 $f(1)=0$，$f'(x)=\mathrm{e}^{-x^2}$，故

$$\int_0^1 f(x)\mathrm{d}x=[xf(x)]\Big|_0^1-\int_0^1 xf'(x)\mathrm{d}x$$

$$=-\int_0^1 x\mathrm{e}^{-x^2}\mathrm{d}x=\frac{1}{2}\mathrm{e}^{-x^2}\Big|_0^1=\frac{1}{2}(\mathrm{e}^{-1}-1).$$

例 23 设 $f(x)=\int_1^{x^2} \frac{\sin t}{t}\mathrm{d}t$,求$\int_0^1 xf(x)\mathrm{d}x$．

解 因 $f(1)=0$，$f'(x)=\frac{\sin x^2}{x^2}\cdot 2x=\frac{2\sin x^2}{x}$，则

$$\int_0^1 xf(x)\mathrm{d}x=\int_0^1 f(x)\mathrm{d}\left(\frac{x^2}{2}\right)=\frac{x^2}{2}f(x)\Big|_0^1-\int_0^1 \frac{x^2}{2}\cdot\frac{2\sin x^2}{x}\mathrm{d}x$$

$$=-\int_0^1 x\sin x^2\mathrm{d}x=\frac{1}{2}\cos x^2\Big|_0^1=\frac{1}{2}(\cos 1-1).$$

例 24 设 $f(x)=\int_0^x \frac{\sin t}{\pi-t}\mathrm{d}t$，计算 $I=\int_0^{\pi} f(x)\mathrm{d}x$.

解 $I=\int_0^{\pi}\left[\int_0^x \frac{\sin t}{\pi-t}\mathrm{d}t\right]\mathrm{d}x$，令 $u=\int_0^x \frac{\sin t}{\pi-t}\mathrm{d}t$，$v=x$，则

$$I=\left[x\int_0^x \frac{\sin t}{\pi-t}\mathrm{d}t\right]\Big|_0^{\pi}-\int_0^{\pi}x\mathrm{d}\left(\int_0^x \frac{\sin t}{\pi-t}\mathrm{d}t\right)=\pi\int_0^{\pi}\frac{\sin t}{\pi-t}\mathrm{d}t-\int_0^{\pi}x\frac{\sin x}{\pi-x}\mathrm{d}x$$

$$=\int_0^{\pi}\frac{\pi\sin x}{\pi-x}\mathrm{d}x-\int_0^{\pi}\frac{x\sin x}{\pi-x}\mathrm{d}x=\int_0^{\pi}\frac{\pi-x}{\pi-x}\sin x\mathrm{d}x$$

$$=\int_0^{\pi}\sin x\mathrm{d}x=2.$$

注意 被积函数中含有变上限积分的定积分，一般有两种求法：一是用分部积分法，选 u 为变上限的积分，其余为 $\mathrm{d}v$；二是用二重积分改变积分次序的方法．

例 25 设 $f(x)=\begin{cases}\dfrac{1}{1+\mathrm{e}^x}, & x<0,\\ \dfrac{1}{1+x}, & x\geqslant 0,\end{cases}$ 求 $\int_0^2 f(x-1)\mathrm{d}x$.

解 令 $t=x-1$，$x=0$ 时，$t=-1$；$x=2$ 时，$t=1$，于是

$$\int_0^2 f(x-1)\mathrm{d}x=\int_{-1}^1 f(t)\mathrm{d}t=\int_{-1}^0 f(t)\mathrm{d}t+\int_0^1 f(t)\mathrm{d}t$$

$$=\int_{-1}^0\frac{\mathrm{d}x}{1+\mathrm{e}^x}+\int_0^1\frac{\mathrm{d}x}{1+x}=\int_{-1}^0\frac{1+\mathrm{e}^x-\mathrm{e}^x}{1+\mathrm{e}^x}\mathrm{d}x-\ln(1+x)\Big|_0^1$$

$$=[x-\ln(1+\mathrm{e}^x)]\Big|_{-1}^0+\ln 2=\ln(1+\mathrm{e}).$$

例 26 计算 $\int_0^{\frac{\pi}{2}}|\sin x-\cos x|\mathrm{d}x$，其中 $y=|\sin x-\cos x|$ 的图像如图 5-1 所示．在 $\left[0,\frac{\pi}{2}\right]$ 内，图像关于直线 $x=\frac{\pi}{4}$ 对称．

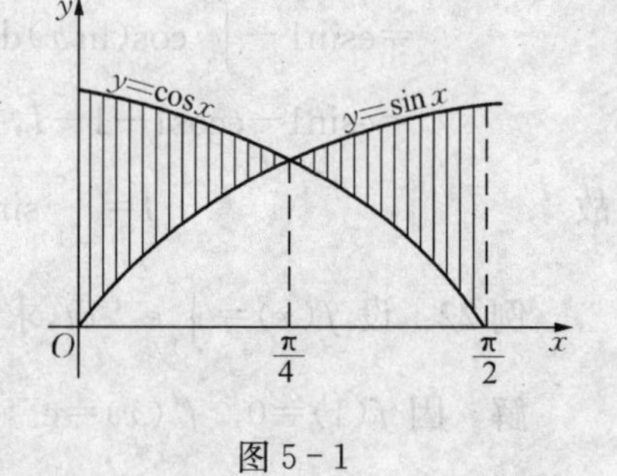

图 5-1

解 由 $|\sin x-\cos x|=0$，在 $\left[0,\frac{\pi}{2}\right]$ 内，得

$$x=\frac{\pi}{4}.$$

当 $0\leqslant x\leqslant\frac{\pi}{4}$ 时，$|\sin x-\cos x|=\cos x-\sin x$；

当 $\frac{\pi}{4}\leqslant x\leqslant\frac{\pi}{2}$ 时，$|\sin x-\cos x|=\sin x-\cos x$.

故 $$\int_0^{\frac{\pi}{2}}|\sin x-\cos x|\mathrm{d}x=2\int_0^{\frac{\pi}{4}}|\sin x-\cos x|\mathrm{d}x=-2\int_0^{\frac{\pi}{4}}(\sin x-\cos x)\mathrm{d}x$$

$$=-2(-\cos x-\sin x)\Big|_0^{\frac{\pi}{4}}=-2(1-\sqrt{2})=2\sqrt{2}-2.$$

例 27 求 $\lim\limits_{a\to 0}\int_{-a}^a\frac{1}{a}\left(1-\frac{|x|}{a}\right)\cos(b-x)\mathrm{d}x$，其中，$a$，$b$ 与 x 无关．

解 $$\int_{-a}^a\frac{1}{a}\left(1-\frac{|x|}{a}\right)(\cos b\cos x+\sin b\sin x)\mathrm{d}x$$

$$=\frac{1}{a^2}\int_{-a}^{a}(a-|x|)(\cos b\cos x+\sin b\sin x)\mathrm{d}x.$$

因 $\cos x$，$|x|$ 是偶函数，$\sin x$ 是奇函数，故 $(a-|x|)\cos b\cos x$ 为偶函数，$(a-|x|)\sin b\sin x$ 为奇函数，所以

$$\begin{aligned}\text{原式}&=\lim_{a\to0}\int_{-a}^{a}\frac{1}{a}\left(1-\frac{|x|}{a}\right)\cos b\cos x\mathrm{d}x\\&=\lim_{a\to0}\frac{2}{a}\int_{0}^{a}\left(1-\frac{x}{a}\right)\cos b\cos x\mathrm{d}x\\&=\lim_{a\to0}\frac{2\cos b}{a^2}\left(a\int_0^a\cos x\mathrm{d}x-\int_0^a x\cos x\mathrm{d}x\right)\\&=2\cos b\left[\lim_{a\to0}\frac{\int_0^a\cos x\mathrm{d}x}{a}-\lim_{a\to0}\frac{\int_0^a x\cos x\mathrm{d}x}{a^2}\right]\\&=2\cos b\left(1-\frac{1}{2}\right)=\cos b.\end{aligned}$$

例 28 求 $I=\int_{-\frac{1}{2}}^{\frac{1}{2}}|x|\ln\frac{1+x}{1-x}\mathrm{d}x$.

解 $|x|,\ln\frac{1+x}{1-x}$ 分别为对称区间上的偶函数和奇函数，故 $I=0$.

例 29 设 $f(x)$ 在 $[-a, a]$ 上连续，计算

$$I=\int_{-a}^{a}[(x+\mathrm{e}^{\cos x})f(x)+(x-\mathrm{e}^{\cos x})f(-x)]\mathrm{d}x.$$

解 $(x+\mathrm{e}^{\cos x})f(x)+(x-\mathrm{e}^{\cos x})f(-x)=x[f(x)+f(-x)]+\mathrm{e}^{\cos x}[f(x)-f(-x)]$.

因 $f(x)+f(-x)$ 为偶函数，x 为奇函数，故 $x[f(x)+f(-x)]$ 为奇函数．又因 $[f(x)-f(-x)]$ 为奇函数，$\mathrm{e}^{\cos x}$ 为偶函数，故 $\mathrm{e}^{\cos x}[f(x)-f(-x)]$ 为奇函数，从而 $I=0$.

例 30 求 $I=\int_{-\frac{\pi}{4}}^{\frac{\pi}{4}}\frac{\cos^2 x}{1+\mathrm{e}^{-x}}\mathrm{d}x$.

解 由 $\int_{-a}^{a}f(x)\mathrm{d}x=\int_0^a[f(x)+f(-x)]\mathrm{d}x$，则

$$I=\int_0^{\frac{\pi}{4}}\cos^2 x\left(\frac{1}{1+\mathrm{e}^{-x}}+\frac{1}{1+\mathrm{e}^{x}}\right)\mathrm{d}x=\int_0^{\frac{\pi}{4}}\cos^2 x\mathrm{d}x=\frac{1}{8}(\pi+2).$$

例 31 求 $I=\int_0^{2n\pi}\sqrt{1+\sin x}\mathrm{d}x\,(n\in\mathbf{N})$.

解 因 $\sqrt{1+\sin x}$ 以 2π 为周期，则

$$\begin{aligned}I&=n\int_0^{2\pi}\sqrt{1+\sin x}\mathrm{d}x=n\int_0^{2\pi}\sqrt{\left(\sin\frac{x}{2}+\cos\frac{x}{2}\right)^2}\mathrm{d}x\\&=\sqrt{2}n\int_0^{2\pi}\left|\sin\left(\frac{x}{2}+\frac{\pi}{4}\right)\right|\mathrm{d}x.\end{aligned}$$

令 $\frac{x}{2}+\frac{\pi}{4}=t$，则

$$I=2\sqrt{2}n\int_{\frac{\pi}{4}}^{\frac{5\pi}{4}}|\sin t|\mathrm{d}t.$$

因 $|\sin t|$ 的周期为 π，$\left[\frac{\pi}{4}, \frac{5\pi}{4}\right]$为一个周期，则

$$I=2\sqrt{2}n\int_0^{\pi}|\sin t|\,dt = 2\sqrt{2}n\int_0^{\pi}\sin t\,dt = 4\sqrt{2}n.$$

例 32 k 为何值时，广义积分 $\int_{-\infty}^{0} e^{-kx}\,dx$ 收敛.

解 $$\int_{-\infty}^{0} e^{-kx}\,dx = \lim_{a\to-\infty}\int_a^0 e^{-kx}\,dx = \lim_{a\to-\infty}\left[-\frac{1}{k}\int_a^0 e^{-kx}\,d(-kx)\right]$$

$$=\lim_{a\to-\infty}\left[-\frac{1}{k}(e^0-e^{-ka})\right]=-\frac{1}{k}+\lim_{a\to-\infty}e^{-ka}.$$

因 $a\to-\infty$，因而 $-a\to+\infty$，所以只有当 $k\leqslant 0$ 时，极限 $\lim\limits_{a\to-\infty}e^{-ka}$ 才存在，又因 $k\neq 0$，故只有当 $k<0$ 时上极限才存在，即当 $k<0$ 时所给广义积分才收敛.

例 33 计算 $I=\int_3^{+\infty}\frac{dx}{(x-1)^4\sqrt{x^2-2x}}$.

解 注意到 $\sqrt{x^2-2x}=\sqrt{(x-1)^2-1}$，可令 $x-1=\sec\theta$，则 $dx=\sec\theta\tan\theta d\theta$，且当 $x=3$时，$\cos\theta=\frac{1}{2}$，$\theta=\frac{\pi}{3}$；当 $x\to+\infty$时，$x\to\frac{\pi}{2}$，故

$$I=\int_{\frac{\pi}{3}}^{\frac{\pi}{2}}\frac{\sec\theta\tan\theta}{\sec^4\theta\tan\theta}d\theta=\int_{\frac{\pi}{3}}^{\frac{\pi}{2}}\cos^3\theta d\theta=\int_{\frac{\pi}{3}}^{\frac{\pi}{2}}(1-\sin^2\theta)d\sin\theta$$

$$=\sin\theta\Big|_{\frac{\pi}{3}}^{\frac{\pi}{2}}-\frac{1}{3}\sin^3\theta\Big|_{\frac{\pi}{3}}^{\frac{\pi}{2}}=\frac{2}{3}-\frac{3\sqrt{3}}{8}.$$

例 34 p 为何值时，$\int_a^{+\infty}\frac{dx}{x(\ln x)^p}$ 收敛和发散$(a>0)$.

解 (1) 当 $p\neq 1$ 时，有

$$\int_a^{+\infty}\frac{dx}{x(\ln x)^p}=\int_a^{+\infty}\frac{d\ln x}{(\ln x)^p}=\lim_{b\to+\infty}\int_a^b\frac{d\ln x}{(\ln x)^p}$$

$$=\lim_{b\to+\infty}\frac{1}{1-p}(\ln x)^{1-p}\Big|_a^b=\lim_{b\to+\infty}\frac{(\ln b)^{1-p}-(\ln a)^{1-p}}{1-p}$$

$$=\begin{cases}\dfrac{1}{(p-1)(\ln a)^{p-1}}, & p>1,\\ \infty, & p<1.\end{cases}$$

(2) 当 $p=1$ 时，有

$$\lim_{b\to+\infty}\int_a^b\frac{dx}{x\ln x}=\lim_{b\to+\infty}\ln(\ln x)\Big|_a^b=\lim_{b\to+\infty}[\ln(\ln b)-\ln(\ln a)]=\infty.$$

综合(1)与(2)，得

$$\int_a^{+\infty}\frac{dx}{x(\ln x)^p}=\begin{cases}\dfrac{1}{(p-1)(\ln a)^{p-1}}, & p>1,\\ +\infty, & p\leqslant 1.\end{cases}$$

同法可证，当 $a>0$ 时，有

$$\int_a^{+\infty}\frac{dx}{x^p}=\begin{cases}\dfrac{a^{1-p}}{p-1}, & p>1,\\ +\infty, & p\leqslant 1.\end{cases}$$

例 35　讨论广义积分$\int_1^2 \frac{1}{(x-1)^\alpha}dx(\alpha>0)$的敛散性．若收敛,试求其值．

解　(1) 将无界函数的广义积分转化为计算有界函数的定积分$\int_{1+\varepsilon}^2 \frac{dx}{(x-1)^\alpha}$．

(2) 求出其一个原函数．使用牛顿－莱布尼茨公式，得

$$\int_{1+\varepsilon}^2 \frac{dx}{(x-1)^\alpha}=\int_{1+\varepsilon}^2 \frac{d(x-1)}{(x-1)^\alpha}=\frac{1}{1-\alpha}(x-1)^{(1-\alpha)}\Big|_{1+\varepsilon}^2$$

$$=\frac{1}{1-\alpha}(1-\varepsilon^{1-\alpha}).$$

(3) 求极限$\lim\limits_{\varepsilon\to0^+}\frac{1}{1-\alpha}(1-\varepsilon^{1-\alpha})$.

(a)若$\alpha\neq1$，且$0<\alpha<1$时，有$\lim\limits_{\varepsilon\to0^+}\varepsilon^{1-\alpha}=0$，故

$$\int_1^2 \frac{dx}{(x-1)^\alpha}=\lim_{\varepsilon\to0^+}\int_{1+\varepsilon}^2 \frac{dx}{(x-1)^\alpha}=\frac{1}{1-\alpha}.$$

(b)当$\alpha>1$，即$1-\alpha<0$时，则

$$\lim_{\varepsilon\to0^+}\varepsilon^{1-\alpha}=\lim_{\varepsilon\to0^+}\frac{1}{\varepsilon^{1-\alpha}}=+\infty,$$

因此，当$\alpha>1$时，积分发散．

(c)当$\alpha=1$时，有

$$\int_1^2 \frac{dx}{(x-1)^\alpha}=\int_1^2 \frac{dx}{(x-1)}=\lim_{\varepsilon\to0^+}\int_{1+\varepsilon}^2 \frac{dx}{x-1}$$

$$=\lim_{\varepsilon\to0^+}\ln(x-1)\Big|_{1+\varepsilon}^2=\infty,$$

因此，当$\alpha=1$时，积分发散．由上可得

$$\int_1^2 \frac{dx}{(x-1)^\alpha}=\begin{cases}\frac{1}{1-\alpha}, & 当\alpha<1,\\ \infty, & 当\alpha\geqslant1.\end{cases}$$

同样，按上例的方法和步骤易得到

$$\int_a^b \frac{dx}{(x-a)^p}=\begin{cases}\frac{(b-a)^{1-p}}{1-p}, & 当p<1,\\ \infty, & 当p\geqslant1.\end{cases} \qquad ①$$

$$\int_a^b \frac{dx}{(b-x)^p}=\begin{cases}\frac{1}{1-p}(b-a)^{1-p}, & 当p<1,\\ \infty, & 当p\geqslant1.\end{cases} \qquad ②$$

特别地，在①式中，$a=0$，$b=1$时，有

$$\int_0^1 \frac{dx}{x^p}=\begin{cases}\frac{1}{1-p}, & 当p>1,\\ \infty, & 当p\geqslant1.\end{cases} \qquad ③$$

注意　上面三式中的结论可当公式使用．

例 36　计算$I=\int_0^{+\infty}x^2e^{-2x^2}dx$．

解 令 $y=2x^2$，则 $dx=\frac{\sqrt{2}}{4}y^{-\frac{1}{2}}dy$，

$$I=\int_0^{+\infty}\frac{1}{2}ye^{-y}\left(\frac{\sqrt{2}}{4}y^{-\frac{1}{2}}\right)dy=\frac{\sqrt{2}}{8}\int_0^{+\infty}y^{\frac{1}{2}}e^{-y}dy$$
$$=\frac{\sqrt{2}}{8}\Gamma\left(\frac{3}{2}\right)=\frac{\sqrt{2}}{8}\Gamma\left(\frac{1}{2}+1\right)=\frac{\sqrt{2}}{8}\cdot\frac{1}{2}\Gamma\left(\frac{1}{2}\right)$$
$$=\frac{\sqrt{2}}{16}\sqrt{\pi}=\frac{\sqrt{2\pi}}{16}.$$

例 37 计算 $I=\int_1^{+\infty}\frac{\ln x}{x^2}dx$.

解 令 $\ln x=t$，则 $x=e^t$，$dx=e^t dt$. 故

$$I=\int_0^{+\infty}te^{-t}dt=\Gamma(2)=1.$$

例 38 计算由下列各曲线所围成的图形的面积：

(1) $y=\frac{1}{2}x^2$ 与 $x^2+y^2=8$；

(2) $y=\frac{1}{x}$与直线 $y=x$ 及 $x=2$.

解 (1) 由

$$\begin{cases}y=\frac{1}{2}x^2,\\x^2+y^2=8,\end{cases}$$

解得交点$(\pm2, 2)$，并画图(图 5-2)．先求图中阴影部分的面积 A_1.

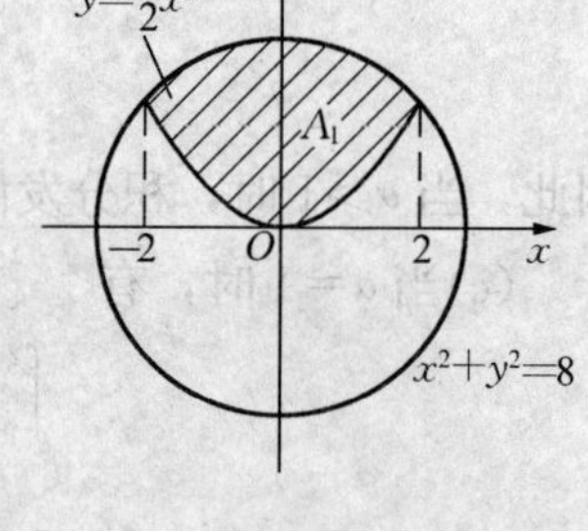

图 5-2

$$A_1=2\int_0^2\left(\sqrt{8-x^2}-\frac{1}{2}x^2\right)dx$$
$$=2\int_0^2\sqrt{8-x^2}\,dx-\frac{1}{3}x^3\Big|_0^2$$
$$=-\frac{8}{3}+2\int_0^2\sqrt{8-x^2}\,dx.$$

令 $x=\sqrt{8}\sin t$，则 $dx=\sqrt{8}\cos t dt$，$\sqrt{8-x^2}=\sqrt{8}\cos t$，得

$$\int_0^2\sqrt{8-x^2}\,dx=\int_0^{\frac{\pi}{4}}\sqrt{8}\cos t\cdot\sqrt{8}\cos t dt$$
$$=8\int_0^{\frac{\pi}{4}}\cos^2 t dt=8\int_0^{\frac{\pi}{4}}\frac{1+\cos 2t}{2}dt$$
$$=4\left(t+\frac{1}{2}\sin 2t\right)\Big|_0^{\frac{\pi}{4}}=4\left(\frac{\pi}{4}+\frac{1}{2}\right)=\pi+2,$$

故
$$A_1=-\frac{8}{3}+2(\pi+2)=2\pi+\frac{4}{3}.$$

另一块面积

$$A_2=\text{圆面积}-A_1=\pi(\sqrt{8})^2-\left(2\pi+\frac{4}{3}\right)=6\pi-\frac{4}{3}.$$

(2)先画出图形(图 5-3)，并求出交点(1，1)，$\left(2, \frac{1}{2}\right)$，(2，2)，则所求面积为图中

阴影部分面积 A，故

$$A=\int_1^2\left(x-\frac{1}{x}\right)\mathrm{d}x=\left[\frac{1}{2}x^2-\ln|x|\right]_1^2$$

$$=(2-\ln2)-\left(\frac{1}{2}-0\right)=\frac{3}{2}-\ln2.$$

图 5-3

例 39　求位于曲线 $y=\mathrm{e}^x$ 下方，该曲线过原点的切线的左方以及 x 轴上方之间的图形的面积．

解　设曲线 $y=\mathrm{e}^x$ 过原点的切线方程为 $y=kx$，切点是(x_0,y_0)，则有 $y_0=\mathrm{e}^{x_0}$．而 $k=[y']_{x=x_0}=\mathrm{e}^{x_0}$，即 $\mathrm{e}^{x_0}=\mathrm{e}^{x_0}x_0$，解得 $x_0=1$，$y_0=\mathrm{e}$，得切点是$(1,\mathrm{e})$．所求切线方程是 $y=\mathrm{e}x$，画出图形(图 5-4)，将横轴区间$(-\infty,1]$分成两个部分：$(-\infty,0]$与$[0,1]$. 所求面积为

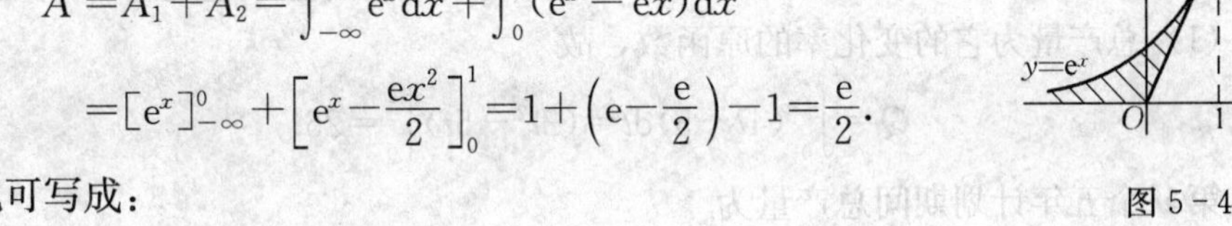

$$A=A_1+A_2=\int_{-\infty}^0\mathrm{e}^x\mathrm{d}x+\int_0^1(\mathrm{e}^x-\mathrm{e}x)\mathrm{d}x$$

$$=[\mathrm{e}^x]_{-\infty}^0+\left[\mathrm{e}^x-\frac{\mathrm{e}x^2}{2}\right]_0^1=1+\left(\mathrm{e}-\frac{\mathrm{e}}{2}\right)-1=\frac{\mathrm{e}}{2}.$$

图 5-4

此题也可写成：

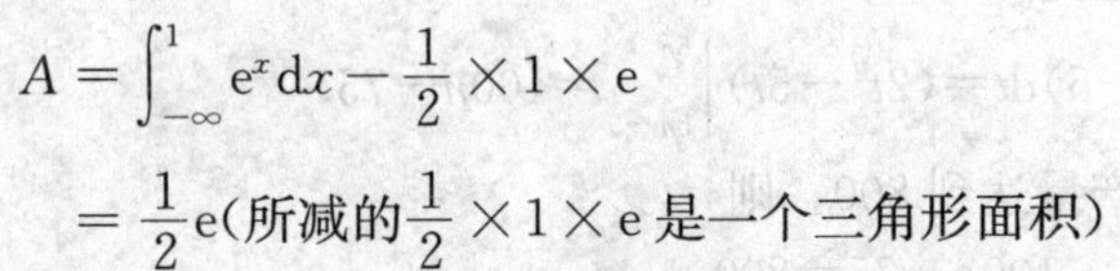

$$A=\int_{-\infty}^1\mathrm{e}^x\mathrm{d}x-\frac{1}{2}\times1\times\mathrm{e}$$

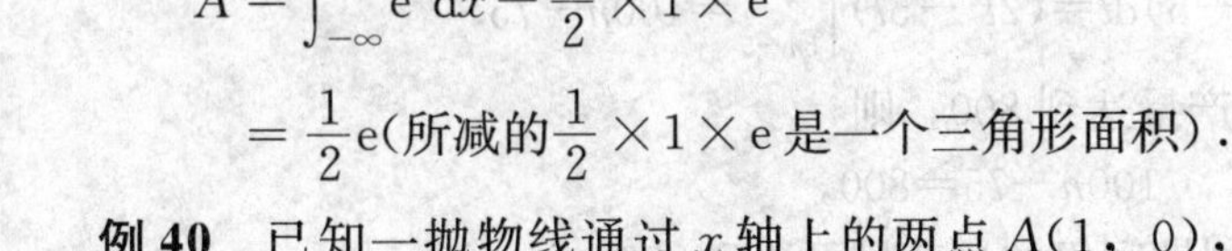

$$=\frac{1}{2}\mathrm{e}\text{(所减的}\frac{1}{2}\times1\times\mathrm{e}\text{是一个三角形面积)}.$$

例 40　已知一抛物线通过 x 轴上的两点 $A(1,0)$，$B(3,0)$，试计算两坐标轴与该抛物线所围图形及 x 轴与该抛物线所围图形绕 x 轴旋转一周所产生的两个旋转体体积之比．

解　抛物线与两坐标轴所围图形为 x 轴上的曲边梯形(图 5-5)绕 x 轴旋转所得旋转体的体积为

$$V_1=\int_0^1\pi y^2\mathrm{d}x=\pi\int_0^1a^2[(x-1)(x-3)]^2\mathrm{d}x$$

$$=\pi a^2\int_0^1[(x-1)^4-4(x-1)^3+4(x-1)^2]\mathrm{d}(x-1)$$

$$=\frac{38}{15}\pi a^2.$$

抛物线与 x 轴所围图形为 x 轴上的曲边梯形绕 x 轴旋转所得旋转体的体积为

$$V_2=\int_1^3\pi a^2[(x-1)(x-3)]^2\mathrm{d}x$$

$$=\pi a^2\left[\frac{(x-1)^5}{5}-(x-1)^4+\frac{4}{3}(x-1)^3\right]_1^3$$

$$=16\pi a^2/15,$$

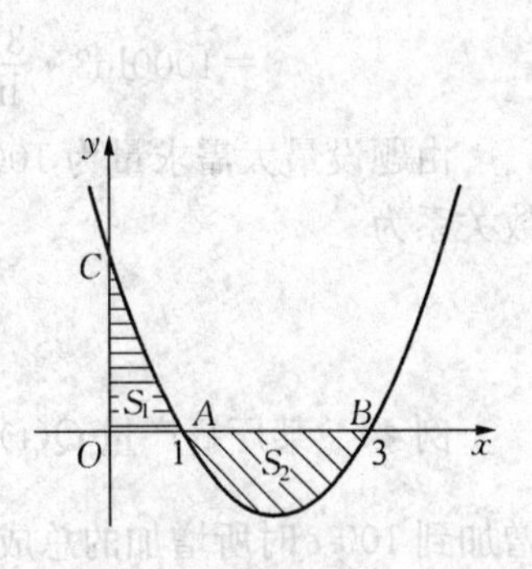

图 5-5

故　　$$V_1:V_2=19:8.$$

例 41　求曲线 $x^2+y^2=1$ 与 $y^2=\frac{3x}{2}$所围成的两个图形中较小一块绕 x 轴旋转产生的立

体的体积.

解 由$1-x^2=\frac{3x}{2}$，得$x=\frac{1}{2}$，即点C的横坐标为$\frac{1}{2}$. 因

$$S_{OAB}=S_{OAC}+S_{CAB}(\text{图 5-6}),$$

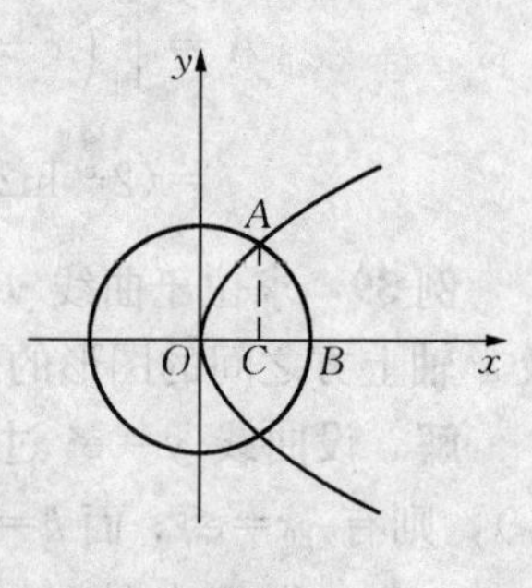

图 5-6

故
$$V_x=\pi\int_0^{\frac{1}{2}}\left[\sqrt{\frac{3}{2}x}\right]^2\mathrm{d}x+\pi\int_{\frac{1}{2}}^1(\sqrt{1-x^2})^2\mathrm{d}x$$
$$=\pi\int_0^{\frac{1}{2}}\frac{3}{2}x\mathrm{d}x+\pi\int_{\frac{1}{2}}^1(1-x^2)\mathrm{d}x=\frac{19}{48}\pi.$$

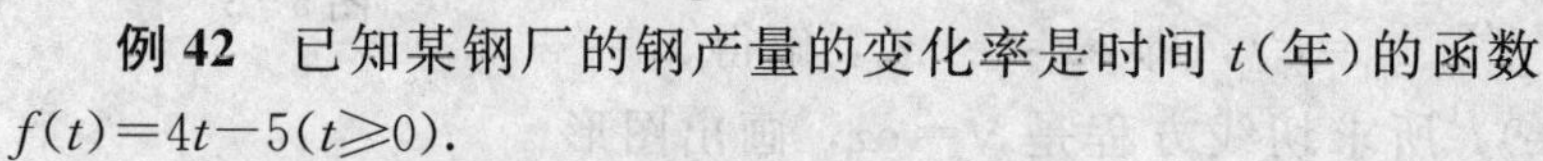

例 42 已知某钢厂的钢产量的变化率是时间t(年)的函数$f(t)=4t-5(t\geqslant 0)$.

(1) 求第一个五年计划期间该厂的产量；

(2) 按照题设的变化率，求第n个五个计划期间钢的总产量；

(3) 按照上述变化率，该厂将在第几个五年计划期间钢的总产量达到800?

解 (1) 总产量为它的变化率的原函数，故

$$Q=\int_0^5(4t-5)\mathrm{d}t=(2t^2-5t)\Big|_0^5=25.$$

(2) 第n个五年计划期间总产量为

$$Q=\int_{5n-5}^{5n}(4t-5)\mathrm{d}t=(2t^2-5t)\Big|_{5n-5}^{5n}=100n-75.$$

(3) 设第n个五年计划期间总产量达到800，则

$$100n-75=800,$$

解之得$n=8.75$，即第9个五年计划期间钢的总产量可达到800.

例 43 某商品的需求量Q为价格P的函数，该商品的最大需求量为1000，已知需求量的变化率(边际需求)为$Q'(P)=-1000\ln3\cdot\left(\frac{1}{3}\right)^P$，求需求量$Q$与价格$P$的函数关系.

解
$$Q(P)=\int Q'(P)\mathrm{d}P=\int\left[-1\,000\ln3\left(\frac{1}{3}\right)^P\right]\mathrm{d}P$$
$$=-1000\ln3\int3^{-P}\mathrm{d}P=1000\ln3\int3^{-P}\mathrm{d}(-P)$$
$$=1000\ln3\cdot\frac{3^{-P}}{\ln3}+C=1000\cdot3^{-P}+C.$$

由题设最大需求量为1000，含义是$P=0$时，$Q=1000$. 代入上式得$C=0$. 故所求的函数关系为

$$Q(P)=1000\left(\frac{1}{3}\right)^P.$$

例 44 某厂日产量Q(t)产品的边际成本为$C'(Q)=5+\frac{25}{\sqrt{Q}}$(元)，试求日产量$Q$从64 t增加到100 t时所增加的总成本和平均总成本.

解 日产量Q从64 t增加到100 t时，所增加的总成本$\Delta C(Q)$是边际成本在区间[64, 100]上的定积分，即

$$\Delta C(Q)=\int_{64}^{100}C'(Q)\mathrm{d}Q=\int_{64}^{100}\left(5+\frac{25}{\sqrt{Q}}\right)\mathrm{d}Q=280(\text{元}).$$

这时所增加的平均总成本为

$$\Delta\overline{C}(Q)=\frac{\Delta C(Q)}{100-64}=\frac{280}{36}.$$

例 45　设某产品的总成本 C(万元)的变化率(边际成本)$C'=1$，总收入 R(万元)的变化率(边际收入)为生产量 x(百台)的函数：$R'=R'(x)=5-x$.

(1) 求生产量等于多少时，总利润 $L=R-C$ 为最大?

(2) 从利润最大的生产量又生产了 100 台，总利润减少了多少?

解　(1) $C(x)=C_0+\int_0^x C'(t)\mathrm{d}t=C_0+x$，其中 C_0 为固定成本，即 $C_0=C(0)$.

$$R(x)=\int_0^x R'(x)\mathrm{d}x=\int_0^x(5-x)\mathrm{d}x=5x-\frac{1}{2}x^2,$$

故总利润函数为

$$L(x)=R(x)-C(x)=4x-\frac{x^2}{2}-C_0.$$

由 $L'(x)=4-x=0$，得到 $x=4$(百台)，因 $L''(x)=-1<0$，$L''(4)<0$，所以生产 400 台时总利润有最大值，其最大值为

$$L(4)=4\times 4-\frac{1}{2}\times 4^2-C_0=8-C_0(\text{万元}).$$

(2) $L(5)-L(4)=\int_4^5 L'(x)\mathrm{d}x=\int_4^5(4-x)\mathrm{d}x=-0.5(\text{万元})$，

即从生产 400 台再生产 100 台总利润减少 0.5 万元.

自 测 题

1. 设函数 $f(x)$连续，且 $x=\int_0^{x^3-1}f(t)\mathrm{d}t$，则 $f(7)=$________.

2. 曲线 $y=\int_0^x(t-2)(t-3)\mathrm{d}t$ 在点(0，0)处的切线方程为________.

3. $\int_{-\frac{1}{2}}^{\frac{1}{2}}\left[\frac{\sin x\tan^2 x}{3+\cos 3x}\mathrm{d}x+\ln(2-x)\right]\mathrm{d}x=$________.

4. 设 $F(x)=\int_5^x\left(\int_8^{y^2}\frac{\sin t}{t}\mathrm{d}t\right)\mathrm{d}y$，$F''(x)=$________.

5. 若 $f(x)=\frac{1}{1+x^2}+x^3\int_0^1 f(x)\mathrm{d}x$，则 $\int_0^1 f(x)\mathrm{d}x=$________.

6. $\lim\limits_{x\to 0}\frac{\int_0^{x^2}\sin t^2\mathrm{d}t}{\int_x^0 t[\ln(1+t^2)]^2\mathrm{d}t}=$________.

7. 设 $f''(x)$连续，当 $x\to 0$ 时，

$$F(x)=\int_0^x(x^2-t^2)f''(t)\mathrm{d}t$$

的导数与 x^2 为等价无穷小，$f''(0)=$________.

8. 设$\begin{cases} x=\int_0^t f(u^2)\mathrm{d}u, \\ y=f^2(t^2), \end{cases}$其中 $f(x)$ 有二阶导数且 $f(x)\neq 0$，求$\dfrac{\mathrm{d}^2 y}{\mathrm{d}x^2}$.

9. 设 $f(x)$在$(-\infty, +\infty)$上连续，且 $F(x)=\int_0^x f(t)\mathrm{d}t$，证明：

(1) 若 $f(x)$为奇函数，则 $F(x)$为偶函数；

(2) 若 $f(x)$为偶函数，则 $F(x)$为奇函数.

10. 若 $f(x)$在$[0, 1]$上连续，证明：$\int_0^{\frac{\pi}{2}} f(\sin x)\mathrm{d}x=\int_0^{\frac{\pi}{2}} f(\cos x)\mathrm{d}x$.

11. 证明：方程 $\ln x=\dfrac{x}{\mathrm{e}}-\int_0^{\pi}\sqrt{1-\cos 2x}\,\mathrm{d}x$ 在区间$(0, +\infty)$内只有两个不同的实根.

12. 设函数 $f(x)$在$[0, 1]$上可导，且满足

$$f(1)-2\int_0^{\frac{1}{2}} xf(x)\mathrm{d}x=0,$$

证明：在$(0, 1)$内至少存在一点 ξ，使 $\xi f'(\xi)+f(\xi)=0$.

13. 设 $\int_0^2 f(x)\mathrm{d}x=1$，且 $f(2)=\dfrac{1}{2}$，$f'(2)=0$，求 $\int_0^1 x^2 f''(2x)\mathrm{d}x$.

14. 已知 $\int_0^{+\infty}\dfrac{\sin x}{x}\mathrm{d}x=\dfrac{\pi}{2}$，求 $\int_0^{+\infty}\dfrac{\sin^2 x}{x}\mathrm{d}x$.

15. 计算下列积分：

(1) $\int_2^3\sqrt{\dfrac{3-2x}{2x-7}}\mathrm{d}x$；　　(2) $\int_0^1\dfrac{\mathrm{d}x}{\sqrt{3+6x-x^2}}$；

(3) $\int_0^{\pi} x\cos^2 x\mathrm{d}x$；　　(4) $\int_0^{+\infty} x\mathrm{e}^{-x}\mathrm{d}x$.

16. 已知 $\Gamma\left(\dfrac{1}{2}\right)=\sqrt{\pi}$，证明：$\int_{-\infty}^{+\infty} x^2\mathrm{e}^{-x^2}\mathrm{d}x=\dfrac{\sqrt{\pi}}{2}$.

17. 抛物线 $y^2=2x$ 将圆 $y^2=4x-x^2$ 分割为若干部分，求每一部分的面积.

18. 求 $y=x^2$，$y=4$ 所围成的平面图形绕 $x=2$ 旋转一周所生成立体的体积.

19. 某产品生产 x 个单位时总收入 R 的变化率(边际收入)为 $R'(x)=200-\dfrac{x}{100}$，$x\geqslant 0$.

(1) 求生产了 50 个单位时的总收入以及平均单位收入；

(2) 如果已经生产了 100 个单位，求再生产 100 个单位时的总收入，和产量从 100 个单位到 200 个单位的平均收入.

自测题参考答案

1. **解**　等式两边对 x 求导，得

$$f(x^3-1)\cdot 3x^2=1.$$

令 $x^3-1=7$，得 $x=2$，代入，得

$$f(7)=\frac{1}{12}.$$

2. **解** $y'=(x-2)(x-3)$，$y'(0)=6$，故所求切线方程为 $y=6x$.

3. **解** 因 $\dfrac{\sin x\tan^2 x}{3+\cos 3x}$ 为奇函数，故

$$\begin{aligned}\text{原式}&=\int_{-\frac{1}{2}}^{\frac{1}{2}}\ln(2-x)\mathrm{d}x=x\ln(2-x)\Big|_{-\frac{1}{2}}^{\frac{1}{2}}-\int_{-\frac{1}{2}}^{\frac{1}{2}}\frac{-x}{2-x}\mathrm{d}x\\&=\frac{1}{2}\ln 15-\ln 2-\int_{-\frac{1}{2}}^{\frac{1}{2}}\left(1-\frac{2}{2-x}\right)\mathrm{d}x\\&=\frac{1}{2}\ln 15-\ln 2-x\Big|_{-\frac{1}{2}}^{\frac{1}{2}}-2\ln(2-x)\Big|_{-\frac{1}{2}}^{\frac{1}{2}}\\&=\frac{1}{2}\ln 15-\ln 2-2\ln\frac{3}{5}-1.\end{aligned}$$

4. **解** 设 $f(y)=\int_8^{y^2}\dfrac{\sin t}{t}\mathrm{d}t$,则

$$F(x)=\int_5^x f(y)\mathrm{d}y,F'(x)=f(x)=\int_8^{x^2}\frac{\sin t}{t}\mathrm{d}t,$$

$$F''(x)=\frac{\sin x^2}{x^2}(x^2)'=\frac{2\sin x^2}{x}.$$

5. **解** 设 $\int_0^1 f(x)\mathrm{d}x=A$,则

$$\int_0^1 f(x)\mathrm{d}x=\int_0^1\frac{1}{1+x^2}\mathrm{d}x+A\int_0^1 x^3\mathrm{d}x=\arctan x\Big|_0^1+A\,\frac{1}{4}x^4\Big|_0^1=\frac{\pi}{4}+\frac{1}{4}A,$$

即
$$A=\frac{\pi}{4}+\frac{1}{4}A,\ A=\frac{\pi}{3},$$

故
$$\int_0^1 f(x)\mathrm{d}x=\frac{\pi}{3}.$$

6. **解**
$$\text{原式}=-\lim_{x\to0}\frac{\int_0^{x^2}\sin t^2\mathrm{d}t}{\int_0^x t[\ln(1+t^2)]^2\mathrm{d}t}=-\lim_{x\to0}\frac{2x\sin x^4}{x[\ln(1+x^2)]^2}$$

$$=-\lim_{x\to0}\frac{2x^5}{x^5}=-2.$$

7. **解** $F(x)=x^2\int_0^x f''(t)\mathrm{d}t-\int_0^x t^2 f''(t)\mathrm{d}t.$

$$F'(x)=2x\int_0^x f''(t)\mathrm{d}t+x^2f''(x)-x^2f''(x)=2x\int_0^x f''(t)\mathrm{d}t.$$

由题意，得

$$\begin{aligned}\lim_{x\to0}\frac{F'(x)}{x^2}&=\lim_{x\to0}\frac{2x\int_0^x f''(t)\mathrm{d}t}{x^2}=\lim_{x\to0}\frac{2\int_0^x f''(t)\mathrm{d}t}{x}\\&=\lim_{x\to0}\frac{2f''(\xi)x}{x}=\lim_{x\to0}2f''(\xi)\\&=2f''(0)=1(0\leqslant\xi\leqslant x\text{ 或 }x\leqslant\xi\leqslant0),\end{aligned}$$

故
$$f''(0)=\frac{1}{2}.$$

8. **解** $\dfrac{dy}{dx}=\dfrac{\frac{dy}{dt}}{\frac{dx}{dt}}=\dfrac{2f(t^2)\cdot f'(t^2)\cdot 2t}{f(t^2)}=4tf'(t^2)$.

$$\frac{d^2y}{dx^2}=\frac{d}{dx}\left(\frac{dy}{dx}\right)=\frac{d}{dt}\left(\frac{dy}{dx}\right)\frac{dt}{dx}=\frac{d}{dt}\left(\frac{dy}{dx}\right)\frac{1}{\frac{dx}{dt}}$$

$$=\frac{4f'(t^2)+4tf''(t^2)\cdot 2t}{f(t^2)}=\frac{4[f'(t^2)+2t^2f''(t^2)]}{f(t^2)}.$$

9. **证** (1) 设 $f(-x)=-f(x)$，则

$$F(-x)=\int_0^{-x}f(t)dt\xlongequal{t=-u}-\int_0^x f(-u)du$$

$$=-\int_0^x -f(u)du=\int_0^x f(t)dt=F(x),$$

故 $F(x)$为偶函数．

(2) 设 $f(-x)=f(x)$，则

$$F(-x)=\int_0^{-x}f(t)dt\xlongequal{t=-u}-\int_0^x f(-u)du=-\int_0^x f(t)dt=-F(x),$$

故 $F(x)$为奇函数．

10. **证** 令 $x=\frac{\pi}{2}-t$，$x=0$ 时，$t=\frac{\pi}{2}$；$x=\frac{\pi}{2}$时，$t=0$，则

$$\int_0^{\frac{\pi}{2}}f(\sin x)dx=-\int_{\frac{\pi}{2}}^0 f\left[\sin\left(\frac{\pi}{2}-t\right)\right]dt=\int_0^{\frac{\pi}{2}}f(\cos t)dt.$$

11. **证** 令 $F(x)=\frac{x}{e}-\ln x-\int_0^{\pi}\sqrt{1-\cos 2x}\,dx$，则

$$\lim_{x\to+\infty}F(x)=\lim_{x\to+\infty}x\left(\frac{1}{e}-\frac{\ln x}{x}\right)-\int_0^{\pi}\sqrt{1-\cos 2x}\,dx=+\infty,\quad \lim_{x\to 0^+}F(x)=+\infty,$$

又 $F'(x)=\frac{1}{e}-\frac{1}{x}=\frac{x-e}{xe}$，令 $F'(x)=0$，得 $x=e$.

当 $0<x<e$ 时，$F'(x)<0$；当 $x>e$ 时，$F'(x)>0$，故 $F(x)$在$(0, e)$内单调下降，在$(e, +\infty)$内单调上升．由连续函数的零点定理，$F(x)$在$(0, e)$内和$(e, +\infty)$内分别有唯一零点，即原方程在$(0, +\infty)$内有且仅有两个不同实根，分别在$(0, e)$内和$(e, +\infty)$内．

12. **证** 由积分中值定理，得

$$\int_0^{\frac{1}{2}}xf(x)dx=\frac{1}{2}\xi_1 f(\xi_1),\ \xi_1\in\left[0, \frac{1}{2}\right],\text{ 则 } f(1)=\xi_1 f(\xi_1).$$

令 $F(x)=xf(x)$，得

$$F(1)=f(1)=\xi_1 f(\xi_1)=F(\xi_1).$$

因 $f(x)$在$[0, 1]$上可导，故 $F(x)$在$[\xi_1, 1]$上可导，且 $F(\xi_1)=F(1)$．由罗尔定理，$\exists\xi\in(\xi_1, 1)$，使 $F'(\xi)=0$，即$\exists\xi\in(0, 1)$，使

$$\xi f'(\xi)+f(\xi)=0.$$

13. **解** $\int_0^1 x^2 f''(2x)dx=\frac{1}{2}\int_0^1 x^2 df'(2x)=\frac{1}{2}x^2 f'(2x)\Big|_0^1-\frac{1}{2}\int_0^1 2xf'(2x)dx$

$$=-\frac{1}{2}\int_0^1 x\mathrm{d}f(2x)=-\frac{1}{2}\left[xf(2x)\Big|_0^1-\int_0^1 f(2x)\mathrm{d}x\right]$$

$$=-\frac{1}{2}\left[f(2)-\frac{1}{2}\int_0^2 f(t)\mathrm{d}t\right]=-\frac{1}{2}\left(\frac{1}{2}-\frac{1}{2}\right)=0.$$

14. **解**　$\int_0^{+\infty}\frac{\sin^2 x}{x^2}\mathrm{d}x=\int_0^{+\infty}\sin^2 x\mathrm{d}\left(-\frac{1}{x}\right)=-\frac{1}{x}\sin^2 x\Big|_0^{+\infty}+\int_0^{+\infty}\frac{1}{x}2\sin x\cos x\mathrm{d}x.$

因$\lim\limits_{x\to\infty}\frac{\sin^2 x}{x}=0$，$\lim\limits_{x\to 0}\frac{\sin^2 x}{x}=0$，故

$$\int_0^{+\infty}\frac{\sin^2 x}{x^2}\mathrm{d}t=\int_0^{+\infty}\frac{\sin 2x}{x}\mathrm{d}x=\int_0^{+\infty}\frac{\sin 2x}{2x}\mathrm{d}2x=\int_0^{+\infty}\frac{\sin t}{t}\mathrm{d}t=\frac{\pi}{2}.$$

15. **解**　(1) 令$\sqrt{\frac{3-2x}{2x-7}}=t$，$x=\frac{7t^2+3}{2t^2+2}$，$\mathrm{d}x=\frac{4t}{(t^2+1)^2}\mathrm{d}t$，

$$原式=4\int_{\frac{1}{\sqrt{3}}}^{\sqrt{3}}\frac{t\mathrm{d}t}{(t^2+1)^2}=2\int_{\frac{1}{\sqrt{3}}}^{\sqrt{3}}\frac{\mathrm{d}(t^2+1)}{(t^2+1)^2}=-\frac{2}{t^2+1}\Big|_{\frac{1}{\sqrt{3}}}^{\sqrt{3}}=1.$$

(2) $\int_0^1\frac{\mathrm{d}x}{\sqrt{3+6x-x^2}}=\int_0^1\frac{\mathrm{d}x}{\sqrt{12-(x-3)^2}}=\frac{1}{\sqrt{12}}\int_0^1\frac{\mathrm{d}x}{\sqrt{1-\left(\frac{x-3}{\sqrt{12}}\right)^2}}$

$$=\int_0^1\frac{1}{\sqrt{1-\left(\frac{x-3}{\sqrt{12}}\right)^2}}\mathrm{d}\left(\frac{x-3}{\sqrt{12}}\right)=\arcsin\frac{x-3}{\sqrt{12}}\Big|_0^1$$

$$=\arcsin\frac{3}{\sqrt{12}}-\arcsin\frac{2}{\sqrt{12}}.$$

(3) $\int_0^{\pi}x\cos^2 x\mathrm{d}x=\int_0^{\pi}x\frac{1+\cos 2x}{2}\mathrm{d}x=\frac{1}{2}\int_0^{\pi}x\mathrm{d}x+\frac{1}{2}\int_0^{\pi}x\cos 2x\mathrm{d}x$

$$=\frac{1}{4}x^2\Big|_0^{\pi}+\frac{1}{4}\int_0^{\pi}x\mathrm{d}\sin 2x=\frac{\pi^2}{4}+\frac{1}{4}x\sin 2x\Big|_0^{\pi}-\frac{1}{4}\int_0^{\pi}\sin 2x\mathrm{d}x$$

$$=\frac{\pi^2}{4}+\frac{1}{8}\cos 2x\Big|_0^{\pi}=\frac{\pi^2}{4}.$$

(4) $\int_0^{+\infty}x\mathrm{e}^{-x}\mathrm{d}x=\lim\limits_{b\to+\infty}\int_1^b x\mathrm{e}^{-x}\mathrm{d}x=\lim\limits_{b\to+\infty}\left(-\int_1^b x\mathrm{d}\mathrm{e}^{-x}\right)$

$$=\lim_{b\to+\infty}\left(\frac{2}{\mathrm{e}}-\frac{b+1}{\mathrm{e}^b}\right)=\frac{2}{\mathrm{e}}.$$

16. **证**　$\int_{-\infty}^{+\infty}x^2\mathrm{e}^{-x^2}\mathrm{d}x=\int_{-\infty}^0 x^2\mathrm{e}^{-x^2}\mathrm{d}x+\int_0^{+\infty}x^2\mathrm{e}^{-x^2}\mathrm{d}x$，前一个积分中，令$x=-t$，则$\mathrm{d}x=-\mathrm{d}t$，得

$$\int_{-\infty}^0 x^2\mathrm{e}^{-x^2}\mathrm{d}x=\int_0^{+\infty}(-t)^2\mathrm{e}^{-(-t^2)}(-\mathrm{d}t)=\int_0^{+\infty}t^2\mathrm{e}^{-t^2}\mathrm{d}t,$$

$$\int_{-\infty}^{+\infty}x^2\mathrm{e}^{-x^2}\mathrm{d}x=2\int_0^{+\infty}x^2\mathrm{e}^{-x^2}\mathrm{d}x.$$

在$\int_0^{+\infty}x^2\mathrm{e}^{-x^2}\mathrm{d}x$中，令$x^2=u$，则$x=\sqrt{u}$，$\mathrm{d}x=\frac{1}{2\sqrt{u}}\mathrm{d}u$，得

$$\int_0^{+\infty}x^2\mathrm{e}^{-x^2}\mathrm{d}x=\int_0^{+\infty}u\mathrm{e}^{-u}\cdot\frac{1}{2\sqrt{u}}\mathrm{d}u=\frac{1}{2}\int_0^{+\infty}u^{\frac{1}{2}}\mathrm{e}^{-u}\mathrm{d}u=\frac{1}{2}\int_0^{+\infty}u^{\frac{3}{2}-1}\mathrm{e}^{-u}\mathrm{d}u$$

$$=\frac{1}{2}\Gamma\left(\frac{3}{2}\right)=\frac{1}{2}\times\frac{1}{2}\times\Gamma\left(\frac{1}{2}\right)=\frac{\sqrt{\pi}}{4},$$

故
$$\int_{-\infty}^{+\infty}x^2\mathrm{e}^{-x^2}\mathrm{d}x=2\times\frac{\sqrt{\pi}}{4}=\frac{\sqrt{\pi}}{2}.$$

17. **解**　由 $2x=4x-x^2$，得 $x=0$ 与 $x=2$，从而 $y=\pm2$，即得交点 $O(0,\ 0)$，$A(2,\ 2)$，$B(2,\ -2)$．注意到 $y^2=4x-x^2$，即 $(x-2)^2+y^2=4$，此为圆心在 $(2,\ 0)$、半径为 2 的圆的方程．因而抛物线将圆分为三部分，其面积分别设为 S_1、S_2、S_3，如图 5-7所示．由对称性知，$S_1=S_2$，而 $S_3=$圆面积$-(S_1+S_2)=4\pi-2S_2$，因此最后归结为计算 S_1 或 S_3．

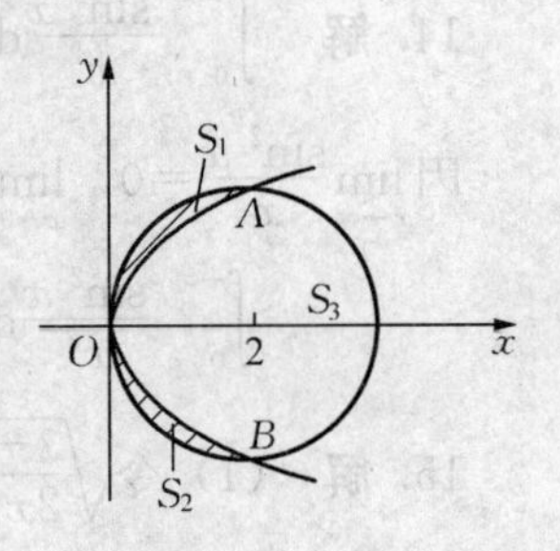

图 5-7

如以 x 为积分变量，得

$$S_1=\frac{1}{4}\pi\cdot2^2-\int_0^2\sqrt{2x}\,\mathrm{d}x=\pi-\frac{8}{3},$$

故
$$S_3=\pi\cdot2^2-2S_1=4\pi-2\left(\pi-\frac{8}{3}\right)=2\pi+\frac{16}{3}.$$

18. **解**　画出图形(图 5-8)．因为是绕 $x=2$ 旋转，故作坐标变换 $x_1=x-2$，$y_1=y$，在新坐标系 $x_1O_1y_1$ 中，方程 $y=x^2$ 变形为 $y_1=(x_1+2)^2$，原题就变为：$y_1=(x_1+2)^2$，$y_1=4$ 绕 y_1 轴旋转．也是：$x_2=-2-\sqrt{y_1}$ 和 $x_3=-2+\sqrt{y_1}$ 分别与直线 $y_1=4$，$x_1=0$ 所围成的曲边梯形绕 y_1 轴旋转所产生的旋转体之差，即

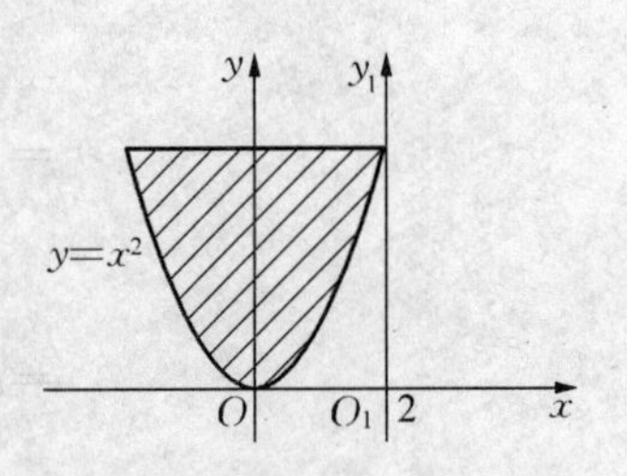

图 5-8

$$V_{y_1}=\pi\int_0^4(x_2^2-x_3^2)\mathrm{d}y$$
$$=\pi\int_0^4\left[(-2-\sqrt{y_1})^2-(-2+\sqrt{y_1})^2\right]\mathrm{d}y_1$$
$$=\pi\int_0^4 8\sqrt{y_1}\,\mathrm{d}y_1=8\pi\times\frac{2}{3}\left[y_1^{\frac{3}{2}}\right]_0^4=\frac{128}{3}\pi.$$

19. **解**　(1) 总收入为

$$R(50)=\int_0^{50}\left(200-\frac{x}{100}\right)\mathrm{d}x=9987.5.$$

平均单位收入为
$$\bar{R}(50)=\frac{9987.5}{50}=199.75.$$

(2) 总收入和平均单位收入分别为

$$R(200)-R(100)=\int_{100}^{200}\left(200-\frac{x}{100}\right)\mathrm{d}x=19850,$$

$$\bar{R}=\frac{R(200)-R(100)}{200-100}=\frac{19850}{100}=198.5.$$

考研题解析

1. 求 $f(x)=\int_0^{x^2}(2-t)\mathrm{e}^{-t}\mathrm{d}t$ 的最大值和最小值．

解　因 $f(x)$是偶函数，故只需求 $f(x)$在$[0，+\infty)$内的最大值与最小值．

令 $f'(x)=2x(2-x^2)e^{-x^2}=0$，得唯一驻点 $x=\sqrt{2}$.

当 $x\in(0，\sqrt{2})$时，$f'(x)>0$；当 $x\in(\sqrt{2}，+\infty)$时，$f'(x)<0$，所以 $x=\sqrt{2}$是极大值点，也是最大值点．最大值为

$$f(\sqrt{2})=\int_0^2(2-t)e^{-t}dt=-(2-t)e^{-t}\Big|_1^2-\int_0^2 e^{-t}dt=1+e^{-2}.$$

因为$\int_0^{+\infty}(2-t)e^{-t}dt=-(2-t)e^{-t}\Big|_0^{+\infty}+e^{-t}\Big|_0^{+\infty}=2-1=1$，及 $f(0)=0$，故 $x=0$ 是最小值点，最小值为 0.

2. 设 $f(x)=\int_0^x\frac{\sin t}{\pi-t}dt$，计算 $\int_0^{\pi}f(x)dx$.

解　$\int_0^{\pi}f(x)dx=xf(x)\Big|_0^{\pi}-\int_0^{\pi}xdf(x)$

$$=\pi\int_0^{\pi}\frac{\sin t}{\pi-t}dt-\int_0^{\pi}x\frac{\sin x}{\pi-x}dx$$

$$=\int_0^{\pi}\frac{\pi-x}{\pi-x}\sin xdx=\int_0^{\pi}\sin xdx=2.$$

3. 设 $f(x)=\int_0^{1-\cos x}\sin t^2dt$，$g(x)=\frac{x^5}{5}+\frac{x^6}{6}$，则当 $x\to0$ 时，$f(x)$是 $g(x)$的______.

(A) 低阶无穷小；　　(B) 高阶无穷小；

(C) 等价无穷小；　　(D) 同阶但非等价无穷小．

解　$\lim\limits_{x\to0}\frac{f(x)}{g(x)}=\lim\limits_{x\to0}\frac{\int_0^{1-\cos x}\sin t^2dt}{\frac{x^5}{5}+\frac{x^6}{6}}=\lim\limits_{x\to0}\frac{\sin x\sin(1-\cos x)^2}{x^4+x^5}$

$$=\lim_{x\to0}\frac{x(1-\cos x)^2}{x^4+x^5}=\lim_{x\to0}\frac{\frac{1}{4}x^5}{x^4+x^5}=0,$$

故选(B).

4. 设函数 $f(x)$连续，且$\int_0^x tf(2x-t)dt=\frac{1}{2}\arctan x^2$，已知 $f(1)=1$，求$\int_1^2 f(x)dx$的值.

解　令 $u=2x-t$，则

$$\int_0^x tf(2x-t)dt=-\int_{2x}^x(2x-u)f(u)du=2x\int_x^{2x}f(u)du-\int_x^{2x}uf(u)du,$$

于是

$$2x\int_x^{2x}f(u)du-\int_x^{2x}uf(u)du=\frac{1}{2}\arctan x^2,$$

上式两边对 x 求导，得

$$2\int_x^{2x}f(u)du+2x[2f(2x)-f(x)]-[2xf(2x)\cdot2-xf(x)]=\frac{x}{1+x^4},$$

即

$$2\int_x^{2x}f(u)du=\frac{x}{1+x^4}+xf(x).$$

令 $x=1$，得

$$2\int_1^2 f(u)\mathrm{d}u=\frac{1}{2}+1=\frac{3}{2},$$

于是
$$\int_1^2 f(x)\mathrm{d}x=\frac{3}{4}.$$

5. 求极限$\lim\limits_{x\to 0}\dfrac{\int_0^x\left[\int_0^{u^2}\arctan(1+t)\mathrm{d}t\right]\mathrm{d}u}{x(1-\cos x)}$.

分析 这是一个含变上限定积分的"$\frac{0}{0}$"型极限，一般是用洛必达法则．本题应先将分母的$1-\cos x$用其等价无穷小$\frac{1}{2}x^2$代替，再用洛必达法则较为方便．

解 原式$=2\lim\limits_{x\to 0}\dfrac{\int_0^x\left[\int_0^{u^2}\arctan(1+t)\mathrm{d}t\right]\mathrm{d}u}{x^3}=2\lim\limits_{x\to 0}\dfrac{\int_0^{x^2}\arctan(1+t)\mathrm{d}t}{3x^2}$

$$=2\lim_{x\to 0}2x\,\frac{\arctan(1+x^2)}{6x}=\frac{2}{3}\cdot\frac{\pi}{4}=\frac{\pi}{6}.$$

6. 设$\alpha(x)=\int_0^{5x}\dfrac{\sin t}{t}\mathrm{d}t$，$\beta(x)=\int_0^{\sin x}(1+t)^{\frac{1}{t}}\mathrm{d}t$，则当$x\to 0$时，$\alpha(x)$是$\beta(x)$的______.

(A) 高阶无穷小； (B) 低阶无穷小；

(C) 同阶但不等价的无穷小； (D) 等价无穷小．

解 $\alpha'(x)=\dfrac{5\sin 5x}{5x}$，$\beta'(x)=\cos x(1+\sin x)^{\frac{1}{\sin x}}$.

$$\lim_{x\to 0}\frac{\alpha(x)}{\beta(x)}=\lim_{x\to 0}\frac{\alpha'(x)}{\beta'(x)}=\lim_{x\to 0}\frac{\frac{\sin 5x}{x}}{\cos x(1+\sin x)^{\frac{1}{\sin x}}}=\frac{5}{\mathrm{e}}\neq 0,$$

故$x\to 0$时，$\alpha(x)$是$\beta(x)$的同阶但不等价的无穷小，故选(C).

7. 设函数$S(x)=\int_0^x|\cos t|\mathrm{d}t$，

(1) 当n为正整数，且$n\pi\leqslant x\leqslant(n+1)\pi$时，$2n\leqslant S(x)<2(n+1)$；

(2) 求$\lim\limits_{x\to+\infty}\dfrac{S(x)}{x}$.

解 (1) 因为$|\cos t|$是周期为π的连续函数，所以可将$[0,+\infty)$分为小区间：

$$0<\pi<2\pi<3\pi<\cdots<n\pi<(n+1)\pi<\cdots.$$

对任意正数x，一定存在正整数n或0，使

$$n\pi\leqslant x<(n+1)\pi,$$

又因为$|\cos t|$是以π为周期的函数，在每个周期上积分值相等，所以

$$\int_0^{n\pi}|\cos x|\mathrm{d}x=n\int_0^{\pi}|\cos x|\mathrm{d}x=2n,\quad\int_0^{(n+1)\pi}|\cos x|\mathrm{d}x=2(n+1),$$

因此，当$n\pi<x<(n+1)\pi$时，有$2n\leqslant S(x)<2(n+1)$.

(2) 由(1)知，当$n\pi\leqslant x<(n+1)\pi$时，有

$$\frac{2n}{(n+1)\pi}<\frac{S(x)}{x}<\frac{2(n+1)}{n\pi}.$$

令 $x\to+\infty$，由两边夹法则，得

$$\lim_{x\to+\infty}\frac{S(x)}{x}=\frac{2}{\pi}.$$

8. 把 $x\to0^+$ 时的无穷小量 $\alpha=\int_0^x\cos^2 t\mathrm{d}t$，$\beta=\int_0^{x^2}\tan\sqrt{t}\,\mathrm{d}t$，$\gamma=\int_0^{\sqrt{x}}\sin t^3\,\mathrm{d}t$ 排列起来，使排在后面的是前一个的高阶无穷小，则正确的排序是______.

(A) α，β，γ；　(B) α，γ，β；　(C) β，α，γ；　(D) β，γ，α.

解　当 $x\to0^+$ 时，$\alpha'=\cos x^2\to1$，$\beta'=2x\tan x\sim2x^2$，$\gamma'=\dfrac{1}{2\sqrt{x}}\sin(x^{\frac{3}{2}})\sim\dfrac{1}{2}x$，所以 α' 不是无穷小量，β' 为二阶无穷小量，γ' 为一阶无穷小量，于是 α，β，γ 分别为一阶、三阶与二阶无穷小量，其排序是 α，γ，β，故选(B).

9. 设函数 $f(x)$ 连续，且 $f(0)\neq0$，求极限

$$\lim_{x\to0}\frac{\int_0^x(x-t)f(t)\mathrm{d}t}{x\int_0^x f(x-t)\mathrm{d}t}.$$

解　由于 x 既是积分 $\int_0^x f(x-t)\mathrm{d}t$ 的上限，又含于被积函数中，首先作变换 $x-t=u$，消去被积函数中的 x.

$$\int_0^x f(x-t)\mathrm{d}t=-\int_x^0 f(u)\mathrm{d}u=\int_0^x f(u)\mathrm{d}u.$$

$$\text{原式}=\lim_{x\to0}\frac{x\int_0^x f(t)\mathrm{d}t-\int_0^x tf(t)\mathrm{d}t}{x\int_0^x f(u)\mathrm{d}u}=\lim_{x\to0}\frac{\int_0^x f(t)\mathrm{d}t+xf(x)-xf(x)}{\int_0^x f(u)\mathrm{d}u+xf(x)}$$

$$=\lim_{x\to0}\frac{\int_0^x f(t)\mathrm{d}t}{\int_0^x f(u)\mathrm{d}u+xf(x)}.$$

应用积分中值定量，$\exists\xi\in(0,x)$（或 $(x,0)$），使

$$\int_0^x f(t)\mathrm{d}t=\int_0^x f(u)\mathrm{d}u=xf(\xi).$$

于是

$$\text{原式}=\lim_{x\to0}\frac{xf(\xi)}{xf(\xi)+xf(x)}\quad(x\to0,\ \xi\to0)$$

$$=\lim_{x\to0}\frac{f(\xi)}{f(\xi)+f(x)}=\frac{f(0)}{f(0)+f(0)}=\frac{1}{2}\,(f(0)\neq0).$$

10. 设函数 $f(x)$ 在区间 $[a,b]$ 上连续，且 $f(x)>0$，则方程

$$\int_a^x f(t)\mathrm{d}t+\int_b^x\frac{1}{f(t)}\mathrm{d}t=0$$

在开区间 (a,b) 内的根有______.

(A) 0 个；　(B) 1 个；　(C) 2 个；　(D) 无穷多个.

解　令 $F(x)=\int_a^x f(t)\mathrm{d}t+\int_b^x\dfrac{1}{f(t)}\mathrm{d}t$，则 $F(x)$ 在 $[a,b]$ 上连续，且

$$F(a)=0+\int_b^a \frac{\mathrm{d}t}{f(t)}=-\int_a^b \frac{\mathrm{d}t}{f(t)}<0, \quad F(b)=\int_a^b f(t)\mathrm{d}t+0=\int_a^b f(t)\mathrm{d}t>0.$$

由连续函数的介值定理，$\exists\xi\in(a, b)$，使 $F(\xi)=0$，即

$$\int_a^\xi f(t)\mathrm{d}t+\int_b^\xi \frac{1}{f(t)}\mathrm{d}t=0.$$

又在(a, b)内，

$$F'(x)=f(x)+\frac{1}{f(x)}\geqslant 0,$$

故 $F(x)$在$[a, b]$上严格单调递增，因而零点只有 1 个．因此选(B).

11. 设函数 $f(x)$有导数，且 $f(0)=0$，$F(x)=\int_0^x t^{n-1}f(x^n-t^n)\mathrm{d}t$，证明：

$$\lim_{x\to 0}\frac{F(x)}{x^{2n}}=\frac{1}{2}f'(0).$$

解 令 $u=x^n-t^n$，则 $F(x)=\frac{1}{n}\int_0^{x^n}f(u)\mathrm{d}u$，$F'(x)=x^{n-1}f(x^n)$，所以

$$\lim_{x\to 0}\frac{F(x)}{x^{2n}}=\lim_{x\to 0}\frac{F'(x)}{2nx^{2n-1}}=\frac{1}{2n}\lim_{x\to 0}\frac{f(x^n)}{x^n}=\frac{1}{2n}f'(0).$$

12. 设 $f(x)$在$[a, b]$上连续，在(a, b)内可导，且$\frac{1}{b-a}\int_a^b f(x)\mathrm{d}x=f(b)$，求证：在$(a, b)$内至少存在一点 ξ，使 $f'(\xi)=0$.

证 因 $f(x)$在$[a, b]$上连续，由积分中值定理知，在(a, b)内至少存在一点 c，使

$$\int_a^b f(x)\mathrm{d}x=f(c)(b-a),$$

即

$$f(c)=\frac{1}{b-a}\int_a^b f(x)\mathrm{d}x=f(b).$$

因为 $f(x)$在(c, b)上连续，在(c, b)内可导，故由罗尔定理，$\exists\xi\in(c, b)$，使 $f'(\xi)=0$，$\xi\in(c, b)\subset(a, b)$.

13. 设 $f(x)$，$\varphi(x)$在点 $x=0$ 的某邻域内连续，且当 $x\to 0$ 时，$f(x)$是 $\varphi(x)$的高阶无穷小，则当 $x\to 0$ 时，$\int_0^x f(t)\sin t\mathrm{d}t$ 是 $\int_0^x t\varphi(t)\mathrm{d}t$ 的______.

(A) 低阶无穷小； (B) 高阶无穷小；

(C) 同阶但不等价的无穷小； (D) 等价无穷小．

解 $$\lim_{x\to 0}\frac{\int_0^x f(t)\sin t\mathrm{d}t}{\int_0^x t\varphi(t)\mathrm{d}t}=\lim_{x\to 0}\frac{f(x)\sin x}{x\varphi(x)}=\lim_{x\to 0}\frac{\sin x}{x}\cdot\frac{f(x)}{\varphi(x)}=1\times 0=0,$$ 故选(B).

14. 设函数 $f(x)$在$(-\infty, +\infty)$内连续，且 $F(x)=\int_0^x(x-2t)f(t)\mathrm{d}t$，试证：

(1) 若 $f(x)$为偶函数，则 $F(x)$也是偶函数；

(2) 若 $f(x)$单调不减，则 $F(x)$也单调不减．

证 (1) 因 $f(-x)=f(x)$，故有

$$F(-x)=\int_0^{-x}(-x-2t)f(t)\mathrm{d}t\xlongequal{t=-u}-\int_0^x(-x+2u)f(-u)\mathrm{d}u$$

$$=\int_0^x (x-2u)f(u)\mathrm{d}u\text{(积分值与积分变量无关)}$$

$$=\int_0^x (x-2t)f(t)\mathrm{d}t=F(x),$$

即 $F(x)$ 为偶函数．

(2) $F'(x)=\left[x\int_0^x f(t)\mathrm{d}t-2\int_0^x tf(t)\mathrm{d}t\right]'=\int_0^x f(t)\mathrm{d}t+xf(x)-2xf(x)$

$$=\int_0^x f(t)\mathrm{d}t-xf(x)\xlongequal{\text{积分中值定理}}f(\xi)x-xf(x)$$

$$=x[f(\xi)-f(x)],$$

其中 ξ 介于 0 与 x 之间．由已知 $f(x)$ 单调不减，则

当 $x>0$ 时，$f(\xi)-f(x)\geqslant 0$，故 $F'(x)\geqslant 0$. 当 $x=0$ 时，显然 $F'(0)=0$. 当 $x<0$ 时，$f(\xi)-f(x)\leqslant 0$，故 $F'(x)\geqslant 0$. 即 $x\in(-\infty,+\infty)$ 时，$F'(x)\geqslant 0$，所以，$F(x)$ 单调不减．

15. 已知 $f(x)$ 连续，$\int_0^x tf(x-t)\mathrm{d}t=1-\cos x$，求 $\int_0^{\frac{\pi}{2}} f(x)\mathrm{d}x$.

解　令 $x-t=u$，有

$$\int_0^x tf(x-t)\mathrm{d}t=\int_0^x (x-u)f(u)\mathrm{d}u,$$

于是

$$x\int_0^x f(u)\mathrm{d}u-\int_0^x uf(u)\mathrm{d}u=1-\cos x.$$

两边对 x 求导，得

$$\int_0^x f(u)\mathrm{d}u=\sin x.$$

在上式中，令 $x=\frac{\pi}{2}$，得

$$\int_0^{\frac{\pi}{2}} f(x)\mathrm{d}x=1.$$

16. 设函数 $f(x)$ 在 $(0,+\infty)$ 内连续，$f(1)=\frac{5}{2}$，且对所有的 x，$t\in(0,+\infty)$，满足条件

$$\int_1^{xt} f(u)\mathrm{d}u=t\int_1^x f(u)\mathrm{d}u+x\int_1^t f(u)\mathrm{d}u,$$

求 $f(x)$.

解　等式两边对 x 求导，得

$$tf(xt)=tf(x)+\int_1^t f(u)\mathrm{d}u.$$

令 $x=1$，由 $f(1)=\frac{5}{2}$，得

$$tf(t)=\frac{5}{2}t+\int_1^t f(u)\mathrm{d}u.$$

$f(t)$ 是 $(0,+\infty)$ 内的可导函数，两边对 t 求导，得

$$f(t)+tf'(t)=\frac{5}{2}+f(t)\text{，即 }f'(t)=\frac{5}{2t}.$$

两边求积分，得

$$f(t)=\frac{5}{2}\ln t+C.$$

由 $f(1)=\frac{5}{2}$，得 $C=\frac{5}{2}$，于是

$$f(x)=\frac{5}{2}(\ln x+1).$$

17. 设函数 $f(x)$ 连续，则在下列变上限定积分定义的函数中，必为偶函数的是______.

(A) $\int_0^x t[f(t)+f(-t)]\mathrm{d}t$；　　(B) $\int_0^x t[f(t)-f(-t)]\mathrm{d}t$；

(C) $\int_0^x f(t^2)\mathrm{d}t$；　　(D) $\int_0^x f^2(t)\mathrm{d}t$.

解　令 $F(x)=\int_0^x t[f(t)+f(-t)]\mathrm{d}t$，则

$$\begin{aligned}F(-x)&=\int_0^{-x} t[f(t)+f(-t)]\mathrm{d}t(\text{令 } t=-u)\\&=\int_0^x -u[f(-u)+f(u)]\mathrm{d}(-u)\\&=\int_0^x u[f(u)+f(-u)]\mathrm{d}u=F(x),\end{aligned}$$

故(A)中函数为偶函数.

对于(B)，令 $G(x)=\int_0^x t[f(t)-f(-t)]\mathrm{d}t$，仿上，可算得

$$G(x)-G(-x)=2\int_0^x t[f(t)-f(-t)]\mathrm{d}t\neq 0，\text{当 } f(t)\neq f(-t)\text{时}.$$

由此可见，只要取 $f(t)=t$，此时(B)中函数就不是偶函数. 并且，$f(t)=t$ 显然也是(C)、(D)的反例.

18. 已知函数 $f(x)=\int_0^x \mathrm{e}^{-\frac{t^2}{2}}\mathrm{d}t$，$-\infty<x<+\infty$，试讨论 $f(x)$ 的奇偶性，$f(x)$ 图形的拐点，$f(x)$ 图形的凹凸性.

解　$f(x)$ 是 $(-\infty, +\infty)$ 上的奇函数. 又因 $f''(x)=-x\mathrm{e}^{-\frac{x^2}{2}}$，当 $x<0$ 时，$f''(x)>0$，故 $f(x)$ 在 $(-\infty, 0)$ 内凹；当 $x>0$ 时，$f''(x)<0$，故 $f(x)$ 在 $(0, +\infty)$ 内凸，且 $(0, 0)$ 为曲线 $y=f(x)$ 的拐点.

19. 设 $f(x)$ 连续，则 $\frac{\mathrm{d}}{\mathrm{d}x}\int_0^x tf(x^2-t^2)\mathrm{d}t=$______.

解　变上限的定积分的被积函数中含参数 x，因此须作换元变换消去被积函数中的参数 x，再求导. 令 $x^2-t^2=u$，则

$$\int_0^x tf(x^2-t^2)\mathrm{d}t=\int_{x^2}^0\left[-\frac{1}{2}f(u)\right]\mathrm{d}u=\frac{1}{2}\int_0^{x^2}f(u)\mathrm{d}u,$$

$$\frac{\mathrm{d}}{\mathrm{d}x}\int_0^x tf(x^2-t^2)\mathrm{d}t=\frac{1}{2}\frac{\mathrm{d}}{\mathrm{d}x}\int_0^{x^2}f(u)\mathrm{d}u=xf(x^2).$$

20. 计算 $I=\int_{\frac{1}{2}}^1 \mathrm{e}^{\sqrt{2x-1}}\mathrm{d}x$.

解 令 $t=\sqrt{2x-1}$，则 $\mathrm{d}t=\dfrac{\mathrm{d}x}{\sqrt{2x-1}}=\dfrac{1}{t}\mathrm{d}x$，即 $\mathrm{d}x=t\mathrm{d}t$. 当 $x=\dfrac{1}{2}$时，$t=0$；当 $x=1$ 时，$t=1$，故

$$I=\int_0^1 t\mathrm{e}^t\mathrm{d}t = t\mathrm{e}^t\Big|_0^1-\int_0^1\mathrm{e}^t\mathrm{d}t = 1 .$$

21. 求 $I=\int_{-\pi}^{\pi}x^4\sin x\mathrm{d}x$.

解 被积函数在对称区间$[-\pi,\pi]$上连续，且为奇函数，故 $I=0$.

22. 设 $f(x)$，$g(x)$在区间$[-a,a](a>0)$上连续，$g(x)$为偶函数，且 $f(x)$满足条件 $f(x)+f(-x)=A$(A 为常数).

(1) 证明 $\int_{-a}^{a}f(x)g(x)\mathrm{d}x = A\int_0^a g(x)\mathrm{d}x$；

(2) 利用(1)的结论计算定积分 $\int_{-\frac{\pi}{2}}^{\frac{\pi}{2}}|\sin x|\arctan\mathrm{e}^x\mathrm{d}x$.

解 (1) 因 $f(x)=\dfrac{1}{2}[f(x)+f(-x)]+\dfrac{1}{2}[f(x)-f(-x)]$，

故

$$\begin{aligned}\text{原式}&=\int_{-a}^{a}\left\{\frac{1}{2}[f(x)+f(-x)]+\frac{1}{2}[f(x)-f(-x)]\right\}g(x)\mathrm{d}x\\&=\int_{-a}^{a}\frac{1}{2}[f(x)+f(-x)]g(x)\mathrm{d}x+\int_{-a}^{a}\frac{1}{2}[f(x)-f(-x)]g(x)\mathrm{d}x.\end{aligned}$$

因$\dfrac{1}{2}[f(x)-f(-x)]g(x)$为奇函数，右端第二个积分等于零，故

$$\begin{aligned}\int_{-a}^{a}f(x)g(x)\mathrm{d}x&=\frac{1}{2}\int_{-a}^{a}[f(x)+f(-x)]g(x)\mathrm{d}x\\&=\frac{1}{2}A\int_{-a}^{a}g(x)\mathrm{d}x=A\int_0^a g(x)\mathrm{d}x.\end{aligned}$$

(2) 令 $f(x)=\arctan\mathrm{e}^x$，$g(x)=|\sin x|$，$a=\dfrac{\pi}{2}$，则 $f(x)$，$g(x)$在$\left[-\dfrac{\pi}{2},\dfrac{\pi}{2}\right]$上连续，$g(x)$为偶函数 . 由于 $f(x)+f(-x)=\arctan\mathrm{e}^x+\arctan\mathrm{e}^{-x}=A$，令 $x=0$，有$2\arctan1=2\cdot\dfrac{\pi}{4}=A$，即 $A=\dfrac{\pi}{2}$，于是有

$$\begin{aligned}\int_{-\frac{\pi}{2}}^{\frac{\pi}{2}}|\sin x|\arctan\mathrm{e}^x\mathrm{d}x&=\frac{\pi}{2}\int_0^{\frac{\pi}{2}}|\sin x|\mathrm{d}x=\frac{\pi}{2}\int_0^{\frac{\pi}{2}}\sin x\mathrm{d}x\\&=\frac{\pi}{2}(-\cos x)\Big|_0^{\frac{\pi}{2}}=\frac{\pi}{2}.\end{aligned}$$

23. 若 $f(x)=\dfrac{1}{1+x^2}+\sqrt{1-x^2}\int_0^1 f(x)\mathrm{d}x$，求$\int_0^1 f(x)\mathrm{d}x$.

解 两端在区间$[0,1]$上积分，因$\int_0^1 f(x)\mathrm{d}x$ 为常数，有

$$\begin{aligned}\int_0^1 f(x)\mathrm{d}x&=\int_0^1\frac{1}{1+x^2}\mathrm{d}x+\left(\int_0^1\sqrt{1-x^2}\mathrm{d}x\right)\int_0^1 f(x)\mathrm{d}x\\&=\frac{\pi}{4}+\left(\int_0^1\sqrt{1-x^2}\mathrm{d}x\right)\int_0^1 f(x)\mathrm{d}x.\end{aligned}$$

$$\int_0^1 \sqrt{1-x^2}\,dx \xlongequal{x=\sin\theta} \int_0^{\frac{\pi}{2}} \cos^2\theta\, d\theta = \int_0^{\frac{\pi}{2}} \frac{1+\cos 2\theta}{2} d\theta$$

$$= \left(\frac{1}{2}\theta + \frac{1}{4}\sin 2\theta\right)\Big|_0^{\frac{\pi}{2}} = \frac{\pi}{4}.$$

故
$$\int_0^1 f(x)\,dx = \frac{\pi}{4-\pi}.$$

24. 求 $I=\int_{-1}^{1}(2x+|x|+1)^2dx$.

解法一 $I=\int_{-1}^{0}(2x-x+1)^2dx+\int_0^1(2x+x+1)^2dx=\frac{22}{3}$.

解法二 $f(x)=(2x+|x|+1)^2=5x^2+1+2|x|+2x|x|+2x$.

$2x|x|+2x$ 为奇函数，在$[-1, 1]$上的积分为零，故

$$I=2\int_0^1(5x^2+2|x|+1)dx=2\left(\frac{5}{3}x^3+x^2+x\right)\Big|_0^1=\frac{22}{3}.$$

25. 求 $I=\int_{-2}^{2}\frac{|x|+x}{2+x^2}dx$.

解 $\frac{x}{2+x^2}$为$[-2, 2]$上的奇函数，其积分等于零，而$\frac{|x|}{2+x^2}$为偶函数，故

$$I=2\int_0^2\frac{x}{2+x^2}dx=\int_0^2\frac{d(x^2+2)}{2+x^2}=\ln 3.$$

26. 设 $f(x)$在$(-\infty, +\infty)$上是连续函数，且 $m\leqslant f(x)\leqslant M$，证明：

$$\left|\frac{1}{2a}\int_{-a}^{a}f(t)dt-f(x)\right|\leqslant M-m(a>0).$$

证 由 $m\leqslant f(x)\leqslant M$，得

$$[a-(-a)]m\leqslant\int_{-a}^{a}f(t)dt\leqslant[a-(-a)]M,$$

即
$$2am\leqslant\int_{-a}^{a}f(t)dt\leqslant 2aM,$$

亦即
$$m\leqslant\frac{1}{2a}\int_{-a}^{a}f(t)dt\leqslant M.$$

又
$$-M\leqslant -f(x)\leqslant -m,$$

两式相加，得

$$-(M-m)\leqslant\frac{1}{2a}\int_{-a}^{a}f(t)dt-f(x)\leqslant(M-m),$$

故
$$\left|\frac{1}{2a}\int_{-a}^{a}f(t)dt-f(x)\right|\leqslant M-m.$$

27. 设函数 $f(x)$在$[0, \pi]$上连续，且$\int_0^\pi f(x)dx=0$，$\int_0^\pi f(x)\cos x dx=0$，试证明：在$(0, \pi)$内至少存在两个不同的点 ξ_1，ξ_2，使 $f(\xi_1)=f(\xi_2)=0$.

证 令 $F(x)=\int_0^x f(t)dt(0\leqslant x\leqslant\pi)$， 则有 $F(0)=0$，$F(\pi)=0$. 又因为

$$0=\int_0^\pi f(x)\cos x dx=\int_0^\pi \cos x dF(x)$$

$$=F(x)\cos x\Big|_0^\pi+\int_0^\pi F(x)\sin x\mathrm{d}x$$

$$=\int_0^\pi F(x)\sin x\mathrm{d}x,$$

故$\exists\xi\in(0,\pi)$，使$F(\xi)\sin\xi=0$. 因若不然，则在$(0,\pi)$内或$F(x)\sin x$恒正或$F(x)\sin x$恒负，均与$\int_0^\pi F(x)\sin x\mathrm{d}x=0$矛盾．但$\xi\in(0,\pi)$时，$\sin\xi\neq0$，故$F(\xi)=0$. 由以上证明，得

$$F(0)=F(\xi)=F(\pi)=0(0<\xi<\pi).$$

$F(x)$在区间$[0,\xi]$，$[\xi,\pi]$上均满足罗尔定理条件，故$\exists\xi_1\in(0,\xi)$，$\exists\xi_2\in(\xi,\pi)$，使

$$F'(\xi_1)=F'(\xi_2)=0，即\ f(\xi_1)=f(\xi_2)=0(0<\xi_1<\xi<\xi_2<\pi).$$

28. 设$f(x)$在区间$[0,1]$上连续，在$(0,1)$内可导，且满足

$$f(1)=3\int_0^{\frac{1}{3}}\mathrm{e}^{1-x^2}f(x)\mathrm{d}x,$$

证明：存在$\xi\in(0,1)$，使$f'(\xi)=2\xi f(\xi)$.

证　由积分中值定理，得

$$f(1)=\mathrm{e}^{1-\xi_1^2}f(\xi_1),\ \xi_1\in\left[0,\frac{1}{3}\right].$$

令$F(x)=\mathrm{e}^{1-x^2}f(x)$，则$F(x)$在$[\xi_1,1]$上连续，在$(\xi_1,1)$内可导，且

$$F(1)=f(1)=\mathrm{e}^{1-\xi_1^2}f(\xi_1)=F(\xi_1).$$

由罗尔定理，$\exists\xi\in(\xi_1,1)$，使

$$F'(\xi)=\mathrm{e}^{1-\xi_1^2}[f'(\xi)-2\xi f(\xi)]=0,$$

于是有

$$f'(\xi)=2\xi f(\xi),\ \xi\in(\xi_1,1)\subset(0,1).$$

29. $\int_{-1}^1(|x|+x)\mathrm{e}^{-|x|}\mathrm{d}x=$________.

解　原式$=\int_{-1}^1|x|\mathrm{e}^{-|x|}\mathrm{d}x+\int_{-1}^1 x\mathrm{e}^{-|x|}\mathrm{d}x=2\int_0^1 x\mathrm{e}^{-x}\mathrm{d}x+0=2(1-2\mathrm{e}^{-1})$.

30. 求函数$I(x)=\int_{\mathrm{e}}^x\frac{\ln t}{t^2-2t+1}\mathrm{d}t$在区间$[\mathrm{e},\mathrm{e}^2]$上的最大值．

解　$I'(x)=\frac{\ln x}{x^2-2x+1}=\frac{\ln x}{(x-1)^2}>0$，$x\in[\mathrm{e},\mathrm{e}^2]$；$I(x)$在$[\mathrm{e},\mathrm{e}^2]$上单调增加，故$I(x)$在$x=\mathrm{e}^2$处取得最大值．用分部积分法易求出最大值为

$$I(\mathrm{e}^2)=-\int_{\mathrm{e}}^{\mathrm{e}^2}\ln t\mathrm{d}\left(\frac{1}{t-1}\right)=\ln(1+\mathrm{e})-\frac{\mathrm{e}}{1+\mathrm{e}}.$$

31. 求连续函数$f(x)$，使它满足：

$$\int_0^1 f(tx)\mathrm{d}t=f(x)+x\sin x.$$

解　令$tx=u$，则$\int_0^1 f(tx)\mathrm{d}t=\frac{1}{x}\int_0^x f(u)\mathrm{d}u$，于是

$$\frac{1}{x}\int_0^x f(u)\mathrm{d}u=f(x)+x\sin x.$$

两边求导，得

$$f'(x)=-2\sin x-x\cos x,$$

积分，得
$$f(x)=\cos x-x\sin x+C.$$

32. 设 $F(x)=\dfrac{x^2}{x-a}\int_a^x f(t)\mathrm{d}t$，其中 $f(x)$ 为连续函数，则 $\lim\limits_{x\to a}F(x)=$______.

(A) a^2； (B) $a^2f(a)$； (C) 0； (D) 不存在.

解法一 $\lim\limits_{x\to a}F(x)=\lim\limits_{x\to a}\dfrac{x^2\int_a^x f(t)\mathrm{d}t}{x-a}=a^2\lim\limits_{x\to a}\dfrac{\int_a^x f(t)\mathrm{d}t}{x-a}=\lim\limits_{x\to a}\dfrac{a^2f(x)}{1}=a^2f(a)$，

故选(B).

解法二
$$\begin{aligned}\lim_{x\to a}F(x)&=\lim_{x\to a}\frac{x^2\int_a^x f(t)\mathrm{d}t}{x-a}=a^2\lim_{x\to a}\frac{\int_a^x f(t)\mathrm{d}t}{x-a}\\&=a^2\lim_{x\to a}\frac{(x-a)f(\xi)}{x-a}(\xi\text{介于}a\text{与}x\text{之间})\\&=a^2\lim_{\xi\to a}f(\xi)=a^2f(a),\end{aligned}$$

故选(B).

33. 设 $f(x)$ 为连续函数，且 $F(x)=\int_{\frac{1}{x}}^{\ln x}f(t)\mathrm{d}t$，则 $F'(x)=$______.

(A) $\dfrac{1}{x}f(\ln x)+\dfrac{1}{x^2}f\left(\dfrac{1}{x}\right)$； (B) $\dfrac{1}{x}f(\ln x)+f\left(\dfrac{1}{x}\right)$；

(C) $\dfrac{1}{x}f(\ln x)-\dfrac{1}{x^2}f\left(\dfrac{1}{x}\right)$； (D) $\dfrac{1}{x}f(\ln x)-f\left(\dfrac{1}{x}\right)$.

解 设 $f(x)$ 连续，$\alpha(x)$ 和 $\beta(x)$ 可导，则有一般的变限定积分的求导公式

$$\frac{\mathrm{d}}{\mathrm{d}x}\int_{\alpha(x)}^{\beta(x)}f(t)\mathrm{d}t=f[\beta(x)]\beta'(x)-f[\alpha(x)]\alpha'(x),$$

于是
$$F'(x)=f(\ln x)\frac{1}{x}-f\left(\frac{1}{x}\right)\left(-\frac{1}{x^2}\right)=\frac{1}{x}f(\ln x)+\frac{1}{x^2}f\left(\frac{1}{x}\right),$$

故选(A).

34. 计算 $\int_0^{\ln 2}\mathrm{e}^{-x}\sqrt{\mathrm{e}^{2x}-1}\,\mathrm{d}x$.

解
$$\begin{aligned}\text{原式}&=-\int_0^{\ln 2}\sqrt{\mathrm{e}^{2x}-1}\,\mathrm{d}\mathrm{e}^{-x}=-\mathrm{e}^{-x}\sqrt{\mathrm{e}^{2x}-1}\Big|_0^{\ln 2}+\int_0^{\ln 2}\frac{\mathrm{e}^x\mathrm{d}x}{\sqrt{\mathrm{e}^{2x}-1}}\\&=-\frac{\sqrt{3}}{2}+\ln(\mathrm{e}^x+\sqrt{\mathrm{e}^{2x}-1})\Big|_0^{\ln 2}=-\frac{\sqrt{3}}{2}+\ln(2+\sqrt{3}).\end{aligned}$$

35. 设 $F(x)=\int_x^{x+2\pi}\mathrm{e}^{\sin t}\sin t\mathrm{d}t$，则 $F(x)$______.

(A) 为正常数； (B) 为负常数； (C) 恒为零； (D) 不为常数.

解 因 $f(t)=\mathrm{e}^{\sin t}\sin t$ 为周期是 2π 的函数，且连续，所以

$$\begin{aligned}F(x)&=\int_0^{2\pi}\mathrm{e}^{\sin t}\sin t\mathrm{d}t=-\int_0^{2\pi}\mathrm{e}^{\sin t}\mathrm{d}\cos t\\&=-\mathrm{e}^{\sin t}\cos t\Big|_0^{2\pi}+\int_0^{2\pi}\cos^2 t\mathrm{e}^{\sin t}\mathrm{d}t=\int_0^{2\pi}\cos^2 t\cdot\mathrm{e}^{\sin t}\mathrm{d}t>0,\end{aligned}$$

故选(A).

36. 已知函数 $f(x)$ 连续，且 $\lim\limits_{x\to 0}\dfrac{f(x)}{x}=2$，设 $\varphi(x)=\int_0^1 f(xt)\mathrm{d}t$，求 $\varphi'(x)$，并讨论 $\varphi'(x)$ 的连续性.

解 由 $f(x)$ 连续，$\lim\limits_{x\to 0}\dfrac{f(x)}{x}=2\Rightarrow f(0)=0$，从而 $\varphi(0)=0$. 设 $u=xt$，则

$$\varphi(x)=\begin{cases}\dfrac{1}{x}\displaystyle\int_0^x f(u)\mathrm{d}u, & x\neq 0,\\ 0, & x=0.\end{cases}$$

当 $x\neq 0$ 时，$\varphi'(x)=\dfrac{f(x)}{x}-\dfrac{1}{x^2}\displaystyle\int_0^x f(u)\mathrm{d}u$ 连续.

$$\varphi'(0)=\lim_{x\to 0}\frac{\varphi(x)-\varphi(0)}{x-0}=\lim_{x\to 0}\frac{\int_0^x f(u)\mathrm{d}u}{x^2}=\lim_{x\to 0}\frac{f(x)}{2x}=1,$$

$$\lim_{x\to 0}\varphi'(x)=\lim_{x\to 0}\frac{f(x)}{x}-\lim_{x\to 0}\frac{1}{x^2}\int_0^x f(u)\mathrm{d}u=2-1=1=\varphi'(0),$$

所以 $\varphi'(x)$ 在点 $x=0$ 处也连续. 故 $\varphi'(x)$ 处处连续.

37. 设 $I_1=\int_0^{\frac{\pi}{4}}\dfrac{\tan x}{x}\mathrm{d}x$，$I_2=\int_0^{\frac{\pi}{4}}\dfrac{x}{\tan x}\mathrm{d}x$，则______.

(A) $I_1>I_2>1$； (B) $1>I_1>I_2$；

(C) $I_2>I_1>1$； (D) $1>I_2>I_1$.

解 当 $0<x<\dfrac{\pi}{4}$ 时，

$$\frac{x}{\tan x}<1<\frac{\tan x}{x},$$

应用积分的保号性质，得

$$I_2=\int_0^{\frac{\pi}{4}}\frac{x}{\tan x}\mathrm{d}x<\frac{\pi}{4}<\int_0^{\frac{\pi}{4}}\frac{\tan x}{x}\mathrm{d}x=I_1.$$

令 $f(x)=\dfrac{\tan x}{x}$，则 $f'(x)=\dfrac{1-\frac{1}{2}\sin 2x}{x^2\cos^2 x}$，记 $g(x)=x-\dfrac{1}{2}\sin 2x$，则 $g'(x)=1-\cos 2x$. 当 $x\in\left(0,\dfrac{\pi}{4}\right)$ 时，$g'(x)>0$，所以 $g(x)$ 严格递增，于是 $g(x)>0\Rightarrow f'(x)>0$ $\left(0<x<\dfrac{\pi}{4}\right)$. 因而 $f(x)$ 在 $\left(0,\dfrac{\pi}{4}\right)$ 上严格递增，且

$$0<f(x)\leqslant f\left(\frac{\pi}{4}\right)=\frac{4}{\pi},$$

故有
$$I_1=\int_0^{\frac{\pi}{4}}f(x)\mathrm{d}x=\int_0^{\frac{\pi}{4}}\frac{\tan x}{x}\mathrm{d}x\leqslant\int_0^{\frac{\pi}{4}}\frac{4}{\pi}\mathrm{d}x=1.$$

选(B).

38. 设函数 $f(x)$ 在闭区间 $[a,b]$ 上连续，在开区间 (a,b) 内可导，且 $f'(x)>0$，若极限 $\lim\limits_{x\to a^+}\dfrac{f(2x-a)}{x-a}$ 存在，证明：

(1) 在 (a,b) 内 $f(x)>0$；

(2) 在(a, b)内存在点ξ，使

$$\frac{b^2-a^2}{\int_a^b f(x)\mathrm{d}x}=\frac{2\xi}{f(\xi)};$$

(3) 在(a, b)内存在与(2)中ξ相等的点η，使

$$f'(\eta)(b^2-a^2)=\frac{2\xi}{\xi-a}\int_a^b f(x)\mathrm{d}x.$$

证 (1) 因$\lim\limits_{x\to a^+}\dfrac{f(2x-a)}{x-a}$存在，故$\lim\limits_{x\to a^+}f(2x-a)=0$. 由$f(x)$在$[a, b]$上连续，从而$f(a)=0$，又$f'(x)>0$知$f(x)$在$(a, b)$内单调增加，故

$$f(x)>f(a)=0(x\in(a, b)).$$

(2) 设$F(x)=x^2$，$G(x)=\int_a^x f(t)\mathrm{d}t(a\leqslant x\leqslant b)$，则$G'(x)=f(x)>0$，故$F(x)$，$G(x)$满足柯西中值定理的条件，于是$\exists\xi\in(a, b)$，使

$$\frac{F(b)-F(a)}{G(b)-G(a)}=\frac{b^2-a^2}{\int_a^b f(t)\mathrm{d}t-\int_a^a f(t)\mathrm{d}t}=\left.\frac{(x^2)'}{\left(\int_a^x f(t)\mathrm{d}t\right)'}\right|_{x=\xi},$$

即

$$\frac{b^2-a^2}{\int_a^b f(x)\mathrm{d}x}=\frac{2\xi}{f(\xi)}.$$

(3) 因$f(\xi)=f(\xi)-f(a)$，在$[a, \xi]$上应用拉格朗日中值定理，$\exists\eta\in(a, \xi)$，使

$$f(\xi)=f'(\eta)(\xi-a).$$

由(2)的结论，得

$$\frac{b^2-a^2}{\int_a^b f(x)\mathrm{d}x}=\frac{2\xi}{f'(\eta)(\xi-a)},$$

即

$$f'(\eta)(b^2-a^2)=\frac{2\xi}{\xi-a}\int_a^b f(x)\mathrm{d}x.$$

39. 设$f(x)=\int_x^{x+\frac{\pi}{2}}|\sin t|\mathrm{d}t$.

(1) 证明$f(x)$是以π为周期的周期函数；

(2) 求$f(x)$的值域.

解 (1)
$$f(x+\pi)=\int_{x+\pi}^{x+\frac{3}{2}\pi}|\sin t|\mathrm{d}t\xlongequal{t=u+\pi}\int_x^{x+\frac{\pi}{2}}|\sin(u+\pi)|\mathrm{d}u$$
$$=\int_x^{x+\frac{\pi}{2}}|\sin u|\mathrm{d}u=f(x),$$

故$f(x)$是以π为周期的周期函数.

(2) 因$|\sin x|$在$(-\infty, +\infty)$上连续，$f(x)$的周期为π，故只需在$[0, \pi]$上讨论其值域.

$$f'(x)=\left|\sin\left(x+\frac{3\pi}{2}\right)\right|-|\sin(x+\pi)|=|\cos x|-|\sin x|,$$

令$f'(x)=0$，得驻点$x_1=\dfrac{\pi}{4}$，$x_2=\dfrac{3\pi}{4}$. 函数$f(x)$在驻点与端点的值为

$$f(x_1)=f\left(\frac{\pi}{4}\right)=\int_{\frac{\pi}{4}}^{\frac{3\pi}{4}}\sin t\mathrm{d}t=\sqrt{2},$$

$$f(x_2)=f\left(\frac{3\pi}{4}\right)=\int_{\frac{3\pi}{4}}^{\frac{5\pi}{4}}|\sin t|\mathrm{d}t=\int_{\frac{3\pi}{4}}^{\pi}\sin t\mathrm{d}t-\int_{\pi}^{\frac{5\pi}{4}}\sin t\mathrm{d}t=2-\sqrt{2}.$$

$$f(0)=\int_0^{\frac{\pi}{2}}\sin t\mathrm{d}t=1, f(\pi)=\int_{\pi}^{\frac{3\pi}{2}}-\sin t\mathrm{d}t=1.$$

故 $f(x)$的值域为$[2-\sqrt{2}, \sqrt{2}]$.

40. 设 $$M=\int_{-\frac{\pi}{2}}^{\frac{\pi}{2}}\frac{\sin x}{1+x^4}\cos^2 x\mathrm{d}x, N=\int_{-\frac{\pi}{2}}^{\frac{\pi}{2}}(\sin^3 x+\cos^4 x)\mathrm{d}x,$$

$$P=\int_{-\frac{\pi}{2}}^{\frac{\pi}{2}}(x^2\sin^3 x-\cos^4 x)\mathrm{d}x,$$

则有________.

(A) $N<P<M$; (B) $M<P<N$;

(C) $N<M<P$; (D) $P<M<N$.

解 应用奇、偶函数在对称区间上积分的性质有

$$M=0, N=2\int_0^{\frac{\pi}{2}}\cos^4 x\mathrm{d}x>0, P=-2\int_0^{\frac{\pi}{2}}\cos^4 x\mathrm{d}x<0,$$

故有 $P<M<N$. 选(D).

41. 计算$\int_0^1 x(1-x^4)^{\frac{3}{2}}\mathrm{d}x$.

解 令 $x^2=\sin t\left(0\leqslant t\leqslant\frac{\pi}{2}\right)$, 则

$$\begin{aligned}原式&=\frac{1}{2}\int_0^1(1-x^4)^{\frac{3}{2}}\mathrm{d}x^2=\frac{1}{2}\int_0^{\frac{\pi}{2}}(1-\sin^2 t)^{\frac{3}{2}}\mathrm{d}\sin t\\&=\frac{1}{2}\int_0^{\frac{\pi}{2}}\cos^4 t\mathrm{d}t=\frac{1}{2}\int_0^{\frac{\pi}{2}}\left(\frac{3}{8}+\frac{1}{2}\cos 2t+\frac{1}{8}\cos 4t\right)\mathrm{d}t\\&=\frac{1}{2}\left(\frac{3}{8}t+\frac{1}{4}\sin 2t+\frac{1}{32}\sin 4t\right)\Big|_0^{\frac{\pi}{2}}=\frac{3}{32}\pi.\end{aligned}$$

42. $\int_{-\frac{\pi}{2}}^{\frac{\pi}{2}}(x^3+\sin^2 x)\cos^2 x\mathrm{d}x=$________.

解 因 $x^3\cos^2 x$ 是奇函数，$\sin^2 x\cos^2 x$ 是偶函数，所以

$$\begin{aligned}原式&=0+2\int_0^{\frac{\pi}{2}}\sin^2 x\cos^2 x\mathrm{d}x=\frac{1}{2}\int_0^{\frac{\pi}{2}}\sin^2 2x\mathrm{d}x=\frac{1}{4}\int_0^{\frac{\pi}{2}}(1-\cos 4x)\mathrm{d}x\\&=\frac{1}{4}\left(1-\frac{1}{4}\sin 4x\right)\Big|_0^{\frac{\pi}{2}}=\frac{1}{8}\pi.\end{aligned}$$

43. 设 $f(x)$在区间$[0, 1]$上可微，且满足条件 $f(1)=2\int_0^{\frac{1}{2}}xf(x)\mathrm{d}x$，试证：存在 $\xi\in(0, 1)$，使 $f(\xi)+\xi f'(\xi)=0$.

分析 由结论可知，若令 $\varphi(x)=xf(x)$，则 $\varphi'(x)=f(x)+xf'(x)$. 因此，只需证明 $\varphi(x)$在$[0, 1]$内某一区间上满足罗尔定理的条件.

证明 令$\varphi(x)=xf(x)$，由积分中值定理可知，存在$\eta\in\left(0,\frac{1}{2}\right)$，使

$$\int_0^{\frac{1}{2}}xf(x)\mathrm{d}x=\int_0^{\frac{1}{2}}\varphi(x)\mathrm{d}x=\frac{1}{2}\varphi(\eta).$$

由已知条件，有$f(1)=2\int_0^{\frac{1}{2}}xf(x)\mathrm{d}x=2\cdot\frac{1}{2}\varphi(\eta)=\varphi(\eta)$，于是

$$\varphi(1)=f(1)=\varphi(\eta),$$

且$\varphi(x)$在$[\eta,1]$上连续，在$(\eta,1)$上可导，故由罗尔定理可知，存在$\xi\in(\eta,1)\subset(0,1)$，使得

$$\varphi'(\xi)=0，即 f(\xi)+\xi f'(\xi)=0.$$

44. 设$f(x)$，$g(x)$在$[a,b]$上连续，且满足

$$\int_a^x f(t)\mathrm{d}t\geqslant\int_a^x g(t)\mathrm{d}t,\ x\in[a,b],\int_a^b f(t)\mathrm{d}t=\int_a^b g(t)\mathrm{d}t,$$

证明：$\int_a^b xf(x)\mathrm{d}x\leqslant\int_a^b xg(x)\mathrm{d}x$.

分析 容易发现

$$\int_a^x f(t)\mathrm{d}t\geqslant\int_a^x g(t)\mathrm{d}t,\ x\in[a,b]\Leftrightarrow\int_a^x[f(t)-g(t)]\mathrm{d}t\geqslant0,\ x\in[a,b],$$

$$\int_a^b f(t)\mathrm{d}t=\int_a^b g(t)\mathrm{d}t\Leftrightarrow\int_a^b[f(t)-g(t)]\mathrm{d}t=0,$$

$$\int_a^b xf(x)\mathrm{d}x\leqslant\int_a^b xg(x)\mathrm{d}t\Leftrightarrow\int_a^b x[f(x)-g(x)]\mathrm{d}x\leqslant0.$$

由$f(x)$，$g(x)$在$[a,b]$上连续及变限定积分求导公式可把要证明的结论改写成

$$\int_a^b xG'(x)\mathrm{d}x\leqslant0，其中 G(x)=\int_a^x[f(t)-g(t)]\mathrm{d}t.$$

这样就找到了证明的思路：用分部积分法计算定积分$\int_a^b xG'(x)\mathrm{d}x$.

证 令$F(x)=f(x)-g(x)$，$G(x)=\int_a^x F(t)\mathrm{d}t$，由题设知

$$G(x)\geqslant0,\ x\in[a,b],\ G(a)=G(b)=0,\ G'(x)=F(x),$$

从而

$$\int_a^b xF(x)\mathrm{d}x=\int_a^b x\mathrm{d}G(x)=xG(x)\Big|_a^b-\int_a^b G(x)\mathrm{d}x=-\int_a^b G(x)\mathrm{d}x.$$

由于$G(x)\geqslant0$，$x\in[a,b]$，故有

$$-\int_a^b G(x)\mathrm{d}x\leqslant0，即\int_a^b xF(x)\mathrm{d}x\leqslant0,$$

因此，

$$\int_a^b xf(x)\mathrm{d}x\leqslant\int_a^b xg(x)\mathrm{d}x.$$

45. 设$\lim\limits_{x\to\infty}\left(\frac{1+x}{x}\right)^{ax}=\int_{-\infty}^a te^t\mathrm{d}t$，则常数$a=$________.

解 左$=\lim\limits_{x\to\infty}\left(1+\frac{1}{x}\right)^{ax}=\mathrm{e}^a$，

$$右=\int_{-\infty}^a t\mathrm{e}^t\mathrm{d}t=t\mathrm{e}^t\Big|_{-\infty}^a-\int_{-\infty}^a\mathrm{e}^t\mathrm{d}t=a\mathrm{e}^a-\mathrm{e}^t\Big|_{-\infty}^a=\mathrm{e}^a(a-1).$$

由$\mathrm{e}^a=\mathrm{e}^a(a-1)$，得$a=2$.

46. 下列广义积分发散的是________.

(A) $\int_{-1}^{1}\frac{1}{\sin x}dx$；　　(B) $\int_{-1}^{1}\frac{1}{\sqrt{1-x^2}}dx$；

(C) $\int_{0}^{+\infty}e^{-x^2}dx$；　　(D) $\int_{2}^{+\infty}\frac{1}{x\ln^2 x}dx$.

解　由于$\frac{1}{\sin x}$当$x\to 0$时无界，且$\lim\limits_{x\to 0}\frac{\frac{1}{\sin x}}{\frac{1}{x}}=1$，由极限判敛法知，$\int_{-1}^{1}\frac{1}{\sin x}dx$发散.

$$\int_{-1}^{1}\frac{1}{\sqrt{1-x^2}}dx=\int_{-1}^{0}\frac{dx}{\sqrt{1-x^2}}+\int_{0}^{1}\frac{dx}{\sqrt{1-x^2}}$$
$$=\arcsin x\Big|_{-1}^{0}+\arcsin x\Big|_{0}^{1}=\pi;$$

$$\int_{0}^{+\infty}e^{-x^2}dx=\frac{\sqrt{\pi}}{2}(\text{概率积分});$$

$$\int_{2}^{+\infty}\frac{1}{x\ln^2 x}dx=\int_{2}^{+\infty}\frac{1}{\ln^2 x}d\ln x=-\frac{1}{\ln x}\Big|_{2}^{+\infty}=\frac{1}{\ln 2}.$$

故选(A).

47. 计算$\int_{0}^{+\infty}\frac{xe^{-x}}{(1+e^{-x})^2}dx$.

解　原式$=\int_{0}^{+\infty}\frac{xe^{x}}{(1+e^{x})^2}dx=\int_{0}^{+\infty}xd\left(\frac{-1}{1+e^{x}}\right)$

$$=-\frac{x}{1+e^{x}}\Big|_{0}^{+\infty}+\int_{0}^{+\infty}\frac{1}{1+e^{x}}dx=\int_{0}^{+\infty}\frac{1}{1+e^{x}}dx$$

$$=\int_{0}^{+\infty}\frac{e^{-x}}{e^{-x}+1}dx=-\int_{0}^{+\infty}\frac{1}{e^{-x}+1}d(e^{-x}+1)$$

$$=-\ln(e^{-x}+1)\big|_{0}^{+\infty}=\ln 2.$$

48. 计算$I=\int_{1}^{+\infty}\frac{dx}{e^{1+x}+e^{3-x}}$.

解　$I=\int_{1}^{+\infty}\frac{e^{x-3}}{e^{2(x-1)}+1}dx=e^{-2}\int_{1}^{+\infty}\frac{de^{x-1}}{1+e^{2(x-1)}}$

$$=e^{-2}\arctan e^{x-1}\Big|_{1}^{+\infty}=e^{-2}\left(\frac{\pi}{2}-\frac{\pi}{4}\right)$$

$$=\frac{\pi}{4}e^{-2}.$$

49. 已知$\lim\limits_{x\to+\infty}\left(\frac{x-a}{x+a}\right)^{x}=\int_{a}^{+\infty}4x^2e^{-2x}dx$，求常数$a$.

解　左边$=e^{-2a}$.

右边$=-2\int_{a}^{+\infty}x^2de^{-2x}=-2x^2e^{-2x}\Big|_{a}^{+\infty}+4\int_{a}^{+\infty}xe^{-2x}dx$

$$=2a^2e^{-2a}-2\int_{a}^{+\infty}xde^{-2x}$$

$$=2a^2e^{-2a}-2xe^{-2x}\Big|_{a}^{+\infty}+2\int_{a}^{+\infty}e^{-2x}dx$$

$$=2a^2e^{-2a}+2ae^{-2a}-e^{-2x}\Big|_a^{+\infty}$$

$$=2a^2e^{-2a}+2ae^{-2a}+e^{-2a}=e^{-2a}(2a^2+2a+1).$$

由 $e^{-2a}=e^{-2a}(2a^2+2a+1)$ 得到 $a=0$ 或 $a=-1$.

50. 已知函数 $f(x)=\int_0^x e^{-\frac{1}{2}t^2}dt$，$-\infty<x<+\infty$，试求 $f(x)$ 图形的水平渐近线.

解 可以证明 $f(x)$ 为奇函数，即 $f(x)=-f(-x)$.

下面求 $\lim\limits_{x\to\pm\infty}f(x)=\lim\limits_{x\to\pm\infty}\int_0^x e^{-\frac{1}{2}t^2}dt$.

因 $$\lim_{x\to+\infty}f(x)=\lim_{x\to-\infty}f(-x)=-\lim_{x\to-\infty}f(x),$$

只需求出 $\lim\limits_{x\to+\infty}f(x)=\lim\limits_{x\to+\infty}\int_0^x e^{-\frac{1}{2}t^2}dt=\int_0^{+\infty}e^{-\frac{1}{2}t^2}dt$，而

$$\int_0^{+\infty}e^{-\frac{1}{2}t^2}dt=\frac{\sqrt{2}}{2}\left[2\int_0^{+\infty}\left(\frac{t}{\sqrt{2}}\right)^{2\cdot\frac{1}{2}-1}e^{-(\frac{t}{\sqrt{2}})^2}d\left(\frac{t}{\sqrt{2}}\right)\right]$$

$$=\frac{\sqrt{2}}{2}\Gamma\left(\frac{1}{2}\right)=\frac{\sqrt{2}}{2}\cdot\sqrt{\pi}=\sqrt{\frac{\pi}{2}},$$

故其水平渐近线有两条：$y=\sqrt{\frac{\pi}{2}}$ 与 $y=-\sqrt{\frac{\pi}{2}}$.

51. $\int_1^{+\infty}\frac{dx}{e^x+e^{2-x}}=$________.

解 原式 $=\int_1^{+\infty}\frac{de^x}{e^{2x}+e^2}=\frac{1}{e}\arctan\frac{e^x}{e}\Big|_1^{+\infty}=\frac{1}{e}\left(\frac{\pi}{2}-\frac{\pi}{4}\right)=\frac{\pi}{4e}$.

52. $\int_0^{+\infty}\frac{1}{x^2+4x+8}dx=$________.

解 $$\int_0^{+\infty}\frac{dx}{x^2+4x+8}=\int_0^{+\infty}\frac{d(x+2)}{(x+2)^2+4}=\frac{1}{2}\arctan\frac{x+2}{2}\Big|_0^{+\infty}$$

$$=\frac{1}{2}\left(\frac{\pi}{2}-\frac{\pi}{4}\right)=\frac{\pi}{8}.$$

53. 计算积分 $\int_{\frac{1}{2}}^{\frac{3}{2}}\frac{dx}{\sqrt{|x-x^2|}}$.

解 原式 $=\int_{\frac{1}{2}}^{1}\frac{dx}{\sqrt{x-x^2}}+\int_1^{\frac{3}{2}}\frac{dx}{\sqrt{x^2-x}}$. 此二积分皆为广义积分，$x=1$ 为奇点.

$$\int_{\frac{1}{2}}^{1}\frac{dx}{\sqrt{x-x^2}}=\int_{\frac{1}{2}}^{1}\frac{dx}{\sqrt{\frac{1}{4}-\left(x-\frac{1}{2}\right)^2}}=\arcsin(2x-1)\Big|_{\frac{1}{2}}^{1+\epsilon}=\frac{\pi}{2},$$

$$\int_1^{\frac{3}{2}}\frac{1}{\sqrt{x^2-x}}=\int_1^{\frac{3}{2}}\frac{dx}{\sqrt{\left(x-\frac{1}{2}\right)^2-\frac{1}{4}}}=\ln\left[\left(x-\frac{1}{2}\right)+\sqrt{\left(x-\frac{1}{2}\right)^2-\frac{1}{4}}\right]\Big|_{1-\epsilon}^{\frac{3}{2}}$$

$$=\ln(2+\sqrt{3}),$$

因此，$$\int_{\frac{1}{2}}^{\frac{3}{2}}\frac{dx}{\sqrt{|x-x^2|}}=\frac{\pi}{2}+\ln(2+\sqrt{3}).$$

54. $\int_{1}^{+\infty}\frac{\arctan x}{x^2}dx=$______.

解　原式$=\int_{1}^{+\infty}-\arctan x d\left(\frac{1}{x}\right)=-\frac{1}{x}\arctan x\Big|_{1}^{+\infty}+\int_{1}^{+\infty}\frac{dx}{x(1+x^2)}$

$$=\frac{\pi}{4}+\frac{1}{2}\int_{1}^{+\infty}\frac{1}{x^2(1+x^2)}dx^2=\frac{\pi}{4}+\frac{1}{2}\int_{1}^{+\infty}\left(\frac{1}{x^2}-\frac{1}{1+x^2}\right)dx^2$$

$$=\frac{\pi}{4}+\frac{1}{2}\ln\frac{x^2}{1+x^2}\Big|_{1}^{+\infty}=\frac{\pi}{4}+\frac{1}{2}\ln 2.$$

55. $\int_{2}^{+\infty}\frac{dx}{(x+7)\sqrt{x-2}}=$______.

解　令 $x-2=t^2$，则

$$\text{原式}=\int_{0}^{+\infty}\frac{2t}{(9+t^2)t}dt=2\int_{0}^{+\infty}\frac{dt}{9+t^2}=\frac{2}{3}\arctan\frac{t}{3}\Big|_{0}^{+\infty}=\frac{\pi}{3}.$$

56. $\int_{1}^{+\infty}\frac{dx}{x\sqrt{x^2-1}}=$______.

解　$x=1$ 与 $x=+\infty$ 为广义积分的奇点，令 $x=\sec t$，则

$$\text{原式}=\int_{0}^{\frac{\pi}{2}}\frac{1}{\sec t\cdot\tan t}\sec t\cdot\tan t dt=\frac{\pi}{2}.$$

57. $\int_{0}^{1}\frac{x dx}{(2-x^2)\sqrt{1-x^2}}=$______.

解　$x=1$ 是唯一奇点，应用换元积分法，令 $x=\sin t$，则

$$\text{原式}=\int_{0}^{\frac{\pi}{2}}\frac{\sin t\cdot\cos t}{(2-\sin^2 t)\cos t}dt=-\int_{0}^{\frac{\pi}{2}}\frac{1}{1+\cos^2 t}d\cos t$$

$$=-\arctan(\cos t)\Big|_{0}^{\frac{\pi}{2}}=\frac{\pi}{4}.$$

58. 已知曲线 $y=a\sqrt{x}\,(a>0)$ 与曲线 $y=\ln\sqrt{x}$ 在点 (x_0, y_0) 处有公共切线，求：

(1) 常数 a 及切点 (x_0, y_0)；

(2) 两曲线与 x 轴围成的平面图形的面积 S.

解　(1) 对 $y=a\sqrt{x}$ 和 $y=\ln\sqrt{x}$ 求导，得

$$y'=\frac{a}{2\sqrt{x}}\text{ 和 }y'=\frac{1}{2x}.$$

由于两曲线在 (x_0, y_0) 处有公共切线，故有

$$\frac{a}{2\sqrt{x_0}}=\frac{1}{2x_0}，\text{得 }x_0=\frac{1}{a^2}.$$

将 $x_0=\frac{1}{a^2}$ 分别代入两曲线方程，有

$$y_0=a\sqrt{\frac{1}{a^2}}=\frac{1}{2}\ln\frac{1}{a^2},$$

于是 $a=\frac{1}{e}$，$x_0=\frac{1}{a^2}=e^2$，$y_0=a\sqrt{x_0}=\frac{1}{e}\cdot\sqrt{e^2}=1$，从而切点为 $(e^2, 1)$.

（2）两曲线与 x 轴围成的平面图形（图 5－9）的面积

$$S=\int_0^1(e^{2y}-e^2y^2)dy=\frac{1}{2}e^{2y}\Big|_0^1-\frac{1}{3}e^2y^3\Big|_0^1$$

$$=\frac{1}{6}e^2-\frac{1}{2}.$$

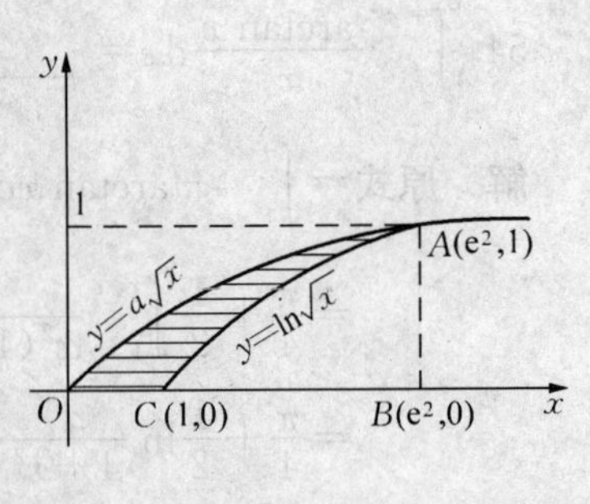

图 5－9

59. 已知一抛物线通过 x 轴上两点 $A(1,0)$，$B(3,0)$，

（1）求证：两坐标轴与抛物线所围图形的面积等于 x 轴与抛物线所围图形的面积；

（2）计算上述两个平面图形绕 x 轴旋转一周所产生的两个旋转体体积之比．

解 （1）设过 A、B 两点的抛物线方程为 $y=a(x-1)(x-3)$，则抛物线与两坐标轴所围图形的面积为

$$S_1=\int_0^1|a(x-1)(x-3)|dx=|a|\int_0^1(x^2-4x+3)dx=\frac{4}{3}|a|.$$

抛物线与 x 轴所围图形的面积为

$$S_2=\int_1^3|a(x-1)(x-3)|dx=|a|\int_1^3(4x-x^2-3)dx=\frac{4}{3}|a|.$$

故 $S_1=S_2$.

（2）抛物线与两坐标轴所围图形绕 x 轴旋转所得旋转体的体积为

$$V_1=\pi\int_0^1a^2[(x-1)(x-3)]^2dx$$

$$=\pi a^2\int_0^1[(x-1)^4-4(x-1)^3+4(x-1)^2]dx\ (x-3=x-1-2)$$

$$=\pi a^2\left[\frac{(x-1)^5}{5}-(x-1)^4+\frac{4}{3}(x-1)^3\right]\Big|_0^1=\frac{38}{15}\pi a^2.$$

抛物线与 x 轴所围成图形绕 x 轴旋转所得旋转体的体积为

$$V_2=\pi\int_1^3a^2[(x-1)(x-3)]^2dx$$

$$=\pi a^2\left[\frac{(x-1)^5}{5}-(x-1)^4+\frac{4}{3}(x-1)^3\right]\Big|_1^3=\frac{16}{15}\pi a^2.$$

故
$$V_1:V_2=19:8.$$

60. 求曲线 $y=x^2-2x$，$y=0$，$x=1$，$x=3$ 所围成的平面图形的面积 S，并求该平面图形绕 y 轴旋转一周所得旋转体的体积 V.

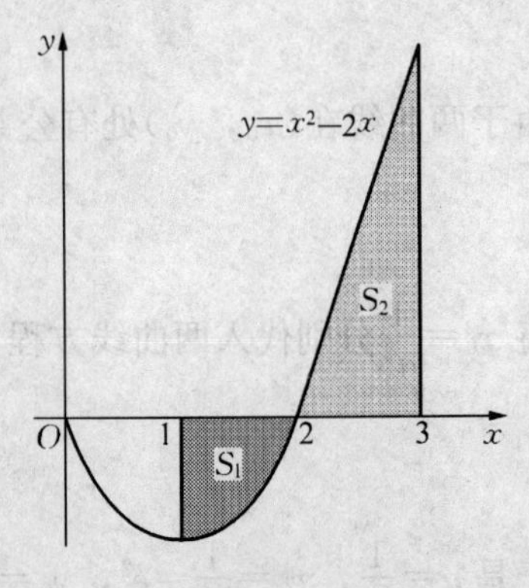

图 5－10

解 如图 5－10 所示，所求面积为 $S=S_1+S_2$.

$$S_1=\int_1^2(2x-x^2)dx=\left(x^2-\frac{1}{3}x^3\right)\Big|_1^2=\frac{2}{3},$$

$$S_2=\int_2^3(x^2-2x)dx=\left(\frac{1}{3}x^3-x^2\right)\Big|_2^3=\frac{4}{3},$$

故所求面积为

$$S=S_1+S_2=2.$$

平面图形 S_1 绕 y 轴旋转一周所得旋转体的体积

$$V_1=\pi\int_{-1}^{0}(1+\sqrt{1+y})^2\mathrm{d}y-\pi=\frac{11}{6}\pi.$$

平面图形 S_2 绕 y 轴旋转一周所得旋转体的体积

$$V_2=27\pi-\pi\int_0^3(1+\sqrt{1+y})^2\mathrm{d}y=\frac{43\pi}{6}.$$

故所求旋转体的体积为

$$V=V_1+V_2=9\pi.$$

61. 设 $F(x)=\begin{cases}e^{2x}, & x\leqslant 0,\\ e^{-2x}, & x>0,\end{cases}$ S 表示夹在 x 轴与曲线 $y=F(x)$ 之间的面积．对任何 $t>0$，$S_1(t)$ 表示矩形 $-t\leqslant x\leqslant t$，$0\leqslant y\leqslant F(t)$ 的面积，求：

(1) $S(t)=S-S_1(t)$ 的表达式；

(2) $S(t)$ 的最小值．

解　(1) $S=\int_{-\infty}^{0}e^{2x}\mathrm{d}x+\int_0^{+\infty}e^{-2x}\mathrm{d}x=2\int_0^{+\infty}e^{-2x}\mathrm{d}x=-e^{-2x}\Big|_0^{+\infty}=1$，

$$S_1(t)=2te^{-2t},$$

因此，

$$S(t)=1-2te^{-2t},\ t\in(0,+\infty).$$

(2) $S'(t)=-2(1-2t)e^{-2t}$，令 $S'(t)=0$，得唯一驻点 $t=\dfrac{1}{2}$.

又 $S''(t)=8(1-t)e^{-2t}$，$S''\left(\dfrac{1}{2}\right)=\dfrac{4}{e}>0$，所以 $S\left(\dfrac{1}{2}\right)=1-\dfrac{1}{e}$ 为极小值，也是最小值．

62. 假设(1)函数 $y=f(x)(0\leqslant x\leqslant+\infty)$ 满足条件 $f(0)=0$ 和 $0\leqslant f(x)\leqslant e^x-1$.

(2)平行于 y 轴的动直线 MN 与曲线 $y=f(x)$ 和 $y=e^x-1$ 分别相交于点 P_1 和 P_2.

(3)曲线 $y=f(x)$，直线 MN 与 x 轴所围封闭图形的面积 S 恒等于线段 P_1P_2 的长度，求函数 $y=f(x)$ 的表达式．

解　如图 5-11 所示，其中阴影部分图形的面积为 S，线段 P_1P_2 的长度为 $|P_1P_2|=(e^x-1)-f(x)$，由题设得到

$$\int_0^x f(t)\mathrm{d}t=e^x-1-f(x).$$

两端对 x 求导，得 $f'(x)+f(x)=e^x$，解之得 $f(x)=ce^{-x}+\dfrac{e^x}{2}$，由 $f(0)=0$，得 $c=-\dfrac{1}{2}$，故所求函数为 $f(x)=\dfrac{1}{2}(e^x-e^{-x})$.

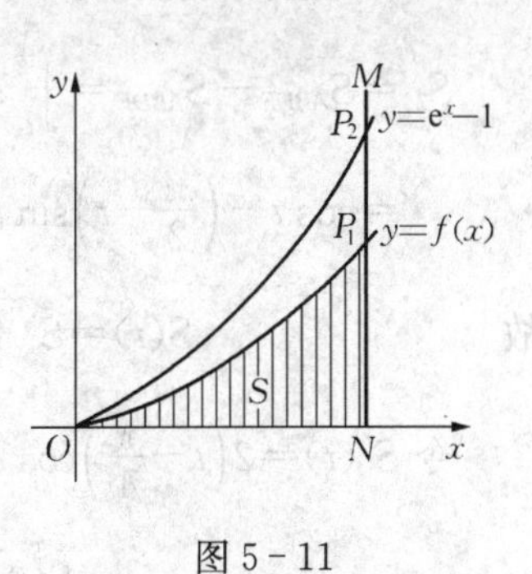

图 5-11

63. 求曲线 $y=x^2$ 与直线 $y=x+2$ 所围成的平面图形的面积.

解　给出所求面积的平面图形如图 5-12 中阴影部分所示．易求出其交点 A、B 的横坐标分别为 $x=2$，$x=-1$. 所求面积 S 的图形为 x 轴上的两曲边梯形面积之差，故

$$S=S_{ADCB}-S_{AOBCD}=\int_{-1}^{2}[(x+2)-x^2]\mathrm{d}x=\frac{9}{2}.$$

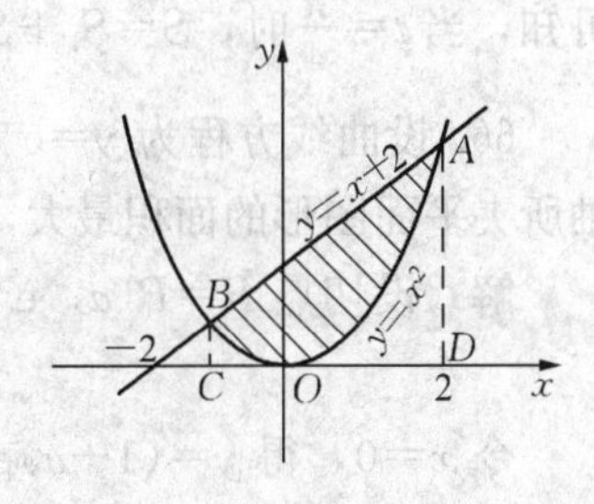

图 5-12

64. 假设曲线 L_1：$y=1-x^2(0\leqslant x\leqslant 1)$，$x$ 轴及 y 轴所围区

域被曲线 L_2：$y=ax^3$ 分为面积相等的两部分，其中 a 是大于零的常数，试确定 a 的值．

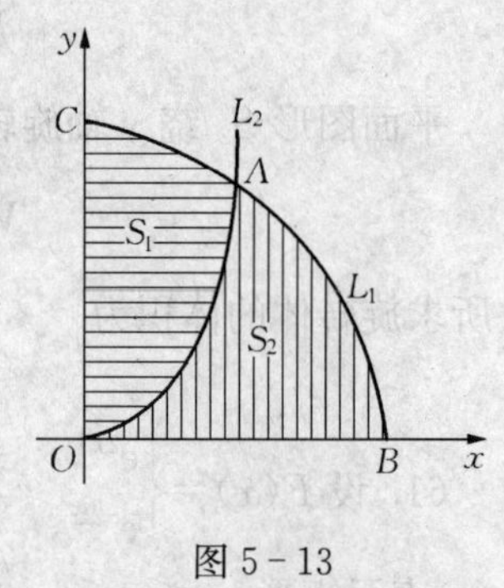

图 5－13

解 如图 5－13 所示，设 L_1 和 L_2 的交点 $A=A(x_0,\ y_0)$，先将 x_0，y_0 用参数 a 表示．因交点 A 在两曲线上，得到 $y_0=1-x_0^2(0\leqslant x_0\leqslant 1)$，$y_0=ax_0^2$，解之得 $x_0=\dfrac{1}{\sqrt{1+a}}$，$y_0=\dfrac{a}{1+a}$.

再将 L_2 所分成的两部分面积 S_1 与 S_2 也用参数 a 表示：

$$S_1=\int_0^{\frac{1}{\sqrt{1+a}}}[(1-x^2)-ax^2]\mathrm{d}x=2/(3\sqrt{1+a}).$$

又因 $S=S_1+S_2=\int_0^1(1-x^2)\mathrm{d}x=\dfrac{2}{3}$，故

$$S_2=S-S_1=2(1-1/\sqrt{1+a})/3.$$

由 $S_1=S_2$，得到 $2/(3\sqrt{1+a})=2(1-1/\sqrt{1+a})/3$，从而 $a=3$.

65. 考虑函数 $y=\sin x\left(0\leqslant x\leqslant\dfrac{\pi}{2}\right)$，问：

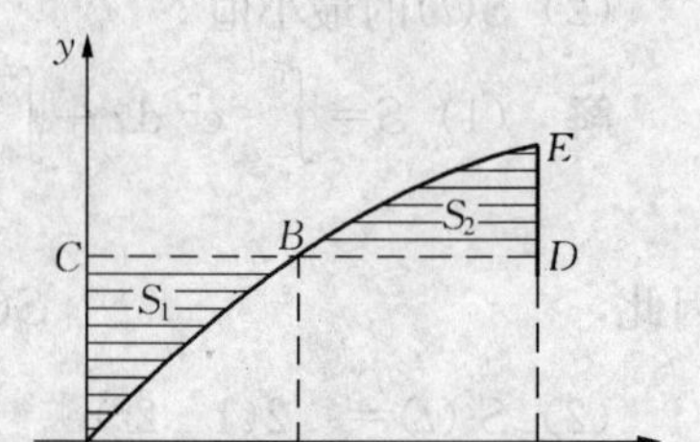

图 5－14

(1) t 取何值时，图 5－14 中阴影部分的面积 S_1 与 S_2 之和 $S=S_1+S_2$ 最小?

(2) t 取何值时，$S=S_1+S_2$ 最大?

解 在 $y=\sin x$ 上任取一点 $B(t,\ \sin t)$，则

$$S_1=S_{OABC}-S_{OBA}=t\sin t-\int_0^t\sin x\mathrm{d}x$$
$$=t\sin t+\cos t-1,$$
$$S_2=S_{ABEF}-S_{ABDF}=\int_t^{\frac{\pi}{2}}\sin x\mathrm{d}x-|AF|\cdot|AB|$$
$$=\cos t-\left(\frac{\pi}{2}-t\right)\sin t,$$

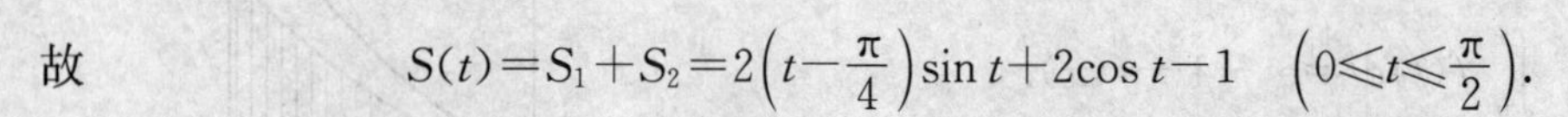

故
$$S(t)=S_1+S_2=2\left(t-\frac{\pi}{4}\right)\sin t+2\cos t-1\quad\left(0\leqslant t\leqslant\frac{\pi}{2}\right).$$

令 $S'(t)=2\left(t-\dfrac{\pi}{4}\right)\cos t=0$，得驻点 $t=\dfrac{\pi}{4}$，$t=\dfrac{\pi}{2}$. 比较函数值

$$S(0)=1,\ S\left(\frac{\pi}{4}\right)=\sqrt{2}-1,\ S\left(\frac{\pi}{2}\right)=\frac{\pi}{2}-1,$$

可知，当 $t=\dfrac{\pi}{4}$ 时，$S=S_1+S_2$ 最小，$t=0$ 时，$S=S_1+S_2$ 最大．

66. 设曲线方程为 $y=\mathrm{e}^{-x}(x>0)$，试在此曲线上找一点，使过该点的切线与两个坐标轴所夹平面图形的面积最大，并求出该面积．

解 设切点 $P=P(a,\ \mathrm{e}^{-a})$，则过该点的切线斜率为 $-\mathrm{e}^{-a}$，切线方程为

$$y-\mathrm{e}^{-a}=-\mathrm{e}^{-a}(x-a).$$

令 $x=0$，得 $y=(1+a)\mathrm{e}^{-a}$；令 $y=0$，得 $x=1+a$. 切线与坐标轴所夹面积为

$$S=(1+a)\mathrm{e}^{-a}(1+a)/2=(1+a)^2\mathrm{e}^{-a}/2.$$

由 $S'=(1-a^2)e^{-a}/2$，令 $S'=0$，得 $a_1=1$，$a_2=-1$(a_2 舍去).

由于当 $a<1$ 时，$S'>0$；当 $a>1$ 时，$S'<0$，故当 $a=1$ 时，面积 S 有极大值，即最大值；所求切点为$(1, e^{-1})$，最大面积为

$$S=(1+a)^2e^{-a}/2\big|_{a=1}=2e^{-1}.$$

67. 在曲线 $y=x^2(x\geqslant 0)$上某点 A 作一切线，使之与曲线以及 x 轴所围成的面积为$\frac{1}{12}$，试求：(1) 切点的坐标；(2)过切点 A 的切线方程.

解 先求过点 A 的切线方程.

设切点 A 的横坐标为 $x=a$，则点 A 的纵坐标为 a^2，如图 5-15 所示. 切线斜率为 $y=x^2$ 在点 $x=a$ 的导数，即 $y'=2a$，于是以 A 为切点的切线方程为

$$y-a^2=2a(x-a)，即 y=a(2x-a).$$

令 $y=0$，得切线与 x 轴的交点 B 的横坐标为 $x=\frac{a}{2}$，故直角三角形 ABC 的面积 $S_1=\frac{a^3}{4}$. 又曲边三角形 OAC 的面积 $S_2=\int_0^a x^2\mathrm{d}x=\frac{a^3}{3}$，由题设 $S_2-S_1=\frac{1}{12}$，得到$\frac{a^3}{12}=\frac{1}{12}$，于是必有 $a=1$. 故切点为$(1, 1)$，切线方程为 $y=2x-1$.

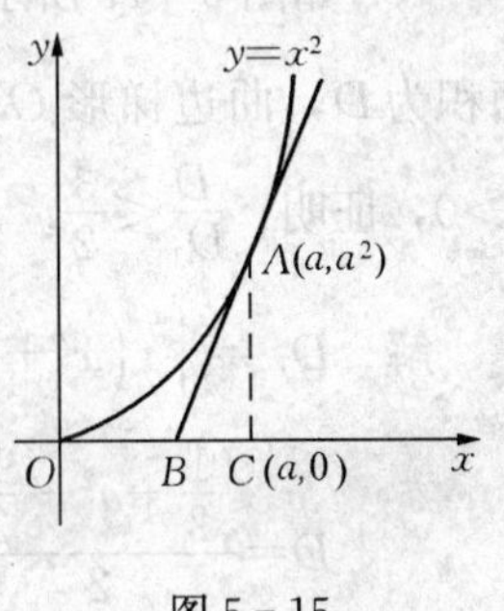

图 5-15

68. 设曲线方程为 $y=e^{-x}(x\geqslant 0)$，把曲线 $y=e^{-x}$，x 轴，y 轴和直线 $x=\xi(\xi>0)$所围平面图形绕 x 轴旋转一周，得一旋转体，求此旋转体的体积 $V(\xi)$；求满足 $V(a)=\lim\limits_{\xi\to+\infty}V(\xi)/2$ 的 a.

解 $V(\xi)=\pi\int_0^\xi e^{-2x}\mathrm{d}x=-\frac{\pi}{2}e^{-2x}\Big|_0^\xi=\frac{\pi}{2}(1-e^{-2\xi})$，

故 $V(a)=\frac{\pi}{2}(1-e^{-2a})$；且 $\lim\limits_{\xi\to+\infty}V(\xi)=\lim\limits_{\xi\to+\infty}\frac{\pi}{2}(1-e^{-2\xi})=\frac{\pi}{2}$.

由 $V(a)=\lim\limits_{\xi\to+\infty}V(\xi)/2$，得到$\frac{\pi}{2}(1-e^{-2a})=\frac{\pi}{4}$，由此推出 $a=\ln 2/2$.

69. 如图 5-16 所示，C_1 和 C_2 分别是 $y=\frac{1}{2}(1+e^x)$和 $y=e^x$ 的图像，过点$(0, 1)$的曲线 C_3 是一个单调增函数的图像. 过 C_2 上任一点 $M(x, y)$分别作垂直于 x 轴和 y 轴的直线 L_x 和 L_y，记 C_1，C_2 与 L_x 所围图形的面积为 $S_1(x)$；C_2，C_3 与 L_y 所围图形的面积为 $S_2(y)$. 如果总有 $S_1(x)=S_2(y)$，求曲线 C_3 的方程 $x=\varphi(y)$.

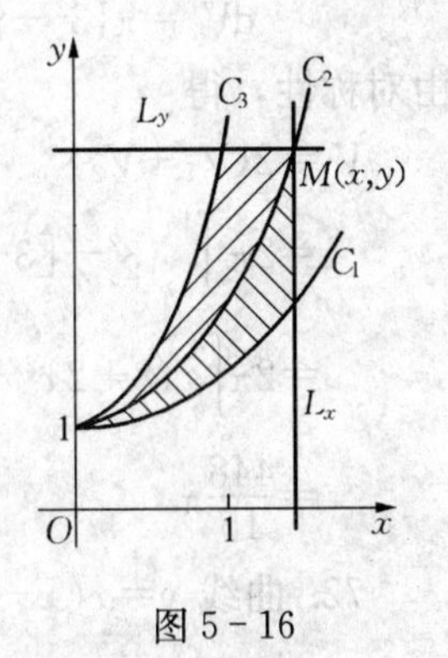

图 5-16

解 $S_1(x)=\int_0^x\left[e^x-\frac{1}{2}(1+e^x)\right]\mathrm{d}x=\frac{1}{2}\int_0^x(e^x-1)\mathrm{d}x$，

$$S_2(y)=\int_1^y[\ln y-\varphi(y)]\mathrm{d}y.$$

由于 $y=e^x$，$S_1(x)=S_2(y)=S_2(e^x)$，所以

$$\int_1^{e^x}[\ln y-\varphi(y)]\mathrm{d}y=\frac{1}{2}\int_0^x(e^x-1)\mathrm{d}x.$$

两边对 x 求导，得

$$e^x[\ln e^x-\varphi(e^x)]=\frac{1}{2}(e^x-1),$$

化简，得
$$\varphi(e^x)=x+\frac{1}{2e^x}-\frac{1}{2},$$

令 $y=e^x$，即得

$$\varphi(y)=\ln y+\frac{1}{2y}-\frac{1}{2}.$$

70. 如图 5－17 所示，设曲线方程为 $y=x^2+\frac{1}{2}$，梯形 $OABC$ 的面积为 D，曲边梯形 $OABC$ 的面积为 D_1，点 A 的坐标为 $(a,\ 0)$，$a>0$，证明：$\frac{D}{D_1}<\frac{3}{2}$.

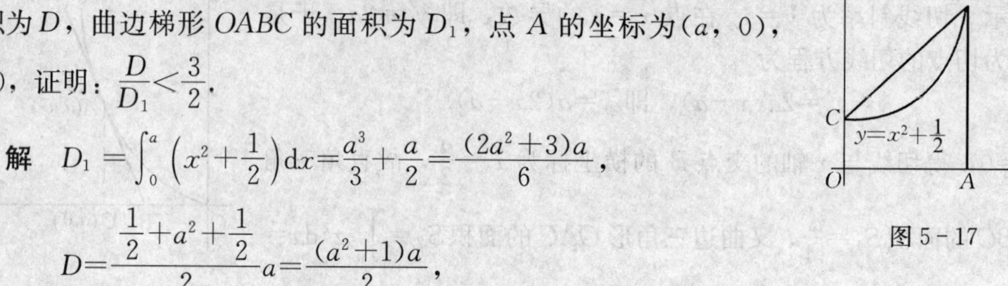

图 5－17

解 $D_1=\int_0^a\left(x^2+\frac{1}{2}\right)dx=\frac{a^3}{3}+\frac{a}{2}=\frac{(2a^2+3)a}{6}$，

$$D=\frac{\frac{1}{2}+a^2+\frac{1}{2}}{2}a=\frac{(a^2+1)a}{2},$$

$$\frac{D}{D_1}=\frac{\frac{1}{2}(a^2+1)a}{\frac{1}{6}(2a^2+3)a}=\frac{3}{2}\frac{a^2+1}{a^2+\frac{3}{2}}<\frac{3}{2}.$$

71. 求曲线 $y=3-|x^2-1|$ 与 x 轴围成的封闭图形绕直线 $y=3$ 旋转所得旋转体的体积

解 作出图形(图 5－18)．$\overset{\frown}{AB}$与$\overset{\frown}{BC}$的方程分别为 $y=x^2+2(0\leqslant x\leqslant 1)$与 $y=4-x^2(1\leqslant x\leqslant 2)$.

设旋转体在区间[0，1]上的体积为 V_1，在区间[1，2]上的体积为 V_2，则它们的体积元素分别为

$$dV_1=\pi\{3^2-[3-(x^2+2)]^2\}dx;$$
$$dV_2=\pi\{3^2-[3-(4-x^2)]^2\}dx.$$

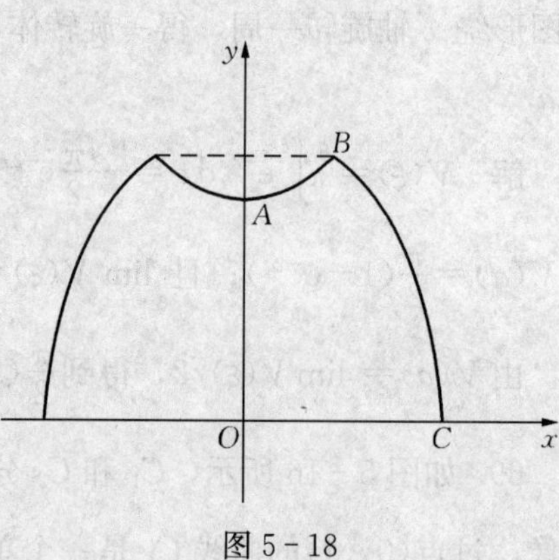

图 5－18

由对称性，得

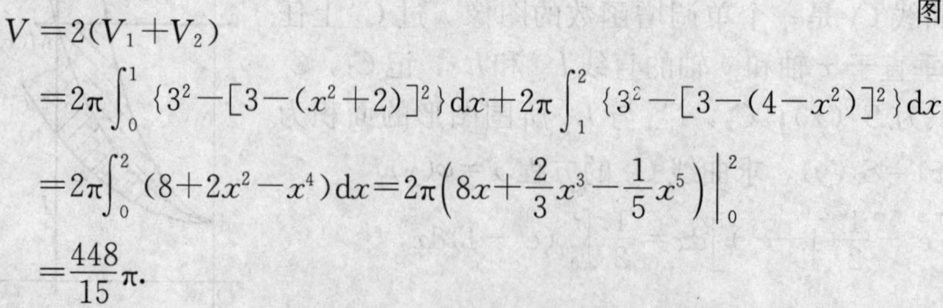

$$\begin{aligned}V&=2(V_1+V_2)\\&=2\pi\int_0^1\{3^2-[3-(x^2+2)]^2\}dx+2\pi\int_1^2\{3^2-[3-(4-x^2)]^2\}dx\\&=2\pi\int_0^2(8+2x^2-x^4)dx=2\pi\left(8x+\frac{2}{3}x^3-\frac{1}{5}x^5\right)\Big|_0^2\\&=\frac{448}{15}\pi.\end{aligned}$$

72. 曲线 $y=x(x-1)(2-x)$ 与 x 轴所围图形的面积可表示为________.

(A) $-\int_0^2 x(x-1)(2-x)dx$;

(B) $\int_0^1 x(x-1)(2-x)dx+\int_1^2 x(x-1)(2-x)dx$;

(C) $-\int_0^1 x(x-1)(2-x)\mathrm{d}x+\int_1^2 x(x-1)(2-x)\mathrm{d}x$；

(D) $\int_0^2 x(x-1)(2-x)\mathrm{d}x$.

解　$y=x(x-1)(2-x)$与$y=0$的交点为$x=0$，1，2，且$0<x<1$时，$y<0$；$1<x<2$时，$y>0$，所求图形面积为

$$S=\int_0^1(-y)\mathrm{d}x+\int_1^2 y\mathrm{d}x=-\int_0^1 x(x-1)(2-x)\mathrm{d}x+\int_1^2 x(x-1)(2-x)\mathrm{d}x,$$

故选(C).

73. 由曲线$y=x+\dfrac{1}{x}$，$x=2$及$y=2$所围图形的面积$S=$_______.

解　画出草图(图5-19)：

$$S=\int_1^2\left(x+\frac{1}{x}-2\right)\mathrm{d}x=\left(\frac{x^2}{2}+\ln x-2x\right)\Big|_1^2$$

$$=(2+\ln 2-4)-\left(\frac{1}{2}-2\right)=\ln 2-\frac{1}{2}.$$

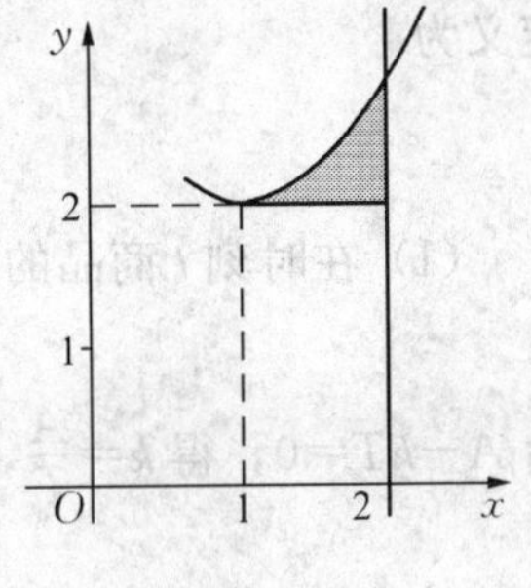

图5-19

74. 设$f(x)$，$g(x)$在区间$[a,b]$上连续，且$g(x)<f(x)<m$(m为常数)，则曲线$y=g(x)$，$y=f(x)$，$x=a$及$x=b$所围平面图形绕直线$y=m$旋转而成的旋转体的体积为_______.

(A) $\int_a^b \pi[2m-f(x)+g(x)][f(x)-g(x)]\mathrm{d}x$；

(B) $\int_a^b \pi[2m-f(x)-g(x)][f(x)-g(x)]\mathrm{d}x$；

(C) $\int_a^b \pi[m-f(x)+g(x)][f(x)-g(x)]\mathrm{d}x$；

(D) $\int_a^b \pi[m-f(x)-g(x)][f(x)-g(x)]\mathrm{d}x$.

解　先写出截面(两个同心圆包围的环形区域)的面积，再利用平行截面面积的立体体积公式.

$$V=\pi\int_a^b(m-g(x))^2\mathrm{d}x-\pi\int_a^b(m-f(x))^2\mathrm{d}x$$

$$=\pi\int_a^b[2m-f(x)-g(x)][f(x)-g(x)]\mathrm{d}x,$$

故选(B).

75. 设在区间$[a,b]$上$f(x)>0$，$f'(x)<0$，$f''(x)>0$，记$S_1=\int_a^b f(x)\mathrm{d}x$，$S_2=f(b)(b-a)$，$S_3=\dfrac{1}{2}[f(a)+f(b)](b-a)$，则_______.

(A) $S_1<S_2<S_3$；　　(B) $S_2<S_3<S_1$；

(C) $S_3<S_1<S_2$；　　(D) $S_2<S_1<S_3$.

解　因$f'(x)<0$，所以$f(x)$在$[a,b]$上严格递减；因$f''(x)>0$，所以$f(x)$在$[a,b]$上凹. 画出简图(图5-20)，$A(a,f(a))$，$B(b,f(b))$，则$S_1=\int_a^b f(x)\mathrm{d}x$表示曲边梯形

$ABNM$ 的面积；$S_2=f(b)(b-a)$ 表示图中矩形 $CBNM$ 的面积；$S_3=\frac{1}{2}(f(a)+f(b))(b-a)$ 表示梯形 $ABNM$ 的面积；S_3 最大，S_2 最小，故选(D).

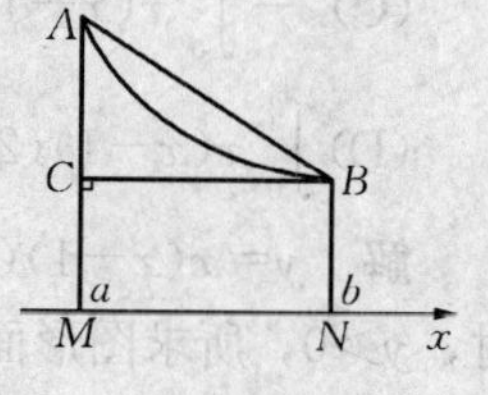

图 5-20

76. 设某商品从时刻 0 到时刻 t 的销售量为 $x(t)=kt$，$t\in[0,T]$ $(k>0)$，欲在 T 时将数量为 A 的该商品销售完，试求：

(1) t 时的商品剩余量，并确定 k 的值；

(2) 在时间段[0，T]上的平均剩余量.

解 比例常数 k 取决于商品总量 A 及销售周期 T，函数 $f(x)$ 在区间[0，T]上的平均值定义为

$$\frac{1}{T}\int_0^T f(t)\mathrm{d}t.$$

(1) 在时刻 t 商品的剩余量为

$$y(t)=A-x(t)=A-kt,\ t\in[0,T],$$

由 $A-kT=0$，得 $k=\frac{A}{T}$，因此，

$$y(t)=A-\frac{A}{T}t,\ t\in[0,T].$$

(2) 依题意，$y(t)$ 在[0，T]上的平均值为

$$\bar{y}=\frac{1}{T}\int_0^T y(t)\mathrm{d}t=\frac{1}{T}\int_0^T\left(A-\frac{A}{T}t\right)\mathrm{d}t=\frac{A}{2},$$

因此在时间段[0，T]上的平均剩余量为 $\frac{A}{2}$.

第六章 多元函数微分学

内容提要

一、空间解析几何介绍

1. 空间两点间的距离 设 $M_1(x_1, y_1, z_1)$ 和 $M_2(x_2, y_2, z_2)$ 为空间两点，M_1，M_2 之间的距离为

$$|M_1M_2|=\sqrt{(x_2-x_1)^2+(y_2-y_1)^2+(z_2-z_1)^2}.$$

2. 空间曲面 三元方程 $F(x, y, z)=0$ 表示一空间曲面．

(1) 空间平面：三元一次方程 $Ax+By+Cz+D=0$ 表示一空间平面，其中 A、B、C、D 为常数，且 A、B、C 不全为零．

(2) 球面方程：方程 $(x-x_0)^2+(y-y_0)^2+(z-z_0)^2=R^2$ 称为球心在 $M_0(x_0, y_0, z_0)$，半径为 R 的球面方程．

3. 空间曲线 设曲面 S_1，S_2 的方程分别为 $F_1(x, y, z)=0$，$F_2(x, y, z)=0$，则称

$$\begin{cases}F_1(x, y, z)=0,\\ F_2(x, y, z)=0\end{cases}$$

为空间曲线 C 的一般方程．

4. 柱面

定义 平行于定直线并沿定曲线 C 移动的直线 L 所形成的曲面叫做柱面．定曲线 C 叫做柱面的准线，动直线 L 叫做柱面的母线．

几种常见的母线平行于 z 轴的柱面．

(1) $x^2+y^2=R^2$ 表示圆柱面，其准线为 xOy 面上的圆 $x^2+y^2=R^2$.

(2) $\frac{x^2}{a^2}+\frac{y^2}{b^2}=1$ 表示椭圆柱面，其准线为 xOy 面上的椭圆 $\frac{x^2}{a^2}+\frac{y^2}{b^2}=1$.

(3) $\frac{x^2}{a^2}-\frac{y^2}{b^2}=1$ 表示双曲柱面，其准线为 xOy 面上的双曲线 $\frac{x^2}{a^2}-\frac{y^2}{b^2}=1$.

(4) $x^2=2py(p>0)$ 表示抛物柱面，其准线为 xOy 面上抛物线 $x^2=2py$.

5. 投影柱面

设空间曲线 C 的一般方程为 $\begin{cases}F_1(x, y, z)=0,\\ F_2(x, y, z)=0.\end{cases}$ 从方程组消去变量 z 后，得到的方程

$H(x, y)=0$的几何表示就是母线平行于 z 轴的柱面．这个柱面称为投影柱面．

空间曲线 C 在 xOy 平面上的投影曲线方程为

$$\begin{cases} H(x, y)=0, \\ z=0. \end{cases}$$

二、二元函数的极限与连续

1. 极限

定义　设函数 $z=f(x, y)$在 $N(\hat{P}_0, \delta)$内有定义，$P(x, y)$是 $N(\hat{P}_0, \delta)$内的任意一点．如果存在一个确定的常数 A，点 $P(x, y)$以任何方式趋向于定点 $P_0(x_0, y_0)$时，函数 $f(x, y)$都无限地趋近于 A，则称常数 A 为函数 $z=f(x, y)$当 $P\to P_0$(或 $x\to x_0$，$y\to y_0$)时的极限，记作

$$\lim_{P\to P_0} f(x, y)=A \text{ 或 } \lim_{\substack{x\to x_0\\ y\to y_0}} f(x, y)=A.$$

2. 连续

定义　设二元函数 $z=f(x, y)$在 $N(P_0, \delta)$内有定义，若

$$\lim_{\substack{x\to x_0\\ y\to y_0}} f(x, y)=f(x_0, y_0),$$

则称函数 $z=f(x, y)$在点 $P_0(x_0, y_0)$连续．

最大最小值定理　如果二元函数 $z=f(x, y)$在有界闭区域 D 上连续，则在 D 上一定取得最大值和最小值．

有界性定理　如果二元函数 $z=f(x, y)$在有界闭区域 D 上连续，则在 D 上一定有界．

介值定理　如果二元函数 $z=f(x, y)$在有界闭区域 D 上连续，任给 $P_1(x_1, y_1)$，$P_2(x_2, y_2)\in D$，若存在数 k，使得 $f(P_1)\leqslant k\leqslant f(P_2)$，则存在 $Q(x, y)\in D$，使得 $f(Q)=k$.

三、偏导数与全微分

1. 偏导数的概念

定义　设函数 $z=f(x, y)$在 $N(P_0, \delta)$有定义，固定 $y=y_0$，z 是 x 的函数，称

$$\lim_{\Delta x\to 0}\frac{f(x_0+\Delta x, y_0)-f(x_0, y_0)}{\Delta x}\text{(存在)}$$

为函数 $z=f(x, y)$在点 $P_0(x_0, y_0)$处关于 x 的偏导数，记为

$$f'_x(x_0, y_0), z'_x\Big|_{\substack{x=x_0\\ y=y_0}}, \frac{\partial z}{\partial x}\Big|_{\substack{x=x_0\\ y=y_0}}, \frac{\partial f}{\partial x}\Big|_{\substack{x=x_0\\ y=y_0}},$$

即
$$f'_x(x_0, y_0)=\lim_{\Delta x\to 0}\frac{f(x_0+\Delta x, y_0)-f(x_0, y_0)}{\Delta x}.$$

同理，函数 $z=f(x, y)$在点 $P_0(x_0, y_0)$处关于 y 的偏导数定义为

$$f'_y(x_0, y_0)=\frac{\partial z}{\partial y}\Big|_{\substack{x=x_0\\ y=y_0}}=\frac{\partial f}{\partial y}\Big|_{\substack{x=x_0\\ y=y_0}}=\lim_{\Delta y\to 0}\frac{f(x_0, y_0+\Delta y)-f(x_0, y_0)}{\Delta y}.$$

2. 高阶偏导数

二元函数的二阶偏导数有四种情形：

$$\frac{\partial}{\partial x}\left(\frac{\partial z}{\partial x}\right)=\frac{\partial^2 z}{\partial x^2}=f''_{xx}(x, y),\qquad \frac{\partial}{\partial y}\left(\frac{\partial z}{\partial x}\right)=\frac{\partial^2 z}{\partial x\partial y}=f''_{xy}(x, y),$$

$$\frac{\partial}{\partial x}\left(\frac{\partial z}{\partial y}\right)=\frac{\partial^2 z}{\partial y\partial x}=f''_{yx}(x, y),\qquad \frac{\partial}{\partial y}\left(\frac{\partial z}{\partial y}\right)=\frac{\partial^2 z}{\partial y^2}=f''_{yy}(x, y),$$

其中，$f''_{xy}(x, y)$，$f''_{yx}(x, y)$称为**二阶混合偏导数**.

$f'_x(x, y)$，$f'_y(x, y)$称为一阶偏导数，二阶及二阶以上的偏导数称为**高阶偏导数**.

定理　如果函数 $z=f(x, y)$的二阶混合偏导数 $f''_{xy}(x, y)$，$f''_{yx}(x, y)$在区域 D 内连续，则在该区域内必有 $f''_{xy}(x, y)=f''_{yx}(x, y)$.

3. 全微分

定义　如果二元函数 $z=f(x, y)$在 $N(P, \delta)$内有定义，相应于自变量的增量 Δx，Δy，函数的增量为

$$\Delta z=f(x+\Delta x, y+\Delta y)-f(x, y),$$

称 Δz 为函数 $f(x, y)$在点 $P(x, y)$处的全增量．若全增量 Δz 可表示为

$$\Delta z=A\Delta x+B\Delta y+o(\rho),$$

其中 A，B 仅与 x，y 有关，而与 Δx，Δy 无关；$\rho=\sqrt{(\Delta x)^2+(\Delta y)^2}$，当 $\rho\to 0$ 时，$o(\rho)$是比 ρ 高阶的无穷小量，则称函数 $z=f(x, y)$在点 $P(x, y)$可微．并称 $A\Delta x+B\Delta y$ 为 $f(x, y)$在点 $P(x, y)$的全微分，记作 $\mathrm{d}z$ 或 $\mathrm{d}f(x, y)$，即

$$\mathrm{d}z=A\Delta x+B\Delta y.$$

若将自变量的增量 Δx，Δy 分别记作自变量的微分 $\mathrm{d}x$，$\mathrm{d}y$，则

$$\mathrm{d}z=\mathrm{d}f(x, y)=f'_x(x, y)\mathrm{d}x+f'_y(x, y)\mathrm{d}y.$$

定理 1　若函数 $z=f(x, y)$在点 $P(x, y)$可微，则函数在点 $P(x, y)$的两个偏导数都存在．

定理 2　如果函数 $z=f(x, y)$的两个偏导数 $f'_x(x, y)$，$f'_y(x, y)$在点 $P(x, y)$的某一邻域内存在，且在该点连续，则函数在该点可微．

近似计算公式　$f(x_0+\Delta x, y_0+\Delta y)\approx f(x_0, y_0)+f'_x(x_0, y_0)\Delta x+f'_y(x_0, y_0)\Delta y.$

四、复合函数与隐函数的微分法

1. 复合函数微分法

(1) 链式法则(2→2)：设 $z=f(u, v)$，$u=\varphi(x, y)$，$v=\psi(x, y)$，其中 f，φ，ψ 的偏导数都存在，则 $z=f[\varphi(x, y), \psi(x, y)]$的偏导数为

$$\frac{\partial z}{\partial x}=\frac{\partial f}{\partial u}\cdot\frac{\partial u}{\partial x}+\frac{\partial f}{\partial v}\cdot\frac{\partial v}{\partial x},$$

$$\frac{\partial z}{\partial y}=\frac{\partial f}{\partial u}\cdot\frac{\partial u}{\partial y}+\frac{\partial f}{\partial v}\cdot\frac{\partial v}{\partial y}.$$

记号(2→2)表示：复合函数 f 有 2 个中间变量、2 个自变量(图 6－1).

(2) 链式法则(2→1)：设 $z=f(u, v)$，$u=\varphi(x)$，$v=\psi(x)$，其中 f 的偏导数，φ，ψ 的导数都存在，则 $z=f[\varphi(x), \psi(x)]=z(x)$的导数为

$$\frac{\mathrm{d}z}{\mathrm{d}x}=\frac{\partial f}{\partial u}\cdot\frac{\mathrm{d}u}{\mathrm{d}x}+\frac{\partial f}{\partial v}\cdot\frac{\mathrm{d}v}{\mathrm{d}x}.$$

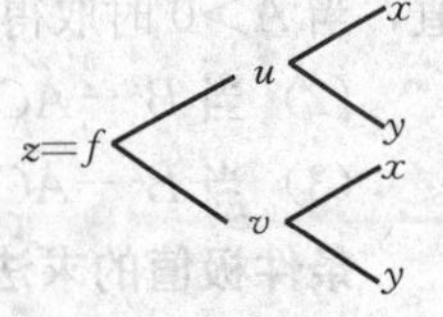

图 6－1

记号(2→1)表示：复合函数 f 有 2 个中间变量，1 个自变量(图 6-2).

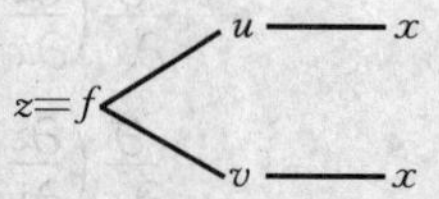

图 6-2

(3) 链式法则(1→2)：设 $z=f(u)$，$u=\varphi(x, y)$，其中 f 的导数，φ 的偏导数都存在，则 $z=f[\varphi(x, y)]$的导数为

$$\frac{\partial z}{\partial x}=\frac{\mathrm{d}f}{\mathrm{d}u}\cdot\frac{\partial u}{\partial x},\quad \frac{\partial z}{\partial y}=\frac{\mathrm{d}f}{\mathrm{d}u}\cdot\frac{\partial u}{\partial y}.$$

记号(1→2)表示：复合函数 f 有 1 个中间变量，2 个自变量(图 6-3).

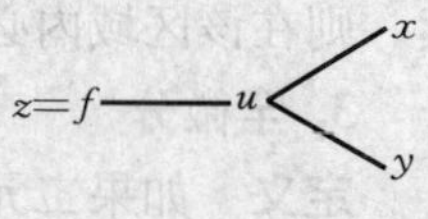

图 6-3

2. 隐函数微分法

设函数 $y=y(x)$由方程 $F(x, y)=0$ 确定，则根据链式法则(2→1)(图 6-4)，有

$$\frac{\partial F}{\partial x}\cdot\frac{\mathrm{d}x}{\mathrm{d}x}+\frac{\partial F}{\partial y}\cdot\frac{\mathrm{d}y}{\mathrm{d}x}=0.$$

注意到$\frac{\mathrm{d}x}{\mathrm{d}x}=1$，当$\frac{\partial F}{\partial y}\neq 0$ 时，$\frac{\mathrm{d}y}{\mathrm{d}x}=-\frac{F'_x}{F'_y}$.

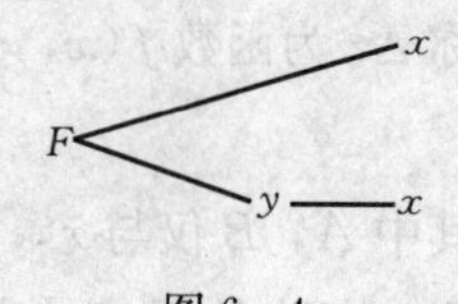

图 6-4

设 $z=z(x, y)$由方程 $F(x, y, z)=0$ 确定，则根据链式法则(3→2)(图 6-5)，有

$$F'_x\cdot\frac{\partial x}{\partial x}+F'_y\cdot\frac{\partial y}{\partial x}+F'_z\cdot\frac{\partial z}{\partial x}=0.$$

注意到$\frac{\partial x}{\partial x}=1$，$\frac{\partial y}{\partial x}=0$，当 $F'_z\neq 0$ 时，有

$$\frac{\partial z}{\partial x}=-\frac{F'_x}{F'_z}.$$

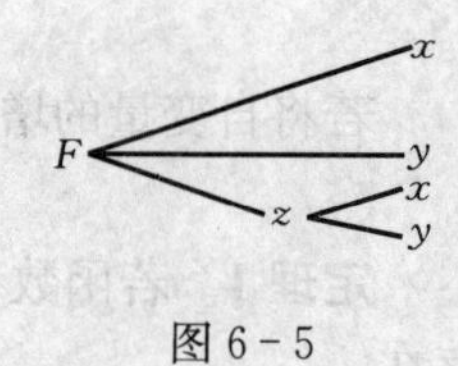

图 6-5

同理 $\frac{\partial z}{\partial y}=-\frac{F'_y}{F'_z}$.

五、多元函数的极值

定理 1(极值存在的必要条件) 设函数 $z=f(x, y)$在点 $P_0(x_0, y_0)$处有极值且两个偏导数存在，则

$$f'_x(x_0, y_0)=0,\ f'_y(x_0, y_0)=0.$$

定理 2(极值存在的充分条件) 设函数 $z=f(x, y)$在 $N(P_0, \delta)$内具有连续的二阶偏导数，且 $f'_x(x_0, y_0)=0$，$f'_y(x_0, y_0)=0$，即点 $P_0(x_0, y_0)$是函数 $z=f(x, y)$的驻点．令

$$A=f''_{xx}(x_0, y_0),\ B=f''_{xy}(x_0, y_0),\ C=f''_{yy}(x_0, y_0),$$

则：(1)当 $B^2-AC<0$ 时，$f(x, y)$在点 $P_0(x_0, y_0)$处取得极值，且当 $A<0$ 时取得极大值，当 $A>0$ 时取得极小值；

(2) 当 $B^2-AC>0$ 时，$f(x, y)$在点 $P_0(x_0, y_0)$无极值；

(3) 当 $B^2-AC=0$ 时，不能断定 $f(x, y)$在点 $P_0(x_0, y_0)$是否取得极值．

条件极值的求法——拉格朗日乘数法

用拉格朗日乘数法求函数 $z=f(x, y)$在约束条件 $\varphi(x, y)=0$ 下极值的步骤为

(1) 构造函数

$$F(x, y)=f(x, y)+\lambda\varphi(x, y),$$

其中 λ 称为拉格朗日乘数.

(2) 求出方程组

$$\begin{cases} F'_x=f'_x(x, y)+\lambda\varphi'_x(x, y)=0, \\ F'_y=f'_y(x, y)+\lambda\varphi'_y(x, y)=0, \\ \varphi(x, y)=0 \end{cases}$$

的解(x_0, y_0, λ_0)，则(x_0, y_0)即为可能的极值点.

范 例 解 析

例 1　求与坐标原点 O 及点 $A(2, 3, 4)$ 的距离之比为 $1:2$ 的点的全体所组成的曲面方程，它表示怎样的曲面?

解　设 $P(x, y, z)$ 为所求曲面上的任一点，则

$$\frac{|PO|}{|PA|}=\frac{1}{2},$$

即

$$\frac{\sqrt{x^2+y^2+z^2}}{\sqrt{(x-2)^2+(y-3)^2+(z-4)^2}}=\frac{1}{2}.$$

两边平方整理，得

$$\left(x+\frac{2}{3}\right)^2+(y+1)^2+\left(z+\frac{4}{3}\right)^2=\frac{116}{9},$$

它表示一球面.

例 2　求曲线

$$\begin{cases} z=\frac{1}{2}x+\frac{3}{2}a, & ① \\ x^2+y^2=a^2 & ② \end{cases}$$

在 yOz 面上的投影方程.

解　将 $x=2z-3a$ 代入②式得投影柱面方程

$$y^2+(2z-3a)^2=a^2,$$

故所求投影曲线为

$$\begin{cases} y^2+(2z-3a)^2=a^2, \\ x=0. \end{cases}$$

例 3　求曲线 $\begin{cases} z=x^2+2y^2, \\ z=6-2x^2-y^2 \end{cases}$ 在 xOy 面上的投影柱面及投影曲线.

解　在方程组中消去 z，得

$$x^2+2y^2=6-2x^2-y^2,$$

即 $x^2+y^2=2$ 是曲线在 xOy 面上的投影柱面，投影曲线为

$$\begin{cases} x^2+y^2=2, \\ z=0. \end{cases}$$

例 4　设 $z=\sqrt{x+3}+f(\sqrt{y}+1)$，当 $x=1$ 时，$z=y^2$，求 $f(u)$ 及 $z=z(x, y)$ 的表达式.

解 令 $x=1$，得 $y^2=2+f(\sqrt{y}+1)$，$f(\sqrt{y}+1)=y^2-2$. 令$\sqrt{y}+1=u$，则 $y=(u-1)^2$，故

$$f(u)=(u-1)^4-2,\ z=\sqrt{x+3}+y^2-2.$$

例 5 设 $F(x,y)=\dfrac{1}{x}f(x-y)$，$F(1,y)=y^2-2y$，求 $f(x)$.

解 由 $F(x,y)=\dfrac{1}{x}f(x-y)$，令 $x=1$，得 $F(1,y)=f(1-y)$，所以

$$f(1-y)=y^2-2y=(1-y)^2-1.$$

令 $1-y=x$，故 $f(x)=x^2-1$.

例 6 求$\lim\limits_{\substack{x\to0\\y\to1}}\left[\dfrac{\sin xy}{x}+(2x+3y)^2\right]$.

解 原式$=\lim\limits_{\substack{x\to0\\y\to1}}\dfrac{\sin xy}{xy}\cdot y+\lim\limits_{\substack{x\to0\\y\to1}}(2x+3y)^2=1\times1+3^2=10$.

例 7 求$\lim\limits_{\substack{x\to\infty\\y\to2}}\left(1+\dfrac{1}{xy}\right)^{\frac{x^2}{x+y}}$.

解 原式$=\lim\limits_{\substack{x\to\infty\\y\to2}}\left[\left(1+\dfrac{1}{xy}\right)^{xy}\right]^{\frac{x}{y(x+y)}}=e^{\lim\limits_{\substack{x\to\infty\\y\to2}}\frac{x}{y(x+y)}}=e^{\frac{1}{2}}$.

例 8 讨论 $f(x,y)=\begin{cases}\dfrac{x^2\sin\dfrac{1}{x^2+y^2}+y^2}{x^2+y^2}, & (x,y)\neq(0,0)\\ 0, & (x,y)=(0,0)\end{cases}$,在点$(0,0)$的连续性.

解 当 $y=0$，$x\to0$ 时，即动点(x,y)沿 x 轴趋于$(0,0)$时，

$$\lim_{\substack{x\to0\\y=0}}\frac{x^2\sin\dfrac{1}{x^2+y^2}+y^2}{x^2+y^2}=\lim_{x\to0}\sin\frac{1}{x^2}$$

不存在，故 $f(x,y)$在点$(0,0)$不连续.

例 9 讨论 $f(x,y)=\begin{cases}\dfrac{xy}{\sqrt{x^2+y^2}}, & (x,y)\neq(0,0),\\ 0, & (x,y)=(0,0)\end{cases}$ 在点$(0,0)$处的连续性.

解 因 $0\leqslant\left|\dfrac{xy}{\sqrt{x^2+y^2}}\right|\leqslant\dfrac{1}{\sqrt{x^2+y^2}}\cdot\dfrac{1}{2}(x^2+y^2)=\dfrac{1}{2}\sqrt{x^2+y^2}$,

而$\lim\limits_{\substack{x\to0\\y\to0}}\dfrac{1}{2}\sqrt{x^2+y^2}=0$，所以

$$\lim_{\substack{x\to0\\y\to0}}f(x,y)=\lim_{\substack{x\to0\\y\to0}}\frac{xy}{\sqrt{x^2+y^2}}=0=f(0,0),$$

故 $f(x,y)$在点$(0,0)$处连续.

例 10 设 $f(x,y)=\begin{cases}\sqrt{x^2+y^2}, & (x,y)\neq0,\\ 0, & (x,y)=0,\end{cases}$ 证明：$f(x,y)$在点$(0,0)$连续，但 $f'_x(0,0)$，$f'_y(0,0)$不存在.

证　因$\lim\limits_{\substack{x\to 0\\ y\to 0}}f(x,y)=\lim\limits_{\substack{x\to 0\\ y\to 0}}\sqrt{x^2+y^2}=0=f(0,0)$，所以 $f(x,y)$在点$(0,0)$处连续．而

$$f'_x(0,0)=\lim_{\Delta x\to 0}\frac{f(\Delta x,0)-f(0,0)}{\Delta x}=\lim_{\Delta x\to 0}\frac{|\Delta x|}{\Delta x}\text{不存在}.$$

$$f'_y(0,0)=\lim_{\Delta y\to 0}\frac{f(0,\Delta y)-f(0,0)}{\Delta y}=\lim_{\Delta y\to 0}\frac{|\Delta y|}{\Delta y}\text{不存在}.$$

例 11　设 $f(x,y)=\begin{cases}\dfrac{xy}{x^2+y^2}, & (x,y)\neq(0,0),\\ 0, & (x,y)=(0,0),\end{cases}$ 证明：$f(x,y)$在点$(0,0)$不连续，但 $f'_x(0,0)$，$f'_y(0,0)$存在．

证　令 $y=kx$，则

$$\lim_{\substack{x\to 0\\ y=kx}}\frac{xy}{x^2+y^2}=\lim_{x\to 0}\frac{kx^2}{x^2+k^2x^2}=\frac{k}{1+k^2}.$$

此极限值与 k 有关，所以$\lim\limits_{\substack{x\to 0\\ y\to 0}}f(x,y)$不存在，当然在点$(0,0)$处不连续．而

$$f'_x(0,0)=\lim_{\Delta x\to 0}\frac{f(\Delta x,0)-f(0,0)}{\Delta x}=\lim_{\Delta x\to 0}\frac{0}{\Delta x}=0,$$

$$f'_y(0,0)=\lim_{\Delta y\to 0}\frac{f(0,\Delta y)-f(0,0)}{\Delta y}=\lim_{\Delta y\to 0}\frac{0}{\Delta y}=0.$$

例 12　设 $u=x^{y^z}$，求$\dfrac{\partial u}{\partial x}$，$\dfrac{\partial u}{\partial y}$，$\dfrac{\partial u}{\partial z}$.

解　(1) 对 x 求偏导，y，z 为常数，是对幂函数求导，y^z 为幂指数，故

$$\frac{\partial u}{\partial x}=y^z x^{y^z-1}.$$

(2) 对 y 求偏导，x，z 为常数，是对以 x 为底，y^z 为指数的指数函数求导，故

$$\frac{\partial u}{\partial y}=x^{y^z}\ln x(y^z)'_y=zy^{z-1}x^{y^z}\ln x.$$

(3) 对 z 求偏导，x 与 y 为常数，是对以 x 为底，y^z 为指数的指数函数求导，故

$$\frac{\partial u}{\partial z}=x^{y^z}\ln x(y^z)'_z=x^{y^z}(\ln x)y^z\ln y.$$

注意　x^{y^z}不能理解成$(x^y)^z$，事实上$(x^y)^z=x^{yz}\neq x^{y^z}$.

例 13　设 $f(x,y)=x+(y-1)\arcsin\sqrt{\dfrac{x}{y}}$，求 $f'_x(x,1)$.

解法一　因为　$f'_x(x,y)=1+(y-1)\times\dfrac{1}{\sqrt{1-\dfrac{x}{y}}}\cdot\dfrac{1}{2\sqrt{\dfrac{x}{y}}}\cdot\dfrac{1}{y}$,

所以
$$f'_x(x,1)=1+0=1.$$

解法二　因为　$f(x,1)=x+0=x$，所以 $f'_x(x,1)=1$.

例 14　设 $u=\mathrm{e}^{-x}\sin\dfrac{x}{y}$，则$\dfrac{\partial^2 u}{\partial x\partial y}$在点$\left(2,\dfrac{1}{\pi}\right)$的值为________.

解法一　$\dfrac{\partial u}{\partial x}=-\mathrm{e}^{-x}\sin\dfrac{x}{y}+\left(\mathrm{e}^{-x}\cos\dfrac{x}{y}\right)\dfrac{1}{y}=\mathrm{e}^{-x}\left(\dfrac{1}{y}\cos\dfrac{x}{y}-\sin\dfrac{x}{y}\right)$,

$$\frac{\partial^2 u}{\partial x\partial y}=\mathrm{e}^{-x}\left[-\frac{1}{y^2}\cos\frac{x}{y}-\frac{1}{y}\sin\frac{x}{y}\left(-\frac{x}{y^2}\right)-\cos\frac{x}{y}\left(-\frac{x}{y^2}\right)\right].$$

将 $x=2$，$y=\frac{1}{\pi}$代入上式，得

$$\left.\frac{\partial^2 u}{\partial x\partial y}\right|_{(2,\frac{1}{\pi})}=\mathrm{e}^{-2}(-\pi^2\cos 2\pi+2\pi^3\sin 2\pi+2\pi^2\cos 2\pi)=\left(\frac{\pi}{\mathrm{e}}\right)^2.$$

解法二 $\frac{\partial u}{\partial y}=\left(\mathrm{e}^{-x}\cos\frac{x}{y}\right)\left(-\frac{x}{y^2}\right)$，

$$\left.\frac{\partial^2 u}{\partial y\partial x}\right|_{(2,\frac{1}{\pi})}=\frac{\mathrm{d}}{\mathrm{d}x}\left.\left(\frac{\partial u\left(x,\ \frac{1}{\pi}\right)}{\partial y}\right)\right|_{x=2}=\frac{\mathrm{d}}{\mathrm{d}x}(-\pi^2 x\mathrm{e}^{-x}\cos\pi x)\Big|_{x=2}$$

$$=-\pi^2[\mathrm{e}^{-x}(1-x)\cos\ \pi x-x\mathrm{e}^{-x}\pi\sin\ \pi x]\big|_{x=2}=\left(\frac{\pi}{\mathrm{e}}\right)^2,$$

$$\left.\frac{\partial^2 u}{\partial x\partial y}\right|_{(2,\frac{1}{\pi})}=\left.\frac{\partial^2 u}{\partial y\partial x}\right|_{(2,\frac{1}{\pi})}=\left(\frac{\pi}{\mathrm{e}}\right)^2.$$

例 15 求下列函数在指定点处的二阶偏导数：

(1) $z=\arcsin\frac{x-y}{1-xy}$，求$\left.\frac{\partial^2 z}{\partial x^2}\right|_{(0,0)}$； (2) $z=\ln(1+x^2+y)$，求$\left.\frac{\partial^2 z}{\partial x\partial y}\right|_{(1,1)}$.

解 (1) 按定义

$$\frac{\partial z(x,\ 0)}{\partial x}=\left.\frac{\partial z}{\partial x}\right|_{(x,0)}=\frac{\mathrm{d}}{\mathrm{d}x}z(x,\ 0)=\frac{\mathrm{d}(\arcsin x)}{\mathrm{d}x}=\frac{1}{1+x^2},$$

故

$$\left.\frac{\partial^2 z}{\partial x^2}\right|_{(0,0)}=\frac{\mathrm{d}}{\mathrm{d}x}\left.\left(\frac{\partial z(x,\ 0)}{\partial x}\right)\right|_{x=0}=\frac{\mathrm{d}}{\mathrm{d}x}\left.\left(\frac{1}{1+x^2}\right)\right|_{x=0}=\left.\frac{-2x}{(1+x^2)^2}\right|_{x=0}=0.$$

(2) 因$\frac{\partial z}{\partial x}=\frac{2x}{1+x^2+y}$，于是$\frac{\partial z(1,\ y)}{\partial x}=\frac{2}{2+y}$，故

$$\left.\frac{\partial^2 z}{\partial x\partial y}\right|_{(1,1)}=\frac{\mathrm{d}}{\mathrm{d}y}\left.\left(\frac{\partial z(1,\ y)}{\partial x}\right)\right|_{y=1}=\frac{\mathrm{d}}{\mathrm{d}y}\left.\left(\frac{2}{2+y}\right)\right|_{y=1}=\left.\frac{-2}{(2+y)^2}\right|_{y=1}=-\frac{2}{9}.$$

注意 如果只求 $z=f(x,\ y)$在某点$(x_0,\ y_0)$的偏导数时可不必先求出该函数在任意点$(x,\ y)$的偏导数，然后代入 $x=x_0$ 与 $y=y_0$. 按定义先代入 $x=x_0$ 或 $y=y_0$，然后求相应的一元函数的导数往往更简单．例如，

$$\frac{\partial f(x_0,\ y_0)}{\partial x}=\frac{\mathrm{d}}{\mathrm{d}x}f(x,\ y_0)\Big|_{x=x_0},\quad \frac{\partial^2 f(x_0,\ y_0)}{\partial y^2}=\frac{\mathrm{d}^2}{\mathrm{d}y^2}f(x_0,\ y)\Big|_{y=y_0},$$

$$\frac{\partial^2 f(x_0,\ y_0)}{\partial x\partial y}=\frac{\mathrm{d}}{\mathrm{d}y}\frac{\partial f(x_0,\ y)}{\partial x}\Big|_{y=y_0}.$$

例 16 设 $f(x,\ y)=\sqrt[3]{x^4+y^4}$，证明 $f''_{xy}(0,\ 0)=f''_{yx}(0,\ 0)$，而 $f''_{xy}(x,\ y)$，$f''_{yx}(x,\ y)$在点$(0,\ 0)$处不连续．

证 当$(x,\ y)\neq(0,\ 0)$时，分别求偏导，得

$$f'_x(x,\ y)=\frac{4x^3}{3(x^4+y^4)^{\frac{2}{3}}},\qquad f'_y(x,\ y)=\frac{4y^3}{3(x^4+y^4)^{\frac{2}{3}}},$$

$$f''_{xy}(x,\ y)=-\frac{32x^3y^3}{9(x^4+y^4)^{\frac{5}{3}}},\quad f''_{yx}(x,\ y)=-\frac{32x^3y^3}{9(x^4+y^4)^{\frac{5}{3}}}.$$

当$(x, y)=(0, 0)$时，按定义求导，得

$$f'_x(0, 0)=\lim_{\Delta x\to 0}\frac{f(0+\Delta x, 0)-f(0, 0)}{\Delta x}=\lim_{\Delta x\to 0}\frac{\sqrt[3]{(\Delta x)^4}}{\Delta x}=0.$$

同理 $$f'_y(0, 0)=0.$$

又 $$f''_{xy}(0, 0)=\lim_{\Delta y\to 0}\frac{f'_x(0, 0+\Delta y)-f'_x(0, 0)}{\Delta y}=\lim_{\Delta y\to 0}\frac{f'_x(0, \Delta y)}{\Delta y}=\lim_{\Delta y\to 0}\frac{0}{\Delta y}=0.$$

同理 $f''_{yx}(0, 0)=0$，故 $f''_{xy}(0, 0)=f''_{yx}(0, 0)$.

$$f''_{xy}(x, y)=\begin{cases}-\dfrac{32x^3y^3}{9(x^4+y^4)^{\frac{5}{3}}}, & (x, y)\neq(0, 0),\\ 0, & (x, y)=(0, 0).\end{cases}$$

$$f''_{yx}(x, y)=\begin{cases}-\dfrac{32x^3y^3}{9(x^4+y^4)^{\frac{5}{3}}}, & (x, y)\neq(0, 0),\\ 0, & (x, y)=(0, 0).\end{cases}$$

令 $y=x$，$x\to 0$，即当动点(x, y)沿直线 $y=x$ 趋于$(0, 0)$时，

$$\lim_{\substack{x\to 0\\ y=x}}f''_{xy}(x, y)=\lim_{x\to 0}\left[-\frac{32x^6}{9(2x^4)^{\frac{5}{3}}}\right]=\infty.$$

所以 $f''_{xy}(x, y)$在点$(0, 0)$处不连续，同理，$f''_{yx}(x, y)$在点$(0, 0)$处也不连续.

例 17　设 $f(x, y)=\begin{cases}xy\sin\dfrac{1}{\sqrt{x^2+y^2}}, & (x, y)\neq(0, 0),\\ 0, & (x, y)=(0, 0),\end{cases}$

求证：(1)$f'_x(0, 0)$，$f'_y(0, 0)$存在；

(2)$f'_x(x, y)$与 $f'_y(x, y)$在点$(0, 0)$处不连续；

(3)$f(x, y)$在点$(0, 0)$处可微.

证　(1) 由于 $f(x, 0)=0$，所以 $f'_x(0, 0)=\lim\limits_{x\to 0}\dfrac{f(x, 0)-f(0, 0)}{x}=0$.

同理 $f(0, y)=0$，则 $f'_y(0, 0)=0$. 故 $f'_x(0, 0)$，$f'_y(0, 0)$存在.

(2) 当$(x, y)\neq 0$ 时，

$$f'_x(x, y)=y\left[\sin\frac{1}{\sqrt{x^2+y^2}}+x\cos\frac{1}{\sqrt{x^2+y^2}}\cdot\frac{-x}{(x^2+y^2)^{\frac{3}{2}}}\right]$$
$$=y\sin\frac{1}{\sqrt{x^2+y^2}}-\frac{x^2y}{(x^2+y^2)^{\frac{3}{2}}}\cos\frac{1}{\sqrt{x^2+y^2}},$$

$$f'_y(x, y)=x\sin\frac{1}{\sqrt{x^2+y^2}}-\frac{xy^2}{(x^2+y^2)^{\frac{3}{2}}}\cos\frac{1}{\sqrt{x^2+y^2}}.$$

令 $y=x$，$x\to 0^+$，即动点(x, y)沿直线 $y=x$ 趋于$(0, 0)$时，极限

$$\lim_{\substack{x\to 0^+\\ y=x}}f'_x(x, y)=\lim_{x\to 0^+}\left[x\sin\frac{1}{\sqrt{2}x}-\frac{1}{2\sqrt{2}}\cos\frac{1}{\sqrt{2}x}\right]$$

不存在，故 $f'_x(x, y)$在点$(0, 0)$处不连续. 同理 $f'_y(x, y)$在点$(0, 0)$处亦不连续.

(3) 函数在点(0，0)处的全增量为

$$\Delta z=f(\Delta x,\ \Delta y)-f(0,\ 0)=\Delta x\Delta y\sin\frac{1}{\sqrt{\Delta x^2+\Delta y^2}}，记\ \rho=\sqrt{\Delta x^2+\Delta y^2}.$$

由于 $\left|\dfrac{\Delta z-f'_x(0,\ 0)\Delta x-f'_y(0,\ 0)\Delta y}{\rho}\right|=\left|\dfrac{\Delta x\Delta y}{\sqrt{\Delta x^2+\Delta y^2}}\sin\dfrac{1}{\sqrt{\Delta x^2+\Delta y^2}}\right|\leqslant|\Delta x|\leqslant\rho$，

$$\lim_{\rho\to 0^+}\frac{\Delta z-f'_x(0,\ 0)\Delta x-f'_y(0,\ 0)\Delta y}{\rho}=0,$$

故 $\Delta z=f'_x(0,\ 0)\Delta x+f'_y(0,\ 0)\Delta y+o(\rho)$，所以函数 $f(x,\ y)$ 在点(0，0)处可微.

本题说明偏导数连续是可微的充分条件而非必要条件.

例 18 设 $u=\mathrm{e}^x(x^2+y^2+z^2)$，求 $\mathrm{d}u$.

解 $\mathrm{d}u=\mathrm{d}[\mathrm{e}^x(x^2+y^2+z^2)]=(x^2+y^2+z^2)\mathrm{d}\mathrm{e}^x+\mathrm{e}^x\mathrm{d}(x^2+y^2+z^2)$

$=\mathrm{e}^x(x^2+y^2+z^2)\mathrm{d}x+\mathrm{e}^x(2x\mathrm{d}x+2y\mathrm{d}y+2z\mathrm{d}z)$

$=\mathrm{e}^x(x^2+y^2+z^2+2x)\mathrm{d}x+2y\mathrm{e}^x\mathrm{d}y+2z\mathrm{e}^x\mathrm{d}z.$

例 19 设 $u=u(x,\ y)$，$v=v(x,\ y)$ 在点 $(x,\ y)$ 处有对 x，y 的偏导数，$z=f(u,\ v)$ 在对应点 $(u,\ v)=(u(x,\ y),\ v(x,\ y))$ 可微，则 $z=f[u(x,\ y),\ v(x,\ y)]$，求 $\dfrac{\partial^2 z}{\partial x^2}$，$\dfrac{\partial^2 z}{\partial y\partial x}$.

解 由链式法则(2→2)，得

$$\frac{\partial z}{\partial x}=\frac{\partial f}{\partial u}\cdot\frac{\partial u}{\partial x}+\frac{\partial f}{\partial v}\cdot\frac{\partial v}{\partial x},\quad \frac{\partial z}{\partial y}=\frac{\partial f}{\partial u}\cdot\frac{\partial u}{\partial y}+\frac{\partial f}{\partial v}\cdot\frac{\partial v}{\partial y}.$$

约定 $\dfrac{\partial f}{\partial u}=f'_1$，$\dfrac{\partial f}{\partial v}=f'_2$. 即 f 对第一个中间变量 u 的偏导数记下标为 1，对第二个中间变量 v 的偏导数记下标为 2. 二阶偏导数也可类似地约定为

$$\frac{\partial^2 f}{\partial u^2}=f''_{11},\quad \frac{\partial^2 f}{\partial v\partial u}=f''_{21},\ \frac{\partial^2 f}{\partial u\partial v}=f''_{12},\ \frac{\partial^2 f}{\partial v^2}=f''_{22}.$$

则有

$$\frac{\partial z}{\partial x}=f'_1\cdot\frac{\partial u}{\partial x}+f'_2\cdot\frac{\partial v}{\partial x},\ \frac{\partial z}{\partial y}=f'_1\cdot\frac{\partial u}{\partial y}+f'_2\cdot\frac{\partial v}{\partial y}.$$

再求二阶偏导数：$\dfrac{\partial^2 z}{\partial x^2}$，$\dfrac{\partial^2 z}{\partial x\partial y}$.

$$\frac{\partial^2 z}{\partial x^2}=\frac{\partial}{\partial x}\left(\frac{\partial z}{\partial x}\right)=\frac{\partial}{\partial x}\left(f'_1\cdot\frac{\partial u}{\partial x}+f'_2\cdot\frac{\partial v}{\partial x}\right).$$

这里要着重指出的是：$f'_1=f'_u(u,\ v)$，$f'_2=f'_v(u,\ v)$ 仍然是通过中间变量 u，v 而成为 x，y 的复合函数，仍要应用链式法则(2→2). 由图 6-6，有

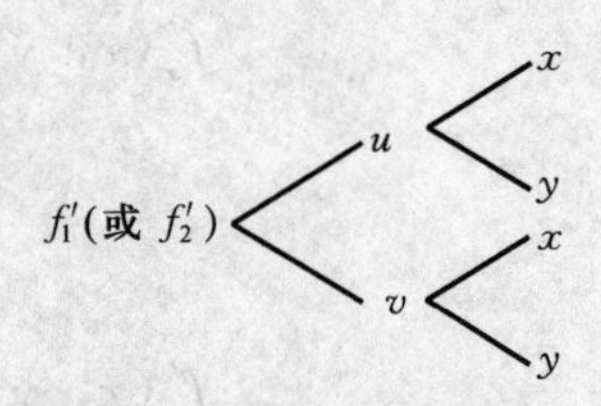

图 6-6

$$\begin{aligned}\frac{\partial^2 z}{\partial x^2}&=\frac{\partial}{\partial x}\left(f'_1\cdot\frac{\partial u}{\partial x}\right)+\frac{\partial}{\partial x}\left(f'_2\cdot\frac{\partial v}{\partial x}\right)\\&=\frac{\partial}{\partial x}(f'_1)\cdot\frac{\partial u}{\partial x}+f'_1\cdot\frac{\partial^2 u}{\partial x^2}+\frac{\partial}{\partial x}(f'_2)\cdot\frac{\partial v}{\partial x}+f'_2\cdot\frac{\partial^2 v}{\partial x^2}\\&=\left(f''_{11}\cdot\frac{\partial u}{\partial x}+f''_{12}\cdot\frac{\partial v}{\partial x}\right)\cdot\frac{\partial u}{\partial x}+f'_1\cdot\frac{\partial^2 u}{\partial x^2}+\\&\quad\left(f''_{21}\cdot\frac{\partial u}{\partial x}+f''_{22}\cdot\frac{\partial v}{\partial x}\right)\cdot\frac{\partial v}{\partial x}+f'_2\cdot\frac{\partial^2 v}{\partial x^2}.\end{aligned}$$

假定 f 具有二阶连续偏导数，则有 $f''_{12}=f''_{21}$，故

$$\frac{\partial^2 z}{\partial x^2}=f''_{11}\left(\frac{\partial u}{\partial x}\right)^2+2f''_{12}\cdot\frac{\partial u}{\partial x}\cdot\frac{\partial v}{\partial x}+f''_{22}\left(\frac{\partial v}{\partial x}\right)^2+f'_1\cdot\frac{\partial^2 u}{\partial x^2}+f'_2\cdot\frac{\partial^2 v}{\partial x^2}.$$

$$\begin{aligned}\frac{\partial^2 z}{\partial y\partial x}&=\frac{\partial}{\partial x}\left(\frac{\partial z}{\partial y}\right)=\frac{\partial}{\partial x}\left(f'_1\cdot\frac{\partial u}{\partial y}+f'_2\cdot\frac{\partial v}{\partial y}\right)\\&=\frac{\partial}{\partial x}\left(f'_1\cdot\frac{\partial u}{\partial y}\right)+\frac{\partial}{\partial x}\left(f'_2\cdot\frac{\partial v}{\partial y}\right)\\&=\frac{\partial}{\partial x}(f'_1)\cdot\frac{\partial u}{\partial y}+f'_1\cdot\frac{\partial^2 u}{\partial y\partial x}+\frac{\partial}{\partial x}(f'_2)\cdot\frac{\partial v}{\partial y}+f'_2\cdot\frac{\partial^2 v}{\partial y\partial x}\\&=\left(f''_{11}\cdot\frac{\partial u}{\partial x}+f''_{12}\cdot\frac{\partial v}{\partial x}\right)\cdot\frac{\partial u}{\partial y}+f'_1\cdot\frac{\partial^2 u}{\partial y\partial x}+\\&\quad\left(f''_{21}\cdot\frac{\partial u}{\partial x}+f''_{22}\cdot\frac{\partial v}{\partial x}\right)\cdot\frac{\partial v}{\partial y}+f'_2\cdot\frac{\partial^2 v}{\partial y\partial x}\\&=f''_{11}\cdot\frac{\partial u}{\partial x}\cdot\frac{\partial u}{\partial y}+f''_{12}\left(\frac{\partial v}{\partial x}\cdot\frac{\partial u}{\partial y}+\frac{\partial u}{\partial x}\cdot\frac{\partial v}{\partial y}\right)+f''_{22}\cdot\frac{\partial v}{\partial x}\cdot\frac{\partial v}{\partial y}+\\&\quad f'_1\cdot\frac{\partial^2 u}{\partial y\partial x}+f'_2\cdot\frac{\partial^2 v}{\partial y\partial x}.\end{aligned}$$

例 20　设 $z=f(x^2-y^2,\ xy)$，求 $\frac{\partial^2 z}{\partial y\partial x}$.

解　令 $u=x^2-y^2$，$v=xy$，$z=f(u,\ v)$ 符合链式法则($2\to2$)：

$$\frac{\partial z}{\partial y}=\frac{\partial f}{\partial u}\cdot\frac{\partial u}{\partial y}+\frac{\partial f}{\partial v}\cdot\frac{\partial v}{\partial y}=-2yf'_1+xf'_2.$$

$$\begin{aligned}\frac{\partial^2 z}{\partial y\partial x}&=\frac{\partial}{\partial x}\left(\frac{\partial z}{\partial y}\right)=\frac{\partial}{\partial x}(-2yf'_1+xf'_2)\\&=-2y\frac{\partial}{\partial x}(f'_1)+f'_2+x\frac{\partial}{\partial x}(f'_2)\\&=-2y\left(f''_{11}\cdot\frac{\partial u}{\partial x}+f''_{12}\cdot\frac{\partial v}{\partial x}\right)+f'_2+x\left(f''_{21}\cdot\frac{\partial u}{\partial x}+f''_{22}\cdot\frac{\partial v}{\partial x}\right)\\&=-2y(2xf''_{11}+yf''_{12})+f'_2+x(2xf''_{21}+yf''_{22})\\&=-4xyf''_{11}-2y^2f''_{12}+2x^2f''_{21}+xyf''_{22}+f'_2.\end{aligned}$$

如果 f 具有二阶连续偏导数，则 $f''_{12}=f''_{21}$. 上述结果还可以简化为

$$\frac{\partial^2 z}{\partial y\partial x}=-4xyf''_{11}+2(x^2-y^2)f''_{12}+xyf''_{22}+f'_2.$$

例 21　设 $z=f(2x-y,\ y\sin x)$，其中 $f(u,\ v)$ 有连续的二阶偏导数，求 $\frac{\partial^2 z}{\partial x\partial y}$.

解　$\frac{\partial z}{\partial x}=f'_1(2x-y,\ y\sin x)\cdot2+f'_2(2x-y,\ y\sin x)\cdot y\cos x$,

$$\begin{aligned}\frac{\partial^2 z}{\partial x\partial y}=&2f''_{11}(2x-y,\ y\sin x)(-1)+2f''_{12}(2x-y,\ y\sin x)\sin x+\\&2f''_{21}(2x-y,\ y\sin x)(-1)y\cos x+f''_{22}(2x-y,\ y\sin x)\cdot\sin x\cdot y\cos x+\\&f'_2(2x-y,\ y\sin x)\cdot\cos x.\end{aligned}$$

为书写简便，可以把变量省略，写成

$$\frac{\partial^2 z}{\partial x\partial y}=-2f''_{11}+2(\sin x-y\cos x)f''_{12}+y\sin x\cos xf''_{22}+\cos xf'_2,$$

其中 $f''_{12}=f''_{21}$(因为 f 有连续的二阶导数).

例 22 求下列函数指定的偏导数:

(1) 设 $z=u^2v-uv^2$, $u=x\cos y$, $v=x\sin y$, 求$\frac{\partial z}{\partial x}$, $\frac{\partial z}{\partial y}$;

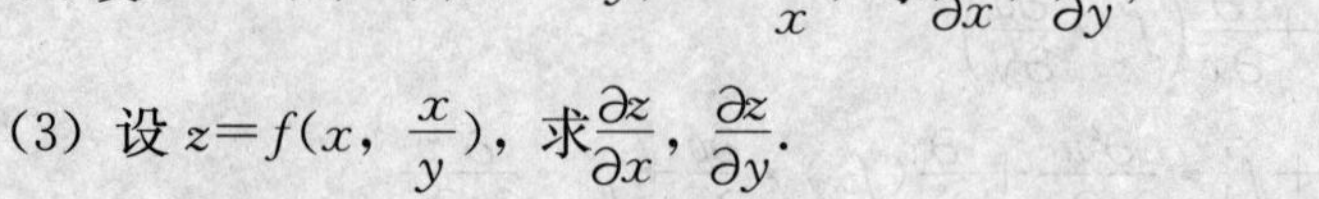

(2)设 $z=F(u, v)$, $u=xy$, $v=\frac{y}{x}$, 求$\frac{\partial z}{\partial x}$, $\frac{\partial z}{\partial y}$;

(3) 设 $z=f(x, \frac{x}{y})$, 求$\frac{\partial z}{\partial x}$, $\frac{\partial z}{\partial y}$.

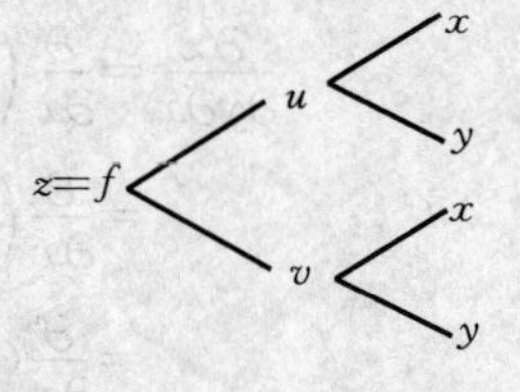

图 6-7

解 (1) **方法一** 由链式法则(图 6-7), 得

$$\frac{\partial z}{\partial x}=\frac{\partial f}{\partial u}\cdot\frac{\partial u}{\partial x}+\frac{\partial f}{\partial v}\cdot\frac{\partial v}{\partial x}$$
$$=(2uv-v^2)\cdot\cos y+(u^2-2uv)\sin y$$
$$=(2x^2\cos y\sin y-x^2\sin^2 y)\cos y+(x^2\cos^2 y-2x^2\cos y\sin y)\cdot\sin y$$
$$=2x^2\cos^2 y\sin y-x^2\sin^2 y\cos y+x^2\cos^2 y\sin y-2x^2\cos y\sin^2 y$$
$$=3x^2\sin y\cos y(\cos y-\sin y).$$

$$\frac{\partial z}{\partial y}=\frac{\partial f}{\partial u}\cdot\frac{\partial u}{\partial y}+\frac{\partial f}{\partial v}\cdot\frac{\partial v}{\partial y}$$
$$=(2uv-v^2)(-x\sin y)+(u^2-2uv)x\cos y$$
$$=(2x^2\cos y\sin y-x^2\sin^2 y)(-x\sin y)+(x^2\cos^2 y-2x^2\cos y\sin y)x\cos y$$
$$=-2x^3\cos y\sin^2 y+x^3\sin^3 y+x^3\cos^3 y-2x^3\cos^2 y\sin y$$
$$=-x^3\sin 2y(\sin y+\cos y)+x^3(\sin^3 y+\cos^3 y).$$

方法二 将 $u=x\cos y$, $v=x\sin y$ 代入 $z=u^2v-uv^2$, 得

$$z=(x\cos y)^2\cdot x\sin y-x\cos y(x\sin y)^2=x^3\cos^2 y\sin y-x^3\cos y\sin^2 y.$$

$$\frac{\partial z}{\partial x}=3x^2\cos^2 y\sin y-3x^2\cos y\sin^2 y=3x^2\cos y\sin y(\cos y-\sin y).$$

$$\frac{\partial z}{\partial y}=x^3[2\cos y(-\sin y)\sin y+\cos^3 y]-x^3[-\sin^3 y+2\cos^2 y\sin y]$$
$$=x^3(-2\cos y\sin^2 y+\cos^3 y+\sin^3 y-2\cos^2 y\sin y)$$
$$=-x^3\sin 2y(\sin y+\cos y)+x^3(\sin^3 y+\cos^3 y).$$

(2) 由链式法则(图 6-8), 得

$$\frac{\partial z}{\partial x}=\frac{\partial F}{\partial u}\cdot\frac{\partial u}{\partial x}+\frac{\partial F}{\partial v}\cdot\frac{\partial v}{\partial x}=y\frac{\partial F}{\partial u}+\frac{\partial F}{\partial v}\left(-\frac{y}{x^2}\right)$$
$$=y\frac{\partial F}{\partial u}-\frac{y}{x^2}\cdot\frac{\partial F}{\partial v};$$

$$\frac{\partial z}{\partial y}=\frac{\partial F}{\partial u}\cdot\frac{\partial u}{\partial y}+\frac{\partial F}{\partial v}\cdot\frac{\partial v}{\partial y}$$
$$=x\frac{\partial F}{\partial u}+\frac{1}{x}\cdot\frac{\partial F}{\partial v}.$$

图 6-8

(3) 令$\frac{x}{y}=u$, 则 $z=f(x, u)$. 由链式法则(图 6-9), 得

$$\frac{\partial z}{\partial x}=\frac{\partial f}{\partial x}+\frac{\partial f}{\partial u}\cdot\frac{\partial u}{\partial x}=\frac{\partial f}{\partial x}+\frac{1}{y}\frac{\partial f}{\partial u},$$

$$\frac{\partial z}{\partial y}=\frac{\partial f}{\partial u}\cdot\frac{\partial u}{\partial y}=\frac{\partial f}{\partial u}\left(-\frac{x}{y^2}\right)=-\frac{x}{y^2}\cdot\frac{\partial f}{\partial u}.$$

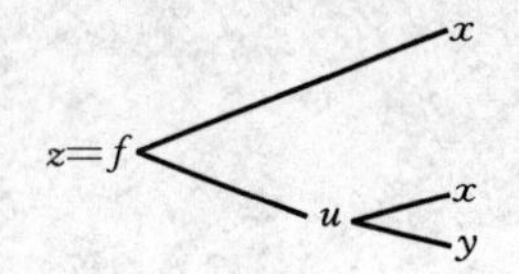

图 6－9

例 23　求下列函数的导数：

(1) 设 $z=\sqrt{x^2+y^2}$，$x=\sin t$，$y=\mathrm{e}^t$，求$\frac{\mathrm{d}z}{\mathrm{d}t}$；

(2) 设 $z=x\mathrm{e}^y$，$y=\varphi(x)$，求$\frac{\mathrm{d}z}{\mathrm{d}t}$.

解　(1) **方法一**　由链式法则(图 6－10)，得

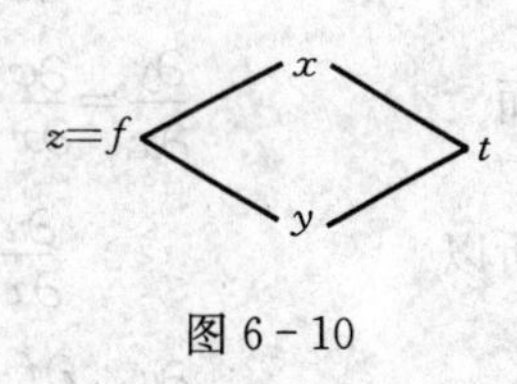

图 6－10

$$\frac{\mathrm{d}z}{\mathrm{d}t}=\frac{\partial f}{\partial x}\cdot\frac{\mathrm{d}x}{\mathrm{d}t}+\frac{\partial f}{\partial y}\cdot\frac{\mathrm{d}y}{\mathrm{d}t}=\frac{x}{\sqrt{x^2+y^2}}\cdot\cos t+\frac{y}{\sqrt{x^2+y^2}}\cdot\mathrm{e}^t$$

$$=\frac{\sin t\cos t+\mathrm{e}^{2t}}{\sqrt{\sin^2 t+\mathrm{e}^{2t}}}.$$

方法二　将 $x=\sin t$，$y=\mathrm{e}^t$ 代入 $z=\sqrt{x^2+y^2}$，得

$$z=\sqrt{\sin^2 t+\mathrm{e}^{2t}},$$

$$\frac{\mathrm{d}z}{\mathrm{d}t}=\frac{2\sin t\cos t+2\mathrm{e}^{2t}}{2\sqrt{\sin^2 t+\mathrm{e}^{2t}}}=\frac{\sin t\cos t+\mathrm{e}^{2t}}{\sqrt{\sin^2 t+\mathrm{e}^{2t}}}.$$

(2)**方法一**　由链式法则(图 6－11)，得

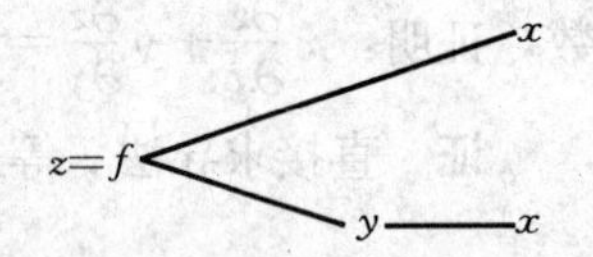

图 6－11

$$\frac{\mathrm{d}z}{\mathrm{d}x}=\frac{\partial f}{\partial x}+\frac{\partial f}{\partial y}\cdot\frac{\mathrm{d}y}{\mathrm{d}x}=\mathrm{e}^y+x\mathrm{e}^y\cdot\varphi'(x)=\mathrm{e}^{\varphi(x)}[1+x\varphi'(x)].$$

方法二　将 $y=\varphi(x)$代入 $z=x\mathrm{e}^y$，得 $z=x\mathrm{e}^{\varphi(x)}$.

$$\frac{\mathrm{d}z}{\mathrm{d}x}=\mathrm{e}^{\varphi(x)}+x\mathrm{e}^{\varphi(x)}\cdot\varphi'(x)=\mathrm{e}^{\varphi(x)}[1+x\varphi'(x)].$$

例 24　设 $u=f(x,\ xy,\ xyz)$，$f(x,\ y,\ z)$有连续偏导数，求$\frac{\partial u}{\partial x}$，$\frac{\partial u}{\partial y}$，$\frac{\partial u}{\partial z}$.

解　令 $v=xy$，$w=xyz$，则 $u=f(x,\ v,\ w)$，复合结构如图 6－12所示.

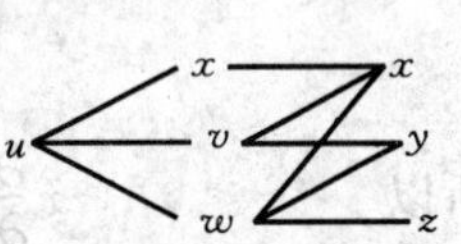

图 6－12

这里 x 既是自变量，又是中间变量，故

$$\frac{\partial u}{\partial x}=\frac{\partial f}{\partial x}\cdot\frac{\mathrm{d}x}{\mathrm{d}x}+\frac{\partial f}{\partial v}\cdot\frac{\partial v}{\partial x}+\frac{\partial f}{\partial w}\cdot\frac{\partial w}{\partial x}$$

$$=f'_x+f'_v\cdot y+f'_w yz=f'_1+yf'_2+yzf'_3.$$

[记 $f'_1=f'_x(x,\ v,\ w)$，$f'_2=f'_v(x,\ v,\ w)$，$f'_3=f'_w(x,\ v,\ w)$]

$$\frac{\partial u}{\partial y}=\frac{\partial f}{\partial v}\cdot\frac{\partial v}{\partial y}+\frac{\partial f}{\partial w}\cdot\frac{\partial w}{\partial y}=f'_2x+f'_3xz=xf'_2+xzf'_3.$$

$$\frac{\partial u}{\partial z}=\frac{\partial f}{\partial w}\cdot\frac{\partial w}{\partial z}=xyf'_3.$$

例 25　已知 $u=f(x,\ y,\ z)$，$y=\varphi(x,\ t)$，$t=\psi(x,\ z)$，其中 f，φ，ψ 可微，求$\frac{\partial u}{\partial x}$，$\frac{\partial u}{\partial z}$.

解　复合成分为

$$\begin{cases} u=f(x, y, z), \\ x=x, \\ y=\varphi[x, \psi(x, z)], \\ z=z, \end{cases} \qquad \begin{cases} y=\varphi(x, t), \\ x=x, \\ t=\psi(x, z), \end{cases}$$

即 x，z 既是自变量又是中间变量，复合结构如图 6-13 所示，故

$$\frac{\partial u}{\partial x}=\frac{\partial f}{\partial x}\cdot\frac{\mathrm{d}x}{\mathrm{d}x}+\frac{\partial f}{\partial y}\cdot\frac{\partial y}{\partial x}=f'_x+f'_y\frac{\partial y}{\partial x}.$$

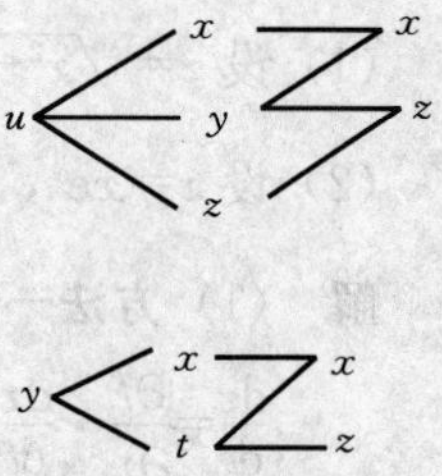

图 6-13

而
$$\frac{\partial y}{\partial x}=\frac{\partial \varphi}{\partial x}\cdot\frac{\mathrm{d}x}{\mathrm{d}x}+\frac{\partial \varphi}{\partial t}\cdot\frac{\partial t}{\partial x}=\varphi'_x+\varphi'_t\cdot\psi'_x,$$

所以
$$\frac{\partial u}{\partial x}=f'_x+f'_y(\varphi'_x+\varphi'_t\cdot\psi'_x).$$

又
$$\frac{\partial u}{\partial z}=\frac{\partial f}{\partial y}\cdot\frac{\partial y}{\partial z}+\frac{\partial f}{\partial z}\cdot\frac{\mathrm{d}z}{\mathrm{d}z}=f'_y\cdot\frac{\partial y}{\partial z}+f'_z,$$

而
$$\frac{\partial y}{\partial z}=\frac{\partial y}{\partial t}\cdot\frac{\partial t}{\partial z}=\varphi'_t\cdot\psi'_z,$$

所以
$$\frac{\partial u}{\partial z}=f'_y\cdot\varphi'_t\cdot\psi'_z+f'_z.$$

例 26 设函数 $z=z(x, y)$ 由方程 $F\left(x+\frac{z}{y}, y+\frac{z}{x}\right)=0$ 所确定，其中 F 具有连续偏导数，证明：$x\frac{\partial z}{\partial x}+y\frac{\partial z}{\partial y}=z-xy$.

证 直接求导法．等式两边对 x 求偏导，y 视为常数，得

$$F'_1\left(1+\frac{1}{y}\frac{\partial z}{\partial x}\right)+F'_2\cdot\frac{1}{x^2}\cdot\left(\frac{\partial z}{\partial x}x-z\right)=0,$$

解得
$$x\frac{\partial z}{\partial x}=\frac{yzF'_2-x^2yF'_1}{xF'_1+yF'_2}.$$

两边对 y 求偏导，由对称性，得

$$y\frac{\partial z}{\partial y}=\frac{xzF'_1-y^2xF'_2}{yF'_2+xF'_1},$$

所以
$$x\frac{\partial z}{\partial x}+y\frac{\partial z}{\partial y}=\frac{z(xF'_1+yF'_2)-xy(xF'_1+yF'_2)}{xF'_1+yF'_2}=z-xy.$$

例 27 设 $u=f(x, z)$，而 $z(x, y)$ 由方程 $z=x+y\varphi(z)$ 所确定，其中 f，φ 都有连续的导数，求 $\mathrm{d}u$，$\frac{\partial u}{\partial x}$，$\frac{\partial u}{\partial y}$.

解 利用微分形式不变性，对等式

$$z=x+y\varphi(z)$$

两边微分，得

$$\mathrm{d}z=\mathrm{d}x+\varphi(z)\mathrm{d}y+y\varphi'(z)\mathrm{d}z,$$

所以
$$\mathrm{d}z=\frac{\mathrm{d}x+\varphi(z)\mathrm{d}y}{1-y\varphi'(z)}.$$

又
$$\mathrm{d}u=f'_1\mathrm{d}x+f'_2\mathrm{d}z=f'_1\mathrm{d}x+f'_2\frac{\mathrm{d}x+\varphi(z)\mathrm{d}y}{1-y\varphi'(z)}$$

$$=\left[f_1'+\frac{f_2'}{1-y\varphi'(z)}\right]\mathrm{d}x+\frac{f_2'\varphi(z)}{1-y\varphi'(z)}\mathrm{d}y,$$

所以
$$\frac{\partial u}{\partial x}=f_1'+\frac{f_2'}{1-y\varphi'(z)},\ \frac{\partial u}{\partial y}=\frac{f_2'\varphi(z)}{1-y\varphi'(z)}.$$

例 28　求函数 $z=x^2y(4-x-y)$ 在由直线 $x+y=6$，x 轴和 y 轴所围成的区域 D 上的最大值与最小值．

解　区域 D 如图 6－14 所示，它是有界闭区域．$z(x,\ y)$ 在 D 上连续，所以在 D 上一定有最大值与最小值，它或在 D 内的驻点达到，或在 D 的边界上达到．

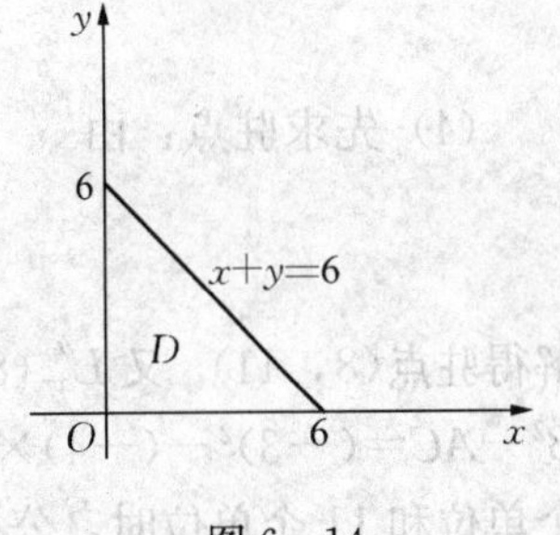

图 6－14

为求 D 内驻点，先求

$$\frac{\partial z}{\partial x}=2xy(4-x-y)-x^2y=xy(8-3x-2y),$$

$$\frac{\partial z}{\partial y}=x^2(4-x-y)-x^2y=x^2(4-x-2y).$$

再解方程组

$$\begin{cases}3x+2y=8,\\x+2y=4,\end{cases}$$

得 $z(z,\ y)$ 在 D 内的唯一驻点 $(x,\ y)=(2,\ 1)$ 且 $z(2,\ 1)=4$.

在 D 的边界 $y=0$，$0\leqslant x\leqslant 6$ 或 $x=0$，$0\leqslant y\leqslant 6$ 上 $z(x,\ y)=0$，在边界 $x+y=6(0\leqslant x\leqslant 6)$ 上将 $y=6-x$ 代入得

$$z(x,\ y)=x^2(6-x)(-2)=2(x^3-6x^2),\ 0\leqslant x\leqslant 6.$$

令 $h(x)=2(x^3-6x^2)$，则 $h'(x)=6(x^2-4x)$，$h'(4)=0$，$h(0)=0$，$h(4)=-64$，$h(6)=0$，即 $z(x,\ y)$ 在边界 $x+y=6(0\leqslant x\leqslant 6)$ 上的最大值为 0，最小值为－64. 因此，

$$\max_D\{z(x,\ y)\}=z(2,\ 1)=4,\ \min_D\{z(x,\ y)\}=z(4,\ 2)=-64.$$

例 29　某公司销售两种产品，两种产品的需求量 x 与 y 是由产品的价格 p_1 与 p_2 确定的，需求函数为

$$x=40-2p_1+p_2,\ y=25+p_1-p_2.$$

假设生产两种产品 x 单位与 y 单位的成本为

$$C(x,\ y)=x^2+xy+y^2.$$

(1) 写出 p_1，p_2 关于 x，y 的需求函数；

(2) 求关于 x，y 的收益函数 $R(x,\ y)=xp_1+yp_2$；

(3) 求关于 x，y 的利润函数 $L(x,\ y)$；

(4) 求最大生产水平 x 与 y 及最大利润．

解　(1) 已知

$$\begin{cases}x=40-2p_1+p_2,&①\\y=25+p_1-p_2,&②\end{cases}$$

式①＋②，得

$$x+y=65-p_1,\ p_1=65-x-y;$$

式①＋②×2，得

$$x+2y=90-p_2,\ p_2=90-x-2y.$$

(2) 收益函数 $R(x, y)=xp_1+yp_2$

$$=x(65-x-y)+y(90-x-2y)$$

$$=65x-x^2-2xy+90y-2y^2.$$

(3) 利润函数 $L(x, y)=R(x, y)-C(x, y)$

$$=(65x-x^2-2xy+90y-2y^2)-(x^2+xy+y^2)$$

$$=65x-2x^2-3xy+90y-3y^2.$$

(4) 先求驻点：由

$$\begin{cases} L'_x(x, y)=65-4x-3y=0, \\ L'_y(x, y)=-3x+90-6y=0, \end{cases}$$

解得驻点(8，11)．又 $L''_{xx}(8, 11)=-4=A$，$L''_{xy}(8, 11)=-3=B$，$L''_{yx}(8, 11)=-6=C$，$B^2-AC=(-3)^2-(-4)\times(-6)=-15<0$，且 $A=-4<0$．因此，当两种产品分别销售 8 个单位和 11 个单位时，公司获得最大利润

$$L(8, 11)=755.$$

自 测 题

1. 求空间曲线

$$\begin{cases} x^2+(y-1)^2+(z-1)^2=1, & ① \\ x^2+y^2+z^2=1 & ② \end{cases}$$

在 yOz 面上的投影方程．

2. 试将曲线方程

$$\begin{cases} 2y^2+z^2+4x=4z, & ① \\ y^2+3z^2-8x=12z & ② \end{cases}$$

换成母线分别平行于 x 轴及 z 轴的柱面的交线方程．

3. 设 $f(x-y, \ln x)=\left(1-\dfrac{y}{x}\right)\dfrac{e^x}{e^y \ln x^x}$，求 $f(x, y)$．

4. 证明：$\lim\limits_{\substack{x\to 0\\ y\to 0}}\dfrac{x+y}{x-y}$不存在．

5. 设 $z=(1+xy)^y$，求$\dfrac{\partial z}{\partial x}$，$\dfrac{\partial z}{\partial y}$．

6. 设 $u=\left(\dfrac{x}{y}\right)^{\frac{1}{z}}$，求$du|_{(1,1,1)}$．

7. 设 $z=x^y\cdot y^x$，求$\dfrac{\partial z}{\partial x}$，$\dfrac{\partial^2 z}{\partial x\partial y}$．

8. 设 $z=f(u, v, x)$，$u=\varphi(x, y)$，$v=\psi(y)$，求复合函数 $z=f[\varphi(x, y), \psi(y), x]$ 的偏导数$\dfrac{\partial z}{\partial x}$，$\dfrac{\partial z}{\partial y}$．

9. 设 $z=f(x, y, xy)$具有二阶连续的偏导数，求$\dfrac{\partial^2 z}{\partial y^2}$．

10. 设 $z=xf\left(\frac{y}{x}\right)+(x-1)y\ln x$，其中 f 是任意二阶可微函数，求证：

$$x^2\frac{\partial^2 z}{\partial x^2}-y^2\frac{\partial^2 z}{\partial y^2}=(x+1)y.$$

11. 设 $z=x^n f\left(\frac{y}{x^2}\right)$，其中 f 为任意可微函数，证明：$x\frac{\partial z}{\partial x}+2y\frac{\partial z}{\partial y}=nz$.

12. 设 $z=z(x,\ y)$ 由方程 $x+2y+2z-2\sqrt{xyz}=0$ 所确定，求 $\frac{\partial z}{\partial x}$，$\frac{\partial z}{\partial y}$.

13. 设函数 $z=z(x,\ y)$ 是由方程 $x^2+y^2+z^2=yf\left(\frac{z}{y}\right)$ 所确定，证明：

$$(x^2-y^2-z^2)\frac{\partial z}{\partial x}+2xy\frac{\partial z}{\partial y}=2xz.$$

14. 设函数 $z=(1+e^y)\cos x-ye^y$，证明：函数有无穷多个极大值点，而无极小值点．

自测题参考答案

1. **解**　两式相减得曲线关于 yOz 的投影柱面

$$y+z=1(0\leqslant y\leqslant 1);$$

将 $z=1-y$ 代入②式得曲线关于 xOy 面的投影柱面

$$x^2+2y^2-2y=0;$$

将 $y=1-z$ 代入②式得曲线关于 zOx 面的投影柱面

$$x^2+2z^2-2z=0.$$

故曲线在三坐标面上的投影方程分别为

$$\begin{cases}x^2+2y^2-2y=0,\\ z=0,\end{cases}\quad \begin{cases}y+z=1,\\ x=0\end{cases}(0\leqslant y\leqslant 1),\quad \begin{cases}x^2+2z^2-2z=0,\\ y=0.\end{cases}$$

2. **解**　①×2+②得母线平行于 x 轴的投影柱面

$$y^2+z^2-4z=0.$$

①×3－②得母线平行于 z 轴的投影柱面

$$y^2+4x=0.$$

故柱面的交线方程为

$$\begin{cases}y^2+z^2-4z=0,\\ y^2+4x=0.\end{cases}$$

3. **解**　令 $u=x-y$，$v=\ln x$，则

$$f(u,\ v)=\frac{x-y}{x}\cdot\frac{e^{x-y}}{x\ln x}=\frac{u}{e^v}\cdot\frac{e^u}{e^v v}=\frac{ue^u}{ve^{2v}},$$

故

$$f(x,\ y)=\frac{xe^x}{ye^{2y}}.$$

4. **证**　令 $y=kx(k\neq 1)$，则

$$\lim_{\substack{x\to 0\\ y=kx}}\frac{x+y}{x-y}=\lim_{x\to 0}\frac{(1+k)x}{(1-k)x}=\frac{1+k}{1-k},$$

此极限值与 k 有关，故$\lim\limits_{\substack{x\to 0\\ y\to 0}}\dfrac{x+y}{x-y}$不存在．

5. **解**　z 对 x 求偏导数时，视 y 为常数，是对幂函数求导，故

$$\frac{\partial z}{\partial x}=y(1+xy)^{y-1}\cdot y=y^2(1+xy)^{y-1}.$$

z 对 y 求偏导数时，x 为常数，这是对幂指函数求导．将 $z=(1+xy)^y$ 两端取对数，得

$$\ln z=y\ln(1+xy),$$

两端对 y 求导，得

$$\frac{\partial z}{\partial y}\frac{1}{z}=\ln(1+xy)+y\frac{x}{1+xy},$$

故
$$\frac{\partial z}{\partial y}=(1+xy)^y\left[\ln(1+xy)+\frac{xy}{1+xy}\right].$$

6. **解**　$\dfrac{\partial u}{\partial x}=\left(\dfrac{1}{y}\right)^{\frac{1}{z}}x^{\frac{1}{z}-1}\left(\dfrac{1}{z}\right)$，$\dfrac{\partial u}{\partial y}=x^{\frac{1}{z}}\cdot\left(-\dfrac{1}{z}\right)\cdot y^{-\frac{1}{z}-1}$，$\dfrac{\partial u}{\partial z}=\left(\dfrac{x}{y}\right)^{\frac{1}{z}}\ln\dfrac{x}{y}\left(-\dfrac{1}{z^2}\right)$，

故
$$\mathrm{d}u\big|_{(1,1,1)}=\left(\frac{\partial u}{\partial x}\mathrm{d}x+\frac{\partial u}{\partial y}\mathrm{d}y+\frac{\partial u}{\partial z}\mathrm{d}z\right)\bigg|_{(1,1,1)}=\mathrm{d}x-\mathrm{d}y.$$

7. **解**　$\dfrac{\partial z}{\partial x}=yx^{y-1}\cdot y^x+x^y\cdot y^x\ln y=x^{y-1}\cdot y^x(y+x\ln y)$，

$$\begin{aligned}\frac{\partial^2 z}{\partial x\partial y}&=x^{y-1}\ln x\cdot y^x(y+x\ln y)+x^{y-1}\cdot xy^{x-1}(y+x\ln y)+x^{y-1}\cdot y^x\left(1+\frac{x}{y}\right)\\&=x^{y-1}y^{x-1}(x^2\ln y+y^2\ln x+xy\ln x\ln y+xy+x+y).\end{aligned}$$

8. **解**　由复合函数求导法，得

$$\frac{\partial z}{\partial x}=f_1'\frac{\partial \varphi}{\partial x}+f_2'\frac{\partial \psi}{\partial x}+f_3'=f_1'\frac{\partial \varphi}{\partial x}+f_3',$$

$$\frac{\partial z}{\partial y}=f_1'\frac{\partial \varphi}{\partial y}+f_2'\psi'(y).$$

9. **解**　因为$\dfrac{\partial z}{\partial y}=f_2'(x,\ y,\ xy)+f_3'(x,\ y,\ xy)\cdot x$，所以

$$\begin{aligned}\frac{\partial^2 z}{\partial y^2}&=\frac{\partial}{\partial y}\left(\frac{\partial z}{\partial y}\right)=\frac{\partial}{\partial y}[f_2'(x,\ y,\ xy)]+x\cdot\frac{\partial}{\partial y}[f_3'(x,\ y,\ xy)]\\&=f_{22}''+f_{23}''\cdot x+x(f_{32}''+f_{33}''\cdot x)=f_{22}''+2xf_{23}''+x^2f_{33}''.\end{aligned}$$

10. **证**　
$$\begin{aligned}\frac{\partial z}{\partial x}&=f\left(\frac{y}{x}\right)+x\cdot f'\left(\frac{y}{x}\right)\left(-\frac{y}{x^2}\right)+y\left(\ln x+\frac{x-1}{x}\right)\\&=f\left(\frac{y}{x}\right)-\frac{y}{x}f'\left(\frac{y}{x}\right)+y\left(\ln x+1-\frac{1}{x}\right),\end{aligned}$$

$$\begin{aligned}\frac{\partial^2 z}{\partial x^2}&=f'\left(\frac{y}{x}\right)\left(-\frac{y}{x^2}\right)-\left[-\frac{y}{x^2}f'\left(\frac{y}{x}\right)+\frac{y}{x}f''\left(\frac{y}{x}\right)\left(-\frac{y}{x^2}\right)\right]+y\left(\frac{1}{x}+\frac{1}{x^2}\right)\\&=\frac{y^2}{x^3}f''\left(\frac{y}{x}\right)+\frac{y(x+1)}{x^2},\end{aligned}$$

$$\frac{\partial z}{\partial y}=xf'\left(\frac{y}{x}\right)\frac{1}{x}+(x-1)\ln x=f'\left(\frac{y}{x}\right)+(x-1)\ln x,$$

$$\frac{\partial^2 z}{\partial y^2}=f''\left(\frac{y}{x}\right)\frac{1}{x},$$

故
$$x^2\frac{\partial^2 z}{\partial x^2}-y^2\frac{\partial^2 z}{\partial y^2}=(x+1)y.$$

11. **证**　由于

$$\frac{\partial z}{\partial x}=nx^{n-1}f\left(\frac{y}{x^2}\right)+x^n f'\left(\frac{y}{x^2}\right)\left(-\frac{2y}{x^3}\right)=nx^{n-1}f-2x^{n-3}yf',$$

$$\frac{\partial z}{\partial y}=x^n f'\left(\frac{y}{x^2}\right)\cdot\frac{1}{x^2}=x^{n-2}f',$$

所以
$$x\frac{\partial z}{\partial x}+2y\frac{\partial z}{\partial y}=x(nx^{n-1}f-2x^{n-3}yf')+2yx^{n-2}f'=nx^n f=nz.$$

12. **解**　令 $F(x,y,z)=x+2y+2z-2\sqrt{xyz}$，则

$$F'_x=1-\frac{yz}{\sqrt{xyz}},\ F'_y=2-\frac{xz}{\sqrt{xyz}},\ F'_z=2-\frac{xy}{\sqrt{xyz}}.$$

$$\frac{\partial z}{\partial x}=-\frac{F'_x}{F'_z}=-\frac{\sqrt{xyz}-yz}{2\sqrt{xyz}-xy},$$

$$\frac{\partial z}{\partial y}=-\frac{F'_y}{F'_z}=-\frac{2\sqrt{xyz}-xz}{2\sqrt{xyz}-xy}.$$

13. **证**　两边对 x 求导，得

$$2x+2z\frac{\partial z}{\partial x}=yf'\left(\frac{z}{y}\right)\cdot\frac{1}{y}\cdot\frac{\partial z}{\partial x}\Rightarrow\frac{\partial z}{\partial x}=\frac{2x}{f'-2z},$$

两边对 y 求偏导，得

$$2y+2z\frac{\partial z}{\partial y}=f\left(\frac{z}{y}\right)+yf'\left(\frac{z}{y}\right)\frac{\frac{\partial z}{\partial y}y-z}{y^2}\Rightarrow\frac{\partial z}{\partial y}=\frac{2y^2-yf+zf'}{y(f'-2z)},$$

所以
$$\begin{aligned}(x^2-y^2-z^2)\frac{\partial z}{\partial x}+2xy\frac{\partial z}{\partial y}&=(x^2-y^2-z^2)\frac{2x}{f'-2z}+2xy\cdot\frac{2y^2-yf+zf'}{y(f'-2z)}\\&=\frac{2x(x^2+y^2-z^2-yf+zf')}{f'-2z}=\frac{2x(zf'-2z^2)}{f'-2z}\\&=2xz.\end{aligned}$$

14. **证**　先计算$\frac{\partial z}{\partial x}$，$\frac{\partial z}{\partial y}$，$\frac{\partial^2 z}{\partial x^2}$，$\frac{\partial^2 z}{\partial x\partial y}$，$\frac{\partial^2 z}{\partial y^2}$.

$$\frac{\partial z}{\partial x}=-(1+e^y)\sin x,\ \frac{\partial z}{\partial y}=e^y(\cos x-1-y),\ \frac{\partial^2 z}{\partial x^2}=-(1+e^y)\cos x,$$

$$\frac{\partial^2 z}{\partial y^2}=e^y(\cos x-2-y),\ \frac{\partial^2 z}{\partial x\partial y}=-e^y\sin x.$$

求出所有的驻点，由

$$\begin{cases}\frac{\partial z}{\partial x}=-(1+e^y)\sin x=0,\\\frac{\partial z}{\partial y}=e^y(\cos x-1-y)=0,\end{cases}$$

解得$(x, y)=(2n\pi, 0)$或$(x, y)=((2n+1)\pi, -2)$，其中$n=0, \pm1, \pm2, \cdots$.

判断所有驻点是否是极值点，是极大值点还是极小值点．

在$(2n\pi, 0)$处，由于

$$\left(\frac{\partial^2 z}{\partial x\partial y}\right)^2-\frac{\partial^2 z}{\partial x^2}\cdot\frac{\partial^2 z}{\partial y^2}=0-(-2)\times(-1)=-2<0,\ \frac{\partial^2 z}{\partial x^2}=-2<0,$$

故$(2n\pi, 0)$是极大值点．

在$((2n+1)\pi, -2)$处，由于

$$\left(\frac{\partial^2 z}{\partial x\partial y}\right)^2-\frac{\partial^2 z}{\partial x^2}\cdot\frac{\partial^2 z}{\partial y^2}=0-(1+e^{-2})(-e^{-2})>0,$$

故$((2n+1)\pi, -2)$不是极值点．

考研题解析

1. 设f，g为连续可微函数，$u=f(x, xy)$，$v=g(x+xy)$，求$\frac{\partial u}{\partial x}\cdot\frac{\partial v}{\partial x}$.

解 $\frac{\partial u}{\partial x}=f_1'+yf_2'$，$\frac{\partial v}{\partial x}=(1+y)g'$，$\frac{\partial u}{\partial x}\cdot\frac{\partial v}{\partial x}=(f_1'+yf_2')(1+y)g'$.

注意 $v=g(x+xy)$中的g是一元函数，例如记为$g(t)$. 它对t的导数应记为g'，而不是g_x'或g_1'. 将$g(x+xy)$与二元函数相混淆是这种书写错误产生的根源．

2. 设$z=f(u, x, y)$，$u=xe^y$，其中f具有二阶连续偏导数，求$\frac{\partial^2 z}{\partial x\partial y}$.

解 $\frac{\partial z}{\partial x}=f_u'\frac{\partial u}{\partial x}+f_x'=e^y f_u'+f_x'$,

$$\begin{aligned}\frac{\partial^2 z}{\partial x\partial y}&=\frac{\partial}{\partial y}(e^y f_u'+f_x')=e^y f_u'+e^y\frac{\partial}{\partial y}(f_u')+\frac{\partial}{\partial y}(f_x')\\&=e^y f_u'+xe^{2y}f_{uu}''+e^y f_{uy}''+xe^y f_{xu}''+f_{xy}''.\end{aligned}$$

3. 设$u=yf\left(\frac{x}{y}\right)+xg\left(\frac{y}{x}\right)$，其中函数$f$，$g$具有二阶连续导数，求$x\frac{\partial^2 u}{\partial x^2}+y\frac{\partial^2 u}{\partial x\partial y}$.

解 $\frac{\partial u}{\partial x}=yf'\cdot\frac{1}{y}+g+xg'\cdot\left(-\frac{y}{x^2}\right)=f'+g-\frac{y}{x}g'$,

$$\frac{\partial^2 u}{\partial x^2}=\frac{1}{y}f''+g'\left(-\frac{y}{x^2}\right)+\frac{y}{x^2}g'+\frac{y^2}{x^3}g''=\frac{1}{y}f''+\frac{y^2}{x^3}g'',$$

$$\frac{\partial^2 u}{\partial x\partial y}=f''\left(-\frac{x}{y^2}\right)+g'\frac{1}{x}-\frac{1}{x}g'-\frac{y}{x^2}g''=-\frac{x}{y^2}f''-\frac{y}{x^2}g'',$$

故
$$x\frac{\partial^2 u}{\partial x^2}+y\frac{\partial^2 u}{\partial x\partial y}=0.$$

4. 设$z=f(2x-y)+g(x, xy)$，其中函数$f(t)$二阶可导，$g(u, v)$具有二阶偏导数，求$\frac{\partial^2 z}{\partial x\partial y}$.

解 $\frac{\partial z}{\partial x}=2f'+g_u'+yg_v'$，$\frac{\partial^2 u}{\partial x\partial y}=-2f''+xg_{uv}''+xyg_{vv}''+g_v'$.

5. 设 $z=f(2x-y, y\sin x)$，其中 $f(u, v)$ 具有连续的二阶偏导数，求 $\frac{\partial^2 z}{\partial x\partial y}$.

解 $\frac{\partial z}{\partial x}=2f'_u+y\cos xf'_v$，

$$\frac{\partial^2 z}{\partial x\partial y}=-2f''_{uu}+2f''_{uv}\sin x+\cos xf'_v-y\cos xf''_{vu}+y\cos x\sin xf''_{vv}$$

$$=-2f''_{uu}+(2\sin x-y\cos x)f''_{uv}+y\cos x\sin xf''_{vv}+\cos xf'_v.$$

注意　当 f 具有连续的二阶导数时，f''_{uv} 和 f''_{vu} 可合并成一项，因为此时两者相等．若题仅给出二阶导数存在的条件，则不可合并．

6. 已知 $f(x, y)=x^2\arctan\frac{y}{x}-y^2\arctan\frac{x}{y}$，求 $\frac{\partial^2 f}{\partial x\partial y}$.

解 $\frac{\partial f}{\partial x}=2x\arctan\frac{y}{x}+\frac{x^2}{1+\left(\frac{y}{x}\right)^2}\left(-\frac{y}{x^2}\right)-\frac{y^2}{1+\left(\frac{x}{y}\right)^2}\cdot\frac{1}{y}$

$$=2x\arctan\frac{y}{x}-\frac{x^2y}{x^2+y^2}-\frac{y^3}{x^2+y^2}$$

$$=2x\arctan\frac{y}{x}-y.$$

$$\frac{\partial^2 f}{\partial x\partial y}=2x\cdot\frac{1}{1+\left(\frac{y}{x}\right)^2}\cdot\frac{1}{x}-1=\frac{x^2-y^2}{x^2+y^2}.$$

7. 设 $z=xyf\left(\frac{y}{x}\right)$，$f(u)$ 可导，求 $xz'_x+yz'_y$.

解 $\frac{\partial z}{\partial x}=yf\left(\frac{y}{x}\right)+xyf'\left(\frac{y}{x}\right)\left(-\frac{y}{x^2}\right)$，　$x\frac{\partial z}{\partial x}=xyf\left(\frac{y}{x}\right)-y^2f'\left(\frac{y}{x}\right)$.

$\frac{\partial z}{\partial y}=xf\left(\frac{y}{x}\right)+xyf'\left(\frac{y}{x}\right)\frac{1}{x}$，　$y\frac{\partial z}{\partial y}=xyf\left(\frac{y}{x}\right)+y^2f'\left(\frac{y}{x}\right)$，

故
$$x\frac{\partial z}{\partial x}+y\frac{\partial z}{\partial y}=2xyf\left(\frac{y}{x}\right)=2z.$$

8. 设 $f(x, y)=\int_0^{xy}e^{-t^2}dt$，求：$\frac{x}{y}\frac{\partial^2 f}{\partial x^2}-2\frac{\partial^2 f}{\partial x\partial y}+\frac{y}{x}\frac{\partial^2 f}{\partial y^2}$.

解　因为　$\frac{\partial f}{\partial x}=ye^{-x^2y^2}$，$\frac{\partial f}{\partial y}=xe^{-x^2y^2}$，$\frac{\partial^2 f}{\partial x^2}=-2xy^3e^{-x^2y^2}$，$\frac{\partial^2 f}{\partial y^2}=-2x^3ye^{-x^2y^2}$，

故
$$\frac{x}{y}\frac{\partial^2 f}{\partial x^2}-2\frac{\partial^2 f}{\partial x\partial y}+\frac{x}{y}\frac{\partial^2 f}{\partial y^2}=-2e^{-x^2y^2}.$$

9. 设函数 $z=f(u)$，方程 $u=\varphi(u)+\int_y^x p(t)dt$ 确定 u 是 x，y 的函数，其中 $f(u)$，$\varphi(u)$ 可微，$p(t)$，$\varphi'(t)$ 连续，且 $\varphi'(u)\neq 1$，求 $p(y)\frac{\partial z}{\partial x}+p(x)\frac{\partial z}{\partial y}$.

解　由 $z=f(u)$ 及 u 为 x，y 的函数，得

$$\frac{\partial z}{\partial x}=f'(u)\frac{\partial u}{\partial x},\ \frac{\partial z}{\partial y}=f'(u)\frac{\partial u}{\partial y}.$$

在方程 $u=\varphi(u)+\int_y^x p(t)\mathrm{d}t$ 两边分别对 x，y 求偏导，得

$$\frac{\partial u}{\partial x}=\varphi'(u)\frac{\partial u}{\partial x}+p(x),\ \frac{\partial u}{\partial y}=\varphi'(u)\frac{\partial u}{\partial y}-p(y),$$

故
$$\frac{\partial u}{\partial x}=\frac{p(x)}{1-\varphi'(u)},\ \frac{\partial u}{\partial y}=\frac{-p(y)}{1-\varphi'(u)},$$

于是
$$p(y)\frac{\partial z}{\partial x}+p(x)\frac{\partial z}{\partial y}=\left[\frac{p(x)p(y)}{1-\varphi'(u)}-\frac{p(x)p(y)}{1-\varphi'(u)}\right]f'(u)=0.$$

10. 设 $u=f(x, y, z)$ 有连续偏导数，$y=y(x)$ 和 $z=z(x)$ 分别由方程 $\mathrm{e}^{xy}-y=0$，$\mathrm{e}^{z}-xz=0$所确定，求$\frac{\mathrm{d}u}{\mathrm{d}x}$.

解 $\frac{\mathrm{d}u}{\mathrm{d}x}=\frac{\partial f}{\partial x}+\frac{\partial f}{\partial y}\frac{\mathrm{d}y}{\mathrm{d}x}+\frac{\partial f}{\partial z}\frac{\mathrm{d}z}{\mathrm{d}x}$. 由 $\mathrm{e}^{xy}-y=0$，$\mathrm{e}^{z}-xz=0$，得

$$\mathrm{e}^{xy}\left(y+x\frac{\mathrm{d}y}{\mathrm{d}x}\right)-\frac{\mathrm{d}y}{\mathrm{d}x}=0,\ \text{即}\frac{\mathrm{d}y}{\mathrm{d}x}=\frac{y^2}{1-xy};$$

$$\mathrm{e}^{z}\frac{\mathrm{d}z}{\mathrm{d}x}-z-x\frac{\mathrm{d}z}{\mathrm{d}x}=0,\ \text{即}\frac{\mathrm{d}z}{\mathrm{d}x}=\frac{z}{xz-x}.$$

故
$$\frac{\mathrm{d}u}{\mathrm{d}x}=\frac{\partial f}{\partial x}-\frac{y^2}{1-xy}\cdot\frac{\partial f}{\partial y}+\frac{z}{xz-x}\cdot\frac{\partial f}{\partial z}.$$

11. 设 $z=f(\mathrm{e}^x\sin y, x^2+y^2)$，其中 f 具有二阶连续偏导数，求$\frac{\partial^2 z}{\partial x\partial y}$.

解 $\frac{\partial z}{\partial x}=\mathrm{e}^x\sin y f_1'+2xf_2'$，

$$\frac{\partial^2 z}{\partial x\partial y}=f_{11}''\mathrm{e}^{2x}\sin y\cos y+2\mathrm{e}^x(y\sin y+x\cos y)f_{12}''+4xyf_{22}''+f_1'\mathrm{e}^x\cos y.$$

12. 设 $z=x^2f(xy, \frac{y}{x})$，f 具有二阶连续偏导数，求$\frac{\partial z}{\partial y}$，$\frac{\partial^2 z}{\partial y^2}$及$\frac{\partial^2 z}{\partial x\partial y}$.

解 $\frac{\partial z}{\partial y}=x^2\left(f_1'x+f_2'\frac{1}{x}\right)=x^3f_1'+xf_2'$.

$$\frac{\partial z}{\partial x}=2xf+x^2\left(f_1'y+f_2'\left(-\frac{y}{x^2}\right)\right)=2xf+x^2yf_1'-yf_2'.$$

$$\begin{aligned}\frac{\partial^2 z}{\partial y^2}&=x^3\left(f_{11}''x+f_{12}''\frac{1}{x}\right)+x\left(f_{21}''x+f_{22}''\frac{1}{x}\right)\\&=x^4f_{11}''+x^2f_{12}''+x^2f_{21}''+f_{22}''=x^4f_{11}''+2x^2f_{12}''+f_{22}''.\end{aligned}$$

$$\begin{aligned}\frac{\partial^2 z}{\partial x\partial y}&=\frac{\partial}{\partial y}(2xf+x^2yf_1'-yf_2')\\&=2x\left(f_1'x+f_2'\frac{1}{x}\right)+x^2\left(f_1'+y\left(f_{11}''x+f_{12}''\frac{1}{x}\right)\right)-\left(f_2'+y\left(f_{21}''x+f_{22}''\frac{1}{x}\right)\right)\\&=2x^2f_1'+2f_2'+x^2f_1'+x^3yf_{11}''+xyf_{12}''-f_2'-xyf_{21}''-\frac{y}{x}f_{22}''\\&=3x^3f_1'+f_2'+x^3yf_{11}''-\frac{y}{x}f_{22}''.\end{aligned}$$

13. 已知 $u+e^u=xy$，求 $\dfrac{\partial^2 u}{\partial x\partial y}$.

解　在所给等式两端求微分，得

$$d(u+e^u)=dxy,\ du+de^u=dxy,$$
$$du+e^u du=xdy+ydx,\ (1+e^u)du=xdy+ydx,$$

即
$$du=\frac{y}{1+e^u}dx+\frac{x}{1+e^u}dy.$$

比较 $du=\dfrac{\partial u}{\partial x}dx+\dfrac{\partial u}{\partial y}dy$，得

$$\frac{\partial u}{\partial x}=\frac{y}{1+e^u},\ \frac{\partial u}{\partial y}=\frac{x}{1+e^u},$$

故
$$\frac{\partial^2 u}{\partial x\partial y}=\frac{\partial}{\partial y}\left(\frac{\partial u}{\partial x}\right)=\frac{1+e^u-y(1+e^u)'_y}{(1+e^u)^2}=\frac{1+e^u-ye^u\dfrac{\partial u}{\partial y}}{(1+e^u)^2}$$
$$=\frac{1}{1+e^u}-\frac{xye^u}{(1+e^u)^3}.$$

14. 已知 $xy=xf(z)+yg(z)$，$xf'(z)+yg'(z)\neq 0$，其中 $z=z(x, y)$ 是 x 和 y 的函数，证明：$[x-g(z)]\dfrac{\partial z}{\partial x}=[y-f(z)]\dfrac{\partial z}{\partial y}$.

证　在所给方程两端求微分，有

$$xdy+ydx=f(z)dx+xdf(z)+g(z)dy+ydg(z)$$
$$=f(z)dx+xf'(z)dz+g(z)dy+yg'(z)dz,$$

整理，得
$$dz=\frac{y-f(z)}{xf'(z)+yg'(z)}dx+\frac{x-g(z)}{xf'(z)+yg'(z)}dy.$$

与 $dz=\dfrac{\partial z}{\partial x}dx+\dfrac{\partial z}{\partial y}dy$ 比较，得

$$\frac{\partial z}{\partial x}=\frac{y-f(z)}{xf'(z)+yg'(z)},\ \frac{\partial z}{\partial y}=\frac{x-g(z)}{xf'(z)+yg'(z)},$$

故
$$[x-g(z)]\frac{\partial z}{\partial x}=[y-f(z)]\frac{\partial z}{\partial y}.$$

注意　证明隐函数的偏导数所满足的等式成立，常先用全微分法求出各个一阶偏导数.

15. 设 $z=(x^2+y^2)e^{-\arctan\frac{y}{x}}$，求 dz 与 $\dfrac{\partial^2 z}{\partial x\partial y}$.

解　$\dfrac{\partial z}{\partial x}=2xe^{-\arctan\frac{y}{x}}-(x^2+y^2)e^{-\arctan\frac{y}{x}}\left(\dfrac{x^2}{x^2+y^2}\right)\left(-\dfrac{y}{x^2}\right)=(2x+y)e^{-\arctan\frac{y}{x}}$,

$\dfrac{\partial z}{\partial y}=2ye^{-\arctan\frac{y}{x}}-(x^2+y^2)e^{-\arctan\frac{y}{x}}\left(\dfrac{x^2}{x^2+y^2}\right)\dfrac{1}{x}=(2y-x)e^{-\arctan\frac{y}{x}}$,

故
$$dz=e^{-\arctan\frac{y}{x}}[(2x+y)dx+(2y-x)dy].$$

$$\frac{\partial^2 z}{\partial x\partial y}=e^{-\arctan\frac{y}{x}}-(2x+y)e^{-\arctan\frac{y}{x}}\left(\frac{x^2}{x^2+y^2}\right)\frac{1}{x}=\frac{y^2-xy-x^2}{x^2+y^2}e^{-\arctan\frac{y}{x}}.$$

16. 设 $f(x, y, z)=e^x yz^2$，其中 $z=z(x, y)$ 是由 $x+y+z+xyz=0$ 确定的隐函数，则

$f'_x(0,1,-1)=$________.

解 令 $u=f(x,y,z)$，在方程 $x+y+z+xyz=0$ 两端对 x 求导，得

$$1+z'_x+yz+xyz'_x=0.$$

将 $x=0$，$y=1$，$z=-1$ 代入上式，得

$$z'_x(0,1,-1)=0,$$

又

$$\frac{\partial u}{\partial x}=e^x yz^2+2e^x yzz'_x,$$

将 $x=0$，$y=1$，$z=-1$，$z'_x(0,1,-1)=0$ 代入，得

$$\left.\frac{\partial u}{\partial x}\right|_{(0,1,-1)}=1.$$

17. 已知 $z=u^v$，$u=\ln\sqrt{x^2+y^2}$，$v=\arctan\dfrac{y}{x}$，求 dz.

解

$$\frac{\partial z}{\partial x}=\frac{\partial z}{\partial u}\cdot\frac{\partial u}{\partial x}+\frac{\partial z}{\partial v}\cdot\frac{\partial v}{\partial x}=(vu^{v-1})\frac{x}{x^2+y^2}+(u^v\ln u)\frac{1}{1+\left(\dfrac{y}{x}\right)^2}\cdot\left(-\frac{y}{x^2}\right)$$

$$=\frac{u^v}{x^2+y^2}\left(\frac{xv}{u}-y\ln u\right),$$

$$\frac{\partial z}{\partial y}=\frac{\partial z}{\partial u}\cdot\frac{\partial u}{\partial y}+\frac{\partial z}{\partial v}\cdot\frac{\partial v}{\partial y}=(vu^{v-1})\frac{y}{x^2+y^2}+(u^v\ln u)\cdot\frac{1}{1+\left(\dfrac{y}{x}\right)^2}\cdot\frac{1}{x}$$

$$=\frac{u^v}{x^2+y^2}\left(\frac{yv}{u}+x\ln u\right),$$

故

$$dx=\frac{u^v}{x^2+y^2}\left[\left(\frac{xv}{u}-y\ln u\right)dx+\left(\frac{yv}{u}+x\ln u\right)dy\right].$$

18. 设 $z=e^{-x}-f(x-2y)$，且当 $y=0$ 时，$z=x^2$，则$\dfrac{\partial z}{\partial x}=$__________.

解 在方程 $z=e^{-x}-f(x-2y)$两端对 x 求导，得

$$\frac{\partial z}{\partial x}=-c^{-x}-f'(x-2y).$$

又 $y=0$ 时，$z=x^2$，得 $x^2=e^{-x}-f(x)$，此式两边对 x 求导，得

$$f'(x)=-e^{-x}-2x,$$

故

$$f'(x-2y)=e^{-(x-2y)}-2(x-2y),$$

从而

$$\frac{\partial z}{\partial x}=-e^{-x}-f'(x-2y)=2(x-2y)-e^{-x}+e^{2y-x}.$$

19. 设 $u=f(x,y,z)$有连续的一阶偏导数，又函数 $y=y(x)$及 $z=z(x)$分别由 $e^{xy}-xy=2$ 和 $e^x=\displaystyle\int_0^{x-z}\frac{\sin t}{t}dt$ 确定，求$\dfrac{du}{dx}$.

解 本题求的是 $u=f(x,y(x),z(x))$的全导数，可以用复合函数求导公式求得，其中所需用到的 $y'(x)$和 $z'(x)$可通过隐函数求导法得到

$$\frac{du}{dx}=\frac{\partial f}{\partial x}+\frac{\partial f}{\partial y}\frac{dy}{dx}+\frac{\partial f}{\partial z}\frac{dz}{dx}.$$

$e^{xy}-xy=2$ 两边对 x 求导，得

$$e^{xy}\left(y+x\frac{dy}{dx}\right)-\left(y+x\frac{dy}{dx}\right)=0,\text{ 即}\frac{dy}{dx}=-\frac{y}{x}.$$

又由 $e^x=\int_0^{x-z}\frac{\sin t}{t}dt$，两边对 x 求导，得

$$e^x=\frac{\sin(x-z)}{x-z}\left(1-\frac{dz}{dx}\right),\text{ 即}\frac{dz}{dx}=1-\frac{e^x(x-z)}{\sin(x-z)}.$$

将 $\frac{dy}{dx}=-\frac{y}{x}$，$\frac{dz}{dx}=1-\frac{e^x(x-z)}{\sin(x-z)}$ 代入最前面式子，得

$$\frac{du}{dx}=\frac{\partial f}{\partial x}-\frac{y}{x}\cdot\frac{\partial f}{\partial y}+\left[1-\frac{e^x(x-z)}{\sin(x-z)}\right]\frac{\partial f}{\partial z}.$$

20. 设函数 $u=f(x,y,z)$ 有连续偏导数，且 $z=z(x,y)$ 由方程 $xe^x-ye^y=ze^z$ 所确定，求 du.

解 设 $F(x,y,z)=xe^x-ye^y-ze^z$，则

$$F'_x=(x+1)e^x,\ F'_y=-(y+1)e^y,\ F'_z=-(z+1)e^z,$$

$$\frac{\partial z}{\partial x}=-\frac{F'_x}{F'_z}=\frac{x+1}{z+1}e^{x-z},\quad \frac{\partial z}{\partial y}=-\frac{F'_y}{F'_z}=-\frac{y+1}{z+1}e^{y-z}.$$

而 $$\frac{\partial u}{\partial x}=f'_x+f'_z\frac{\partial z}{\partial x}=f'_x+f'_z\frac{x+1}{z+1}e^{x-z},\ \frac{\partial u}{\partial y}=f'_y+f'_z\frac{\partial z}{\partial y}=f'_y-f'_z\frac{y+1}{z+1}e^{y-z},$$

所以 $$du=\frac{\partial u}{\partial x}dx+\frac{\partial u}{\partial y}dy=\left(f'_x+f'_z\frac{x+1}{z+1}e^{x-z}\right)dx+\left(f'_y-f'_z\frac{y+1}{z+1}e^{y-z}\right)dy.$$

21. 设二元函数 $z=xe^{x+y}+(x+1)\ln(1+y)$，则 $dz|_{(1,0)}=$______.

解 $\frac{\partial z}{\partial x}=e^{x+y}+xe^{x+y}+\ln(1+y)$，$\frac{\partial z}{\partial y}=xe^{x+y}+\frac{1+x}{1+y}$，

所以 $$dz=[(1+x)e^{x+y}+\ln(1+y)]dx+\left(xe^{x+y}+\frac{1+x}{1+y}\right)dy,$$

$$dz|_{(1,0)}=2e dx+(e+2)dy.$$

22. 设 $f(u)$ 具有二阶连续导数，且 $g(x,y)=f\left(\frac{y}{x}\right)+yf\left(\frac{x}{y}\right)$，求 $x^2\frac{\partial^2 g}{\partial x^2}-y^2\frac{\partial^2 g}{\partial y^2}$.

解 $\frac{\partial g}{\partial x}=-\frac{y}{x^2}f'\left(\frac{y}{x}\right)+f'\left(\frac{x}{y}\right)$，$\frac{\partial^2 g}{\partial x^2}=\frac{2y}{x^3}f'\left(\frac{y}{x}\right)+\frac{y^2}{x^4}f''\left(\frac{y}{x}\right)+\frac{1}{y}f''\left(\frac{x}{y}\right)$，

$$\frac{\partial g}{\partial y}=\frac{1}{x}f'\left(\frac{y}{x}\right)+f\left(\frac{x}{y}\right)-\frac{x}{y}f'\left(\frac{x}{y}\right),$$

$$\frac{\partial^2 g}{\partial y^2}=\frac{1}{x^2}f''\left(\frac{y}{x}\right)-\frac{x}{y^2}f'\left(\frac{x}{y}\right)+\frac{x}{y^2}f'\left(\frac{x}{y}\right)+\frac{x^2}{y^3}f''\left(\frac{x}{y}\right)=\frac{1}{x^2}f''\left(\frac{y}{x}\right)+\frac{x^2}{y^3}f''\left(\frac{x}{y}\right),$$

故 $$x^2\frac{\partial^2 g}{\partial x^2}-y^2\frac{\partial^2 g}{\partial y^2}=\frac{2y}{x}f'\left(\frac{y}{x}\right)+\frac{y^2}{x^2}f''\left(\frac{y}{x}\right)+\frac{x^2}{y}f''\left(\frac{x}{y}\right)-\frac{y^2}{x^2}f''\left(\frac{y}{x}\right)-\frac{x^2}{y}f''\left(\frac{x}{y}\right)$$

$$=\frac{2y}{x}f'\left(\frac{y}{x}\right).$$

23. 函数 $f(u,v)$ 由关系式 $f[xg(y),y]=x+g(y)$ 确定，其中函数 $g(y)$ 可微，且 $g(y)\neq 0$，则 $\frac{\partial^2 f}{\partial u\partial v}=$______.

解 设 $u=xg(y)$，$v=y$，则 $x=\dfrac{u}{g(v)}$，代入方程，得

$$f(u,\ v)=\frac{u}{g(v)}+g(v),$$

于是

$$\frac{\partial f}{\partial u}=\frac{1}{g(v)},\ \frac{\partial^2 f}{\partial u\partial v}=\frac{-g'(v)}{[g(v)]^2}.$$

24. 设 $z=f(x,\ y)$ 是由方程 $z-y-x+xe^{z-y-x}=0$ 所确定的二元函数，求 dz.

解 将方程两端微分，得

$$dz-dy-dx+e^{z-y-x}dx+xe^{z-y-x}(dz-dy-dx)=0,$$

整理后，得

$$(1+xe^{z-y-x})dz=(1+xe^{z-y-x}-e^{z-y-x})dx+(1+xe^{z-y-x})dy,$$

即

$$dz=\frac{1+(x-1)e^{z-y-x}}{1+xe^{z-y-x}}dx+dy.$$

25. 设 $u=f(x,\ y,\ z)$，$\varphi(x^2,\ e^y,\ z)=0$，$y=\sin x$，其中 f，φ 都具有一阶连续偏导数，且 $\dfrac{\partial\varphi}{\partial z}\neq 0$，求 $\dfrac{du}{dx}$.

解 由于 $y=\sin x$，$z=z(x)$ 由 $\varphi(x^2,\ e^{\sin x},\ z)=0$ 确定，所以

$$\frac{dy}{dx}=\cos x,\ \frac{dz}{dx}=-\frac{1}{\varphi_3'}(2x\varphi_1'+\cos x\cdot e^{\sin x}\varphi_2').$$

应用多元复合函数求全导数公式，得

$$\begin{aligned}\frac{du}{dx}&=f_x'+f_y'\cdot\frac{dy}{dx}+f_z'\cdot\frac{dz}{dx}\\&=f_x'+\cos x\cdot f_y'-\frac{1}{\varphi_3'}(2x\varphi_1'+\cos x\cdot e^{\sin x}\varphi_2')f_z'.\end{aligned}$$

26. 二元函数 $f(x,\ y)$ 在点 $(x_0,\ y_0)$ 处的两个偏导数 $f_x'(x_0,\ y_0)$，$f_y'(x_0,\ y_0)$ 存在是 $f(x,\ y)$ 在该点连续的________.

(A) 充分条件而非必要条件；　(B) 必要条件而非充分条件；

(C) 充分必要条件；　(D) 既非充分条件又非必要条件.

解 二元函数 $f(x,\ y)$ 的两个偏导存在与 $f(x,\ y)$ 的连续性之间没有关系，故选(D).

27. 已知 $\dfrac{(x+ay)dx+ydy}{(x+y)^2}$ 为某函数的全微分，则 $a=$________.

(A) -1；　(B) 0；　(C) 1；　(D) 2.

解 函数表达式 $P(x,\ y)dx+Q(x,\ y)dy$ 为某函数的全微分的充要条件是 $Q_x'=P_y'$，于是

$$\begin{aligned}Q_x'&=\left[\frac{y}{(x+y)^2}\right]'_x=-\frac{2y}{(x+y)^3}=P_y'=\left[\frac{x+ay}{(x+y)^2}\right]'_y\\&=\frac{a(x+y)-2(x+ay)}{(x+y)^3}=\frac{(a-2)x-ay}{(x+y)^3}.\end{aligned}$$

由此，得 $a=2$，故选(D).

28. 二元函数 $f(x,\ y)=\begin{cases}\dfrac{xy}{x^2+y^2}, & (x,\ y)\neq(0,\ 0),\\ 0, & (x,\ y)=(0,\ 0)\end{cases}$ 在点 $(0,\ 0)$ 处________.

(A) 连续，偏导数存在；　　(B) 连续，偏导数不存在；

(C) 不连续，偏导数存在；　　(D) 不连续，偏导数不存在.

解　当 $P(x, y)$ 沿直线 $y=kx$ 趋于原点 $(0, 0)$ 时，

$$\lim_{\substack{x\to 0\\ y=kx}} f(x, y)=\lim_{\substack{x\to 0\\ kx\to 0}}\frac{kx^2}{x^2+k^2x^2}=\frac{k}{1+k^2},$$

可见，当 $P(x, y)$ 沿直线 $y=kx$ 趋于原点 $(0, 0)$ 时，函数 $f(x, y)$ 的变化趋势与 k 有关，它随着 k 的变化而变化，所以当 $P(x, y)\to(0, 0)$ 时，$f(x, y)$ 的极限不存在，从而在原点 $(0, 0)$ 不连续.

在原点 $(0, 0)$ 处的偏导数为

$$f'_x(0, 0)=\lim_{\Delta x\to 0}\frac{f(0+\Delta x, 0)-f(0, 0)}{\Delta x}=\lim_{\Delta x\to 0}\frac{0-0}{\Delta x}=0;$$

$$f'_y(0, 0)=\lim_{\Delta y\to 0}\frac{f(0, \Delta y+0)-f(0, 0)}{\Delta y}=\lim_{\Delta y\to 0}\frac{0-0}{\Delta x}=0.$$

即这个函数在点 $(0, 0)$ 的两个偏导数都存在. 故选(C).

29. 设 $z=\frac{1}{x}f(xy)+y\varphi(x+y)$，$f$，$\varphi$ 具有二阶连续导数，则 $\frac{\partial^2 z}{\partial x\partial y}=$________.

解　注意到 f，φ 皆为一元函数(复合函数)，但中间变量皆为 x，y 的二元函数，则

$$\frac{\partial z}{\partial x}=-\frac{1}{x^2}f(xy)+\frac{1}{x}f'(xy)y+y\varphi'(x+y),$$

$$\begin{aligned}\frac{\partial^2 z}{\partial x\partial y}&=-\frac{1}{x^2}f'(xy)x+\frac{1}{x}f''(xy)xy+\frac{1}{x}f'(xy)+\varphi'(x+y)+y\varphi''(x+y)\\&=yf''(xy)+\varphi'(x+y)+y\varphi''(x+y).\end{aligned}$$

30. 设 $z=f\left(xy, \frac{x}{y}\right)+g\left(\frac{y}{x}\right)$，其中 f 具有二阶连续偏导数，g 具有二阶连续导数，求 $\frac{\partial^2 z}{\partial x\partial y}$.

解　令 $u=xy$，$v=\frac{x}{y}$，则 $z=f(u, v)+g\left(\frac{1}{v}\right)$，故

$$\frac{\partial z}{\partial x}=yf'_1+\frac{1}{y}f'_2-\frac{y}{x^2}g',$$

$$\begin{aligned}\frac{\partial^2 z}{\partial x\partial y}&=f'_1+y\left(xf''_{11}-\frac{x}{y^2}f''_{12}\right)-\frac{1}{y^2}f'_2+\frac{1}{y}\left(xf''_{21}-\frac{x}{y^2}f''_{22}\right)-\frac{1}{x^2}g'-\frac{y}{x^3}g''\\&=f'_1-\frac{1}{y^2}f'_2+xyf''_{11}-\frac{x}{y^3}f''_{22}-\frac{1}{x^2}g'-\frac{y}{x^3}g'',\end{aligned}$$

其中 f'_1 表示二元函数 f 对中间变量 u 的偏导数，f'_2 表示对中间变量 v 的偏导数.

31. 考虑二元函数 $f(x, y)$ 的下面 4 条性质：

(1) $f(x, y)$ 在点 (x_0, y_0) 处连续；

(2) $f(x, y)$ 在点 (x_0, y_0) 处的两个偏导数连续；

(3) $f(x, y)$ 在点 (x_0, y_0) 处可微；

(4) $f(x, y)$ 在点 (x_0, y_0) 处两个偏导数存在.

若用“$P\Rightarrow Q$”表示可由性质 P 推出性质 Q，则有________.

(A) (2)⇒(3)⇒(1)； (B) (3)⇒(2)⇒(1)；

(C) (3)⇒(4)⇒(1)； (D) (3)⇒(1)⇒(4).

解 在题给的4条性质中，性质(2)最强，当两个偏导数连续时，f必可微，即(3)成立．当f可微时，既可推得f连续，也可推得f的两个偏导数存在，即(1)与(4)皆成立．对二元函数$f(x, y)$而言，性质(1)与(4)之间没有互推关系，故有(2)⇒(3)⇒(1)；或(2)⇒(3)⇒(4)，于是应选(A).(B)错在(3)⇒(2)；(C)错在(4)⇒(1)；(D)错在(1)⇒(4).

32. 设函数$u(x, y)=\varphi(x+y)+\varphi(x-y)+\int_{x-y}^{x+y}\psi(t)\,\mathrm{d}t$，其中函数$\varphi$具有二阶导数，$\psi$具有一阶导数，则必有________.

(A) $\dfrac{\partial^2 u}{\partial x^2}=-\dfrac{\partial^2 u}{\partial y^2}$； (B) $\dfrac{\partial^2 u}{\partial x^2}=\dfrac{\partial^2 u}{\partial y^2}$；

(C) $\dfrac{\partial^2 u}{\partial x\partial y}=\dfrac{\partial^2 u}{\partial y^2}$； (D) $\dfrac{\partial^2 u}{\partial x\partial y}=\dfrac{\partial^2 u}{\partial x^2}$.

解 $\dfrac{\partial u}{\partial x}=\varphi'(x+y)\cdot 1+\varphi'(x-y)\cdot 1+1\cdot\psi(x+y)-1\cdot\psi(x-y)$

$=\varphi'(x+y)+\varphi'(x-y)+\psi(x+y)-\psi(x-y)$，

$\dfrac{\partial^2 u}{\partial x^2}=\varphi''(x+y)+\varphi''(x-y)+\psi'(x+y)-\psi'(x-y)$，

$\dfrac{\partial u}{\partial y}=\varphi'(x+y)-\varphi'(x-y)+\psi(x+y)-(-1)\psi(x-y)$，

$\dfrac{\partial^2 u}{\partial y^2}=\varphi''(x+y)+\varphi''(x-y)+\psi'(x+y)-\psi'(x-y)$，

所以
$$\frac{\partial^2 u}{\partial x^2}=\frac{\partial^2 u}{\partial y^2}.$$

而
$$\frac{\partial^2 u}{\partial x\partial y}=\varphi''(x+y)-\varphi''(x-y)+\psi'(x+y)+\psi'(x-y),$$

所以题中(A)，(C)，(D)皆不正确，(B)正确．

33. 设$z=z(x, y)$是由方程$x^2-6xy+10y^2-2yz-z^2+18=0$确定的函数，求$z=z(x, y)$的极值点和极值．

解 方程
$$x^2-6xy+10y^2-2yz-z^2+18=0$$
两边分别对x，y求偏导，得
$$2x-6y-2y\frac{\partial z}{\partial x}-2z\frac{\partial z}{\partial x}=0, \tag{1}$$
$$-6x+20y-2z-2y\frac{\partial z}{\partial y}-2z\frac{\partial z}{\partial y}=0. \tag{2}$$

令$\begin{cases}\dfrac{\partial z}{\partial x}=0,\\ \dfrac{\partial z}{\partial y}=0,\end{cases}\Rightarrow\begin{cases}x-3y=0,\\ -3x+10y-z=0,\end{cases}\Rightarrow\begin{cases}x=3y,\\ z=y.\end{cases}$

将上式代入$x^2-6xy+10y^2-2yz-z^2+18=0$，得
$$\begin{cases}x=9,\\ y=3,\\ z=3\end{cases}\text{或}\quad\begin{cases}x=-9,\\ y=-3,\\ z=-3.\end{cases}$$

方程(1)，(2)两边分别对 x 求偏导，得

$$2-2y\frac{\partial^2 z}{\partial x^2}-2\left(\frac{\partial z}{\partial x}\right)^2-2z\frac{\partial^2 z}{\partial x^2}=0,$$

$$-6-2\frac{\partial z}{\partial x}-2y\frac{\partial^2 z}{\partial x\partial y}-2\frac{\partial z}{\partial y}\cdot\frac{\partial z}{\partial x}-2z\frac{\partial^2 z}{\partial x\partial y}=0.$$

方程(2)两边对 y 求偏导，得

$$20-2\frac{\partial z}{\partial y}-2\frac{\partial z}{\partial y}-2y\frac{\partial^2 z}{\partial y^2}-2\left(\frac{\partial z}{\partial y}\right)^2-2z\frac{\partial^2 z}{\partial y^2}=0.$$

所以 $$A=\frac{\partial^2 z}{\partial x^2}\bigg|_{(9,3,3)}=\frac{1}{6},\ B=\frac{\partial^2 z}{\partial x\partial y}\bigg|_{(9,3,3)}=\frac{1}{2},\ C=\frac{\partial^2 z}{\partial y^2}\bigg|_{(9,3,3)}=\frac{5}{3},$$

故 $B^2-AC=-\frac{1}{36}<0$，又 $A=\frac{1}{6}>0$，从而点(9，3)是 $z(x，y)$的极小值点，极小值为$z(9，3)=3$.

类似地，由

$$A=\frac{\partial^2 z}{\partial x^2}\bigg|_{(-9,-3,-3)}=-\frac{1}{6},\ B=\frac{\partial^2 z}{\partial x\partial y}\bigg|_{(-9,-3,-3)}=\frac{1}{2},\ C=\frac{\partial^2 z}{\partial y^2}\bigg|_{(-9,-3,-3)}=-\frac{5}{3},$$

知 $B^2-AC=-\frac{1}{36}<0$，又 $A=-\frac{1}{6}<0$，所以点(－9，－3，－3)是 $x(x，y)$的极大值点，极大值为 $z(-9，-3)=-3$.

34. 设函数 $z=z(x，y)$由方程 $z=e^{2x-3z}+2y$ 确定，则 $3\frac{\partial z}{\partial x}+\frac{\partial z}{\partial y}=$________.

解　令 $F(x，y，z)=e^{2x-3z}+2y-z$，应用隐函数求偏导数法则，得

$$\frac{\partial z}{\partial x}=-\frac{F'_x}{F'_z}=-\frac{2e^{2x-3z}}{-3e^{2x-3z}-1}=\frac{2e^{2x-3z}}{1+3e^{2x-3z}},$$

$$\frac{\partial z}{\partial y}=-\frac{F'_y}{F'_z}=-\frac{2}{-3e^{2x-3z}-1}=\frac{2}{1+3e^{2x-3z}},$$

于是 $$3\frac{\partial z}{\partial x}+\frac{\partial z}{\partial y}=\frac{6e^{2x-3z}+2}{1+3e^{2x-3z}}=2.$$

35. 某厂家生产的一种产品同时在两市场销售，售价分别为 P_1 和 P_2，销售量分别为 Q_1 和 Q_2，需求函数分别为

$$Q_1=24-0.2P_1,\quad Q_2=10-0.05P_2;$$

总成本函数为 $C=35+40(Q_1+Q_2)$. 试问厂家如何确定两个市场的售价，才能使其获得的总利润最大？最大利润为多少？

解　销售收入 $R=Q_1P_1+Q_2P_2=(24-0.2P_1)P_1+(10-0.05P_2)P_2$

$$=24P_1-0.2P_1^2+10P_2-0.05P_2^2.$$

总利润 $L=R-C=24P_1-0.2P_1^2+10P_2-0.05P_2^2-35-40(Q_1+Q_2)$

$$=32P_1-0.2P_1^2+12P_2-0.05P_2^2-1360.$$

$$\text{由}\begin{cases}\frac{\partial L}{\partial P_1}=32-0.4P_1=0,\\ \frac{\partial L}{\partial P_2}=12-0.1P_2=0,\end{cases}\Rightarrow\begin{cases}P_1=80,\\ P_2=120.\end{cases}$$

$$A=\frac{\partial^2 L}{\partial P_1^2}=-0.4,\ B=\frac{\partial^2 L}{\partial P_1 \partial P_2}=0,\ C=\frac{\partial^2 L}{\partial P_2}=-0.1.$$

由于 $B^2-AC=0-(-0.4)\times(-0.1)=-0.04<0$，且 $A=-0.4<0$，故 $L(P_1, P_2)$在(80，120)处达到极大值，由问题的实际意义，此极大值也是最大值，最大值 $L(80, 120)=640$.

36. 在椭圆 $x^2+4y^2=4$ 上求一点，使其到直线 $2x+3y-6=0$ 的距离最短．

解 设 $P(x, y)$为椭圆 $x^2+4y^2=4$ 上任意一点，则点 P 到直线 $2x+3y-6=0$ 的距离

$$d=\frac{|2x+3y-6|}{\sqrt{13}},$$

欲求 d 的最小值点，即求 d^2 的最小值点．令

$$F(x, y, \lambda)=\frac{1}{13}(2x+3y-6)^2+\lambda(x^2+4y^2-4),$$

应用拉格朗日乘数法，由

$$\frac{\partial F}{\partial x}=0,\ \frac{\partial F}{\partial y}=0,\ \frac{\partial F}{\partial \lambda}=0,$$

即

$$\begin{cases}\frac{4}{13}(2x+3y-6)+2\lambda x=0,\\ \frac{6}{13}(2x+3y-6)+8\lambda y=0,\\ x^2+4y^2-4=0,\end{cases}$$

解得

$$x_1=\frac{8}{5},\ y_1=\frac{3}{5};\ x_2=-\frac{8}{5},\ y_2=-\frac{3}{5},$$

于是

$$d\Big|_{(x_1, y_1)}=\frac{1}{\sqrt{13}},\quad d\Big|_{(x_2, y_2)}=\frac{11}{\sqrt{13}},$$

由问题的实际意义知最短距离是存在的，因此$\left(\frac{8}{5}, \frac{3}{5}\right)$即为所求的点．

37. 某养殖场饲养两种鱼，若甲种鱼放养 x 万尾，乙种鱼放养 y 万尾，收获时两种鱼的收获量分别为$(3-\alpha x-\beta y)x$ 和$(4-\beta x-2\alpha y)y$ $(\alpha>\beta>0)$，求使鱼产量最大的放养数．

解 设产鱼总量为 z，则

$$z=3x+4y-\alpha x^2-2\alpha y^2-2\beta xy.$$

由极值的必要条件，得方程组

$$\begin{cases}\frac{\partial z}{\partial x}=3-2\alpha x-2\beta y=0,\\ \frac{\partial z}{\partial y}=4-4\alpha y-2\beta x=0.\end{cases}$$

由于 $\alpha>\beta>0$，知其系数行列式 $\Delta=4(2\alpha^2-\beta^2)>0$，故方程组有唯一解

$$x_0=\frac{3\alpha-2\beta}{2\alpha^2-\beta^2},\ y_0=\frac{4\alpha-3\beta}{2(2\alpha^2-\beta^2)}.$$

记

$$A=\frac{\partial^2 z}{\partial x^2}=-2\alpha,\ B=\frac{\partial^2 z}{\partial x\partial y}=-2\beta,\ C=\frac{\partial^2 z}{\partial y^2}=-4\alpha,$$

有

$$B^2-AC=4\beta^2-8\alpha^2=-4(2\alpha^2-\beta^2).$$

由条件，知 $B^2-AC<0$，且 $A<0$，因此 z 在(x_0, y_0)处有极大值．又由问题的实际意义，

知最大值是存在的，所以 $z(x_0, y_0)$ 即为最大值．

容易验证 $x_0>0$，$y_0>0$，且

$$\begin{cases}(3-\alpha x_0-\beta y_0)x_0=\dfrac{3x_0}{2}>0,\\(4-\beta x_0-2\alpha y_0)y_0=2y_0>0.\end{cases}$$

综上所述，x_0 和 y_0 分别为所求甲和乙两种鱼的放养数．

38. 设生产某种产品必须投入两种要素，x_1 和 x_2 分别为两要素的投入量，Q 为产出量．若生产函数为 $Q=2x_1^{\alpha}x_2^{\beta}$，其中 α，β 为正常数，且 $\alpha+\beta=1$．假设两种要素的价格分别为 P_1 和 P_2，试问产出量为 12 时，两要素各投入多少可以使得投入总费用最少．

解　问题为在产出量 $2x_1^{\alpha}x_2^{\beta}=12$ 的条件下，求总费用 $P_1x_1+P_2x_2$ 的最少量．为此作拉格朗日函数

$$F(x_1, x_2, \lambda)=P_1x_1+P_2x_2+\lambda(12-2x_1^{\alpha}x_2^{\beta}).$$

令

$$\begin{cases}\dfrac{\partial F}{\partial x_1}=P_1-2\lambda\alpha x_1^{\alpha-1}x_2^{\beta}=0, & (1)\\\dfrac{\partial F}{\partial x_2}=P_2-2\lambda\beta x_1^{\alpha}x_2^{\beta-1}=0, & (2)\\\dfrac{\partial F}{\partial \lambda}=12-2x_1^{\alpha}x_2^{\beta}=0, & (3)\end{cases}$$

由(1)和(2)，得

$$\frac{P_2}{P_1}=\frac{\beta x_1}{\alpha x_2},\ x_1=\frac{P_2\alpha}{P_1\beta}x_2.$$

将 x_1 代入(3)，得

$$x_2=6\left(\frac{P_1\beta}{P_2\alpha}\right)^{\alpha},\ x_1=6\left(\frac{P_2\alpha}{P_1\beta}\right)^{\beta}.$$

因驻点唯一，且实际问题存在最小值，故计算结果说明 $x_1=6\left(\dfrac{P_2\alpha}{P_1\beta}\right)^{\beta}$，$x_2=6\left(\dfrac{P_1\beta}{P_2\alpha}\right)^{\alpha}$ 时，投入总费用最少．

39. 假设某企业在两个相互分割的市场上出售同一种产品，两个市场的需求函数分别是

$$P_1=18-2Q_1,\ P_2=12-Q_2,$$

其中 P_1 和 P_2 分别表示该产品在两个市场的价格(单位：万元/t)，Q_1 和 Q_2 分别表示该产品在两个市场的销售量(即需求量，单位：t)，并且该企业生产这种产品的总成本函数是

$$C=2Q+5,$$

其中 Q 表示该产品在两个市场的销售总量，即 $Q=Q_1+Q_2$．

(1) 如果该企业实行价格差别策略，试确定两个市场上该产品的销售量和价格，使该企业获得最大利润；

(2) 如果该企业实行价格无差别策略，试确定两个市场上该产品的销售量及其统一的价格，使该企业的总利润最大化，并比较两种价格策略下的总利润大小．

解　(1) 根据题意，总利润函数为

$$L=R-C=P_1Q_1+P_2Q_2-(2Q+5)=-2Q_1^2-Q_2^2+16Q_1+10Q_2-5.$$

令

$$\begin{cases}L'_{Q_1}=-4Q_1+16=0,\\L'_{Q_2}=-2Q_2+10=0,\end{cases}$$

解得 $Q_1=4$，$Q_2=5$，则 $P_1=10$(万元/t)，$P_2=7$(万元/t).

因驻点(4，5)唯一，且实际问题一定存在最大值，故最大值必在驻点处达到，所以最大利润为

$$L=-2\times4^2-5^2+16\times4+10\times5-5=52(\text{万元}).$$

(2) 若实行价格无差别策略，则 $P_1=P_2$，于是有约束条件

$$2Q_1-Q_2=6.$$

构造拉格朗日函数

$$F(Q_1,Q_2,\lambda)=-2Q_1^2-Q_2^2+16Q_1+10Q_2-5+\lambda(2Q_1-Q_2-6).$$

令
$$\begin{cases}F'_{Q_1}=-4Q_1+16+2\lambda=0,\\F'_{Q_2}=-2Q_2+10-\lambda=0,\\F'_\lambda=2Q_1-Q_2-6=0,\end{cases}$$

解得 $Q_1=5$，$Q_2=4$，$\lambda=2$，则 $P_1=P_2=8$.

$$\text{最大利润 }L=-2\times5^2-4^2+16\times5+10\times4-5=49(\text{万元}).$$

由上述结果可知，企业实行差别定价所得总利润要大于统一价格的总利润.

40. 求 $f(x,y)=x^2-y^2+2$ 在椭圆域 $D=\left\{(x,y)\mid x^2+\dfrac{y^2}{4}\leqslant1\right\}$上的最大值和最小值.

解 由
$$\begin{cases}f'_x(x,y)=2x=0,\\f'_y(x,y)=-2y=0,\end{cases}$$

可求得 $f(x,y)=x^2-y^2+2$ 在区域 $x^2+\dfrac{y^2}{4}<1$ 内的唯一驻点(0，0)，$f(0,0)=2$.

在椭圆 $x^2+\dfrac{y^2}{4}=1$ 上，

$$f(x,y)=x^2-(4-4x^2)+2=5x^2-2(-1\leqslant x\leqslant1),$$

记
$$g(x)=5x^2-2(-1\leqslant x\leqslant1),$$

求一元函数 $g(x)$在$[-1,1]$上的最值，得其最大值为 $g(\pm1)=3$，最小值为 $g(0)=-2$.

比较 $f(0,0)$，$g(\pm1)$及 $g(0)$，得 $f(x,y)$在椭圆域 D 上的最大值为 3，最小值为 -2.

41. 设可微函数 $f(x,y)$在点(x_0,y_0)取得极小值，则下列结论正确的是______.

(A) $f(x_0,y)$在 $y=y_0$ 处的导数等于零.　(B) $f(x_0,y)$在 $y=y_0$ 处的导数大于零.

(C) $f(x_0,y)$在 $y=y_0$ 处的导数小于零.　(D) $f(x_0,y)$在 $y=y_0$ 处的导数不存在.

解 由函数 $f(x,y)$在点(x_0,y_0)处可微，知函数 $f(x,y)$在点(x_0,y_0)处的两个偏导数都存在，又由二元函数极值的必要条件即得 $f(x,y)$在点(x_0,y_0)处的两个偏导数都等于零，从而有

$$\left.\frac{\mathrm{d}f(x_0,y)}{\mathrm{d}y}\right|_{y=y_0}=\left.\frac{\partial f}{\partial y}\right|_{(x,y)=(x_0,y_0)}=0,$$

故应选(A).

42. 某公司可通过电台及报纸两种方式做销售某种商品的广告，根据统计资料，销售收入 R(万元)与电台广告费用 x_1(万元)及报纸广告费用 x_2(万元)之间的关系有如下经验公式：

$$R=15+14x_1+32x_2-8x_1x_2-2x_1^2-10x_2^2.$$

(1) 在广告费用不限的情况下，求最优广告策略；

(2) 若提供的广告费用为 1.5 万元，求相应的最优广告策略.

解 (1) 利润函数为

$$\begin{aligned}\pi&=15+14x_1+32x_2-8x_1x_2-2x_1^2-10x_2^2-x_1-x_2\\&=15+13x_1+31x_2-8x_1x_2-2x_1^2-10x_2^2.\end{aligned}$$

由
$$\begin{cases}\dfrac{\partial\pi}{\partial x_1}=-4x_1-8x_2+13=0,\\ \dfrac{\partial\pi}{\partial x_2}=-8x_1-20x_2+31=0\end{cases}\Rightarrow x_1=0.75，x_2=1.25.$$

因驻点唯一，且实际必有最大值，故投入电台广告费用 0.75 万元，报纸广告费用 1.25 万元可获最大利润.

(2) 若广告费用为 1.5 万元，则需要求利润函数

$$\pi=15+13x_1+31x_2-8x_1x_2-2x_1^2-10x_2^2$$

在 $x_1+x_2=1.5$ 时的条件极值. 拉格朗日函数为

$$L(x_1，x_2，\lambda)=15+13x_1+31x_2-8x_1x_2-2x_1^2-10x_2^2+\lambda(x_1+x_2-1.5).$$

由
$$\begin{cases}\dfrac{\partial L}{\partial x_1}=-4x_1-8x_2+13+\lambda=0,\\ \dfrac{\partial L}{\partial x_2}=-8x_1-20x_2+31+\lambda=0,\\ \dfrac{\partial L}{\partial \lambda}=x_1+x_2-1.5=0,\end{cases}\Rightarrow x_1=0，x_2=1.5.$$

因驻点唯一，且实际问题必有最大值，故应将广告费 1.5 万元全部用于报纸广告，可使利润最大.

第七章 二重积分

内容提要

一、二重积分的概念与性质

1. 二重积分的概念

定义 二重积分是一种特殊的和式结构的极限

$$\iint_D f(x, y)\mathrm{d}\sigma = \lim_{\lambda \to 0}\sum_{i=1}^{n} f(\xi_i, \eta_i)\Delta\sigma_i,$$

其中 $\lambda = \max\limits_{1\leqslant i\leqslant n}\{d_i\}$，$d_i$ 为 $\Delta\sigma_i$ 的直径.

2. 二重积分的性质

性质1 $\iint\limits_D kf(x, y)\mathrm{d}\sigma = k\iint\limits_D f(x, y)\mathrm{d}\sigma$，其中 k 为常数.

性质2 $\iint\limits_D [f(x, y) \pm g(x, y)]\mathrm{d}\sigma = \iint\limits_D f(x, y)\mathrm{d}\sigma \pm \iint\limits_D g(x, y)\mathrm{d}\sigma.$

性质3(区域可加性) 如果 $D=D_1\cup D_2$，$D_1\cap D_2=\varnothing$，则

$$\iint_D f(x, y)\mathrm{d}\sigma = \iint_{D_1} f(x, y)\mathrm{d}\sigma + \iint_{D_2} f(x, y)\mathrm{d}\sigma.$$

性质4 若 σ 为区域 D 的面积，则

$$\sigma = \iint_D \mathrm{d}\sigma.$$

性质5 若在 D 上恒有 $f(x, y)\leqslant g(x, y)$，则

$$\iint_D f(x, y)\mathrm{d}\sigma \leqslant \iint_D g(x, y)\mathrm{d}\sigma.$$

性质6(估值定理) 设 $f(x, y)$ 在 D 上有最大值 M，最小值 m，σ 是 D 的面积，则

$$m\sigma \leqslant \iint_D f(x, y)\mathrm{d}\sigma \leqslant M\sigma.$$

性质7(中值定理) 设 $f(x, y)$ 在有界闭区域 D 上连续，σ 是区域 D 的面积，则在 D 上至少有一点 $P(\xi, \eta)$，使得

$$\iint_D f(x, y)\mathrm{d}\sigma = f(\xi, \eta)\cdot\sigma.$$

二、二重积分的计算

1. 直角坐标系下二重积分的计算

面积元素 $d\sigma = dxdy$

X-型区域 D：$a \leqslant x \leqslant b$，$\varphi_1(x) \leqslant y \leqslant \varphi_2(x)$.

$$\iint_D f(x, y)dxdy = \int_a^b dx \int_{\varphi_1(x)}^{\varphi_2(x)} f(x, y)dy.$$

Y-型区域 D：$c \leqslant y \leqslant d$，$\psi_1(y) \leqslant x \leqslant \psi_2(y)$.

$$\iint_D f(x, y)dxdy = \int_c^d dy \int_{\psi_1(y)}^{\psi_2(y)} f(x, y)dx.$$

2. 极坐标系下二重积分的计算

面积元素 $d\sigma = r dr d\theta$

区域 D：$\alpha \leqslant \theta \leqslant \beta$，$r_1(\theta) \leqslant r \leqslant r_2(\theta)$.

$$\iint_D f(x, y)dxdy = \int_\alpha^\beta d\theta \int_{r_1(\theta)}^{r_2(\theta)} f(r\cos\theta, r\sin\theta) r dr.$$

3. 二重积分的换元法

定理　设 $f(x, y)$ 在 D 上连续，$x = x(u, v)$，$y = y(u, v)$ 在平面 uOv 上的某区域 D^* 上具有连续的一阶偏导数且雅可比(Jacobi，C. G. J.)行列式

$$J = \begin{vmatrix} x'_u & x'_v \\ y'_u & y'_v \end{vmatrix} \neq 0,$$

D^* 对应于 xOy 平面上的区域 D，则

$$\iint_D f(x, y)dxdy = \iint_{D^*} f[x(u, v), y(u, v)]|J|dudv.$$

上式称为二重积分的换元积分公式.

三、二重积分的应用

几何上的应用：

(1) 体积 $V = \iint_D f(x, y)d\sigma$，其中 $f(x, y) \geqslant 0$ 为曲顶柱体的体积.

(2) 面积 $\sigma = \iint_D d\sigma$，其中 σ 是区域 D 的面积.

(3) 函数平均值 $f(\xi, \eta) = \dfrac{1}{\sigma}\iint_D f(x, y)d\sigma$，其中 σ 是区域 D 的面积.

范 例 解 析

例 1　根据二重积分的几何意义，确定下列积分的值：

(1) $\iint_D (a - \sqrt{x^2 + y^2})d\sigma$，其中 $D = \{(x, y) \mid x^2 + y^2 \leqslant a^2\}$；

(2) $\iint\limits_D \sqrt{a^2-x^2-y^2}\,\mathrm{d}\sigma$，其中 $D=\{(x,\ y)\mid x^2+y^2\leqslant a^2\}$.

解 (1) 曲顶柱体的底部为圆盘 $x^2+y^2\leqslant a^2$，其顶是圆锥面 $z=a-\sqrt{x^2+y^2}$，故曲顶柱体为一圆锥体(图 7-1)，其底面半径及高均为 a，所以

$$\iint\limits_D (a-\sqrt{x^2+y^2})\mathrm{d}\sigma=\frac{1}{3}\pi a^2\cdot a=\frac{1}{3}\pi a^3.$$

(2) 曲顶柱体的底部为圆盘 $x^2+y^2\leqslant a^2$，顶为半球面 $z=\sqrt{a^2-x^2-y^2}$，故积分为半球体的体积，所以

$$\iint\limits_D \sqrt{a^2-x^2-y^2}\,\mathrm{d}x\mathrm{d}y=\frac{1}{2}\cdot\frac{4}{3}\pi a^3=\frac{2}{3}\pi a^3.$$

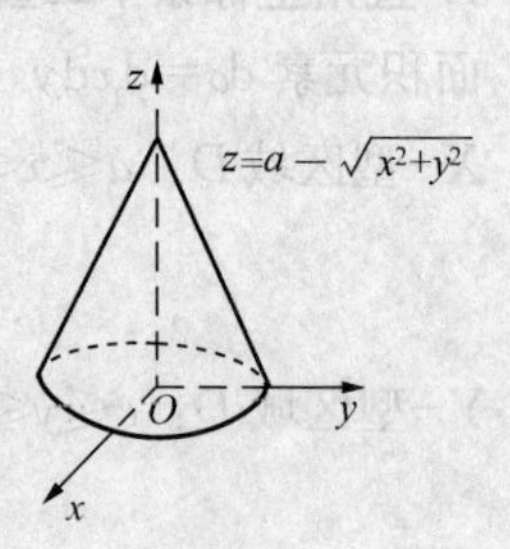

图 7-1

例 2 利用二重积分的性质，比较积分值的大小：

(1) 设 $I_1=\iint\limits_D \frac{x+y}{4}\mathrm{d}x\mathrm{d}y$，$I_2=\iint\limits_D \sqrt{\frac{x+y}{4}}\,\mathrm{d}x\mathrm{d}y$，$I_3=\iint\limits_D \sqrt[3]{\frac{x+y}{4}}\,\mathrm{d}x\mathrm{d}y$，其中 $D=\{(x,\ y)\mid (x-1)^2+(y-1)^2\leqslant 2\}$，则下述结论正确的是______.

(A) $I_1<I_2<I_3$； (B) $I_2<I_3<I_1$；

(C) $I_1<I_3<I_2$； (D) $I_3<I_2<I_1$.

(2) 设 $I_i=\iint\limits_{D_i} \mathrm{e}^{-(x^2+y^2)}\mathrm{d}\sigma(i=1,\ 2,\ 3)$，其中 $D_1=\{(x,\ y)\mid x^2+y^2\leqslant R^2\}$，$D_2=\{(x,\ y)\mid x^2+y^2\leqslant 2R^2\}$，$D_3=\{(x,\ y)\mid |x|\leqslant R,\ |y|\leqslant R\}$，则下述结论正确的是______.

(A) $I_1<I_2<I_3$； (B) $I_2<I_3<I_1$；

(C) $I_1<I_3<I_2$； (D) $I_3<I_2<I_1$.

分析 在第(1)小题中，积分区域相同，被积函数不同，故应通过比较被积函数的大小来判断积分值的大小；第(2)小题则是积分区域不同，而被积函数相同且为正值，所以应通过比较积分区域的大小来判断积分值的大小.

解 (1) 利用求极值的方法可以得到

$$0\leqslant\frac{x+y}{4}\leqslant 1,\ (x,\ y)\in D.$$

上述不等式也可由图 7-2 看出，因此(A)正确.

(2) 容易看出：$D_1\subset D_3\subset D_2$，因此(C)正确.

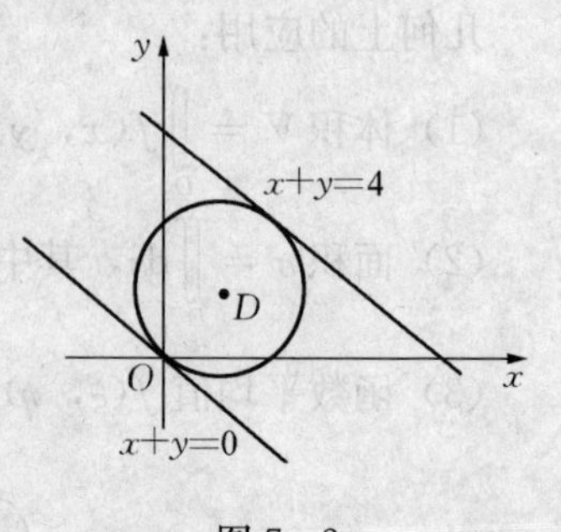

图 7-2

例 3 改变下列二次积分的积分次序：

(1) $I=\int_0^1\mathrm{d}x\int_{-\sqrt{x}}^{\sqrt{x}}f(x,\ y)\mathrm{d}y+\int_1^4\mathrm{d}x\int_{x-2}^{\sqrt{x}}f(x,\ y)\mathrm{d}y$；

(2) $I=\int_0^1\mathrm{d}y\int_0^y f(x,\ y)\mathrm{d}x+\int_1^2\mathrm{d}y\int_0^{2-y}f(x,\ y)\mathrm{d}x$.

解 (1) 积分区域 $D=D_1\cup D_2$，

$$D_1=\{(x,\ y)\mid 0\leqslant x\leqslant 1,\ -\sqrt{x}\leqslant y\leqslant\sqrt{x}\},$$

$$D_2=\{(x,\ y)\mid 1\leqslant x\leqslant 4,\ x-2\leqslant y\leqslant\sqrt{x}\},$$

画出积分区域 D(图 7 - 3 中阴影部分)，D 的另一种形式为

$$D=\{(x,\ y)\mid -1\leqslant y\leqslant 2,\ y^2\leqslant x\leqslant y+2\},$$

故
$$I=\iint_D f(x,\ y)\mathrm{d}x\mathrm{d}y=\int_{-1}^{2}\mathrm{d}y\int_{y^2}^{y+2}f(x,\ y)\mathrm{d}x.$$

(2) 积分区域 $D=D_1\cup D_2$(图 7 - 4)，

$$D_1=\{(x,\ y)\mid 0\leqslant y\leqslant 1,\ 0\leqslant x\leqslant y\},$$
$$D_2=\{(x,\ y)\mid 1\leqslant y\leqslant 2,\ 0\leqslant x\leqslant 2-y\}.$$

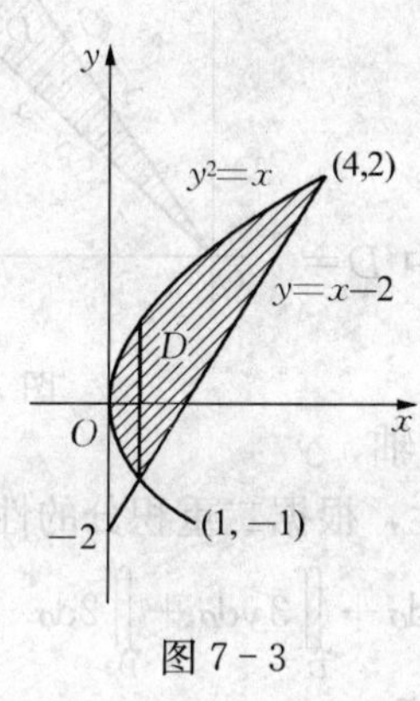

图 7 - 3

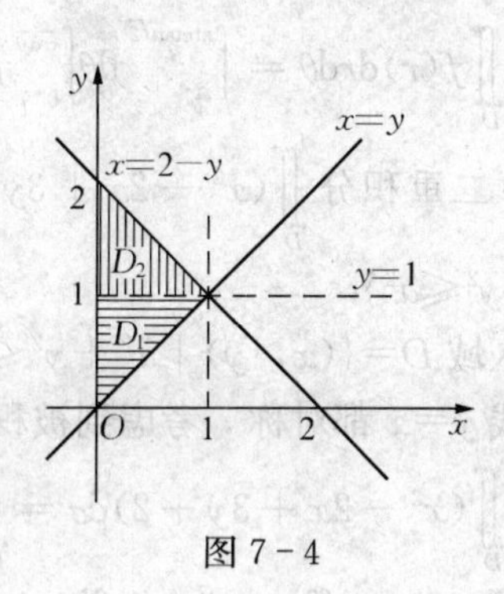

图 7 - 4

D 的另一种形式为

$$D=\{(x,\ y)\mid 0\leqslant x\leqslant 1,\ x\leqslant y\leqslant 2-x\},$$

故
$$I=\int_0^1\mathrm{d}x\int_x^{2-x}f(x,\ y)\mathrm{d}y.$$

例 4　设 $x=r\cos\theta$，$y=r\sin\theta$，把下列直角坐标系中的累次积分改写成极坐标系$(r,\ \theta)$中的累次积分：

(1) $\int_0^{\frac{1}{2}}\mathrm{d}x\int_x^{\sqrt{x-x^2}}f(x,\ y)\mathrm{d}y$；　(2) $\int_0^1\mathrm{d}y\int_y^1 f(x,\ y)\mathrm{d}x$.

解　(1) 积分区域 D 如图 7 - 5 所示，可见区域 D 位于 $\frac{\pi}{4}\leqslant\theta\leqslant\frac{\pi}{2}$ 的扇形中，且极点在 D 的边界上，D 的边界方程为 $r=\cos\theta$，于是D 可表示为

$$D=\left\{(r,\ \theta)\,\middle|\,\frac{\pi}{4}\leqslant\theta\leqslant\frac{\pi}{2},\ 0\leqslant r\leqslant\cos\theta\right\},$$

故$\int_0^{\frac{1}{2}}\mathrm{d}x\int_x^{\sqrt{x-x^2}}f(x,\ y)\mathrm{d}y=\int_{\frac{\pi}{4}}^{\frac{\pi}{2}}\mathrm{d}\theta\int_0^{\cos\theta}f(r\cos\theta,\ r\sin\theta)r\mathrm{d}r.$

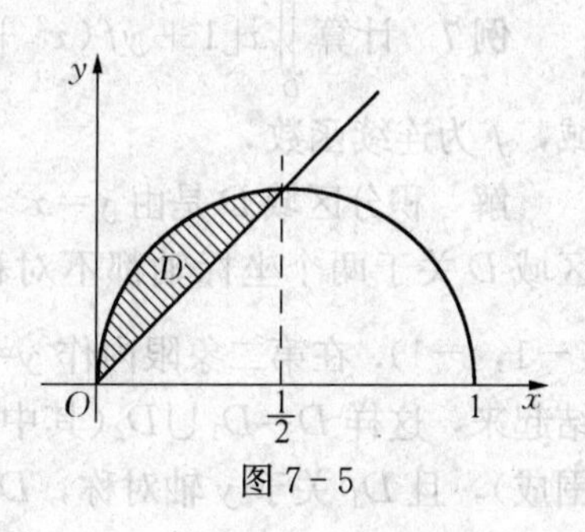

图 7 - 5

(2) 积分区域 D 如图 7 - 6 所示，可见区域 D 位于 $0\leqslant\theta\leqslant\frac{\pi}{4}$ 的扇形中，且极点在 D 的边界上，D 的边界方程为$r=\frac{1}{\cos\theta}$，于是 D 可表示为

$$D=\left\{(r,\ \theta)\mid 0\leqslant\theta\leqslant\frac{\pi}{4},\ 0\leqslant r\leqslant\frac{1}{\cos\theta}\right\},$$

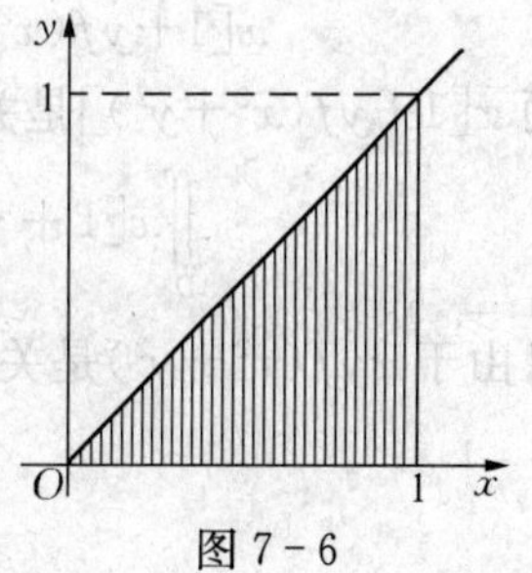

图 7 - 6

故 $$\int_0^1 \mathrm{d}y \int_y^1 f(x,\ y)\mathrm{d}x = \int_0^{\frac{\pi}{4}} \mathrm{d}\theta \int_0^{\frac{1}{\cos\theta}} f(r\cos\theta,\ r\sin\theta) r\mathrm{d}r.$$

例 5 将二重积分 $I=\int_0^2 \mathrm{d}x \int_x^{\sqrt{2}x} f(\sqrt{x^2+y^2})\mathrm{d}y$ 化成极坐标．

解 $D=\{(x,\ y)\mid x\leqslant y\leqslant \sqrt{2}x,\ 0\leqslant x\leqslant 2\}$．在极坐标下积分区域 D 为(图 7－7 中阴影部分)：

$$D=\left\{(r,\ \theta)\mid 0\leqslant r\leqslant \frac{2}{\cos\theta},\ \frac{\pi}{4}\leqslant\theta\leqslant\arctan\sqrt{2}\right\}.$$

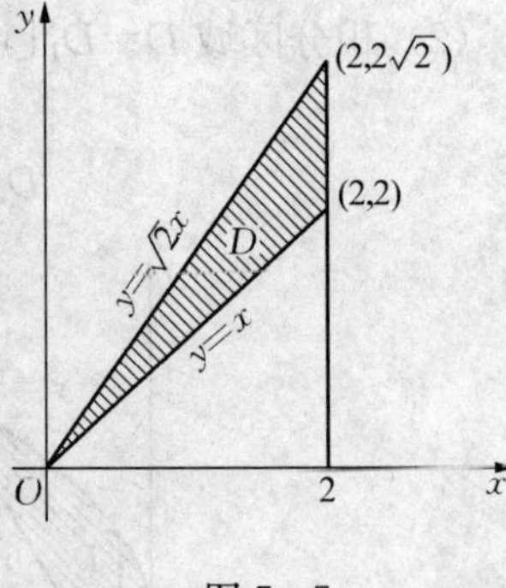

图 7－7

故 $$I=\iint_D f(r)\mathrm{d}r\mathrm{d}\theta = \int_{\frac{\pi}{4}}^{\arctan\sqrt{2}} \mathrm{d}\theta \int_0^{\frac{2}{\cos\theta}} f(r) r\mathrm{d}r.$$

例 6 计算二重积分 $\iint_D (x^2-2x+3y+2)\mathrm{d}\sigma$，其中 $D=$

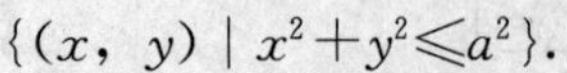

$\{(x,\ y)\mid x^2+y^2\leqslant a^2\}$．

解 积分区域 $D=\{(x,\ y)\mid x^2+y^2\leqslant a^2\}$，关于 x 轴、y 轴、原点及直线 $y=x$ 都对称．考虑到被积函数的奇偶性，根据二重积分的性质分项积分：

$$\iint_D (x^2-2x+3y+2)\mathrm{d}\sigma = \iint_D x^2\mathrm{d}\sigma - \iint_D 2x\mathrm{d}\sigma + \iint_D 3y\mathrm{d}\sigma + \iint_D 2\mathrm{d}\sigma.$$

而 $$\iint_D x^2\mathrm{d}\sigma = \iint_D y^2\mathrm{d}\sigma = \frac{1}{2}\iint_D (x^2+y^2)\mathrm{d}\sigma = \frac{1}{2}\iint_D r^2\cdot r\mathrm{d}r\mathrm{d}\theta$$

$$=\frac{1}{2}\int_0^{2\pi}\mathrm{d}\theta\int_0^a r^3\mathrm{d}r = \frac{\pi a^4}{4},$$

$$\iint_D 2x\mathrm{d}\sigma = 0,\ \iint_D 3y\mathrm{d}\sigma = 0,\ \iint_D 2\mathrm{d}\sigma = 2\iint_D \mathrm{d}\sigma = 2\times\pi a^2 = 2\pi a^2,$$

故 $$\iint_D (x^2-2x+3y+2)\mathrm{d}\sigma = \frac{\pi a^4}{4} + 2\pi a^2.$$

例 7 计算 $\iint_D x[1+yf(x^2+y^2)]\mathrm{d}x\mathrm{d}y$，其中 D 是由 $y=x^3$，$y=1$，$x=-1$ 所围成的区域，f 为连续函数．

解 积分区域 D 是由 $y=x^3$，$y=1$，$x=-1$ 所围成(图 7－8)，区域 D 关于两个坐标轴都不对称，记 $A(1,\ 1)$，$B(-1,\ 1)$，$C(-1,\ -1)$．在第二象限内作 $y=x^3$ 关于 y 轴对称的曲线将 $\overset{\frown}{OB}$ 联结起来，这样 $D=D_1\cup D_2$(其中 D_1 由 $AOBA$ 围成，D_2 由 $BOCB$ 围成)，且 D_1 关于 y 轴对称，D_2 关于 x 轴对称．由于

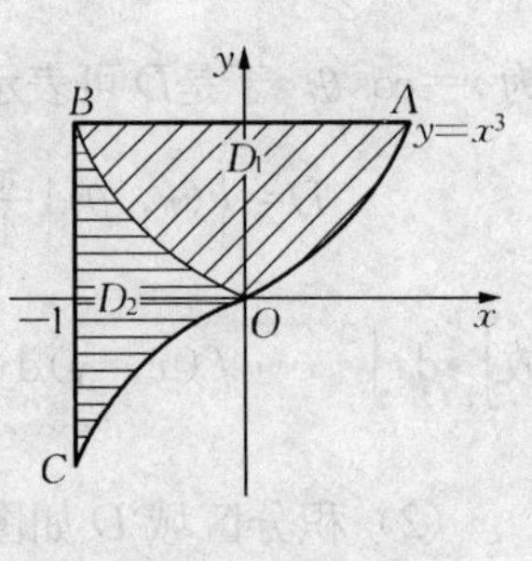

图 7－8

$$x[1+yf(x^2+y^2)] = x+xyf(x^2+y^2),$$

而 $x[1+yf(x^2+y^2)]$ 是关于 x 的奇函数，故

$$\iint_{D_1} x[1+yf(x^2+y^2)]\mathrm{d}x\mathrm{d}y = 0.$$

又由于 $xyf(x^2+y^2)$ 是关于 y 的奇函数，故

$$\iint_{D_2} xyf(x^2+y^2)\mathrm{d}x\mathrm{d}y = 0,$$

因此，
$$\iint_D x[1+yf(x^2+y^2)]\mathrm{d}x\mathrm{d}y$$
$$=\iint_{D_1} x[1+yf(x^2+y^2)]\mathrm{d}x\mathrm{d}y+\iint_{D_2} x[1+yf(x^2+y^2)]\mathrm{d}x\mathrm{d}y$$
$$=0+\iint_{D_2} x\mathrm{d}x\mathrm{d}y+\iint_{D_2} xyf(x^2+y^2)\mathrm{d}x\mathrm{d}y$$
$$=\iint_{D_2} x\mathrm{d}x\mathrm{d}y=\int_{-1}^{0}\mathrm{d}x\int_{x^3}^{-x^3} x\mathrm{d}y=\int_{-1}^{0} xy\Big|_{x^3}^{-x^3}\mathrm{d}x$$
$$=\int_{-1}^{0}(-2x^4)\mathrm{d}x=-\frac{2}{5}x^5\Big|_{-1}^{0}=-\frac{2}{5}.$$

注意　利用积分区域对称性和被积函数的奇偶性可以简化二重积分的计算．现就 $I=\iint_D f(x,y)\mathrm{d}\sigma$ 的计算分四种情形进行讨论．

第一种情形：若 D 关于 y 轴对称，而 $\forall(x,\ y)\in D$，则

(1) 当 $f(-x,\ y)=-f(x,\ y)$ 时，表明 $f(x,\ y)$ 是关于 x 的奇函数，$I=0$.

(2) 当 $f(-x,\ y)=f(x,\ y)$ 时，表明 $f(x,\ y)$ 是关于 x 的偶函数，
$$I=2\iint_{D_1} f(x,\ y)\mathrm{d}\sigma，其中\ D_1=\{(x,\ y)\in D\mid x\geqslant 0\}.$$

第二种情形：若 D 关于 x 轴对称，而 $\forall(x,\ y)\in D$，则

(1) 当 $f(x,\ -y)=-f(x,\ y)$ 时，表明 $f(x,\ y)$ 是关于 y 的奇函数，$I=0$.

(2) 当 $f(x,\ -y)=f(x,\ y)$ 时，表明 $f(x,\ y)$ 是关于 y 的偶函数，$I=2\iint_{D_2} f(x,\ y)\mathrm{d}\sigma$，其中 $D_2=\{(x,\ y)\in D\mid y\geqslant 0\}$.

第三种情形：若 D 关于原点对称，而 $\forall(x,\ y)\in D$，则

(1) 当 $f(-x,\ -y)=-f(x,\ y)$ 时，表明 $f(x,\ y)$ 是关于 x，y 的奇函数，$I=0$.

(2) 当 $f(-x,\ -y)=f(x,\ y)$ 时，表明 $f(x,\ y)$ 是关于 x，y 的偶函数，
$$I=2\iint_{D_1} f(x,\ y)\mathrm{d}\sigma=2\iint_{D_2} f(x,\ y)\mathrm{d}\sigma.$$

第四种情形：若 D 关于直线 $y=x$ 对称，则
$$\iint_D f(x,\ y)\mathrm{d}\sigma=\iint_D f(y,\ x)\mathrm{d}\sigma.$$

例 8　化二重积分 $I=\iint_D f(x,y)\mathrm{d}x\mathrm{d}y$ 为二次积分(写出两种积分次序)，其中 D 是由 x 轴与抛物线 $y=4-x^2$ 在第二象限的部分及圆 $x^2+y^2-4y=0$ 在第一象限的部分围成的区域．

解　绘出积分域 D(图 7-9 中阴影部分).

(1) 先对 x 积分，$D=\{(x,\ y)\mid 0\leqslant y\leqslant 4,\ -\sqrt{4-y}\leqslant x\leqslant\sqrt{4y-y^2}\}$，故
$$I=\int_0^4\mathrm{d}y\int_{-\sqrt{4-y}}^{\sqrt{4y-y^2}} f(x,\ y)\mathrm{d}x.$$

(2)先对 y 积分，$D=D_1\cup D_2$(图 7-10)，

$$D_1=\{(x,\ y)\mid -2\leqslant x\leqslant 0,\ 0\leqslant y\leqslant 4-x^2\},$$
$$D_2=\{(x,\ y)\mid 0\leqslant x\leqslant 2,\ 2-\sqrt{4-x^2}\leqslant y\leqslant 2+\sqrt{4-x^2}\},$$

故
$$I=\int_{-2}^{0}\mathrm{d}x\int_{0}^{4-x^2}f(x,\ y)\mathrm{d}y+\int_{0}^{2}\mathrm{d}x\int_{2-\sqrt{4-x^2}}^{2+\sqrt{4-x^2}}f(x,\ y)\mathrm{d}y.$$

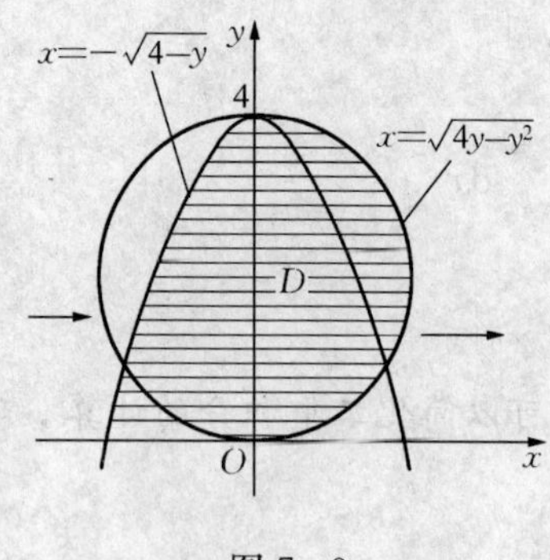

图 7－9

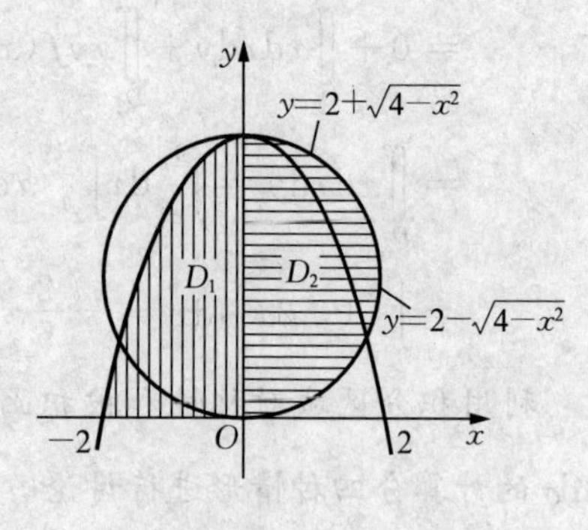

图 7－10

例 9 计算 $\iint\limits_D\frac{\sin x}{x}\mathrm{d}x\mathrm{d}y$，其中 D 是由直线 $y=x$ 及抛物线 $y=x^2$ 围成的区域．

解 先画出积分域 D 的图形，如图 7－11 所示．

如先对 x 积分，因 $\int\frac{\sin x}{x}\mathrm{d}x$“积”不出来，故求不出二重积分的结果，所以应先对 y 积分，后对 x 积分．

$$\begin{aligned}\iint\limits_D\frac{\sin x}{x}\mathrm{d}x\mathrm{d}y&=\int_0^1\left(\int_{x^2}^{x}\frac{\sin x}{x}\mathrm{d}y\right)\mathrm{d}x\\&=\int_0^1\frac{\sin x}{x}(x-x^2)\mathrm{d}x\\&=\int_0^1(\sin x-x\sin x)\mathrm{d}x=1-\sin 1.\end{aligned}$$

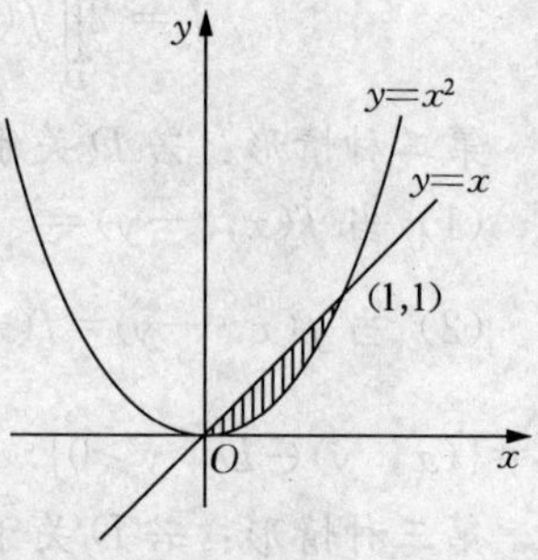

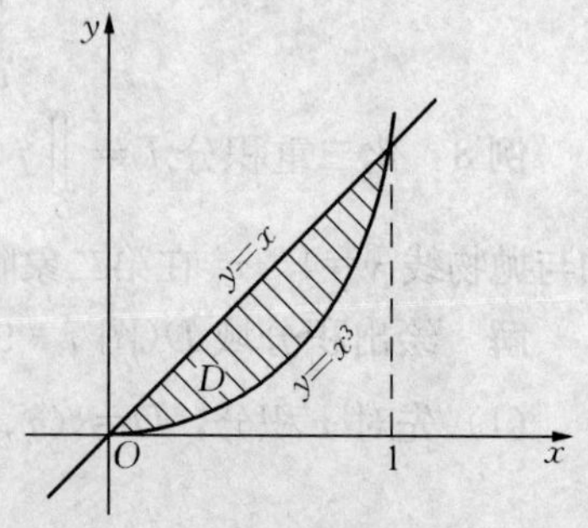

图 7－11

例 10 计算二重积分 $I=\iint\limits_D \mathrm{e}^{x^2}\mathrm{d}x\mathrm{d}y$，其中 D 是第一象限中由直线 $y=x$ 和 $y=x^3$ 所围成的封闭区域．

解 积分区域 D 如图 7－12 中阴影部分所示．考虑到被积函数为 e^{x^2}，积分次序应先对 y 积分，否则算不出结果．

$$\begin{aligned}I&=\int_0^1\mathrm{d}x\int_{x^3}^{x}\mathrm{e}^{x^2}\mathrm{d}y=\int_0^1(x-x^3)\mathrm{e}^{x^2}\mathrm{d}x\\&=\frac{1}{2}\mathrm{e}^{x^2}\Big|_0^1-\frac{1}{2}\int_0^1 t\mathrm{e}^t\mathrm{d}t\,(t=x^2)\\&=\frac{1}{2}(\mathrm{e}-1)-\frac{1}{2}(\mathrm{e}-\mathrm{e}+1)=\frac{\mathrm{e}}{2}-1.\end{aligned}$$

图 7－12

注意 一般被积函数为下述 x 的函数：$\mathrm{e}^{\pm x^2}$，$\sin x^2$，$\frac{\cos x}{x}$，$\frac{\sin x}{x}$，$\cos x^2$，$\mathrm{e}^{\frac{y}{x}}$，$\frac{1}{\ln x}$等，或仅为 x 的函数应先对 y 积分，使被积函数得到“改善”，再对 x 积分．

例 11　计算$\iint\limits_D \frac{d\sigma}{\sqrt{2a-x}}(a>0)$，其中$D$是由圆心在点$(a,\ a)$、半径为$a$且与坐标轴相切的圆周的较短一段弧和坐标轴所围成的区域.

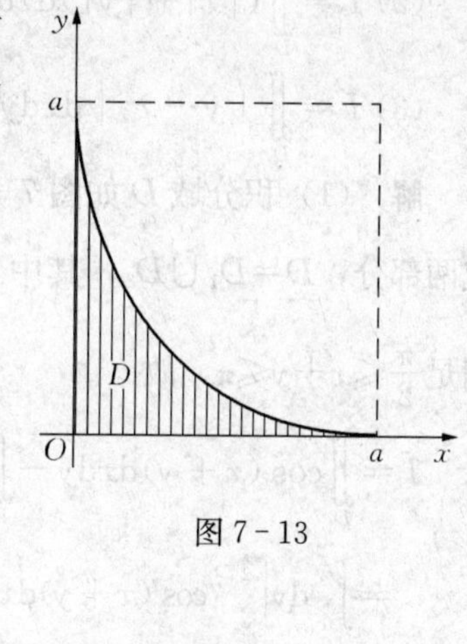

图 7-13

解　区域D如图 7-13 所示，区域D的边界所涉及的圆的方程为$(x-a)^2+(y-a)^2=a^2$，D的上边界方程为$y=a-\sqrt{2ax-x^2}$，下边界方程为$y=0$，故区域D可表示为

$$D=\{(x,\ y)\mid 0\leqslant x\leqslant a,0\leqslant y\leqslant a-\sqrt{2ax-x^2}\},$$

于是
$$\iint\limits_D \frac{d\sigma}{\sqrt{2a-x}}=\int_0^a \frac{dx}{\sqrt{2a-x}}\int_0^{a-\sqrt{2ax-x^2}} dy$$
$$=\int_0^a \frac{1}{\sqrt{2a-x}}(a-\sqrt{2ax-x^2})dx$$
$$=\int_0^a\left(\frac{a}{\sqrt{2a-x}}-\sqrt{x}\right)dx=\left(-2a\sqrt{2a-x}-\frac{2}{3}x^{\frac{3}{2}}\right)\Big|_0^a$$
$$=\left(2\sqrt{2}-\frac{8}{3}\right)a^{\frac{3}{2}}.$$

注意　虽然本题的积分区域涉及圆，但使用极坐标系并不合适，这是由于边界圆弧的极坐标表达式并不简单，同时被积函数化为极坐标后也会增加难度.

例 12　计算下列二重积分：

(1) $\int_0^1 dx\int_x^{\sqrt{x}} \frac{\sin y}{y}dy$；

(2) $\int_{\frac{1}{4}}^{\frac{1}{2}} dx\int_{\frac{1}{2}}^{\sqrt{x}} e^{x/y}dy+\int_{\frac{1}{2}}^1 dx\int_x^{\sqrt{x}} e^{x/y}dy$.

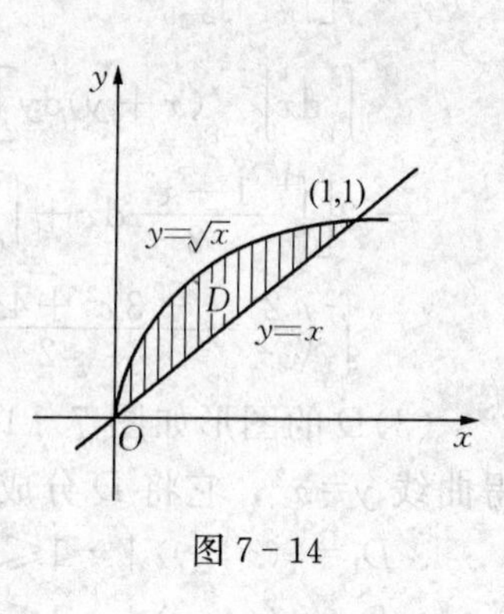

图 7-14

解　(1) 积分区域如图 7-14 所示，交换积分次序，得

$$\int_0^1 dx\int_x^{\sqrt{x}} \frac{\sin y}{y}dy=\int_0^1 \frac{\sin y}{y}dy\int_{y^2}^y dx=\int_0^1 \frac{\sin y}{y}(y-y^2)dy$$
$$=\int_0^1 \sin y dy-\int_0^1 y\sin y dy$$
$$=-\cos y\Big|_0^1+y\cos y\Big|_0^1-\int_0^1 \cos y dy$$
$$=1-\cos 1+\cos 1-\sin y\Big|_0^1=1-\sin 1.$$

(2)积分区域如图 7-15 所示.

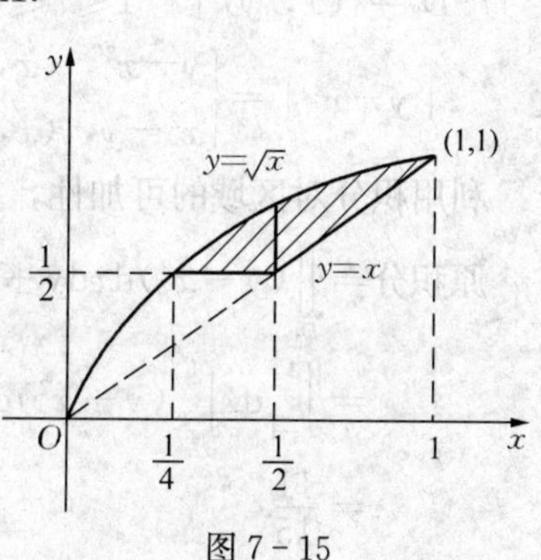

图 7-15

$$原式=\int_{\frac{1}{2}}^1 dy\int_{y^2}^y e^{x/y}dx=\int_{\frac{1}{2}}^1 ye^{x/y}\Big|_{y^2}^y dy=\int_{\frac{1}{2}}^1 y(e-e^y)dy$$
$$=\left(\frac{e}{2}y^2-ye^y+e^y\right)\Big|_{\frac{1}{2}}^1=\frac{3}{8}e-\frac{1}{2}e^{\frac{1}{2}}.$$

例 13　计算下列二重积分：

(1) $I=\iint\limits_D |\cos(x+y)|\,dxdy$，其中$D$由直线$y=0$，$y=x$，$x=\frac{\pi}{2}$所围成；

(2) $I=\iint\limits_D(|x|+|y|)\mathrm{d}x\mathrm{d}y$，其中 D 由 $xy=2$，$y=x-1$，$y=x+1$ 所围成；

(3) $I=\iint\limits_D|y-x^2|\mathrm{d}x\mathrm{d}y$，其中 $D=\{(x,y)\mid 0\leqslant x\leqslant 1,0\leqslant y\leqslant 1\}$.

解 (1) 积分域 D 如图 7－16 所示，将积分区域 D 分成两部分，$D=D_1\cup D_2$，其中 D_1 满足 $0\leqslant x+y\leqslant\frac{\pi}{2}$，$D_2$ 满足 $\frac{\pi}{2}\leqslant x+y\leqslant\pi$，故

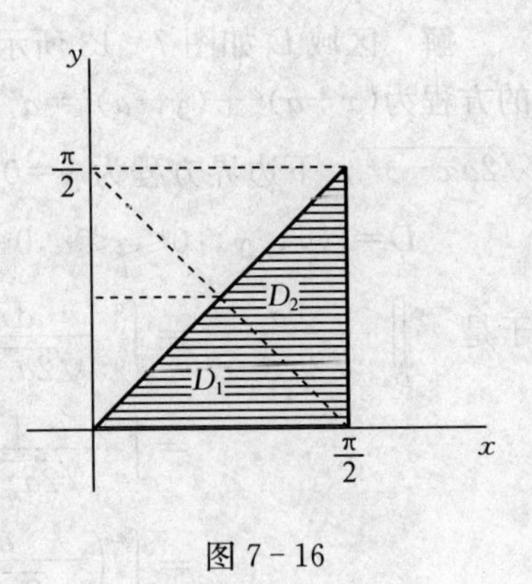

图 7－16

$$
\begin{aligned}
I&=\iint\limits_{D_1}\cos(x+y)\mathrm{d}x\mathrm{d}y-\iint\limits_{D_2}\cos(x+y)\mathrm{d}x\mathrm{d}y\\
&=\int_0^{\frac{\pi}{4}}\mathrm{d}y\int_y^{\frac{\pi}{2}-y}\cos(x+y)\mathrm{d}x-\int_{\frac{\pi}{4}}^{\frac{\pi}{2}}\mathrm{d}x\int_{\frac{\pi}{2}-x}^{x}\cos(x+y)\mathrm{d}y\\
&=\int_0^{\frac{\pi}{4}}(1-\sin 2y)\mathrm{d}y-\int_{\frac{\pi}{4}}^{\frac{\pi}{2}}(\sin 2x-1)\mathrm{d}x\\
&=\int_0^{\frac{\pi}{2}}(1-\sin 2x)\mathrm{d}x=\frac{\pi}{2}-1.
\end{aligned}
$$

(2) 积分区域 D 如图 7－17 所示，由于 D 关于原点对称，$|x|+|y|$ 关于 x，y 是偶函数，故

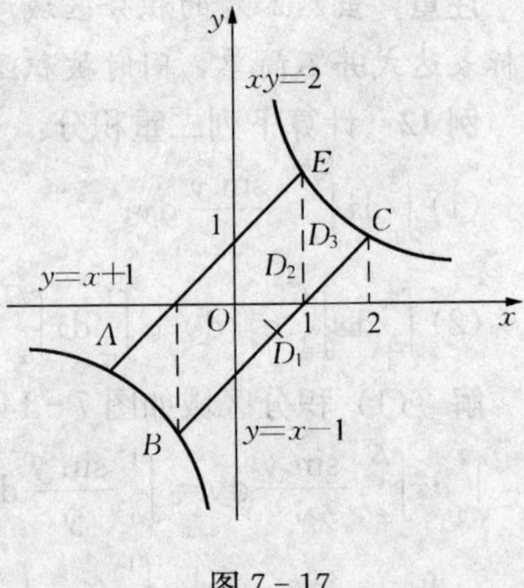

图 7－17

$$
\begin{aligned}
I&=2\iint\limits_{D_1\cup D_2\cup D_3}(|x|+|y|)\mathrm{d}x\mathrm{d}y\\
&=2\Big[\int_0^1\mathrm{d}x\int_{x-1}^0(x-y)\mathrm{d}y+\int_0^1\mathrm{d}x\int_0^{x+1}(x+y)\mathrm{d}y+\\
&\quad\int_1^2\mathrm{d}x\int_{x-1}^{\frac{2}{x}}(x+y)\mathrm{d}y\Big]\\
&=2\Big[\int_0^1\frac{1-x^2}{2}\mathrm{d}x+\int_0^1\frac{3x^2+4x+1}{2}\mathrm{d}x+\\
&\quad\int_1^2\Big(\frac{2}{x^2}+\frac{-3x^2+4x+3}{2}\Big)\mathrm{d}x\Big]=\frac{26}{3}.
\end{aligned}
$$

(3) D 的图形如图 7－18 所示，由 $|y-x^2|=0$ 得曲线 $y=x^2$，它将 D 分成两部分 D_1 与 D_2：

$$D_1=\{(x,y)\mid -1\leqslant x\leqslant 1,x^2\leqslant y\leqslant 1\},$$

$$D_2=\{(x,y)\mid -1\leqslant x\leqslant 1,0\leqslant y\leqslant x^2\},$$

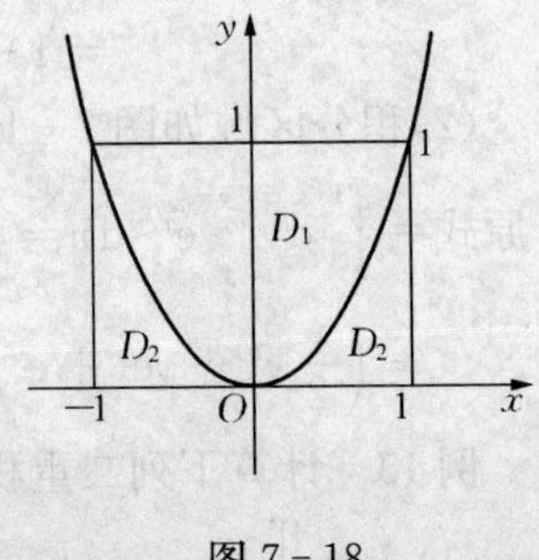

图 7－18

故
$$|y-x^2|=\begin{cases}y-x^2,&(x,y)\in D_1,\\x^2-y,&(x,y)\in D_2.\end{cases}$$

利用积分对区域的可加性，分块计算得到

$$
\begin{aligned}
\text{原积分}&=\iint\limits_{D_1}(y-x^2)\mathrm{d}x\mathrm{d}y+\iint\limits_{D_2}(x^2-y)\mathrm{d}x\mathrm{d}y\\
&=\int_{-1}^1\mathrm{d}x\int_{x^2}^1(y-x^2)\mathrm{d}y+\int_{-1}^1\mathrm{d}x\int_0^{x^2}(x^2-y)\mathrm{d}y\\
&=\frac{11}{15}.
\end{aligned}
$$

例 14　设 $D=\{(x,y)\mid x^2+y^2\leqslant a^2\}$，且 $\iint\limits_D \sqrt{a^2-x^2-y^2}\,\mathrm{d}x\mathrm{d}y=\pi$，求 a.

解　因被积函数为 $f(x^2+y^2)$ 的形式，D 为圆域，故用极坐标系计算较方便. 区域 D 用极坐标表示为

$$D=\{(r,\theta)\mid 0\leqslant r\leqslant a,\ 0\leqslant\theta\leqslant 2\pi\},$$

则
$$\iint\limits_D \sqrt{a^2-x^2-y^2}\,\mathrm{d}x\mathrm{d}y=\int_0^{2\pi}\left[\int_0^a \sqrt{a^2-r^2}\,r\mathrm{d}r\right]\mathrm{d}\theta$$
$$=-\frac{1}{2}\int_0^{2\pi}\left[\int_0^a \sqrt{a^2-r^2}\,\mathrm{d}(a^2-r^2)\right]\mathrm{d}\theta=\frac{2a^3\pi}{3}.$$

由题设 $\iint\limits_D \sqrt{a^2-x^2-y^2}\,\mathrm{d}x\mathrm{d}y=\pi$，故 $a=\sqrt[3]{\frac{3}{2}}$.

例 15　计算 $\iint\limits_D xy\,\mathrm{d}\sigma$，其中 $D=\{(x,y)\mid y\geqslant 0,\ x^2+y^2\geqslant 1,\ x^2+y^2-2x\leqslant 0\}$.

解　由 $x^2+y^2\geqslant 1$，$y\geqslant 0$ 及 $x^2+y^2-2x=(x-1)^2+y^2\leqslant 1$ 得到积分区域 D，如图 7－19 所示. 令 $x=r\cos\theta$，$y=r\sin\theta$，由 $x^2+y^2-2x\leqslant 0$，得

$$r^2-2r\cos\theta\leqslant 0，即\ r\leqslant 2\cos\theta.$$

又由 $x^2+y^2\geqslant 1$，得 $r^2\geqslant 1$，于是 $1\leqslant r\leqslant 2\cos\theta$.

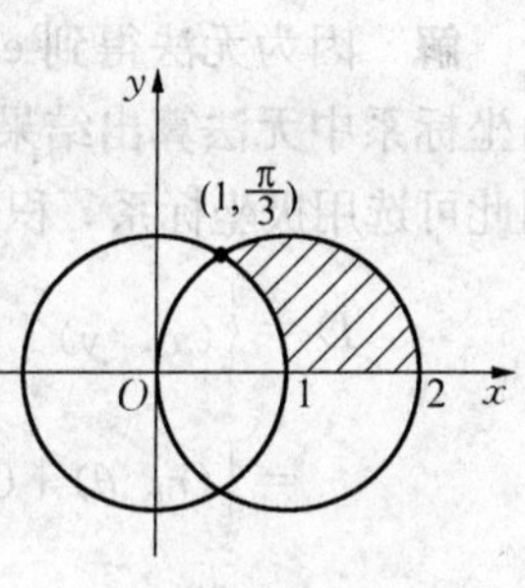

图 7－19

解极坐标方程 $r=1$ 与 $r=2\cos\theta$ 得其交点坐标为 $\left(1,\ \frac{\pi}{3}\right)$，则 $0\leqslant\theta\leqslant\frac{\pi}{3}$，且

$$D=\left\{(r,\theta)\mid 0\leqslant\theta\leqslant\frac{\pi}{3},\ 1\leqslant r\leqslant 2\cos\theta\right\},$$

$$\iint\limits_D xy\,\mathrm{d}\sigma=\int_0^{\frac{\pi}{3}}\mathrm{d}\theta\int_1^{2\cos\theta} r^2\sin\theta\cos\theta\, r\,\mathrm{d}r=\int_0^{\frac{\pi}{3}}\sin\theta\cos\theta\left(\frac{1}{4}r^4\right)\Big|_1^{2\cos\theta}\mathrm{d}\theta$$
$$=\int_0^{\frac{\pi}{3}}\sin\theta\cos\theta\left(4\cos^4\theta-\frac{1}{4}\right)\mathrm{d}\theta$$
$$=-4\int_0^{\frac{\pi}{3}}\cos^5\theta\mathrm{d}\cos\theta-\frac{1}{16}\int_0^{\frac{\pi}{3}}\sin 2\theta\cos\ \mathrm{d}2\theta=\frac{9}{16}.$$

例 16　计算 $\iint\limits_D (4-x-y)\mathrm{d}\sigma$，$D=\{(x,y)\mid x^2+y^2\leqslant 2y\}$.

解　将积分区域 D 用极坐标表示为 $r=2\sin\theta$，其图形如图 7－20 所示.

$$\iint\limits_D (4-x-y)\mathrm{d}\sigma=\int_0^{\pi}\mathrm{d}\theta\int_0^{2\sin\theta}(4-r\cos\theta-r\sin\theta)r\mathrm{d}r$$
$$=\int_0^{\pi}\left(8\sin^2\theta-\frac{8}{3}\cos\theta\sin^3\theta-\frac{8}{3}\sin^4\theta\right)\mathrm{d}\theta$$
$$=I_1+I_2+I_3.$$

$$I_1=\int_0^{\pi}8\sin^2\theta\mathrm{d}\theta=4\int_0^{\pi}(1-\cos 2\theta)\mathrm{d}\theta=4\pi,$$

$$I_2=-\frac{8}{3}\int_0^{\pi}\cos\theta\sin^3\theta\mathrm{d}\theta=-\frac{8}{3}\ \frac{1}{4}\sin^4\theta\Big|_0^{\pi}=0,$$

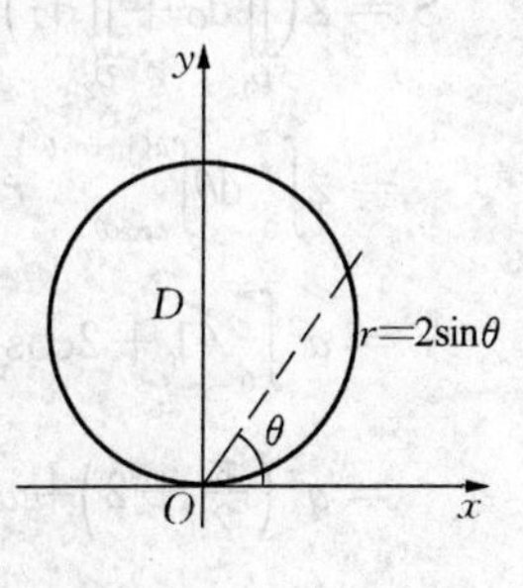

图 7－20

$$I_3=-\frac{8}{3}\int_0^{\pi}\sin^4\theta\mathrm{d}\theta=-\frac{8}{3}\int_0^{\pi}\left(\frac{1-\cos2\theta}{2}\right)^2\mathrm{d}\theta$$

$$=-\frac{2}{3}\int_0^{\pi}[1-2\cos2\theta+\cos^2 2\theta]\mathrm{d}\theta$$

$$=-\frac{2}{3}\int_0^{\pi}\left[\frac{3}{2}-2\cos2\theta+\frac{\cos4\theta}{2}\right]\mathrm{d}\theta=-\pi,$$

故 $$\iint_D(4-x-y)\mathrm{d}\sigma=I_1+I_2+I_3=4\pi-\pi=3\pi.$$

注意 通常积分区域为圆形、扇形、环形或为其一部分，且被积函数为 $f(x^2+y^2)$，$f\left(\frac{y}{x}\right)$，$f(x+y)$ 等形式时常选用极坐标．

例 17 计算 $\int_0^{\frac{\sqrt{2}}{2}R}\mathrm{e}^{-y^2}\mathrm{d}y\int_0^{y}\mathrm{e}^{-x^2}\mathrm{d}x+\int_{\frac{\sqrt{2}}{2}R}^{R}\mathrm{e}^{-y^2}\mathrm{d}y\int_0^{\sqrt{R^2-y^2}}\mathrm{e}^{-x^2}\mathrm{d}x.$

解 因为无法得到 e^{-x^2}，e^{-y^2} 的原函数的解析式，所以在直角坐标系中无法算出结果．注意到被积函数属 $f(x^2+y^2)$ 的形式，因此可选用极坐标系．积分区域 D 为扇形(图 7－21).

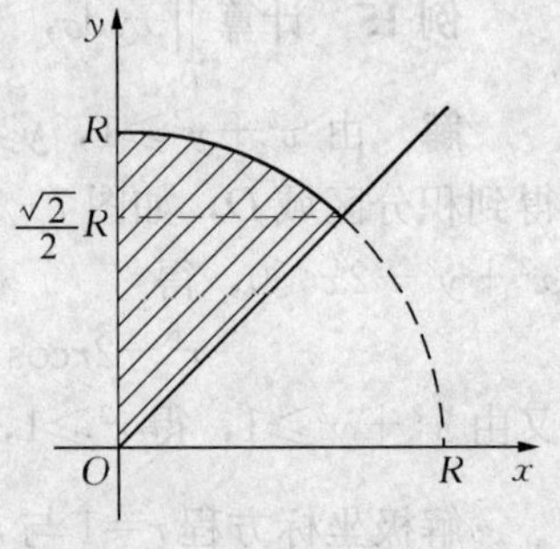

$$D=\left\{(x,\ y)\mid 0\leqslant x\leqslant\frac{\sqrt{2}}{2}R,\ x\leqslant y\leqslant\sqrt{R^2-x^2}\right\}$$

$$=\left\{(r,\ \theta)\mid 0\leqslant r\leqslant R,\ \frac{\pi}{4}\leqslant\theta\leqslant\frac{\pi}{2}\right\},$$

图 7－21

所以 原式$$=\iint_D\mathrm{e}^{-(x^2+y^2)}\mathrm{d}x\mathrm{d}y=\int_{\frac{\pi}{4}}^{\frac{\pi}{2}}\mathrm{d}\theta\int_0^R\mathrm{e}^{-r^2}r\mathrm{d}r$$

$$=\frac{\pi}{4}\cdot\frac{1}{2}(1-\mathrm{e}^{-R^2})=\frac{\pi}{8}(1-\mathrm{e}^{-R^2}).$$

例 18 求由曲线 $r=a\cos\theta$ 与 $r=a(1+\cos\theta)(a>0)$ 所围成的平面图形的面积 S.

解法一 两曲线所围成的积分区域 D 如图 7－22 所示．

因当 $\theta\in\left[0,\ \frac{\pi}{2}\right]$ 时 r 自 $a\cos\theta$ 变到 $a(1+\cos\theta)$，而当 $\theta\in\left[\frac{\pi}{2},\ \pi\right]$ 时，r 从 0 变到 $a(1+\cos\theta)$，因此必须把 D 分成两部分，用极坐标计算．

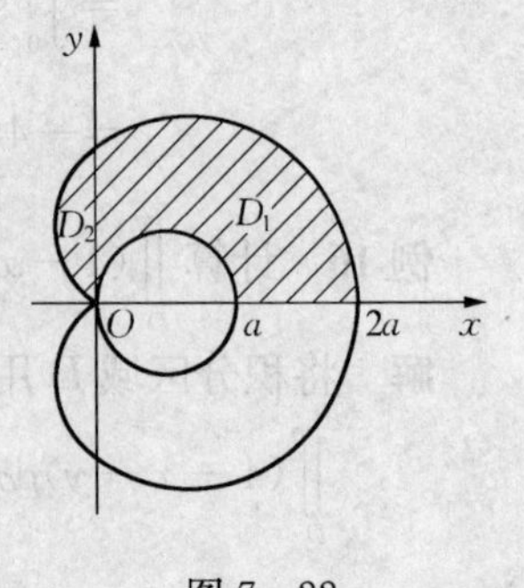

图 7－22

利用对称性，得

$$S=2\left(\iint_{D_1}\mathrm{d}\sigma+\iint_{D_2}\mathrm{d}\sigma\right)$$

$$=2\int_0^{\frac{\pi}{2}}\mathrm{d}\theta\int_{a\cos\theta}^{a(1+\cos\theta)}r\mathrm{d}r+2\int_{\frac{\pi}{2}}^{\pi}\mathrm{d}\theta\int_0^{a(1+\cos\theta)}r\mathrm{d}r$$

$$=a^2\int_0^{\frac{\pi}{2}}(1+2\cos\theta)\mathrm{d}\theta+a^2\int_{\frac{\pi}{2}}^{\pi}(1+\cos\theta)^2\mathrm{d}\theta$$

$$=a^2\left(\frac{\pi}{2}+2\right)+a^2\left(\frac{3\pi}{4}-2\right)=5\pi a^2/4.$$

解法二 所求面积等于心形线所围区域面积与圆面积之差，故

$$S=2\int_0^{\pi}\mathrm{d}\theta\int_0^{a(1+\cos\theta)}r\mathrm{d}r-\pi\left(\frac{a}{2}\right)^2=a^2\int_0^{\pi}(1+\cos\theta)^2\mathrm{d}\theta-\frac{\pi a^2}{4}=\frac{5\pi}{4}a^2.$$

例 19　计算以 xOy 面上的圆周 $x^2+y^2=ax$ 围成的区域为底，而以曲面 $z=x^2+y^2$ 为顶的曲顶柱体的体积．

解　设 $a>0$，所求立体体积如图 7－23 所示，这是一个曲顶柱体，底(区域 D)如图 7－24 所示，曲顶方程是 $z=x^2+y^2$．由对称性只需计算一半，且由于被积函数 $f(x,\ y)=x^2+y^2$，区域是圆域，因此采用极坐标系比较方便，方程 $x^2+y^2=ax$ 化为极坐标方程是 $r=a\cos\theta$.

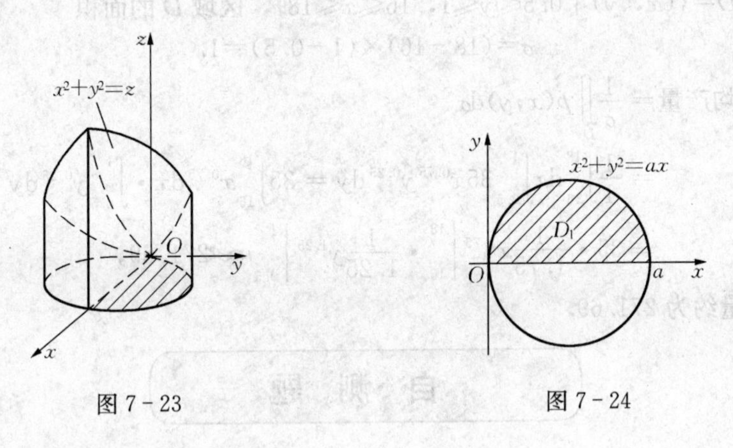

图 7－23　　　　图 7－24

D_1 是图中的阴影部分：

$$V=\iint\limits_{D}(x^2+y^2)\mathrm{d}\sigma=2\iint\limits_{D_1}(x^2+y^2)\mathrm{d}\sigma$$

$$=2\int_0^{\frac{\pi}{2}}\mathrm{d}\theta\int_0^{a\cos\theta}r^2\cdot r\mathrm{d}r=\frac{2}{4}\int_0^{\frac{\pi}{2}}r^4\Big|_0^{a\cos\theta}\mathrm{d}\theta$$

$$=\frac{1}{2}a^4\int_0^{\frac{\pi}{2}}\cos^4\theta\mathrm{d}\theta=\frac{1}{2}a^4\times\frac{3}{4}\times\frac{1}{2}\times\frac{\pi}{2}=\frac{3}{32}\pi a^4.$$

例 20　求由曲面 $x^2+y^2=az$ 及 $z=2a-\sqrt{x^2+y^2}$ 所围立体的表面积．

解　两曲面的交线为

$$\begin{cases}z=a,\\x^2+y^2=a^2,\end{cases}$$

从而所围立体在 xOy 面上的投影 D_{xy} 为

$$x^2+y^2\leqslant a^2.$$

锥面 $z=2a-\sqrt{x^2+y^2}$ 所确定的表面积为

$$S_1=\iint\limits_{D_{xy}}\sqrt{1+z_x'^2+z_y'^2}\,\mathrm{d}x\mathrm{d}y=\iint\limits_{D_{xy}}\sqrt{2}\,\mathrm{d}x\mathrm{d}y=\sqrt{2}\pi a^2.$$

抛物面 $z=\frac{1}{a}(x^2+y^2)$所确定的表面积为

$$S_1=\iint\limits_{D_{xy}}\sqrt{1+z_x'^2+z_y'^2}\,\mathrm{d}x\mathrm{d}y=\iint\limits_{D_{xy}}\sqrt{1+\frac{4}{a^2}(x^2+y^2)}\,\mathrm{d}x\mathrm{d}y$$

$$=\int_0^{2\pi}\mathrm{d}\theta\int_0^a\sqrt{1+\frac{4}{a^2}r^2}\,r\mathrm{d}r=\frac{\pi}{4}a^2\int_0^a\left(1+\frac{4}{a^2}r^2\right)^{\frac{1}{2}}\mathrm{d}\left(1+\frac{4}{a^2}r^2\right)$$

$$=\frac{\pi}{6}(5\sqrt{5}-1)a^2.$$

故所求面积为

$$S=S_1+S_2=\frac{\pi}{6}(6\sqrt{2}+5\sqrt{5}-1)a^2.$$

例 21 平均产量 某公司的月 Cobb－Douglas 生产函数为 $p(x,\ y)=35x^{0.75}y^{0.25}$，其中 x 表示劳动力投入量，y 表示资本投入量．设 $16\leqslant x\leqslant 18$，$0.5\leqslant y\leqslant 1$，试求平均产量．

解 区域 $D=\{(x,\ y)\mid 0.5\leqslant y\leqslant 1,\ 16\leqslant x\leqslant 18\}$，区域 D 的面积

$$\sigma=(18-16)\times(1-0.5)=1.$$

$$\begin{aligned}\text{平均产量}&=\frac{1}{\sigma}\iint_D p(x,y)\mathrm{d}\sigma\\&=\frac{1}{1}\int_{16}^{18}\mathrm{d}x\int_{0.5}^{1}35x^{0.75}y^{0.25}\mathrm{d}y=35\int_{16}^{18}x^{0.75}\mathrm{d}x\cdot\int_{0.5}^{1}y^{0.25}\mathrm{d}y\\&=35\cdot\frac{1}{1.75}x^{1.75}\Big|_{16}^{18}\cdot\frac{1}{1.25}y^{1.25}\Big|_{0.5}^{1}\approx 271.69,\end{aligned}$$

因此，平均产量约为 271.69.

自 测 题

1. 利用二重积分的几何意义，确定 $\iint_D(3-\sqrt{x^2+y^2})\mathrm{d}x\mathrm{d}y$ 的值，其中 $D=\{(x,\ y)\mid x^2+y^2\leqslant 9\}$.

2. 利用二重积分的性质，比较 $\iint_D(x+y)^2\mathrm{d}x\mathrm{d}y$ 与 $\iint_D(x+y)^3\mathrm{d}x\mathrm{d}y$ 的大小，其中 D 是由圆 $(x-2)^2+(y-1)^2=2$ 所围成的区域．

3. 设 $\iint_D f(x,y)\mathrm{d}x\mathrm{d}y=\int_0^1\mathrm{d}x\int_0^{1-x}f(x,\ y)\mathrm{d}y$，改变其积分次序后，则原积分变为______.

(A) $\int_0^{1-x}\mathrm{d}y\int_0^1 f(x,y)\mathrm{d}x$；　　(B) $\int_0^1\mathrm{d}y\int_0^{1-x}f(x,y)\mathrm{d}x$；

(C) $\int_0^1\mathrm{d}y\int_0^1 f(x,y)\mathrm{d}x$；　　(D) $\int_0^1\mathrm{d}y\int_0^{1-y}f(x,y)\mathrm{d}x$.

4. 设 $x=r\cos\theta$，$y=r\sin\theta$，把极坐标系中的累次积分

$$\int_0^{\frac{3}{4}\pi}\mathrm{d}\theta\int_0^{2\sin\theta}f(r\cos\theta,r\sin\theta)r\mathrm{d}r$$

改写成直角坐标系中两种积分次序的累次积分．

5. 设区域 D 是由直线 $x=-2$，$y=0$，$y=2$ 与曲线 $x=-\sqrt{2y-y^2}$ 围成的平面区域，试计算二重积分 $\iint_D y\mathrm{d}\sigma$.

6. 求证：$\int_0^1\mathrm{d}y\int_0^{\sqrt{y}}\mathrm{e}^y f(x)\mathrm{d}x=\int_0^1(\mathrm{e}-\mathrm{e}^{x^2})f(x)\mathrm{d}x$.

7. 计算二重积分 $\iint_D\sqrt{|\,y-x^2\,|}\mathrm{d}\sigma$，其中，$D=\{(x,\ y)\mid -1\leqslant x\leqslant 1,\ 0\leqslant y\leqslant 2\}$.

8. 计算二重积分 $\iint\limits_D \sqrt{x^2+y^2}\,dxdy$，其中，$D$ 是第一象限内由 y 轴和两个圆 $x^2+y^2=a^2$，$x^2-2ax+y^2=0$ 所围成的区域．

9. 设区域 D 是由直线 $y=-x$ 与曲线 $y=-a+\sqrt{a^2-x^2}$ 围成的平面区域，求二重积分

$$\iint\limits_D \frac{\sqrt{x^2+y^2}}{\sqrt{4a^2-x^2-y^2}}\,d\sigma.$$

10. 设函数 $f(x)$ 在 $[a,b]$ 上连续，证明：

$$\left[\int_a^b f(x)dx\right]^2 \leqslant (b-a)\int_a^b f^2(x)dx.$$

11. 设 $f(x)$ 在区间 $[0,1]$ 上连续，并设 $\int_0^1 f(x)dx=A$，计算：

$$\int_0^1 dx\int_x^1 f(x)f(y)dy.$$

自测题参考答案

1. **解**　曲顶柱体的底部为圆盘 $x^2+y^2\leqslant 9$，其顶是锥面 $z=3-\sqrt{x^2+y^2}$，故曲顶柱体为一圆锥体，其底面半径及高均为 3，所以

$$\iint\limits_D (3-\sqrt{x^2+y^2})dxdy=\frac{1}{3}\pi\times 3^2\cdot 3=9\pi.$$

2. **解**　作出区域 $D=\{(x,y)\mid(x-2)^2+(y-1)^2\leqslant 2\}$ 的图形(图 7-25). 区域 D 的边界与 x 轴的交点是 $(1,0)$ 与 $(3,0)$.

再作直线 $x+y=1$，显然，区域 D 上所有点的坐标均满足不等式 $x+y\geqslant 1$，故 $(x+y)^2\leqslant(x+y)^3$，因此

$$\iint\limits_D (x+y)^2dxdy\leqslant\iint\limits_D (x+y)^3dxdy.$$

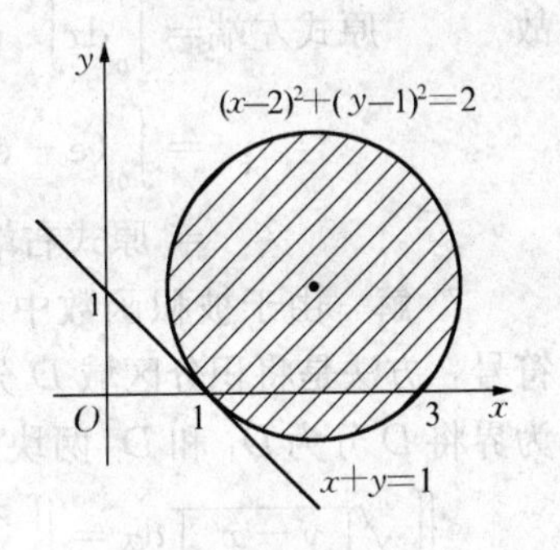

图 7-25

3. **解**　(A)错，因后积分的积分上、下限不含有变量；(B)也错，因第一次积分的结果不是常数，也不是第二次积分变量的函数而是第一次积分变量的函数；(C)也不对，原因是改变积分次序不会改变积分区域．作出原积分的积分区域，或由排除法知(D)该入选．

4. **解**　积分区域 D 如图 7-26 所示，可见 D 由直线 $x+y=0$ 与圆 $x^2+y^2=2y$ 围成，且 D 位于直线 $x+y=0$ 的右上侧．容易得出直线 $x+y=0$ 与圆 $x^2+y^2=2y$ 的交点为 $(0,0)$ 及 $(-1,1)$，从而区域 D 可表示为

$$D=\{(x,y)\mid -1\leqslant x\leqslant 0,\ -x\leqslant y\leqslant 1+\sqrt{1-x^2}\}\cup$$
$$\{(x,y)\mid 0\leqslant x\leqslant 1,\ 1-\sqrt{1-x^2}\leqslant y\leqslant 1+\sqrt{1-x^2}\}$$

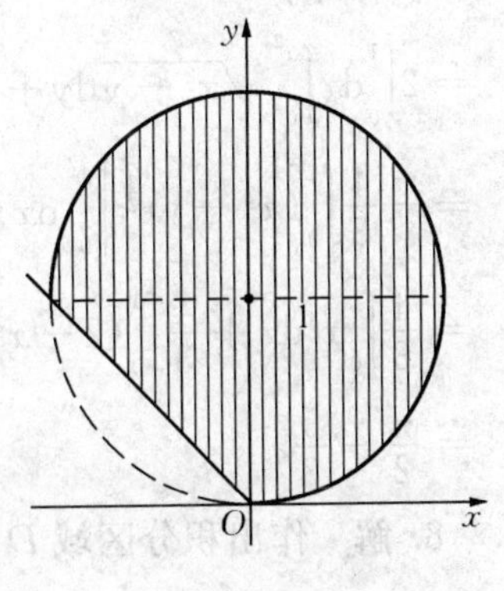

图 7-26

或　$D=\{(x,y)\mid -1\leqslant y\leqslant 0,\ -y\leqslant x\leqslant\sqrt{2y-y^2}\}\cup$

$\{(x,\ y)\mid 1\leqslant y\leqslant 2,\ -\sqrt{2y-y^2}\leqslant x\leqslant\sqrt{2y-y^2}\}$,

故 $\int_0^{\frac{3}{4}\pi}\mathrm{d}\theta\int_0^{2\sin\theta}f(r\cos\theta,r\sin\theta)r\mathrm{d}r=\int_{-1}^0\mathrm{d}x\int_{-x}^{1+\sqrt{1-x^2}}f(x,y)\mathrm{d}y+\int_0^1\mathrm{d}x\int_{1-\sqrt{1-x^2}}^{1+\sqrt{1-x^2}}f(x,y)\mathrm{d}y$

$$=\int_0^1\mathrm{d}y\int_{-y}^{\sqrt{2y-y^2}}f(x,y)\mathrm{d}x+\int_1^2\mathrm{d}y\int_{-\sqrt{2y-y^2}}^{\sqrt{2y-y^2}}f(x,y)\mathrm{d}x.$$

5. **解** 积分区域 D 如图 7-27 所示，D 可表示为

$$D=\{(x,\ y)\mid 0\leqslant y\leqslant 2,\ -2\leqslant x\leqslant -\sqrt{2y-y^2}\},$$

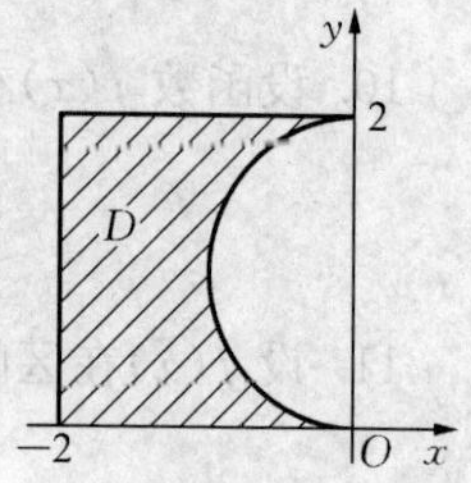

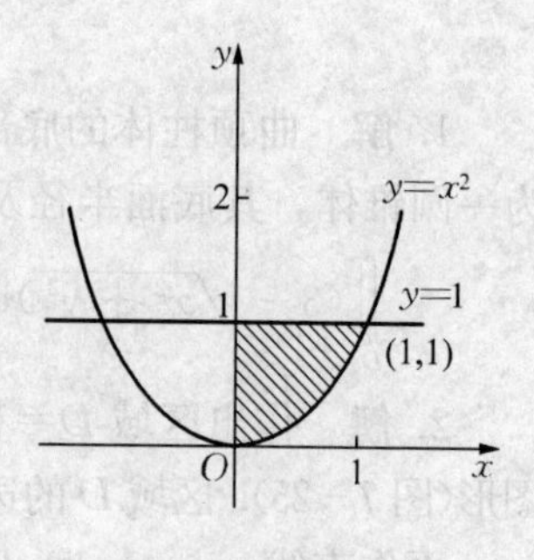

图 7-27

故 $\iint\limits_D y\mathrm{d}\sigma-\int_0^2\mathrm{d}y\int_{-2}^{-\sqrt{2y-y^2}}y\mathrm{d}x=\int_0^2 y(2-\sqrt{2y-y^2})\mathrm{d}y$

$$=4-\int_0^2 y\sqrt{2y-y^2}\,\mathrm{d}y$$

$$\xlongequal{y-1=t}4-\int_{-1}^1(t+1)\sqrt{1-t^2}\,\mathrm{d}t$$

$$=4-2\int_0^1\sqrt{1-t^2}\,\mathrm{d}t=4-\frac{\pi}{2}.$$

6. **证** 左边的二次积分的积分区域 $D=\{(x,\ y)\mid 0\leqslant y\leqslant 1,\ 0\leqslant x\leqslant\sqrt{y}\}$（图 7-28 中阴影部分）. 交换二次积分的次序，得

$$\int_0^1\mathrm{d}x\int_{x^2}^1\mathrm{e}^yf(x)\mathrm{d}y,$$

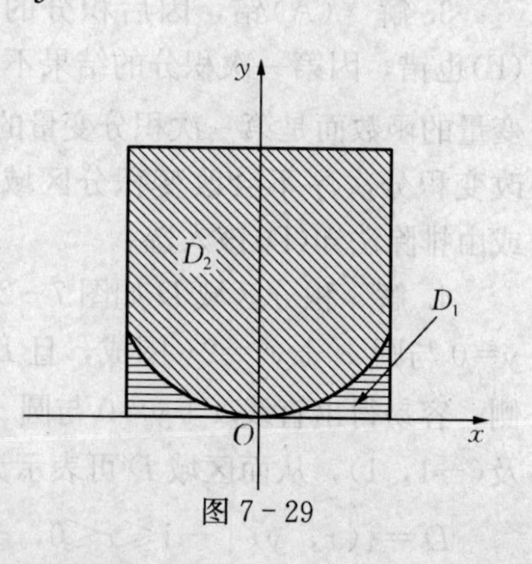

图 7-28

故 原式左端 $=\int_0^1\mathrm{d}x\int_{x^2}^1\mathrm{e}^yf(x)\mathrm{d}y=\int_0^1 f(x)\mathrm{e}^y\Big|_{x^2}^1\mathrm{d}x$

$$=\int_0^1(\mathrm{e}-\mathrm{e}^{x^2})f(x)\mathrm{d}x$$

$=$ 原式右端.

7. **解** 由于被积函数中含有绝对值，首先需要去掉绝对值符号，方法是将积分区域 D 分割，具体作法就是以抛物线 $y=x^2$ 为界将 D 分为 D_1 和 D_2 两块（图 7-29），所以

$$\iint\limits_D\sqrt{|y-x^2|}\,\mathrm{d}\sigma=\iint\limits_{D_1}\sqrt{x^2-y}\,\mathrm{d}x\mathrm{d}y+\iint\limits_{D_2}\sqrt{y-x^2}\,\mathrm{d}x\mathrm{d}y$$

$$=\int_{-1}^1\mathrm{d}x\int_0^{x^2}\sqrt{x^2-y}\,\mathrm{d}y+\int_{-1}^1\mathrm{d}x\int_{x^2}^2\sqrt{y-x^2}\,\mathrm{d}y$$

$$=2\int_0^1\mathrm{d}x\int_0^{x^2}\sqrt{x^2-y}\,\mathrm{d}y+2\int_0^1\mathrm{d}x\int_{x^2}^2\sqrt{y-x^2}\,\mathrm{d}y$$

$$=-\frac{4}{3}\int_0^1(x^2-y)^{\frac{3}{2}}\Big|_0^{x^2}\mathrm{d}x+\frac{4}{3}\int_0^1(y-x^2)^{\frac{3}{2}}\Big|_{x^2}^2\mathrm{d}x$$

$$=\frac{4}{3}\int_0^1 x^3\mathrm{d}x+\frac{4}{3}\int_0^1(2-x^2)^{\frac{3}{2}}\mathrm{d}x=\frac{1}{3}+\frac{16}{3}\int_0^{\frac{\pi}{4}}\cos^4t\mathrm{d}t$$

$$=\frac{\pi}{2}+\frac{5}{3}.$$

图 7-29

8. **解** 作出积分区域 D 的图形，如图 7-30 所示.

两圆的极坐标方程为 $r=a$ 与 $r=2a\cos\theta$. 由 $r=a=2a\cos\theta$ 得其交点为 $\left(a,\frac{\pi}{3}\right)$，因而 θ 的变化

范围为$\frac{\pi}{3}\leqslant\theta\leqslant\frac{\pi}{2}$.

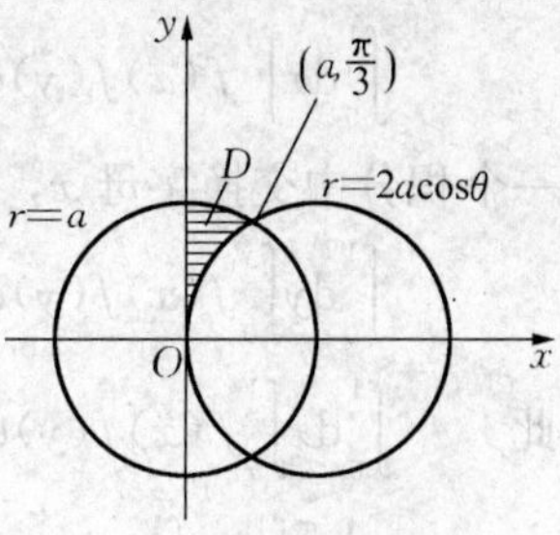

为定 r 的积分限应先把 θ 在$\left(\frac{\pi}{3},\ \frac{\pi}{2}\right)$内固定，然后以原点为起点作射线. 这射线与两个半圆相交，并从 $r_1=2a\cos\theta$ 穿进 D，从 $r_2=a$ 穿出 D，因此 r 的积分限从 $2a\cos\theta$ 到 a，

$$\iint_D\sqrt{x^2+y^2}\,\mathrm{d}x\mathrm{d}y=\int_{\frac{\pi}{3}}^{\frac{\pi}{2}}\mathrm{d}\theta\int_{2a\cos\theta}^{a}r\cdot r\mathrm{d}r=\frac{a^3}{3}\left(\frac{\pi}{6}-\frac{16}{3}+\sqrt[3]{3}\right).$$

图 7-30

注意　不能因为极点 O 在积分域的边界上，误认为对 r 积分的积分下限是零. 原因是极点 O 虽在 D 的边界上，但 θ 在$\left(\frac{\pi}{3},\ \frac{\pi}{2}\right)$中的射线并不从点 O 进入 D，而是从 $r_1(\theta)=2a\cos\theta$ 进入 D.

9. **解**　区域 D 如图 7-31 所示，在极坐标系中，它可表示为

$$D=\left\{(r,\ \theta)\,\middle|\,-\frac{\pi}{4}\leqslant\theta\leqslant 0,\ 0\leqslant r\leqslant -2a\sin\theta\right\},$$

于是

$$I=\iint_D\frac{\sqrt{x^2+y^2}}{\sqrt{4a^2-x^2-y^2}}\mathrm{d}\theta$$
$$=\int_{-\frac{\pi}{4}}^{0}\mathrm{d}\theta\int_0^{-2a\sin\theta}\frac{r^2\mathrm{d}r}{\sqrt{4a^2-r^2}}.$$

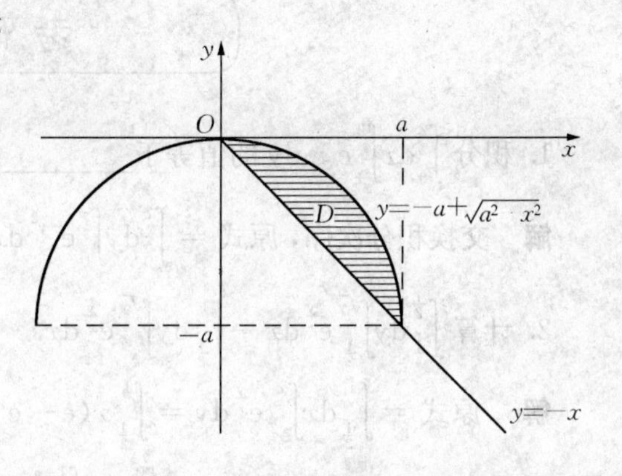

图 7-31

令 $r=2a\sin t$，即得

$$I=2a^2\int_{-\frac{\pi}{4}}^{0}\mathrm{d}\theta\int_0^{-\theta}(1-\cos 2t)\mathrm{d}t$$
$$=a^2\int_{-\frac{\pi}{4}}^{0}(\sin 2\theta-2\theta)\mathrm{d}\theta$$
$$=a^2\left(\frac{\pi^2}{16}-\frac{1}{2}\right).$$

10. **证**　由$\iint\limits_D[f(x)-f(y)]^2\mathrm{d}x\mathrm{d}y\geqslant 0$，有

$$\iint_D f^2(x)\mathrm{d}x\mathrm{d}y+\iint_D f^2(y)\mathrm{d}x\mathrm{d}y\geqslant 2\iint_D f(x)f(y)\mathrm{d}x\mathrm{d}y,$$

其中 $D=\{(x,\ y)\mid a\leqslant x\leqslant b,\ a\leqslant y\leqslant b\}$.

又

$$\iint_D f^2(x)\mathrm{d}x\mathrm{d}y=\int_a^b f^2(x)\mathrm{d}x\cdot\int_a^b\mathrm{d}y=(b-a)\int_a^b f^2(x)\mathrm{d}x,$$

$$\iint_D f^2(y)\mathrm{d}x\mathrm{d}y=\int_a^b f^2(y)\mathrm{d}y\cdot\int_a^b\mathrm{d}x=(b-a)\int_a^b f^2(y)\mathrm{d}y=(b-a)\int_a^b f^2(x)\mathrm{d}x,$$

而

$$\iint_D f(x)f(y)\mathrm{d}x\mathrm{d}y=\int_a^b f(x)\mathrm{d}x\cdot\int_a^b f(y)\mathrm{d}y=\left[\int_a^b f(x)\mathrm{d}x\right]^2,$$

故

$$\left[\int_a^b f(x)\mathrm{d}x\right]^2\leqslant(b-a)\int_a^b f^2(x)\mathrm{d}x.$$

11. **解**　题设积分区域 $D=\{(x,\ y)\mid x\leqslant y\leqslant 1,\ 0\leqslant x\leqslant 1\}$(图 7-32 中阴影部分). 交换积分次序，得

$$\int_0^1 dx\int_x^1 f(x)f(y)dy=\int_0^1 dy\int_0^y f(x)f(y)dx.$$

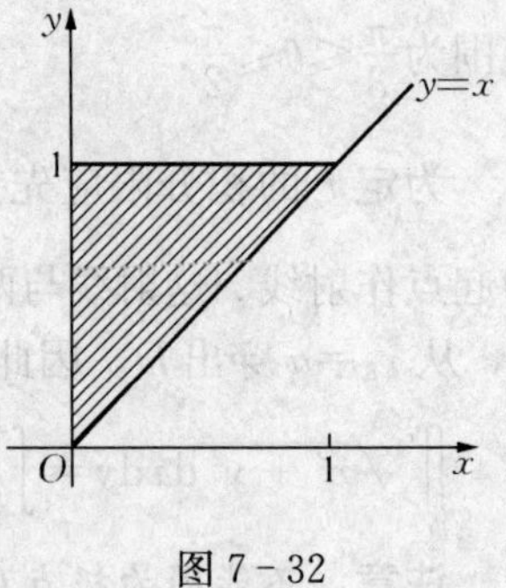

图 7-32

后一个积分中交换字母 x，y 的位置，得

$$\int_0^1 dy\int_0^y f(x)f(y)dx=\int_0^1 dx\int_0^x f(y)f(x)dy,$$

因此 $\int_0^1 dx\int_x^1 f(x)f(y)dx$

$$=\frac{1}{2}\left[\int_0^1 dx\int_x^1 f(x)f(y)dy+\int_0^1 dx\int_0^x f(y)f(x)dy\right]$$

$$=\frac{1}{2}\int_0^1 dx\int_0^1 f(x)f(y)dy=\frac{1}{2}\int_0^1 f(x)dx\cdot\int_0^1 f(y)dy=\frac{1}{2}A^2.$$

考研题解析

1. 积分 $\int_0^2 dx\int_x^2 e^{-y^2}dy$ 的值等于________.

解 交换积分次序，原式 $=\int_0^2 dy\int_0^y e^{-y^2}dx=\int_0^2 ye^{-y^2}dy=\frac{1}{2}(1-e^{-4})$.

2. 计算 $\int_{\frac{1}{4}}^{\frac{1}{2}} dy\int_{\frac{1}{2}}^{\sqrt{y}} e^{\frac{y}{x}}dx+\int_{\frac{1}{2}}^1 dy\int_y^{\sqrt{y}} e^{\frac{y}{x}}dx$.

解 原式 $=\int_{\frac{1}{2}}^1 dx\int_{x^2}^x e^{\frac{y}{x}}dy=\int_{\frac{1}{2}}^1 x(e-e^x)dx=\frac{3}{8}e-\frac{1}{2}\sqrt{e}$.

3. 交换二次积分的积分次序 $\int_{-1}^0 dy\int_2^{1-y} f(x,y)dx=$________.

解 由于 $-1\leqslant y\leqslant 0$ 时，$1-y\leqslant 2$，故

$$\int_{-1}^0 dy\int_2^{1-y} f(x,y)dx=-\int_{-1}^0 dy\int_{1-y}^2 f(x,y)dx.$$

上式右端二次积分的积分区域为(图 7-33)

$$D=\{(x,\ y)\mid 1-y\leqslant x\leqslant 2,\ -1\leqslant y\leqslant 0\},$$

将区域 D 改写成

$$D=\{(x,\ y)\mid 1-x\leqslant y\leqslant 0,\ 1\leqslant x\leqslant 2\}.$$

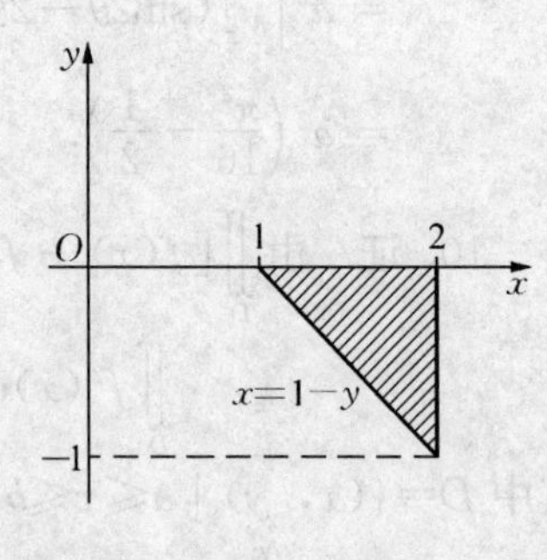

图 7-33

交换积分的次序，得

$$\int_{-1}^0 dy\int_{1-y}^2 f(x,y)dx=\int_1^2 dx\int_{1-x}^0 f(x,y)dy$$

$$=-\int_1^2 dx\int_0^{1-x} f(x,y)dy,$$

因此，原式 $=\int_1^2 dx\int_0^{1-x} f(x,y)dy$.

4. 累次积分 $\int_0^{\frac{\pi}{2}} d\theta\int_0^{\cos\theta} f(r\cos\theta,\ r\sin\theta)rdr$ 可以写成________.

(A) $\int_0^1 dy\int_0^{\sqrt{y-y^2}} f(x,y)dx$；　　(B) $\int_0^1 dy\int_0^{\sqrt{1-y^2}} f(x,y)dx$；

(C) $\int_0^1 dx\int_0^1 f(x,y)dy$；　　　　(D) $\int_0^1 dx\int_0^{\sqrt{x-x^2}} f(x,y)dy$.

解　由题设知，积分区域在极坐标系 $x=r\cos\theta$，$y=r\sin\theta$ 中为

$$D=\{(r,\ \theta)\mid 0\leqslant\theta\leqslant\frac{\pi}{2},\ 0\leqslant r\leqslant\cos\theta\},$$

即是由 $\left(x-\frac{1}{2}\right)^2+y^2=\frac{1}{4}$ 与 x 轴在第一象限所围成的平面图形，如图 7-34 所示．由于 D 的最左点的横坐标是 0，最右点横坐标是 1，下边界方程是 $y=0$，上边界的方程是 $y=\sqrt{x-x^2}$，从而 D 的直角坐标表示为

$$D=\{(x,\ y)\mid 0\leqslant x\leqslant 1,\ 0\leqslant y\leqslant\sqrt{x-x^2}\},$$

故(D)正确．

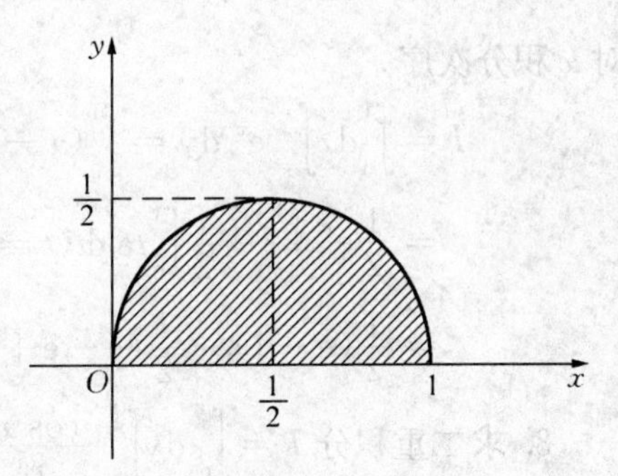

图 7-34

或采取逐步淘汰法．由于(A)中二重积分积分区域的极坐标表示为

$$D_1=\{(r,\ \theta)\mid 0\leqslant\theta\leqslant\frac{\pi}{2},\ 0\leqslant r\leqslant\sin\theta\},$$

而(B)中的积分区域是单位圆在第一象限的部分，(C)中的积分区域是正方形$\{(x,\ y)\mid 0\leqslant x\leqslant 1,\ 0\leqslant y\leqslant 1\}$，所以，它们都是不正确的．故应选(D).

5. 计算二次积分 $\int_1^2 dx\int_{\sqrt{x}}^x \sin\frac{\pi x}{2y}dy+\int_2^4 dx\int_{\sqrt{x}}^2 \sin\frac{\pi x}{2y}dy$.

解　积分区域 D 如图 7-35 中阴影部分所示．交换积分次序，则

$$\begin{aligned}原式&=\int_1^2 dy\int_y^{y^2}\sin\frac{\pi x}{2y}dx\\&=\int_1^2\frac{2y}{\pi}\left(\cos\frac{\pi}{2}-\cos\frac{\pi}{2}y\right)dy\\&=-\frac{2}{\pi}\int_1^2 y\cos\frac{\pi}{2}y\,dy=\frac{4}{\pi^3}(2+\pi).\end{aligned}$$

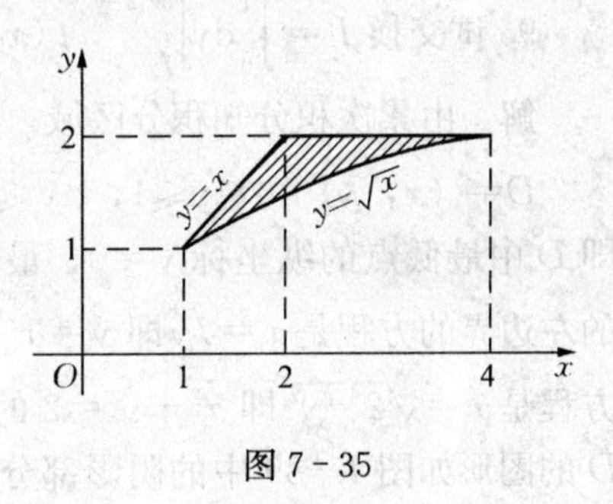

图 7-35

6. 计算二重积分 $I=\iint\limits_D y\,dx\,dy$，其中 D 是由 x 轴，y 轴与曲线 $\sqrt{\frac{x}{a}}+\sqrt{\frac{y}{b}}=1$ 所围成的区域，$a>0$，$b>0$.

解　积分区域 D 如图 7-36 阴影部分所示，这里先对 y 积分或先对 x 积分都一样．

由 $\sqrt{\frac{x}{a}}+\sqrt{\frac{y}{b}}=1$，得 $y=b\left(1-\sqrt{\frac{x}{a}}\right)^2$，因此，

$$I=\int_0^a dx\int_0^{b\left(1-\sqrt{\frac{x}{a}}\right)^2} y\,dy=\frac{1}{2}\int_0^a b^2\left(1-\sqrt{\frac{x}{a}}\right)^4 dx.$$

令 $t=1-\sqrt{\frac{x}{a}}$，则 $x=a(1-t)^2$，$dx=-2a(1-t)dt$，

$$I=ab^2\int_0^1(t^4-t^5)dt=\frac{ab^2}{30}.$$

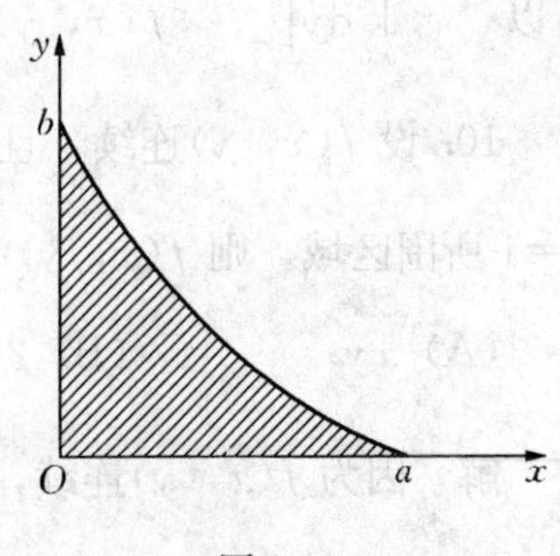

图 7-36

7. 计算二重积分 $I=\iint\limits_D e^{x^2}\,dxdy$，其中 D 是第一象限中由直线 $y=x$ 和 $y=x^3$ 所围成的封闭区域．

解 积分区域 D 如图 7－37 阴影部分所示．如先对 x 积分，$\int e^{x^2}\,dx$ 积不出来，从而求不出二重积分的结果，故采用先对 y 后对 x 积分次序．

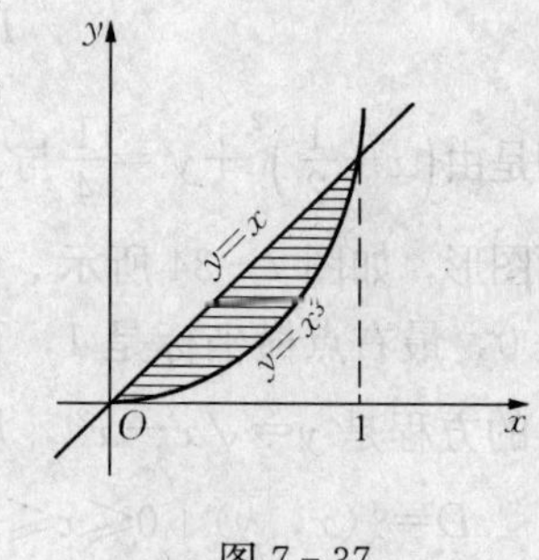

图 7－37

$$I=\int_0^1 dx\int_{x^3}^{x} e^{x^2}\,dy=\int_0^1 (x-x^3)e^{x^2}\,dx$$
$$=\frac{1}{2}e^{x^2}\Big|_0^1-\frac{1}{2}\int_0^1 te^t\,dt\,(t=x^2)$$
$$=\frac{1}{2}(e-1)-\frac{1}{2}(e-e+1)=\frac{e}{2}-1.$$

8. 求二重积分 $I=\int_0^{\frac{\pi}{6}} dy\int_y^{\frac{\pi}{6}}\frac{\cos x}{x}\,dx$.

解 按原积分次序计算其值积不出来，改变积分次序(图 7－38)，得

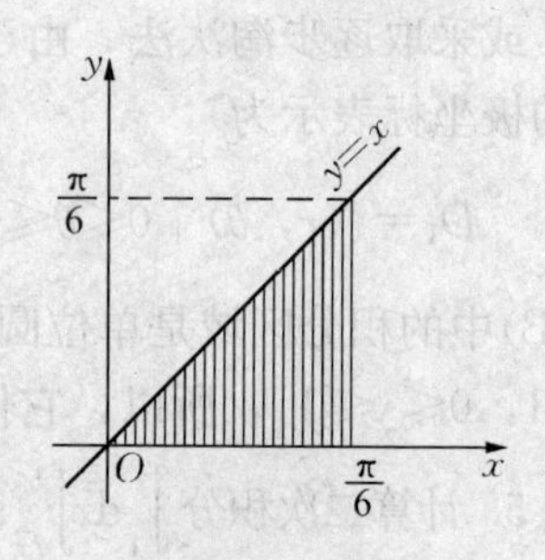

图 7－38

$$I=\int_0^{\frac{\pi}{6}} dx\int_0^x\frac{\cos x}{x}\,dy=\int_0^{\frac{\pi}{6}}\cos x\,dx=\frac{1}{2}.$$

9. 试交换 $I=\int_0^1 dy\int_{\sqrt{y}}^{\sqrt{2-y^2}} f(x,\ y)\,dx$ 的积分次序．

解 由累次积分知积分区域

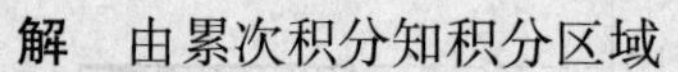

$$D=\{(x,\ y)\mid 0\leqslant y\leqslant 1,\ \sqrt{y}\leqslant x\leqslant\sqrt{2-y^2}\},$$

即 D 中最低点的纵坐标 $y=0$，最高点的纵坐标 $y=1$，D 的左边界的方程是 $x=\sqrt{y}$ 即 $y=x^2$ 的右支，D 的右边界的方程是 $x=\sqrt{2-y^2}$ 即 $x^2+y^2=2$ 的右半圆，从而不难画出 D 的图形如图 7－39 中的阴影部分所示．从图形可见 $D=D_1\cup D_2$，且

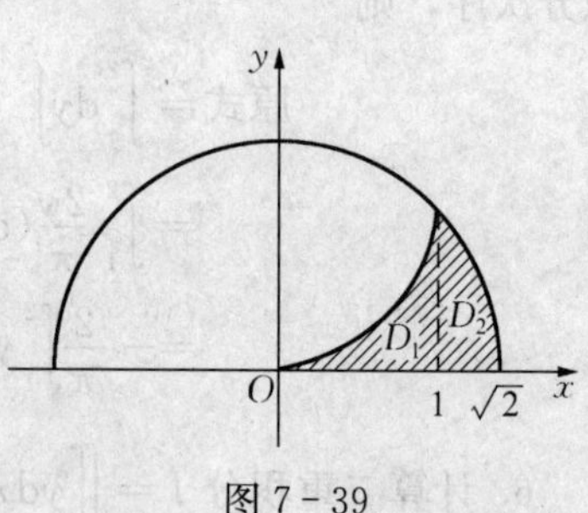

图 7－39

$$D_1=\{(x,\ y)\mid 0\leqslant x\leqslant 1,\ 0\leqslant y\leqslant x^2\},$$
$$D_2=\{(x,\ y)\mid 1\leqslant x\leqslant\sqrt{2},\ 0\leqslant y\leqslant\sqrt{2-x^2}\},$$

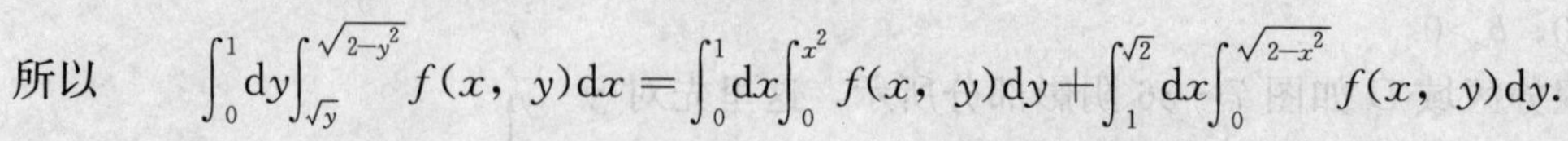

所以 $$\int_0^1 dy\int_{\sqrt{y}}^{\sqrt{2-y^2}} f(x,\ y)\,dx=\int_0^1 dx\int_0^{x^2} f(x,\ y)\,dy+\int_1^{\sqrt{2}} dx\int_0^{\sqrt{2-x^2}} f(x,\ y)\,dy.$$

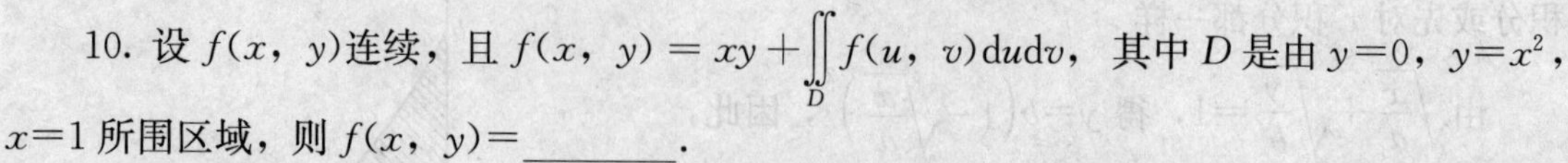

10. 设 $f(x,\ y)$ 连续，且 $f(x,\ y)=xy+\iint\limits_D f(u,\ v)\,dudv$，其中 D 是由 $y=0$，$y=x^2$，$x=1$ 所围区域，则 $f(x,\ y)=$________.

(A) xy； (B) $2xy$； (C) $xy+\frac{1}{8}$； (D) $xy+1$.

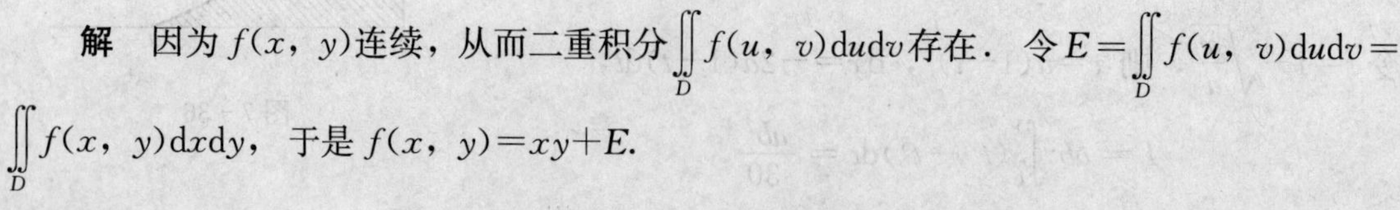

解 因为 $f(x,\ y)$ 连续，从而二重积分 $\iint\limits_D f(u,\ v)\,dudv$ 存在．令 $E=\iint\limits_D f(u,\ v)\,dudv=\iint\limits_D f(x,\ y)\,dxdy$，于是 $f(x,\ y)=xy+E$.

$$E=\iint_D(xy+E)\mathrm{d}x\mathrm{d}y=\int_0^1\mathrm{d}x\int_0^{x^2}(xy+E)\mathrm{d}y=\int_0^1\left(\frac{xy^2}{2}+Ey\right)\Big|_0^{x^2}\mathrm{d}x$$

$$=\int_0^1\left(\frac{x^5}{2}+Ex^2\right)\mathrm{d}x=\frac{1}{12}+\frac{E}{3}\Rightarrow E=\frac{1}{8},$$

即 $f(x,\ y)=xy+\frac{1}{8}$，故应选(C).

11. 求二重积分 $\iint_D y[1+x\mathrm{e}^{\frac{1}{2}(x^2+y^2)}]\mathrm{d}x\mathrm{d}y$ 的值，其中 D 是由直线 $y=x$，$y=-1$ 及 $x=1$ 围成的平面区域.

解　积分区域 D 如图 7-40 所示.

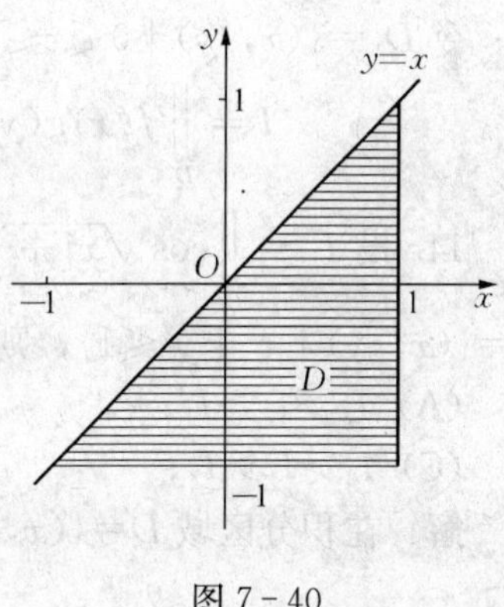

图 7-40

$$\iint_D y[1+x\mathrm{e}^{\frac{1}{2}(x^2+y^2)}]\mathrm{d}x\mathrm{d}y=\iint_D y\mathrm{d}x\mathrm{d}y+\iint_D xy\mathrm{e}^{\frac{1}{2}(x^2+y^2)}\mathrm{d}x\mathrm{d}y,$$

其中，$\iint_D y\mathrm{d}x\mathrm{d}y=\int_{-1}^1\mathrm{d}y\int_y^1 y\mathrm{d}x=\int_{-1}^1 y(1-y)\mathrm{d}y=-\frac{2}{3}$，

$$\iint_D xy\mathrm{e}^{\frac{1}{2}(x^2+y^2)}\mathrm{d}x\mathrm{d}y=\int_{-1}^1 y\mathrm{d}y\int_y^1 x\mathrm{e}^{\frac{1}{2}(x^2+y^2)}\mathrm{d}x$$

$$=\int_{-1}^1 y\left[\mathrm{e}^{\frac{1}{2}(1+y^2)}-\mathrm{e}^{y^2}\right]\mathrm{d}y=0,$$

于是　$$\iint_D y\left[1+x\mathrm{e}^{\frac{1}{2}(x^2+y^2)}\right]\mathrm{d}x\mathrm{d}y=-\frac{2}{3}.$$

12. 交换积分次序：$\int_0^{\frac{1}{4}}\mathrm{d}y\int_y^{\sqrt{y}}f(x,y)\mathrm{d}x+\int_{\frac{1}{4}}^{\frac{1}{2}}\mathrm{d}y\int_y^{\frac{1}{2}}f(x,y)\mathrm{d}x=$ ________.

解　由题设知，积分区域 $D=D_1\cup D_2$，且

$$D_1=\left\{(x,\ y)\mid 0\leqslant y\leqslant\frac{1}{4},\ y\leqslant x\leqslant\sqrt{y}\right\},$$

$$D_2=\left\{(x,\ y)\mid \frac{1}{4}\leqslant y\leqslant\frac{1}{2},\ y\leqslant x\leqslant\frac{1}{2}\right\},$$

其中 D_1 中最低点的纵坐标是 0，最高点的纵坐标是 $\frac{1}{4}$，D_1 的左边界的方程是 $x=y$，即 $y=x$，右边界的方程是 $x=\sqrt{y}$，即 $y=x^2$ 的右支；而 D_2 中最低点的纵坐标是 $\frac{1}{4}$，最高点的纵坐标是 $\frac{1}{2}$，D_2 的左边界的方程仍然是 $x=y$，即 $y=x$，右边界的方程是 $x=\frac{1}{2}$. D 的图形如图 7-41 所示.

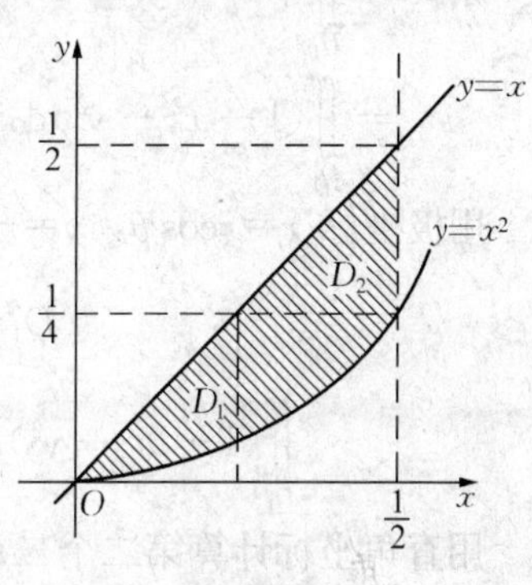

图 7-41

从图形可见 D 中最左点的横坐标为 0，最右点的横坐标为 $\frac{1}{2}$，下边界的方程是 $y=x^2$，上边界的方程是 $y=x$，即

$$D=\left\{(x,\ y)\mid 0\leqslant x\leqslant\frac{1}{2},\ x^2\leqslant y\leqslant x\right\},$$

所以　$$\int_0^{\frac{1}{4}}\mathrm{d}y\int_y^{\sqrt{y}}f(x,y)\mathrm{d}x+\int_{\frac{1}{4}}^{\frac{1}{2}}\mathrm{d}y\int_y^{\frac{1}{2}}f(x,y)\mathrm{d}x=\int_0^{\frac{1}{2}}\mathrm{d}x\int_{x^2}^{x}f(x,y)\mathrm{d}y.$$

13. 设 $a>0$，$f(x)=g(x)=\begin{cases}a, & 若\ 0\leqslant x\leqslant 1,\\ 0, & 其他,\end{cases}$ 而 D 表示全平面，则 $I=\iint\limits_{D} f(x)g(y-x)\mathrm{d}x\mathrm{d}y=$ ________.

解 由题设知

$$f(x)g(y-x)=\begin{cases}a^2, & 若\ 0\leqslant x\leqslant 1，且\ 0\leqslant y-x\leqslant 1,\\ 0, & 其他.\end{cases}$$

令 $D_1=\{(x, y)\mid 0\leqslant x\leqslant 1, 0\leqslant y-x\leqslant 1\}=\{(x, y)\mid 0\leqslant x\leqslant 1, x\leqslant y\leqslant x+1\}$，则

$$I=\iint\limits_{D} f(x)g(y-x)\mathrm{d}x\mathrm{d}y=\iint\limits_{D_1} a^2\mathrm{d}x\mathrm{d}y=a^2\int_0^1\mathrm{d}x\int_x^{x+1}\mathrm{d}y=a^2.$$

14. 设 $I_1=\iint\limits_{D}\cos\sqrt{x^2+y^2}\,\mathrm{d}\sigma$，$I_2=\iint\limits_{D}\cos(x^2+y^2)\mathrm{d}\sigma$，$I_3=\iint\limits_{D}\cos(x^2+y^2)^2\mathrm{d}\sigma$，其中 $D=\{(x, y)\mid x^2+y^2\leqslant 1\}$，则________.

(A) $I_3>I_2>I_1$； (B) $I_1>I_2>I_3$；

(C) $I_2>I_1>I_3$； (D) $I_3>I_1>I_2$.

解 在积分区域 $D=\{(x, y)\mid x^2+y^2\leqslant 1\}$ 上有

$$(x^2+y^2)^2\leqslant x^2+y^2\leqslant\sqrt{x^2+y^2},$$

且等号仅在区域 D 的边界 $\{(x, y)\mid x^2+y^2=1\}$ 上成立．从而在积分域 D 上有 $\cos(x^2+y^2)^2\geqslant\cos(x^2+y^2)\geqslant\cos\sqrt{x^2+y^2}$．且等号仅在 D 的边界 $\{(x, y)\mid x^2+y^2=1\}$ 上成立．此外，三个被积函数又都在区域 D 上连续，按二重积分的性质即得 $I_3>I_2>I_1$，故应选(A).

15. 计算二重积分 $\iint\limits_{D}|x^2+y^2-1|\mathrm{d}\sigma$，其中 $D=\{(x, y)\mid 0\leqslant x\leqslant 1, 0\leqslant y\leqslant 1\}$.

解 将积分区域分块，如图 7-42 所示．设

$$D_1=\{(x, y)\mid x^2+y^2\leqslant 1\}\cap D,$$
$$D_2=\{(x, y)\mid x^2+y^2\geqslant 1\}\cap D,$$

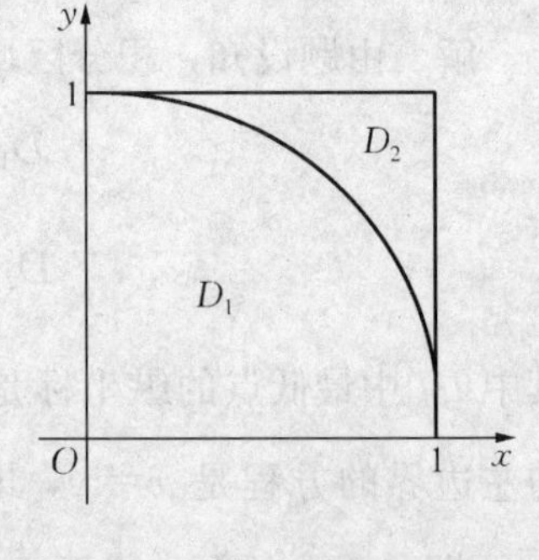

图 7-42

则 $D=D_1\cup D_2$，分块计算二重积分，

$$原式=\iint\limits_{D_1}|x^2+y^2-1|\mathrm{d}\sigma+\iint\limits_{D_2}|x^2+y^2-1|\mathrm{d}\sigma$$
$$=\iint\limits_{D_1}(1-x^2-y^2)\mathrm{d}\sigma+\iint\limits_{D_2}(x^2+y^2-1)\mathrm{d}\sigma.$$

用极坐标 $x=r\cos\theta$，$y=r\sin\theta$ 计算第一个二重积分．由于

$$D_1=\{(r, \theta)\mid 0\leqslant\theta\leqslant\frac{\pi}{2}, 0\leqslant r\leqslant 1\},$$

故
$$\iint\limits_{D_1}(1-x^2-y^2)\mathrm{d}\sigma=\int_0^{\frac{\pi}{2}}\mathrm{d}\theta\int_0^1(1-r^2)r\mathrm{d}r=\frac{\pi}{2}\left(\frac{1}{2}-\frac{1}{4}\right)=\frac{\pi}{8}.$$

用直角坐标计算第二个二重积分．由于

$$D_2=\{(x, y)\mid 0\leqslant x\leqslant 1, \sqrt{1-x^2}\leqslant y\leqslant 1\},$$

故
$$\iint\limits_{D_2}(x^2-y^2-1)\mathrm{d}\sigma=\int_0^1\mathrm{d}x\int_{\sqrt{1-x^2}}^1(x^2+y^2-1)\mathrm{d}y$$
$$=\int_0^1\left[\frac{1-(1-x^2)^{\frac{3}{2}}}{3}+(x^2-1)(1-\sqrt{1-x^2})\right]\mathrm{d}x$$

$$= \frac{1}{3} + \int_0^1 (x^2 - 1)\mathrm{d}x + \frac{2}{3}\int_0^1 (1 - x^2)^{\frac{3}{2}}\mathrm{d}x$$

$$= -\frac{1}{3} + \frac{2}{3}\int_0^{\frac{\pi}{2}} \cos^4 t\mathrm{d}t$$

$$= -\frac{1}{3} + \frac{2}{3}\cdot\frac{3}{4}\cdot\frac{1}{2}\cdot\frac{\pi}{2} = \frac{\pi}{8} - \frac{1}{3}.$$

最后可得
$$\iint_D |x^2 + y^2 - 1|\mathrm{d}\sigma = \frac{\pi}{4} - \frac{1}{3}.$$

16. 设函数在区间$[0, 1]$上连续，并设$\int_0^1 f(x)\mathrm{d}x = A$，求$\int_0^1 \mathrm{d}x\int_x^1 f(x)f(y)\mathrm{d}y$.

解法一　令$\int_x^1 f(y)\mathrm{d}y = \varphi(x)$，则$\varphi'(x) = -f(x)$. 于是

$$\int_0^1 \mathrm{d}x\int_x^1 f(x)f(y)\mathrm{d}y = \int_0^1 f(x)\varphi(x)\mathrm{d}x = -\int_0^1 \varphi'(x)\varphi(x)\mathrm{d}x$$

$$= -\frac{1}{2}\varphi^2(x)\Big|_0^1 = \frac{1}{2}[\varphi^2(0) - \varphi^2(1)]$$

$$= \frac{1}{2}(A^2 - 0) = \frac{1}{2}A^2.$$

解法二　交换积分次序，得

$$\int_0^1 \mathrm{d}x\int_x^1 f(x)f(y)\mathrm{d}y = \int_0^1 \mathrm{d}y\int_0^y f(x)f(y)\mathrm{d}x = \int_0^1 \mathrm{d}x\int_0^x f(x)f(y)\mathrm{d}y,$$

于是
$$2\int_0^1 \mathrm{d}x\int_x^1 f(x)f(y)\mathrm{d}y = \int_0^1 \mathrm{d}x\int_0^x f(x)f(y)\mathrm{d}y + \int_0^1 \mathrm{d}x\int_x^1 f(x)f(y)\mathrm{d}y$$

$$= \int_0^1 \mathrm{d}x\int_0^1 f(x)f(y)\mathrm{d}y,$$

所以
$$\int_0^1 \mathrm{d}x\int_x^1 f(x)f(y)\mathrm{d}y = \frac{1}{2}A^2.$$

17. 计算二重积分$I = \iint_D x^2 y\mathrm{d}x\mathrm{d}y$，其中$D$是由双曲线$x^2 - y^2 = 1$及直线$y=0$，$y=1$所围成的平面区域.

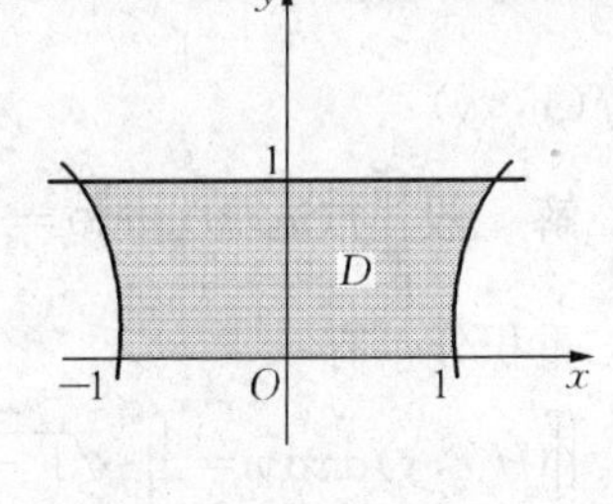

图 7-43

解　积分区域如图 7-43 所示阴影部分，将二重积分化为先对x后对y的二次积分，得

$$\iint_D x^2 y\mathrm{d}x\mathrm{d}y = \int_0^1 \mathrm{d}y\int_{-\sqrt{1+y^2}}^{\sqrt{1+y^2}} x^2 y\mathrm{d}x$$

$$= \frac{2}{3}\int_0^1 y(1 + y^2)^{\frac{3}{2}}\mathrm{d}y$$

$$= \frac{2}{15}(1 + y^2)^{\frac{3}{2}}\Big|_0^1 = \frac{2}{15}(2\sqrt{2} - 1).$$

18. 计算二重积分$\iint_D \mathrm{e}^{\max\{x^2, y^2\}}\mathrm{d}x\mathrm{d}y$，其中$D=\{(x, y) \mid 0 \leqslant x \leqslant 1, 0 \leqslant y \leqslant 1\}$.

解　将区域D用$y=x$分成$D_1 \cup D_2$（图 7-44），在区域D_1上$\max\{x^2, y^2\} = y^2$，在区域D_2上$\max\{x^2, y^2\} = x^2$，应用二重积分的可加性.

$$\text{原式}=\iint_{D_1}e^{\max\{x^2,y^2\}}\mathrm{d}x\mathrm{d}y+\iint_{D_2}e^{\max\{x^2,y^2\}}\mathrm{d}x\mathrm{d}y$$

$$=\iint_{D_1}e^{y^2}\mathrm{d}x\mathrm{d}y+\iint_{D_2}e^{x^2}\mathrm{d}x\mathrm{d}y$$

$$=\int_0^1\mathrm{d}y\int_0^y e^{y^2}\mathrm{d}x+\int_0^1\mathrm{d}x\int_0^x e^{x^2}\mathrm{d}y$$

$$=\int_0^1 ye^{y^2}\mathrm{d}y+\int_0^1 xe^{x^2}\mathrm{d}x=\frac{1}{2}e^{y^2}\Big|_0^1+\frac{1}{2}e^{x^2}\Big|_0^1$$

$$=e-1.$$

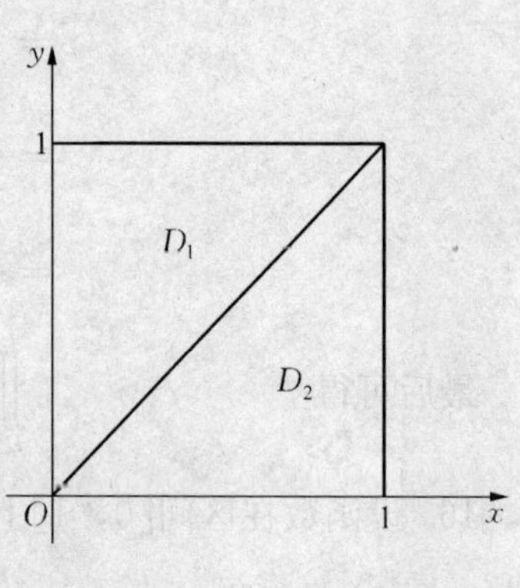
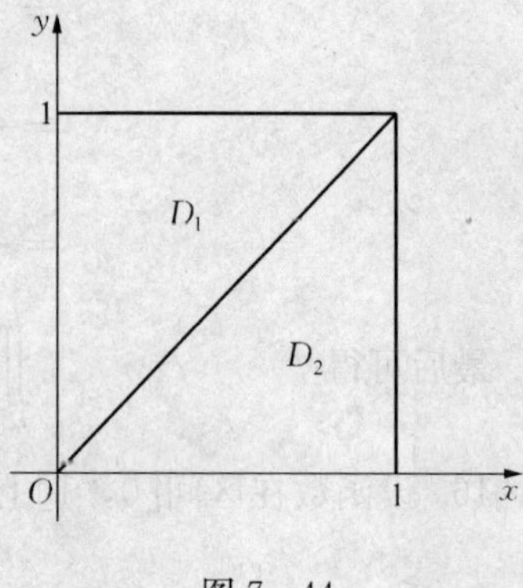

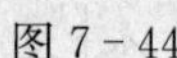
图 7-44

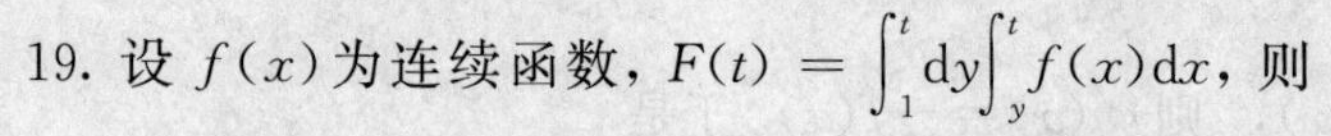
19. 设 $f(x)$ 为连续函数，$F(t)=\int_1^t\mathrm{d}y\int_y^t f(x)\mathrm{d}x$，则 $F'(2)=$______.

(A) $2f(2)$；　　(B) $f(2)$；

(C) $-f(2)$；　　(D) 0.

解　交换二次积分的次序(图 7-45)：

$$F(t)=\int_1^t\mathrm{d}y\int_y^t f(x)\mathrm{d}x=\int_1^t\mathrm{d}x\int_1^x f(x)\mathrm{d}y$$

$$=\int_1^t(x-1)f(x)\mathrm{d}x,$$

图 7-45

故 $F'(t)=(t-1)f(t)$，于是 $F'(2)=(2-1)f(2)=f(2)$. 选(B).

20. 设闭区域 $D=\{(x,y)\mid x^2+y^2\leqslant y,\ x\geqslant 0\}$(图 7-46)，$f(x,y)$为 D 上的连续函数，且

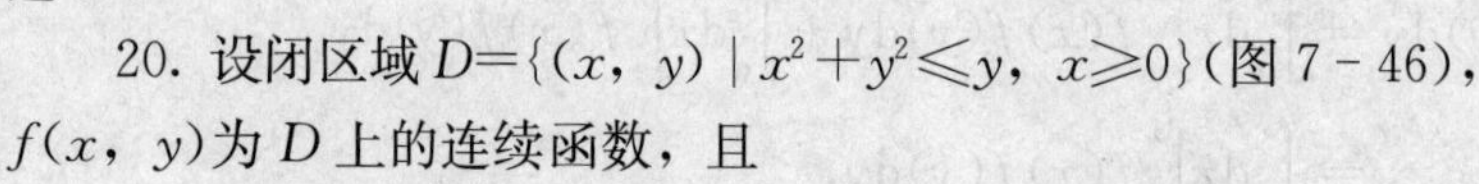

$$f(x,y)=\sqrt{1-x^2-y^2}-\frac{8}{\pi}\iint_D f(u,v)\mathrm{d}u\mathrm{d}v,$$

求 $f(x,y)$.

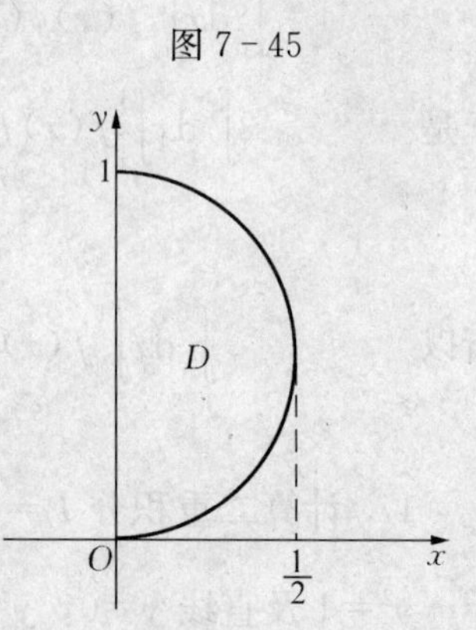

图 7-46

解　设 $\iint_D f(u,v)\mathrm{d}u\mathrm{d}v=A$，在已知等式两边求区域 D 上的二重积分，有

$$\iint_D f(x,y)\mathrm{d}x\mathrm{d}y=\iint_D\sqrt{1-x^2-y^2}\mathrm{d}x\mathrm{d}y-\frac{8A}{\pi}\iint_D\mathrm{d}x\mathrm{d}y,$$

从而
$$A=\iint_D\sqrt{1-x^2-y^2}\mathrm{d}x\mathrm{d}y-A,$$

所以
$$2A=\iint_D\sqrt{1-x^2-y^2}\mathrm{d}x\mathrm{d}y=\int_0^{\frac{\pi}{2}}\mathrm{d}\theta\int_0^{\sin\theta}\sqrt{1-r^2}\cdot r\mathrm{d}r$$

$$=\frac{1}{3}\int_0^{\frac{\pi}{2}}(1-\cos^3\theta)\mathrm{d}\theta=\frac{1}{3}\left(\frac{\pi}{2}-\frac{2}{3}\right),$$

故
$$A=\frac{1}{6}\left(\frac{\pi}{2}-\frac{2}{3}\right),$$

于是
$$f(x,y)=\sqrt{1-x^2-y^2}-\frac{4}{3\pi}\left(\frac{\pi}{2}-\frac{2}{3}\right).$$

21. 设 D 是以点 $O(0,0)$，$A(1,2)$ 和 $B(2,1)$ 为顶点的三角形区域，求 $\iint\limits_D x\mathrm{d}x\mathrm{d}y$.

解 直线 OA，OB 和 AB 方程分别为

$$y=2x,\ y=\frac{x}{2} \text{ 和 } y=3-x.$$

过点 A 向 x 轴作垂线 AP，它将 D 分成 D_1 和 D_2 两个区域(图 7-47)，其中点 P 的横坐标为 1，因此，有

$$\begin{aligned}\iint\limits_D x\mathrm{d}x\mathrm{d}y &= \iint\limits_{D_1} x\mathrm{d}x\mathrm{d}y+\iint\limits_{D_2} x\mathrm{d}x\mathrm{d}y \\ &= \int_0^1 x\mathrm{d}x\int_{\frac{x}{2}}^{2x}\mathrm{d}y+\int_1^2 x\mathrm{d}x\int_{\frac{x}{2}}^{3-x}\mathrm{d}y \\ &= \int_0^1 \frac{3}{2}x^2\mathrm{d}x+\int_1^2\left(3x-\frac{3}{2}x^2\right)\mathrm{d}x \\ &= \frac{1}{2}x^3\Big|_0^1+\left(\frac{3}{2}x^2-\frac{1}{2}x^3\right)\Big|_1^2=\frac{3}{2}.\end{aligned}$$

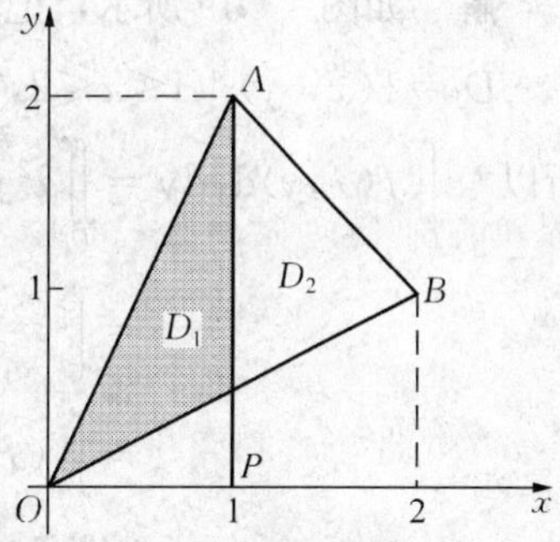

图 7-47

22. 设 $D=\{(x,y)\mid x^2+y^2\leqslant x\}$，求 $\iint\limits_D \sqrt{x}\,\mathrm{d}x\mathrm{d}y$.

解法一 $D=\{(x,y)\mid 0\leqslant x\leqslant 1,\ -\sqrt{x-x^2}\leqslant y\leqslant\sqrt{x-x^2}\}$，

所以
$$\iint\limits_D \sqrt{x}\,\mathrm{d}x\mathrm{d}y=\int_0^1\sqrt{x}\,\mathrm{d}x\int_{-\sqrt{x-x^2}}^{\sqrt{x-x^2}}\mathrm{d}y=2\int_0^1 x\sqrt{1-x}\,\mathrm{d}x$$

$$\xlongequal{\sqrt{1-x}=t}4\int_0^1 t^2(1-t^2)\mathrm{d}t=4\left(\frac{t^3}{3}-\frac{t^5}{5}\right)\Big|_0^1=\frac{8}{15}.$$

解法二
$$\iint\limits_D \sqrt{x}\,\mathrm{d}x\mathrm{d}y=\int_{-\frac{\pi}{2}}^{\frac{\pi}{2}}\mathrm{d}\theta\int_0^{\cos\theta}\sqrt{r\cos\theta}\,r\mathrm{d}r=\int_{-\frac{\pi}{2}}^{\frac{\pi}{2}}\cos^{\frac{1}{2}}\theta\mathrm{d}\theta\int_0^{\cos\theta}r^{\frac{3}{2}}\mathrm{d}r$$

$$=\frac{4}{5}\int_0^{\frac{\pi}{2}}\cos^3\theta\mathrm{d}\theta=\frac{8}{15}.$$

23. 计算二重积分 $\iint\limits_D y\mathrm{d}x\mathrm{d}y$，其中 D 是由直线 $x=-2$，$y=0$，$y=2$ 以及曲线 $x=-\sqrt{2y-y^2}$ 所围成的平面区域.

解 区域 D 和 D_1 如图 7-48 所示，有

$$\iint\limits_D y\mathrm{d}x\mathrm{d}y=\iint\limits_{D\cup D_1}y\mathrm{d}x\mathrm{d}y-\iint\limits_{D_1}y\mathrm{d}x\mathrm{d}y.$$

$$\iint\limits_{D\cup D_1}y\mathrm{d}x\mathrm{d}y=\int_{-2}^0\mathrm{d}x\int_0^2 y\mathrm{d}y=4.$$

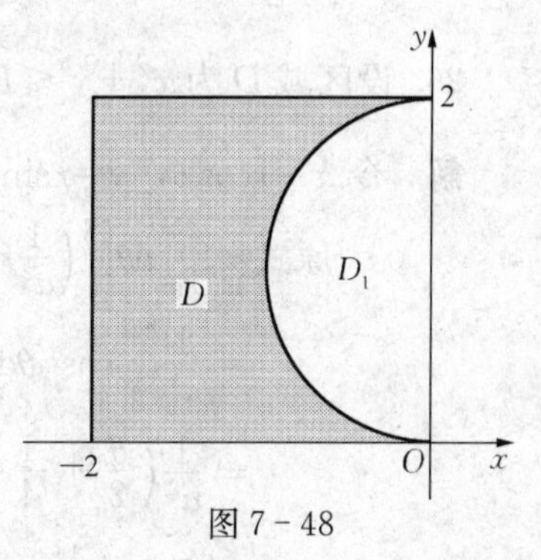

图 7-48

在极坐标系下，$D_1=\left\{(r,\theta)\mid 0\leqslant r\leqslant 2\sin\theta,\ \frac{\pi}{2}\leqslant\theta\leqslant\pi\right\}$，因此，

$$\iint\limits_{D_1}y\mathrm{d}x\mathrm{d}y=\int_{\frac{\pi}{2}}^{\pi}\mathrm{d}\theta\int_0^{2\sin\theta}r\sin\theta\cdot r\mathrm{d}r=\frac{8}{3}\int_{\frac{\pi}{2}}^{\pi}\sin^4\theta\mathrm{d}\theta$$

$$=\frac{8}{3\times 4}\int_{\frac{\pi}{2}}^{\pi}\left(1-2\cos2\theta+\frac{1+\cos4\theta}{2}\right)\mathrm{d}\theta=\frac{\pi}{2},$$

于是 $$\iint_D y\mathrm{d}x\mathrm{d}y=4-\frac{\pi}{2}.$$

24. 设 $f(x,y)=\begin{cases}x^2y, & 1\leqslant x\leqslant 2,\ 0\leqslant y\leqslant x,\\ 0, & \text{其他},\end{cases}$ 求 $\iint_D f(x,y)\mathrm{d}x\mathrm{d}y$，其中 $D=\{(x,y)\mid x^2+y^2\geqslant 2x\}$.

解 如图 7-49 所示，记

$$D_1=\{(x,y)\mid 1\leqslant x\leqslant 2,\ \sqrt{2x-x^2}\leqslant y\leqslant x\},$$

所以 $$\iint_D f(x,y)\mathrm{d}x\mathrm{d}y=\iint_{D_1}x^2y\mathrm{d}x\mathrm{d}y$$
$$=\int_1^2 x^2\cdot\frac{y^2}{2}\Big|_{\sqrt{2x-x^2}}^{x}\mathrm{d}x$$
$$=\int_1^2(x^4-x^3)\mathrm{d}x=\frac{49}{20}.$$

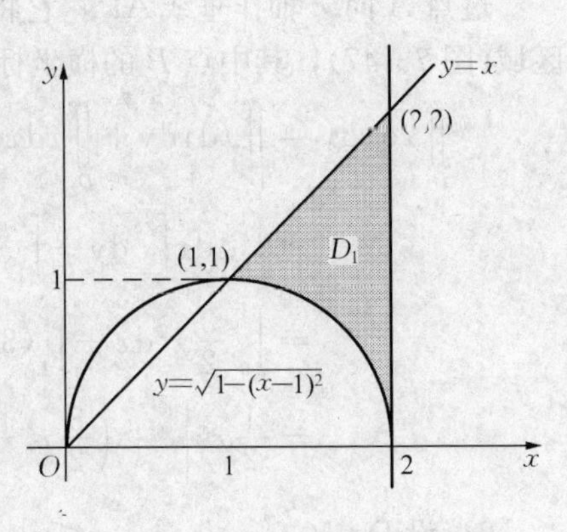

图 7-49

25. 求二重积分 $I=\iint_D\frac{1-x^2-y^2}{1+x^2+y^2}\mathrm{d}x\mathrm{d}y$，其中 D 是由 $x^2+y^2=1$，$x=0$，$y=0$ 所围成的区域在第一象限的部分.

解 令 $x=r\cos\theta$，$y=r\sin\theta$，则积分域

$$D=\left\{(r,\theta)\mid 0\leqslant\theta\leqslant\frac{\pi}{2},\ 0\leqslant r\leqslant 1\right\}.$$

$$I=\iint_D\frac{1-x^2-y^2}{1+x^2+y^2}\mathrm{d}x\mathrm{d}y=\int_0^{\frac{\pi}{2}}\mathrm{d}\theta\int_0^1\frac{1-r^2}{1+r^2}r\mathrm{d}r=\int_0^{\frac{\pi}{2}}\mathrm{d}\theta\int_0^1\left(\frac{r}{1+r^2}-\frac{r^3}{1+r^2}\right)\mathrm{d}r$$
$$=\int_0^{\frac{\pi}{2}}\mathrm{d}\theta\int_0^1\left(\frac{r}{1+r^2}-r+\frac{r}{1+r^2}\right)\mathrm{d}r=\int_0^{\frac{\pi}{2}}\mathrm{d}\theta\int_0^1\left(\frac{2r}{1+r^2}-r\right)\mathrm{d}r$$
$$=\int_0^{\frac{\pi}{2}}\left[\ln(1+r^2)-\frac{r^2}{2}\right]\Big|_0^1\mathrm{d}\theta=\int_0^{\frac{\pi}{2}}\left(\ln 2-\frac{1}{2}\right)\mathrm{d}\theta=\frac{\pi}{2}\ln 2-\frac{\pi}{4}.$$

26. 设区域 D 为 $x^2+y^2\leqslant R^2$，则 $\iint_D\left(\frac{x^2}{a^2}+\frac{y^2}{b^2}\right)\mathrm{d}x\mathrm{d}y=$ ________.

解 令 $x=r\cos\theta$，$y=r\sin\theta$，则

$$\text{原式}=\int_0^{2\pi}\mathrm{d}\theta\int_0^R\left(\frac{1}{a^2}r^2\cos^2\theta+\frac{1}{b^2}r^2\sin^2\theta\right)r\,\mathrm{d}r$$
$$=\frac{1}{a^2}\int_0^{2\pi}\cos^2\theta\mathrm{d}\theta\int_0^R r^3\,\mathrm{d}r+\frac{1}{b^2}\int_0^{2\pi}\sin^2\theta\mathrm{d}\theta\int_0^R r^3\,\mathrm{d}r$$
$$=\frac{1}{a^2}\left(\frac{\theta}{2}+\frac{1}{4}\sin 2\theta\right)\Big|_0^{2\pi}\cdot\frac{1}{4}R^4+\frac{1}{b^2}\left(\frac{\theta}{2}-\frac{1}{4}\sin 2\theta\right)\Big|_0^{2\pi}\cdot\frac{1}{4}R^4$$
$$=\frac{\pi}{4}R^4\left(\frac{1}{a^2}+\frac{1}{b^2}\right).$$

27. 计算积分 $\iint_D\sqrt{x^2+y^2}\,\mathrm{d}x\mathrm{d}y$，其中 $D=\{(x,y)\mid 0\leqslant y\leqslant x,\ x^2+y^2\leqslant 2x\}$.

解 令 $x=r\cos\theta$，$y=r\sin\theta$，则

$$\text{原式}=\int_0^{\frac{\pi}{4}}\mathrm{d}\theta\int_0^{2\cos\theta}r\cdot r\mathrm{d}r=\frac{8}{3}\int_0^{\frac{\pi}{4}}\cos^3\theta\mathrm{d}\theta=\frac{8}{3}\int_0^{\frac{\pi}{4}}(1-\sin^2\theta)\mathrm{d}\sin\theta$$

$$=\frac{8}{3}\left(\sin\theta-\frac{1}{3}\sin^3\theta\right)\Big|_0^{\frac{\pi}{4}}=\frac{10}{9}\sqrt{2}.$$

28. 计算二重积分 $\iint\limits_D\frac{\sqrt{x^2+y^2}}{\sqrt{4a^2-x^2-y^2}}\mathrm{d}\sigma$，其中 D 是由曲线 $y=-a+\sqrt{a^2-x^2}\,(a>0)$ 和直线 $y=-x$ 围成的区域．

解　区域 D 如图 7－50 所示，在极坐标系 $x=r\cos\theta$，$y=r\sin\theta$ 中，

$$D=\left\{(r,\ \theta)\mid -\frac{\pi}{4}\leqslant\theta\leqslant 0,\ 0\leqslant r\leqslant -2a\sin\theta\right\},$$

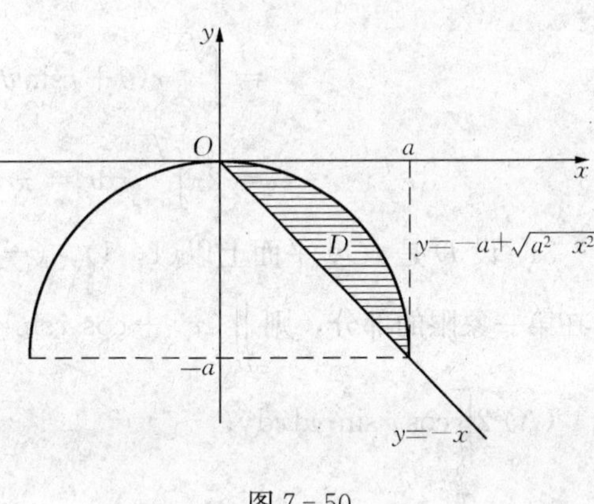

图 7－50

于是　$$I=\iint\limits_D\frac{\sqrt{x^2+y^2}}{\sqrt{4a^2-x^2-y^2}}\mathrm{d}\sigma$$

$$=\int_{-\frac{\pi}{4}}^{0}\mathrm{d}\theta\int_0^{-2a\sin\theta}\frac{r^2}{\sqrt{4a^2-r^2}}\mathrm{d}r.$$

令 $r=2a\sin t$，有

$$I=4a^2\int_{-\frac{\pi}{4}}^{0}\mathrm{d}\theta\int_0^{-\theta}\sin^2 t\mathrm{d}t$$

$$=2a^2\int_{-\frac{\pi}{4}}^{0}\mathrm{d}\theta\int_0^{-\theta}(1-\cos 2t)\mathrm{d}t$$

$$=2a^2\int_{-\frac{\pi}{4}}^{0}\left(-\theta-\frac{1}{2}\sin 2\theta\right)\mathrm{d}\theta=a^2\left(\frac{\pi^2}{16}+\frac{1}{2}\right).$$

29. 计算二重积分

$$I=\iint\limits_D \mathrm{e}^{-(x^2+y^2-\pi)}\sin(x^2+y^2)\mathrm{d}x\mathrm{d}y,$$

其中积分区域 $D=\{(x,\ y)\mid x^2+y^2\leqslant\pi\}$.

解　作极坐标变换 $x=r\cos\theta$，$y=r\sin\theta$，有

$$I=\mathrm{e}^{\pi}\iint\limits_D \mathrm{e}^{-(x^2+y^2)}\sin(x^2+y^2)\mathrm{d}x\mathrm{d}y=\mathrm{e}^{\pi}\int_0^{2\pi}\mathrm{d}\theta\int_0^{\sqrt{\pi}}r\mathrm{e}^{-r^2}\sin r^2\mathrm{d}r.$$

令 $t=r^2$，则 $I=\pi\mathrm{e}^{\pi}\int_0^{\pi}\mathrm{e}^{-t}\sin t\mathrm{d}t$.　记 $A=\int_0^{\pi}\mathrm{e}^{-t}\sin t\mathrm{d}t$，于是

$$A=-\int_0^{\pi}\sin t\mathrm{d}\mathrm{e}^{-t}=-\mathrm{e}^{-t}\sin t\Big|_0^{\pi}+\int_0^{\pi}\mathrm{e}^{-t}\cos t\mathrm{d}t$$

$$=-\int_0^{\pi}\cos t\mathrm{d}\mathrm{e}^{-t}=-\mathrm{e}^{-t}\cos t\Big|_0^{\pi}-\int_0^{\pi}\mathrm{e}^{-t}\sin t\mathrm{d}t=\mathrm{e}^{-\pi}+1-A,$$

由此解得

$$A=\frac{1}{2}(1+\mathrm{e}^{-\pi}),$$

因此，

$$I=\pi\mathrm{e}^{\pi}A=\frac{\pi}{2}\mathrm{e}^{\pi}(1+\mathrm{e}^{-\pi})=\frac{\pi}{2}(\mathrm{e}^{\pi}+1).$$

30. 计算二重积分 $\iint\limits_D(x+y)\mathrm{d}x\mathrm{d}y$，其中 $D=\{(x,\ y)\mid x^2+y^2\leqslant x+y+1\}$.

解　由 $x^2+y^2\leqslant x+y+1$，得 $\left(x-\frac{1}{2}\right)^2+\left(y-\frac{1}{2}\right)^2\leqslant\frac{3}{2}$.

令 $x-\frac{1}{2}=r\cos\theta$，$y-\frac{1}{2}=r\sin\theta$，引入极坐标系$(r,\theta)$，则

$$D=\left\{(r,\theta)\mid 0\leqslant\theta\leqslant 2\pi,\ 0\leqslant r\leqslant\sqrt{\frac{3}{2}}\right\},$$

故
$$\iint_D (x+y)\mathrm{d}x\mathrm{d}y=\int_0^{\sqrt{\frac{3}{2}}} r\mathrm{d}r\int_0^{2\pi}(1+r\cos\theta-r\sin\theta)\mathrm{d}\theta$$
$$=\int_0^{\sqrt{\frac{3}{2}}} r(\theta+r\sin\theta+r\cos\theta)\Big|_0^{2\pi}\mathrm{d}r$$
$$=2\pi\int_0^{\sqrt{\frac{3}{2}}} r\mathrm{d}r=\pi r^2\Big|_0^{\sqrt{\frac{3}{2}}}=\frac{3}{2}\pi.$$

31. 设 D 是 xOy 平面上以$(1,1)$，$(-1,1)$和$(-1,-1)$为顶点的三角形区域，D_1 是 D 在第一象限的部分，则 $\iint_D (xy+\cos x\sin y)\mathrm{d}x\mathrm{d}y=$ ______.

(A) $2\iint_{D_1}\cos x\sin y\mathrm{d}x\mathrm{d}y$；　　(B) $2\iint_{D_1}xy\mathrm{d}x\mathrm{d}y$；

(C) $4\iint_{D_1}(xy+\cos x\sin y)\mathrm{d}x\mathrm{d}y$；　　(D) 0.

解　如图 7－51 所示，连接 OB，将 D 分为$\triangle OAB$ 和$\triangle OBC$ 两个区域．在后一区域(关于 x 轴对称)上，因为被积函数 $xy+\cos x\sin y$ 关于 y 为奇函数，所以积分为 0. 而在前一区域(关于 y 轴对称)上，因为 xy 关于 x 为奇函数，所以第一项积分为 0，而 $\cos x$ 关于 x 为偶函数，所以第二项积分等于 $2\iint_{D_1}\cos x\sin y\mathrm{d}x\mathrm{d}y$，故选(A).

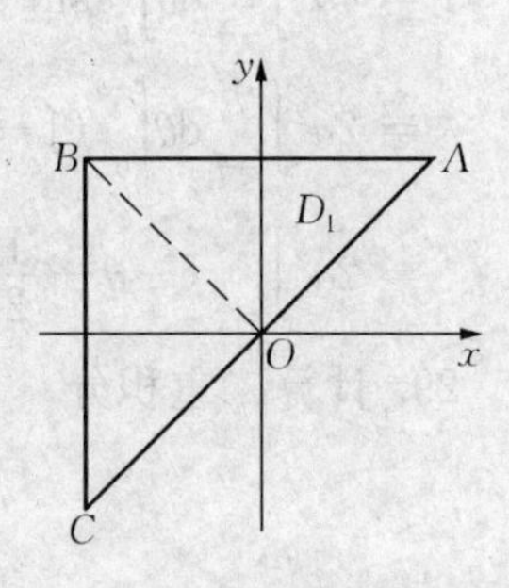

图 7－51

32. 计算二重积分 $\iint_D x\mathrm{e}^{-y^2}\mathrm{d}x\mathrm{d}y$，其中 D 是曲线 $y=4x^2$ 和 $y=9x^2$ 在第一象限所围成的区域(图 7－52).

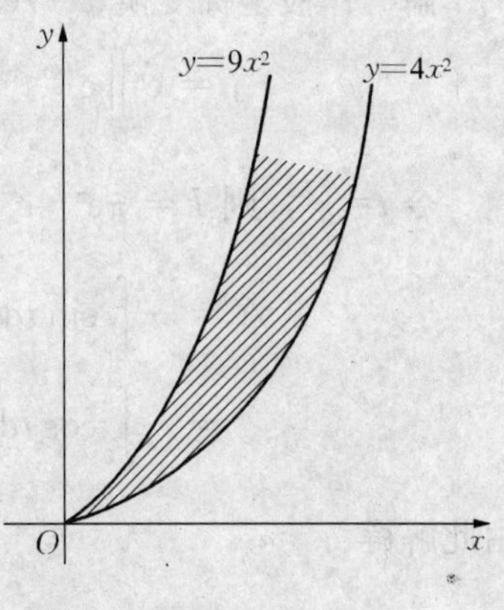

图 7－52

解　区域 D 是无界区域，设

$$D_b=\left\{(x,y)\mid 0\leqslant y\leqslant b,\ \frac{\sqrt{y}}{3}\leqslant x\leqslant\frac{\sqrt{y}}{2}\right\},$$

不难发现，当 $b\to\infty$ 时，有 $D_b\to D$. 从而

$$\iint_D x\mathrm{e}^{-y^2}\mathrm{d}x\mathrm{d}y=\lim_{b\to+\infty}\iint_{D_b}x\mathrm{e}^{-y^2}\mathrm{d}x\mathrm{d}y$$
$$=\lim_{b\to+\infty}\int_0^b \mathrm{e}^{-y^2}\mathrm{d}y\int_{\frac{\sqrt{y}}{3}}^{\frac{\sqrt{y}}{2}}x\mathrm{d}x$$
$$=\frac{1}{2}\lim_{b\to+\infty}\int_0^b\left(\frac{1}{4}y-\frac{1}{9}y\right)\mathrm{e}^{-y^2}\mathrm{d}y$$
$$=\frac{5}{72}\lim_{b\to+\infty}\int_0^b y\mathrm{e}^{-y^2}\mathrm{d}y\xlongequal{t=y^2}\frac{5}{144}\lim_{b\to+\infty}\int_0^{b^2}\mathrm{e}^{-t}\mathrm{d}t$$

$$=\frac{5}{144}\lim_{b\to+\infty}(1-e^{-b^2})=\frac{5}{144}.$$

33. 计算 $I=\int_{-\infty}^{+\infty}\int_{-\infty}^{+\infty}\min\{x,\ y\}e^{-(x^2+y^2)}dxdy$.

解法一 本题中二重积分的积分区域 D 是全平面，设 $a>0$，

$$D_a=\{(x,\ y)\mid -a\leqslant x\leqslant a,\ -a\leqslant y\leqslant a\},$$

则当 $a\to+\infty$ 时，有 $D_a\to D$，从而

$$I=\int_{-\infty}^{+\infty}\int_{-\infty}^{+\infty}\min\{x,y\}e^{-(x^2+y^2)}dxdy=\lim_{a\to+\infty}\iint_{D_a}\min\{x,y\}e^{-(x^2+y^2)}dxdy.$$

当 $x\leqslant y$ 时，$\min\{x,\ y\}=x$；当 $x>y$ 时，$\min\{x,\ y\}=y$，于是

$$\iint_{D_a}\min\{x,y\}e^{-(x^2+y^2)}dxdy=\int_{-a}^{a}dy\int_{-a}^{y}xe^{-(x^2+y^2)}dx+\int_{-a}^{a}dx\int_{-a}^{x}ye^{-(x^2+y^2)}dy,$$

且
$$\int_{-a}^{a}dx\int_{-a}^{x}ye^{-(x^2+y^2)}dy=\frac{1}{2}\int_{-a}^{a}dx\int_{-a}^{x}e^{-(x^2+y^2)}d(x^2+y^2)=\frac{1}{2}\int_{-a}^{a}\left[e^{-(x^2+a^2)}-e^{-2x^2}\right]dx$$
$$=\frac{1}{2}e^{-a^2}\int_{-a}^{a}e^{-x^2}-\frac{1}{2}\int_{-a}^{a}e^{-2x^2}dx.$$

由于 $\int_{-\infty}^{+\infty}e^{-x^2}dx=\sqrt{\pi}$，从而，得

$$\lim_{a\to+\infty}\int_{-a}^{a}dx\int_{-a}^{x}ye^{-(x^2+y^2)}dy=0-\frac{1}{2}\lim_{a\to+\infty}\int_{-a}^{a}e^{-2x^2}dx$$
$$\xlongequal{t=\sqrt{2}x}-\frac{1}{2\sqrt{2}}\lim_{a\to+\infty}\int_{-\sqrt{2}a}^{\sqrt{2}a}e^{-t^2}dt=-\frac{\sqrt{\pi}}{2\sqrt{2}}.$$

同理可得

$$\lim_{a\to+\infty}\int_{-a}^{a}dy\int_{-a}^{y}xe^{-(x^2+y^2)}dx=-\frac{\sqrt{\pi}}{2\sqrt{2}}.$$

于是
$$I=-\frac{\sqrt{\pi}}{\sqrt{2}}=-\frac{\sqrt{2\pi}}{2}.$$

解法二 设 $R>0$，则圆域 $D_R=\{(x,\ y)\mid x^2+y^2\leqslant R^2\}$，当 $R\to+\infty$ 时，趋于全平面，

从而
$$I=\int_{-\infty}^{+\infty}\int_{-\infty}^{+\infty}\min\{x,y\}e^{-(x^2+y^2)}dxdy=\lim_{R\to+\infty}\iint_{D_R}\min\{x,y\}e^{-(x^2+y^2)}dxdy.$$

令 $x=r\cos\theta$，$y=r\sin\theta$，则当 $0\leqslant\theta\leqslant\frac{\pi}{4}$ 与 $\frac{5\pi}{4}\leqslant\theta\leqslant2\pi$ 时，$\min\{x,\ y\}=y=r\sin\theta$；而当 $\frac{\pi}{4}\leqslant\theta\leqslant\frac{5}{4}\pi$ 时，$\min\{x,\ y\}=x=r\cos\theta$. 于是

$$\iint_{D_R}\min\{x,y\}e^{-(x^2+y^2)}dxdy$$
$$=\int_0^{\frac{\pi}{4}}\sin\theta d\theta\int_0^R r^2e^{-r^2}dr+\int_{\frac{\pi}{4}}^{\frac{5\pi}{4}}\cos\theta d\theta\int_0^R r^2e^{-r^2}dr+\int_{\frac{5\pi}{4}}^{2\pi}\sin\theta d\theta\int_0^R r^2e^{-r^2}dr$$
$$=\int_0^R r^2e^{-r^2}dr\left(\int_0^{\frac{\pi}{4}}\sin\theta d\theta+\int_{\frac{\pi}{4}}^{\frac{5\pi}{4}}\cos\theta d\theta+\int_{\frac{5\pi}{4}}^{2\pi}\sin\theta d\theta\right)$$
$$=-2\sqrt{2}\int_0^R r^2e^{-r^2}dr.$$

由此可得

$$
\begin{aligned}
I &= -2\sqrt{2}\lim_{R\to+\infty}\int_0^R r^2 \mathrm{e}^{-r^2}\,\mathrm{d}r = \sqrt{2}\lim_{R\to+\infty}\int_0^R r\,\mathrm{d}\mathrm{e}^{-r^2} \\
&= \sqrt{2}\lim_{R\to+\infty}\left(r\mathrm{e}^{-r^2}\Big|_0^R - \int_0^R \mathrm{e}^{-r^2}\,\mathrm{d}r\right) = -\sqrt{2}\int_0^{+\infty}\mathrm{e}^{-r^2}\,\mathrm{d}r \\
&= -\sqrt{2}\,\frac{\sqrt{\pi}}{2} = -\frac{\sqrt{2\pi}}{2}.
\end{aligned}
$$

第八章 无 穷 级 数

内 容 提 要

一、数项级数的概念与基本性质

1. 基本概念

定义 给定数列 u_1，u_2，…，u_n，…，依次相加所得到的表达式

$$\sum_{n=1}^{\infty} u_n = u_1 + u_2 + \cdots + u_n + \cdots$$

称为无穷级数(简称级数).

$$s_n = \sum_{k=1}^{n} u_k = u_1 + u_2 + \cdots + u_n (n = 1,\ 2,\ \cdots)$$

称为无穷级数 $\sum_{n=1}^{\infty} u_n$ 的前 n 项和(部分和).

三个重要级数：

(1) 几何级数：$\sum_{n=1}^{\infty} aq^n = \frac{a}{1-q} (|q| < 1)$；

(2) 调和级数：$\sum_{n=1}^{\infty} \frac{1}{n}$ 发散；

(3) p-级数，当 $p>1$ 时，$\sum_{n=1}^{\infty} \frac{1}{n^p}$ 收敛；当 $p \leqslant 1$ 时，$\sum_{n=1}^{\infty} \frac{1}{n^p}$ 发散.

2. 基本性质

性质 1 若级数 $\sum_{n=1}^{\infty} u_n$ 收敛，c 为任一非零常数，则级数 $\sum_{n=1}^{\infty} cu_n$ 也收敛，且有

$$\sum_{n=1}^{\infty} cu_n = c \sum_{n=1}^{\infty} u_n.$$

性质 2 若级数 $\sum_{n=1}^{\infty} u_n$ 和 $\sum_{n=1}^{\infty} v_n$ 分别收敛于 q 和 p，则级数 $\sum_{n=1}^{\infty} (u_n \pm v_n)$ 也收敛，且有

$$\sum_{n=1}^{\infty} (u_n \pm v_n) = \sum_{n=1}^{\infty} u_n \pm \sum_{n=1}^{\infty} v_n = q \pm p.$$

推论 若级数 $\sum_{n=1}^{\infty} u_n$ 和 $\sum_{n=1}^{\infty} v_n$ 均收敛，则对任何非零常数 c_1、c_2，级数 $\sum_{n=1}^{\infty} (c_1 u_n \pm c_2 v_n)$

也收敛，且有

$$\sum_{n=1}^{\infty}(c_1u_n \pm c_2v_n) = c_1\sum_{n=1}^{\infty}u_n \pm c_2\sum_{n=1}^{\infty}v_n.$$

性质 3 在级数的前面添上或去掉有限项，级数的敛散性不变．

性质 4 若级数$\sum\limits_{n=1}^{\infty}u_n$收敛，则对级数的项任意加括号后，所得的级数仍收敛且其和不变．

性质 5(级数收敛的必要条件) 若级数$\sum\limits_{n=1}^{\infty}u_n$收敛，则$\lim\limits_{n\to\infty}u_n=0$.

二、正项级数及其敛散性判别法

1. 正项级数

定义 若$u_n\geqslant 0$，则称$\sum\limits_{n=1}^{\infty}u_n$为正项级数．

2. 正项级数敛散性判别方法

定理 正项级数$\sum\limits_{n=1}^{\infty}u_n$收敛的充要条件是其部分和数列$\{S_n\}$有上界．

定理(比较判别法) 设$\sum\limits_{n=1}^{\infty}u_n$和$\sum\limits_{n=1}^{\infty}v_n$都是正项级数，且$u_n\leqslant v_n(n=1, 2, \cdots)$,

(1) 若级数$\sum\limits_{n=1}^{\infty}v_n$收敛，则级数$\sum\limits_{n=1}^{\infty}u_n$也收敛；

(2) 若级数$\sum\limits_{n=1}^{\infty}u_n$发散，则级数$\sum\limits_{n=1}^{\infty}v_n$也发散．

推论 设$\sum\limits_{n=1}^{\infty}u_n$，$\sum\limits_{n=1}^{\infty}v_n$均为正项级数，且从级数的某项起恒有$u_n\leqslant kv_n(k>0)$，则

(1) 若$\sum\limits_{n=1}^{\infty}v_n$收敛，则$\sum\limits_{n=1}^{\infty}u_n$也收敛；

(2) 若$\sum\limits_{n=1}^{\infty}u_n$发散，则$\sum\limits_{n=1}^{\infty}v_n$也发散．

定理 设级数$\sum\limits_{n=1}^{\infty}u_n$和$\sum\limits_{n=1}^{\infty}v_n$都是正项级数，且$\lim\limits_{n\to+\infty}\dfrac{u_n}{v_n}=a(0<a<+\infty)$，则它们有相同的敛散性．

定理(比值判别法) 设$\sum\limits_{n=1}^{\infty}u_n$是正项级数，若$\lim\limits_{n\to+\infty}\dfrac{u_{n+1}}{u_n}=l$，则

(1) 当$l<1$时，级数收敛；

(2) 当$l>1\left(或\lim\limits_{n\to+\infty}\dfrac{u_{n+1}}{u_n}=+\infty\right)$时，级数发散；

(3) 当$l=1$时，级数可能收敛也可能发散．

定理(根值判别法) 对于正项级数的一般项u_n，若$\lim\limits_{n\to+\infty}\sqrt[n]{u_n}=l$，则

(1) 当$l<1$时，级数收敛；

(2) 当$l>1$时，级数发散；

(3) 当$l=1$时，级数可能收敛也可能发散．

三、交错级数及其敛散性判别法

定义　称级数 $u_1-u_2+u_3-u_4+\cdots=\sum\limits_{n=1}^{\infty}(-1)^{n-1}u_n$ 为交错级数，其中 $u_n(n=1, 2, \cdots)$ 皆为非负数．

定理(莱布尼茨判别法)　若交错级数 $\sum\limits_{n=1}^{\infty}(-1)^{n-1}u_n$ 满足：

(1) $u_n\geqslant u_{n+1}(n=1, 2, \cdots)$；

(2) $\lim\limits_{n\to+\infty}u_n=0$，

则交错级数收敛，且其和 $s\leqslant u_1$，其余项的绝对值 $|r_n|\leqslant u_{n+1}$.

若级数 $\sum\limits_{n=1}^{\infty}u_n$ 各项的绝对值所构成的正项级数 $\sum\limits_{n=1}^{\infty}|u_n|$ 收敛，则称级数 $\sum\limits_{n=1}^{\infty}u_n$ 绝对收敛；若级数 $\sum\limits_{n=1}^{\infty}u_n$ 收敛，而级数 $\sum\limits_{n=1}^{\infty}|u_n|$ 发散，则称级数 $\sum\limits_{n=1}^{\infty}u_n$ 条件收敛．

四、幂级数

1. 幂级数及其相关概念

(1) 幂级数的概念：

定义　形如 $a_1+a_1x+a_2x^2+\cdots+a_nx^n+\cdots=\sum\limits_{n=0}^{\infty}a_nx^n$ 的级数，称为关于 x 的幂级数，其中 a_0，a_1，a_2，…，a_n，…都是常数，称为幂级数的系数．形如

$$a_0+a_1(x-x_0)+a_2(x-x_0)^2+\cdots+a_n(x-x_0)^n+\cdots$$

的级数，称为关于 $x-x_0$ 的幂级数．

(2) 收敛域与发散域：若 $\sum\limits_{n=0}^{\infty}a_nx^n$ 在点 x_0 收敛，称 x_0 为它的一个收敛点；若 $\sum\limits_{n=0}^{\infty}a_nx^n$ 在点 x_0 处发散，称 x_0 为它的一个发散点；$\sum\limits_{n=0}^{\infty}a_nx^n$ 的全体收敛点的集合，称为它的收敛域；$\sum\limits_{n=0}^{\infty}a_nx^n$ 全体发散点的集合称为它的发散域．

(3) 幂级数的敛散性：

定理(阿贝尔定理)　若幂级数 $\sum\limits_{n=1}^{\infty}a_nx^n$ 当 $x=x_0(x_0\neq0)$ 时收敛，则对 $|x|<|x_0|$ 的 x，幂级数 $\sum\limits_{n=1}^{\infty}a_nx^n$ 绝对收敛；反之，若幂级数 $\sum\limits_{n=1}^{\infty}a_nx^n$ 当 $x=x_0(x_0\neq0)$ 时发散，则对一切适合不等式 $|x|>|x_0|$ 的 x，幂级数 $\sum\limits_{n=1}^{\infty}a_nx_n$ 都发散．

推论　若幂级数 $\sum\limits_{n=0}^{\infty}a_nx^n$ 不是仅在 $x=0$ 处收敛，也不是在整个数轴上都收敛，则必有一个确定的正数 R 存在，使得当 $|x|<R$ 时，幂级数绝对收敛；当 $|x|>R$ 时，幂级数发散；当 $x=R$ 与 $x=-R$ 时，幂级数可能收敛也可能发散．R 称为幂级数 $\sum\limits_{n=0}^{\infty}a_nx^n$ 的收敛半

径，$(-R, R)$称为收敛区间．

(4) 幂级数收敛半径 R 的求法：

定理 设幂级数 $\sum_{n=0}^{\infty} a_n x^n$，若 $\lim_{n\to+\infty}\left|\frac{a_{n+1}}{a_n}\right|=\rho$，则幂级数的收敛半径为

$$R=\begin{cases}\frac{1}{\rho}, & \rho\neq 0,\\ +\infty, & \rho=0,\\ 0, & \rho=+\infty.\end{cases}$$

2. 幂级数的运算与和函数的性质

(1) 幂级数的运算：

设 $\sum_{n=0}^{\infty} a_n x^n$ 与 $\sum_{n=0}^{\infty} b_n x^n$ 为两个幂级数，则在它们的公共收敛域内可进行如下的运算：

和运算：$\sum_{n=0}^{\infty} a_n x^n \pm \sum_{n=0}^{\infty} b_n x^n = \sum_{n=0}^{\infty} (a_n \pm b_n) x^n$；

积运算：$\sum_{n=0}^{\infty} a_n x^n \cdot \sum_{n=0}^{\infty} b_n x^n = \sum_{n=0}^{\infty} c_n x^n$，其中 $c_n = a_0 b_n + a_1 b_{n-1} + \cdots + a_n b_0$．

(2) 和函数的性质：

设 $\sum_{n=0}^{\infty} a_n x^n$ 的收敛半径为 $R(R>0)$，$s(x)$ 是 $\sum_{n=0}^{\infty} a_n x^n$ 的和函数，则如下性质成立：

性质 1 $s(x)$在收敛区间$(-R, R)$内连续，又如果 $\sum_{n=0}^{\infty} a_n x^n$ 在 $x=R(x=-R)$ 处也收敛，则 $s(x)$在点 $x=R$ 左连续(在点 $x=-R$ 右连续)．

性质 2 和函数 $s(x)$在$(-R, R)$内可导，并且有逐项求导公式：

$$s'(x) = \left(\sum_{n=0}^{\infty} a_n x^n\right)' = \sum_{n=0}^{\infty} n a_n x^{n-1},$$

同时求导后的幂级数的收敛半径仍为 R.

性质 3 在幂级数的收敛域上逐项积分公式成立，即

$$\int_0^x s(t)\,\mathrm{d}t = \sum_{n=0}^{\infty}\int_0^x a_n t^n\,\mathrm{d}t = \sum_{n=0}^{\infty} \frac{a_n}{n+1} x^{n+1},$$

并且逐项积分后收敛半径也不变．

3. 函数的幂级数展开

(1) 泰勒级数与麦克劳林级数：

定义 设函数 $f(x)$在点 x_0 的某一邻域内具有任意阶导数，则称级数

$$\sum_{n=0}^{\infty} \frac{f^{(n)}(x_0)}{n!}(x-x_0)^n = f(x_0) + \frac{f'(x_0)}{1!}(x-x_0) + \frac{f''(x_0)}{2!}(x-x_0)^2 + \cdots + \frac{f^{(n)}(x_0)}{n!}(x-x_0)^n + \cdots \tag{1}$$

为 $f(x)$在点 $x=x_0$ 的泰勒(Taylor)级数．

特别地，若 $x_0=0$，则称级数

$$\sum_{n=1}^{\infty} \frac{f^{(n)}(0)}{n!} x^n = f(0) + \frac{f'(0)}{1!}x + \frac{f''(0)}{2!}x^2 + \cdots + \frac{f^{(n)}(0)}{n!}x^n + \cdots \tag{2}$$

为 $f(x)$ 的麦克劳林(Maclaurin)级数.

(2) 常用幂级数展式:

① $e^x=\sum\limits_{n=0}^{\infty}\frac{x^n}{n!}=1+x+\frac{x^2}{2!}+\cdots+\frac{x^n}{n!}+\cdots(-\infty<x<+\infty)$.

② $\sin x=\sum\limits_{n=0}^{\infty}(-1)^n\frac{x^{2n+1}}{(2n+1)!}=x-\frac{x^3}{3!}+\frac{x^5}{5!}-\frac{x^7}{7!}+\cdots+(-1)^n\frac{x^{2n+1}}{(2n+1)!}+\cdots(-\infty<x<+\infty)$.

③ $\cos x=\sum\limits_{n=0}^{\infty}(-1)^n\frac{x^{2n}}{(2n)!}=1-\frac{x^2}{2!}+\frac{x^4}{4!}-\frac{x^6}{6!}+\cdots+(-1)^n\frac{x^{2n}}{(2n)!}+\cdots(-\infty<x<+\infty)$.

④ $\ln(1+x)=\sum\limits_{n=1}^{\infty}(-1)^{n-1}\frac{x^n}{n}=x-\frac{x^2}{2}+\frac{x^3}{3}-\frac{x^4}{4}+\cdots+(-1)^{n-1}\frac{x^n}{n}+\cdots(-1<x\leqslant 1)$.

⑤ $(1+x)^\alpha=1+\alpha x+\frac{\alpha(\alpha-1)}{2!}x^2+\cdots+\frac{\alpha(\alpha-1)\cdots(\alpha-n+1)}{n!}x^n+\cdots\ (-1<x<1)$.

该级数在端点 $x=\pm1$ 处的收敛性，视 α 而定. 特别地，当 $\alpha=-1$ 时，有

$$\frac{1}{1+x}=1-x+x^2-x^3+\cdots+(-1)^nx^n+\cdots(-1<x<1),$$

$$\frac{1}{1-x}=1+x+x^2+x^3+\cdots+x^n+\cdots(-1<x<1).$$

范例解析

例 1　证明下列级数收敛，并求其和.

(1) $\sum\limits_{n=1}^{\infty}\frac{n}{2^n}$;　　(2) $\sum\limits_{n=1}^{\infty}\frac{1}{(3n-2)(3n+1)}$.

解　(1) 设 $s_n=\sum\limits_{k=1}^{n}\frac{k}{2^k}=\frac{1}{2}+\frac{2}{2^2}+\frac{3}{2^3}+\cdots+\frac{n-1}{2^{n-1}}+\frac{n}{2^n}$，则

$$\frac{1}{2}s_n=\frac{1}{2^2}+\frac{2}{2^3}+\frac{3}{2^4}+\cdots+\frac{n-1}{2^n}+\frac{n}{2^{n+1}}.$$

上两式相减，得

$$\frac{1}{2}s_n=\frac{1}{2}+\frac{1}{2^2}+\frac{1}{2^3}+\cdots+\frac{1}{2^n}-\frac{n}{2^{n+1}},$$

即
$$s_n=1+\frac{1}{2}+\frac{1}{2^2}+\cdots+\frac{1}{2^{n-1}}-\frac{n}{2^n}=\left(1-\frac{1}{2^n}\right)\Big/\left(1-\frac{1}{2}\right)-\frac{n}{2^n}.$$

由 $\lim\limits_{n\to\infty}\frac{n}{2^n}=0$，故 $\lim\limits_{n\to\infty}s_n=2$，所以所给级数收敛，且其和为 2.

(2) 所给级数的前 n 项部分和为

$$\begin{aligned}s_n&=\frac{1}{1\cdot4}+\frac{1}{4\cdot7}+\cdots+\frac{1}{(3n-2)(3n+1)}\\&=\frac{1}{3}\left[\left(1-\frac{1}{4}\right)+\left(\frac{1}{4}-\frac{1}{7}\right)+\cdots+\left(\frac{1}{3n-2}-\frac{1}{3n+1}\right)\right]\\&=\frac{1}{3}\left(1-\frac{1}{3n+1}\right),\end{aligned}$$

则
$$\lim_{n\to\infty}s_n=\lim_{n\to\infty}\frac{1}{3}\left(1-\frac{1}{3n+1}\right)=\frac{1}{3}.$$

由级数收敛的定义知，所给级数收敛，其和为$\frac{1}{3}$.

例 2 已知级数 $\sum_{n=1}^{\infty}(-1)^{n-1}a_n=2$，$\sum_{n=1}^{\infty}a_{2n-1}=5$，试求$\sum_{n=1}^{\infty}a_n$.

解
$$\begin{aligned}\sum_{n=1}^{\infty}a_n&=2(a_1+a_3+a_5+\cdots)-(a_1-a_2+a_3-a_5+\cdots)\\&=2\sum_{n=1}^{\infty}a_{2n-1}-\sum_{n=1}^{\infty}(-1)^{n-1}a_n=2\times5-2=8.\end{aligned}$$

例 3 用比较法判别下列级数的敛散性：

(1) $\sum_{n=1}^{\infty}2^n\sin\frac{\pi}{3^n}$； (2) $\sum_{n=1}^{\infty}\frac{1}{1+a^n}(a>0)$；

(3) $\sum_{n=1}^{\infty}\frac{1}{n^2+n}$； (4) $\sum_{n=1}^{\infty}\frac{1+n}{1+n^2}$.

解 (1) 当$0<x<\frac{\pi}{2}$时，有$\sin x<x$，故$\sin\frac{\pi}{3^n}<\frac{\pi}{3^n}$，所以
$$u_n=2^n\sin\frac{\pi}{3^n}<2^n\cdot\frac{\pi}{3^n}=\pi\left(\frac{2}{3}\right)^n.$$

而$\sum_{n=1}^{\infty}\pi\left(\frac{2}{3}\right)^n$收敛，故所给级数收敛.

(2) 分两种情况讨论. 当$0<a\leqslant1$时，$\frac{1}{1+a^n}\geqslant\frac{1}{1+1^n}=\frac{1}{2}$，而$\sum_{n=1}^{\infty}\frac{1}{2}$发散(因一般项为$\frac{1}{2}$，不趋近于零)，故当$0<a\leqslant1$时，$\sum_{n=1}^{\infty}\frac{1}{1+a^n}$发散；当$a>1$时，$u_n=\frac{1}{1+a^n}\leqslant\frac{1}{a^n}=\left(\frac{1}{a}\right)^n$，而$\sum_{n=1}^{\infty}\left(\frac{1}{a}\right)^n$为公比$q=\frac{1}{a}$小于 1 的等比级数，收敛，故当$a>1$时，所给级数$\sum_{n=1}^{\infty}\frac{1}{1+a^n}$收敛.

(3) 因为$\frac{1}{n^2+n}<\frac{1}{n^2}$，由于$p-$级数$\sum_{n=1}^{\infty}\frac{1}{n^2}(p=2>1)$是收敛的，所以级数$\sum_{n=1}^{\infty}\frac{1}{n^2+n}$收敛.

(4) 因为$n^2+n\geqslant n^2+1$，$\frac{1+n}{n^2+1}\geqslant\frac{1+n}{n^2+n}=\frac{1}{n}$，由于调和级数$\sum_{n=1}^{\infty}\frac{1}{n}$是发散的，所以级数$\sum_{n=1}^{\infty}\frac{1+n}{1+n^2}$发散.

注意 使用比较判别法时，常根据级数一般项的形式，将其放大或缩小，使放大后的级数收敛，缩小后的级数发散，为此有时需用到有关的不等式，例如，$x>\ln(1+x)(x>0)$，$0<\sin x<x\left(0<x<\frac{\pi}{2}\right)$等.

例 4 用比值判别法判别下列级数的敛散性：

(1) $\sum_{n=1}^{\infty}\frac{2n-1}{2^n}$；　(2) $\sum_{n=1}^{\infty}\frac{2^n\cdot n!}{n^n}$；

(3) $\sum_{n=1}^{\infty}\frac{e^n}{n\cdot 3^n}$；　(4) $\sum_{n=1}^{\infty}\frac{a^n}{n^s}(a>0,s>0)$.

解　(1) 因$\lim\limits_{n\to\infty}\frac{u_{n+1}}{u_n}=\lim\limits_{n\to\infty}\frac{2n+1}{2(2n-1)}=\frac{1}{2}<1$，故原级数收敛.

(2) 因

$$\lim_{n\to\infty}\frac{u_{n+1}}{u_n}=\lim_{n\to\infty}\frac{2^{n+1}\cdot(n+1)!}{(n+1)^{n+1}}\Big/\frac{2^n\cdot n!}{n^n}=\lim_{n\to\infty}2(n+1)\left(\frac{n}{n+1}\right)^n\cdot\frac{1}{n+1}$$

$$=\lim_{n\to\infty}\frac{2}{\left(1+\frac{1}{n}\right)^n}=\frac{2}{e}<1,$$

故级数$\sum_{n=1}^{\infty}\frac{2^n\cdot n!}{n^n}$收敛.

(3) 因

$$\lim_{n\to\infty}\frac{u_{n+1}}{u_n}=\lim_{n\to\infty}\frac{e^{n+1}}{(n+1)\cdot 3^{n+1}}\Big/\frac{e^n}{n\cdot 3^n}=\lim_{n\to\infty}\frac{e\cdot n}{3(n+1)}=\frac{e}{3}<1,$$

故级数$\sum_{n=1}^{\infty}\frac{e^n}{n\cdot 3^n}$收敛.

(4) 因$\lim\limits_{n\to\infty}\frac{u_{n+1}}{u_n}=\lim\limits_{n\to\infty}\frac{a^{n+1}}{(n+1)^s}\Big/\frac{a^n}{n^s}=\lim\limits_{n\to\infty}\left(\frac{n}{n+1}\right)^s a=a$，故当$a<1$时，$\sum_{n=1}^{\infty}\frac{a^n}{n^s}$收敛；当$a>1$时，$\sum_{n=1}^{\infty}\frac{a^n}{n^s}$发散；当$a=1$时，为$p-$级数$\sum_{n=1}^{\infty}\frac{1}{n^s}$，$s>1$时收敛，$s\leqslant 1$时发散.

注意　当正项级数的一般项u_n中含有$n!$，n^n，$\sin x^n$(或c^n(c为常数))等因子时，用比值判别法比较简便．这是因为在$\frac{u_{n+1}}{u_n}$中能使阶乘符号消失；对于c^n能使n次幂消失；对于n^n，$\sin x^n$往往能利用两个重要极限求其极限.

例 5　判断级数$\sum_{n=1}^{\infty}\frac{n}{3^n}\sin^2\frac{n\pi}{6}$的敛散性.

解　$u_n=\frac{n}{3^n}\sin^2\frac{n\pi}{6}$，由于极限

$$\lim_{n\to\infty}\frac{u_{n+1}}{u_n}=\lim_{n\to\infty}\left[\frac{n+1}{3^{n+1}}\sin^2\frac{(n+1)\pi}{6}\Big/\frac{n}{3^n}\sin^2\frac{n\pi}{6}\right]$$

不存在，不能使用比值判别法判别之．因

$$0<u_n=\frac{n}{3^n}\sin^2\frac{n\pi}{6}\leqslant\frac{n}{3^n},$$

如能证正项级数$\sum_{n=1}^{\infty}\frac{n}{3^n}$收敛，则由比较判别法可知正项级数$\sum_{n=1}^{\infty}\frac{n}{3^n}\sin^2\frac{n\pi}{6}$收敛．事实上，因

$$\lim_{n\to\infty}\left(\frac{n+1}{3^{n+1}}\Big/\frac{n}{3^n}\right)=\lim_{n\to\infty}\frac{n+1}{3n}=\frac{1}{3}<1,$$

故级数$\sum_{n=1}^{\infty}\frac{n}{3^n}$收敛，因而$\sum_{n=1}^{\infty}\frac{n}{3^n}\sin^2\frac{n\pi}{6}$收敛.

注意　比值判别法首先要求极限$\lim\limits_{n\to\infty}\frac{u_{n+1}}{u_n}$存在但并未告诉我们当$\lim\limits_{n\to\infty}\frac{u_{n+1}}{u_n}$不存在(不含$+\infty$

情况)时，级数的敛散性；当极限不存在时，只能说明比值判别法对此级数失效，必须另寻他法.

例 6 证明$\lim\limits_{n\to\infty}\frac{n!}{n^n}=0$.

证 视$\frac{n!}{n^n}$为正项级数$\sum\limits_{n=1}^{\infty}\frac{n!}{n^n}$的一般项，由

$$\lim_{n\to\infty}\frac{u_{n+1}}{u_n}=\lim_{n\to\infty}\frac{(n+1)!}{(n+1)^{n+1}}\cdot\frac{n^n}{n!}=\sum_{n=1}^{\infty}\left(\frac{n}{n+1}\right)^n=\frac{1}{\mathrm{e}}<1,$$

知$\sum\limits_{n=1}^{\infty}\frac{n!}{n^n}$收敛，由收敛级数的必要条件有$\lim\limits_{n\to\infty}\frac{n!}{n^n}=0$.

例 7 讨论下列级数的敛散性：

(1) $\sum\limits_{n=1}^{\infty}(-1)^n(\sqrt[n]{n}-1)$； (2) $\sum\limits_{n=2}^{\infty}(-1)^{n-1}\frac{1}{\ln n+a}$；

(3) $\sum\limits_{n=1}^{\infty}(-1)^{n+1}\frac{n}{n+1}$； (4) $\sum\limits_{n=1}^{\infty}(-1)^{n+1}\frac{\ln n}{n}$.

解 (1) 设$f(x)=\sqrt[x]{x}=x^{\frac{1}{x}}=\mathrm{e}^{\frac{1}{x}\ln x}(x\geqslant 1)$，$f'(x)=\mathrm{e}^{\frac{1}{x}\ln x}\left(\frac{1-\ln x}{x^2}\right)<0(x>\mathrm{e})$.

当$x>\mathrm{e}$时，$f(x)$单调下降，从而$u_n=\sqrt[n]{n}-1$，当$n\geqslant 3$时单调下降. 又$\lim\limits_{n\to\infty}u_n=\lim\limits_{n\to\infty}(\sqrt[n]{n}-1)=0$，故由莱布尼茨判别法可知，级数$\sum\limits_{n=1}^{\infty}(-1)^n(\sqrt[n]{n}-1)$收敛.

(2) 由于$\ln n<\ln(n+1)$，$\ln n+a<\ln(n+1)+a$，故

$$u_{n+1}=\frac{1}{\ln(n+1)+a}<\frac{1}{\ln n+a}=u_n,$$

又$\lim\limits_{n\to\infty}u_n=\frac{1}{\ln n+a}=0$，故由莱布尼茨判别法级数$\sum\limits_{n=1}^{\infty}(-1)^{n-1}\frac{1}{\ln n+a}$收敛.

(3) 由于$\lim\limits_{n\to\infty}(-1)^{n+1}\frac{n}{n+1}$不存在，故级数发散.

(4) 设$f(x)=\frac{\ln x}{x}$，$f'(x)=\frac{1-\ln x}{x^2}<0(x>\mathrm{e})$. 当$n>2$时，$u_n=\frac{\ln n}{n}$单调减少，又$\lim\limits_{n\to\infty}\frac{\ln n}{n}=\lim\limits_{x\to\infty}\frac{\ln x}{x}=0$，故级数$\sum\limits_{n=1}^{\infty}(-1)^{n+1}\frac{1}{\ln n+a}$收敛.

例 8 判别下列级数的敛散性，如收敛，说明是条件收敛还是绝对收敛：

(1) $\sum\limits_{n=1}^{\infty}(-1)^n\ln\frac{n+1}{n}$； (2) $\sum\limits_{n=1}^{\infty}\frac{\cos n\pi}{\sqrt{n^3+n}}$；

(3) $\sum\limits_{n=2}^{\infty}\sin\left(n\pi+\frac{1}{\ln n}\right)$； (4) $\sum\limits_{n=1}^{\infty}(-1)^{n+1}\frac{2^{n^2}}{n!}$.

解 (1) $\left|(-1)^n\ln\frac{n+1}{n}\right|=\ln\left(1+\frac{1}{n}\right)\sim\frac{1}{n}$，由于$\sum\limits_{n=1}^{\infty}\frac{1}{n}$发散，故$\sum\limits_{n=1}^{\infty}\left|(-1)^n\ln\frac{n+1}{n}\right|$发散. 又$u_n=\ln\left(1+\frac{1}{n}\right)>\ln\left(1+\frac{1}{n+1}\right)=u_{n+1}$，且$\lim\limits_{n\to\infty}u_n=\lim\limits_{n\to\infty}\ln\left(1+\frac{1}{n}\right)=0$，由莱布尼茨判别法可知，级数$\sum\limits_{n=1}^{\infty}(-1)^n\ln\frac{n+1}{n}$条件收敛.

(2) $\left|\dfrac{\cos n\pi}{\sqrt{n^3+n}}\right|=\dfrac{1}{\sqrt{n^3+n}}\sim\dfrac{1}{n^{3/2}}$，由$\sum\limits_{n=1}^{\infty}\dfrac{1}{n^{3/2}}$收敛知级数$\sum\limits_{n=1}^{\infty}\dfrac{\cos n\pi}{\sqrt{n^3+n}}$绝对收敛.

(3) $\sin\left(n\pi+\dfrac{1}{\ln n}\right)=(-1)^n\sin\dfrac{1}{\ln n}$，由于$\sin\dfrac{1}{\ln(n+1)}<\sin\dfrac{1}{\ln n}$，且$\lim\limits_{n\to\infty}\sin\dfrac{1}{\ln n}=0$，故级数收敛.

又$\left|\sin\left(n\pi+\dfrac{1}{\ln n}\right)\right|=\sin\dfrac{1}{\ln n}\sim\dfrac{1}{\ln n}>\dfrac{1}{n}$，而$\sum\limits_{n=1}^{\infty}\dfrac{1}{n}$发散，所以$\sum\limits_{n=1}^{\infty}\sin\dfrac{1}{\ln n}$发散，故级数$\sum\limits_{n=2}^{\infty}\sin\left(n\pi+\dfrac{1}{\ln n}\right)$条件收敛.

(4) 设$u_n=(-1)^{n+1}\dfrac{2^{n^2}}{n!}$，则$\lim\limits_{n\to\infty}\left|\dfrac{u_{n+1}}{u_n}\right|=\lim\limits_{n\to\infty}\dfrac{2^{(n+1)^2}}{(n+1)!}\Big/\dfrac{2^{n^2}}{n!}=\lim\limits_{n\to\infty}\dfrac{2^{2n+1}}{n+1}=+\infty$. 知$\lim\limits_{n\to\infty}|u_n|\neq0$，从而$\lim\limits_{n\to\infty}u_n\neq0$，故级数$\sum\limits_{n=1}^{\infty}(-1)^{n+1}\dfrac{2^{n^2}}{n!}$发散.

例 9　设$\{a_n\}$是实数序列，如果$\sum\limits_{n=1}^{\infty}a_n$绝对收敛，求证$\sum\limits_{n=1}^{\infty}a_n^2$也必收敛，你能举出$\sum\limits_{n=1}^{\infty}a_n$条件收敛，而$\sum\limits_{n=1}^{\infty}a_n^2$发散的例子吗?

解　$\sum\limits_{n=1}^{\infty}|a_n|$收敛，则$\lim\limits_{n\to\infty}|a_n|=0$，于是存在自然数$N$，使得当$n\geqslant N$时，有$|a_n|<1$，从而当$n\geqslant N$时，有$a_n^2\leqslant|a_n|$，由比较判别法知级数$\sum\limits_{n=1}^{\infty}a_n^2$收敛.

级数$\sum\limits_{n=1}^{\infty}a_n=\sum\limits_{n=1}^{\infty}(-1)^n\dfrac{1}{\sqrt{n}}$条件收敛，而$\sum\limits_{n=1}^{\infty}a_n^2=\sum\limits_{n=1}^{\infty}\dfrac{1}{n}$却是发散的.

例 10　设有两个正项级数$\sum\limits_{n=1}^{\infty}a_n$与$\sum\limits_{n=1}^{\infty}b_n$，若当$n\geqslant N$时，有$\dfrac{a_{n+1}}{a_n}>\dfrac{b_{n+1}}{b_n}$成立，试证：

(1) 若$\sum\limits_{n=1}^{\infty}a_n$收敛，则$\sum\limits_{n=1}^{\infty}b_n$也收敛；

(2) 若$\sum\limits_{n=1}^{\infty}b_n$发散，则$\sum\limits_{n=1}^{\infty}a_n$也发散.

证　将所证不等式的恒等变形. 由$\dfrac{a_{n+1}}{a_n}\geqslant\dfrac{b_{n+1}}{b_n}$，得到$\dfrac{a_{n+1}}{b_{n+1}}>\dfrac{a_n}{b_n}$，于是有

$$\frac{a_{n+1}}{b_{n+1}}\geqslant\frac{a_n}{b_n}\geqslant\frac{a_{n-1}}{b_{n-1}}\geqslant\cdots\geqslant\frac{a_1}{b_1}.$$

令$\dfrac{a_1}{b_1}\equiv c$，则$c>0$，从而有$a_n\geqslant cb_n$，由比较判别法得到(1)与(2)的结论.

例 11　求下列幂级数的收敛域：

(1) $\sum\limits_{n=1}^{\infty}\dfrac{\ln(1+n)}{n}x^{n-1}$；　　(2) $\sum\limits_{n=1}^{\infty}\left[\dfrac{(-1)^n}{2^n}x^n+3^nx^n\right]$；

(3) $\sum\limits_{n=1}^{\infty}\dfrac{n(x-2)^n}{2^n}$；　　(4) $\sum\limits_{n=1}^{\infty}(\ln x)^n$.

解 (1) 因 $\lim\limits_{n\to\infty}\left|\dfrac{a_{n+1}}{a_n}\right|=\lim\limits_{n\to\infty}\dfrac{\dfrac{\ln(2+n)}{n+1}}{\dfrac{\ln(1+n)}{n}}=\lim\limits_{n\to\infty}\dfrac{n}{n+1}\cdot\dfrac{\ln n+\ln\left(1+\dfrac{2}{n}\right)}{\ln n+\ln\left(1+\dfrac{1}{n}\right)}=1$,

所以 $R=1$.

考察端点 $x=\pm1$ 时的敛散性. 当 $x=1$ 时, 级数 $\sum\limits_{n=1}^{\infty}\dfrac{\ln(1+n)}{n}$ 发散. 而当 $x=-1$ 时, $\sum\limits_{n=1}^{\infty}(-1)^{n-1}\cdot\dfrac{\ln(1+n)}{n}$ 是交错级数, 同时 $\lim\limits_{n\to\infty}\dfrac{\ln(1+n)}{n}=0$. 为说明 $\dfrac{\ln(1+n)}{n}$ 单调递减, 令 $f(x)=\dfrac{\ln(1+x)}{x}$, 由于 $f'(x)=\dfrac{\dfrac{x}{1+x}-\ln(1+x)}{x^2}$, 而且, 当 $x\geqslant2$ 时, $\dfrac{x}{1+x}<1$, $\ln(1+x)>1$, 这就说明 $f'(x)<0$, 即 $f(x)$ 单调递减, 所以

$$\frac{\ln(1+n)}{n}>\frac{\ln(2+n)}{n+1}\quad(n\geqslant2),$$

从而 $\sum\limits_{n=1}^{\infty}(-1)^{n-1}\cdot\dfrac{\ln(1+n)}{n}$ 满足莱布尼茨判别法的两个条件, 该级数收敛, 故 $\sum\limits_{n=1}^{\infty}\dfrac{\ln(1+n)}{n}x^{n-1}$ 的收敛域为 $[-1,\ 1)$.

(2) 所给级数可化为级数 $\sum\limits_{n=1}^{\infty}\left[\dfrac{(-1)^n+6^n}{2^n}\right]x^n$, 则

$$a_{n+1}=[(-1)^{n+1}+6^{n+1}]/2^{n+1},\quad a_n=[(-1)^n+6^n]/2^n,$$

且

$$\rho=\lim_{n\to\infty}\frac{|a_{n+1}|}{|a_n|}=\frac{1}{2}\lim_{n\to\infty}\frac{(-1)^{n+1}+6^{n+1}}{(-1)^n+6^n}=\frac{6}{2}=3,$$

故 $R=\dfrac{1}{3}$. 又当 $x=\pm\dfrac{1}{3}$ 时, 所得数项级数发散, 故所给级数的收敛域为 $\left(-\dfrac{1}{3},\ \dfrac{1}{3}\right)$.

(3) 令 $x-2=t$, 得 $\sum\limits_{n=1}^{\infty}\dfrac{nt^n}{2^n}$,

$$\lim_{n\to\infty}\left|\frac{a_{n+1}}{a_n}\right|=\lim_{n\to\infty}\frac{\dfrac{n+1}{2^{n+1}}}{\dfrac{n}{2^n}}=\lim_{n\to\infty}\frac{n+1}{2n}=\frac{1}{2},$$

故幂级数 $\sum\limits_{n=1}^{\infty}\dfrac{nt^n}{2^n}$ 的收敛半径为 2.

当 $t=2$ 时, 级数 $\sum\limits_{n=1}^{\infty}\dfrac{nt^n}{2^n}=\sum\limits_{n=1}^{\infty}n$, $\lim\limits_{n\to\infty}n=\infty$, $\sum\limits_{n=1}^{\infty}n$ 发散.

当 $t=-2$ 时, 级数 $\sum\limits_{n=1}^{\infty}\dfrac{nt^n}{2^n}=\sum\limits_{n=1}^{\infty}(-1)^n n$ 是一交错级数, $\lim\limits_{n\to\infty}|(-1)^n n|=\lim\limits_{n\to\infty}n=\infty$, $\sum\limits_{n=1}^{\infty}(-1)^n n$ 发散. 幂级数 $\sum\limits_{n=1}^{\infty}\dfrac{nt^n}{2^n}$ 的收敛域为 $(-2,2)$.

又 $x=t+2$, 当 $t=2$ 时, $x=4$, 当 $t=-2$ 时, $x=0$. 因此, 幂级数 $\sum\limits_{n=1}^{\infty}\dfrac{n(x-2)^n}{2^n}$ 的收

敛域为(0，4)．

(4) $\sum_{n=1}^{\infty}(\ln x)^n$ 不是幂级数，令 $\ln x=t$，得幂级数 $\sum_{n=1}^{\infty}t^n$．

因为 $a_n=1$，$\lim_{n\to\infty}\left|\frac{a_{n+1}}{a_n}\right|=\lim_{n\to\infty}\frac{1}{1}=1$，幂级数 $\sum_{n=1}^{\infty}t^n$ 的收敛半径为 1．

当 $t=1$ 时，幂级数 $\sum_{n=1}^{\infty}t^n=\sum_{n=1}^{\infty}1^n$ 发散；当 $t=-1$ 时，幂级数 $\sum_{n=1}^{\infty}t^n=\sum_{n=1}^{\infty}(-1)^n$ 发散．

故幂级数 $\sum_{n=1}^{\infty}t^n$ 的收敛域为(−1，1)．

又 $\ln x=t$，当 $t=1$ 时，$x=\mathrm{e}$，当 $t=-1$ 时，$x=\frac{1}{\mathrm{e}}$. 因此，级数 $\sum_{n=1}^{\infty}(\ln x)^n$ 的收敛域为 $\left(\frac{1}{\mathrm{e}},\ \mathrm{e}\right)$.

例 12　求级数 $\sum_{n=1}^{\infty}(-1)^{n-1}\frac{x^{2n-1}}{2n-1}$ 的收敛区间．

解　$\lim_{n\to\infty}\frac{|u_{n+1}(x)|}{|u_n(x)|}=\lim_{n\to\infty}\left|\frac{x^{2n+1}}{2n+1}\frac{2n-1}{x^{2n-1}}\right|=\lim_{n\to\infty}\left|\frac{2n-1}{2n+1}x^2\right|=|x^2|=x^2$.

当 $x^2<1$，即 $|x|<1$ 时，幂级数收敛；

当 $x=-1$ 时，得级数：$-1+\frac{1}{3}-\frac{1}{5}+\frac{1}{7}-\cdots$，该级数收敛；

当 $x=1$ 时，得级数：$1-\frac{1}{3}+\frac{1}{5}-\frac{1}{7}+\cdots$，该级数收敛．

故幂级数的收敛区间为[−1，1]．

注意　对缺项的幂级数(即 x 或 $x-x_0$ 只有奇(偶)次方的系数非零，而偶(奇)次方的系数全为零的幂级数)可利用比值判别法即利用紧邻前后项之比的极限来求出幂级数 $\sum_{n=1}^{\infty}a_nx^n$ 或 $\sum_{n=1}^{\infty}a_n(x-x_0)^n$ 的收敛半径．

例 13　求下列幂级数的收敛区间，并求其和函数．

(1) $x-\frac{x^3}{3}+\frac{x^5}{5}-\frac{x^7}{7}+\cdots$；　(2) $\sum_{n=1}^{\infty}\frac{x^{2n-1}}{2n-1}$.

解　(1) 由例 12 所给级数的收敛区间为[−1，1]．

设 $s(x)=x-\frac{x^3}{3}+\frac{x^5}{5}-\frac{x^7}{7}+\cdots$，$x\in[-1,1]$. 在收敛区间[−1，1]内逐项求导，得

$$s'(x)=1-x^2+x^4-x^6+\cdots=\frac{1}{1-(-x^2)}=\frac{1}{1+x^2}，x\in[-1,1].$$

注意到 $s(0)=0$，在上式两端积分，得

$$s(x)=s(x)-s(0)=\int_0^x s'(x)\mathrm{d}x=\int_0^x\frac{1}{1+t^2}\mathrm{d}t=\arctan x.$$

由于在区间端点 $x=\pm1$ 处幂级数收敛，故在[−1，1]上所求的和函数为 $\arctan x$.

(2) 幂级数 $\sum\limits_{n=1}^{\infty}\dfrac{x^{2n-1}}{2n-1}$ 缺少偶次项，直接用比值检验法，有

$$\lim_{n\to\infty}\frac{|x|^{2(n+1)-1}}{2(n+1)-1}\Big/\frac{|x|^{2n-1}}{2n-1}=\lim_{n\to\infty}\frac{2n-1}{2n+1}|x|^2=|x|^2.$$

当$|x|^2<1$，即$|x|<1$时，$\sum\limits_{n=1}^{\infty}\dfrac{x^{2n-1}}{2n-1}$收敛，故在$|x|<1$内可逐项微分.

设 $s(x)=\sum\limits_{n=1}^{\infty}\dfrac{x^{2n-1}}{2n-1}$，两边对 x 求导数，得

$$s'(x)=\left(\sum_{n=1}^{\infty}\frac{x^{2n-1}}{2n-1}\right)'=\sum_{n=1}^{\infty}x^{2n-2}=\sum_{n=1}^{\infty}(x^2)^{n-1}=\frac{1}{1-x^2},$$

两边从 0 到 x 积分，得

$$s(x)=\int_0^x s'(x)\mathrm{d}x=\int_0^x\frac{1}{1-x^2}\mathrm{d}x=\frac{1}{2}\ln\left(\frac{1+x}{1-x}\right),$$

故幂级数 $\sum\limits_{n=1}^{\infty}\dfrac{x^{2n-1}}{2n-1}=\dfrac{1}{2}\ln\left(\dfrac{1+x}{1-x}\right)(-1<x<1)$.

注意 一般地，当幂级数的一般项的系数是 n 的有理分式，例如，幂级数的一般项形如 $\dfrac{x^n}{n}$时，常用先逐项求导数后逐项求积分的方法求其和函数.

例 14 求下列幂级数的收敛区间，并求其和函数.

(1) $\sum\limits_{n=1}^{\infty}2nx^{2n-1}$； (2) $\sum\limits_{n=1}^{\infty}\dfrac{n(n+1)}{2}x^{n-1}(|x|<1)$.

解 (1) 所给级数为缺项级数 $\sum\limits_{n=1}^{\infty}u_n(x)=\sum\limits_{n=1}^{\infty}2nx^{2n-1}$.

因

$$\lim_{n\to\infty}\left|\frac{u_{n+1}(x)}{u_n(x)}\right|=\lim_{n\to\infty}\left|\frac{2(n+1)x^{2(n+1)-1}}{2nx^{2n-1}}\right|=x^2,$$

故当$-1<x<1$时，级数收敛，其收敛半径为$R=1$，且当 $x=-1$ 时，得级数$\sum\limits_{n=1}^{\infty}2n(-1)^{2n-1}$发散. 当 $x=1$ 时，得级数$\sum\limits_{n=1}^{\infty}2n$ 发散，故原级数的收敛区间为$(-1,1)$.

设

$$s(x)=2x+4x^3+6x^5+8x^7+\cdots,$$

在上面等式两端积分，得

$$\int_0^x s(t)\mathrm{d}t=x^2+x^4+x^6+x^8+\cdots=x^2(1+x^2+x^4+\cdots)$$

$$=\frac{x^2}{1-x^2}(-1<x<1).$$

在上式两端对 x 求导，得

$$s(x)=\left(\frac{x^2}{1-x^2}\right)'=\frac{2x}{(1-x^2)^2}(-1<x<1),$$

故所求的和函数为 $s(x)=\dfrac{2x}{(1-x^2)^2}(-1<x<1)$.

(2) 因 $\lim\limits_{n\to\infty}\left|\dfrac{a_{n+1}}{a_n}\right|=\lim\limits_{n\to\infty}\dfrac{(n+1)(n+2)}{2}\Big/\dfrac{n(n+1)}{2}=\lim\limits_{n\to\infty}\dfrac{(n+1)(n+2)}{n(n+1)}=1,$

故收敛半径 $R=1$.

幂级数 $\sum\limits_{n=1}^{\infty}\frac{n(n+1)}{2}x^{n-1}$ 在 $|x|<1$ 内收敛，故在 $|x|<1$ 内可以逐项积分．

设 $s(x)=\sum\limits_{n=1}^{\infty}\frac{n(n+1)}{2}x^{n-1}$.

$$s_1(x)=\int_0^x s(x)\mathrm{d}x=\int_0^x\left[\sum_{n=1}^{\infty}\frac{n(n+1)}{2}x^{n-1}\right]\mathrm{d}x$$
$$=\sum_{n=1}^{\infty}\left[\int_0^x\frac{n(n+1)}{2}x^{n-1}\mathrm{d}x\right]=\sum_{n=1}^{\infty}\frac{n+1}{2}x^n.$$

两边再从 0 到 x 积分，得

$$\int_0^x s_1(x)\mathrm{d}x=\int_0^x\left[\sum_{n=1}^{\infty}\frac{n+1}{2}x^n\right]\mathrm{d}x=\sum_{n=1}^{\infty}\left[\int_0^x\frac{n+1}{2}x^n\mathrm{d}x\right]$$
$$=\sum_{n=1}^{\infty}\frac{1}{2}x^{n+1}=\frac{1}{2}x^2\sum_{n=1}^{\infty}x^{n-1}=\frac{1}{2}x^2\cdot\frac{1}{1-x}=\frac{x^2}{2(1-x)},$$

两边对 x 求导，得

$$s_1(x)=\int_0^x s(x)\mathrm{d}x=\left[\frac{x^2}{2(1-x)}\right]'=\frac{2x-x^2}{2(1-x)^2},$$

两边再对 x 求导，得

$$s(x)=\left[\frac{2x-x^2}{2(1-x)^2}\right]'=\frac{1}{(1-x)^3}(-1<x<1),$$

故
$$\sum_{n=1}^{\infty}\frac{n(n+1)}{2}x^{n-1}=\frac{1}{(1-x)^3}(-1<x<1).$$

注意　当幂级数的一般项的系数是 n 的有理整式，例如，幂级数的一般项形如 $(2n+1)x^{2n}$，nx^{n-1} 时，常用先逐项求积分，后逐项求导数的方法求其和函数．

例 15　利用幂级数的和函数求下列数项级数的和：

(1) $\sum\limits_{n=2}^{\infty}\frac{(-1)^n}{n^2+n-2}$；　　(2) $\sum\limits_{n=1}^{\infty}\frac{1}{n(2n+1)}$.

解　(1) 由于
$$\sum_{n=2}^{\infty}\frac{(-1)^n}{n^2+n-2}=\frac{1}{3}\left[\sum_{n=2}^{\infty}\frac{(-1)^n}{n-1}-\sum_{n=2}^{\infty}\frac{(-1)^n}{n+2}\right],$$

考察两个幂级数：

$$s_1(x)=\sum_{n=2}^{\infty}\frac{(-1)^n}{n-1}x^{n-1};\ s_2(x)=\sum_{n=2}^{\infty}\frac{(-1)^n}{n+2}x^{n+2}.$$

在 $x=1$ 处，由莱布尼茨判别法可知它们都收敛．逐项求导，得

$$s_1'(x)=\sum_{n=2}^{\infty}(-1)^n x^{n-2}=\frac{1}{1+x}(|x|<1),$$

$$s_1(x)=s_1(0)+\int_0^x\frac{1}{1+t}\mathrm{d}t=\ln(1+x)(|x|<1).$$

$$s_2'(x)=\sum_{n=2}^{\infty}(-1)^n x^{n+1}=\frac{x^3}{1+x}(|x|<1),$$

$$s_2(x)=s_2(0)+\int_0^x\frac{t^3}{1+t}\mathrm{d}t=\frac{1}{3}x^3-\frac{1}{2}x^2-x-\ln(1+x).$$

由幂级数和函数的连续性，得

$$\sum_{n=2}^{\infty}\frac{(-1)^n}{n-1}=s_1(1)=\lim_{x\to1}s_1(x)=\lim_{x\to1}\ln(1+x)=\ln2,$$

$$\sum_{n=1}^{\infty}\frac{(-1)^n}{n+2}=s_2(1)=\lim_{x\to1}s_2(x)=\lim_{x\to1}\left[\frac{1}{3}x^3-\frac{1}{2}x^2+x-\ln(1+x)\right]=\frac{5}{6}-\ln2,$$

故
$$\sum_{n=2}^{\infty}\frac{(-1)^n}{n^2+n-2}=\frac{1}{3}\left(\ln2-\frac{5}{6}+\ln2\right)=\frac{2}{3}\ln2-\frac{5}{18}.$$

(2) 考察幂级数
$$s(x)=\sum_{n=1}^{\infty}\frac{1}{n(2n+1)}x^{2n+1},$$
收敛半径 $R=1$，在 $x=1$ 处收敛．

$$s''(x)=\sum_{n=1}^{\infty}2x^{2n-1}=2\sum_{n=1}^{\infty}x^{2n-1}=\frac{2x}{1-x^2}(-1<x<1),$$

$$s'(x)=s'(0)+\int_0^x\frac{2t}{1-t^2}\mathrm{d}t=-\ln(1-x^2),$$

$$\begin{aligned}s(x)&=s(0)+\int_0^x[-\ln(1-t^2)]\mathrm{d}t\\&=2x-(1+x)\ln(1+x)+(1-x)\ln(1-x)(-1<x<1).\end{aligned}$$

由洛必达法则，可知

$$\lim_{x\to1^-}(1-x)\ln(1-x)=\lim_{x\to1^+}y\ln y=0,$$

故
$$\sum_{n=1}^{\infty}\frac{1}{n(2n+1)}=s(1)=\lim_{x\to1^-}s(x)=2-2\ln2.$$

例 16 将下列函数展成幂级数：

(1) $f(x)=\dfrac{x}{x^2-2x-3}$；　　(2) $f(x)=\arctan\dfrac{1+x}{1-x}$.

解 (1) 将 $f(x)$ 分解为部分分式，得

$$f(x)=\frac{3}{4(x-3)}+\frac{1}{4(x+1)},$$

则
$$f(x)=-\frac{1}{4}\cdot\frac{1}{1-x/3}+\frac{1}{4}\cdot\frac{1}{1-(-x)},$$

$$f(x)=-\frac{1}{4}\sum_{n=0}^{\infty}\left(\frac{x}{3}\right)^n+\frac{1}{4}\sum_{n=0}^{\infty}(-1)^nx^n=\frac{1}{4}\sum_{n=0}^{\infty}\left[(-1)^n-\frac{1}{3^n}\right]x^n.$$

上述两级数的收敛域易求出，分别为$(-3,\ 3)$，$(-1,\ 1)$，取其交，得到 $f(x)$ 展成幂级数的收敛域为$(-1,\ 1)$.

(2) 将函数 $f(x)=\arctan\dfrac{1+x}{1-x}$ 展为 x 的幂级数．

$$f'(x)=\frac{1}{1+x^2}=\frac{1}{1-(-x^2)}=\sum_{n=0}^{\infty}(-x^2)^n=\sum_{n=0}^{\infty}(-1)^nx^{2n}(-1<x<1),$$

逐项积分，得

$$f(x)-f(0)=\int_0^xf'(t)\mathrm{d}t=\int_0^x\sum_{n=0}^{\infty}(-1)^nx^{2n}\mathrm{d}x=\sum_{n=0}^{\infty}(-1)^n\int_0^xx^{2n}\mathrm{d}x$$

$$= \sum_{n=0}^{\infty} \frac{(-1)^n}{2n+1} x^{2n+1}.$$

因 $f(0)=\arctan 1=\frac{\pi}{4}$，故

$$f(x)-f(0)=f(x)-\frac{\pi}{4}=\int_0^x f'(t)\mathrm{d}t,$$

所以
$$\arctan\frac{1+x}{1-x}=\frac{\pi}{4}+\sum_{n=0}^{\infty}\frac{(-1)^n}{2n+1}x^{2n+1}.$$

右端级数在 $x=\pm 1$ 处均收敛，但因函数在 $x=1$ 处无定义，故其收敛域为$[-1, 1)$.

注意 积分时，不要漏掉 $f(0)=\frac{\pi}{4}$ 这一项.

自 测 题

1. 检验下列级数是否收敛？如果收敛，求出其和.

(1) $100+60+36+\cdots$；　　(2) $1-\frac{5}{3}+\frac{25}{9}-\frac{125}{27}+\cdots$.

2. 用比较法判别下列级数的敛散性：

(1) $\sum_{n=1}^{\infty}\frac{1}{\ln(1+n)}$；　　(2) $\sum_{n=1}^{\infty}\left(1-\cos\frac{\pi}{n}\right)$.

3. 判别级数 $\sum_{n=1}^{\infty}\frac{(n!)^2}{(2n)!}$ 的敛散性.

4. 判别级数 $\sum_{n=1}^{\infty}\frac{1}{3^n+1}$ 的敛散性.

5. 检验下列级数的敛散性. 若收敛，请指出是绝对收敛还是条件收敛.

(1) $\sum_{n=0}^{\infty}\frac{(-1)^n}{1+n^2}$；　　(2) $\sum_{n=1}^{\infty}\frac{(-1)^n\ln n}{n}$.

6. 证明：如果级数 $\sum_{n=1}^{\infty}a_n$ 和 $\sum_{n=1}^{\infty}b_n$ 收敛，且 $a_n\leqslant c_n\leqslant b_n(n=1, 2, \cdots)$，则级数 $\sum_{n=1}^{\infty}c_n$ 也收敛.

7. 若级数 $\sum_{n=1}^{\infty}a_n$ 及 $\sum_{n=1}^{\infty}b_n$ 都发散，则________.

(A) $\sum_{n=1}^{\infty}(a_n+b_n)$ 必发散；　　(B) $\sum_{n=1}^{\infty}a_nb_n$ 必发散；

(C) $\sum_{n=1}^{\infty}(|a_n|+|b_n|)$ 必发散；　　(D) $\sum_{n=1}^{\infty}(a_n^2+b_n^2)$ 必发散.

8. 求下列幂级数的收敛域：

(1) $\sum_{n=1}^{\infty}\frac{(-1)^n}{n\cdot 2^n}(x+1)^{n-1}$；　　(2) $\sum_{n=1}^{\infty}\frac{a^nx^n}{n^2+1}(a>0)$.

9. 求级数 $\sum_{n=1}^{\infty}\frac{x^{4n+1}}{4n+1}(|x|<1)$ 的和.

10. 求级数 $\sum\limits_{n=1}^{\infty}\dfrac{2n-1}{2^n}x^{2n-2}(|x|<\sqrt{2})$ 的和，并计算$\sum\limits_{n=1}^{\infty}\dfrac{2n-1}{2^n}$.

11. 利用幂级数的和函数求下列数项级数的和：

(1) $\sum\limits_{n=1}^{\infty}\dfrac{n^2}{n!}$；　　(2) $\sum\limits_{n=1}^{\infty}\dfrac{1}{n2^n}$.

自测题参考答案

1. **解**　(1) $100+60+36+\cdots=100\left(1+\dfrac{60}{100}+\dfrac{36}{100}+\cdots\right)=100\left[1+\dfrac{6}{10}+\left(\dfrac{6}{10}\right)^2+\cdots\right]$.

括号内是公比为$\dfrac{6}{10}(<1)$的几何级数，收敛，故

$$100+60+36+\cdots=100\times\frac{1}{1-\frac{6}{10}}=250.$$

(2) 这是一个公比为$-\dfrac{5}{3}\left(\left|-\dfrac{5}{3}\right|>1\right)$的几何级数，发散．

2. **解**　(1) 因 $n\geqslant1$ 时，$\ln(n+1)<n$，故 $u_n=\dfrac{1}{\ln(1+n)}>\dfrac{1}{n}$，而 $\sum\limits_{n=1}^{\infty}\dfrac{1}{n}$ 发散，故原级数发散．

(2) $u_n=1-\cos\dfrac{\pi}{n}=2\sin^2\dfrac{\pi}{2n}$，则$\sum\limits_{n=1}^{\infty}\left(1-\cos\dfrac{\pi}{n}\right)$变为$\sum\limits_{n=1}^{\infty}2\sin^2\dfrac{\pi}{2n}$. 因 $\sin\dfrac{\pi}{2n}<\dfrac{\pi}{2n}$，故 $2\sin^2\dfrac{\pi}{2n}<2\left(\dfrac{\pi}{2n}\right)^2=\dfrac{\pi^2}{2n^2}$，而$\sum\limits_{n=1}^{\infty}\dfrac{1}{n^2}$为收敛的 p-级数($p=2>1$)，故级数$\sum\limits_{n=1}^{\infty}\dfrac{\pi^2}{2n^2}$收敛．由比较判别法知，所给级数收敛．

3. **解**

$$u_n=\frac{(n!)^2}{(2n)!}=\frac{n!\ n!}{(2n)!},$$

$$u_{n+1}=\frac{(n+1)!\ (n+1)!}{(2n+2)!}=\frac{(n+1)!\ (n+1)!}{(2n+2)(2n+1)(2n)!},$$

$$\lim_{n\to\infty}\frac{u_{n+1}}{u_n}=\lim_{n\to\infty}\frac{(n+1)(n+1)}{(2n+2)(2n+1)}=\frac{1}{4}<1,$$

所以所给级数收敛．

4. **解**　因 $\lim\limits_{n\to\infty}\dfrac{u_{n+1}}{u_n}=\lim\limits_{n\to\infty}\dfrac{\frac{1}{3^{n+1}+1}}{\frac{1}{3^n+1}}=\lim\limits_{n\to\infty}\dfrac{3^n+1}{3^{n+1}+1}=\lim\limits_{n\to\infty}\dfrac{1+\frac{1}{3^n}}{3+\frac{1}{3^n}}=\dfrac{1}{3}<1$,

由比值判别法知，级数 $\sum\limits_{n=1}^{\infty}\dfrac{1}{3^n+1}$ 收敛．

5. **解**　(1) 因 $\sum\limits_{n=0}^{\infty}\dfrac{(-1)^n}{1+n^2}=1+\sum\limits_{n=1}^{\infty}\dfrac{(-1)^n}{1+n^2}$，$|a_n|=\dfrac{1}{1+n^2}<\dfrac{1}{n^2}$，由于 p-级数 $\sum\limits_{n=1}^{\infty}\dfrac{1}{n^2}(p=2>1)$是收敛的，所以级数$\sum\limits_{n=-0}^{\infty}\dfrac{(-1)^n}{1+n^2}$收敛且为绝对收敛．

(2) 因$|a_n|=\frac{\ln n}{n}$,当$n>2$时，$\frac{\ln n}{n}>\frac{1}{n}$,调和级数$\sum\limits_{n=3}^{\infty}\frac{1}{n}$发散，故$\sum\limits_{n=1}^{\infty}\left|\frac{(-1)^n\ln n}{n}\right|$发散.

又$\sum\limits_{n=1}^{\infty}\frac{(-1)^n\ln n}{n}$是一交错级数，$\lim\limits_{n\to\infty}|a_n|=\lim\limits_{n\to\infty}\frac{\ln n}{n}=0$，且$n>2$时，$|a_n|=\frac{\ln n}{n}>\frac{\ln(n+1)}{n+1}=|a_{n+1}|$，由莱布尼茨判别法知，级数$\lim\limits_{n\to\infty}\frac{(-1)^n\ln n}{n}$收敛，故此级数条件收敛.

6. **证**　因$a_n\leqslant c_n\leqslant b_n(n=1,2,\cdots)$，故$0\leqslant c_n-a_n\leqslant b_n-a_n$. 又因$\sum\limits_{n=1}^{\infty}a_n$与$\sum\limits_{n=1}^{\infty}b_n$收敛，故$\sum\limits_{n=1}^{\infty}(b_n-a_n)$也收敛，由比较判别法，知正项级数$\sum\limits_{n=1}^{\infty}(c_n-a_n)$也收敛. 又由$c_n=a_n+(c_n-a_n)$可知，级数$\sum\limits_{n=1}^{\infty}c_n$也收敛.

7. **解**　(A)不正确. 例如，$\sum\limits_{n=1}^{\infty}a_n=\frac{1}{n}$，$\sum\limits_{n=1}^{\infty}b_n=-\sum\limits_{n=1}^{\infty}\frac{1}{n}$都发散，但$\sum\limits_{n=1}^{\infty}(a_n+b_n)=0$为收敛级数.

(B)不正确. 例如，$\sum\limits_{n=1}^{\infty}a_n=\frac{1}{n}$，$\sum\limits_{n=1}^{\infty}b_n=\frac{1}{n}$都发散，但$\sum\limits_{n=1}^{\infty}a_nb_n=\sum\limits_{n=1}^{\infty}\frac{1}{n^2}$收敛.

(C)正确. 这是因为$|a_n|\leqslant|a_n|+|b_n|$,如果级数$\sum\limits_{n=1}^{\infty}(|a_n|+|b_n|)$收敛，则$\sum\limits_{n=1}^{\infty}|a_n|$收敛，从而$\sum\limits_{n=1}^{\infty}a_n$也收敛. 这与题设矛盾，故$\sum\limits_{n=1}^{\infty}(|a_n|+|b_n|)$发散.

(D)不正确. 例如，$\sum\limits_{n=1}^{\infty}a_n=\sum\limits_{n=1}^{\infty}\frac{1}{n}$，$\sum\limits_{n=1}^{\infty}b_n=\sum\limits_{n=1}^{\infty}\frac{1}{n}$，发散，而$\sum\limits_{n=1}^{\infty}(a_n^2+b_n^2)=\sum\limits_{n=1}^{\infty}\left(\frac{1}{n^2}+\frac{1}{n^2}\right)=2\sum\limits_{n=1}^{\infty}\frac{1}{n^2}$却收敛.

8. **解**　(1) 由于$\lim\limits_{n\to\infty}\left|\frac{a_{n+1}}{a_n}\right|=\lim\limits_{n\to\infty}\frac{n\cdot 2^n}{(n+1)\cdot 2^{n+1}}=\lim\limits_{n\to\infty}\frac{n}{2(n+1)}=\frac{1}{2}$，所以其收敛半径为2.

又由于本题是在$x_0=-1$处的幂级数，所以收敛区间的两个端点为$x=-3$与$x=1$. 当$x=-3$时，原级数为$\sum\limits_{n=1}^{\infty}\frac{(-1)^n}{n\cdot 2^n}(-2)^{n-1}=-\frac{1}{2}\sum\limits_{n=1}^{\infty}\frac{1}{n}$是发散的；而当$x=1$时，原级数$\sum\limits_{n=1}^{\infty}\frac{(-1)^n}{n\cdot 2^n}2^{n-1}=\frac{1}{2}\sum\limits_{n=1}^{\infty}\frac{(-1)^n}{n}$是一个交错级数，而且容易看出它满足莱布尼茨判别法的两个条件，所以是收敛的，故级数$\sum\limits_{n=1}^{\infty}\frac{(-1)^n}{n\cdot 2^n}(x+1)^n$的收敛域为$(-3,1]$.

(2) 因　$\lim\limits_{n\to\infty}\left|\frac{a_{n+1}}{a_n}\right|=\lim\limits_{n\to\infty}\frac{a^{n+1}}{(n+1)^2+1}\bigg/\frac{a^n}{n^2+1}=\lim\limits_{n\to\infty}\frac{a(n^2+1)}{(n+1)^2+1}=a$，

故

$$R=\frac{1}{a}.$$

当$x=\frac{1}{a}$时，原级数为$\sum\limits_{n=1}^{\infty}\frac{1}{n^2+1}$.

由于$\frac{1}{n^2+1}<\frac{1}{n^2}$，而$\sum\limits_{n=1}^{\infty}\frac{1}{n^2}$是$p$-级数($p=2>1$)收敛，由比较判别法知，级数$\sum\limits_{n=1}^{\infty}\frac{1}{n^2+1}$收敛．

当$x=-\frac{1}{a}$时，原级数为$\sum\limits_{n=1}^{\infty}\frac{(-1)^n}{n^2+1}$是一个交错级数，绝对收敛．

因此，幂级数$\sum\limits_{n=1}^{\infty}\frac{a^nx^n}{n^2+1}(a>0)$的收敛半径为$\frac{1}{a}$，收敛域为$\left[-\frac{1}{a},\frac{1}{a}\right]$.

9. **解** 幂级数$\sum\limits_{n=1}^{\infty}\frac{x^{4n+1}}{4n+1}$缺少偶次项，直接用比值检验法，有

$$\lim_{n\to\infty}\frac{|x|^{4(n+1)+1}}{4(n+1)+1}\Big/\frac{|x|^{4n+1}}{4n+1}=\lim_{n\to\infty}\frac{4n+1}{4n+5}\cdot|x|^4.$$

当$|x|^4<1$，即$|x|<1$时，$\sum\limits_{n=1}^{\infty}\frac{x^{4n+1}}{4n+1}$收敛，故在$|x|<1$内可逐项微分．

设
$$s(x)=\sum_{n=1}^{\infty}\frac{x^{4n+1}}{4n+1},$$
两边对x求导，得
$$s'(x)=\left(\sum_{n=1}^{\infty}\frac{x^{4n+1}}{4n+1}\right)'=\sum_{n=1}^{\infty}x^{4n}=\sum_{n=1}^{\infty}(x^4)^n=\frac{x^4}{1-x^4},$$
两边从0到x积分，得
$$\begin{aligned}s(x)&=\int_0^x s'(x)\mathrm{d}x=\int_0^x\frac{x^4}{1-x^4}\mathrm{d}x\\&=\int_0^x\left[-1+\frac{1}{2(1-x^2)}+\frac{1}{2(1+x^2)}\right]\mathrm{d}x\\&=-x-\frac{1}{4}\ln\frac{1-x}{1+x}+\frac{1}{2}\arctan x,\end{aligned}$$
故级数
$$\sum_{n=1}^{\infty}\frac{x^{4n+1}}{4n+1}=-x-\frac{1}{4}\ln\frac{1-x}{1+x}+\frac{1}{2}\arctan x\quad(-1<x<1).$$

10. **解** 设$s(x)=\sum\limits_{n=1}^{\infty}\frac{2n-1}{2^n}x^{2n-2}$.

$$\lim_{n\to\infty}\left|\frac{a_{n+1}}{a_n}\right|=\lim_{n\to\infty}\frac{2n+1}{2^{n+1}}|x|^{2n}\Big/\frac{2n-1}{2^n}|x|^{2n-2}=\frac{1}{2}|x|^2,$$

故当$\frac{1}{2}|x|^2<1$，即当$|x|<\sqrt{2}$时，级数收敛．因此，级数在区间$(-\sqrt{2},\sqrt{2})$内可逐项积分，得

$$\begin{aligned}\int_0^x s(x)\mathrm{d}x&=\int_0^x\left(\sum_{n=1}^{\infty}\frac{2n-1}{2^n}x^{2n-2}\right)\mathrm{d}x=\sum_{n=1}^{\infty}\frac{1}{2^n}x^{2n-1}\\&=\sum_{n=1}^{\infty}\frac{1}{x}\left(\frac{x^2}{2}\right)^n=\frac{1}{x}\cdot\frac{\frac{x^2}{2}}{1-\frac{x^2}{2}}=\frac{x}{2-x^2},\end{aligned}$$

两边再对 x 求导数，得

$$s(x)=\left(\frac{x}{2-x^2}\right)'=\frac{x^2+2}{(2-x^2)^2},$$

故级数

$$\sum_{n=1}^{\infty}\frac{2n-1}{2^n}x^{2n-2}=\frac{x^2+2}{(2-x^2)^2}\quad(-\sqrt{2}<x<\sqrt{2}).$$

取 $x=1$，得
$$\sum_{n=1}^{\infty}\frac{2n-1}{2^n}=3.$$

11. **解**　(1) 利用 e^x 的幂级数展开公式：

$$\sum_{n=1}^{\infty}\frac{n^2}{n!}=\sum_{n=1}^{\infty}\frac{n-1+1}{(n-1)!}=\sum_{n=2}^{\infty}\frac{1}{(n-2)!}+\sum_{n=1}^{\infty}\frac{1}{(n-1)!}=e+e=2e.$$

(2) 考察幂级数 $\sum_{n=1}^{\infty}\frac{1}{n}x^n$. 记 $s(x)=\sum_{n=1}^{\infty}\frac{1}{n}x^n$，逐项求导，得

$$s'(x)=\sum_{n=1}^{\infty}x^{n-1}=\frac{1}{1-x},$$

$$s(x)=s(0)+\int_0^x\frac{1}{1-t}dt=-\ln(1-x),|x|<1,$$

故
$$\sum_{n=1}^{\infty}\frac{1}{n2^n}=s\left(\frac{1}{2}\right)=-\ln\frac{1}{2}=\ln 2.$$

考研题解析

1. 设常数 $k>0$，则级数 $\sum_{n=1}^{\infty}(-1)^n\frac{k+n}{n^2}$ ______.

(A) 发散；　　(B) 绝对收敛；

(C) 条件收敛；　　(D) 收敛或发散与 k 的取值有关．

解　级数 $\sum_{n=1}^{\infty}\left|(-1)^n\frac{k+n}{n^2}\right|=\sum_{n=1}^{\infty}\frac{k+n}{n^2}=\sum_{n=1}^{\infty}\frac{k}{n^2}+\sum_{n=1}^{\infty}\frac{1}{n}$ 中前一级数收敛，后一级数发散，则 $\sum_{n=1}^{\infty}\left|(-1)^n\frac{k+n}{n^2}\right|$ 发散，因而 $\sum_{n=1}^{\infty}(-1)^n\frac{k+n}{n^2}$ 不绝对收敛．易验证它满足莱布尼茨判别法的两个条件，故它收敛，因而为条件收敛．故选(C).

2. 设常数 $\lambda>0$，且级数 $\sum_{n=1}^{\infty}a_n^2$ 收敛，则级数 $\sum_{n=1}^{\infty}(-1)^n\frac{|a_n|}{\sqrt{n^2+\lambda}}$ ______.

(A) 发散；　(B) 条件收敛；　(C) 绝对收敛；　(D) 收敛性与 λ 有关．

解　由正数的几何平均值不超过算术平均值，得

$$\left|(-1)^n\frac{|a_n|}{\sqrt{n^2+\lambda}}\right|\leqslant\frac{|a_n|}{\sqrt{n^2+\lambda}}=\sqrt{a_n^2\cdot\frac{1}{n^2+\lambda}}\text{(两数的几何平均)}$$

$$\leqslant\frac{1}{2}\left(a_n^2+\frac{1}{n^2+\lambda}\right)\text{(两数的算术平均)}$$

$$\leqslant a_n^2+\frac{1}{n^2}.$$

因 $\sum_{n=1}^{\infty}a_n^2$ 收敛，$\sum_{n=1}^{\infty}\frac{1}{n^2}$ 也收敛，故$\sum_{n=1}^{\infty}(-1)^n\frac{|a_n|}{\sqrt{n^2+\lambda}}$ 绝对收敛．故选(C).

3. 已知级数 $\sum_{n=1}^{\infty}a_n^2$ 和$\sum_{n=1}^{\infty}b_n^2$ 都收敛，证明：级数$\sum_{n=1}^{\infty}a_nb_n$ 绝对收敛．

证 因$|a_nb_n|\leqslant\frac{1}{2}(a_n^2+b_n^2)$，而级数$\frac{1}{2}\sum_{n=1}^{\infty}(a_n^2+b_n^2)$ 收敛，故级数$\sum_{n=1}^{\infty}|a_nb_n|$收敛，从而级数$\sum_{n=1}^{\infty}a_nb_n$ 绝对收敛．

4. 设 $0\leqslant a_n\leqslant\frac{1}{n}(n=1, 2, \cdots)$，则下列级数中肯定收敛的是________.

(A) $\sum_{n=1}^{\infty}a_n$； (B) $\sum_{n=1}^{\infty}(-1)^na_n$； (C) $\sum_{n=1}^{\infty}\sqrt{a_n}$； (D) $\sum_{n=1}^{\infty}(-1)^na_n^2$.

解 (D) 对．由 $0\leqslant a_n\leqslant\frac{1}{n}(n=1, 2, \cdots)$，得 $0\leqslant a_n^2<\frac{1}{n^2}$，而级数 $\sum_{n=1}^{\infty}\frac{1}{n^2}$ 收敛(p-级数，$p=2>1$)，由比较判别法知级数$\sum_{n=1}^{\infty}a_n^2$ 收敛，从而$\sum_{n=1}^{\infty}(-1)^na_n^2$ 绝对收敛，故$\sum_{n=1}^{\infty}(-1)^na_n^2$ 收敛．

注意 由 $0\leqslant a_n<\frac{1}{n}$不能推出 $a_n>a_{n+1}$一定成立，因而级数$\sum_{n=1}^{\infty}(-1)^na_n$ 不一定满足莱布尼茨判别法的条件，故交错级数$\sum_{n=1}^{\infty}(-1)^na_n$ 不一定收敛．误判该级数收敛，这是易犯的错误．

5. 设 a 为常数，则级数 $\sum_{n=1}^{\infty}\left[\frac{\sin(na)}{n^2}-\frac{1}{\sqrt{n}}\right]$________.

(A) 绝对收敛； (B) 条件收敛；

(C) 发散； (D) 收敛性与 a 的取值有关．

解 因$\left|\frac{\sin(na)}{n^2}\right|\leqslant\frac{1}{n^2}$，级数 $\sum_{n=1}^{\infty}\frac{1}{n^2}$ 收敛，所以$\sum_{n=1}^{\infty}\frac{\sin(na)}{n^2}$ 绝对收敛．而$\sum_{n=1}^{\infty}\frac{1}{\sqrt{n}}$ 发散，故原级数发散，选(C).

6. 级数$\sum_{n=1}^{\infty}(-1)^n\left(1-\cos\frac{\alpha}{n}\right)$(常数 $\alpha>0$)________.

(A) 发散； (B) 条件收敛； (C) 绝对收敛； (D) 收敛性与 α 有关．

解 因为 $1-\cos\frac{\alpha}{n}\sim\frac{1}{2}\left(\frac{\alpha}{n}\right)^2(n\to\infty)$，而$\sum_{n=1}^{\infty}\frac{\alpha^2}{2n^2}$ 是收敛的，所以$\sum_{n=1}^{\infty}\left(1-\cos\frac{\alpha}{n}\right)$收敛，故原级数绝对收敛，应选(C).

7. 设 $u_n=(-1)^n\ln\left(1+\frac{1}{\sqrt{n}}\right)$，则级数________.

(A) $\sum_{n=1}^{\infty}u_n$ 与$\sum_{n=1}^{\infty}u_n^2$ 都收敛； (B) $\sum_{n=1}^{\infty}u_n$ 与$\sum_{n=1}^{\infty}u_n^2$ 都发散；

(C) $\sum_{n=1}^{\infty}u_n$ 收敛而$\sum_{n=1}^{\infty}u_n^2$ 发散； (D) $\sum_{n=1}^{\infty}u_n$ 发散而$\sum_{n=1}^{\infty}u_n^2$ 收敛．

解 因为$|u_n|=\ln\left(1+\frac{1}{\sqrt{n}}\right)\to 0(n\to\infty)$，且$|u_n|\geqslant|u_{n+1}|$，所以交错级数$\sum\limits_{n=1}^{\infty}u_n$收敛.
又因为$u_n^2=\ln^2\left(1+\frac{1}{\sqrt{n}}\right)\sim\frac{1}{n}$，所以$\sum\limits_{n=1}^{\infty}u_n^2$发散，故选(C).

8. 设$a_n>0(n=1,2,\cdots)$，且$\sum\limits_{n=1}^{\infty}a_n$收敛，常数$\lambda\in\left[0,\frac{\pi}{2}\right]$，$\sum\limits_{n=1}^{\infty}(-1)^n\left(n\tan\frac{\lambda}{n}\right)a_{2n}$ ________.

(A) 绝对收敛；　(B) 条件收敛；　(C) 发散；　(D) 敛散性与λ无关.

解 因为$\lim\limits_{n\to\infty}\left(n\tan\frac{\lambda}{n}\right)=\lim\limits_{n\to\infty}\frac{\tan\frac{\lambda}{n}}{\frac{\lambda}{n}}\lambda=\lambda$，所以$\left(n\tan\frac{\lambda}{n}\right)a_{2n}\sim\lambda a_{2n}$，而$\sum\limits_{n=1}^{\infty}a_{2n}$是收敛的，所以原级数绝对收敛，故选(A).

9. 设级数$\sum\limits_{n=1}^{\infty}u_n$收敛，则必收敛的级数为________.

(A) $\sum\limits_{n=1}^{\infty}(-1)^n\frac{u_n}{n}$；　(B) $\sum\limits_{n=1}^{\infty}u_n^2$；

(C) $\sum\limits_{n=1}^{\infty}(u_{2n-1}-u_{2n})$；　(D) $\sum\limits_{n=1}^{\infty}(u_n+u_{n+1})$.

解 因级数$\sum\limits_{n=1}^{\infty}u_{n+1}$仅比$\sum\limits_{n=1}^{\infty}u_n$多一项$u_1$，所以具有相同敛散性，两收敛级数之和仍收敛，故选(D).

10. 设$\sum\limits_{n=1}^{\infty}a_n$为正项级数，下列结论正确的是________.

(A) 若$\lim\limits_{n\to\infty}na_n=0$，则级数$\sum\limits_{n=1}^{\infty}a_n$收敛；

(B) 若存在非零常数λ，使得$\lim\limits_{n\to\infty}na_n=\lambda$，则级数$\sum\limits_{n=1}^{\infty}a_n$发散；

(C) 若级数$\sum\limits_{n=1}^{\infty}a_n$收敛，则$\lim\limits_{n\to\infty}n^2a_n=0$；

(D) 若级数$\sum\limits_{n=1}^{\infty}a_n$发散，则存在非零常数$\lambda$，使得$\lim\limits_{n\to\infty}na_n=\lambda$.

解 由于调和级数$\sum\limits_{n=1}^{\infty}\frac{1}{n}$发散，

$$\lim_{n\to\infty}\frac{a_n}{\frac{1}{n}}=\lim_{n\to\infty}na_n=\lambda>0.$$

由正项级数的比较判别法的极限形式知原级数发散，选(B).

11. 若$\sum\limits_{n=1}^{\infty}a_n(x-1)^n$在$x=-1$处收敛，则此级数在$x=2$处________.

(A) 条件收敛；　(B) 绝对收敛；　(C) 发散；　(D) 收敛性不能确定.

解 设$t=x-1$，则原级数变为$\sum\limits_{n=1}^{\infty}a_nt^n$. 由题意当$t=-1-1=-2$时收敛. 根据阿贝尔定理，级数$\sum\limits_{t=1}^{\infty}a_nt^n$在$|t|<2$时绝对收敛$\Rightarrow\sum\limits_{n=1}^{\infty}a_n(x-1)^n$在$-1<x<3$内绝对收敛，$x=2$在收敛区间内，故此级数在$x=2$处绝对收敛，应选(B).

12. 求幂级数$\sum\limits_{n=1}^{\infty}\dfrac{(x-3)^n}{n\cdot 3^n}$的收敛域.

解 设$t=x-3$，则原级数变为$\sum\limits_{n=1}^{\infty}\dfrac{t^n}{n\cdot 3^n}$.

$$\rho=\lim_{n\to\infty}\left|\frac{a_{n+1}}{a_n}\right|=\lim_{n\to\infty}\left|\frac{n3^n}{(n+1)3^{n+1}}\right|=\frac{1}{3}\Rightarrow R=3,$$

即$-3<t<3$时，级数$\sum\limits_{n=1}^{\infty}\dfrac{t^n}{n\cdot 3^n}$收敛$\Rightarrow 0<x<6$时，级数$\sum\limits_{n=1}^{\infty}\dfrac{(x-3)^n}{n\cdot 3^n}$收敛.

当$x=0$时，原级数为交错级数$\sum\limits_{n=1}^{\infty}(-1)^n\dfrac{1}{n}$，是收敛的；

当$x=6$时，原级数是调和级数$\sum\limits_{n=1}^{\infty}\dfrac{1}{n}$，是发散的.

故所求的收敛域为$[0,6)$.

13. 设$a_1=2$，$a_{n+1}=\dfrac{1}{2}\left(a_n+\dfrac{1}{a_n}\right)(n=1,2,\cdots)$，证明：

(1) $\lim\limits_{n\to\infty}a_n$存在； (2) 级数$\sum\limits_{n=1}^{\infty}\left(\dfrac{a_n}{a_{n+1}}-1\right)$收敛.

证 (1) 因
$$a_{n+1}=\frac{1}{2}\left(a_n+\frac{1}{a_n}\right)\geqslant\sqrt{a_n\cdot\frac{1}{a_n}}=1,$$
所以
$$\frac{a_{n+1}}{a_n}=\frac{1}{2}\left(1+\frac{1}{a_n^2}\right)\leqslant\frac{1}{2}\left(1+\frac{1}{1^2}\right)=1,$$
故数列$\{a_n\}$单调递减有下界，据单调有界收敛准则，$\{a_n\}$收敛. 令$a_n\to a(n\to\infty)$，则$a_{n+1}\to a$，故有$2a=a+\dfrac{1}{a}\Rightarrow a=1$，即$\lim\limits_{n\to\infty}a_n=1$.

(2) 由(1)知$a_n>1$，所以
$$0\leqslant\frac{a_n}{a_{n+1}}-1\leqslant\frac{a_n-a_{n+1}}{a_{n+1}}\leqslant a_n-a_{n+1}.$$

记$S_n=\sum\limits_{k=1}^{n}(a_k-a_{k+1})=a_1-a_{n+1}$，因$\lim\limits_{n\to\infty}a_{n+1}$存在，故$\lim\limits_{n\to\infty}S_n$存在，所以级数$\sum\limits_{n=1}^{\infty}(a_n-a_{n+1})$收敛，因此由比较判别法知，原级数$\sum\limits_{n=1}^{\infty}\left(\dfrac{a_n}{a_{n+1}}-1\right)$收敛.

14. 设正项数列$\{a_n\}$单调减少，且$\sum\limits_{n=1}^{\infty}(-1)^na_n$发散，试问级数$\sum\limits_{n=1}^{\infty}\left(\dfrac{1}{a_n+1}\right)^n$是否收敛？并说明理由.

解 由于正项数列$\{a_n\}$单调减少有下界，故$\{a_n\}$收敛. 记
$$\lim_{n\to\infty}a_n=a,$$

则 $a\geqslant 0$. 若 $a=0$，则由莱布尼茨判别法知 $\sum\limits_{n=1}^{\infty}(-1)^n a_n$ 收敛，与题设矛盾，故 $a>0$，于是

$$\frac{1}{a_n+1}<\frac{1}{a+1}<1,$$

从而$\left(\frac{1}{a_n+1}\right)^n<\left(\frac{1}{a+1}\right)^n$. 而$\sum\limits_{n=1}^{\infty}\left(\frac{1}{a+1}\right)^n$ 是公比为$\frac{1}{a+1}<1$的几何级数，故收敛．由比较判别法知原级数收敛．

15. 设 $a_n=\int_0^{\frac{\pi}{4}}\tan^n x\,\mathrm{d}x$.

(1) 求 $\sum\limits_{n=1}^{\infty}\frac{1}{n}(a_n+a_{n+2})$ 的值；　(2) 试证：对任意的常数 $\lambda>0$，级数 $\sum\limits_{n=1}^{\infty}\frac{a_n}{n^{\lambda}}$ 收敛．

解　(1) 因为

$$\frac{1}{n}(a_n+a_{n+2})=\frac{1}{n}\int_0^{\frac{\pi}{4}}\tan^n x(1+\tan^2 x)\mathrm{d}x=\frac{1}{n}\int_0^{\frac{\pi}{4}}\tan^n x\,\mathrm{d}\tan x$$
$$=\frac{1}{n}\cdot\frac{1}{n+1}\tan^{n+1}x\Big|_0^{\frac{\pi}{4}}=\frac{1}{n(n+1)},$$
$$s_n=\sum_{i=1}^{n}\frac{1}{i}(a_i+a_{i+2})=\sum_{i=1}^{n}\frac{1}{i(i+1)}=1-\frac{1}{n+1},$$

所以
$$\sum_{n=1}^{\infty}\frac{1}{n}(a_n+a_{n+2})=\lim_{n\to\infty}S_n=1.$$

(2) 因为　$a_n=\int_0^{\frac{\pi}{4}}\tan^n x\,\mathrm{d}x\xlongequal{\tan x=t}\int_0^1\frac{t^n}{1+t^2}\mathrm{d}t<\int_0^1 t^n\mathrm{d}t=\frac{1}{n+1}$,

所以
$$\frac{a_n}{n^{\lambda}}<\frac{1}{n^{\lambda}(n+1)}<\frac{1}{n^{\lambda+1}}.$$

由 $\lambda+1>1$，知 $\sum\limits_{n=1}^{\infty}\frac{1}{n^{\lambda+1}}$ 收敛，从而$\sum\limits_{n=1}^{\infty}\frac{a_n}{n^{\lambda}}$ 收敛．

16. 幂级数 $\sum\limits_{n=1}^{\infty}\frac{n}{2^n+(-3)^n}x^{2n-1}$ 的收敛半径 $R=$ ______.

解　令 $x^2=t$, 则原式 $=x\sum\limits_{n=1}^{\infty}\frac{n}{2^n+(-3)^n}t^{n-1}$.

$$\lim_{n\to\infty}\left|\frac{a_{n+1}}{a_n}\right|=\lim_{n\to\infty}\left|\frac{n+1}{2^{n+1}+(-3)^{n+1}}\cdot\frac{2^n+(-3)^n}{n}\right|$$
$$=\lim_{n\to\infty}\frac{n+1}{n}\left|\frac{\left(-\frac{2}{3}\right)^n+1}{2\left(-\frac{2}{3}\right)^n+(-3)}\right|=\frac{1}{3},$$

故 $|x|<\sqrt{3}$ 为原级数的收敛区间，收敛半径为$\sqrt{3}$.

17. 设有幂级数 $\sum\limits_{n=1}^{\infty}a_n x^n$ 与$\sum\limits_{n=1}^{\infty}b_n x^n$，若 $\lim\limits_{n\to\infty}\frac{a_{n+1}}{a_n}=\frac{3}{\sqrt{5}}$，$\lim\limits_{n\to\infty}\frac{b_{n+1}}{b_n}=3$，试求幂级数 $\sum\limits_{n=1}^{\infty}\frac{a_n^2}{b_n^2}x^n$ 的收敛半径．

解 $\sum\limits_{n=1}^{\infty}\frac{a_n^2}{b_n^2}x^n$ 的收敛半径：

$$R=\lim_{n\to\infty}\frac{a_n^2}{b_n^2}\Big/\frac{a_{n+1}^2}{b_{n+1}^2}=\lim_{n\to\infty}\frac{a_n^2b_{n+1}^2}{a_{n+1}^2b_n^2}=\lim_{n\to\infty}\left(\frac{a_n}{a_{n+1}}\right)^2\lim_{n\to\infty}\left(\frac{b_{n+1}}{b_n}\right)^2=\frac{5}{9}\times 9=5.$$

18. 设幂级数 $\sum\limits_{n=0}^{\infty}a_nx^n$ 的收敛半径为 3，则幂级数 $\sum\limits_{n=1}^{\infty}na_n(x-1)^{n+1}$ 的收敛区间为________.

解 令 $x-1=t$，则

$$\sum_{n=1}^{\infty}na_n(x-1)^{n+1}=\sum_{n=1}^{\infty}na_nt^{n+1}=t^2\sum_{n=1}^{\infty}na_nt^{n-1}=t^2\left(\sum_{n=1}^{\infty}a_nt^n\right)'.$$

而 $\sum\limits_{n=1}^{\infty}a_nt^n$ 的收敛半径为 3，所以 $\sum\limits_{n=1}^{\infty}na_nt^{n+1}$ 的收敛半径也为 3，其收敛区间为 $-3<t<3$. 由 $-3<x-1<3\Rightarrow -2<x<4$，故原级数的收敛区间为 $(-2, 4)$.

19. 求幂级数 $\sum\limits_{n=1}^{\infty}\frac{1}{3^n+(-2)^n}\cdot\frac{x^n}{n}$ 的收敛区间，并讨论该区间端点处的收敛性.

解 $$\lim_{n\to\infty}\left|\frac{a_{n+1}}{a_n}\right|=\lim_{n\to\infty}\frac{n}{n+1}\frac{[3^n+(-2)^n]}{[3^{n+1}+(-2)^{n+1}]}=\lim_{n\to\infty}\frac{1+\left(-\frac{2}{3}\right)^n}{3+\left(\frac{2}{3}\right)^n(-2)}=\frac{1}{3},$$

所以收敛半径为 3，收敛区间为 $(-3, 3)$.

当 $x=3$ 时，因 $\frac{3^n}{3^n+(-2)^n}\cdot\frac{1}{n}>\frac{1}{2n}$，且 $\sum\limits_{n=1}^{\infty}\frac{1}{n}$ 发散，所以原级数在点 $x=3$ 处发散.

当 $x=-3$ 时，由于 $\frac{(-3)^n}{3^n+(-2)^n}\cdot\frac{1}{n}=(-1)^n\frac{1}{n}-\frac{2^n}{3^n+(-2)^n}\cdot\frac{1}{n}$，且 $\sum\limits_{n=1}^{\infty}\frac{(-1)^n}{n}$ 与 $\sum\limits_{n=1}^{\infty}\frac{2^n}{3^n+(-2)^n}\cdot\frac{1}{n}$ 都收敛，所以原级数在点 $x=-3$ 处收敛. 故收敛域为 $[-3, 3)$.

20. 求幂级数 $\sum\limits_{n=1}^{\infty}\frac{1}{n3^n}(x-3)^n$ 的收敛域.

解 令 $t=x-3$，则 $\sum\limits_{n=1}^{\infty}\frac{1}{n3^n}(x-3)^n=\sum\limits_{n=1}^{\infty}\frac{1}{n3^n}t^n$.

由 $\lim\limits_{n\to\infty}\left|\frac{a_{n+1}}{a_n}\right|=\lim\limits_{n\to\infty}\frac{n3^n}{(n+1)3^{n+1}}=\frac{1}{3}\Rightarrow R=3$，收敛区间为 $(-3, 3)$. $t=3$ 时，得级数 $\sum\limits_{n=1}^{\infty}\frac{1}{n}$，它是发散的；$t=-3$ 时，得级数 $\sum\limits_{n=1}^{\infty}\frac{(-1)^n}{n}$，它是收敛的，故收敛域为 $[0, 6)$.

21. 求幂级数 $\sum\limits_{n=1}^{\infty}\frac{1}{n2^n}x^{n-1}$ 的收敛域，并求其和函数.

解 (1) 收敛半径 $R=\lim\limits_{n\to\infty}\left|\frac{a_n}{a_{n+1}}\right|=\lim\limits_{n\to\infty}\frac{(n+1)2^{n+1}}{n2^n}=2$.

当 $x=2$ 时，$\sum\limits_{n=1}^{\infty}\frac{2^{n-1}}{n2^n}=\sum\limits_{n=1}^{\infty}\frac{1}{2n}$ 发散；

当 $x=-2$ 时，$\sum\limits_{n=1}^{\infty}\frac{(-1)^{n-1}\cdot 2^{n-1}}{n2^n}=\sum\limits_{n=1}^{\infty}\frac{(-1)^{n-1}}{2n}$ 收敛.

故级数的收敛域为$[-2,\ 2)$.

(2) 设$s(x)=\sum_{n=1}^{\infty}\frac{x^{n-1}}{n2^n}$，则$xs(x)=\sum_{n=1}^{\infty}\frac{x^n}{n2^n}$. 两端求导，得

$$[xs(x)]'=\Big[\sum_{n=1}^{\infty}\frac{1}{n}\Big(\frac{x}{2}\Big)^n\Big]'=\sum_{n=1}^{\infty}\Big[\frac{1}{n}\Big(\frac{x}{2}\Big)^n\Big]'=\frac{1}{2}\sum_{n=1}^{\infty}\Big(\frac{x}{2}\Big)^{n-1}$$

$$=\frac{1}{2}\cdot\frac{1}{1-\frac{x}{2}}=\frac{1}{2-x}.$$

积分，得
$$xs(x)=\int_0^x\frac{1}{2-x}\mathrm{d}x=-\ln(2-x)+\ln2.$$

当$x\neq0$时，$s(x)=-\frac{1}{x}\ln\Big(1-\frac{x}{2}\Big)$；当$x=0$时，$s(0)=\frac{1}{2}$，故

$$\sum_{n=1}^{\infty}\frac{x^{n-1}}{n2^n}=\begin{cases}-\frac{1}{x}\ln\Big(1-\frac{x}{2}\Big), & -2\leqslant x<0,\ 0<x<2,\\ \frac{1}{2}, & x=0.\end{cases}$$

22. 求幂级数$\sum_{n=0}^{\infty}(2n+1)x^n$的收敛域，并求其和函数．

解　(1) 收敛半径$R=\lim_{n\to\infty}\left|\frac{a_n}{a_{n+1}}\right|=\lim_{n\to\infty}\frac{2n+1}{2n+3}=1$. 当$x=\pm1$时，由于一般项不趋于0，级数都发散，故收敛域为$(-1,\ 1)$.

(2) 和函数

$$s(x)=\sum_{n=0}^{\infty}(2n+1)x^n=2\sum_{n=0}^{\infty}nx^n+\sum_{n=0}^{\infty}x^n=2x\Big(\sum_{n=0}^{\infty}nx^{n-1}\Big)+\frac{1}{1-x}$$

$$=2x\Big(\sum_{n=1}^{\infty}x^n\Big)'+\frac{1}{1-x}=\frac{2x}{(1-x)^2}+\frac{1}{1-x}$$

$$=\frac{1+x}{(1-x)^2},\ x\in(-1,\ 1).$$

23. 已知级数$\sum_{n=1}^{\infty}(-1)^{n-1}a_n=2$，$\sum_{n=1}^{\infty}a_{2n-1}=5$，则级数$\sum_{n=1}^{\infty}a_n=$ ________.

(A) 3；　　(B) 7；　　(C) 8；　　(D) 9.

解　将两级数改写为

$$a_1-a_2+a_3-\cdots=2, \quad ①$$

$$a_1\quad\ +a_3+\cdots=5. \quad ②$$

设a和b为待定数，由①$\times a+$②$\times b$得

$$(a+b)a_1-aa_2+(a+b)a_3-\cdots=2a+5b.$$

为使左端成为$\sum_{n=1}^{\infty}a_n$，只需令$a+b=1$，$-a=1$，由此解得$a=-1$，$b=2$，故

$$\sum_{n=1}^{\infty}a_n=2\times(-1)+5\times2=8.$$

24. 求级数$\sum_{n=0}^{\infty}\frac{(-1)^n(n^2-n+1)}{2^n}$的和．

解 $\sum\limits_{n=0}^{\infty}\dfrac{(-1)^n(n^2-n+1)}{2^n}=\sum\limits_{n=2}^{\infty}n(n-1)\left(-\dfrac{1}{2}\right)^n+\sum\limits_{n=0}^{\infty}\left(-\dfrac{1}{2}\right)^n$，

其中
$$\sum_{n=0}^{\infty}\left(-\frac{1}{2}\right)^n=\frac{1}{1+\frac{1}{2}}=\frac{2}{3}.$$

对 $\sum\limits_{n=0}^{\infty}x^n=\dfrac{1}{1-x}$ 连续求导两次，得

$$\sum_{n=2}^{\infty}n(n-1)x^{n-2}=\left(\frac{1}{1-x}\right)''=\frac{2}{(1-x)^3},x\in(-1,1),$$

$$\sum_{n=2}^{\infty}n(n-1)x^n=\frac{2x^2}{(1-x)^3}\Rightarrow\sum_{n=2}^{\infty}n(n-1)\left(-\frac{1}{2}\right)^n=\frac{4}{27},$$

故
$$\sum_{n=0}^{\infty}\frac{(-1)^n(n^2-n+1)}{2^n}=\frac{4}{27}+\frac{2}{3}=\frac{22}{27}.$$

25. 求幂级数 $\sum\limits_{n=0}^{\infty}\dfrac{x^n}{\sqrt{n+1}}$ 的收敛域．

解 $\rho=\lim\limits_{n\to\infty}\dfrac{|a_{n+1}|}{|a_n|}=\lim\limits_{n\to\infty}\left(\dfrac{1}{\sqrt{n+2}}\Big/\dfrac{1}{\sqrt{n+1}}\right)=1$，故收敛半径 $R=1$.

当 $x=-1$ 时，得交错级数 $\sum\limits_{n=1}^{\infty}\dfrac{(-1)^n}{\sqrt{n+1}}$，显然 $\lim\limits_{n\to\infty}u_n=\lim\limits_{n\to\infty}\dfrac{1}{\sqrt{n+1}}=0$，且 $u_{n+1}<u_n$，故该级数收敛．

当 $x=1$ 时，得级数 $\sum\limits_{n=1}^{\infty}\dfrac{1}{\sqrt{n+1}}$，由 $\dfrac{1}{\sqrt{n+1}}<\dfrac{1}{\sqrt{n}}$，$\sum\limits_{n=1}^{\infty}\dfrac{1}{\sqrt{n}}$ 发散 $\Rightarrow\sum\limits_{n=1}^{\infty}\dfrac{1}{\sqrt{n+1}}$ 发散，故所求的收敛域为$[-1，1)$.

26. 求级数 $\sum\limits_{n=1}^{\infty}\dfrac{(x-3)^n}{n^2}$ 的收敛域．

解 $\rho=\lim\limits_{n\to\infty}\dfrac{|a_{n+1}|}{|a_n|}=\lim\limits_{n\to\infty}\dfrac{n^2}{(n+1)^2}=1$，故级数的收敛半径为 $R=\dfrac{1}{\rho}=1$，因此当 $-1<x-3<1$，即 $2<x<4$ 时，级数收敛．当 $x=2$ 时，得交错级数 $\sum\limits_{n=1}^{\infty}(-1)^n\dfrac{1}{n^2}$，它满足莱布尼茨判别法的条件，故收敛．

当 $x=4$ 时，得 p-级数 $\sum\limits_{n=1}^{\infty}\dfrac{1}{n^2}$，因 $p=2>1$，故级数收敛，从而知原级数的收敛域为$[2，4]$.

27. 求级数 $\sum\limits_{n=1}^{\infty}\dfrac{(x-2)^{2n}}{n\cdot 4^n}$ 的收敛域．

解 $\lim\limits_{n\to\infty}\dfrac{|u_{n+1}(x)|}{|u_n(x)|}=\lim\limits_{n\to\infty}\left[\dfrac{(x-2)^{2(n+1)}}{(n+1)4^{n+1}}\cdot\dfrac{n\cdot 4^n}{(x-2)^{2n}}\right]=\dfrac{1}{4}(x-2)^2$.

当 $\dfrac{(x-2)^2}{4}<1$，即 $0<x<4$ 时，级数收敛．

又当 $x=0$ 或 $x=4$ 时，原级数均化为数项级数 $\sum\limits_{n=1}^{\infty}\dfrac{1}{n}$，它发散，故所求的收敛域为$(0，4)$.

28. 将函数 $f(x)=\dfrac{1}{x^2-3x+2}$ 展成 x 的幂级数．

解　$f(x)=\dfrac{1}{(1-x)(2-x)}=\dfrac{1}{1-x}-\dfrac{1}{2-x}$，因

$$\frac{1}{1-x}=\sum_{n=0}^{\infty}x^n(|x|<1),$$

$$\frac{1}{2-x}=\frac{1}{2\left[1-\frac{x}{2}\right]}=\frac{1}{2}\sum_{n=0}^{\infty}\left(\frac{x}{2}\right)^n=\sum_{n=0}^{\infty}\frac{x^n}{2^{n+1}}(|x|<2),$$

故 $f(x)=\sum\limits_{n=0}^{\infty}\left(1-\dfrac{1}{2^{n+1}}\right)x^n$，其收敛区间为 $(-1,\ 1)$.

另一种方法是先求出有理分式函数的原函数，将此原函数展成幂级数，再逐项求导，即得所求的幂级数展开式．

29. 将 $y=\ln(1-x-2x^2)$ 展成 x 的幂级数，并求收敛区间．

解　$\ln(1-x-2x^2)=\ln[(1-2x)(1+x)]=\ln(1+x)+\ln(1-2x)$.

因 $\ln(1+x)=\sum\limits_{n=1}^{\infty}(-1)^{n-1}\dfrac{x^n}{n}$，其收敛区间为 $(-1,\ 1]$；

$$\ln(1-2x)=\sum_{n=1}^{\infty}(-1)^{n-1}\frac{(-2x)^n}{n}=-\sum_{n=1}^{\infty}\frac{2^nx^n}{n},$$

其收敛区间为 $-1<-2x\leqslant 1$，即 $\left[-\dfrac{1}{2},\ \dfrac{1}{2}\right)$，于是

$$\ln(1-x-2x^2)=\sum_{n=1}^{\infty}\left[(-1)^{n-1}\frac{x^n}{n}-2^n\frac{x^n}{n}\right]=\sum_{n=1}^{\infty}\frac{(-1)^{n-1}-2^n}{n}x^n,$$

其收敛区间为 $\left[-\dfrac{1}{2},\ \dfrac{1}{2}\right)$.

30. 将函数 $f(x)=\arctan\dfrac{1+x}{1-x}$ 展为 x 的幂级数．

解　$f'(x)=\dfrac{2}{(1-x^2)+(1+x)^2}=\dfrac{1}{1+x^2}$.

由 $\dfrac{1}{1+t}=1-t+t^2-\cdots+(-1)^nt^n+\cdots=\sum\limits_{n=0}^{\infty}(-1)^nt^n(|t|<1)$，得

$$f'(x)=\frac{1}{1+x^2}=\sum_{n=0}^{\infty}(-1)^nx^{2n}\quad(|x|<1).\qquad(1)$$

在幂级数的收敛区间内逐项积分，得

$$\int_0^x f'(t)\mathrm{d}t=\sum_{n=0}^{\infty}(-1)^n\int_0^x t^{2n}\mathrm{d}t,$$

$$f(x)=f(0)+\sum_{n=0}^{\infty}\frac{(-1)^n}{2n+1}x^{2n+1}=\frac{\pi}{4}+\sum_{n=0}^{\infty}\frac{(-1)^n}{2n+1}x^{2n+1},\qquad(2)$$

且收敛区间不变．当 $x=\pm1$ 时，(2)左右端级数均收敛，而左端 $f(x)=\arctan\dfrac{1+x}{1-x}$ 在 $x=-1$ 处连续，在 $x=1$ 处无意义．因此，

$$\arctan\frac{1+x}{1-x}=\frac{\pi}{4}+\sum_{n=0}^{\infty}\frac{(-1)^n}{2n+1}x^{2n+1},x\in[-1,\ 1).$$

31. 将函数 $f(x)=\frac{1}{4}\ln\frac{1+x}{1-x}+\frac{1}{2}\arctan x-x$ 展成 x 的幂级数.

解 $f'(x)=\frac{1}{4}\cdot\frac{1}{1+x}+\frac{1}{4}\cdot\frac{1}{1-x}+\frac{1}{2}\cdot\frac{1}{1+x^2}-1$

$=\frac{1}{2}\cdot\frac{1}{1-x^2}+\frac{1}{2}\cdot\frac{1}{1+x^2}-1=\frac{1}{1-x^4}-1$

$=\sum_{n=0}^{\infty}x^{4n}-1=\sum_{n=1}^{\infty}x^{4n}(|x|<1)$,

积分，得

$$f(x)=f(0)+\int_0^x f'(t)\mathrm{d}t=\sum_{n=1}^{\infty}\int_0^x t^{4n}\mathrm{d}t=\sum_{n=1}^{\infty}\frac{x^{4n+1}}{4n+1}\quad(|x|<1).$$

32. 设 $f(x)=\begin{cases}\frac{1+x^2}{x}\arctan x, & x\neq0,\\ 1, & x=0,\end{cases}$ 试将 $f(x)$ 展开成 x 的幂级数，并求级数 $\sum_{n=1}^{\infty}\frac{(-1)^n}{1-4n^2}$ 的和.

解 因 $\frac{1}{1+x^2}=\sum_{n=0}^{\infty}(-1)^n x^{2n}$，$x\in(-1,1)$，逐项求积分，得

$$\arctan x=\int_0^x(\arctan x)'\mathrm{d}x=\sum_{n=0}^{\infty}\frac{(-1)^n}{2n+1}x^{2n+1},x\in[-1,1],$$

于是 $f(x)$的幂级数展开式为

$$\begin{aligned}f(x)&=1+\sum_{n=1}^{\infty}\frac{(-1)^n}{2n+1}x^{2n}+\sum_{n=0}^{\infty}\frac{(-1)^n}{2n+1}x^{2n+2}\\&=1+\sum_{n=1}^{\infty}\frac{(-1)^n}{2n+1}x^{2n}+\sum_{n=1}^{\infty}\frac{(-1)^{n-1}}{2n-1}x^{2n}\\&=1+\sum_{n=1}^{\infty}\frac{(-1)^n\cdot2}{1-4n^2}x^{2n},x\in[-1,1],\end{aligned}$$

取 $x=1$，得

$$\sum_{n=1}^{\infty}\frac{(-1)^n}{1-4n^2}=\frac{1}{2}[f(1)-1]=\frac{\pi}{4}-\frac{1}{2}.$$

33. 求级数 $\sum_{n=2}^{\infty}\frac{1}{(n^2-1)2^n}$ 的和.

解 设 $s(x)=\sum_{n=2}^{\infty}\frac{x^n}{n^2-1}(|x|<1)$，则

$$s(x)=\sum_{n=2}^{\infty}\frac{1}{2}\left(\frac{1}{n-1}-\frac{1}{n+1}\right)x^n,$$

其中 $\sum_{n=2}^{\infty}\frac{x^n}{n-1}=x\sum_{n=2}^{\infty}\frac{x^{n-1}}{n-1}=x\sum_{n=1}^{\infty}\frac{x^n}{n}$，$\sum_{n=2}^{\infty}\frac{x^n}{n+1}=\frac{1}{x}\sum_{n=3}^{\infty}\frac{x^n}{n}(x\neq0)$.

应用公式
$$\sum_{n=1}^{\infty}\frac{x^n}{n}=-\ln(1-x)(|x|<1),$$

从而
$$s(x)=\frac{x}{2}[-\ln(1-x)]-\frac{1}{2x}\left[-\ln(1-x)-x-\frac{x^2}{2}\right]$$

$$=\frac{2+x}{4}+\frac{1-x^2}{2x}\ln(1-x)\quad(|x|<1,\ 且\ x\neq 0),$$

因此
$$\sum_{n=2}^{\infty}\frac{1}{(n^2-1)2^n}=s\left(\frac{1}{2}\right)=\frac{5}{8}-\frac{3}{4}\ln 2.$$

34. 求幂级数 $1+\sum_{n=1}^{\infty}(-1)^n\frac{x^{2n}}{2n}(|x|<1)$ 的和函数 $f(x)$ 及其极值．

解　设 $f(x)=1+\sum_{n=1}^{\infty}(-1)^n\frac{x^{2n}}{2n}$，则

$$f(0)=1,$$

$$f'(x)=\frac{\mathrm{d}}{\mathrm{d}x}\sum_{n=1}^{\infty}(-1)^n\frac{x^{2n}}{2n}=\sum_{n=1}^{\infty}(-1)^n x^{2n-1}=-\frac{x}{1+x^2}.$$

上式两边从 0 到 x 积分，得

$$f(x)-f(0)=-\int_0^x\frac{t}{1+t^2}\mathrm{d}t=-\frac{1}{2}\ln(1+x^2),$$

$$f(x)=1-\frac{1}{2}\ln(1+x^2)\quad(|x|<1).$$

令 $f'(x)=0$，求得唯一驻点 $x=0$. 由于

$$f''(x)=-\frac{1-x^2}{(1+x^2)^2},\ f''(0)=-1<0,$$

故 $f(x)$ 在 $x=0$ 处取得极大值，且极大值为

$$f(0)=1.$$

35. 设有两条抛物线 $y=nx^2+\frac{1}{n}$ 和 $y=(n+1)x^2+\frac{1}{n+1}$，记它们交点的横坐标的绝对值为 a_n.

(1) 求这两条抛物线所围成的平面图形的面积 S_n；　(2) 求级数 $\sum_{n=1}^{\infty}\frac{S_n}{a_n}$ 的和．

解　(1) $y=nx^2+\frac{1}{n}$ 与 $y=(n+1)x^2+\frac{1}{n+1}$ 的交点横坐标满足

$$nx^2+\frac{1}{n}=(n+1)x^2+\frac{1}{n+1},\ x^2=\frac{1}{n(n+1)}.$$

因图形关于 y 轴对称，所以

$$S_n=2\int_0^{a_n}\left[nx^2+\frac{1}{n}-(n+1)x^2-\frac{1}{n+1}\right]\mathrm{d}x$$

$$=2\int_0^{a_n}\left[\frac{1}{n(n+1)}-x^2\right]\mathrm{d}x=\left[\frac{2}{n(n+1)}x-\frac{2}{3}x^3\right]\Big|_0^{a_n}$$

$$=\frac{2}{n(n+1)}a_n-\frac{2}{3}a_n^3=\frac{4}{3}\cdot\frac{1}{n(n+1)\sqrt{n(n+1)}}.$$

(2) $\frac{S_n}{a_n}=\frac{4}{3}\cdot\frac{1}{n(n+1)}=\frac{4}{3}\left(\frac{1}{n}-\frac{1}{n+1}\right)$，

所以
$$\sum_{n=1}^{\infty}\frac{S_n}{a_n}=\lim_{n\to\infty}\sum_{k=1}^{n}\frac{S_k}{a_k}=\lim_{n\to\infty}\left[\frac{4}{3}\left(1-\frac{1}{n+1}\right)\right]=\frac{4}{3}.$$

第九章

微分方程与差分方程

内 容 提 要

一、微分方程的基本概念

1. 微分方程的定义

定义 含有未知函数导数(或微分)的方程称为微分方程．微分方程中未知函数的导数(或微分)的最高阶数称为微分方程的阶．

2. 微分方程的解

定义 如果一个函数代入微分方程后，能使方程式成为恒等式，则这个函数称为该微分方程的解．如果微分方程的解中所含任意常数的个数等于微分方程的阶数，则称此解为微分方程的通解．确定了通解中的任意常数后，所得到的微分方程的解称为微分方程的特解．

二、一阶微分方程

1. 可分离变量的微分方程

(1) 可分离变量微分方程的形式：形如 $y'=f(x)g(y)$ 或 $P(x)M(y)\mathrm{d}x=Q(x)N(y)\mathrm{d}y$ 的微分方程称为可分离变量的微分方程．

(2) 可分离变量微分方程的求解：当 $g(y)\neq 0$ 或 $Q(x)M(y)\neq 0$ 时用 $g(y)$ 或 $Q(x)M(y)$ 分别同除微分方程的两边，把变量分离，然后求积分．所得积分

$$\int\frac{\mathrm{d}y}{g(y)}=\int f(x)\mathrm{d}x+C \text{ 与} \int\frac{N(y)}{M(y)}\mathrm{d}y=\int\frac{P(x)}{Q(x)}\mathrm{d}x+C$$

分别是上述两个可分离变量微分方程的通解．

2. 齐次方程

(1) 齐次方程的标准形式：齐次微分方程的标准形式是 $y'=f\left(\frac{y}{x}\right)$.

(2) 齐次方程的求解：作变量代换，令 $u=\frac{y}{x}$，则 $y'=u+xu'$，于是原方程化为关于新未知函数 u 的可分离变量的微分方程

$$xu'=f(u)-u.$$

分离变量，得

$$\frac{\mathrm{d}u}{f(u)-u}=\frac{1}{x}\mathrm{d}x,$$

故通解为
$$\int \frac{\mathrm{d}u}{f(u)-u}=\int \frac{1}{x}\mathrm{d}x=\ln|x|+C.$$

在上述结果中把 u 换回$\frac{y}{x}$，即得原方程的通解．

3. 一阶线性微分方程

（1）一阶线性微分方程的标准形式：形如$\frac{\mathrm{d}y}{\mathrm{d}x}+p(x)y=q(x)$的方程，称为一阶线性微分方程，其中 $p(x)$，$q(x)$是 x 的已知函数．当 $q(x)\neq 0$ 时，称为一阶非齐次线性微分方程；当 $q(x)=0$ 时，称为一阶齐次线性微分方程．

（2）一阶线性微分方程的求解：

方法一（公式法）：直接利用通解公式：$y=\mathrm{e}^{-\int p(x)\mathrm{d}x}\left[\int q(x)\mathrm{e}^{\int p(x)\mathrm{d}x}\mathrm{d}x+C\right]$.

方法二（常数变易法）：先求出对应的一阶齐次线性微分方程 $y'+p(x)y=0$ 的通解 $y=C\mathrm{e}^{-\int p(x)\mathrm{d}x}$．把其中的常数 C 改为函数 $C(x)$，即设一阶非齐次线性方程的解是 $y=C\mathrm{e}^{-\int p(x)\mathrm{d}x}$，将其代入原非齐次线性方程，知 $C(x)$ 满足 $C'(x)\mathrm{e}^{-\int p(x)\mathrm{d}x}=q(x)$，积分可求出 $C(x)=C+\int q(x)\mathrm{e}^{\int p(x)\mathrm{d}x}\mathrm{d}x$，代入即得一阶非齐次线性微分方程的通解公式：
$$y=\mathrm{e}^{-\int p(x)\mathrm{d}x}\left[\int q(x)\mathrm{e}^{\int p(x)\mathrm{d}x}\mathrm{d}x+C\right].$$

三、可降阶的高阶微分方程

1. $y^{(n)}=f(x)$型微分方程

求解方法：逐次积分．
$$y^{(n-1)}=\int f(x)\mathrm{d}x+C_1,\ y^{(n-2)}=\int\left[\int f(x)\mathrm{d}x+C_1\right]\mathrm{d}x+C_2,$$
继续下去，积分 n 次后就得方程的通解．

2. $y''=f(x, y')$型微分方程

求解方法：作变量代换 $y'=p(x)$，则 $y''=p'(x)$，原方程化为 $p'(x)=f(x, p)$. 这是关于变量 x，p 的一阶微分方程．设其通解为 $p=\varphi(x, C_1)$，而 $p=\frac{\mathrm{d}y}{\mathrm{d}x}$，于是有一阶微分方程
$$\frac{\mathrm{d}y}{\mathrm{d}x}=\varphi(x, C_1).$$
对它进行积分，就得方程 $y''=f(x, y')$的通解
$$y=\int\varphi(x, C_1)\mathrm{d}x+C_2.$$

3. $y''=f(y, y')$型微分方程

求解方法：令 $y'=p(y)$，则 $y''=\frac{\mathrm{d}p}{\mathrm{d}x}=\frac{\mathrm{d}p}{\mathrm{d}y}\cdot\frac{\mathrm{d}y}{\mathrm{d}x}=p\frac{\mathrm{d}p}{\mathrm{d}y}$，于是原方程化为 $p\frac{\mathrm{d}p}{\mathrm{d}y}=f(y, p)$，这是一个关于 y，p 的一阶微分方程．设其解为 $p=\varphi(y, C_1)$，即$\frac{\mathrm{d}y}{\mathrm{d}x}=\varphi(y, C_1)$. 分离变量并积分，便得通解为

$$\int \frac{dy}{\varphi(y, C_1)} = x + C_2.$$

四、二阶常系数线性微分方程

二阶常系数线性微分方程的一般形式为

$$y'' + py' + qy = f(x),$$

其中 p，q 是常数，$f(x)$是 x 的已知函数．如果 $f(x)=0$，则称 $y''+py'+qy=0$ 为二阶常系数齐次线性方程；如果 $f(x)\neq 0$，则称方程 $y''+py'+qy=f(x)$为二阶常系数非齐次线性微分方程．

1. 二阶常系数齐次线性微分方程

依据特征方程 $\lambda^2+p\lambda+q=0$ 的判别式的符号，其通解有三种形式：

(1) $\Delta=p^2-4q>0$，特征方程有相异实根 λ_1，λ_2，通解为 $y(x)=C_1e^{\lambda_1 x}+C_2e^{\lambda_2 x}$；

(2) $\Delta=p^2-4q=0$，特征方程有重根，即 $\lambda_1=\lambda_2$，通解为 $y(x)=(C_1+C_2x)e^{\lambda_1 x}$；

(3) $\Delta=p^2-4q<0$，特征方程有共轭复根 $\alpha\pm i\beta$，通解为 $y(x)=e^{\alpha x}(C_1\cos\beta x+C_2\sin\beta x)$.

2. 二阶常系数非齐次线性微分方程

定理 1(非齐次线性微分方程通解的结构定理)　设 y^* 是非齐次线性方程的一个特解，而 Y 是对应齐次方程

$$y''+py'+qy=0$$

的通解，则 $y=Y+y^*$ 是非齐次方程的通解．

定理 2　若方程中 $f(x)=P_m(x)e^{\alpha x}$，其中 $P_m(x)$是 x 的 m 次多项式，则方程的一特解 y^* 具有如下形式：

$$y^*=x^kQ_m(x)e^{\alpha x},$$

其中 $Q_m(x)$是系数待定的 x 的 m 次多项式，k 由下列情形决定：

(1) 当 α 是方程对应的齐次方程的特征方程的单根时，取 $k=1$；

(2) 当 α 是方程对应的齐次方程的特征方程的重根时，取 $k=2$；

(3) 当 α 不是方程对应的齐次方程的特征根时，取 $k=0$.

定理 3　若方程中的 $f(x)=e^{\alpha x}P_m(x)\cos\beta x$ 或 $f(x)=e^{\alpha x}P_m(x)\sin\beta x$($P_m(x)$是 x 的 m 次多项式)，则方程的一个特解 y^* 具有如下形式：

$$y^*=x^k(A_m(x)\cos\beta x+B_m(x)\sin\beta x)e^{\alpha x},$$

其中 $A_m(x)$，$B_m(x)$为系数待定的 x 的 m 次多项式，k 由下列情形决定：

(1) 当 $\alpha+i\beta$ 是对应齐次方程的特征根时，取 $k=1$；

(2) 当 $\alpha+i\beta$ 不是对应齐次方程的特征根时，取 $k=0$.

五、差分方程

1. 差分的概念与性质

(1) 差分的概念：

定义　设函数 $y_n=f(n)(n=0, 1, 2, \cdots)$，称差 $y_{n+1}-y_n$ 为函数 $y_n=f(n)$的一阶差分(简称差分)，记为 Δy_n，即

$$\Delta y_n = y_{n+1} - y_n = f(n+1) - f(n).$$

(2) 差分的性质：

性质 1　$\Delta(k)=0$，k 为常数；

性质 2　$\Delta(ky_n)=k\Delta y_n$，k 为常数；

性质 3　$\Delta(y_{n_1} \pm y_{n_2}) = \Delta y_{n_1} \pm \Delta y_{n_2}$.

函数 y_n 的一阶差分的差分称为 y_n 的二阶差分，记作 $\Delta^2 y_n$，即

$$\begin{aligned}\Delta^2 y_n &= \Delta(\Delta y_n) = \Delta(y_{n+1} - y_n) = \Delta y_{n+1} - \Delta y_n \\ &= (y_{n+2} - y_{n+1}) - (y_{n+1} - y_n) = y_{n+2} - 2y_{n+1} + y_n \\ &= f(n+2) - 2f(n+1) + f(n).\end{aligned}$$

类似地，函数 y_n 的 $m-1$ 阶差分的差分称为 y_n 的 m 阶差分，记为 $\Delta^m y_n$. 二阶及二阶以上的差分统称为高阶差分.

2. 差分方程

定义 1　含有未知函数差分的方程称为差分方程.

定义 2　差分方程中未知函数差分的最高阶数(或差分方程中未知函数下标号的最大值与最小值之差)称为差分方程的阶.

定义 3　若一个函数代入差分方程后，能使方程两边恒等，则称此函数为该差分方程的解.

六、一阶常系数线性差分方程

形如

$$y_{n+1} - ay_n = f(n)\,(a \neq 0,\ a \text{ 为常数}) \tag{1}$$

的方程称为一阶常系数线性差分方程，其中 $f(n)$为已知函数，y_n 为未知函数. 当 $f(n)\equiv 0$ 时，

$$y_{n+1} - ay_n = 0 \tag{2}$$

称为一阶常系数齐次线性微分方程；当 $f(n)\neq 0$ 时，称为一阶常系数非齐次线性差分方程.

1. 一阶常系数齐次线性差分方程的通解

(1) 迭代法：设 y_0 已知，将 $n=0$，1，2，…依次代入(2)式，得

$$y_1 = ay_0,\ y_2 = ay_1 = a^2 y_0,\ y_3 = ay_2 = a^3 y_0,\ \cdots,$$

于是有 $y_n = a^n y_0$，容易验证 $y_n = a^n y_0$ 是方程(2)满足初始条件$y_n|_{n=0} = y_0$ 的特解，从而 $y_n = Ca^n y_0$ 是(2)的通解，其中 C 为任意常数.

(2) 一般解法：设(2)有 $y_n = \lambda^n$ 类型的解，代入(2)，得

$$\lambda^{n+1} - a\lambda^n = (\lambda - a)\lambda^n = 0.$$

因 $\lambda^n \neq 0$，所以 $\lambda - a = 0$. 称 $\lambda - a = 0$ 为(2)的特征方程，解得 $\lambda = a$，$y_n = a^n$ 是(2)的一个特解，故 $y_n = Ca^n$ 为(2)的通解.

若$y_n|_{n=0} = y_0$，则 $C = y_0$，故方程(2)满足初始条件$y_n|_{n=0} = y_0$ 的特解为 $y_n = y_0 a^n$.

2. 一阶常系数非齐次线性差分方程的通解

若 $f(n) = b^n P_m(n)$，$b \neq 0$，其中 $P_m(n)$是已知 m 次多项式，(1)的特解形式是

$$y_n^* = \begin{cases} b^n Q_m(n), & b \text{ 不是特征根}, \\ nb^n Q_m(n), & b \text{ 是特征根}, \end{cases}$$

其中，$Q_m(n)$为 n 的 m 次多项式，将 y_n^* 代入(1)，用比较系数法待定出 $m+1$ 个系数.

七、二阶常系数线性差分方程

形如

$$y_{n+2}+by_{n+1}+cy_n=\varphi(n) \tag{3}$$

的方程称为二阶常系数线性差分方程，其中 $\varphi(n)$ 为已知函数，y_n 为未知函数，b、c 为常数，且 $c\neq0$.

式(3)中，若 $\varphi(n)\neq0$，则称为二阶常系数非齐次线性差分方程；若 $\varphi(n)=0$，即

$$y_{n+2}+by_{n+1}+cy_n=0, \tag{4}$$

则称式(4)为式(3)相应的二阶常系数齐次线性差分方程.

1. 二阶常系数齐次线性差分方程的通解

设 $y_n^*=r^n(r\neq0)$ 为(4)的一个解，代入(4)，得特征方程

$$r^2+br+c=0.$$

依特征方程判别式的符号，其通解有三种形式：

(1) $\Delta=b^2-4c>0$，特征方程有两个相异实根 r_1，r_2，通解 $y_n=C_1r_1^n+C_2r_2^n$(C_1，C_2 为任意常数)；

(2) $\Delta=b^2-4c=0$，特征方程有相同实根 $r_1=r_2=-\dfrac{b}{2}$，通解 $y_n=(C_1+C_2n)\left(-\dfrac{b}{2}\right)^n$($C_1$，$C_2$ 为任意常数)；

(3)$\Delta=b^2-4c<0$，特征方程有共轭复根 $r_{1,2}=-\dfrac{b}{2}\pm\dfrac{\sqrt{4c-b^2}}{2}\mathrm{i}$，三角表达式为 $r_1=r(\cos\theta+\mathrm{i}\sin\theta)$，$r_2=r(\cos\theta-\mathrm{i}\sin\theta)$，其中 $r=\sqrt{c}$，通解 $y_n=r^n(C_1\cos\theta n+C_2\sin\theta n)$($C_1$，$C_2$ 为任意常数).

2. 二阶常系数非齐次线性差分方程的通解

由解的结构定理，通解 $y_n=\overline{y}_n+y_n^*$，其中 $\overline{y}_n$ 是相应的齐次方程的通解，y_n^* 为(3)的一个特解.

设 $\varphi(n)=a^nP_m(n)(a\neq0)$，其中 $P_m(n)$ 为已知 m 次多项式，(3)的特解形式为

$$y_n^*=\begin{cases}a^nQ_m(n), & a\text{ 不是特征根},\\ na^nQ_m(n), & a\text{ 是特征方程的单根},\\ n^2a^nQ_m(n), & a\text{ 是特征方程的重根}.\end{cases}$$

范例解析

例 1 求微分方程$(xy^2+x)\mathrm{d}x+(y-x^2y)\mathrm{d}y=0$ 的通解.

解 以$(1+y^2)(1-x^2)(x\neq\pm1)$除方程两端，分离变量，得

$$\frac{x\mathrm{d}x}{1-x^2}=\frac{-y\mathrm{d}y}{1+y^2}\quad(x\neq\pm1).$$

两端积分，得方程的通解

$$-\frac{\ln(1-x^2)}{2}=-\frac{\ln(1+y^2)}{2}+\frac{\ln|C|}{2}.$$

即 $\ln\left|\frac{1+y^2}{1-x^2}\right|=\ln|C|$，故 $y^2+1=C(1-x^2)$ 为所求的通解．

易验证 $x=\pm1$ 为原方程的解，但不包含在上述通解之中，因此方程的全部解为 $y^2+1=C(1+x^2)$ 及 $x=\pm1$.

注意　在分离变量时要求 $Q(x)\neq0$，$M(y)\neq0$，因此可能会丢失原方程的某些解．

例 2　试求一微分方程，使其通解为 $(x-C_1)^2+(y-C_2)^2=1$，其中 C_1，C_2 为任意常数．

解　对所给隐式通解关于 x 求导，得

$$2(x-C_1)+2(y-C_2)y'=0. \tag{1}$$

关于 x 再求导，得

$$2+2(y')^2+2(y-C_2)y''=0,$$

由此有

$$y-C_2=-\frac{1+(y')^2}{y''}. \tag{2}$$

将(2)代入(1)，得

$$x-C_1=\frac{y'[1+(y')^2]}{y''}. \tag{3}$$

将(2)，(3)代入原隐式通解中消去任意常数 C_1，C_2，即得所求微分方程

$$(y'')^2=[1+(y')^2]^3.$$

注意　已知通解，求其所满足的微分方程，是通常的求给定微分方程的通解的逆向过程，只要对所给通解求若干次导数，以消去所有任意常数即可．

注意　当微分方程中含有分段函数时，应逐段分别求解相应的微分方程．

例 3　求微分方程 $\frac{dy}{dx}=\frac{y-\sqrt{x^2+y^2}}{x}$ 的通解．

解　当 $x>0$ 时，原方程可化为

$$\frac{dy}{dx}=\frac{y}{x}-\frac{\sqrt{x^2(1+y^2/x^2)}}{x}=\frac{y}{x}-\sqrt{1+\left(\frac{y}{x}\right)^2},$$

故所给方程为齐次微分方程．令 $y=ux$，则 $\frac{dy}{dx}=u+x\frac{du}{dx}$，于是有

$$u+x\frac{du}{dx}=u-\sqrt{1+u^2}\text{，即}\frac{du}{\sqrt{1+u^2}}=-\frac{dx}{x},$$

其通解为

$$\ln(u+\sqrt{1+u^2})=-\ln x+C\text{，即 }u+\sqrt{1+u^2}=\frac{C}{x},$$

代回原变量，得通解为

$$y+\sqrt{x^2+y^2}=C(x>0).$$

当 $x<0$ 时，原方程的通解与 $x>0$ 时相同．

例 4　解下列微分方程：

(1) $y'-2xy=e^{x^2}\cos x$；　　　(2) $y'+\frac{1}{x}y=x^2y^4$.

解　(1) 这是一阶线性非齐次微分方程，$p(x)=-2x$，$q(x)=e^{x^2}\cos x$，由通解公式

$$y=e^{\int 2x\mathrm{d}x}\left(\int e^{x^2}\cos x e^{\int -2x\mathrm{d}x}\mathrm{d}x+C\right)=e^{x^2}\left(\int e^{x^2}\cos x\cdot e^{-x^2}\mathrm{d}x+C\right)$$

$$=e^{x^2}\left(\int \cos x\mathrm{d}x+C\right)=e^{x^2}(\sin x+C).$$

(2) 将方程改写为 $y^{-4}y'+y^{-3}\dfrac{1}{x}=x^2$，注意到

$$(y^{-3})'=-3y^{-4}y',$$

将上面方程两端同乘(-3)，得

$$(y^{-3})'+(-3)\frac{1}{x}y^{-3}=-3x^2(y\neq 0).$$

令 $z=y^{-3}$，则上面方程可化为关于 z 的一阶线性微分方程

$$\frac{\mathrm{d}z}{\mathrm{d}x}-3\frac{1}{x}z=-3x^2.$$

由通解公式

$$z=e^{\int\frac{3}{x}\mathrm{d}x}\left(\int -3x^2e^{-\int\frac{3}{x}\mathrm{d}x}\mathrm{d}x+C_1\right)$$

$$=x^3\left(\int -3x^2\cdot\frac{1}{x^3}\mathrm{d}x+C_1\right)=x^3(-3\ln x-\ln C^3)$$

$$=-3x^3\ln(Cx).$$

将 $z=y^{-3}$代入原方程，得通解为

$$y=\frac{1}{-x\sqrt[3]{3\ln(Cx)}}(y\neq 0)\text{与 } y=0.$$

例 5 求微分方程 $y'=\dfrac{y}{y-x}$的通解．

解 如果将 x 看作 y 的函数，原方程可化为

$$\frac{\mathrm{d}x}{\mathrm{d}y}+\frac{1}{y}x=1.$$

这是一阶线性方程，其中 $p(y)=\dfrac{1}{y}$，$q(y)=1$，由通解公式，得

$$x=e^{-\int\frac{1}{y}\mathrm{d}y}\left(\int e^{\int\frac{1}{y}\mathrm{d}y}\mathrm{d}y+C\right)=\frac{1}{y}\left(\frac{1}{2}y^2+C\right).$$

例 6 求解 $xy''+y'=0$，$y|_{x=1}=1$，$y'|_{x=1}=2$.

解 所给方程不含未知函数 y，令 $y'=p$，则 $y''=p'$，原方程化为 $xp'+p=0$. 分离变量，得$\dfrac{\mathrm{d}p}{p}=-\dfrac{1}{x}\mathrm{d}x$，两边积分，得 $\ln|p|+\ln|x|=\ln|C_1|$，即 $px=\pm C_1$. 由$y'|_{x=1}=2$，得$C_1=2$，所以 $p=\dfrac{2}{x}$，即 $y'=\dfrac{2}{x}$，于是

$$y=\int\frac{2}{x}\mathrm{d}x=2\ln|x|+C_2.$$

由$y|_{x=1}=1$，得 $C_2=1$，故所求特解为

$$y=2\ln|x|+1.$$

例 7 求解 $y''=3\sqrt{y}$，$y|_{x=0}=1$，$y'|_{x=0}=2$.

解　所给方程不显含 x，令 $y'=p$，则 $y''=p\frac{\mathrm{d}p}{\mathrm{d}y}$，代入原方程，得

$$p\frac{\mathrm{d}p}{\mathrm{d}y}=3\sqrt{y},$$

分离变量，得

$$p\mathrm{d}p=3\sqrt{y}\,\mathrm{d}y,$$

两边积分，得 $\frac{p^2}{2}=2y^{3/2}+C_1$. 由 $x=0$ 时，$y=1$，$y'(0)=p(1)=2$，得 $C_1=0$，于是

$$p^2=4y^{3/2}，即\ p=\frac{\mathrm{d}y}{\mathrm{d}x}=\pm 2y^{3/4}.$$

再由初始条件 $p(1)=2$，得 $p=2y^{3/4}$（$p=-2y^{3/4}$ 不满足条件 $p(1)=2$）.

分离变量，得 $$y^{-3/4}\mathrm{d}y=2\mathrm{d}x,$$
两边积分，得 $$4y^{1/4}=2x+C_2.$$

由 $x=0$ 时，$y=1$，得 $C_2=4$，于是所求的特解为 $y=\left(1+\frac{x}{2}\right)^4$.

例 8　设连续函数 $f(x)$ 满足关系式 $f(x)=\int_0^{2x}f\left(\frac{1}{2}t\right)\mathrm{d}t+\ln 2$，则 $f(x)=$________.

（A）$e^x\ln 2$；　（B）$e^{2x}\ln 2$；　（C）$e^x+\ln 2$；　（D）$e^{2x}+\ln 2$.

解　对所给的关系式两边求导，得一阶可分离变量的微分方程

$$f'(x)=2f(x)，f(0)=\ln 2.$$

由此求得它的解为 $y=e^{2x}\ln 2$，故选(B).

例 9　设二阶常系数非齐次线性微分方程 $y''+py'+qy=re^x$ 的一个特解为 $y=e^{2x}+(1+x)e^x$，试确定该微分方程，并求该方程的通解.

解　将特解 $y=e^{2x}+(1+x)e^x$ 代入原非齐次微分方程，得

$$(4+2p+q)e^{2x}+(3+2p+q)e^x+(1+p+q)xe^x=re^x.$$

比较系数，得方程组

$$\begin{cases}2p+q=-4,\\2p+q-r=-3,\\p+q=-1,\end{cases}\Rightarrow\begin{cases}p=-3,\\q=2,\\r=-1,\end{cases}$$

于是原微分方程为

$$y''-3y'+2y=-e^x.$$

它对应的齐次方程的特征根为 $\lambda_1=1$，$\lambda_2=2$，其通解为

$$y=C_1e^x+C_2e^{2x}.$$

设非齐次方程的特解为 $y^*=Axe^x$，代入非齐次方程，得 $A=1$，故该微分方程的通解为

$$y=C_1e^x+C_2e^{2x}+xe^x.$$

例 10　求微分方程 $y''-3y'+2y=4x+e^{2x}+10e^{-x}\cos x$ 的通解.

解　它相应的齐次方程 $y''-3y'+2y=0$ 的特征方程为 $r^2-3r+2=0$，特征根为 $\lambda_1=1$，$\lambda_2=2$，则此齐次方程的通解为 $y=C_1e^x+C_2e^{2x}$.

因 $\alpha=0$ 不是特征根，故设非齐次方程 $y''-3y'+2y=4x$ 有特解 $y_1^*=Ax+B$，把它代入

该非齐次方程得 $A=2$，$B=3$，故其特解为 $y_1^*=2x+3$.

因 $\alpha=2$ 是单特征根，故设非齐次方程 $y''-3y'+2y=\mathrm{e}^{2x}$ 有特解 $y_2^*=Ax\mathrm{e}^{2x}$，把它代入该非齐次方程得 $A=1$，则其特解为 $y_2^*=x\mathrm{e}^{2x}$.

因 $\alpha=-1+\mathrm{i}$ 不是特征根，故设非齐次方程 $y''-3y'+2y=10\mathrm{e}^{-x}\cos x$ 有特解 $y_3^*=\mathrm{e}^{-x}(A\cos x+B\sin x)$，把它代入该非齐次方程得 $A=1$，$B=-1$，则其特解 $y_3^*=\mathrm{e}^{-x}(\cos x-\sin x)$.

根据解的叠加性质与通解结构定理得原非齐次方程的通解为

$$y=C_1\mathrm{e}^x+C_2\mathrm{e}^{2x}+(2x+3)+x\mathrm{e}^{2x}+\mathrm{e}^{-x}(\cos x-\sin x).$$

例 11 求解 $y''+2y'+2y=\mathrm{e}^{-x}(x\cos x+3\sin x)$.

解 它对应的齐次方程 $y''+2y'+2y=0$ 的特征方程为 $\lambda^2+2\lambda+2=0$，有特征根 $\lambda=-1\pm\mathrm{i}$，则齐次方程的通解为

$$y=\mathrm{e}^{-x}(C_1\cos x+C_2\sin x).$$

因 $-1+\mathrm{i}$ 是单特征根，故设原非齐次方程的特解为

$$y^*=x\mathrm{e}^{-x}[(A_0x+A_1)\cos x+(B_0x+B_1)\sin x].$$

把它代入原非齐次方程，得

$$4B_0x\cos x+2(A_0+B_1)\cos x-4A_0x\sin x+2(B_0-A_1)\sin x=x\cos x+3\sin x,$$

比较系数，得 $A_0=0$，$A_1=-\dfrac{5}{4}$，$B_0=\dfrac{1}{4}$，$B_1=0$，则原非齐次方程有特解

$$y^*=x\mathrm{e}^{-x}\left(-\frac{5}{4}\cos x+\frac{1}{4}x\sin x\right).$$

根据通解结构定理得原非齐次方程的通解为

$$y=\mathrm{e}^{-x}\left[C_1\cos x+C_2\sin x+\frac{1}{4}x(x\sin x-5\cos x)\right].$$

例 12 设 $f(x)=x\sin x-\int_0^x(x-t)f(t)\mathrm{d}t$，其中 $f(x)$ 连续，求 $f(x)$.

解 因为 $f(x)$ 连续，所以方程的右端是可微的，因而左端的函数 $f(x)$ 也可微.

把 $\int_0^x(x-t)f(t)\mathrm{d}t$ 改写成 $x\int_0^x f(t)\mathrm{d}t-\int_0^x tf(t)\mathrm{d}t$ 后，两端对 x 求导，得

$$f'(x)=x\cos x+\sin x-\int_0^x f(t)\mathrm{d}t.$$

同理，方程右端仍可微，所以 $f(x)$ 存在二阶导数，故有

$$f''(x)=-x\sin x+2\cos x-f(x),$$

即 $f(x)$ 满足微分方程 $y''+y=-x\sin x+2\cos x$.

由于此方程的特征根为 $\pm\mathrm{i}$，所以其特解应具形式 $y^*(x)=x(Ax+B)\cos x+x(Cx+D)\sin x$. 代入方程，求出系数 A，B，C，D，则得其特解为 $y^*(x)=\dfrac{1}{4}x^2\cos x+\dfrac{3}{4}x\sin x$，故方程的通解为

$$y=f(x)=\frac{1}{4}x^2\cos x+\frac{3}{4}x\sin x+C_1\cos x+C_2\sin x.$$

注意到 $f(0)=0$，$f'(0)=0$. 由 $f(0)=0\Rightarrow C_1=0$，而由 $f'(0)=0\Rightarrow C_2=0$，所以

$$f(x)=\frac{1}{4}x^2\cos x+\frac{3}{4}x\sin x.$$

例 13　求下列一阶线性差分方程的解：

(1) $2y_{n+1}+10y_n-5n=0$；

(2) $3y_{n+1}-2y_n=\left(-\frac{1}{4}\right)^n+3n^2$；

(3) $y_{n+1}-y_n=2^n-1$，$y_0=3$.

解　(1) 方程可化为 $y_{n+1}+5y_n=\frac{5}{2}n$. 从而 $a=-5$，$f(n)=\frac{5}{2}n$，对应的齐次方程的通解为 $y_n=C(-5)^n$. 非齐次方程的特解应具有形式 $y_n^*=A_0+A_1n$. 代入原方程，得 $A_0=-\frac{5}{72}$，$A_1=\frac{5}{12}$，于是原方程的通解为 $y_n=\frac{5}{12}\left(n-\frac{1}{6}\right)+C(-5)^n$（$C$ 为任意常数）.

(2) 所给方程对应的齐次方程的特征方程为 $3\lambda-2=0$，特征根为 $\lambda=\frac{2}{3}$，故其通解为 $y_n=C\left(\frac{2}{3}\right)^n$（$C$ 为任意常数）.

由叠加原理，原方程可拆成两个方程，即

$$3y_{n+1}-2y_n=\left(-\frac{1}{4}\right)^n \text{与} 3y_{n+1}-2y_n=3n^2.$$

分别令其特解为 $y_n^*=A\left(-\frac{1}{4}\right)^n$ 与 $\overline{y_n^*}=Bn^2+Cn+D$，代入方程，则得 $A=-\frac{4}{11}$，$B=3$，$C=-18$，$D=45$，从而原方程的通解为

$$y_n=-\frac{4}{11}\left(-\frac{1}{4}\right)^n+3n^2-18n+45+C\left(\frac{2}{3}\right)^n.$$

(3) 原方程对应的齐次方程的特征方程为 $\lambda-1=0$，特征根为 $\lambda=1$，故其通解为 $y=C.1^n=C$（C 为任意常数）. 由于 $y_{n+1}-y_n=2^n$ 的特解为 2^n，而 $y_{n+1}-y_n=-1$ 的特解为 $-n$，因此，由叠加原理知，原方程的通解为 $y_n=2^n-n+C$. 由 $y_0=3$，得 $C=2$，故其特解为

$$y_n=2^n-n+2.$$

例 14　求 $y_{n+2}-4y_{n+1}+4y_n=3\cdot 2^n$ 的通解.

解　由特征方程 $r^2-4r+4=0$，得特征根 $r_1=r_2=2$，所以相应的齐次方程的通解为

$$y_n=(C_1+C_2n)\cdot 2^n.$$

又 $\varphi(n)=3\cdot 2^n$，$a=2$ 是特征方程的重根，故非齐次方程的特解形式为

$$y_n^*=A_0n^2\cdot 2^n,$$

代入原方程，得

$$A_0(n+2)^2\cdot 2^{n+2}-4A_0(n+1)^2\cdot 2^{n+1}+4A_0n^2\cdot 2^n=3\cdot 2^n,$$

比较系数，得 $A_0=\frac{3}{8}$，故原方程的通解为

$$y_n=(C_1+C_2n)\cdot 2^n+\frac{3}{8}n^2\cdot 2^n.$$

例 15　设 $P(x, y)$ 为连接两点 $A(0, 1)$ 与 $B(1, 0)$ 的凸弧 AB 上的任意点（图 9-1），已知凸弧与弦 AP 包围的平面图形的面积为 x^3，求凸弧 AB 的方程.

解　设凸弧的方程为 $y=f(x)$，其中函数 $f(x)$ 在区间 $[0, 1]$ 上连续. 由于梯形 $OAPC$

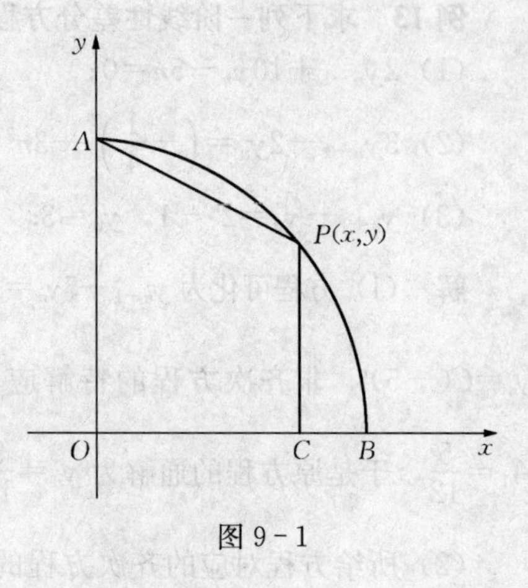

图 9－1

的面积为$\frac{x}{2}(1+f(x))$，所以

$$x^3=\int_0^x f(t)\mathrm{d}t-\frac{x}{2}[1+f(x)].$$

两边对 x 求导，则得 $y=f(x)$ 所满足的微分方程为

$$xy'-y=-6x^2-1,$$

其通解为

$$y=\mathrm{e}^{\int\frac{1}{x}\mathrm{d}x}\left[C-\int\left(6x+\frac{1}{x}\right)\mathrm{e}^{-\int\frac{1}{x}\mathrm{d}x}\mathrm{d}x\right]=Cx-6x^2+1.$$

对任意常数 C，总有 $y(0)=1$，即此曲线族均通过点 $A(0,1)$.

又根据题设，此曲线过点(1，0)，即 $y(1)=0$，由此即得 $C=5$，即所求曲线为

$$y=5x-6x^2+1.$$

例 16 在某池塘内养鱼，该池塘最多能养鱼 1 000 尾，设时刻 t 池塘中的鱼数 y 是时间 t 的函数，即 $y=y(t)$，其变化率与鱼数 y 及 $1000-y$ 成正比，已知在池塘内放养 100 尾鱼，3 个月后池塘内有鱼 250 尾，求 $y(t)$.

解 根据题设 $y(t)$ 所满足的方程为

$$\frac{\mathrm{d}y}{\mathrm{d}t}=ky(1000-y),$$

其中 $k>0$ 为比例常数．这是一个可分离变量的方程，分离变量得

$$\frac{y(t)}{1000-y(t)}=C\mathrm{e}^{1000kt}，即\ y(t)=\frac{1000C\mathrm{e}^{1000kt}}{1+C\mathrm{e}^{1000kt}}.$$

由题设知

$$y(0)=100,\ y(3)=250,$$

即

$$\frac{100}{1000-900}=C\cdot 1,\ \frac{250}{1000-250}=C\cdot\mathrm{e}^{3000k},$$

解得

$$C=\frac{1}{9},\ k=\frac{\ln 3}{3000},$$

所以

$$y(t)=\frac{\frac{1000}{9}\mathrm{e}^{\ln 3\cdot\frac{t}{3}}}{1+\frac{1}{9}\mathrm{e}^{\ln 3\cdot\frac{t}{3}}}=\frac{1000\cdot 3^{\frac{t}{3}}}{9+3^{\frac{t}{3}}}.$$

例 17 设某养鱼池一开始有某种鱼 A_t 条，鱼的平均净繁殖率为 R，每年捕捞 x 条，要使 n 年后鱼池仍有鱼可捞，应满足什么条件?

解 设第 t 年鱼池中有鱼 A_t 条，则池内鱼数按年的变化规律为

$$A_{t+1}=A_t(1+R)-x，即\ A_{t+1}-(1+R)A_t=-x.$$

这是一阶非齐次常系数线性差分方程，其相应的齐次方程的通解为 $\widetilde{A}_t=C(1+R)^t$. 由于齐次方程的特征根为 $1+R\neq 1$，所以可设非齐次差分方程的特解为 $A_t^*=A$，把它代入非齐次差分方程得 $A-(1+R)A=-x$，即 $A=\frac{x}{R}$. 因此原非齐次差分方程的通解为 $A_t=C(1+R)^t+\frac{x}{R}$. 由初

始条件 $t=0$ 时鱼的条数为 A_0，得 $C=A_0-\frac{x}{R}$. 故有

$$A_t=\left(A_0-\frac{x}{R}\right)(1+R)^t+\frac{x}{R}.$$

要使 n 年后鱼池仍有鱼可捞，应满足 $A_n>0$，即

$$\left(A_0-\frac{x}{R}\right)(1+R)^n+\frac{x}{R}>0.$$

例 18　设某商品的供给函数 $S(t)=60+p+4\frac{\mathrm{d}p}{\mathrm{d}t}$，需求函数 $D(t)=100-p+3\frac{\mathrm{d}p}{\mathrm{d}t}$，其中 $p(t)$ 表示时间 t 的价格，且 $p(0)=8$，试求均衡价格关于时间的函数，并说明实际意义.

解　因为 $S(t)=60+p+4\frac{\mathrm{d}p}{\mathrm{d}t}$，需求函数 $D(t)=100-p+3\frac{\mathrm{d}p}{\mathrm{d}t}$，市场达到均衡价格时 $S(t)=D(t)$，即

$$60+p+4\frac{\mathrm{d}p}{\mathrm{d}t}=100-p+3\frac{\mathrm{d}p}{\mathrm{d}t},\ \frac{\mathrm{d}p}{\mathrm{d}t}=40-2p,$$

分离变量，得

$$\frac{\mathrm{d}p}{20-p}=2\mathrm{d}t,$$

两边积分，得

$$\int\frac{\mathrm{d}p}{20-p}=2\int\mathrm{d}t,$$

$$\ln(20-p)=-2t+\ln C=\ln\mathrm{e}^{-2t}+\ln C=\ln(C\mathrm{e}^{-2t}),$$

$$20-p=C\mathrm{e}^{-2t},\ p=20-C\mathrm{e}^{-2t}.$$

将 $p(0)=8$ 代入，得 $8=20-C\times\mathrm{e}^0\Rightarrow C=12$，因此均衡价格关于时间的函数是

$$p(t)=20-12\mathrm{e}^{-2t}.$$

在此题中，$\lim\limits_{t\to+\infty}p(t)=20$，这意味着这个市场对于该商品的价格稳定，可以认为随着时间的推移，此商品价格逐渐趋向于 20.

自　测　题

1. 求微分方程 $x^2\mathrm{e}^{2y}\mathrm{d}y=(x^3+1)\mathrm{d}x$ 在 $y(1)=0$ 下的特解.
2. 试确定函数 $u=u(x)$，使 $y=u(x)\mathrm{e}^{ax}$ 为微分方程

$$y''-2ay'+a^2y=(1+x+x^2+\cdots+x^{100})\mathrm{e}^{ax}$$

的一个解.

3. 求方程 $x\frac{\mathrm{d}y}{\mathrm{d}x}=y(\ln y-\ln x)$ 的通解.
4. 求微分方程 $(\sin^2 y+x\cot y)y'=1$ 的通解.
5. 求解微分方程 $y''=2yy'$，$y|_{x=0}=1$，$y'|_{x=0}=2$.
6. 求微分方程 $y''(x)-ay(x)=0$ 的通解，其中 a 为常数.
7. 求 $y''-2y'+y=5x\mathrm{e}^x$ 满足初始条件 $y(0)=1$，$y'(0)=2$ 的特解.

8. 求差分方程 $y_{n+1}-y_n=n2^n$ 的通解．

自测题参考答案

1. **解** 分离变量，得

$$e^{2y}\mathrm{d}y=\frac{x^3+1}{x^2}\mathrm{d}x,$$

两边积分，得

$$\int e^{2y}\mathrm{d}y=\int\left(x+\frac{1}{x^2}\right)\mathrm{d}x，即\frac{1}{2}e^{2y}=\frac{1}{2}x^2-\frac{1}{x}+C.$$

由 $y(1)=0$，得 $C=1$，故特解为

$$\frac{1}{2}e^{2y}=\frac{1}{2}x^2-\frac{1}{x}+1，即 e^{2y}=x^2-\frac{2}{x}+2.$$

2. **解** $y'=[u'(x)+au(x)]e^{ax}$，$y''=[u''(x)+2au'(x)+a^2u(x)]e^{ax}$.
把它们代入原方程，得

$$u''(x)=1+x+x^2+\cdots+x^{100}.$$

积分两次，得

$$u(x)=\frac{x^2}{1\cdot 2}+\frac{x^3}{2\cdot 3}+\cdots+\frac{x^{102}}{101\cdot 102}+C_1x+C_2.$$

3. **解** 原方程可化为

$$\frac{\mathrm{d}y}{\mathrm{d}x}=\frac{y}{x}\ln\frac{y}{x}.$$

令 $y=ux$，则$\frac{\mathrm{d}y}{\mathrm{d}x}=u+x\frac{\mathrm{d}u}{\mathrm{d}x}$，代入上面方程，得

$$u+x\frac{\mathrm{d}u}{\mathrm{d}x}=u\ln u.$$

分离变量，得

$$\frac{1}{u(\ln u-1)}\mathrm{d}u=\frac{1}{x}\mathrm{d}x,$$

两边积分，得

$$\int\frac{1}{u(\ln u-1)}\mathrm{d}u=\int\frac{1}{x}\mathrm{d}x,$$

$$\int\frac{\mathrm{d}(\ln u-1)}{\ln u-1}=\int\frac{1}{x}\mathrm{d}x,$$

$$\ln(\ln u-1)=\ln x+\ln C=\ln(Cx),$$

$$\ln u-1=Cx，\ln u=Cx+1.$$

将 $u=\frac{y}{x}$代入，得 $\ln\frac{y}{x}=Cx+1$，$\frac{y}{x}=e^{Cx+1}$，故通解为

$$y=xe^{Cx+1}.$$

4. **解** 原方程可化为

$$\frac{\mathrm{d}x}{\mathrm{d}y}-\cot y\cdot x=\sin^2 y,$$

这是一阶线性方程，$p(y)=-\cot y$，$q(y)=\sin^2 y$，故

$$x=e^{\int \cot y dy}\left(\int \sin^2 y e^{\int -\cot y dy} dy+C\right)$$

$$=e^{\ln\sin y}\left(\int \sin^2 y e^{-\ln\sin y} dy+C\right)$$

$$=\sin y\left(\int \sin y dy+C\right)=\sin y(-\cos y+C).$$

5. **解**　所给方程不显含 x，令 $y'=p$，则 $y''=p\dfrac{dp}{dy}$，代入原方程，得

$$p\frac{dp}{dy}=2yp，即\frac{dp}{dy}=2y,$$

分离变量，得

$$dp=2ydy,$$

两边积分，得

$$p=y^2+C_1.$$

由 $x=0$ 时，$y=1$，$y'(0)=p(1)=2$，得 $C_1=1$，于是

$$p=y^2+1，即 y'=y^2+1,$$

两边积分，得

$$\arctan y=x+C_2.$$

由 $x=0$ 时，$y=1$，得 $C_2=\dfrac{\pi}{4}$，故通解为

$$\arctan y=x+\frac{\pi}{4}，即 y=\tan\left(x+\frac{\pi}{4}\right).$$

6. **解**　这是常系数线性齐次微分方程，它的特征方程为 $r^2-a=0$.

当 $a>0$ 时，特征根 $r=\pm\sqrt{a}$，原方程的通解为 $y=C_1e^{\sqrt{a}x}+C_2e^{-\sqrt{a}x}$.

当 $a<0$ 时，特征根 $r=\pm\sqrt{-a}i$，原方程的通解为 $y=C_1\cos\sqrt{-a}x+C_2\sin\sqrt{-a}x$.

当 $a=0$ 时，特征根 $r=0$ 是二重根，原方程的通解为 $y=C_1+C_2x$.

注意　对微分方程中的参数，应分各种情形加以讨论．

7. **解**　特征方程为 $\lambda^2-2\lambda+1=(\lambda-1)^2=0$，特征根为 $\lambda_1=\lambda_2=1$，此时可设非齐次方程的特解为 $y^*(x)=x^2(Ax+B)e^x$，代入原方程得 $A=\dfrac{5}{6}$，$B=0$，故该方程的通解为

$$y(x)=\frac{5}{6}x^3e^x+(C_1+C_2x)e^x.$$

再利用初始条件，得 $C_1=C_2=1$，于是满足初始条件的特解为

$$y(x)=\frac{5}{6}x^3e^x+(1+x)e^x.$$

8. **解**　原方程对应的齐次方程的特征方程为 $\lambda-1=0$，特征根为 $\lambda=1$，故其通解为

$$y=C\cdot 1^n=C(C 为任意常数).$$

由于 $\lambda=1\neq b=2$，$f(n)=n2^n$，因此可设特解具有形式 $y_n^*=(B_0+B_1n)2^n$，代入方程，得 $B_0=-2$，$B_1=1$. 所以原方程的通解为

$$y_n=C+(n-2)\cdot 2^n.$$

考研题解析

1. 求微分方程 $xy\dfrac{dy}{dx}=x^2+y^2$ 满足条件 $y|_{x=e}=2e$ 的特解．

解 原方程可化为 $\dfrac{dy}{dx}=\dfrac{x^2+y^2}{xy}=\dfrac{1+\left(\dfrac{y}{x}\right)^2}{\dfrac{y}{x}}$，故所给方程为齐次微分方程．

令 $y=ux$，则 $\dfrac{dy}{dx}=u+x\dfrac{du}{dx}$，代入，得 $u+x\dfrac{du}{dx}=\dfrac{1+u^2}{u}$，即 $x\dfrac{du}{dx}=\dfrac{1}{u}$，亦即 $udu=\dfrac{1}{x}dx$.
两边积分，得 $\dfrac{1}{2}u^2=\ln x+C$，将 $u=\dfrac{y}{x}$ 代回，得通解

$$y^2=2x^2(\ln x+C).$$

将初始条件 $y|_{x=e}=2e$ 代入通解，得 $C=1$，故所求特解为

$$y^2=2x^2(\ln x+1).$$

2. 求微分方程 $\dfrac{dy}{dx}=\dfrac{y-\sqrt{x^2+y^2}}{x}$ 的通解．

解 令 $z=\dfrac{y}{x}$，则 $\dfrac{dy}{dx}=z+x\dfrac{dz}{dx}$.

当 $x>0$ 时，原方程化为 $z+x\dfrac{dz}{dx}=z-\sqrt{1+z^2}$，即 $\dfrac{dz}{\sqrt{1+z^2}}=-\dfrac{dx}{x}$，其通解为

$$\ln(z+\sqrt{1+z^2})=-\ln x+C_1 \text{ 或 } z+\sqrt{1+z^2}=\frac{C}{x}.$$

代回原变量，得通解 $y+\sqrt{x^2+y^2}=C(x>0)$.

当 $x<0$ 时，令 $t=-x$，于是 $t>0$，且

$$\frac{dy}{dt}=\frac{dy}{dx}\cdot\frac{dx}{dt}=-\frac{dy}{dx}=-\frac{y-\sqrt{x^2+y^2}}{x}=\frac{y-\sqrt{x^2+y^2}}{-x}=\frac{y-\sqrt{t^2+y^2}}{t},$$

从而有通解

$$y+\sqrt{t^2+y^2}=C(t>0)\text{，即 } y+\sqrt{x^2+y^2}=C(x<0).$$

综合得，方程的通解为

$$y+\sqrt{x^2+y^2}=C.$$

注意 由于未给定自变量 x 的取值范围，因而在本题求解过程中，引入新未知函数 $z=\dfrac{y}{x}$ 后得到了

$$\sqrt{x^2+y^2}=|x|\sqrt{1+z^2},$$

从而，应当分别对 $x>0$ 和 $x<0$ 求解．在类似的问题中，这一点应当牢记．

3. 设有微分方程 $y'-2y=\varphi(x)$，其中 $\varphi(x)=\begin{cases}2, & 若\ x<1,\\ 0, & 若\ x>1,\end{cases}$ 试求在 $(-\infty,+\infty)$ 内的

连续函数 $y=y(x)$，使之在$(-\infty, 1)$和$(1, +\infty)$内都满足所给方程，且满足条件$y(0)=0$.

解　当 $x<1$ 时，$y'-2y=2$，通解为 $y=C_1e^{2x}-1$. 由 $y(0)=0$，得 $C_1=1$，所以 $y=e^{2x}-1(x<1)$.

注意，函数 $y=e^{2x}-1$ 在 $x=1$ 连续，且 $y(1)=e^2-1$. 把它作为初始条件，在 $x>1$ 时求解 $y'-2y=\varphi(x)=0$，得特解 $y=(1-e^{-2})e^{2x}(x>1)$.

综合以上结果，得到在$(-\infty, +\infty)$上连续的函数 $y=\begin{cases} e^{2x}-1, & x\leqslant 1, \\ (1-e^{-2})e^{2x}, & x>1. \end{cases}$ 它就是分别在$(-\infty, 1)$和$(1, +\infty)$内满足方程 $y'-2y=\varphi(x)$，且满足条件 $y(0)=0$ 的解.

4. 设 $F(x)=f(x)g(x)$，其中函数 $f(x)$，$g(x)$在$(-\infty, +\infty)$内满足以下条件：

$$f'(x)=g(x),\ g'(x)=f(x)\text{且}\ f(0)=0,\ f(x)+g(x)=2e^x.$$

(1) 求 $F(x)$所满足的一阶微分方程；　(2)求出 $F(x)$的表达式.

解　(1) 由　$F'(x)=f'(x)g(x)+f(x)g'(x)=g^2(x)+f^2(x)$

$$=[f(x)+g(x)]^2-2f(x)g(x)=(2e^x)^2-2F(x),$$

可知 $F(x)$所满足的一阶微分方程为

$$F'(x)+2F(x)=4e^{2x}.$$

(2) 用 e^{2x}同乘方程两边，得$[e^{2x}F(x)]'=4e^{4x}$，积分，得 $e^{2x}F(x)=e^{4x}+C$，于是方程的通解为 $F(x)=e^{2x}+Ce^{-2x}$.

将 $F(0)=f(0)g(0)=0$ 代入上式，得 $C=-1$，故所求函数的表达式为

$$F(x)=e^{2x}-e^{-2x}.$$

5. 微分方程 $xy'+y=0$ 满足初始条件 $y(1)=2$ 的特解为________.

解　微分方程 $xy'+y=0\Leftrightarrow(xy)'=0$，积分得 $xy=C$，故微分方程 $xy'+y=0$ 的通解是 $y=\dfrac{C}{x}$. 由初始条件 $y(1)=2$，得 $C=2$，于是所求特解为 $y=\dfrac{2}{x}$.

6. 设 $y=e^x$ 是微分方程 $xy'+p(x)y=x$ 的一个解，求此微分方程满足条件$y|_{x=\ln 2}=0$ 的特解.

解　以 $y=e^x$ 代入原方程，得

$$xe^x+p(x)e^x=x,\ \text{即}\ p(x)=xe^{-x}-x,$$

代入原方程，得

$$xy'+(xe^{-x}-x)y=x,\ \text{即}\ y'+(e^{-x}-1)y=1.$$

对应的齐次方程为 $y'+(e^{-x}-1)y=0$，分离变量，得

$$\frac{dy}{y}=(-e^{-x}+1)dx.$$

两边积分，得

$$\ln y-\ln C=e^{-x}+x,$$

故对应的齐次方程的通解为

$$y=Ce^{e^{-x}}+x,$$

所以原方程的通解为

$$y=e^x+Ce^{e^{-x}}+x.$$

由$y|_{x=\ln 2}=0$，得 $2+2e^{\frac{1}{2}}C=0$，$\Rightarrow C=-e^{-\frac{1}{2}}$. 故所求特解为 $y=e^x-e^{x+e^{-x}-\frac{1}{2}}$.

7. 求初值问题$\begin{cases}(y+\sqrt{x^2+y^2})dx-xdy=0,\\ y|_{x=1}=0\end{cases}$的解.

解 原方程可化为

$$\frac{dy}{dx}=\frac{y+\sqrt{x^2+y^2}}{x},$$

令 $y=xu$，得

$$u+x\frac{du}{dx}=u+\sqrt{1+u^2}，即\frac{du}{\sqrt{1+u^2}}=\frac{dx}{x},$$

解得 $\ln(u+\sqrt{1+u^2})=\ln(Cx)$，其中 $C>0$ 为任意常数，从而

$$u+\sqrt{1+u^2}=Cx，即\frac{y}{x}+\sqrt{1+\frac{y^2}{x^2}}=Cx,$$

亦即 $y+\sqrt{x^2+y^2}=Cx^2$. 将$y|_{x=1}=0$ 代入，得 $C=1$，故初值问题的解为

$$y+\sqrt{x^2+y^2}=x^2.$$

8. 过点$\left(\frac{1}{2},0\right)$且满足关系式 $y'\arcsin x+\frac{y}{\sqrt{1-x^2}}=1$ 的曲线方程为________.

解 题给微分方程可化为

$$y'+\frac{1}{\arcsin x\cdot\sqrt{1-x^2}}y=\frac{1}{\arcsin x}.$$

应用一阶线性方程求通解的公式，得

$$\begin{aligned}y&=e^{-\int\frac{1}{\arcsin x\cdot\sqrt{1-x^2}}dx}\left(C+\int\frac{1}{\arcsin x}e^{\int\frac{1}{\arcsin x\cdot\sqrt{1-x^2}}dx}dx\right)\\&=e^{-\ln\arcsin x}\left(C+\int\frac{1}{\arcsin x}e^{\ln\arcsin x}dx\right)\\&=\frac{1}{\arcsin x}\cdot\left(C+\int dx\right)=\frac{1}{\arcsin x}(C+x).\end{aligned}$$

由于 $x=\frac{1}{2}$时，$y=0$，代入上式得 $C=-\frac{1}{2}$，于是所求曲线方程为

$$y=\frac{1}{\arcsin x}\left(x-\frac{1}{2}\right).$$

9. 求连续函数 $f(x)$，使它满足 $f(x)+2\int_0^x f(x)dt=x^2$.

解 两端求导，得 $f'(x)+2f(x)=2x$. 记 $p(x)=2$，$q(x)=2x$，有通解公式

$$\begin{aligned}f(x)&=e^{-\int p(x)dx}\left[\int q(x)e^{\int p(x)dx}dx+C\right]\\&=e^{-2x}\left(\int 2xe^{2x}dx+C\right)=Ce^{-2x}+x-\frac{1}{2}.\end{aligned}$$

由原方程得 $f(0)=0$，故 $C=\frac{1}{2}$，从而所求函数为

$$f(x)=\frac{1}{2}e^{-2x}+x-\frac{1}{2}.$$

10. 已知连续函数 $f(x)$ 满足条件 $f(x)=\int_0^{3x} f\left(\frac{t}{3}\right)dt+e^{2x}$，求 $f(x)$.

解　首先，在变上限定积分中引入新变量 $s=\frac{t}{3}$，于是

$$\int_0^{3x} f\left(\frac{t}{3}\right)dt=3\int_0^x f(s)ds.$$

代入 $f(x)$ 所满足的关系式，得

$$f(x)=3\int_0^x f(s)ds+e^{2x}.$$

在上式中令 $x=0$，得 $f(0)=1$，将上式两端对 x 求导数，得

$$f'(x)=3f(x)+2e^{2x}.$$

由此可见 $f(x)$ 是一阶线性方程 $f'(x)-3f(x)=2e^{2x}$，满足初始条件 $f(0)=1$.

用 e^{-3x} 同乘方程两端，得 $[f(x)e^{-3x}]'=2e^{-x}$，积分，得 $f(x)=Ce^{3x}-2e^{2x}$. 由 $f(0)=1$，得 $C=3$，于是，所求的函数为 $f(x)=3e^{3x}-2e^{2x}$.

注意　在前两题中未知函数出现在积分号内，这样的方程称为积分方程．一般说来，在积分方程中，令 x 适当取值可得到未知函数满足的初始条件；利用变上限定积分求导公式可得到未知函数满足的微分方程．从而把求未知函数的问题化为求微分方程满足初始条件的特解的问题．

11. 设函数 $f(t)$ 在 $[0,+\infty)$ 上连续，且满足方程

$$f(t)=e^{4\pi t^2}+\iint\limits_{x^2+y^2\leqslant 4t^2} f\left(\frac{1}{2}\sqrt{x^2+y^2}\right)dxdy,$$

求 $f(t)$.

解　由 $\iint\limits_{x^2+y^2\leqslant 4t^2} f\left(\frac{1}{2}\sqrt{x^2+y^2}\right)dxdy=\int_0^{2\pi}d\theta\int_0^{2t} f\left(\frac{r}{2}\right)rdr=2\pi\int_0^{2t} rf\left(\frac{r}{2}\right)dr$，得

$$f(t)=e^{4\pi t^2}+2\pi\int_0^{2t} rf\left(\frac{r}{2}\right)dr.$$

令 $s=\frac{r}{2}$，则

$$\int_0^{2t} rf\left(\frac{r}{2}\right)dr=4\int_0^t sf(s)ds,$$

于是 $f(t)$ 满足积分关系式

$$f(t)=8\pi\int_0^t sf(s)ds+e^{4\pi t^2}.$$

在上式中令 $t=0$，得 $f(0)=1$，将上式两端对 t 求导，得

$$f'(t)-8\pi tf(t)=8\pi te^{4\pi t^2}.$$

解上述关于 $f(t)$ 的一阶线性方程，得 $f(t)=(4\pi t^2+C)e^{4\pi t^2}$，其中常数 C 待定．由 $f(0)=1$，得 $C=1$，故 $f(t)=(4\pi t^2+1)e^{4\pi t^2}$.

12. 设 $f(u, v)$ 具有连续偏导数，且满足

$$f'_u(u, v)+f'_v(u, v)=uv,$$

求 $y(x)=e^{-2x}f(x,x)$所满足的一阶微分方程，并求其通解．

解 $y'=-2e^{-2x}f(x,x)+e^{-2x}f'_u(x,x)+e^{-2x}f'_v(x,x)=-2y+x^2e^{-2x}$，

因此，所求的一阶微分方程为

$$y'+2y=x^2e^{-2x},$$

其通解为 $$y=e^{-\int 2dx}\left(\int x^2e^{-2x}e^{\int 2dx}dx+C\right)=\left(\frac{x^3}{3}+C\right)e^{-2x}\ (C\text{为任意常数}).$$

13. 微分方程 $xy'+2y=x\ln x$ 满足 $y(1)=-\frac{1}{9}$的解为________.

解 $p(x)=\frac{2}{x}$，$q(x)=\ln x$，由一阶线性微分方程求通解的公式，得

$$\begin{aligned}y&=e^{-\int\frac{2}{x}dx}\left(C+\int\ln x\cdot e^{\int\frac{2}{x}dx}dx\right)=\frac{1}{x^2}\left(C+\int\ln x\cdot x^2dx\right)\\&=\frac{1}{x^2}\left(C+\frac{1}{3}\int\ln x dx^3\right)=\frac{1}{x^2}\left(C+\frac{1}{3}x^3\ln x-\frac{1}{3}\int x^2dx\right)\\&=\frac{1}{x^2}\left(C+\frac{1}{3}x^3\ln x-\frac{1}{9}x^3\right).\end{aligned}$$

由 $y(1)=-\frac{1}{9}\Rightarrow-\frac{1}{9}=C+0-\frac{1}{9}$，故 $C=0$，于是所求特解为

$$y=\frac{x}{3}\ln x-\frac{1}{9}x=\frac{x}{3}\left(\ln x-\frac{1}{3}\right).$$

14. 求微分方程 $y''+5y'+6y=2e^{-x}$的通解．

解 由特征方程 $r^2+5r+6=0$，得特征根为 $r_1=-2$，$r_2=-3$，故对应的齐次方程的通解为

$$y=C_1e^{-2x}+C_2e^{-3x}\ (C_1,\ C_2\text{为任意常数}).$$

又用观察法易求得原方程的一特解 $y^*=e^{-x}$，故原方程的通解为

$$y=y+y^*=C_1e^{-2x}+C_2e^{-3x}+e^{-x}.$$

15. 设函数 $y=y(x)$满足条件

$$\begin{cases}y''+4y'+4y=0,\\y(0)=2,\ y'(0)=-4,\end{cases}$$

求广义积分$\int_0^{+\infty}y(x)dx$.

解 解特征方程 $\lambda^2+4\lambda+4=0$，得 $\lambda_1=\lambda_2=-2$. 原方程的通解为 $y=(C_1+C_2x)e^{-2x}$. 由初始条件得 $C_1=2$，$C_2=0$，因此，微分方程的特解为 $y=2e^{-2x}$.

$$\int_0^{+\infty}y(x)dx=\int_0^{+\infty}2e^{-2x}dx=\int_0^{+\infty}e^{-2x}d(2x)=-e^{-2x}\Big|_0^{+\infty}=1.$$

16. 求微分方程 $y''-2y'-e^{2x}=0$ 满足条件 $y(0)=1$，$y'(0)=1$ 的解．

解 齐次方程 $y''-2y'=0$ 的特征方程为 $\lambda^2-2\lambda=0$，特征根 $\lambda_1=0$，$\lambda_2=2$. 对应齐次方程的通解为 $y=C_1+C_2e^{2x}$. 设非齐次方程的特解为 $y^*=Axe^{2x}$，则

$$(y^*)'=(A+2Ax)e^{2x},\ (y^*)''=4A(1+x)e^{2x}.$$

代入原方程，得 $A=\frac{1}{2}$，从而 $y^*=\frac{1}{2}xe^{2x}$，于是，原方程的通解为

$$y=y+y^*=C_1+\left(C_2+\frac{1}{2}x\right)e^{2x}.$$

将 $y(0)=1$ 和 $y'(0)=1$ 代入通解，得 $C_1=\frac{3}{4}$，$C_2=\frac{1}{4}$，从而，所求解为

$$y=\frac{3}{4}+\frac{1}{4}(1+2x)e^{2x}.$$

17. 微分方程 $y''+y=-2x$ 的通解为________.

解 特征方程为 $\lambda^2+1=0$，特征根为 $\lambda=\pm i$，故对应的齐次方程的通解为

$$y=C_1\cos x+C_2\sin x.$$

设原方程有特解 $y^*=Ax+B$，代入原方程，得 $A=-2$，$B=0$，故 $y^*=-2x$，所求通解为

$$y=C_1\cos x+C_2\sin x-2x.$$

18. 微分方程 $y''+2y'+5y=0$ 的通解为________.

解 特征方程为 $\lambda^2+2\lambda+5=0$，特征根为 $\lambda=-1\pm 2i$，故所求方程的通解为

$$y=e^{-x}(C_1\cos 2x+C_2\sin 2x).$$

19. 求微分方程 $y''+y'=x^2$ 的通解.

解法一 特征方程为 $\lambda^2+\lambda=0$. 特征根为 $\lambda=0$，$\lambda=-1$，原方程所对应的齐次方程的通解为

$$y=C_1+C_2e^{-x}.$$

设原非齐次方程的特解为 $y^*=x(Ax^2+Bx+C)$，代入原方程，得 $A=\frac{1}{3}$，$B=-1$，$C=2$，因此原方程的通解为

$$y=\frac{1}{3}x^3-x^2+2x+C_1+C_2e^{-x}.$$

解法二 令 $p=y'$，代入原方程，得

$$p'+p=x^2.$$

由通解公式，得

$$p=e^{-x}\left(\int x^2e^x dx+C_0\right)=e^{-x}(x^2e^x-2xe^x+2e^x+C_0).$$

再积分，得

$$y=\int(x^2-2x+2+C_0e^{-x})dx=\frac{1}{3}x^3-x^2+2x+C_1+C_2e^{-x}.$$

20. 已知 $y_1=xe^x+e^{2x}$，$y_2=xe^x+e^{-x}$，$y_3=xe^x+e^{2x}-e^{-x}$ 是某二阶线性非齐次微分方程的三个解，求此微分方程.

解 应用线性方程解的性质：(1)线性非齐次方程的两个解的差是其对应的齐次方程的解；(2)线性非齐次方程的解减去对应的齐次方程的解仍是原线性非齐次方程的解，则 $y_1-y_3=e^{-x}$ 是对应的齐次方程的解；$y_2-e^{-x}=xe^x$ 是原线性非齐次方程的解；$y_1-xe^x=e^{2x}$ 是对应的齐次方程的解. 即线性非齐次方程有解 xe^x，对应的齐次方程有解 e^{2x}，e^{-x}，于是所求方程的通解为

$$y=C_1e^{2x}+C_2e^{-x}+xe^x.$$

由

$$\begin{cases}y=C_1e^{2x}+C_2e^{-x}+xe^x,\\ y'=2C_1e^{2x}-C_2e^{-x}+e^x(x+1),\\ y''=4C_1e^{2x}+C_2e^{-x}+e^x(x+2),\end{cases}$$

消去 C_1，C_2 得所求的二阶线性非齐次方程为

$$y''-y'-2y=e^x(1-2x).$$

21. 利用代换 $y=\frac{u}{\cos x}$，将方程

$$y''\cos x-2y'\sin x+3y\cos x=e^x$$

化简，并求出原方程的通解．

解 对 $u=y\cos x$ 两端关于 x 求导，得

$$u'=y'\cos x-y\sin x,$$
$$u''=y''\cos x-2y'\sin x-y\cos x,$$

于是原方程化为

$$u''+4u=e^x,$$

其特征方程为 $\lambda^2+4=0$，解得 $\lambda=\pm 2i$，所以对应的齐次方程的通解为

$$u=C_1\cos 2x+C_2\sin 2x.$$

令特解 $u^*=Ae^x$，代入原方程，得 $A=\frac{1}{5}$，所以 $u^*=\frac{1}{5}e^x$．故通解为

$$u=C_1\cos 2x+C_2\sin 2x+\frac{e^x}{5}\quad (C_1,\ C_2\ 为任意常数),$$

从而原方程的通解为

$$y=C_1\frac{\cos 2x}{\cos x}+2C_2\sin x+\frac{e^x}{5\cos x}.$$

22. 微分方程 $y''-4y=e^{2x}$ 的通解为________.

解 特征方程为 $\lambda^2-4=0$，解得 $\lambda=\pm 2$，所以对应的齐次方程的通解为

$$y=C_1e^{-2x}+C_2e^{2x}.$$

由于 $\lambda=2$ 为特征值，所以原方程的特解可设为

$$y^*=Axe^{2x},$$

代入原方程，得 $A=\frac{1}{4}$，故 $y^*=\frac{1}{4}xe^{2x}$，于是原方程的通解为

$$y=C_1e^{-2x}+C_2e^{2x}+\frac{1}{4}xe^{2x}.$$

23. 具有特解 $y_1=e^{-x}$，$y_2=2xe^{-x}$，$y_3=e^x$ 的三阶常系数齐次线性微分方程是________.

(A) $y'''-y''-y'+y=0$； (B) $y'''+y''-y'-y=0$；

(C) $y'''-6y''+11y'-6y=0$； (D) $y'''-2y''-y'+2y=1$.

解 由条件所求三阶常系数线性齐次微分方程的特征方程的特征根为

$$\lambda_1=-1,\ \lambda_2=-1,\ \lambda_3=1,$$

即特征方程为

$$(\lambda+1)^2(\lambda-1)=\lambda^3+\lambda^2-\lambda-1=0,$$

于是所求的微分方程为

$$y'''+y''-y'-y=0.$$

24. 微分方程 $y''+y=x^2+1+\sin x$ 的特解形式可设为________.

(A) $y^*=ax^2+bx+c+x(A\sin x+B\cos x)$；

(B) $y^*=x(ax^2+bx+c+A\sin x+B\cos x)$；

(C) $y^* = ax^2 + bx + c + xA\sin x$；

(D) $y^* = ax^2 + bx + c + xA\cos x$.

解 特征方程为 $\lambda^2 + 1 = 0$，解得 $\lambda = \pm \mathrm{i}$. 与 $x^2 + 1$ 对应的特解形式为 $ax^2 + bx + c$；与 $\sin x$ 对应的特解形式为 $x(A\sin x + B\cos x)$，由于 $\pm \mathrm{i}$ 为特征值，所以在 $A\sin x + B\cos x$ 之前乘以 x. 这两种形式的特解之和即为所求的特解形式

$$y^* = ax^2 + bx + c + x(A\sin x + B\cos x).$$

25. 微分方程 $xy'' + 3y' = 0$ 的通解为________.

解 令 $y' = u$，则 $y'' = u'$，原方程化为

$$u' + \frac{3}{x}u = 0，即\frac{\mathrm{d}u}{\mathrm{d}x} = -\frac{3}{x}u.$$

分离变量，得

$$\frac{\mathrm{d}u}{u} = -\frac{3}{x}\mathrm{d}x,$$

积分，得

$$\ln u = -3\ln x + \ln \widetilde{C}_1 = \ln \frac{\widetilde{C}_1}{x^3},$$

即 $u = \frac{\widetilde{C}_1}{x^3}$，于是有 $y' = \frac{\widetilde{C}_1}{x^3}$. 积分，得

$$y = -\frac{\widetilde{C}_1}{2x^2} + \widetilde{C}_2 = C_1 + \frac{C_2}{x^2}.$$

26. 设 $y = \mathrm{e}^x(C_1\sin x + C_2\cos x)$（$C_1$，$C_2$ 为任意常数）为某二阶常系数线性齐次微分方程的通解，则该方程为________.

解 由通解形式 $y = \mathrm{e}^x(C_1\sin x + C_2\cos x)$ 知，二阶常系数线性齐次方程的特征方程的两个特征根为

$$\lambda = 1 + \mathrm{i},\ \lambda = 1 - \mathrm{i},$$

故特征方程为

$$(\lambda - 1 - \mathrm{i})(\lambda - 1 + \mathrm{i}) = 0，即 \lambda^2 - 2\lambda + 2 = 0,$$

于是所求方程为

$$y'' - 2y' + 2y = 0.$$

27. 微分方程 $yy'' + y'^2 = 0$ 满足初始条件 $y|_{x=0} = 1$，$y'|_{x=0} = \frac{1}{2}$ 的特解为________.

解 这是特殊的二阶方程，令 $y' = u$，并取 y 为自变量，则 $y'' = u\frac{\mathrm{d}u}{\mathrm{d}y}$，原方程化为

$$yu\frac{\mathrm{d}u}{\mathrm{d}y} + u^2 = 0.$$

由初值条件 $u' \neq 0$，故有 $y\frac{\mathrm{d}u}{\mathrm{d}y} + u = 0$. 分离变量，得 $\frac{\mathrm{d}u}{u} + \frac{\mathrm{d}y}{y} = 0$，积分得

$$\ln(uy) = \ln C_1,\ uy = C_1.$$

由于 $y = 1$ 时，$u = \frac{1}{2}$，故 $C_1 = \frac{1}{2}$，于是

$$y\frac{\mathrm{d}y}{\mathrm{d}x} = \frac{1}{2},$$

分离变量再积分，得 $y^2=x+C_2$. 由于 $x=0$ 时，$y=1$，故 $C_2=1$，所求特解为 $y^2=1+x$.

28. 微分方程 $xy'+2y=x\ln x$ 满足 $y(1)=-\frac{1}{9}$ 的解为________.

解 $p(x)=\frac{2}{x}$，$q(x)=\ln x$. 由通解公式，得

$$\begin{aligned}y&=e^{-\int\frac{2}{x}dx}\left(C+\int\ln x\cdot e^{\int\frac{2}{x}dx}dx\right)=\frac{1}{x^2}\left(C+\int\ln x\cdot x^2dx\right)\\&=\frac{1}{x^2}\left(C+\frac{1}{3}\int\ln x dx^3\right)=\frac{1}{x^2}\left(C+\frac{1}{3}x^3\ln x-\frac{1}{3}\int x^2dx\right)\\&=\frac{1}{x^2}\left(C+\frac{1}{3}x^3\ln x-\frac{1}{9}x^3\right).\end{aligned}$$

由 $y(1)=-\frac{1}{9}$，得 $C=0$，故所求特解为

$$y=\frac{x}{3}\left(\ln x-\frac{1}{3}\right).$$

29. 设函数 $y=y(x)$ 在 $(-\infty, +\infty)$ 上具有二阶导数，且 $y'\neq0$，$x=x(y)$ 是 $y=y(x)$ 的反函数.

(1) 试将 $x=x(y)$ 所满足的微分方程 $\frac{d^2x}{dy^2}+(y+\sin x)\left(\frac{dx}{dy}\right)^3=0$ 变换为 $y=y(x)$ 满足的微分方程；

(2) 求变换后的微分方程满足初始条件 $y(0)=0$，$y'(0)=\frac{3}{2}$ 的解.

解 (1) 由反函数导数公式知 $\frac{dx}{dy}=\frac{1}{y'}$，即 $y'\frac{dx}{dy}=1$. 两端对 x 求导，得

$$y''\frac{dx}{dy}+\frac{d^2x}{dy^2}(y')^2=0,$$

所以

$$\frac{d^2x}{dy^2}=-\frac{\frac{dx}{dy}y''}{(y')^2}=-\frac{y''}{(y')^3}.$$

代入原微分方程，得

$$y''-y=\sin x. \qquad (*)$$

(2) 方程(*)所对应的齐次方程 $y''-y=0$ 的通解为

$$Y=C_1e^x+C_2e^{-x}.$$

设方程(*)的特解为

$$y^*=A\cos x+B\sin x,$$

代入方程(*)求得 $A=0$，$B=-\frac{1}{2}$. 故 $y^*=-\frac{1}{2}\sin x$，从而 $y''-y=\sin x$ 的通解为

$$y(x)=C_1e^x+C_2e^{-x}-\frac{1}{2}\sin x.$$

由 $y(0)=0$，$y'(0)=\frac{3}{2}$，得 $C_1=1$，$C_2=-1$. 故所求初值问题的解为

$$y(x)=e^x-e^{-x}-\frac{1}{2}\sin x.$$

30. 差分方程 $y_{t+1}-y_t=t2^t$ 的通解为________.

解　特征方程为 $\lambda-1=0$，特征根为 $\lambda=1$，相应齐次方程的通解为 $y_t=C$.

又 $f(t)=t\cdot 2^t$，$b=2\neq\lambda$，所以非齐次方程特解的形式为 $y_t^*=(A_1t+A_0)2^t$，将其代入原方程，得

$$[A_1(t+1)+A_0]2^{t+1}-(A_1t+A_0)2^t=t\cdot 2^t,$$

即

$$A_1t+2A_1+A_0=t.$$

比较系数，得

$$A_1=1,\ A_0=-2,$$

故原方程的通解为

$$y_t=C+(t-2)2^t.$$

31. 求差分方程 $2y_{t+1}+10y_t-5t=0$ 的通解.

解　此为一阶线性常系数差分方程，其标准形式为

$$y_{t+1}+5y_t=\frac{5}{2}t.$$

特征方程为 $\lambda+5=0$，特征根为 $\lambda=-5$. 相应地齐次方程 $y_{t+1}+5y_t=0$ 的通解为 $y_t=C(-5)^t$. 又 $f(t)=\frac{5}{2}t$，$b=1\neq\lambda$，所以非齐次方程特解的形式为

$$y_t^*=A_1t+A_0.$$

代入方程 $y_{t+1}+5y_t=\frac{5}{2}t$，比较系数，得 $A_1=\frac{5}{12}$，$A_0=-\frac{5}{72}$，故原方程的通解为

$$y_t=C(-5)^t+\frac{5}{12}\left(t-\frac{1}{6}\right).$$

32. 假设：

(1) 函数 $y=f(x)(0\leqslant x<+\infty)$ 满足条件 $f(0)=0$ 和 $0\leqslant f(x)\leqslant e^x-1$；

(2) 平行于 y 轴的动直线 MN 与曲线 $y=f(x)$ 和 $y=e^x-1$ 分别相交于点 P_1 和 P_2；

(3) 曲线 $y=f(x)$，直线 MN 与 x 轴所围封闭图形的面积 S 恒等于线段 P_1P_2 的长度，求函数 $y=f(x)$ 的表达式.

解　由题设可得示意图如图 9-2 所示. 由图可知

$$\int_0^x f(t)\mathrm{d}t=e^x-1-f(x).$$

两端求导，得

$$f(x)=e^x-f'(x),$$

即

$$f'(x)+f(x)=e^x.$$

由一阶线性方程求解公式，得

$$f(x)=e^{-\int \mathrm{d}x}\left(\int e^x e^{\int \mathrm{d}x}\mathrm{d}x+C\right)=e^{-x}\left(\int e^x e^x\mathrm{d}x+C\right)$$

$$=\frac{1}{2}e^x+Ce^{-x}.$$

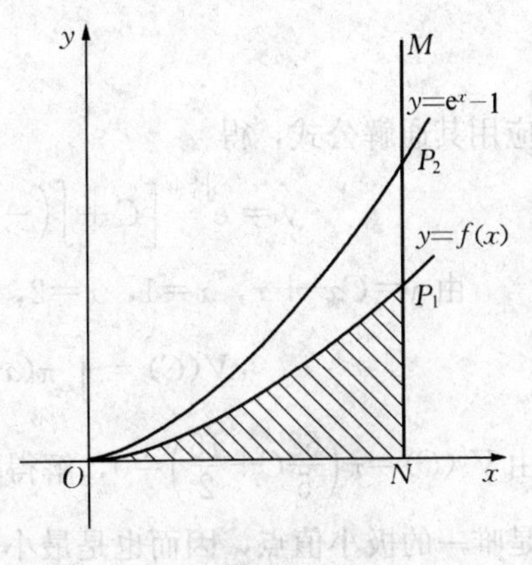

图 9-2

由 $f(0)=0$，得 $C=-\frac{1}{2}$，因此，所求函数为

$$f(x)=\frac{1}{2}(e^x-e^{-x}).$$

33. 设函数 $f(x)$在$[1, +\infty)$上连续．若由曲线 $y=f(x)$，直线 $x=1$，$x=t(t>1)$与 x 轴所围成的平面图形绕 x 轴旋转一周所成的旋转体的体积为

$$V(t)=\frac{\pi}{3}[t^2 f(t)-f(1)],$$

试求 $y=f(x)$所满足的微分方程，并求该微分方程满足条件$y|_{x=2}=\frac{2}{9}$的解．

解 由旋转体体积计算公式，得 $V(t)=\pi\int_1^t f^2(x)\mathrm{d}x$，于是，依题意，得

$$\pi\int_1^t f^2(x)\mathrm{d}x=\frac{\pi}{3}[t^2 f(t)-f(1)]，即\ 3\int_1^t f^2(x)\mathrm{d}t=t^2 f(t)-f(1).$$

两边对 t 求导，得

$$3f^2(t)=2tf(t)+t^2 f'(t).$$

将上式改写为

$$x^2 y'=3y^2-2xy，即\frac{\mathrm{d}y}{\mathrm{d}x}=3\left(\frac{y}{x}\right)^2-2\cdot\frac{y}{x}. \qquad (*)$$

令$\frac{y}{x}=u$，则有

$$x\frac{\mathrm{d}u}{\mathrm{d}x}=3u(u-1).$$

当 $u\neq 0$，$u\neq 1$ 时，由$\frac{\mathrm{d}u}{u(u-1)}=\frac{3\mathrm{d}x}{x}$两边积分，得 $\frac{u-1}{u}=Cx^3$，从而方程($*$)的通解为

$$y-x=Cx^3 y(C\ 为任意常数).$$

由已知条件得 $C=-1$，从而所求的特解为

$$y-x=-x^3 y\ 或\ y=\frac{x}{1+x^3}(x\geqslant 1).$$

34. 求微分方程 $x\mathrm{d}y+(x-2y)\mathrm{d}x=0$ 的一个解 $y=y(x)$，使得曲线 $y=y(x)$与直线 $x=1$，$x=2$ 以及 x 轴所围成的平面图形绕 x 轴旋转一周的旋转体的体积最小．

解 原方程可以化为一阶线性方程

$$\frac{\mathrm{d}y}{\mathrm{d}x}-\frac{2}{x}y=-1.$$

应用其通解公式，得

$$y=\mathrm{e}^{\int\frac{2}{x}\mathrm{d}x}\left[C+\int\left(-\mathrm{e}^{-\int\frac{2}{x}\mathrm{d}x}\right)\mathrm{d}x\right]=x^2\left(C-\int\frac{1}{x^2}\mathrm{d}x\right)=Cx^2+x.$$

由 $y=Cx^2+x$，$x=1$，$x=2$，$y=0$ 所围平面图形绕 x 轴旋转一周的旋转体的体积为

$$V(C)=\int_1^2\pi(x+Cx^2)^2\mathrm{d}x=\pi\left(\frac{31}{5}C^2+\frac{15}{2}C+\frac{7}{3}\right).$$

由 $V'(C)=\pi\left(\frac{62}{5}C+\frac{15}{2}\right)=0$，解得驻点 $C_0=-\frac{75}{124}$，由于 $V''(C_0)=\frac{62}{5}\pi>0$，故 $C_0=-\frac{75}{124}$ 是唯一的极小值点，因而也是最小值点，于是得所求曲线为

$$y=x-\frac{75}{124}x^2.$$

35. 某公司的每年的工资总额在比上一年增加 20%的基础上再追加 2 百万元．若以 W_t

表示第 t 年的工资总额(单位：百万元)，则 W_t 满足的差分方程是________.

解　由题设知第 t 年的工资总额 W_t(百万元)是两部分之和，其中一部分是固定追加额2(百万元)，另一部分是比前一年的工资总额 W_{t-1} 多20%，即是 W_{t-1} 的1.2倍，于是得 W_t 满足的差分方程是

$$W_t=1.2W_{t-1}+2.$$

主要参考文献

华中科技大学数学系．2001．微积分．武汉：华中科技大学出版社．

李启文，谢季坚．2004．微积分学习指导与解题指南．北京：高等教育出版社．

梁保松，陈涛．2002．高等数学．北京：中国农业出版社．

马志敏．2003．高等数学辅导．广州：中山大学出版社．

毛纲源．2002．经济数学解题方法与技巧归纳．武汉：华中科技大学出版社．

同济大学应用数学系．2002．高等数学．北京：高等教育出版社．

赵树源．1998．微积分．北京：中国人民大学出版社．

图书在版编目（CIP）数据

高等数学学习指导与解题指南 / 梁保松，胡丽萍主编．—2版．—北京：中国农业出版社，2013.6（2015.8重印）
普通高等教育农业部“十二五”规划教材 全国高等农林院校“十二五”规划教材
ISBN 978-7-109-17721-5

Ⅰ.①高… Ⅱ.①梁… ②胡… Ⅲ.①高等数学-高等学校-教学参考资料 Ⅳ.①O13

中国版本图书馆CIP数据核字（2013）第048995号

中国农业出版社出版
（北京市朝阳区农展馆北路2号）
（邮政编码 100125）
策划编辑 朱 雷 魏明龙
文字编辑 魏明龙

北京通州皇家印刷厂印刷 新华书店北京发行所发行
2005年8月第1版 2013年6月第2版
2015年8月第2版北京第3次印刷

开本：787mm×1092mm 1/16 印张：18.25
字数：440千字
定价：32.00元